회귀분석

SPSS 및 PROCESS 예제와 함께

김수영 저

Regression Analysis
with **SPSS** and
PROCESS Examples

학지사

머리말

최근 사회과학 분야에서 출판되는 논문들을 살펴보면, 변수 간 인과관계의 발생 기제를 파악하는 매개효과, 변수 간의 영향 관계에 존재하는 조건을 확인하는 조절효과, 그리고 이 두 가지를 결합한 조절된 매개효과가 다수를 차지하고 있다. 이러한 방법들은 구조방정식의 틀에서 실행되기도 하지만, 그 근본이 되는 것은 회귀분석이라고 할 수 있다. 회귀분석은 사회과학과 행동과학을 포함한 대다수의 학문 분야에서 이용되는 중요한 통계 기법 중 하나로서, 변수들 간의 관계를 파악하고 예측이나 설명 모형을 구축하는 데 필수적인 도구이다. 회귀분석의 중요성은 단순히 자료 분석에 국한되지 않으며, 정책 결정, 사회 현상 이해, 실무적 응용 등 다양한 영역으로 확장된다. 그럼에도 불구하고 국내의 사회과학 영역에는 연구자들이 제대로 이해할 수 있고 배울 수 있는 회귀분석 책이 거의 존재하지 않는다. 회귀분석보다 더 발전적인 구조방정식 텍스트는 40여 권이 넘게 출판되어 있는 데 반해, 사회과학 통계의 핵심적인 방법론인 회귀분석 책은 오히려 찾을 수가 없다. 이것이 바로 이 책을 집필하게 된 동기라고 할 수 있다.

이 책은 회귀분석의 기본부터 중고급 기법까지 포괄적으로 다루며, 다양한 배경을 지닌 독자들이 이 중요한 도구를 깊이 이해하고 활용할 수 있도록 돕고자 한다. 먼저, 이 책을 쓰면서 필자가 고려한 독자층은 행동과학 또는 응용과학 분야의 연구자들과 대학원생들이다. 본인의 연구 문제를 설정하고, 자료를 확보하여 분석한 이후에 논문 등을 작성하고자 하는 연구자들을 대상으로 한다. 다음으로, 이 책에서 필자가 깊이 고민했던 것은 어떻게 회귀분석의 기본 개념과 이론적 배경을 알기 쉽게 설명하여 독자들이 이 전통적인 통계 기법을 잘 이해할 수 있도록 하는가였다. 이런 이유로 개념의 설명과정에서 단지 절차만을 설명하는 것보다 어째서 이러한 절차를 사용하게 되었는지에 대한 이유나 배경을 최대한 밝히고자 하였다. 마지막으로, 필자는 실제 연구와 분석에서 회귀분석을 효과적으로 활용할 수 있는 실질적인 지침서를 제공하고자 한다. 회귀분석의 기본 개념과 이론적 배경을 알기 쉽게 설명하고, 다양한 실제 사례를 통해 이를 어떻게 적용할 수 있는지를 구체적으로 보여 주며, 각 장마다 실제 자료를 사용한 예제를 SPSS와 PROCESS를 이용하여 제공하였다.

이 책의 구성은 다음과 같다. 먼저, 첫 장에서는 회귀분석 모형을 제대로 이해하기 위한 준비과정으로서 상관분석과 표집이론 등에 대한 리뷰를 제공한다. 다음 장들에서는 단순회귀분석과 다중회귀분석의 정의와 기본 원리, 추정 방법, 검정의 과정, 결과의 해석을 다룬다. 이후 변수의 중심화와 척도화는 무엇인지, 다중공선성이란 또 무엇인지, 범주형 독립변수는 어떤 식으로 변환하여 회귀분석 모형에 사용할 수 있는지도 설명한다. 그리고 변수 간의 설명을 목적으로 하는 위계적 회귀분석 및 예측을 목적으로 하는 몇몇 전통적 모형들을 소개한다. 다음으로, 회귀분석 모형을 사용하는 데 있어서 중요한 가정들을 확인하고, 자료 안에 존재하는 극단치를 판별하는 다양한 방법들도 제공한다. 그다음에는 이 책의 가장 중요한 목적 중 하나인 상호작용효과 또는 조절효과의 기본과 다양한 변형들을 설명하며, 몇몇 기본적인 매개효과 모형들도 소개한다. 마지막으로, 회귀분석에서 어떻게 표본크기를 결정해야 하는지를 다룬다.

이 책이 사회과학 및 응용과학의 연구자들과 학생들에게 회귀분석에 대한 깊은 이해와 실질적인 분석 능력을 줄 수 있기를, 그리고 독자들의 연구와 학문적 성취에 작은 보탬이 되기를 진심으로 바란다. 마지막으로 이 책을 저술하며 처음부터 끝까지 여러 차례 읽어 주고 헤아릴 수 없는 도움을 준 나의 사랑하는 아내 서영숙 교수에게 정말 큰 고마움을 전한다. 컴퓨터 앞에 앉아 책의 내용을 고심하고 있을 때마다 나의 서재로 들어와 무릎에 앉아 수다를 떨며 힘을 주던 나의 딸 하윤에게도 정말 고맙다. 가족은 언제나 내 에너지의 원천이며 존재의 이유이다.

2024년 10월

김 수 영

차 례

제1장 회귀분석과 통계 리뷰

회귀분석은 변수들 간의 상관을 모형화하고 분석하는 통계적 기법으로서 수집한 자료를 통해 변수 간 관계를 파악하고, 이를 기반으로 모형을 만들어 미래의 값을 예측하거나 특정 변수의 영향력을 분석하는 데 이용된다. 이러한 관계는 설명이나 예측을 하는 독립변수(independent variable) X와 설명이나 예측을 받는 종속변수(dependent variable) Y 사이의 방정식으로 표현된다. 예를 들어, 세 개의 독립변수 X_1, X_2, X_3와 하나의 종속변수 Y가 있다면, 다음과 같은 회귀모형(regression model) 또는 회귀방정식(regression equation)이 성립하게 된다.

$$Y = \beta_0 + \beta_1 X_1 + \beta_2 X_2 + \beta_3 X_3 + e \quad \text{[식 1.1]}$$

위에서 β_0를 절편(intercept), β_1, β_2, β_3를 기울기(또는 회귀계수, slope)라고 하며, 이는 독립변수와 종속변수 사이의 관계를 규정하는 모형의 모수들(parameters)로서 자료를 통하여 추정된다. e는 독립변수 X_1, X_2, X_3를 이용하여 Y를 완벽하게 설명할 수 없음을 모형에 반영하는 오차(error)로서 그리스 문자인 ϵ(epsilon)을 이용해 표기하기도 한다. 예측하는 변수인 독립변수는 예측변수(predictor) 또는 설명변수(explanatory variable) 등으로도 불리고, 예측을 받는 변수인 종속변수는 준거변수(criterion) 또는 반응변수(response variable)로도 불린다. 회귀모형에서 독립변수가 하나만 있다면 단순회귀분석(simple regression), 독립변수가 여러 개 있다면 다중회귀분석 또는 중다회귀분석(multiple regression)이라고 한다.

회귀분석은 행동과학, 보건과학, 교육 및 경영 등 다양한 분야의 연구자들이 만든 가설에 광범위하게 적용될 수 있다(Cohen, Cohen, West, & Aiken, 2015). 회귀분석의 가장 중요한 목적은 현상의 설명이나 예측이라고 할 수 있는데, 예를 들어 경제학에서 소비와 소득 간의 관계를 분석하거나, 마케팅에서 광고비와 매출 간의 관계를 예측하는 데 사용될 수 있다. 또한, 의학 분야에서는 환자의 특정 지표와 질병 발생 간의 관계를 조사하기 위하여 사용될 수 있다. 이렇듯 유용한 회귀분석을 온전히 이해하기 위해서는 변수 간의 관계(relationship)

또는 상관(correlation)에 대한 이해가 선행되어야 하며, 통계학을 이해하는 핵심 개념인 표집이론(sampling theory)을 알아야 한다. 이 외에 평균과 표준편차의 특성 및 신뢰구간(confidence interval)에 대해 이해하면 큰 도움이 된다.

1.1. 상관

1.1.1. 상관과 산포도

양적변수의 상관을 확인하는 방법 중 가장 기초적이며, 많은 연구자들이 사용하는 방식은 산포도(scatter plot) 같은 그래프이다. 소득과 소비의 관계, 광고비와 매출의 관계, 우울과 불안의 관계 등에 대한 이변량 상관(bivariate correlation)에 관심이 있을 때, 두 변수의 관계를 시각적으로 파악하기 위해서 산포도를 이용할 수 있다. 산포도는 각 변수의 값을 좌표 평면상의 점으로 나타내어 두 변수 간 관계의 패턴이나 상관의 정도를 쉽게 파악할 수 있도록 해 주는 기법이다. 열 명의 대학생으로부터 측정한 스트레스와 우울의 점수가 다음과 같다고 가정하자.

[표 1.1] 스트레스와 우울의 점수

사례(Subject) id	스트레스(Stress)	우울(Depression)
1	5	6
2	4	7
3	6	5
4	7	7
5	4	5
6	2	3
7	6	9
8	5	5
9	8	8
10	3	5

위의 표에 나열된 스트레스와 우울의 점수를 사용하여 두 변수 간의 관계를 파악하는 것은 예상보다 간단하지 않다. 예를 들어, 스트레스가 증가함에 따라 우울의 점수도 증가하는지 또는 스트레스가 증가하면 우울은 감소하는지를 단지 나열된 숫자로부터 쉽게 알아낼 수 없는 것이다. 이때 두 변수의 관계를 시각적으로 파악하는 데 도움을 주는 기법이 바로 산포도이다. 스트레스를 X축으로, 우울을 Y축으로 하여 평면 위에 스트레스와 우울의 점수를 표시하면 다음과 같은 산포도를 얻을 수 있다.

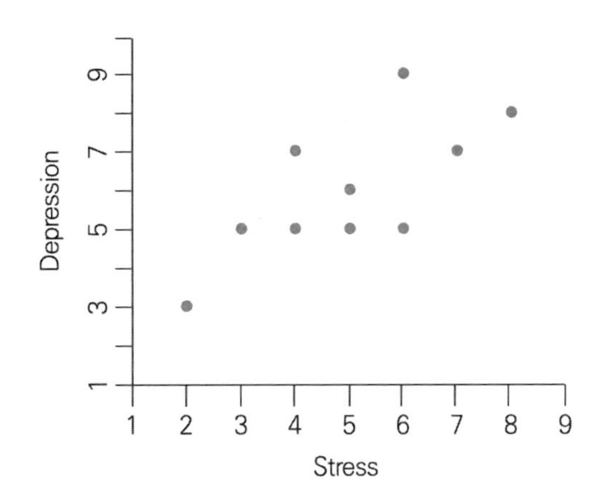

[그림 1.1] **스트레스와 우울의 산포도**

위 그림에는 스트레스와 우울로 이루어진 2차원 평면에 대학생 열 명의 스트레스와 우울 점수가 표시되어 있다. 예를 들어, 가장 아래에 있는 점은 한 대학생의 스트레스가 2점일 때 우울은 3점임을 보여 주고 있고, 가장 위에 있는 점은 한 대학생의 스트레스가 6점일 때 우울은 9점임을 보여 준다. 이러한 산포도를 통해 스트레스와 우울이 반드시 같은 방향으로 움직이는 것은 아니지만, 전반적으로 스트레스가 증가함에 따라 우울도 증가하는 패턴이 있음을 알 수 있다.

이제 SPSS를 이용하여 산포도를 출력하고자 하는데, 이를 위해서는 스트레스(Stress)와 우울(Depression) 자료를 아래와 같이 입력해야 한다.

01.depression.sav [DataSet1] - IBM SPSS Statistics Data Editor

File Edit View Data Transform Analyze Direct Marketing Graphs Utilities Add-ons Window Help

Visible: 2 of 2 Variables

	Stress	Depression	var	var	var	var	var	var	var	var	var	var	var	var	var	var
1	5.00	6.00														
2	4.00	7.00														
3	6.00	5.00														
4	7.00	7.00														
5	4.00	5.00														
6	2.00	3.00														
7	6.00	9.00														
8	5.00	5.00														
9	8.00	8.00														
10	3.00	5.00														

Data View Variable View

IBM SPSS Statistics Processor is ready Unicode:ON

[그림 1.2] **스트레스와 우울의 자료**

본 책에서 SPSS의 기능과 결과를 설명하는 데 있어 언어는 한국어가 아닌 영어를 사용한다. SPSS에서 한국어로 번역되어 사용하는 용어의 상당수가 통계 분야에서 일반적이지 않으며 잘못된 것이 심각할 정도로 많기 때문이다. 이제 SPSS의 Graphs 메뉴로 들어가서 Legacy Dialogs를 선택하고, Scatter/Dot을 실행하면 아래처럼 산포도의 종류를 선택할 수 있는 화면이 나타난다.

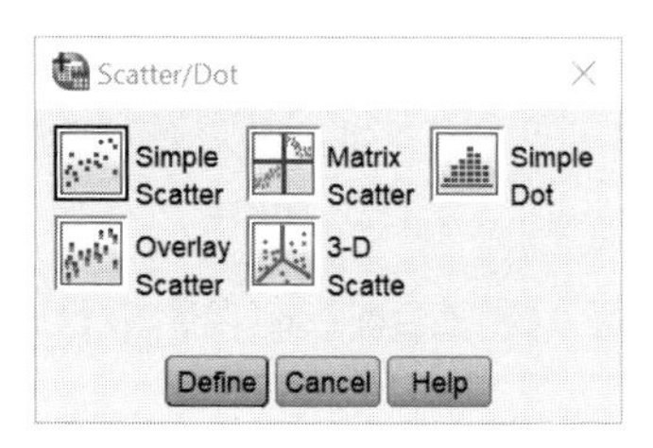

[그림 1.3] **산포도 종류의 선택**

위의 화면에서 Simple Scatter를 선택하고 Define을 클릭하면 산포도를 그릴 수 있는 화면이 다음과 같이 나타난다.

[그림 1.4] **산포도를 출력하기 위한 화면**

[그림 1.4]에서 왼쪽 패널에 있는 Stress 변수를 X Axis로 옮기고 Depression 변수를 Y Axis로 옮긴 다음 OK를 눌러 실행하면, 아래처럼 산포도가 출력된다.

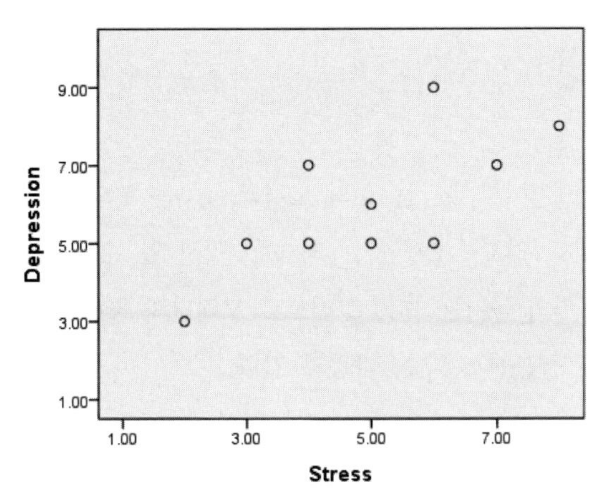

[그림 1.5] 스트레스와 우울의 산포도

산포도에 나타난 점들의 패턴을 통하여 변수 간 관계의 방향성(direction) 및 강도(magnitude 또는 strength)를 파악할 수 있다. 여기서는 관계의 방향성에 대해서 약간 설명하고, 관계의 강도는 뒤에서 자세히 다룬다. 그림에 보이는 것처럼 스트레스가 증가할 때 우울도 증가하는 패턴이 있다면 두 변수 간에는 정적 관계(positive relationship)가 있다고 표현한다. 반면에 스트레스가 증가할 때 우울이 감소하는 패턴이 있다면 부적 관계(negative relationship)가 있다고 표현한다. 하지만 두 변수가 정적 상관 또는 부적 상관만 가지고 있는 것은 아니다. 스트레스가 증가하거나 감소하는 것과 아무런 상관없이 우울의 값이 결정된다면 둘은 서로 관계가 없다(no relationship 또는 null relationship)고 말한다.

1.1.2. 공분산

산포도는 그림만으로 관계의 방향이나 정도를 파악해야 하므로 사람에 따라 관계의 방향이나 정도를 다르게 기술할 수 있다. 이에 두 변수의 관계를 객관적으로 수량화(quantify)하는 여러 가지 방법이 제안되었는데, 그중 Pearson이 개발한 공분산(covariance)이 유명할 뿐만 아니라 매우 유용하다. 공분산은 두 변수가 선형적(linear)으로 함께 변하는 정도를 측정한다.

공분산의 계산

모집단에서 두 변수 X와 Y의 공분산 $Cov(X,Y)$ 또는 σ_{XY}는 아래와 같이 편차(deviation)의 곱을 더하고, 이를 전체 사례(case)의 수로 나누어 정의된다.

$$\sigma_{XY} = \frac{1}{N}\sum_{i=1}^{N}(X_i - \mu_X)(Y_i - \mu_Y) \qquad \text{[식 1.2]}$$

위에서 N은 모집단의 크기이고, μ_X는 X의 모평균, μ_Y는 Y의 모평균이다. 통계학에서 모집단의 크기는 말할 것도 없고, 모평균 μ_X와 μ_Y 역시 알 수 없다고 가정하므로, 모수인 σ_{XY} 역시 계산하기는 거의 불가능하다. 그러므로 모집단의 공분산 σ_{XY}는 표본을 이용하여 추정하게 된다. 표본의 공분산 s_{XY}는 다음과 같다.

$$s_{XY} = \frac{1}{n-1}\sum_{i=1}^{n}(X_i - \overline{X})(Y_i - \overline{Y}) \qquad \text{[식 1.3]}$$

위의 식에서 n은 표본크기이고, $\overline{X}$는 X의 표본평균, $\overline{Y}$는 Y의 표본평균, $X_i - \overline{X}$는 X편차, $Y_i - \overline{Y}$는 Y편차, 이 둘의 곱인 $(X_i - \overline{X})(Y_i - \overline{Y})$는 X와 Y의 교차곱(cross product)이라고 한다. 즉, s_{XY}는 X와 Y의 교차곱의 합(sum of cross products)을 $n-1$로 나눈 값으로 정의할 수 있다.

통계학에서는 원자료(raw data)를 직접 이용하기도 하지만, 때로는 자료를 요약해서 통계치를 계산하고 그 통계치를 분석에 이용하는 경우도 자주 있다. 이런 경우에 변수 간의 관계와 분산도(dispersion)를 한꺼번에 요약하기 위하여 공분산 행렬(covariance matrix)을 사용한다. 두 변수 X와 Y로 형성한 공분산 행렬의 예가 아래에 제공된다.

$$S = \begin{bmatrix} s_{XX} & s_{XY} \\ s_{YX} & s_{YY} \end{bmatrix} \qquad \text{[식 1.4]}$$

위에서 S는 표본의 공분산 행렬을 가리키며, s_{XX}는 X와 X의 공분산, 즉 X의 분산을 가리키고, s_{YY}는 Y의 분산을 가리키며, s_{XY}는 X와 Y의 공분산, s_{YX}는 Y와 X의 공분산으로서 두 값은 동일하다($s_{XY} = s_{YX}$). 공분산 행렬 안에는 분산과 공분산이 모두 들어가 있으므로 각 변수의 퍼짐의 정도와 변수 간 관계의 정도를 모두 파악할 수 있다.

이제 [표 1.1]의 자료를 이용하여 스트레스와 우울의 분산 및 공분산을 계산하여 공분산 행렬의 값을 채우고자 한다. 스트레스를 X라고 하고, 우울을 Y라고 하면 [표 1.2]에 제공된 편차 및 교차곱을 이용하여 공분산을 계산할 수 있다. 편차를 계산하기 위해 먼저 각 변수의 표본평균을 계산해 보면, $\overline{X}=5$이고, $\overline{Y}=6$이다.

[표 1.2] **스트레스와 우울 점수의 편차와 교차곱**

Subject id	X_i	Y_i	$X_i-\overline{X}$	$Y_i-\overline{Y}$	$(X_i-\overline{X})(Y_i-\overline{Y})$
1	5	6	0	0	0
2	4	7	−1	1	−1
3	6	5	1	−1	−1
4	7	7	2	1	2
5	4	5	−1	−1	1
6	2	3	−3	−3	9
7	6	9	1	3	3
8	5	5	0	−1	0
9	8	8	3	2	6
10	3	5	−2	−1	2

위에서 계산한 교차곱을 이용하여 합을 계산하면, $\sum(X_i-\overline{X})(Y_i-\overline{Y})=21$이다. 이에 따라 X와 Y의 공분산 추정치(즉, 표본의 공분산)는 아래와 같다.

$$s_{XY}=\frac{1}{n-1}\sum_{i=1}^{n}(X_i-\overline{X})(Y_i-\overline{Y})=\frac{21}{10-1}=2.333$$

다음으로 X와 Y의 분산을 구하면 각각 다음과 같다.

$$s_{XX}=\frac{1}{n-1}\sum_{i=1}^{n}(X_i-\overline{X})^2=3.333,\ s_{YY}=\frac{1}{n-1}\sum_{i=1}^{n}(Y_i-\overline{Y})^2=3.111$$

공분산과 분산들을 이용하여 X와 Y의 공분산 행렬을 구해 보면 아래와 같다.

$$S=\begin{bmatrix}3.333 & \\ 2.333 & 3.111\end{bmatrix}$$

위의 공분산 행렬에서 오른쪽 윗부분이 비워져 있는 이유는 앞서 설명했듯이 $s_{XY}=s_{YX}$이기 때문이다. 즉, 1행 2열의 값은 2행 1열에 있는 2.333과 동일하다. 이런 이유로 논문이나 책 등에서 공분산 행렬을 제공할 때는 바로 위의 공분산 행렬 S처럼 오른쪽 위의 값들을 비워 놓는 것이 표준관행이다. 공분산 행렬은 회귀분석을 공부하는 데 있어서 중요할 뿐만 아니라 사회과학 응용통계의 주요 연구방법론인 구조방정식 모형(structural equation modeling, SEM)이나 요인분석(factor analysis) 등 다변량 통계(multivariate statistics)에서도 핵심적인 개념이다.

공분산의 해석과 원리

앞에서 구한 스트레스와 우울의 공분산 추정치는 2.333이었는데, 이를 어떻게 해석할 것인가? 만약 공분산 추정치가 이처럼 양수라면 두 변수가 서로 정적 상관을 보이고 있다고 해석하며, 이는 한 변수의 값이 증가하면 다른 변수의 값도 증가하는 패턴을 보이고 있음을 의미한다. 반대로 만약 공분산 추정치가 음수라면 두 변수가 서로 부적 상관을 가지고 있다고 해석하며, 이는 한 변수의 값이 증가하면 다른 변수의 값이 감소한다는 의미이다. 마지막으로 만약 공분산이 0에 가까운 값을 갖는다면 두 변수는 서로 상관이 없다는 것을 의미한다.

어째서 공분산의 부호에 따라 이와 같은 관계가 성립하는지 그 원리를 이해하는 것은 변수의 관계성을 이해하는 데 큰 도움을 준다. [그림 1.6]에 스트레스와 우울의 산포도 및 각 변수의 평균이 점선으로 표시되어 있다. X와 Y의 평균선($\overline{X}=5$, $\overline{Y}=6$)이 추가됨으로 인해 전체 평면이 네 개의 사분면(quadrant)으로 나뉨을 확인할 수 있다.

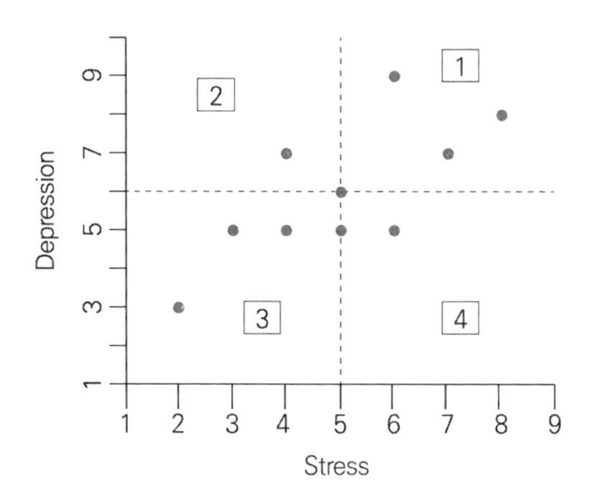

[그림 1.6] 스트레스와 우울의 산포도와 평균선

공분산을 계산하기 위해 각 사분면에 있는 총 열 개 사례들의 교차곱을 구해 보면 다음과 같다.

[표 1.3] 각 사례의 위치와 교차곱의 부호

사례 id	X_i	Y_i	위치	$X_i-\overline{X}$	$Y_i-\overline{Y}$	$(X_i-\overline{X})(Y_i-\overline{Y})$
1	5	6	평균선	0	0	0
2	4	7	2사분면	−1	1	−1
3	6	5	4사분면	1	−1	−1
4	7	7	1사분면	2	1	2
5	4	5	3사분면	−1	−1	1
6	2	3	3사분면	−3	−3	9
7	6	9	1사분면	1	3	3
8	5	5	평균선	0	−1	0
9	8	8	1사분면	3	2	6
10	3	5	3사분면	−2	−1	2

위의 표에 따르면, 어떤 사례가 1사분면에 있을 때는 두 개의 편차가 모두 양수여서 교차곱도 양수가 된다. 만약 어떤 사례가 3사분면에 있다면 두 개의 편차가 모두 음수여서 역시 교차곱은 양수가 된다. 반면에 어떤 사례가 2사분면 또는 4사분면에 있을 때는 둘 중 하나의 편차는 양수이고 또 하나의 편차는 음수가 됨으로써 교차곱은 음수가 된다. 그리고 평균선(점선) 위에 있을 때는 적어도 하나의 편차가 0이 되고 교차곱은 0이 된다는 것을 알 수 있다.

표본의 공분산은 교차곱의 합을 $n-1$로 나눈 것이므로 이를 계산하기 위해서는 교차곱을 구해야 한다. 설명한 대로 1사분면과 3사분면에 있는 사례들은 교차곱의 합이 양수가 되는 데 기여하고, 2사분면과 4사분면에 있는 사례들은 교차곱의 합이 음수가 되는 데 기여한다. 즉, [그림 1.6]처럼 상대적으로 1사분면과 3사분면에 많은 사례가 존재하고 그 사례가 X평균과 Y평균이 만나는 중심점(centroid)에서 멀리 떨어져 있을수록 교차곱의 합이 양수가 되는 데 기여하는 것이다. 반대로 사례들이 2사분면과 4사분면에 많이 존재하고, 그 점들이 중심점으로부터 멀리 떨어져 있을수록 교차곱의 합이 음수가 되는 데 기여하게 된다. 이와 같은 계산 원리는 두 변수의 정적 및 부적 상관 패턴이 어떻게 양수 및 음수의 공분산을 이끌어 내는지 설명해 준다.

이제 SPSS로 어떻게 스트레스와 우울의 공분산을 추정할 수 있을지 설명한다. 먼저 Analyze 메뉴로 들어가서 Correlate을 선택하고 Bivariate을 실행하면 아래의 화면이 나타난다. 새롭게 열린 Bivariate Correlations 화면은 이변량 상관, 즉 두 변수 간 상관을 추정하기 위한 것이다. 여기서 두 변수 간 상관을 추정한다는 것은 Variables에 세 개, 네 개의 변수를 입력하여도, 각 변수의 쌍으로 이루어지는 관계에서만 상관을 추정한다는 것이다.

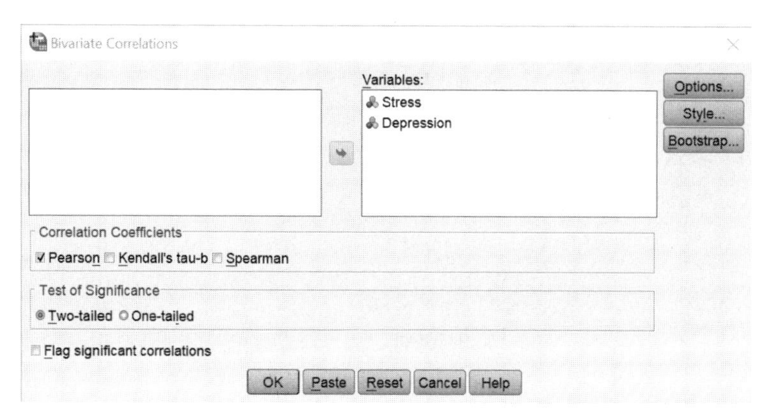

[그림 1.7] 공분산 추정을 위한 화면

새롭게 열린 화면의 왼쪽 패널에 있는 변수 리스트에서 공분산 계산을 원하는 변수들을 오른쪽의 Variables 패널로 모두 옮긴다. 그런데 이것만으로는 바로 뒤에서 배울 상관계수만 출력되며, 우리가 원하는 공분산은 출력되지 않는다. 이때 화면 오른쪽의 Options를 클릭하여 들어가면 교차곱과 공분산을 출력할 수 있는 아래와 같은 화면이 새롭게 열린다.

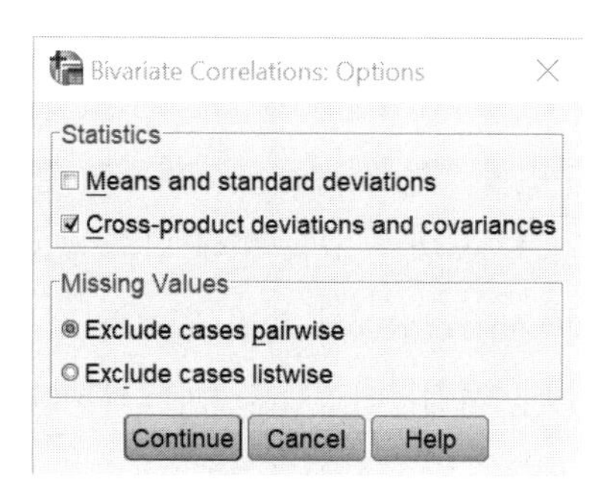

[그림 1.8] 교차곱과 공분산의 출력

이제 위의 그림에서 Cross-product deviations and covariances에 체크하고 Continue를 눌러 나간 다음 OK를 클릭해 분석을 실행한다.

Correlations

		Stress	Depression
Stress	Pearson Correlation	1	.725
	Sig. (2-tailed)		.018
	Sum of Squares and Cross-products	30.000	21.000
	Covariance	**3.333**	**2.333**
	N	10	10
Depression	Pearson Correlation	.725	1
	Sig. (2-tailed)	.018	
	Sum of Squares and Cross-products	21.000	28.000
	Covariance	**2.333**	**3.111**
	N	10	10

[그림 1.9] Stress와 Depression 간의 공분산 추정치

위에는 Stress와 Depression 간의 상관계수, 교차곱의 합, 공분산뿐만 아니라 각 상관계수의 통계적 가설검정 결과 및 표본크기도 제공되고 있다. 상관계수는 뒤에서 다루기로 하고 여기서는 공분산에만 초점을 맞춘다. Stress와 Depression의 공분산은 2.333이며, Stress와 Stress의 공분산인 3.333은 스트레스의 분산을 의미하고, Depression과 Depression의 공분산인 3.111은 우울의 분산을 의미한다.

1.1.3. 상관계수

변수 간의 관계 또는 상관을 측정하는 데 있어 앞서 배운 공분산보다는 오히려 지금부터 설명할 상관계수(correlation coefficient)가 더 광범위하게 사용된다. 상관계수가 공분산보다 더 중요하다는 의미는 아니지만, 두 측정치의 특성 때문에 단순히 두 변수 간의 상관을 측정하는 용도로는 공분산보다 상관계수가 더 유용하고 많이 사용된다고 할 수 있다. 그 이유를 지금부터 자세히 살펴본다.

공분산의 문제점

공분산은 두 변수 간의 상관을 측정함에 있어서 훌륭한 아이디어임에 틀림없지만, 이를 사용하는 데 약간의 걸림돌이 있다. 공분산의 크기가 측정의 단위에 의해 영향을 받는 문제가 있는 것이다. 수학적으로 공분산은 아래의 식처럼 음의 무한대에서 양의 무한대 사이에서 움직일 수 있다.

$$-\infty < \sigma_{XY} < +\infty \quad \text{[식 1.5]}$$

이처럼 공분산이 제한된 범위 내에서 움직이지 않는다는 사실은 앞서 추정한 스트레스와

우울의 공분산인 2.333을 해석하는 데 어려움을 만들어 낸다. 2.333이 큰 값인지, 작은 값인지 판단하기 어려운 것이다. 즉, 2.333이라는 공분산 값이 강력한 정적 상관을 가리키는 것인지, 아니면 약한 정적 상관을 가리키는 것인지, 심지어 0에 가까운 값인지 판단을 할 수 없다. 이처럼 공분산의 범위에 제한이 없는 것은 공분산이 단위의존적 또는 척도의존적(scale dependent)이기 때문이다. 예를 들어, 키와 몸무게의 공분산을 구한다고 가정했을 때, cm와 kg으로 구하는 공분산의 값이 1,000이라면, mm와 g으로 단위를 바꾸어 구하는 공분산의 크기는 수백만이 넘는 값이 될 수도 있고, m와 ton으로 바꾸어 구하는 공분산은 1이 안 되는 값이 될 수도 있다.

상관계수의 계산

만약 변수의 단위가 변한다고 해도 동일한 상관 측정치를 찾아낼 수 있다면 통계 분석의 결과를 해석하는 데 큰 도움이 될 것이다. 즉, cm와 kg으로 구한 상관의 측정치와 mm와 g으로 구한 상관의 측정치가 동일한 값이 될 수 있다면, 연구자는 변수의 단위에 신경을 쓰지 않아도 될 것이다. 이러한 상관의 측정치로서 대표적인 것이 바로 상관계수(correlation coefficient)이다. Pearson이 개발한 두 변수 X와 Y의 모집단 상관계수는 $Cor(X, Y)$ 또는 ρ_{XY}라고 하며, 아래와 같이 정의된다.

$$\rho = \rho_{XY} = \frac{\sigma_{XY}}{\sqrt{\sigma_{XX}}\sqrt{\sigma_{YY}}} = \frac{\sigma_{XY}}{\sigma_X \sigma_Y} \qquad \text{[식 1.6]}$$

위에서 σ_{XY}는 모집단의 공분산, σ_{XX}는 X의 모집단 분산, σ_{YY}는 Y의 모집단 분산, σ_X는 X의 모집단 표준편차, σ_Y는 Y의 모집단 표준편차이다. 표본의 상관계수는 ρ_{XY} 대신에 r_{XY}라고 표기하며 다음과 같이 계산할 수 있다.

$$r = r_{XY} = \frac{s_{XY}}{\sqrt{s_{XX}}\sqrt{s_{YY}}} = \frac{s_{XY}}{s_X s_Y} \qquad \text{[식 1.7]}$$

위를 보면, 상관계수 r_{XY}는 X와 Y의 공분산(s_{XY})을 X의 표준편차($s_X = \sqrt{s_{XX}}$) 및 Y의 표준편차($s_Y = \sqrt{s_{YY}}$)로 나누어 준 값임을 알 수 있다. 즉, 상관계수란 개념적으로도 수리적으로도 공분산을 표준화한 것이라고 할 수 있다. [식 1.7]은 아래처럼 다시 쓸 수도 있다.

$$r = r_{XY} = \frac{1}{n-1}\sum_{i=1}^{n}\left(\frac{X_i - \overline{X}}{s_X}\right)\left(\frac{Y_i - \overline{Y}}{s_Y}\right) \quad \text{[식 1.8]}$$

[식 1.7]과 [식 1.8]은 수학적으로 동일하다. [식 1.7]이 공분산을 먼저 구하고 이를 표준화한 것이라면, [식 1.8]은 변수들의 표준화를 먼저 하고 공분산을 구한 것이다. 공분산을 먼저 구하고 이를 표준화하든, 변수의 표준화를 먼저 하고 공분산을 구하든 결과는 동일하게 된다. 상관계수는 이 두 가지 방법 외에도 [식 1.9]처럼 교차곱의 합(sum of cross products, SCP)과 제곱합(sum of squares, SS)을 이용하여 정의할 수도 있다.

$$r = r_{XY} = \frac{SCP}{\sqrt{SS_X}\sqrt{SS_Y}} \quad \text{[식 1.9]}$$

위에서 SCP는 X와 Y의 교차곱의 합, SS_X는 X의 제곱합($SS_X = \sum(X_i - \overline{X})^2$), SS_Y는 Y의 제곱합($SS_Y = \sum(Y_i - \overline{Y})^2$)을 의미한다. [표 1.2]에 구해 놓은 스트레스(X)와 우울(Y)의 편차를 이용하여 다음과 같이 X와 Y의 제곱합(SS_X, SS_Y)을 계산하고, 이미 구해 놓은 교차곱을 이용하면 상관계수를 구할 수 있다.

[표 1.4] 스트레스와 우울 점수의 제곱합과 교차곱

Subject id	X_i	Y_i	$(X_i - \overline{X})^2$	$(Y_i - \overline{Y})^2$	$(X_i - \overline{X})(Y_i - \overline{Y})$
1	5	6	0	0	0
2	4	7	1	1	−1
3	6	5	1	1	−1
4	7	7	4	1	2
5	4	5	1	1	1
6	2	3	9	9	9
7	6	9	1	9	3
8	5	5	0	1	0
9	8	8	9	4	6
10	3	5	4	1	2

위의 표를 이용하면 교차곱의 합(SCP)은 21이고, X의 제곱합(SS_X)은 30이며, Y의 제곱합(SS_Y)은 28임을 쉽게 구할 수 있다. 구한 숫자들을 [식 1.9]에 대입하면, 스트레스(X)와 우울(Y)의 상관계수 r은 다음과 같다.

$$r_{XY} = \frac{\sum(X_i - \overline{X})(Y_i - \overline{Y})}{\sqrt{\sum(X_i - \overline{X})^2}\sqrt{\sum(Y_i - \overline{Y})^2}} = \frac{21}{\sqrt{30}\sqrt{28}} = 0.725$$

SPSS로 교차곱이나 공분산을 구할 일은 거의 없는 반면, 상관계수를 구할 일은 수시로 생긴다. 이에 교차곱과 공분산 없이 상관계수만 출력하는 방법을 다시 한번 설명한다. 이를 위해서는 공분산을 구하는 과정 중 [그림 1.8]에서 Cross-product deviations and covariances에 체크하지 않으면 된다. 결과는 아래와 같다.

Correlations

		Stress	Depression
Stress	Pearson Correlation	1	.725
	Sig. (2-tailed)		.018
	N	10	10
Depression	Pearson Correlation	.725	1
	Sig. (2-tailed)	.018	
	N	10	10

[그림 1.10] **스트레스와 우울의 상관계수 추정치**

위의 그림으로부터 Stress와 Depression의 상관계수 추정치가 0.725임을 확인할 수 있으며, 그 외에도 p값과 표본크기가 제공되는 것을 알 수 있다. p는 상관계수의 t검정을 위해 제공되는 것으로서 영가설 $H_0 : \rho = 0$(스트레스와 우울 간에 상관이 없다)에 대한 검정 결과를 보여 준다. 일반적으로 사회과학에서 유의수준 $\alpha = 0.05$이므로 $p = .018 < \alpha$로서 영가설($H_0 : \rho = 0$)을 기각하게 된다. 즉, 스트레스가 우울과 상관이 없다는 영가설은 유의수준 5%에서 기각한다. 상관계수의 t검정 과정을 자세히 확인하고자 하면 김수영(2019, 2023)을 참고하기 바란다.

상관계수의 특성

상관계수가 가지고 있는 특징은 회귀분석을 제대로 이해하고 사용하는 데 가장 중요한 부분이라고 할 수 있다. 지금부터 Pearson이 제안한 상관계수의 대표적인 세 가지 특성을 설명한다. 먼저, 첫 번째 특성은 상관계수가 제한된 범위 내에 있다는 것이다.

$$-1 \leq r \leq 1 \qquad \text{[식 1.10]}$$

[식 1.7]과 [식 1.8]에서 설명했듯이 상관계수라는 것은 공분산을 표준화한 것이다. 이로

인해 공분산이 $-\infty$ 에서 $+\infty$ 사이에서 움직이는 것에 반해, 상관계수는 -1과 $+1$ 사이에서 움직이게 된다. 여기서 상관계수 r의 부호는 두 변수의 관계의 방향(direction)을 나타낸다. r이 양수이면 두 변수는 정적 상관이 있으며, 음수이면 부적 상관이 있다. 상관계수 r의 절대적 크기(즉, $|r|$)는 관계의 강도(magnitude 또는 strength)를 나타낸다. r의 절대값이 1에 가까울수록 두 변수 사이에 강력한 상관이 있다고 표현하며, 만약 r이 0에 가까운 값을 갖는다면 두 변수 사이에 서로 상관이 없다고 말한다.

상관계수의 크기에 따라 산포도가 대략적으로 어떤 패턴을 보이는지 인지하고 있는 것은 자료를 분석하는 데 있어 꽤 도움이 된다. [그림 1.11]은 $r=0.0$에서 $r=1.0$까지 값이 커짐에 따라 달라지는 산포도의 모양을 제공하고 있다. 이는 절대적인 형태는 아니며 필자가 R 프로그램을 이용하여 각 조건을 만족하는 임의의 자료를 생성하여 본 것이다. 참고로만 이용하기 바란다.

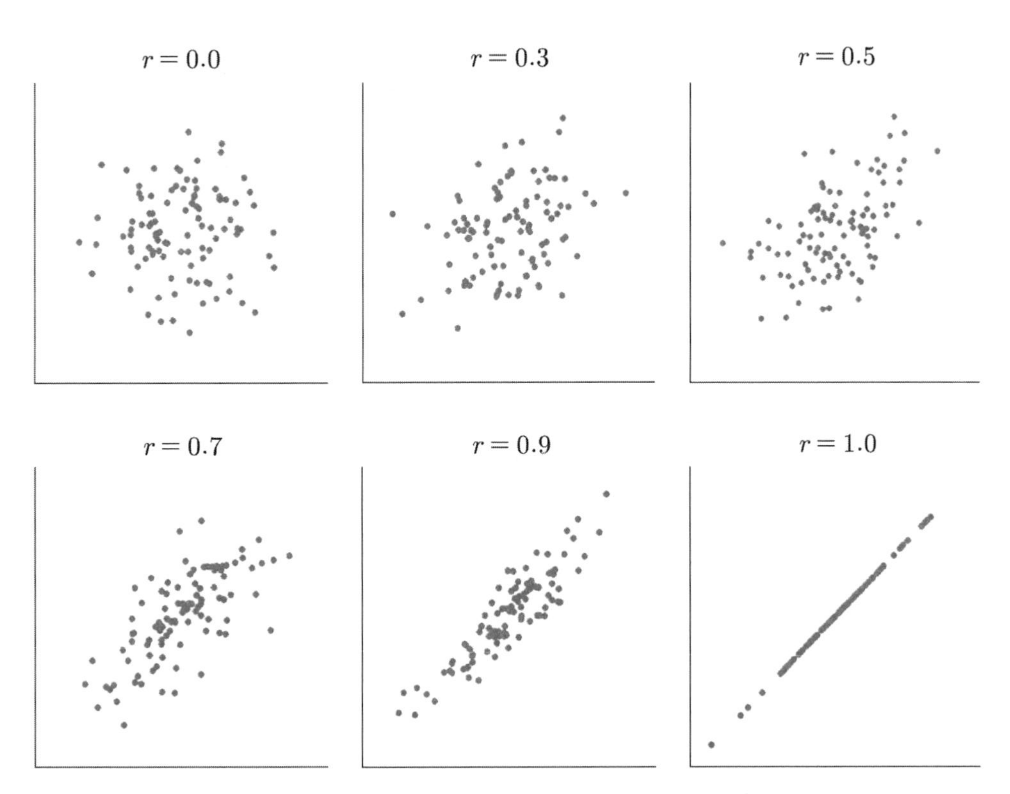

[그림 1.11] 상관계수의 크기와 산포도의 대략적 형태

연구자들은 $|r|$의 크기에 따라 변수 간 관계의 강도를 적절한 용어로 해석하기도 하는데,

필자의 30년 통계학 경험과 출판된 여러 권위 있는 책들을 종합해 보면 대략 다음과 같다.

[표 1.5] 상관의 강도와 해석에 관한 대략적인 가이드라인

상관계수의 절대적 크기	해석
0	상관 없음(no relationship)
0.3	약한 상관(weak relationship)
0.5	중간 상관(moderate relationship)
0.7	강한 상관(strong relationship)
1.0	완벽한 상관(perfect relationship)

[표 1.5]에 제공되는 상관계수의 가이드라인이라는 것은 연구자가 속해 있는 학문의 영역에 따라 다른 것이 일반적이기 때문에 그저 참고로만 받아들이는 것이 좋다. 상관계수의 첫 번째 특성을 이용하여 앞에서 구한 스트레스와 우울 간 상관계수의 값인 0.725를 해석해 보면, 아마도 '강한 정적 상관'이 있다고 할 수 있을 것 같다. 만약 상관계수가 −0.317이었다면 '약한 부적 상관'이 있다고 해석하면 된다.

첫 번째 특성이 상관계수의 기본을 설명하는 것이라면 두 번째와 세 번째 특성은 실제 회귀분석을 진행하는 데 있어서 매우 유용하게 사용할 수 있는 특성들이다. 먼저 두 번째 상관계수의 특성은 두 변수에 임의의 상수를 더하거나 빼도 그 값이 변하지 않는다는 것이다. 예를 들어, [표 1.6]처럼 우울 점수에 상수 3을 더하였다고 가정하고 상관계수를 새롭게 구해 보도록 한다.

[표 1.6] 우울 점수(Y)에 상수 3을 더하는 경우

Subject id	X_i	$Z_i = Y_i + 3$	$X_i - \overline{X}$	$Z_i - \overline{Z}$	$(X_i - \overline{X})(Z_i - \overline{Z})$
1	5	9	0	0	0
2	4	10	−1	1	−1
3	6	8	1	−1	−1
4	7	10	2	1	2
5	4	8	−1	−1	1
6	2	6	−3	−3	9
7	6	12	1	3	3
8	5	8	0	−1	0
9	8	11	3	2	6
10	3	8	−2	−1	2

$\overline{Z}=9$이므로 Z의 편차 $Z_i-\overline{Z}$를 위와 같이 계산하면, Z의 편차가 [표 1.2]의 Y의 편차와 다르지 않은 것을 알 수 있다. Y에서 Z로 변하면서 모든 값에 $+3$이 되었다고 하여도, 결국 $\overline{Z}$도 $\overline{Y}$보다 3만큼 크게 되므로 Y 편차와 Z 편차는 다르지 않게 된다. 그러므로 이를 이용하여 구한 상관계수의 값도 동일하다.

$$r_{XZ}=\frac{\sum(X_i-\overline{X})(Z_i-\overline{Z})}{\sqrt{\sum(X_i-\overline{X})^2}\sqrt{\sum(Z_i-\overline{Z})^2}}=\frac{21}{\sqrt{30}\sqrt{28}}=0.725$$

이와 같은 특성은 회귀분석에서 변수를 변환하여 사용할 때 유용하다. 예를 들어, 각 변수에서 그 변수의 평균이나 특정한 상수를 빼서 새롭게 정의된 변수를 사용하는 경우가 있다. 이를 중심화(centering)라고 하는데, 중심화하여 변수를 사용해도 변수 간의 관계는 전혀 변함이 없게 됨을 알 수 있다.

세 번째 상관계수의 특성은 두 변수에 임의의 상수를 곱하여도 상관계수는 변하지 않는다는 것이다. 예를 들어, [표 1.7]처럼 우울 점수에 4를 곱하였다고 가정하고 상관계수를 새롭게 구해 보도록 한다.

[표 1.7] 우울 점수(Y)에 상수 4를 곱하는 경우

Subject id	X_i	$Z_i=4Y_i$	$X_i-\overline{X}$	$Z_i-\overline{Z}$	$(X_i-\overline{X})(Z_i-\overline{Z})$
1	5	24	0	0	0
2	4	28	−1	4	−4
3	6	20	1	−4	−4
4	7	28	2	4	8
5	4	20	−1	−4	4
6	2	12	−3	−12	36
7	6	36	1	12	12
8	5	20	0	−4	0
9	8	32	3	8	24
10	3	20	−2	−4	8

Y에 4를 곱하였으므로 Z의 평균은 Y의 평균에 4를 곱한 $\overline{Z}=24$가 된다. 이에 따라 Z의 편차 $Z_i-\overline{Z}$는 [표 1.7]처럼 계산되고, X와 Z의 교차곱은 가장 마지막 열에 제공된다. Z의 편차가 모두 4배만큼 증가하였고, 교차곱 역시 4배만큼 증가하였다. 이를 이용하여 상관계수를 구하면 아래와 같다.

$$r_{XZ} = \frac{\sum(X_i - \overline{X})(Z_i - \overline{Z})}{\sqrt{\sum(X_i - \overline{X})^2}\sqrt{\sum(Z_i - \overline{Z})^2}} = \frac{84}{\sqrt{30}\sqrt{448}} = 0.725$$

임의의 변수에 상수를 곱하게 되면, 모든 사례의 점수와 평균이 동시에 변하므로 편차와 교차곱도 그 상수 배만큼 변한다. 이렇게 변화한 편차와 교차곱을 이용하여 상관계수를 계산하면 상관계수의 분자가 4배 증가하지만, 상관계수의 분모도 4배 증가하는 변화가 생기고, 결국 상관계수 값은 같게 된다. 변수의 단위가 두 배든 네 배든 열 배든 어떻게 바뀐다고 하여도 상관계수는 항상 변함이 없게 되는데, 이와 같은 특성을 척도독립(scale free)이라고 한다. 이 특성은 변수의 단위를 바꾸어도 변수 간 관계의 정도는 변하지 않는다는 것을 가리키며, 회귀분석에서 유용하게 사용될 수 있다. 예를 들어, 변수의 단위를 cm에서 m로 바꾼다고 하여도 변수 간의 관계에는 아무런 차이가 없게 된다.

1.1.4. 상관 사용의 주의점

상관을 올바르게 이해하고 사용하는 것은 생각보다 간단치 않다. 본 책에서는 두 가지 측면에서 문제를 간략하게 짚고 넘어가고자 한다. 첫 번째는 상관과 인과관계(causal relationship)에 차이가 있다는 점이고, 두 번째는 Pearson의 공분산이나 상관계수가 기본적으로 자료의 선형성, 등분산성 등에 기반하고 있으며 극단치에 의해서도 큰 영향을 받는다는 점이다. 상관계수의 계산과 유의성 검정은 SPSS 등의 통계 소프트웨어가 해 줄 수 있지만, 결과의 올바른 해석은 오로지 연구자에게 달려 있다. 여기서는 몇 가지 문제만 짚고 넘어가지만, 더 자세한 내용에 관심이 있다면 김수영(2019, 2023)을 확인하기 바란다.

상관과 인과관계

두 변수 간에 상관이 있다고 해서 한 변수가 반드시 다른 변수의 원인이 되는 것은 아니다. 예를 들어, 아이스크림 판매량과 익사 사고 사이에 매우 강력한 정적 상관이 존재하지만, 사실 둘 사이에 어떤 인과관계가 있다고 결론 내기에는 인과성이 부족하다. 인과관계라는 것은 영향을 주는 관계인데, 아이스크림을 먹으면 물에 더 잘 빠져 죽는다든지, 물에 빠져 죽으면 아이스크림을 더 사 먹는다든지 하는 것은 모두 말도 되지 않는다. 이 둘 사이의 강력한 정적 상관은 단지 온도라는 요인에 기댄 우연의 일치일 뿐이다. 온도가 올라가면 아이스크림을 더 많이 사 먹게 되고, 온도가 올라가면 물놀이를 더 많이 하므로 익사 사고의 수가 증가하는 것이다. 이처럼 온도라는 제3의 요인으로 인하여 아이스크림 판매량과 익사 사고 사이에 강력한 정적 상관이 발생한 것을 사회과학에서는 거짓 관계 또는 허위 관계(spurious relationship)라고 부른다. 그리고 제3의 요인인 온도를 혼입변수(confounding variable)라고 한다.

아이스크림의 예 이외에도 학생들의 성적과 컴퓨터 게임에 소비한 시간 사이에 부적 상관관계가 있을 수 있다. 단지 이러한 이변량 상관을 통해 컴퓨터 게임을 많이 하면 성적이 낮아진다는 결론을 내릴 수 있을까? 또는 반대로 성적이 낮으면 컴퓨터 게임을 더 많이 한다는 결론은 어떠한가? 성적에 영향을 미칠 수 있는 요인은 컴퓨터 게임 외에도 학업 태도, 가정환경 등 수많은 원인이 있을 수 있으며, 컴퓨터 게임 시간에 영향을 주는 요인도 매우 다양할 수 있다.

이런 이유로 많은 연구자들이 '상관이 인과관계를 증명하지 못한다(Correlation does not prove(imply) causation)'는 말을 한다. 인과관계라는 것은 독립변수 X가 종속변수 Y의 원인이라는 것을 의미한다. 또는 '독립변수 X가 종속변수 Y에 영향을 준다'라고 표현할 수도 있다. '상관이 인과관계를 증명하지 못한다'는 말은 X와 Y 사이에 높은 상관이 있을 때, X가 Y의 원인일 수도 있지만, X가 Y의 원인이 아닐 수도 있다는 것을 의미한다. 즉, 높은 상관에도 불구하고 X가 Y에 영향을 주는지 아닌지 결정하기가 쉽지 않다는 것이다.

19세기의 철학자이자 경제학자로서 『자유론(On liberty)』을 집필하기도 했던 John Stuart Mill은 인과관계의 세 가지 조건을 제시하였다. 이후로 여러 학자에 의해 다른 조건들이 추가되기도 하였으나 대다수의 학자가 여전히 다음의 세 가지를 주요한 조건으로 생각한다. 첫째, 두 변수 간에는 충분한 상관이 존재해야 한다(empirical association). 둘째, 영향을 주는 변수가 영향을 받는 변수보다 시간적으로 선행해야 한다(temporal precedence). 셋째, 두 변수에 동시에 영향을 주는 혼입변수가 통제되어야 한다(nonspuriousness). 독자들은 상관과 인과관계의 차이를 정확히 숙지하고, 상관분석이나 회귀분석의 결과를 해석할 때 'X가 Y에 영향을 준다'거나 'X가 Y의 원인이다' 등의 표현은 주의해서 받아들이고 사용해야 한다.

관계의 선형성

상관의 해석은 상관계수에서만 멈추는 것이 아니라, 회귀분석과 구조방정식 모형과 같은 발전된 모형들의 해석으로 확장된다. Pearson 상관을 올바르게 이해하고 해석하기 위해서는 여러 중요한 가정들이 필요한데, 이 중에서도 가장 중요한 것은 두 변수 간의 선형성(linearity)일 것이다. 선형성이란 두 변수가 선형적인 관계(linear relationship)를 가지고 있다는 것을 의미한다. 이는 상관의 해석을 위한 가정이라고 할 수도 있지만, 상관의 정의 그 자체라고 할 수도 있다. 다시 말해, 공분산이나 상관계수는 두 변수 간의 선형적인 관계를 나타내는 측정치로 정의할 수 있다는 것이다. [그림 1.12]에 제공된 두 개의 산포도를 이용해 선형적인 관계와 비선형적인 관계가 무엇인지 살펴보자. 그림에 제공되는 점선은 각 변수의 평균선을 의미한다.

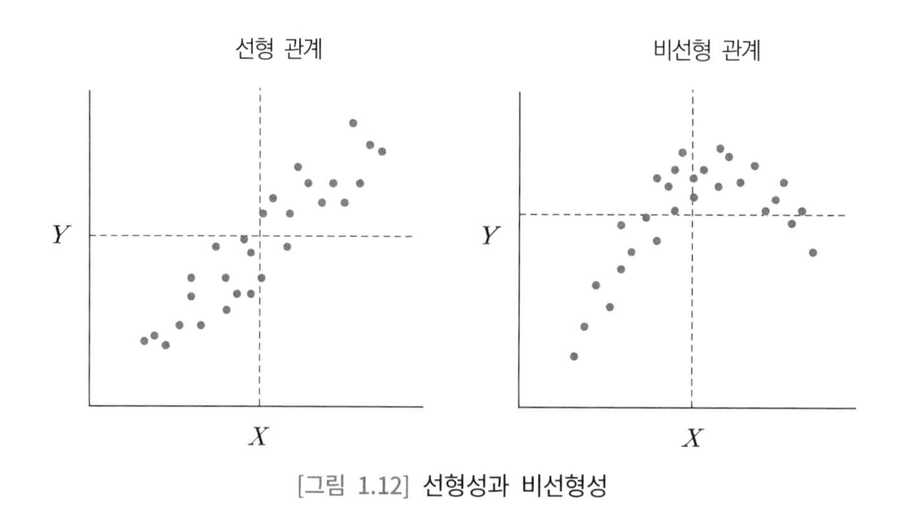

[그림 1.12] 선형성과 비선형성

앞에서 배운 공분산의 계산 원리를 이용하여 두 그림에서 X와 Y의 상관에 관한 논의를 해 보자. 왼쪽 그림을 보면 거의 대다수의 점들이 1사분면과 3사분면에 있는 반면, 오른쪽 그림을 보면 많은 점들이 1사분면과 3사분면에 있으나 2사분면에도 적지 않음을 볼 수 있다. 상관계수를 계산해 본다면, 왼쪽 그림은 0.85, 오른쪽 그림은 0.4 정도가 나올 수 있을 것이다. 그렇다면 왼쪽 그림에서는 X와 Y가 강력한 관계를 가지고 있고, 오른쪽 그림에서는 X와 Y가 약한 관계를 가지고 있을까?

우리는 과학에서 관계 또는 상관을 이야기할 때 반드시 Pearson의 상관계수가 정의하는 선형 관계만을 말하지 않는다. 왼쪽 그림에서 X와 Y 사이에 강력한 선형적 관계가 있다면, 오른쪽 그림에서는 X와 Y 사이에 강력한 비선형적 관계가 존재한다고 말할 수 있다. X가 증가함에 따라 Y가 동시에 급격하게 증가하다가 어느 지점에서 Y의 증가 속도가 떨어지고 이내 감소하게 되는 관계이다. 예를 들어, X가 한 끼에 먹는 고기의 소비량, Y가 만족도라고 할 때 오른쪽 산포도를 잘 설명할 수 있을 것이다. 이런 관계는 보통 어떤 재화의 소비량과 만족도의 관계를 볼 때 나타나며, 상당히 중요한 의미를 가질 수 있다.

우리가 사회과학 등 대부분의 학문 영역에서 사용하는 Pearson 상관계수의 경우 두 변수 사이에 선형 관계가 있을 때는 문제가 없으나 비선형 관계가 있을 때는 이를 과소평가하는 것이 일반적이다. 즉, 변수들이 가진 진정한 관계의 강도에 비해 더 작은 값이 추정된다는 것이다. 따라서 상관계수를 추정하고 그 값이 크지 않다고 해서 두 변수 사이에 아무 관계가 없다고 말하는 것은 위험할 수 있다. 상관계수 추정치가 작다는 것은 선형 관계가 강하지 않다는 의미일 뿐, 관계가 전혀 없다는 의미는 아닐 수 있는 것이다. 따라서 공분산과 상관계수를 정의할 때 그저 두 변수 사이의 관계의 정도라고 말하는 것은 부정확하며, 두 변수 사이의 선형 관계라고 말하는 것이 더 정확하다.

자료의 등분산성

상관계수를 올바르게 해석하기 위해서는 자료의 등분산성(homoscedasticity)이 만족되어야 한다. 등분산성이라는 것은 임의의 x에 대해서 Y의 분산이 동일하다는 것을 의미한다. 반면에 이분산성(heteroscedasticity)이라는 것은 임의의 x에 대해서 Y의 분산이 동일하지 않다는 의미이다. 등분산성이 무엇이며, 등분산성이 만족되지 않을 때 상관의 해석에 어떤 문제가 발생하는지 파악하기 위해 아래에 등분산 자료(homoscedastic data)와 이분산 자료(heteroscedastic data)의 예가 제공된다. 왼쪽 산포도가 등분산성이 만족된 자료이고, 오른쪽 산포도가 등분산성이 만족되지 않은 자료이다.

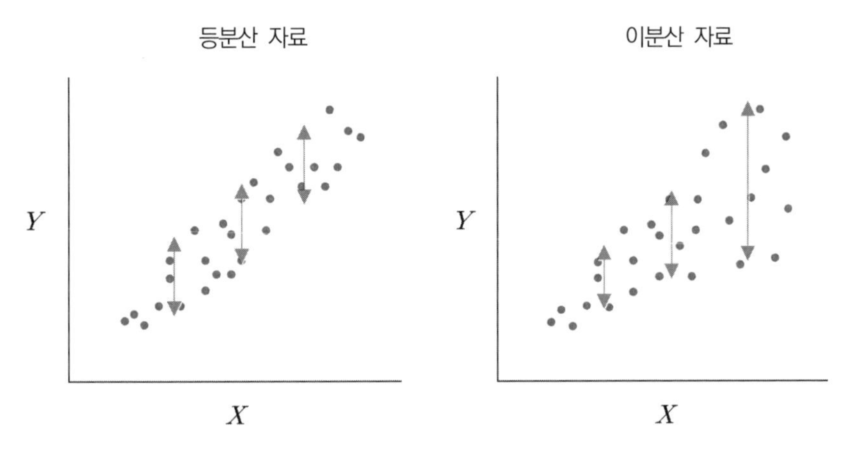

[그림 1.13] 등분산성과 이분산성

위의 왼쪽 그림을 보면 임의의 세 x값에서 Y의 분산(퍼짐의 정도)이 일정하게 유지되는 것을 확인할 수 있다. Y의 퍼짐 정도는 화살표를 이용해서 표시되고 있는데, 화살표의 길이가 모두 매우 비슷하다. X의 세 지점에서뿐만 아니라 어떤 임의의 x값에서도 Y의 분산이 거의 동일하며, 이는 정의에 의하여 등분산성이 만족된 자료라고 할 수 있다. 반면, 위의 오른쪽 그림을 보면 임의의 x값에서 Y 퍼짐의 정도가 같지 않은 것을 화살표 크기로 확인할 수 있다. X의 값이 커짐에 따라 Y의 퍼짐 정도가 커지고 있으며, 이는 등분산성이 만족되지 않은 자료의 대표적인 형태라고 할 수 있다.

등분산성이 만족되지 않으면, 추정된 상관계수를 통한 통계적 유의성 검정(t검정)을 부정확하게 만들며, 상관계수의 해석에도 문제가 생길 수 있다. 예를 들어, 오른쪽 그림의 상관계수가 0.7이라는 하나의 값으로 추정되었다고 하더라도 X의 값이 작을 때와 클 때의 상관 정도에 차이가 있을 수 있는 것이다. X의 값이 상대적으로 작을 때는 자료의 기울기가 선명하며 꽤 응집되게 자료가 퍼져 있어 높은 상관이 예상되는 반면, X의 값이 상대적으로 클 때는 자료의 기울기가 불분명하며 선형적인 패턴 없이 넓게 퍼져 있어서 상당히 낮은 상관이 예상된다. 이러한 형태의 산포도는 하나의 상관계수로 자료 전체를 대표하는 것이 적절하지 않을 수도 있다는 것을 보여 준다.

극단치

상관분석 또는 회귀분석을 실시할 때는 자료에 극단치 또는 이상값(outlier)이 있는지 확인하는 과정을 거쳐야 한다. 극단치가 자료 안에 존재하게 되면 상관계수는 정적 방향으로든 부적 방향으로든 왜곡될 수 있기 때문이다. 극단치란 기본적으로 연구자의 자료에 나타나는 전체적인 자료의 패턴을 따르지 않는 특이값(weird value)을 의미하며, 자료 안에 존재하는 대부분의 값들과 멀리 떨어져 있는 값이라고 할 수 있다. 예를 들어, 대학생의 지능지수와 성적(학점)의 관계를 연구하는데, 자료 안에 IQ가 180인 학생이 하나 있다든지, 학점이 4.0 만점에 0.5로서 매우 낮은 학생이 있다면 그 학생의 지능지수 또는 성적은 극단치 또는 이상값이 될 수 있다. 이는 그 학생이 이상하다는 뜻이 전혀 아니라 다른 사람들과 매우 동떨어진 다른 값을 갖는다는 의미이다. 극단치가 어떻게 상관계수를 왜곡시킬 수 있는지 다음의 그림을 통해서 살펴보자.

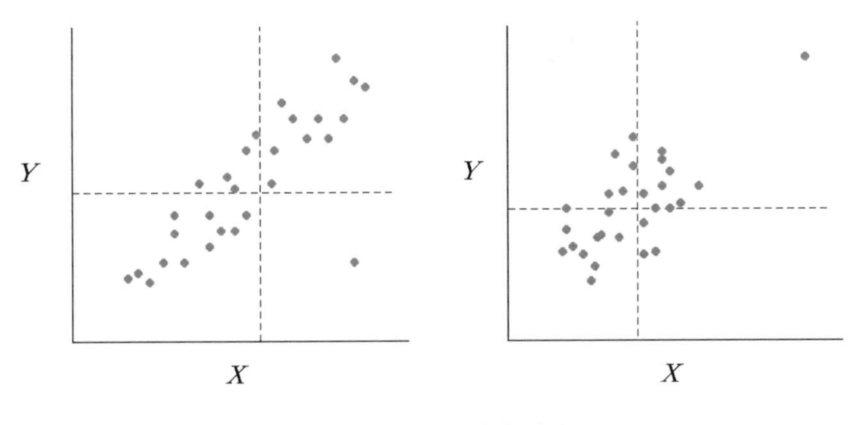

[그림 1.14] **이상값과 상관**

위의 왼쪽 그림에서 대부분의 값들은 강력한 정적 상관의 패턴을 보이고 있으나, 4사분면에 대다수의 점으로부터 떨어진 사례가 하나 존재하는 것이 보인다. 이와 같은 패턴으로 자료에 극단치가 존재하게 되면, 해당 사례의 교차곱이 상당히 큰 음수가 되고, 교차곱의 합을 계산할 때 음의 방향으로 기여하게 된다. 또한 X의 평균선과 Y의 평균선도 각각 오른쪽과 아래 방향으로 약간 이동하면서 2사분면에 더 많은 점이 들어가게 만들기도 한다. 해당 극단치 없이는 $r_{XY} = 0.8$ 정도일 수 있는데, 극단치 하나가 추가됨으로써 $r_{XY} = 0.6$ 정도로 상관계수가 과소추정될 수 있다.

반대로 위의 오른쪽 그림에는 대부분의 값이 왼쪽 아래에 모여 있어 약한 정적 상관이 있을 것으로 기대되는데, 1사분면의 오른쪽 꼭대기에 대다수의 점으로부터 떨어진 사례 하나가 존재하고 있다. 1사분면의 극단치 하나를 제외하고 X와 Y의 관계를 보면 $r_{XY} = 0.2$ 정도일 수 있는데, 만약 극단치가 포함되면 해당 사례의 교차곱이 큰 양수가 되고, 교차곱의 합을 계산할 때 양의 방향으로 기여하게 된다. 결국은 하나의 극단치로 인해서 $r_{XY} = 0.4$ 정도로 상관계수가 과대추정될 수 있다. 상관분석에서 극단치를 결정하는 가장 쉽고 대표적인 방법은 산포도를 이용하는 것이라고 할 수 있다. 산포도를 통하여 어떤 사례가 극단치인지 결정하는 것은 연구자의 선택이라고 할 수 있지만, 일단 극단치로 결정하고 나면 해당 사례는 제거하고 분석을 진행해야 한다.

1.2. 평균과 표준편차의 특성

통계적 분석을 실시하는 데 있어서 평균(mean)과 표준편차(standard deviation)가 얼마나 기본적이고 중요한지는 말할 필요도 없을 것이다. 평균과 표준편차는 누구나 잘 이해하고 있다고 생각하지만 그렇지 않은 경우가 생각보다 많다. 두 측정치의 특성에 대해서 이해하는 과정을 거치고자 한다. 사실 앞에서 설명한 상관보다도 먼저 다루어야 할 내용이지만, 회귀분석 책의 특성상 가장 중요한 상관을 먼저 설명하였고, 다음으로 평균과 표준편차를 다루고자 한다.

1.2.1. 평균의 특성

우리가 실생활이나 통계학에서 이해하고 사용하는 평균은 산술평균(arithmetic mean)이라고 하며, 자료 분포의 중심을 측정하기 위해 사용된다. 평균은 모든 점수를 더한 값을 사례의 수로 나누어 준 것으로서 모집단에서 변수 X의 평균은 μ(mu) 또는 μ_X를 이용하여 표기하며 아래와 같이 정의한다.

$$\mu = \mu_X = \frac{\sum X_i}{N} \qquad \text{[식 1.11]}$$

위의 식에서 $\sum X_i$는 모든 점수의 합을 의미하며, N은 모집단의 크기를 가리킨다. 표본의 평균은 변수 X 위에 bar를 더하여 $\overline{X}$로 표기하며 아래와 같이 정의한다.

$$\overline{X} = \frac{\sum X_i}{n} \qquad \text{[식 1.12]}$$

위에서 n은 표본의 크기를 가리킨다. 모집단의 평균이든 표본의 평균이든 수학적으로는 전혀 다르지 않으며 오직 표기법에서만 차이가 존재한다. 평균은 많은 논문에서 모집단이나 표본에 관계없이 M을 이용하기도 한다. 평균은 여러 집중경향 통계치 중에서 수학적으로 가장 이해하기 쉽고 다루기도 편리해서 많은 통계학자와 연구자들에 의해 이용된다.

중심경향 측정치로 중앙값이나 최빈값보다 훨씬 더 빈번하게 이용되는 평균의 수리적인 특징에 대하여 간단하게 소개한다. 이와 같은 특성들은 이후에 더 높은 수준의 통계 개념을 이해하거나 실제 자료를 분석할 때 많은 도움을 줄 것이다. 첫 번째 특성은 각 점수에서 평균을 뺀 값들을 모두 더하면 0이 된다는 것이다. 예를 들어, 아래 표의 왼쪽 열처럼 변수 X의 값이 있다고 가정하자.

[표 1.8] **변수의 값에서 평균을 빼 주는 경우**

X_i	$X_i - \overline{X}$
1	−2
2	−1
3	0
4	1
5	2

변수 X의 평균 $\overline{X} = 3$으로 쉽게 계산되며, X의 각 값에서 평균 3을 빼면 [표 1.8]의 오른쪽 열처럼 된다. 그리고 편차의 합 $\sum(X_i - \overline{X})$는 항상 0이 된다.

두 번째 특성은 변수 X의 모든 값에 임의의 상수를 더하여 새롭게 만들어진 변수 Y의 평균은 $\overline{X}$에 그 상수를 더한 값이 된다는 것이다. 아래 표의 왼쪽 열에 변수 X의 값이 있고 오른쪽 열에는 변수 X의 모든 값에 상수 4를 더한 새로운 변수 Y가 제공된다.

[표 1.9] **변수의 값에 상수 4를 더하는 경우**

X_i	$Y_i = X_i + 4$
1	5
2	6
3	7
4	8
5	9

변수 Y의 평균 $\overline{Y} = 7$로 쉽게 계산되며, 이 값은 $\overline{X}$에 4를 더한 값이다. 다시 말해, $Y = X + 4$일 때, $\overline{Y} = \overline{X} + 4$가 된다. 이와 같은 관계는 상수가 양수든 음수든 상관없이 성립한다.

세 번째 특성은 변수 X의 모든 값에 임의의 상수를 곱하여 새롭게 만들어진 변수 Y의 평균은 $\overline{X}$에 그 상수를 곱한 값이 된다. 아래 표의 왼쪽 열에 변수 X의 값이 있고 오른쪽 열에는 변수 X의 모든 값에 상수 4를 곱한 새로운 변수 Y가 제공된다.

[표 1.10] 변수의 값에 상수 4를 곱하는 경우

X_i	$Y_i = 4X_i$
1	4
2	8
3	12
4	16
5	20

$\overline{Y} = 12$임을 쉽게 계산할 수 있으며, 이 값은 $\overline{X}$에 4를 곱한 값이다. 다시 말해, $Y = 4X$일 때, $\overline{Y} = 4\overline{X}$가 된다. 이와 같은 관계는 역시 상수가 양수든 음수든 상관없이 성립한다.

1.2.2. 표준편차의 특성

표준편차는 분산에 제곱근(square root)을 씌워서 계산된다. 즉, 분산을 한 번 더 가공하여 얻게 되는 측정치이다. 그러므로 표준편차를 얻기 위해서는 먼저 분산을 구해야 한다. 분산은 모집단과 표본에서 각기 다른 식과 표기법을 사용하므로 먼저 모집단의 분산 σ^2을 아래와 같이 정의한다.

$$\sigma^2 = \sigma_X^2 = \frac{\sum (X_i - \mu)^2}{N} \qquad [식\ 1.13]$$

위의 식은 편차의 제곱의 합(sum of squares, SS)을 모집단의 크기로 나누어 준 것이다.

분산은 계산의 과정에서 모든 편차를 제곱하기 때문에 원래의 단위와 달라져 있다는 특성이 있어 행동과학(behavioral science) 영역의 사회과학자들은 해석의 과정에서 이를 선호하지 않는 경향이 있다. 그런 이유로 아래처럼 분산에 제곱근을 취한 표준편차 σ를 많이 사용한다.

$$\sigma = \sigma_X = \sqrt{\frac{\sum (X_i - \mu)^2}{N}} \qquad [식\ 1.14]$$

모집단의 분산과 표준편차를 계산하는 것은 교과서 안의 세상에서나 존재하는 것이지 현실 세상 속에서는 거의 불가능한 일이다. 모집단의 분산에 비해 훨씬 더 많이 사용하는 표본의 분산 s^2은 아래와 같이 정의된다.

$$s^2 = s_X^2 = \frac{\sum(X_i - \overline{X})^2}{n-1} = \frac{SS}{n-1} \qquad \text{[식 1.15]}$$

표본의 분산은 편차의 제곱합(SS)을 표본의 크기에서 1을 빼 준 값($n-1$)으로 나누어 준다. n이 아닌 $n-1$로 나누어 주는 것은 지극히 기술적인 이유이며, 이렇게 했을 때만 s^2이 σ^2의 불편향 추정량(unbiased estimator)이 되기 때문이다.

표본의 표준편차는 표본의 분산에 제곱근을 씌워 구하므로 아래와 같다.

$$s = s_X = \sqrt{\frac{\sum(X_i - \overline{X})^2}{n-1}} = \sqrt{\frac{SS}{n-1}} \qquad \text{[식 1.16]}$$

이제 사회과학에서 가장 중요한 변동성(variability) 측정치라고 할 수 있는 표준편차의 특성을 살펴본다. 이 특성들은 나중에 회귀분석이나 구조방정식 모형 등의 이해에 큰 도움을 줄 수 있는 것들이다. 첫 번째 특성은 변수 X의 모든 값에 임의의 상수를 더하여 새롭게 만들어진 변수 Y의 표준편차는 X의 표준편차와 동일하다는 것이다. 아래 표의 첫 번째 열에 변수 X의 값이 있고, 세 번째 열에는 변수 X의 모든 값에 상수 4를 더한 새로운 변수 Y가 제공된다.

[표 1.11] **변수의 값에 상수 4를 더하는 경우**

X_i	$X_i - \overline{X}$	$Y_i = X_i + 4$	$Y_i - \overline{Y}$
1	−2	5	−2
2	−1	6	−1
3	0	7	0
4	1	8	1
5	2	9	2

변수 X의 평균 $\overline{X} = 3$이며, 변수 Y의 평균 $\overline{Y} = 7$이다. 각 변수의 편차 $X_i - \overline{X}$ 및 $Y_i - \overline{Y}$는 두 번째와 네 번째 열처럼 계산된다. X와 Y의 편차가 완전히 동일하므로 편차의

제곱합과 자유도를 이용해서 계산되는 표준편차 역시 같을 수밖에 없다. X와 Y의 표준편차는 모두 1.581이다. 그리고 이와 같은 관계는 상수가 양수든 음수든 상관없이 성립한다.

두 번째 특성은 변수 X의 모든 값에 임의의 상수를 곱하여 새롭게 만들어진 변수 Y의 표준편차는 X의 표준편차에 그 상수의 절대값을 곱한 값이 된다. 아래 표의 첫 번째 열에 변수 X의 값이 있고, 세 번째 열에는 변수 X의 모든 값에 상수 4를 곱한 새로운 변수 Y가 제공된다. 그리고 두 번째와 네 번째 열에는 각 변수의 편차가 제공된다.

[표 1.12] **변수의 값에 상수 4를 곱하는 경우**

X_i	$X_i - \overline{X}$	$Y_i = 4X_i$	$Y_i - \overline{Y}$
1	−2	4	−8
2	−1	8	−4
3	0	12	0
4	1	16	4
5	2	20	8

바로 앞에서 말했듯이 X의 표준편차는 1.581이다. Y의 표준편차를 계산하면 다음과 같다.

$$\sqrt{\frac{(-8)^2 + (-4)^2 + 0^2 + 4^2 + 8^2}{5-1}} = 6.324$$

$6.324 = 1.581 \times 4$이다. 즉, Y의 표준편차는 X의 표준편차에 상수 4를 곱한 값이다. 그리고 상수가 음수일 때는 단지 X의 표준편차에 상수를 곱하는 것이 아니라 결과물에서 음의 부호를 제거해야 한다. 분산과 표준편차는 절대로 음수 값을 가질 수 없기 때문이다.

참고로 Y의 분산은 X의 분산에 상수의 제곱을 곱한 값이다. 즉, 아래의 식이 성립한다.

$$Var(aX) = a^2\, Var(X) \quad \text{[식 1.17]}$$

위의 식에서 $Var(X)$는 X의 분산을 가리키며, a는 임의의 상수이다. 즉, aX의 분산은 X의 분산에 a^2을 곱한 값이다.

1.3. 표집이론

회귀모형을 설정하고, 표본을 이용하여 설정한 모형을 추정하고 나면 모형의 모수(절편, 기울기 등)에 대한 검정을 진행하는 것이 일반적이다. 예를 들어, [식 1.1]에서 절편 β_0가 통계적으로 유의한지, 기울기 β_1이 통계적으로 유의한지 등을 검정할 수 있다. 모수의 검정 결과가 통계적으로 유의하다(significant)는 말은 모수가 검정하고자 하는 임의의 상수와 다르다는 것을 의미한다. 회귀분석의 모수에 대한 검정은 일반적으로 해당 모수가 0인지 아닌지를 확인하는 과정이므로 $H_0 : \beta_0 = 0$ 또는 $H_0 : \beta_1 = 0$ 등을 영가설로 하여 검정을 진행하게 된다. 이와 같은 검정을 진행하려고 하면 반드시 필요한 정보가 있는데, 그것은 바로 모수 추정치의 분포이다. 즉, β_0 및 β_1에 대한 검정을 진행하려고 하면, $\hat{\beta}_0$의 분포 및 $\hat{\beta}_1$의 분포가 무엇인지 파악해야만 한다.[1] 이렇듯 모수 추정치인 $\hat{\beta}_0$의 분포 또는 $\hat{\beta}_1$의 분포를 표집분포(sampling distribution)라고 한다. 다시 말해, 표집분포란 추정치(또는 통계치)의 분포를 의미한다.

기초통계학에서 배웠던 평균의 검정 과정도 마찬가지이다. 단일표본 z검정이나 t검정에서 사용되는 가장 간단한 영가설도 회귀분석의 검정처럼 $H_0 : \mu = 0$과 같은 형태를 가지고 있으며, 이를 검정하기 위해서는 μ의 추정치인 $\hat{\mu}$이 어떤 분포를 따르는지 알아내야 한다. 잘 알다시피 $\hat{\mu}$은 표본평균 $\overline{X}$이고, 그런 이유로 표본평균의 표집분포가 무엇인지 배웠던 것이다. 조금 더 나아가서 독립표본 검정의 영가설인 $H_0 : \mu_1 - \mu_2 = 0$을 검정하고자 한다면, $\mu_1 - \mu_2$의 추정치인 $\overline{X}_1 - \overline{X}_2$의 표집분포가 무엇인지 파악해야만 한다. 이보다 더 복잡한 대부분의 검정도 비슷한 과정으로 이루어져 있다.

언급한 것처럼 추정치의 분포인 표집분포는 통계적 검정의 핵심이며, 이 세상에는 다양한 검정과 추정치가 존재하므로 표집분포의 종류 역시 셀 수 없을 만큼 많다. 그중에서도 가장 기본적이고 중요한 표집분포가 있는데, 바로 단일표본 z검정 등을 이해하기 위해 반드시 알아야 하는 표본평균 $\overline{X}$의 표집분포이다. 지금부터 표본평균 $\overline{X}$의 표집분포에 대한 이론과 특성을 간략하게 리뷰한다.

---

[1] 통계학에서 모수는 그리스 문자(예를 들어, μ)를 이용하여 표기하고, 추정치는 그리스 문자 위에 ^(hat)을 붙여(예를 들어, $\hat{\mu}$) 표기하는 게 일반적이다. 또는 r, $\overline{X}$ 등의 로마자를 이용하여 추정치를 표기하기도 한다.

우리가 '$\overline{X}$의 분포'라는 표현을 사용한다는 것은 $\overline{X}$ 값이 하나가 아니라 여러 개 있다는 것을 의미한다. 그래야 분포(distribution)라는 것을 형성할 수 있기 때문이다. 그런데 우리가 알고 있는 단일표본 검정을 위한 통계의 도식은 아래처럼 하나의 모집단과 하나의 표본으로 이루어져 있다. 아래의 그림은 모집단에 우리가 알고자 하는 모수(μ, σ^2)가 있고, 하나의 표본을 추출(표집, sampling)하여 $\overline{X}$, s^2 등으로 모수를 추정하고, 추정한 결과를 모집단에 일반화(generalization)하는 그림이다. 이는 아마도 통계 수업의 첫 번째 시간에 보게 되는 내용일 것이다.

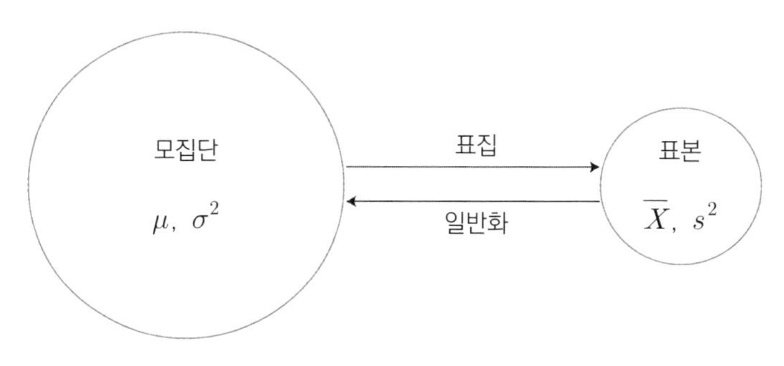

[그림 1.15] 통계의 기본 도식

이와 같은 통계의 일반적인 도식에서 μ의 추정치인 $\overline{X}$는 하나밖에 없다. 연구가 조금 더 복잡해진다 해도 표본이라는 것은 두 개 또는 세 개이거나 기껏해야 대여섯 개를 넘는 경우가 별로 없다. 그러므로 진짜 모집단에서 진짜 표본을 추출하여 추정치들을 구하고 그것들의 분포를 형성한다는 것은 거의 가능하지 않다. 지금부터 설명할 추정치의 표집분포라는 것은 진짜 표본과 진짜 추정치를 이용한 실제 분포(empirical distribution)가 아니다. $\overline{X}$ 표집분포란 표집이론을 통하여 만들어진 가상의 이론적인 분포(theoretical distribution)이다.[2] 아래 그림에 모평균 μ의 추정치 $\overline{X}$의 이론적인 표집분포를 구하기 위한 도식이 제공된다. 표집분포의 형성을 위한 표집과정에서 표본크기는 일정하게 유지되어야 하며, 예제에서는 $n = 200$이라고 가정하였다.

2 사실 부트스트랩 표집분포(bootstrap sampling distribution)처럼 표집분포가 실제 분포인 경우가 없는 것은 아니지만, 이에 대한 논의는 뒤에서 다룬다.

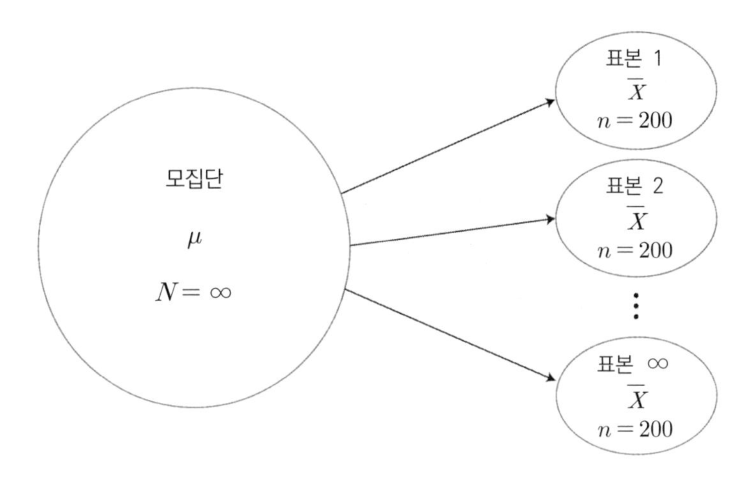

[그림 1.16] $n=200$인 **표본의 반복적인 표집과정**

위에서 연구의 변수는 성인 남자의 키, 간호사들의 우울 수준, 고등학생들의 효능감 수준 등 그 무엇이라도 될 수 있다. 그 어떤 변수든 간에 연구자의 관심 모수는 μ이며, 모집단의 크기는 매우 크다(무한대, ∞)고 가정한다. 모집단에서 가상으로 $n=200$인 표본 1을 표집하여 모수의 추정치 $\overline{X}$를 구한다. 가상으로 표집을 하는 것이므로 실질적으로 표본 1이 어떤 점수들로 이루어져 있는지 모르고, $\overline{X}$를 실질적으로 구하는 것도 아니며, 사실 $\overline{X}$의 값이 얼마인지도 모른다. [그림 1.16]은 그저 가상적으로 표본을 추출하고, 그 표본을 이용하여 관심 있는 모수를 추정한다는 사실을 보여 주는 것뿐이다. 첫 번째 표집을 한 이후에 또 가상으로 $n=200$인 표본 2를 표집하여 모수의 추정치 $\overline{X}$를 구한다. 다시 표본 3을 표집하여 모수의 추정치 $\overline{X}$를 또 구하는 식으로 무한 반복하여 $n=200$인 표본 무한개를 표집하고, 또한 그로부터 무한개의 $\overline{X}$ 추정치를 구한다.

이 표집의 과정은 상상 속에서 일어나는, 즉 수리적으로 진행되는 이론적인 표집과정이다. 표집의 과정이 오직 가상적으로만 이루어지므로, 우리가 표집했다고 상상한 무한한 표본들의 개별적인 $\overline{X}$값들을 알 수 있는 방법은 없다. 그런데 이론적으로(수리적으로) 무한한 $\overline{X}$들이 이루는 표집분포의 세 가지 특성은 통계학자들에 의하여 밝혀져 있다. 참고로 이를 중심극한정리(central limit theorem)라고도 하며, 이 세 가지 특성을 이해하는 것은 통계적 검정을 진행하는 데 있어 필수적이다.

첫째, 무한한 모든 표본평균 $\overline{X}$들의 모평균 $\mu_{\overline{X}}$는 모집단의 평균 μ(또는 μ_X로 표기)와 동일하다. 이를 수식으로 표현하면 다음과 같다.

$$\mu_{\overline{X}} = \mu \text{ 또는 } \mu_{\overline{X}} = \mu_X \quad \text{[식 1.18]}$$

위의 식은 [그림 1.16]에 보이는 무한한 $\overline{X}$들의 평균이 결국 모평균 μ라는 것을 의미한다. 표집이론 상에서 모든 $\overline{X}$들의 평균을 $\overline{X}$의 기대값(expected value of $\overline{X}$)이라고 하고 $E(\overline{X})$로 표기하는데, 이것이 μ라는 의미이고 이는 아래와 같이 표현하기도 한다.

$$E(\overline{X}) = \mu \quad \text{[식 1.19]}$$

기대값이라는 것은 근본적으로 평균의 개념인데, 특히 표집이론 상에서 무한한 표본에 걸친 어떤 추정치의 평균을 의미한다. 만약 [식 1.19]처럼 어떤 추정치의 기대값이 모수와 동일하면 그 추정치 또는 추정량(estimator)이[3] 불편향(unbiased)하다고 말한다. 즉, $\overline{X}$는 μ의 불편향 추정량이다.

둘째, 표본평균 $\overline{X}$의 분산(또는 표준편차)은 표본크기가 커짐에 따라 작아진다. 직관적으로 생각했을 때, [그림 1.16]의 표집과정에서 표본크기가 커짐에 따라 개별적인 표본이 모집단을 대표할 확률이 올라가고, 자연스럽게 대부분의 $\overline{X}$들은 μ와 더 비슷하게 될 것이다. 이렇듯 표본크기가 커지면 표집오차(sampling error)가 줄어들게 되고, 표집오차가 줄어들면, $\overline{X}$의 표준편차도 같이 작아지게 된다. 따라서 아래의 식처럼 표본평균 $\overline{X}$들의 모분산 $\sigma^2_{\overline{X}}$은 모집단의 분산 σ^2(또는 σ^2_X로 표기)보다 작아진다.

$$\sigma^2_{\overline{X}} = \frac{\sigma^2}{n} \quad \text{[식 1.20]}$$

위의 식에 제곱근을 씌워서 $\overline{X}$의 표준편차 $\sigma_{\overline{X}}$가 다음처럼 정의된다.

$$\sigma_{\overline{X}} = \frac{\sigma}{\sqrt{n}} \quad \text{[식 1.21]}$$

---

[3] 통계학에서 추정량(estimator)과 추정치(estimate)는 비슷한 개념이면서도 조금 다르다. 추정량은 표집분포에서의 변수이고, 추정치는 특정한 하나의 값이다. 예를 들어, 우리나라 성인의 평균 키 μ의 추정량은 표본평균 $\overline{X}$이고, 추정치는 175cm이다. 많은 책이 의도적이든 실수든 이 둘을 잘 구분하지 않으며, 본 책에서도 이 둘을 심각하게 구분하지 않는다.

$\sigma_{\overline{X}}$처럼 어떤 추정치의 표준편차를 표준오차(standard error)라고 하며, 표준오차는 통계검정에서 매우 중요한 위치를 차지한다. 위의 두 식처럼 표본크기가 커짐에 따라 표본평균 $\overline{X}$의 분산도가 작아질 때, $\overline{X}$는 μ의 일치추정량(consistent estimator)이라고 불린다. 쉽게 말해, 표본크기가 증가함에 따라 $\overline{X}$는 μ의 더욱더 정확한 추정치가 된다.

셋째, 표본크기가 충분히 크면(large enough) 표본평균 $\overline{X}$는 모집단 원점수 X의 분포와 관계없이 이론적으로 정규분포를 따른다. 예를 들어, 원점수 X의 분포가 정적으로 편포되어 있거나 심지어 봉이 두 개 또는 세 개여도 표본평균 $\overline{X}$들은 이론적으로 정규분포를 형성한다. 이러한 특성이 성립하기 위해서는 표본크기가 충분히 커야 하는데, 충분히 크다는 조건은 상당히 모호하다. 학자에 따라 $n=25$, $n=30$, $n=50$ 등 다양한 숫자를 제안하기 때문이다. 일반적으로는 원점수 X의 분포가 정규분포에 가깝다면 표본크기가 작아도 $\overline{X}$의 분포는 정규분포를 쉽게 이루게 되고, 만약 X의 분포가 정규분포와 동떨어져 있다면 $\overline{X}$의 분포가 정규분포를 따르기 위해서는 표본크기가 커야 한다.

1.4. 신뢰구간

앞에서 잠시 예로 들었던 성인 남자의 키, 간호사들의 우울 수준, 고등학생들의 효능감 수준 등에 관심이 있다고 하면, 연구자는 이 변수들의 모집단 평균 μ를 알고자 할 수 있다. 모집단을 통째로 조사한다는 것은 현실성이 없으므로 표본을 수집하여 μ를 추정하는 것이 일반적이다. 이때 모수 μ를 $\overline{X}$와 같은 하나의 값으로 추정하는 것을 점추정(point estimation)이라고 하며 $\overline{X}$를 점추정치(point estimate)라고 한다. 점추정치는 모수를 하나의 특정한 값으로 나타냄으로써 정밀하다(precise)는 장점이 있으나 점추정치의 정확성에 대해서는 확신할 수 없다(less confident). 예를 들어, $\overline{X}=175$라는 정보를 근거로 성인 남자의 키 평균 $\mu=175$라는 사실에 대해 내기를 해야 한다면 독자는 얼마나 많은 돈을 걸 수 있겠는가? 필자라면 아마도 이런 내기는 절대로 하지 않을 것이다. 왜냐하면 $\overline{X}=175$일 때, μ는 174일 수도 있고, 177일 수도 있고, 175.1일 수도 있는 등 $\mu=175$라는 확신이 0에 가까울 정도로 매우 낮기 때문이다.

모평균 μ를 추정하는 방법으로서 점추정이 아닌 구간추정(interval estimation)을 이용할 수 있다. 예를 들어, 주어진 정보 $\overline{X} = 175$를 바탕으로 μ를 173~177 또는 170~180 등의 구간으로 추정하는 것이다. 이러한 구간추정치(interval estimate)는 점추정치에 비해 정밀성은 떨어지지만(less precise) 높은 확신(more confident)을 제공한다는 장점이 있다. 이때의 확신이란 μ의 구간추정치가 실제로 μ를 포함하고 있을 거라는 확신을 가리킨다. 얼마나 확신하는지의 정도, 즉 확신의 수준(confidence level)은 당연히 구간의 폭이 더 넓을수록 강해진다. 예를 들어, μ를 173~177로 추정하는 것에 비해 170~180으로 추정하는 것이 구간추정치가 μ를 포함하고 있다는 확신을 더 높여 준다. 그렇다고 해서 확신의 수준을 높이기 위해 구간의 너비를 마냥 키워나가는 것은 구간추정치의 유용성 측면에서 아무런 의미가 없게 된다. 극단적으로 말해서 구간추정치가 1~300이라면 성인 남자의 키 평균인 μ를 포함하고 있다는 확신이 100%가 되지만, 이와 같은 극단적인 구간추정치는 쓸모가 없다. 그러므로 우리가 원하는 것은 되도록 정밀한 구간추정치로 높은 수준의 확신을 달성하는 것이라고도 할 수 있다.

신뢰구간 추정치는 근래 사회과학이나 행동과학 분야의 통계학에서 그 중요성이 점점 더 높아지고 있다. 가장 큰 이유는 나중에 설명하게 될 부트스트랩(bootstrap) 기법과 관련되어 있다. 자료가 통계모형의 정규성 가정 등을 만족하지 않거나 매개효과(mediation effect) 등을 확인하고자 할 때 부트스트랩 기법을 이용하여 통계적 검정을 실시해야 하는 경우가 있는데, 이를 위해서는 신뢰구간 추정치를 이해하고 있어야 한다. 여기서는 모평균 μ의 신뢰구간 추정치를 구하는 방법을 설명함으로써 신뢰구간의 기본을 소개한다.

모평균 μ의 구간추정 방법으로 가장 많이 사용하는 것은 신뢰구간(confidence interval, CI)인데, 확신의 수준에 따라 95% 신뢰구간과 99% 신뢰구간을 주로 사용한다.[4] 퍼센티지가 커질수록 확신도 높아지며 구간의 폭도 넓어진다. 신뢰구간 추정치는 검정의 원리 및 표집분포와 밀접한 관련이 있다. 예를 들어, 95% 신뢰구간은 5%의 유의수준과 연관이 있으며, 99% 신뢰구간은 1%의 유의수준과 관련이 있다. 그러한 이유로 신뢰구간은 $100(1-\alpha)\%$ 신뢰구간이라는 표현을 쓰기도 한다. 만약 $\alpha = 0.05$라면 이에 상응하는 신뢰구간은 $100(1-0.05)\%$ 신뢰구간, 즉 95% 신뢰구간이 된다.

[4] 통계학에서 신뢰(reliability)라는 단어와 확신(confidence)이라는 단어는 전혀 다른 의미를 가지고 사용된다. 과거에 누군가 처음 confidence interval을 신뢰구간이라고 번역하였다고 하여서 이 단어에 의미를 부여하는 연구자들이 있는데, 이는 적절치 않다. 하지만 이미 광범위하게 사용되는 단어를 이제 와서 바꾸는 것도 가능하지 않다.

신뢰구간에 대한 본격적인 설명에 들어가기에 앞서 짚고 넘어가야 할 것이 있다. 사회과학 등의 분야에서 출판된 많은 논문이나 통계학책을 보면, 신뢰구간이 마치 모수와 추정치가 모두 있는 것처럼 서술하는 경우가 적지 않다. 다시 말해, 모집단에 신뢰구간 모수가 있고, 표본을 이용하여 그 신뢰구간 모수를 추정하여 신뢰구간 추정치를 구한다고 착각하는 것이다. 하지만 신뢰구간은 그 자체가 추정치이며, 해당하는 구간 모수는 존재하지 않는다. 예를 들어, 모수 μ에 대하여 95% 신뢰구간을 추정할 수 있으며, 회귀계수 β_1에 대하여 95% 신뢰구간 추정치가 존재하는 식이다. 즉, 신뢰구간 모수와 신뢰구간 추정치가 각각 존재하는 것이 아니라, 어떤 모수에 대한 신뢰구간 추정치가 존재하는 것이다.

신뢰구간은 양방검정(two-tailed test)의 맥락에서 추정할 수도 있고, 일방검정(one-tailed test)의 맥락에서 추정할 수도 있다. 일반적인 검정 등을 고려했을 때 양방검정 맥락에서의 신뢰구간이 훨씬 더 광범위하게 사용되므로, 95% 양방 신뢰구간(two-sided confidence interval)을 형성하는 원리를 설명하고자 한다. 신뢰구간을 이끌어 내는 방법은 수식을 이용할 수도 있고 그림을 이용할 수도 있는데, 사회과학 분야 독자들의 이해를 위해 그림과 약간의 식을 이용하는 방법을 소개한다. 아래에는 임의의 표본평균 $\overline{X}$의 표집분포(정규분포)가 제공되는데, 유의수준 5%를 가정했을 때의 극단적인 영역이 양쪽 끝에 표시되어 있다.

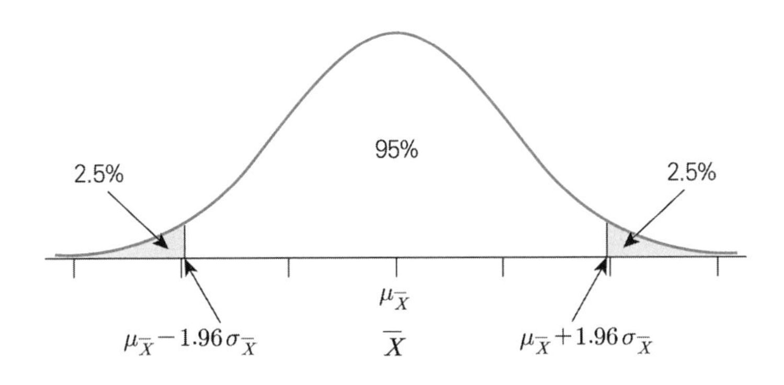

[그림 1.17] $\overline{X}$ 표집분포에서 유의수준 5%에 따른 극단적인 영역

위에서 5%의 극단적인 영역(기각역, critical region)은 $\overline{X}$ 표집분포의 양쪽 꼬리에 각 2.5%씩 표시되어 있고, 극단적인 영역이 시작하는 두 개의 기각값(critical value)은 $\mu_{\overline{X}}-1.96\sigma_{\overline{X}}$와 $\mu_{\overline{X}}+1.96\sigma_{\overline{X}}$임을 확인할 수 있다. 즉, $\mu_{\overline{X}}+1.96\sigma_{\overline{X}}$보다 큰 영역에 전체 $\overline{X}$의 2.5%가 위치하고 있고, $\mu_{\overline{X}}-1.96\sigma_{\overline{X}}$보다 작은 영역에 전체 $\overline{X}$의 2.5%가 위치하고

있다. 이는 $\mu_{\overline{X}}-1.96\sigma_{\overline{X}}$와 $\mu_{\overline{X}}+1.96\sigma_{\overline{X}}$ 사이에 전체 $\overline{X}$의 95%가 있다는 것을 의미한다. 이 95%의 극단적이지 않은 영역을 수식으로 표현하면 아래와 같다.

$$\mu_{\overline{X}}-1.96\sigma_{\overline{X}} \le \overline{X} \le \mu_{\overline{X}}+1.96\sigma_{\overline{X}} \quad \text{[식 1.22]}$$

$\overline{X}$의 표집이론에서 설명했듯이 $\mu_{\overline{X}}=\mu$이고, $\sigma_{\overline{X}}=\frac{\sigma}{\sqrt{n}}$이므로 위의 식은 아래와 같이 고쳐 쓸 수 있다.

$$\mu-1.96\frac{\sigma}{\sqrt{n}} \le \overline{X} \le \mu+1.96\frac{\sigma}{\sqrt{n}} \quad \text{[식 1.23]}$$

두 개의 식은 표집분포 상에서 모든 $\overline{X}$ 중 95%의 $\overline{X}$가 속하는 범위를 가리킨다. 검정의 측면에서 설명하면 [식 1.22]와 [식 1.23]은 유의수준 5%에서 영가설을 기각하지 않는 $\overline{X}$의 범위이다. 위의 식들이 $\overline{X}$의 범위를 말해 주는 $\overline{X}$에 대한 식이라면, 이를 아래처럼 μ에 대한 식으로 변환할 수 있다. 즉, 모수 μ에 대한 구간을 얻을 수 있다.

$$\overline{X}-1.96\frac{\sigma}{\sqrt{n}} \le \mu \le \overline{X}+1.96\frac{\sigma}{\sqrt{n}} \quad \text{[식 1.24]}$$

위의 식을 μ의 95% 신뢰구간이라고 한다. 이때 작은 값인 $\overline{X}-1.96\frac{\sigma}{\sqrt{n}}$를 하한(lower bound 또는 lower limit)이라고 하고, 큰 값인 $\overline{X}+1.96\frac{\sigma}{\sqrt{n}}$를 상한(upper bound 또는 upper limit)이라고 한다. 하한과 상한을 합쳐서 신뢰한계(confidence limits)라고 하기도 한다. 그리고 신뢰구간은 ~ 표시가 아닌 브라켓을 이용하여 다음처럼 표기하는 것이 일반적이다.

$$95\%\ \ CI\ of\ \ \mu=\left[\overline{X}-1.96\frac{\sigma}{\sqrt{n}},\ \overline{X}+1.96\frac{\sigma}{\sqrt{n}}\right] \quad \text{[식 1.25]}$$

모평균 μ의 95% 신뢰구간 추정치를 구했는데, 이 95% 신뢰구간이라는 것을 어떻게 해석해야 할까? 먼저 'μ의 95% 신뢰구간 추정치가 μ를 포함할 확률이 95%이다'라고 해석하는 것은 가능하지 않다. 이는 우리가 배우는 신뢰구간의 탄생 원리에 비추어 봤을 때 옳지 않다. 지금까지 설명한 신뢰구간의 형성은 통계학 분야에서 소위 빈도주의자(frequentist)라고 불리는 학자들의 이론에 기반한 것이다. 빈도주의 이론은 비록 모수 μ가 무엇인지는 모르지만, 상수로서 존재한다고 가정한다. 그러므로 하나의 추정된 95% 신뢰구간이 주어지면 μ를 포함하거나 포함하지 않거나 오직 두 가지 가능성만 존재할 뿐이다. 결국 95% 신뢰구간 추정치가 모수 μ를 포함할 확률은 1 아니면 0이 된다.

95% 신뢰구간에서 95%를 이해하기 위해서는 앞에서 설명한 표집이론을 다시 꺼내야 한다. 아래의 그림은 모집단으로부터 무한대의 표집을 통해 μ의 95% 신뢰구간 추정치를 구하는 이론적인 과정이다.

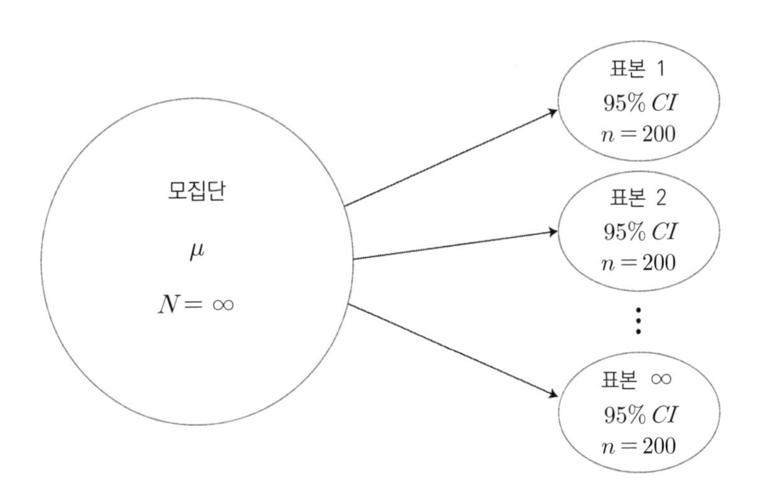

[그림 1.18] μ의 95% 신뢰구간을 추정하는 가상의 표집과정

위의 모집단에서 이론적으로, 즉 가상으로 하나의 표본을 추출하여 μ의 95% 신뢰구간을 구한다. 첫 번째 표본을 통해 구한 95% 신뢰구간 추정치는 모수 μ를 포함할 수도 있고 포함하지 않을 수도 있다. 다음에 또 하나의 표본을 이론적으로 추출하여 μ의 95% 신뢰구간을 구한다. 이 신뢰구간 추정치 역시 μ를 포함할 수도 있고 포함하지 않을 수도 있다. 이런 식으로 무한대의 표본을 추출하고 무한대의 95% 신뢰구간을 구했을 때, 이 중 95%의 신뢰구간이 μ를 포함하고 있을 것이라는 게 95% 신뢰구간에서 95%가 의미하는 바이다. 즉, 10,000번의 표집을 했다면 9,500개의 95% 신뢰구간 추정치가 모평균 μ를 포함하고 있을 것이라고 기대할 수 있다.

그런데 이러한 해석은 표집이론 상에서 95% 신뢰구간을 해석하는 데는 도움을 줄 수 있을지 모르겠으나, 연구자가 구한 단 하나의 95% 신뢰구간을 어떻게 해석해야 할지는 여전히 모호하다. 주어진 하나의 95%에 신뢰구간의 해석은 '추정한 신뢰구간이 모수를 포함한다는 것을 95% 확신한다'가 된다. 영어로는 'I am 95% confident that the estimated confidence interval contains μ' 정도로 쓸 수 있다.

신뢰구간의 형성 과정과 개념을 이해했다면 μ의 신뢰구간이 μ에 대한 검정과 아주 밀접한 관련이 있다는 것을 이해했을 것이다. 이런 이유로 신뢰구간을 추정하면 이를 이용하여 검정을 실행할 수 있다. [식 1.22]와 [식 1.23]에서 보듯이 신뢰구간을 형성하기 위한 첫 번째 단계는 영가설을 기각하지 않는 $\overline{X}$의 범위를 식으로 표현하는 것이다. 이런 이유로 $H_0 : \mu = 0$과 같은 가설을 검정하고자 할 때, [식 1.24]의 신뢰구간 추정치가 검정하고자 하는 값(testing value, 여기서는 0)을 포함하지 않을 때 영가설을 기각한다. 만약 신뢰구간 추정치가 검정하고자 하는 값을 포함하고 있다면 영가설을 기각하는 데 실패하게 된다. 지금 설명한 것처럼 95% 신뢰구간을 이용하여 검정을 진행하게 되면, 유의수준 5%에서 p값을 이용하여 검정을 실시하는 것과 동일한 결과를 얻게 된다.

모평균 μ의 신뢰구간 추정치를 형성하는 기본 개념과 방법 및 검정에서의 사용에 대해서 간략하게 다루었다. 조금 더 자세한 설명이나 일방검정 맥락에서의 신뢰구간 추정치 형성 등에 관심이 있다면 김수영(2019)을 참고하기 바란다.

제2장 단순회귀분석

단순회귀분석(simple regression)은 예측하는 변수(독립변수, 예측변수, 설명변수 등)가 하나만 있는 가장 단순한 형태의 회귀분석이다. 매우 단순한 가정이 있는 모형이기 때문에 실제 연구에서 다중회귀분석만큼 자주 사용되지는 않지만, 회귀분석의 기본을 이해하는 데 있어 쓸모가 있다고 할 수 있다. 이번 장에서는 단순회귀분석 모형을 통하여 기본적인 회귀분석의 원리와 모형의 설정 방법 및 평가 방법 등에 대해서 살펴본다.

2.1. 상관과 회귀의 관계

Galton에 의해 처음 사용된 단순회귀분석은 두 변수(독립변수와 종속변수) 사이의 관계를 수식으로 모형화(modeling)하는 통계분석법으로서 이론적으로 상관계수의 발전된 형태라고 볼 수 있다. 논문이 나온 순서는 회귀분석(Galton, 1886)이 상관계수(Pearson, 1896)보다 더 앞서지만, 그것은 단지 논문이 출판된 시기의 문제일 뿐이며, 기본적으로 두 방법은 모두 Galton에 의해 그 아이디어가 탄생하였다. 후원자였던 Galton으로부터 받은 아이디어를 이용하여 Pearson이 나중에 상관계수 논문을 발표한 것이지, 발전 단계로는 상관계수가 회귀분석의 앞에 있다고 보는 것이 타당하다. 이렇듯 두 방법은 변수 간의 관계를 분석하는 통계적 도구로서 수리적으로도 의미상으로도 밀접한 연관이 있다.

이런 이유로 단순회귀분석은 두 변수 사이의 상관을 보여 주는 산포도를 통하여 대략적으로 그 원리나 목적을 이해할 수 있다. [그림 1.1]의 산포도에 나타난 스트레스와 우울의 관계는 $r = 0.725$로서 강력한 정적 상관을 보여 주었다. 앞서 배웠듯이 강력한 상관이 있다는 것은 두 변수 사이에 선형적인 관계가 있다는 것을 가리킨다. 선형적인 관계(linear relationship)는 선형식(linear equation)을 이용하여 수식화할 수 있다는 것을 의미하고, 단순회귀분석은 바로 두 변수의 관계를 수식화하여 변수 간의 예측이나 설명에 사용하는 방법이다. 즉, 단순회귀분석의 가장 기초적인 목표는 아래에 보이는 것처럼 산포도를 관통하는 선형식을 찾는 작업이라고 할 수 있다.

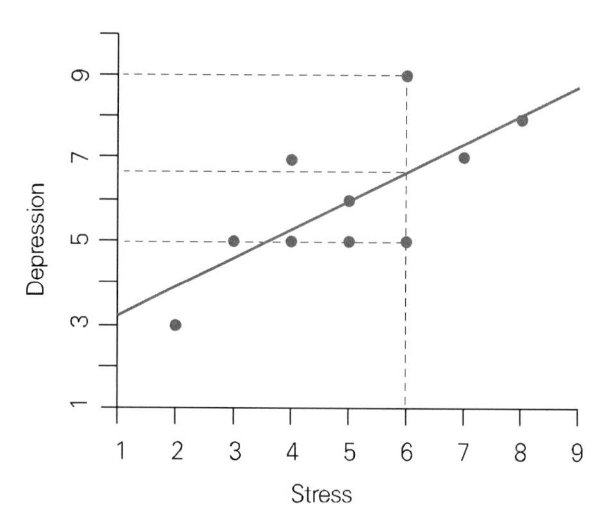

[그림 2.1] **스트레스와 우울의 산포도 및 회귀선**

위의 그림처럼 산포도의 중심을 관통하는 직선을 회귀선(regression line) 또는 회귀식(regression equation)이라고 한다. 단순회귀분석의 회귀식은 직선이므로 1차 방정식(linear equation)인 $Y = a + bX$의 형태를 이루고 있는데, 이 직선은 개념적으로 독립변수 스트레스와 종속변수 우울의 관계를 가장 잘 나타내 주는 선이라고 보면 된다. 사실 산포된 점들의 중심을 관통하는 직선은 무한대로 많이 존재하는데, 그림에 보이는 회귀선은 수많은 직선 중 어떤 수리적인 조건을 만족하는 하나의 선이다. 이를 회귀분석에서는 최적선(best line)이라고 하며, 최적선의 의미는 모형의 추정을 설명하는 과정에서 다시 설명하게 될 것이다.

[그림 2.1]의 산포도가 [그림 1.1]의 산포도에서는 보이지 않던 회귀선을 포함하는 것과 더불어 추가적으로 구분되어야 하는 점이 있다. [그림 1.1]의 산포도는 변수 간 상관을 확인하기 위한 것으로서 가로축과 세로축의 구분을 하지 않는다. 다시 말해, 스트레스를 가로축에 우울을 세로축에 두거나, 또는 반대로 우울을 가로축에 스트레스를 세로축에 두어도 별 상관이 없다는 의미이다. 그에 반해, [그림 2.1]처럼 회귀분석을 염두에 둔 산포도는 독립변수 스트레스를 가로축에, 그리고 종속변수 우울을 세로축에 두는 것이 원칙이다. 즉, 회귀분석에서는 산포도만 봐도 어떤 변수가 예측하는 변수인지, 어떤 변수가 예측을 받는 변수인지 바로 알 수 있다.

지금까지 단순회귀분석을 소개하면서 주로 독립변수가 종속변수를 '예측하다'라는 표현을 사용하였는데, 회귀분석은 예측을 목적으로 실시할 수도 있지만 설명을 목적으로 실시할 수도 있다. 회귀분석에서 예측(prediction)과 설명(explanation)은 구분되어야 하는 용어이다. 예측과 설명을 크게 구분하지 말아야 한다고 보는 일부 학자들(De Groot, 1969; Hempel, 1965)도 있었으나 대부분의 학자들(Cohen et al., 2015; Keith, 2015; Pedhazur, 1982; Scriven, 1959)은 두 가지를 구분하여 정의한다. 설명이 인과관계에 기반한 두 변수 간의 영향 관계에서 사용되는 용어라면, 예측은 인과관계 또는 영향 관계와 상관없이 두 변수의 상관에 기반하여 사용될 수 있다. 예를 들어, 부모의 키로 자식의 키를 설명할 수는 있지만, 자식의 키로 부모의 키를 설명할 수는 없다. 자식의 키가 부모의 키에 영향을 주었다는 개념은 불가능하기 때문이다. 반면에 부모의 키로 자식의 키를 예측할 수 있으며, 자식의 키로 부모의 키를 예측할 수도 있다. 예측은 단지 두 변수 간에 상관만 존재한다면 가능한 개념이기 때문이다. 일반적으로 많은 사회과학 연구가 독립변수들을 이용하여 종속변수를 설명하고자 하는 목적을 지니고 있지만, 때때로 종속변수를 예측하는 모형을 만들고자 하는 목적을 가지기도 한다.

이처럼 통계모형 분석에서 중요한 하나의 축은 예측인데, 회귀분석은 상관분석과는 다르게 예측을 가능하게 한다. 독립변수를 통하여 종속변수의 값을 예측하는 것이 가능한 이유는 바로 회귀선이 있기 때문이다. 예를 들어, [그림 2.1]에서 스트레스 점수가 6점일 때, 실제 우울 점수는 5점인 사람도 있고, 9점인 사람도 있다. 그러나 스트레스와 우울의 관계를 보여주는 회귀선을 이용해서 예측을 하면, 스트레스가 6점인 사람의 우울은 대략 7점에 조금 못 미치는 정도가 될 것이라고 할 수 있다. 즉, 회귀선이라는 것은 주어진 스트레스 점수에서 평균적으로 기대되는 우울 점수를 연결해 놓은 선이라고 볼 수 있다. 이런 의미에서 회귀선을 예측선(predicted line)이라고 부르기도 한다. [그림 2.1]처럼 스트레스 정도를 통하여 우울 정도를 예측할 수도 있고, 키를 통해 몸무게를 예측할 수도 있으며, 성적을 통해서 자존감을 예측할 수도 있다.

2.2. 단순회귀모형

통계모형(statistical model)이라는 것은 모집단 수준에서 모수(절편과 기울기 등)로써 정의되며, 이후 연구자는 표본을 수집하여 절편과 기울기 모수를 추정하고, 추정치를 이용하여 모집단의 모수에 대하여 추론한다. 회귀분석 모형 역시 마찬가지 과정을 가지고 있다. 다만, t검정이나 F검정에 통계모형이 존재하는데도 불구하고 큰 관심이 없는 데 반해, 회귀분석의 통계모형은 분석을 이용하는 데 있어 매우 필수적이고 핵심적이다. 지금부터 회귀모형(regression model)을 정의하고, 모형을 이루고 있는 요소들에 대해 설명한다. 독립변수를 X, 종속변수를 Y라고 가정할 때, 임의의 사례 $i(i=1,2,...,n)$에 대한 단순회귀모형은 다음과 같다.[5]

$$Y_i = \beta_0 + \beta_1 X_i + e_i \qquad \text{[식 2.1]}$$

위의 모형에서 Y_i는 i번째 사례의 Y점수, X_i는 i번째 사례의 X점수, β_0는 회귀식의 절편(intercept) 모수, β_1은 회귀식의 기울기(slope) 모수, e_i는 i번째 사례의 오차(error)를 가리킨다. 참고로 [식 2.1]의 단순회귀모형은 맥락에 따라 아래처럼 첨자 i 없이 정의하는 것도 가능하다.

$$Y = \beta_0 + \beta_1 X + e \qquad \text{[식 2.2]}$$

X_i, Y_i 등은 사례 i의 값을 의미하므로 단 하나의 값이기도 하지만, 동시에 임의의 값으로서 X_i와 Y_i가 각각 변수 X와 Y를 대표한다고 볼 수도 있다. 그런 이유로 각 변수의 개별 값에 중점을 두면 첨자 i를 이용하여 [식 2.1]로 쓸 수도 있고, 만약 변수 자체에 중점을 두면 첨자 i 없이 [식 2.2]처럼 쓸 수도 있다. 둘은 거의 구분하지 않는 것이 일반적이다.

[식 2.1]의 단순회귀모형 수식에서 종속변수 Y_i의 값은 크게 회귀선 부분($\beta_0 + \beta_1 X_i$)과 오차 부분(e_i)으로 나뉠 수 있다. 즉, 연구자가 관심 있는 종속변수의 값 Y_i는 회귀선 $\beta_0 + \beta_1 X_i$와 오차 e_i에 의해서 설명되는 것이다. 여기서 회귀선은 독립변수와 종속변수의 관계를 나타내 주는 최적의 선이고, 오차는 종속변수의 값 Y_i가 독립변수의 값 X_i에 의해서 완전하게 설명되거나 예측되지 못함을 회귀모형에 반영하는 장치이다. [그림 2.2]의 산포도에 나타난 사례들을 전체 모집단이라고 가정하면, 회귀선($\beta_0 + \beta_1 X_i$)은 산포도의 중심을 통과하는 직선이며, 오차(e_i)는 각 점에서 회귀선에 닿는 수직거리를 나타낸다.

---

5 통계학에서 모형(model)이라고 하면 기본적으로 종속변수를 체계적으로 설명하기 위한 수식(equation)이라고 생각하면 된다. 예를 들어, 단순회귀모형에서는 종속변수가 절편, 기울기와 독립변수의 곱, 오차로 분해되어 체계적으로 설명된다.

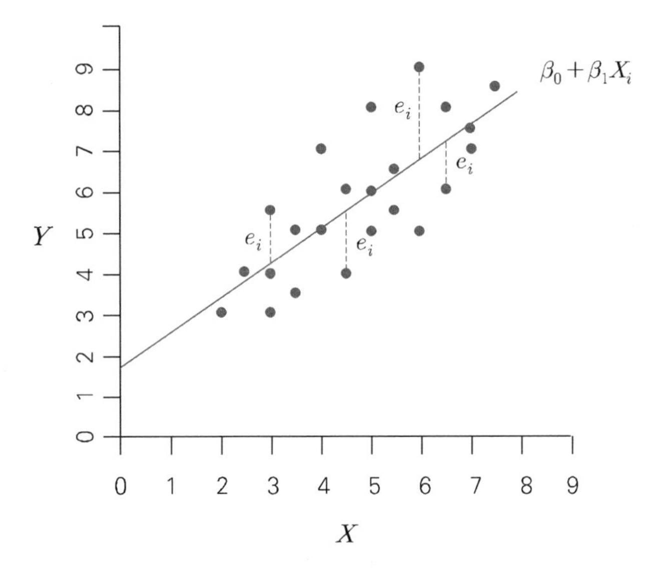

[그림 2.2] **단순회귀분석 모형의 회귀선과 오차**

위의 그림에서 회귀선이란 모든 X_i에 대하여 $\beta_0 + \beta_1 X_i$ 값을 연결해 놓은 선으로 정의할 수 있으며, 오차 e_i란 아래의 식처럼 사례의 Y_i 점수와 그 사례에 해당하는 회귀선 $\beta_0 + \beta_1 X_i$ 값의 차이를 의미한다. 즉, 그림에서 점선으로 표시된 수직거리를 가리킨다.

$$e_i = Y_i - (\beta_0 + \beta_1 X_i) \qquad [식\ 2.3]$$

위의 식처럼 오차는 Y_i에서 $\beta_0 + \beta_1 X_i$를 뺌으로써 정의되기 때문에 [그림 2.2]에서 회귀선 위쪽에 위치하는 사례의 오차는 모두 양수가 되며, 회귀선 아래쪽에 위치하는 사례의 오차는 음수가 되고, 정확히 회귀선 상에 위치하는 사례의 오차는 0이 된다. 그리고 한 가지 더, 너무 당연하게도 오차는 사례의 개수만큼 존재한다. 즉, $n = 500$이라면 오차의 개수도 500개가 되는 것이다. 오차는 회귀분석에서 매우 특별한 위치를 차지하고 있으며, 다양한 쓰임새가 있는 중요한 개념이다. 먼저 회귀분석의 기본적이고 가장 중요한 가정은 다음의 식처럼 오차에 대하여 존재한다.

$$e_i \sim N(0, \sigma^2) \qquad [식\ 2.4]$$

위의 식은 오차 e_i가 정규분포를 따르는데, 평균은 0이고 분산은 σ^2이라는 것을 의미한다. 오차의 평균이 0이라는 것은 회귀선의 위쪽과 아래쪽에 점들이 균등하게 분포한다는 것을 의미한다. 오차의 분산이 σ^2이라는 것은 임의의 특정한 상수라는 것인데, 다시 말해, 주어진 X에 대한 Y의 값, 즉 오차가 등분산이라는 의미이다. 또한, 오차가 정규분포를 따른다는 것은 e_i 값들이 0 주위에 상대적으로 높은 밀도를 갖고 0에서 멀어질수록 낮은 밀도를 갖는다는 것을 의미한다. 즉, 회귀선 주위에 많은 점들이 있고, 회귀선에서 멀어질수록 점들이 희박해짐을 가리킨다.

회귀분석의 정규성 가정과 관련하여 한 가지 주의할 점이 있다. 많은 연구자가 회귀분석의 정규성 가정이 종속변수 Y에 존재한다고 오해하거나 심지어 독립변수 X에도 정규성 가정이 존재한다고 착각하기도 하는데 모두 사실이 아니다. 종속변수 Y에도, 독립변수 X에도 정규분포 가정은 존재하지 않는다. 회귀분석의 정규분포 가정은 오직 오차에 대해서만 존재할 뿐이다.

마지막으로 회귀선의 의미와 해석을 살펴보도록 한다. 아래에는 회귀선의 절편(β_0)과 기울기(β_1)가 표시되어 있다.

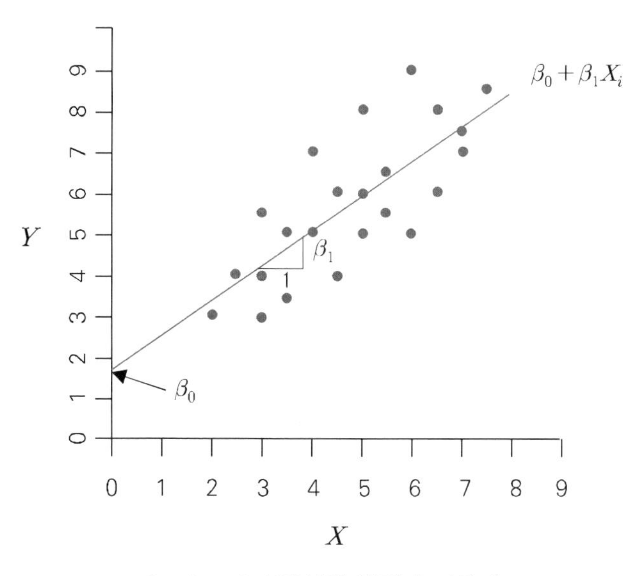

[그림 2.3] 회귀선의 절편과 기울기

위 그림에서 회귀선의 절편 모수 β_0는 $X=0$일 때의 기대되는 Y값이며, 기울기 모수 β_1은 X가 변할 때 Y가 변하는 정도($\beta_1=\Delta Y/\Delta X$)이다.[6] β_1이 $\Delta Y/\Delta X$로 정의된다는 것

[6] β_1의 정의에 사용된 Δ(delta)는 변화량(change)을 의미하는 표기법이다.

은 β_1의 의미가 결국 X가 한 단위 증가할 때 변화하는 Y의 크기라는 것을 가리킨다. 예를 들어, 자동차가 3시간(시간 변화량= ΔX) 동안에 180km(거리 변화량= ΔY)를 간다고 가정했을 때, $180/3=60$이고 이는 한 시간(X 한 단위) 동안에 60km(Y 변화량)를 갔다는 것을 의미하게 된다. 그리고 만약 [그림 2.3]처럼 X와 Y가 서로 정적 상관을 갖는다면 β_1의 부호는 양수가 되고, 만약 X와 Y가 서로 부적 상관을 갖는다면 β_1의 부호는 음수가 된다. 즉, 상관계수의 부호와 기울기의 부호는 반드시 일치한다.

2.3. 회귀모형의 추정

앞서 설명하였듯이 회귀분석 모형은 모집단의 수준에서 모수와 함께 정의된다. 그러나 어떤 연구에서든 간에 방대한 모집단 전체를 조사할 수는 없기 때문에 회귀모형의 모수는 모른다고 가정하는 것이 일반적이다. 대신 연구자는 모집단을 잘 대표하는 표본을 추출하여 단순회귀모형의 모수인 β_0와 β_1을 추정하고, 이를 바탕으로 모집단을 추론하게 된다.

2.3.1. 회귀선의 추정

수집한 표본을 이용하여 추정된 회귀선(estimated regression line 또는 fitted regression line)을 구하면 아래와 같다.

$$\hat{Y}_i = \hat{\beta}_0 + \hat{\beta}_1 X_i \qquad \text{[식 2.5]}$$

위 식에서 $\hat{Y}_i$은 i번째 사례의 예측값이고, $\hat{\beta}_0$과 $\hat{\beta}_1$은 모형의 모수인 β_0와 β_1의 추정치이다. 참고로 [식 2.5]의 추정된 회귀식에서 X_i의 위에만 ^이 없는데, 그 이유는 X_i가 추정된 값이 아니라 실제 X 값이기 때문이다. 회귀분석 모형에서 우리가 추정하는 것은 종속변수 Y이지 독립변수 X가 아니다. 그리고 여러 학문의 영역에서, 특히 사회과학이나 응용과학의 영역에서 회귀모형의 추정치를 아래처럼 로마자 B_0와 B_1(또는 b_0와 b_1)으로 쓰기도 한다.

$$\hat{Y}_i = B_0 + B_1 X_i \qquad \text{[식 2.6]}$$

스트레스와 우울 자료에서 스트레스를 X, 우울을 Y라고 가정할 때, 연구자의 표본을 이용하여 추정한 회귀선 $\hat{Y}_i$과 절편 및 기울기 추정치, 오차 추정치 등을 표시하면 아래와 같다.

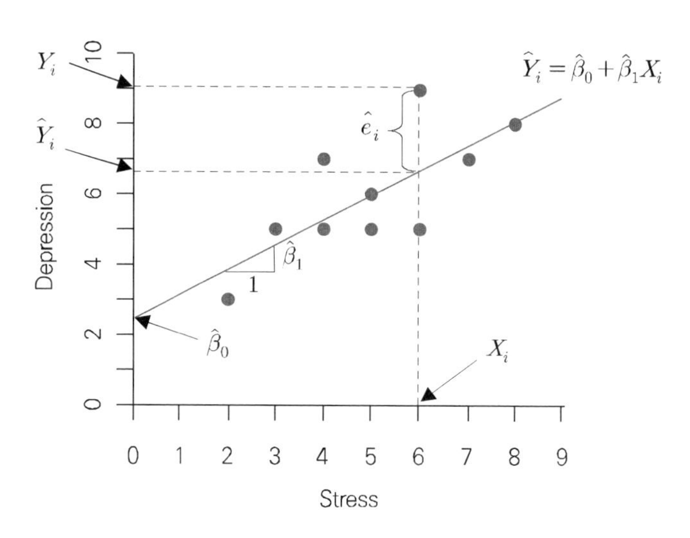

[그림 2.4] 스트레스와 우울의 회귀선과 오차

모수에 기반한 표기법을 사용한 [그림 2.3]과 비교하여 [그림 2.4]에서 사용된 모든 표기법은 표본에 기반한 것이다. 실질적으로 연구자가 모집단을 모두 수집하여 분석을 하는 경우는 없다고 할 수 있으므로, 대부분의 회귀분석 책들은 [그림 2.4]를 이용하여 회귀분석을 설명한다. 우리 책 역시 수집한 자료를 표본이라고 가정하므로 이제부터 회귀선은 $\beta_0 + \beta_1 X_i$가 아니라 표본을 통해 추정된 $\hat{\beta}_0 + \hat{\beta}_1 X_i$, 즉 $\hat{Y}_i$이라고 보면 된다.

오차도 e_i가 아닌 추정된 오차 $\hat{e}_i$이 된다. 위의 그림에서 임의의 X_i에 대한 실제 Y의 값은 Y_i이고, 추정된 회귀선을 이용하는 예측값은 $\hat{Y}_i$이다. Y_i 값과 추정된 $\hat{Y}_i$ 값의 수직거리 차이로 정의되는 것이 오차 $\hat{e}_i (= Y_i - \hat{Y}_i)$이다. 많은 연구자가 모집단의 수준에서 정의되는 오차 e_i와 표본의 수준에서 정의되는 오차 $\hat{e}_i$을 구분하지 않는데 반해, 어떤 학자들은 추정된 오차인 $\hat{e}_i$을 잔차(residual)라고 지칭하여 모집단의 오차(error) e_i와 구분한다.[7] 이런

[7] 오차와 잔차를 구분하는 표기법은 연구자마다 조금씩 다르기도 한데, 오차로서 그리스 문자인 ϵ_i(epsilon)를 사용하고 잔차로서 로마자인 e_i를 사용하는 경우도 있다(Penhazur, 1982).

이유로 많은 통계 소프트웨어에서 오차 부분은 error가 아닌 residual이라고 표기된다. 통계 소프트웨어라는 것은 기본적으로 연구자들이 표본을 분석한다고 가정하기 때문이다.

참고로 오차와 잔차를 구분할 수 있게 된 지금 모집단의 회귀모형과 표본의 회귀모형을 간략하게 언급하고자 한다. [식 2.1]에서 모집단의 회귀모형이 모수와 오차를 이용하여 $Y_i = \beta_0 + \beta_1 X_i + e_i$로 정의되듯이, 표본의 회귀모형은 추정치와 잔차를 이용하여 $Y_i = \hat{\beta}_0 + \hat{\beta}_1 X_i + \hat{e}_i$로 정의될 수 있다(Pedhazur, 1982). 여기서 잔차 $\hat{e}_i$을 제거하면 바로 표본 상의 추정된 회귀선, 즉 $\hat{Y}_i = \hat{\beta}_0 + \hat{\beta}_1 X_i$가 된다. 사실 대다수의 회귀분석 책들이 의도적이든 실수든 모집단 모형과 표본 모형을 잘 구분하지 않고, 오차와 잔차의 구분 역시 모호하게 하는 경향이 있기는 하다. 본 책의 경우에 e_i와 $\hat{e}_i$은 개념적으로 구분하여 사용하지만, 오차와 잔차라는 단어를 심각하게 구분하지는 않는다.

[그림 2.4]에 보이는 추정된 회귀선은 어떤 수리적인 조건을 만족하는 최적선(best line)이라고 앞에서 잠시 언급하였다. 산포도를 뚫고 지나가는 수많은 잠재적인 직선 가운데 어떤 조건을 만족해야 최적선이라고 할 수 있을까? 지금부터 단순회귀모형의 회귀선, 즉 $\hat{\beta}_0$과 $\hat{\beta}_1$을 구하는 방법을 설명한다. 회귀모형을 추정하는 방법으로는 최소제곱(least squares) 추정, 최대우도(maximum likelihood) 추정, 베이지안(Bayesian) 추정 등 여러 방법이 존재한다. 그중 가장 기본적이며, SPSS가 디폴트로 사용하는 방법은 최소제곱 추정의 일종인 보통최소제곱(ordinary least squares, OLS) 방법이다.

OLS의 기본적인 아이디어는 오차들을 최소화하는 회귀선을 구하는 것이다. [식 2.3]에서 회귀모형의 오차는 아래의 식과 같이 정의된다고 하였다.

$$e_i = Y_i - (\beta_0 + \beta_1 X_i)$$

오차들을 하나하나 파악하여 비교할 수는 없으므로 산포도를 관통하여 지나가는 모든 직선 중에서 오차의 합을 최소화하는 직선을 회귀선으로 결정할 수 있다. 그런데 최적 회귀선이 주어진 상태에서 오차의 합은 언제나 0이 되므로[8] 수학적으로 최소화하는 것이 가능하지 않다. 그런 이유로 OLS 방법은 오차의 제곱의 합(sum of squares of errors)을 최소화하는

---

[8] [식 2.4]에서 가정하였듯이 오차의 평균은 0이다. 이것은 오차의 합도 0이라고 가정해야 한다는 것을 의미한다.

회귀선을 구한다. 즉, $\sum e_i^2$을 최소화하는 $\hat{\beta}_0$과 $\hat{\beta}_1$을 구하게 된다. 이는 아래처럼 β_0와 β_1에 대하여 $\sum e_i^2$을 최소화하는 식을 풀어야 한다는 것을 의미한다.

$$\min_{\{\beta_0,\beta_1\}} \sum_{i=1}^{n} e_i^2 = \min_{\{\beta_0,\beta_1\}} \sum_{i=1}^{n} (Y_i - \beta_0 - \beta_1 X_i)^2 \qquad \text{[식 2.7]}$$

위의 식을 풀기 위해서는 두 번의 편미분(partial derivative)을 하거나 행렬을 이용한 계산을 해야 하는데, 그 과정은 그다지 복잡하지 않으나 사회과학도들을 위한 본 책의 목적과 방향에 맞지 않으므로 생략한다. 다만 편미분 또는 행렬식 계산의 결과로서 산출된 $\hat{\beta}_0$과 $\hat{\beta}_1$을 아래에 제공한다.

$$\hat{\beta}_1 = r_{XY}\frac{s_Y}{s_X}, \quad \hat{\beta}_0 = \overline{Y} - \hat{\beta}_1\overline{X} \qquad \text{[식 2.8]}$$

위의 식을 보면, $\hat{\beta}_1$은 X와 Y의 상관계수(r_{XY}), Y의 표준편차(s_Y), X의 표준편차(s_X)를 이용하여 구할 수 있고, $\hat{\beta}_0$은 이렇게 구한 $\hat{\beta}_1$과 Y의 평균($\overline{Y}$) 및 X의 평균($\overline{X}$)을 이용하여 구할 수 있다. 그런데 위에서 구한 기울기 추정치 $\hat{\beta}_1$을 구하기 위하여 상관계수와 각 변수의 표준편차를 모두 구할 필요는 없다. $\hat{\beta}_1$은 아래와 같이 단순화될 수 있기 때문이다.

$$\hat{\beta}_1 = r_{XY}\frac{s_Y}{s_X} = \frac{s_{XY}}{s_X s_Y}\frac{s_Y}{s_X} = \frac{s_{XY}}{s_X s_X} = \frac{\frac{SCP}{n-1}}{\sqrt{\frac{SS_X}{n-1}}\sqrt{\frac{SS_X}{n-1}}} = \frac{SCP}{SS_X} \qquad \text{[식 2.9]}$$

위 식에서 SCP는 교차곱의 합이고, SS_X는 X의 제곱합이다. 결국 회귀모형의 기울기는 X와 Y의 교차곱의 합을 X의 제곱합으로 나누어 줌으로써 추정할 수 있다.

스트레스와 우울의 자료를 이용하여 기울기를 추정하기 위해 X의 제곱합 및 X와 Y의 교차곱의 합을 구하는 과정이 아래의 표에 제공되어 있다.

[표 2.1] 스트레스와 우울 점수의 제곱합과 교차곱의 합

Subject id	X_i	Y_i	$X_i-\overline{X}$	$(X_i-\overline{X})^2$	$(X_i-\overline{X})(Y_i-\overline{Y})$
1	5	6	0	0	0
2	4	7	−1	1	−1
3	6	5	1	1	−1
4	7	7	2	4	2
5	4	5	−1	1	1
6	2	3	−3	9	9
7	6	9	1	1	3
8	5	5	0	0	0
9	8	8	3	9	6
10	3	5	−2	4	2

교차곱의 합과 제곱합은 제공된 표를 이용하여 아래와 같이 계산된다.

$$SCP=\sum(X_i-\overline{X})(Y_i-\overline{Y})=21,\quad SS_X=\sum(X_i-\overline{X})^2=30$$

이를 이용하여 기울기를 추정하면 다음과 같다.

$$\hat{\beta}_1=\frac{SCP}{SS_X}=\frac{21}{30}=0.700$$

기울기는 이처럼 교차곱의 합과 제곱합을 이용해서도 구할 수 있지만, [식 2.8]처럼 상관계수와 X의 표준편차 및 Y의 표준편차를 이용해서도 구할 수 있다. 앞에서 $r_{XY}=0.725$, X의 분산 $s_X^2=3.333$, Y의 분산 $s_Y^2=3.111$을 구해 놓았으므로 이를 이용하여 기울기를 추정하면 다음과 같다.

$$\hat{\beta}_1=0.725\frac{\sqrt{3.111}}{\sqrt{3.333}}=0.700$$

다음으로 $\overline{X}=5$, $\overline{Y}=6$이므로 절편은 다음과 같이 추정된다.

$$\hat{\beta}_0=\overline{Y}-\hat{\beta}_1\overline{X}=6-0.700\times5=2.500$$

결과를 종합하면 추정된 회귀선은 다음과 같이 쓸 수 있다.

$$\hat{Y}_i = 2.500 + 0.700X_i$$

회귀분석 모형의 추정 결과가 나왔으므로 이제 추정치를 해석해야 한다. 먼저 절편은 2.500인데, 이는 스트레스가 0점일 때 기대되는 우울의 값이 2.500점이라는 뜻이다. 다음으로 기울기는 0.700인데, 이는 스트레스가 1점 증가할 때 우울은 0.700점이 증가할 것이 예상된다는 의미이다. 일부를 제외한 대다수의 학문 영역에서 단지 독립변수가 0일 때 종속변수의 기대값을 의미하는 절편은 중요성이 크지 않다. 반면에 기울기는 독립변수와 종속변수 간 관계의 정도를 나타내 주기 때문에 주의를 기울여서 해석해야 하는 부분이다. 절편과 기울기를 추정하고 나면 이들의 통계적 유의성을 확인해야 하는데, 이는 뒷부분에서 설명한다.

2.3.2. 오차분산의 추정

표본을 이용하여 단순회귀모형의 주요 모수인 β_0와 β_1을 추정하고 나면, 오차도 추정할 수 있다. 그런데 오차는 모수처럼 단 하나의 상수가 아니라 변수이므로 표본의 크기만큼 존재하게 되고($\hat{e}_1$, $\hat{e}_2, \ldots,$ $\hat{e}_n$), 이를 모두 추정하는 것은 상당히 비효율적일 수 있다. 물론 회귀분석에서 오차를 모두 추정하여 잔차분석(residual analysis) 등에 사용하기도 하지만, 일단은 모든 오차 대신 오차 추정치의 분산 또는 표준편차를 추정하는 것이 일반적이다. 오차 추정치(즉, 잔차) $\hat{e}_i = Y_i - \hat{Y}_i$이므로 오차분산 σ^2의 추정 과정은 아래와 같다.

$$\hat{\sigma}^2 = s^2_{Y.X} = \frac{1}{n-2}\sum_{i=1}^{n}\hat{e}_i^2 = \frac{1}{n-2}\sum_{i=1}^{n}(Y_i - \hat{Y}_i)^2 \qquad \text{[식 2.10]}$$

위에서 $s^2_{Y.X}$은 오차의 분산 추정치를 가리키며, 오차의 제곱합 $\sum_{i=1}^{n}(Y_i - \hat{Y}_i)^2$과 자유도 $n-2$를 이용하여 구한다. 오차의 분산 추정치는 오차평균제곱[9] 또는 평균오차제곱(mean squared error, MSE)이라는 이름으로 통계학에서 큰 의미를 갖지만, 사회과학이나 행동과학의 영역에서는 오차의 표준편차 추정치를 더 많이 이용한다. 오차의 표준편차는 추정의

[9] 평균제곱(mean square)은 분산 추정치를 의미한다.

표준오차(standard error of estimate)라고 하고 $s_{Y.X}$로 표기하며 다음과 같이 구한다.

$$s_{Y.X} = \sqrt{\frac{1}{n-2}\sum_{i=1}^{n}(Y_i - \hat{Y}_i)^2} \quad \text{[식 2.11]}$$

위 식을 통하여 구한 추정의 표준오차는 회귀분석에서 예측이 얼마나 정교하게 이루어지고 있는지를 판별하는 측정치로서 사용되며, 개념적으로는 실제값과 예측값의 차이인 오차들의 절대 평균이라고 생각하면 무리가 없다. 즉, 오차의 평균적인 절대 크기라고 할 수 있다. 만약 추정의 표준오차 값이 작다면 대다수의 점들이 회귀선 근처에 응집되어 있다는 것을 의미하며, 추정의 표준오차 값이 크다면 점들이 회귀선으로부터 많이 떨어져 있다는 것을 의미한다. 추정의 표준오차는 아래와 같이 구할 수도 있다.

$$s_{Y.X} = \sqrt{\frac{(1-r_{XY}^2)SS_Y}{n-2}} \quad \text{[식 2.12]}$$

위에서 SS_Y는 Y의 제곱합, r_{XY}^2은 X와 Y의 상관계수의 제곱을 가리킨다. 스트레스와 우울의 자료를 이용하여 추정의 표준오차를 구하는 과정이 아래에 제공되어 있다.

[표 2.2] **스트레스와 우울 점수 자료의 오차 제곱**

Subject id	X_i	Y_i	$\hat{Y}_i = 2.500 + 0.700X_i$	$Y_i - \hat{Y}_i$	$(Y_i - \hat{Y}_i)^2$
1	5	6	6.000	0.000	0.000
2	4	7	5.300	1.700	2.890
3	6	5	6.700	-1.700	2.890
4	7	7	7.400	-0.400	0.160
5	4	5	5.300	-0.300	0.090
6	2	3	3.900	-0.900	0.810
7	6	9	6.700	2.300	5.290
8	5	5	6.000	-1.000	1.000
9	8	8	8.100	-0.100	0.010
10	3	5	4.600	0.400	0.160

위의 표에서 $Y_i - \hat{Y}_i$은 추정된 오차($\hat{e}_i$)이고, 오차의 제곱합 $\sum(Y_i - \hat{Y}_i)^2$은 아래와 같이 계산된다.

$$\sum_{i=1}^{n}(Y_i - \hat{Y}_i)^2 = 0.000 + 2.890 + 2.890 + 0.160 + \cdots + 0.160 = 13.300$$

그러므로 오차의 분산 추정치, 즉 MSE는 다음과 같다.

$$s_{Y.X}^2 = \frac{1}{n-2}\sum_{i=1}^{n}(Y_i - \hat{Y}_i)^2 = \frac{13.300}{10-2} = 1.663$$

오차의 분산 추정치에 제곱근을 씌워 추정된 표준오차를 구하면 아래와 같다.

$$s_{Y.X} = \sqrt{\frac{1}{n-2}\sum_{i=1}^{n}(Y_i - \hat{Y}_i)^2} = \sqrt{1.663} = 1.290$$

추정의 표준오차가 1.290이라는 것은 스트레스와 우울 자료에서 각 점이 회귀선으로부터 평균적으로 1.290 수직거리만큼 떨어져 있다고 개념적으로 해석할 수 있다. 수리적으로 정확히 해석하면 조금 더 복잡해지지만, 이와 같은 해석이 얼마든지 가능하고 더 쓸모 있다. 즉, 평균적인 오차의 크기로 해석할 수 있다.

2.3.3. 표준화 회귀계수의 추정

지금까지 회귀모형과 모수를 정의하고, 표본을 이용하여 모수를 추정하는 과정을 설명하였다. 이 과정에서 회귀모형의 모수인 β_0와 β_1, 그리고 회귀모형의 추정치인 $\hat{\beta}_0$과 $\hat{\beta}_1$은 모두 변수 X와 Y가 원래의 단위를 가진 상태에서 정의된 것이다. 이러한 모수나 추정치를 비표준화 모수(unstandardized parameters) 및 비표준화 추정치(unstandardized estimates)라고 부른다. 예를 들어, 키(cm)를 이용하여 몸무게(kg)를 예측한다고 했을 때 $\hat{\beta}_1 = 1.7$이라면, 키가 1cm 증가할 때 몸무게는 1.7kg 증가하는 관계가 있다고 해석할 수 있다. 이때 $\hat{\beta}_1$이 비표준화 추정치인 것이다. 비표준화 추정치는 만약 변수의 단위를 바꾸게 되면 함께 변하는 성질이 있다. 만약 키의 단위를 cm에서 mm로 바꾸게 되면(1cm=10mm), $\hat{\beta}_1$은 1.7이 아니라 0.17이 될 것이다. 그리고 키가 1mm 증가할 때 몸무게는 0.17kg 증가하는 관계가 있다고 해석하게 된다.

연구자들은 때때로 변수의 단위에 신경 쓰지 않고 결과를 해석할 수 있기를 원한다. 이렇게 하기 위해서는 일반적으로 변수 X와 Y를 표준화한 상태에서 회귀분석을 진행하고 결과를 해석한다. 예를 들어, X와 Y를 다음과 같이 표준화했다고 가정하자.

$$z_X = \frac{X - \overline{X}}{s_X}, \quad z_Y = \frac{Y - \overline{Y}}{s_Y}$$

이처럼 X를 표준화한 변수가 z_X이고, Y를 표준화한 변수가 z_Y라고 가정하면, 두 표준화 변수 사이에 회귀모형을 아래와 같이 설정할 수 있다.

$$z_Y = \beta_0^s + \beta_1^s z_X + e \qquad \text{[식 2.13]}$$

β_0^s와 β_1^s는 표준화된 독립변수와 표준화된 종속변수를 통해서 정의되는 절편과 기울기로서 표준화 모수(standardized parameters)라고 한다.[10] 표준화된 모수의 추정치는 앞에서 소개한 [식 2.8]을 활용하면 비교적 쉽게 구할 수 있다.

$$\hat{\beta}_1^s = r_{XY}\frac{s_Y}{s_X} = r_{XY}, \quad \hat{\beta}_0^s = \overline{Y} - \hat{\beta}_1^s \overline{X} = 0 \qquad \text{[식 2.14]}$$

위 식을 통해 표준화된 기울기 추정치는 r_{XY}(X와 Y의 상관계수)이며, 표준화된 절편 추정치는 0이 됨을 알 수 있다. 이는 표준화 변수인 z_X와 z_Y의 평균($\overline{X}$와 $\overline{Y}$)이 0이고 표준편차(s_Y와 s_X)는 1이기 때문에 성립하는 것이다.

표준화된 절편과 기울기를 해석하는 방법은 비표준화 절편과 기울기를 해석하는 것과 크게 다를 바 없다. 절편은 $X=0$일 때 기대되는 Y의 값이므로, $\hat{\beta}_0^s = 0$이라는 것은 $z_X = 0$

10 사회과학을 포함한 다양한 영역에서 추정치의 표기법으로 B_0와 B_1을 사용하고, 이런 경우에 표준화 회귀 추정치는 β_0와 β_1으로 표기한다. 이런 식으로 표기하게 되면 표준화 추정치와 모수의 표기법이 겹치는 문제가 발생하는데, 논문에서 모수를 보고할 일은 없으므로 문제가 생기지는 않는다.

일 때 $z_Y = 0$이라는 것을 의미한다. 즉, X가 평균일 때 기대되는 Y의 값은 Y의 평균이다. 다음으로 기울기는 X가 한 단위 증가할 때 기대되는 Y의 변화량이므로, $\hat{\beta}_1^s = r_{XY}$라는 것은 z_X가 1 증가할 때 z_Y는 r_{XY}만큼 변화할 것이 기대된다는 것을 의미한다. 즉, X가 1 표준편차 증가할 때, Y는 r_{XY} 표준편차만큼 변화한다는 것이다. 스트레스와 우울 자료에서 표준화된 모수를 추정해 보면 아래와 같다.

$$\hat{\beta}_1^s = r_{XY} = 0.725, \quad \hat{\beta}_0^s = 0$$

스트레스의 표준점수가 0일 때(즉, 스트레스가 평균적인 수준일 때) 우울의 표준점수도 0이고(즉, 우울이 평균적인 수준이고), 스트레스가 1 표준편차만큼 증가할 때 우울은 0.725 표준편차만큼 증가할 것이 기대된다고 할 수 있다.

일반적으로 표준화 추정치는 독립변수의 단위가 다를 때 각 독립변수가 종속변수에 미치는 효과를 비교하는 목적으로 사용된다. 이런 이유로 독립변수가 한 개인 단순회귀분석보다는 여러 개인 다중회귀분석에서 더욱 유용하게 이용될 수 있다. 다중회귀분석을 소개할 때 예제와 함께 자세히 설명한다.

2.4. 회귀모형의 평가

회귀모형을 추정하고 나면 다음으로 해야 할 일은 연구자가 선택한 독립변수 X를 통해 종속변수 Y를 예측하거나 설명하려고 했던 것이 얼마나 타당한지를 확인하는 것이다. 즉, 추정된 회귀식이 얼마나 의미 있는지를 평가하는 작업이 이어져야 한다. 회귀모형이 의미 있다(meaningful)는 것은 X가 Y를 정교하게 예측하거나 설명할 수 있다는 것을 가리킨다. 이는 종속변수 Y와 충분히 관련 있는 독립변수 X를 선택했는지 확인하는 것이라고 할 수도 있다. 간단히 말해, 단순회귀분석에서는 X와 Y의 상관계수를 통해 모형의 유용성을 판단할 수 있다는 것이다. 하지만 만약 다중회귀분석을 실시하게 되면, X가 여러 개 존재하게 되므로 이렇게 간단하게 이변량 상관계수를 이용할 수는 없다.

일반적으로 회귀분석에서 예측이 얼마나 정교하게 이루어지고 있는지를 판별하는 측정치로서 앞에서 소개한 추정의 표준오차를 이용할 수 있다. 추정의 표준오차는 개념적으로 잔차의 평균적인 크기를 의미하므로 이 값이 작다는 것은 잔차가 작다는 것을 의미하고, 이는 결국 대다수의 관찰된 점들이 회귀선 근처에 응집해 있다는 것이다. 다른 말로는 X와 Y의 상관이 높다는 의미가 되기도 한다. 즉, 추정의 표준오차가 작으면 추정된 회귀선을 통해 예측이나 설명을 더 잘할 수 있다. 하지만 모형의 유용성 또는 타당성을 판단하는 용도로 추정의 표준오차를 사용하는 것이 쉽지 않다. 추정의 표준오차는 변수 Y의 단위에 따라 변하므로 그 값이 얼마나 작아야 충분히 작다고 할 수 있는지 결정하는 것이 어렵기 때문이다.

2.4.1. 결정계수

회귀분석에서는 모형이 얼마나 유용한지 또는 타당한지에 대한 평가를 위해 추정의 표준오차보다는 결정계수(coefficient of determination) R^2이 훨씬 광범위하게 사용된다. R^2은 기본적으로 'Y의 변동성(variability) 중 X의 변동성에 의해서 설명되는 비율'로 정의되는데, 'Y의 분산 중 X에 의해 설명되는 비율' 또는 'Y의 분산 중 회귀선($\hat{Y}$)에 의해 설명되는 비율'도 동일한 의미를 지니고 있는 표현이다. R^2은 제곱합을 이용해서 다음과 같이 정의한다.

$$R^2 = \frac{SS_R}{SS_T} = \frac{\sum_{i=1}^{n}(\hat{Y}_i - \overline{Y})^2}{\sum_{i=1}^{n}(Y_i - \overline{Y})^2} \qquad [식\ 2.15]$$

위에서 분모 SS_T(sum of squares total 또는 total sum of squares)는 종속변수 Y가 가진 총 변동성을 가리키는데, 종속변수 Y가 평균($\overline{Y}$)에 의하여 얼마나 설명되는지 정도로 해석할 수 있다. 그리고 분자 SS_R(sum of squares regression 또는 regression sum of squares)은 회귀식에 의해 설명된 변동성을 가리키는데, 이는 종속변수 Y가 회귀선($\hat{Y}$)을 사용함으로써 평균($\overline{Y}$)을 사용할 때보다 추가적으로 더 설명된 정도를 의미한다. 이러한 정의와 설명이 가능하게 되는 원리는 회귀분석뿐만 아니라 통계학 전체에서 상당히 중요한 의미를 지니고 있다. 이제 R^2의 원리를 통하여 통계학에서 설명한다든지 예측한다든지 하는 개념이 어떻게 수식과 연결되는지를 알아본다.

일반적으로 회귀분석에서 모형이 타당하다 또는 적합하다는 것은 독립변수 X가 종속변수 Y를 잘 예측 또는 설명하고 있다는 것을 의미한다. 예측이나 설명이란 단어는 우리에게 꽤 익숙한데, 그것은 과연 어떻게 이루어지는 것일까? 그리고 거기서 회귀분석의 역할은 무엇일까에 대하여 제공되는 예를 통해 근본적인 원리를 생각해 보자.

대학원에서 계량심리학을 전공하고자 하는 지망생들을 선별해야 한다고 가정하자. 전공에서 정한 선별의 기준은 이 학생들이 대학원에 얼마나 잘 적응할 지이다. 대학원에 잘 적응한 정도를 파악하는 기준은 여러 가지가 있을 수 있겠지만, 간단하게 대학원생들의 졸업학점으로 판단한다고 가정하자. 계량심리학 전공 교수는 지난 20년간 졸업한 대학원생 100명을 표본으로 추출하여 대학원 졸업학점의 평균을 확인해 보았더니 3.75였다. 오늘 학생 한 명이 대학원 진학과 관련하여 계량심리학 교수에게 면담을 신청하였는데, 지도교수로서 가장 궁금한 것은 이 학생이 대학원에 문제없이 적응하여 학업을 잘 해낼 수 있을까이다. 그런 이유로 이 학생의 대학원 졸업학점이 어떻게 될지 매우 궁금하다. 계량심리학 교수로서 과연 이 학생의 졸업학점은 얼마가 될 것이라고 예측할 수 있을까?

이 질문에 대한 가장 타당한 예측치는 매우 간단하게도 3.75이다. 이 면담을 신청한 학생에 대한 정보도 전혀 없고, 현재까지 졸업한 학생들의 평균적인 학점이 3.75였기 때문이다. 학생의 대학원 졸업학점이 궁금하고, 또한 내가 가지고 있는 정보가 100명의 대학원 졸업학점밖에 없다면, 그 평균으로 학생의 졸업학점을 예측하는 것은 상당히 타당하다. 하지만 우리는 평균보다는 더 정확한 예측치를 원한다. 이런 경우에 대학원 졸업학점을 잘 예측하는 요인으로서 학부 졸업학점을 고려할 수 있다. 연구자가 그렇게 생각을 하였다면, 졸업한 대학원생들로부터 단지 대학원 학점에 대한 정보뿐만 아니라 그들의 학부 학점에 대한 정보도 수집하였을 것이다. 실제로 100명으로부터 조사를 해 보았더니 학부 졸업학점의 평균은 3.5였으며, 학부 졸업학점과 대학원 졸업학점은 정적 관계가 존재함을 확인하였다. 계량심리학 교수는 면담을 온 학생에게 학부 학점이 얼마인지 물어보았고, 학생은 3.9라고 답변하였다. 이와 같은 정보가 주어진 상태에서 과연 이 학생의 대학원 졸업학점은 얼마라고 예측할 수 있을까?

이제 계량심리학 교수는 면담 학생의 대학원 졸업학점을 조금 더 정확하게 예측할 수 있다. 현재 가지고 있는 대학원 졸업생들 100명의 평균적인 학부 학점은 3.5이고, 평균적인 대학원 학점은 3.75이며, 학부 학점과 대학원 학점은 정적인 관계(positive relationship)

가 있고, 면담 학생의 학부 학점은 3.9이다. 그렇다면 면담 학생의 대학원 졸업학점 예측치는 단지 3.75가 아니라 3.75보다 높은 4.0 또는 4.1 이런 식으로 예측할 수 있을 것이다. 즉, 학부에서 평균보다 높은 학점을 받았으니 대학원에서도 평균보다 더 높은 학점을 받을 거라고 예측하는 것이다. 반대로 만약 면담 학생의 학부 학점이 3.2였다면, 이는 평균보다 낮으니 대학원 학점도 3.75보다 낮은 3.3 또는 3.4 등으로 예측할 수 있다.

어떤 변수(예, 학부 학점) X가 또 다른 변수(예, 대학원 학점) Y를 예측한다는 것이 바로 이런 원리이다. 자료를 통해서 두 변수 간의 관계가 정적인지 부적인지, 그리고 얼마나 강력한 상관이 존재하는지 등을 파악한 다음에 새로운 사례의 예측을 편차(deviation)를 통하여 하는 것이다. 평균 정도의 학부 학점이라면 평균 정도의 대학원 학점을 받을 것이라 예측하고, 평균보다 낮은 학부 학점이라면($X_i - \overline{X}$가 음수) 평균보다 낮은 대학원 학점을 받을 것이라 예측하며($Y_i - \overline{Y}$가 음수), 평균보다 높은 학부 학점이라면($X_i - \overline{X}$가 양수) 평균보다 높은 대학원 학점을 받을 것이라고 예측한다($Y_i - \overline{Y}$가 양수).

이런 식으로 변수가 변수를 예측하고 설명하는 개념을 통계학에서는 '차이가 차이를 설명한다(Differences explain differences)'라는 방식으로 표현한다. 독립변수 X에 점수의 차이($X_i - \overline{X}$)가 존재하고 그 점수의 차이가 종속변수 Y에 존재하는 점수의 차이($Y_i - \overline{Y}$)를 설명한다는 의미이다. 정리하자면, 회귀분석에서 독립변수 X가 종속변수 Y를 잘 예측 또는 설명하고 있다는 것은 편차의 개념과 연결되어 있다.

이런 편차의 개념을 바탕으로 회귀분석의 타당성 또는 유용성을 판단하는 게 바로 앞서 소개한 R^2이다. R^2을 설명하기 위해 스트레스와 우울 자료에서 일곱 번째 사례($X_i = 6$, $Y_i = 9$)에 대해 세 가지 종류의 편차인 총편차(total deviation), 설명된 편차(explained deviation), 설명되지 않은 편차(unexplained deviation)를 아래의 산포도 그림에 표시하였다. 그림에는 편차의 설명을 위해 회귀선($\hat{Y}$)과 Y의 평균선($\overline{Y}$)이 더해져 있다.

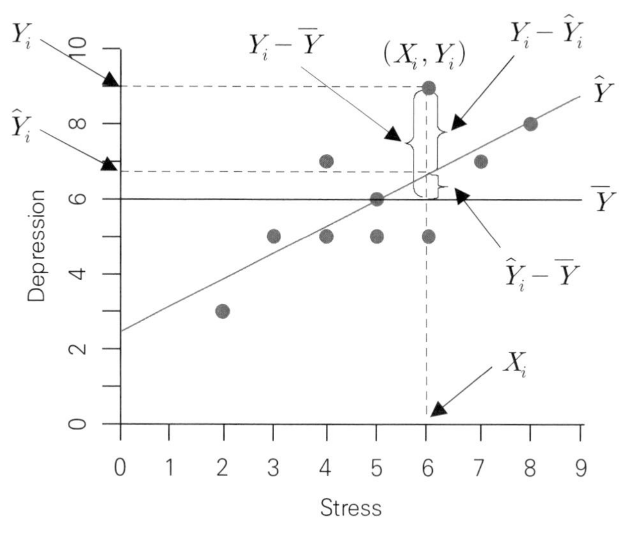

[그림 2.5] **회귀분석의 편차**

위 그림에서 $Y_i - \overline{Y}$는 총편차라고 하며, 개별점수 Y_i에서 전체평균 $\overline{Y}$를 뺀 값이다. 총편차는 임의의 개별값 Y_i를 예측하기 위해 전체평균 $\overline{Y}$를 이용했을 때 발생하는 오차이다. 예를 들어, 연구자가 관심 있는 모집단으로부터 표본을 추출하여 우울 점수를 획득하였고 $\overline{Y} = 6$이라고 가정하자. 스트레스 점수는 수집하지 않았으며, 오직 우울 점수만을 이용해 다른 사람들의 우울 점수를 예측하고자 한다. 이때 무작위로 새롭게 선택된 어떤 사람의 우울 점수를 예측하는 가장 합리적인 방법은 무엇인가? 학점 예제에서 설명했듯이, 연구자에게 우울 이외의 다른 정보가 없는 상태라면, 우울의 평균으로 임의의 우울 점수를 예측하는 것이 가장 합리적이다. 즉, [표 2.2]의 우울 자료에서 일곱 번째 사례의 우울 점수를 모른다고 가정했을 때 가장 합리적인 예측값은 우울 점수의 평균인 6이 되는 것이다. 일곱 번째 사례의 우울 점수는 실제로 9점이므로 오차(총편차)는 다음과 같다.

$$Y_i - \overline{Y} = 9 - 6 = 3$$

다음으로 [그림 2.5]에서 $\hat{Y}_i - \overline{Y}$는 설명된 편차라고 하며, 회귀선을 이용한 예측값 $\hat{Y}_i$에서 전체평균 $\overline{Y}$를 뺀 값이다. 여기에서 '설명된'이란 Y를 예측하기 위해 단지 평균을 이용하는 것보다는 '회귀선을 이용했을 때 추가적으로 설명된'이라는 것을 의미한다. 예를 들어, 연구자는 우울에 영향을 주는 요인이 스트레스라는 것을 알고 있었고, 우울과 함께 스트레스 점수도 같이 수집하였다고 가정하자. 이렇게 되면 스트레스가 우울을 예측하는 모형을 설정하여 회귀선을 추정하고, 그 회귀선을 이용하여 우울 점수를 예측할 수 있다. 일곱 번째 사례의 우울 예측 점수는 [표 2.2]에서 계산했던 6.7이므로 회귀선을 이용하게 되면 단지 평균을 이용했을 때에 비하여 아래만큼 더 설명할 수 있게 된다.

$$\hat{Y}_i - \overline{Y} = 6.7 - 6 = 0.7$$

실제 Y_i는 9였고, 평균을 이용하여 예측했을 때는 6, 회귀선을 이용하여 예측했을 때는 6.7이므로 회귀선을 이용하여 예측하면 0.7만큼 Y_i 값을 더 잘 설명할 수 있다. 이런 이유로 위의 편차 0.7을 설명된 편차라고 한다. 하지만, 회귀선을 이용하여 평균보다 우울 점수 Y_i를 더 잘 설명하였음에도 불구하고 Y_i 값은 9이므로 여전히 설명되지 않은 부분이 아래와 같이 존재한다.

$$Y_i - \hat{Y}_i = 9 - 6.7 = 2.3$$

여기서 2.3이 바로 설명되지 않은 편차이다. 평균 대신 회귀선을 이용하여 0.7만큼 우울 점수를 더 설명하기는 하였으나, 아직도 2.3만큼은 설명하지 못하고 있는 것이다. 즉, '설명되지 않은'이란 '회귀선을 이용해서도 여전히 설명되지 않은'의 의미를 가지고 있다.

지금까지 일곱 번째 사례의 점수를 이용하여 총편차, 설명된 편차, 설명되지 않은 편차를 설명하였다. 일곱 번째 사례의 점수는 평균선보다도, 그리고 회귀선보다도 더 높은 곳에 위치한다. 각 편차의 값은 사례의 값이 어디에 위치하느냐에 따라 다른 부호와 크기의 값이 나올 수 있다. 예를 들어, 사례의 값이 회귀선보다 위에 있느냐, 회귀선과 평균선 사이에 있느냐, 평균선보다도 더 아래에 있느냐에 따라 편차의 값이 음수가 나올 수도 있으며 평균선이 회귀선보다도 우울 점수를 더 잘 예측할 수 있다. 하지만 이런 편차의 부호나 크기와 상관없이 각 편차의 이름은 그대로 사용할 수 있으며, 세 가지 종류의 편차 사이에는 다음과 같은 관계가 언제나 성립한다.

$$Y_i - \overline{Y} = (\hat{Y}_i - \overline{Y}) + (Y_i - \hat{Y}_i) \qquad \text{[식 2.16]}$$

위의 식은 총편차가 설명된 편차와 설명되지 않은 편차의 합으로써 정의된다는 것을 의미한다. 세 가지 종류의 편차가 갖는 관계를 제곱합(sum of squares)의 관계로 확장하면, 아래의 관계도 성립한다.

$$\sum_{i=1}^{n}(Y_i - \overline{Y})^2 = \sum_{i=1}^{n}(\hat{Y}_i - \overline{Y})^2 + \sum_{i=1}^{n}(Y_i - \hat{Y}_i)^2 \quad \text{[식 2.17]}$$

위 식에서 $\sum(Y_i - \overline{Y})^2$을 총제곱합(sum of squares total)이라 하고 SS_T로 표기하고, $\sum(\hat{Y}_i - \overline{Y})^2$을 설명된 제곱합(sum of squares explained)이라 하고 SS_E로 표기하며, $\sum(Y_i - \hat{Y}_i)^2$을 설명되지 않은 제곱합(sum of squares unexplained)이라 하고 SS_U로 표기한다. 즉, 총제곱합은 설명된 제곱합과 설명되지 않은 제곱합의 합으로서 정의된다.

SS_E나 SS_U와 같은 약자는 어떤 용어를 사용하느냐에 따라 학자마다 다른 표기법을 이용하게 된다. 예를 들어, 어떤 학자들은 설명된 제곱합이라는 것이 회귀선에 의해서 설명된 것이므로 이를 SS_R(sum of squares regression)로 표기하고, 설명되지 않은 제곱합은 오차(error)의 제곱합이므로 이를 SS_E(sum of squares errors)로 표기한다. 또한, 어떤 학자들은 오차의 제곱합을 나타낼 때 errors 대신 residuals를 사용하여 SS_R(sum of squares residuals)이라고 쓰기도 한다. 이렇게 되면 표기상 오차의 제곱합 SS_E가 설명된 제곱합 SS_E와 동일해지고, 회귀제곱합 SS_R과 잔차 제곱합 SS_R이 또 겹친다.

이처럼 상당히 혼동스러운 표기법이 연구마다 책마다 다르게 쓰이고 있는 것이 현실이다. 어떤 표기법을 사용한다고 하여도 본질적으로는 아무런 문제가 없으나, 본 책에서는 회귀제곱합을 SS_R로 표기하고 오차제곱합을 SS_E로 표기하기로 한다. 어떤 표기를 사용하든 간에 이렇게 구한 제곱합들은 기본적으로 변동성의 크기를 나타낸다. SS_T는 Y에 존재하는 전체 변동성, SS_R은 회귀선에 의해서 설명된 Y의 변동성, SS_E는 회귀선에 의해 설명되지 않은 Y(즉, 오차)의 변동성을 가리킨다. [식 2.15]에서 정의했던 R^2이 지금까지 설명한 방식과 정의에 근거한다.

스트레스와 우울의 자료를 이용하여 아래의 표처럼 회귀제곱합과 총제곱합을 구하고 최종적으로 R^2을 계산할 수 있다.

[표 2.3] 스트레스와 우울 점수의 회귀제곱합과 총제곱합

Subject id	Y_i	$\hat{Y}_i$	$\overline{Y}$	$(\hat{Y}_i - \overline{Y})^2$	$(Y_i - \overline{Y})^2$
1	6	6.000	6	0.000	0.000
2	7	5.300	6	0.490	1.000
3	5	6.700	6	0.490	1.000
4	7	7.400	6	1.960	1.000
5	5	5.300	6	0.490	1.000
6	3	3.900	6	4.410	9.000
7	9	6.700	6	0.490	9.000
8	5	6.000	6	0.000	1.000
9	8	8.100	6	4.410	4.000
10	5	4.600	6	1.960	1.000

위의 결과를 이용하면 회귀제곱합 $SS_R = \sum(\hat{Y}_i - \overline{Y})^2 = 14.700$이고, 총제곱합 $SS_T = \sum(Y_i - \overline{Y})^2 = 28.000$이므로 R^2은 아래와 같이 계산된다.

$$R^2 = \frac{SS_R}{SS_T} = \frac{14.700}{28.000} = 0.525$$

R^2의 결과가 분석을 통하여 계산돼 나오면, 퍼센티지를 이용하여 다음과 같이 해석한다. '우울(Y)에 존재하는 변동성의 52.5%가 스트레스(X)에 의해 설명된다' 또는 '우울에 존재하는 분산의 52.5%가 스트레스에 의해 설명된다' 또는 '우울에 존재하는 분산의 52.5%가 스트레스에 존재하는 분산에 의해 설명된다'라고 표현한다. R^2은 지금까지 설명한 제곱합의 방식이 아닌 아래와 같은 방식으로도 쉽게 구할 수 있다.

$$R^2 = r_{XY}^2 \qquad \text{[식 2.18]}$$

위에서 r_{XY}은 독립변수 X와 종속변수 Y 간의 상관계수이므로 R^2은 두 변수 간 상관계수의 제곱이 되는 것이다. 스트레스와 우울의 상관계수 $r = 0.725$이므로 R^2은 아래와 같이 계산된다.

$$R^2 = 0.725^2 = 0.526$$

[식 2.15]의 제곱합을 이용한 방법과 [식 2.18]의 상관계수를 이용한 방법이 소수점 셋째 자리에서 아주 미세한 차이를 보이지만 그것은 다만 반올림으로 인한 차이일 뿐이며 근본적으로 둘은 동일해야 한다. 다만 이 두 방법 중 상관계수를 이용하는 방식은 오직 단순회귀분석에서만 사용될 수 있다. 독립변수의 개수가 여러 개로 늘어나는 다중회귀분석에서는 종속변수와 독립변수의 이변량 상관이 독립변수의 개수 만큼 존재하게 되므로 [식 2.18]처럼 R^2이 계산될 수 없고, 오직 [식 2.15]를 통해서만 구해야 한다. 그러므로 R^2의 계산 수식은 [식 2.15]로 이해하는 것이 더욱 일반적이다.

2.4.2. 효과크기

회귀분석 모형이 얼마나 타당한지 또는 적합한지에 대한 평가로서 R^2을 이용한다고 바로 앞에서 설명하였으나, 사실 엄격하게 말해서 이 표현은 조금 적절치 않다. 결정계수 R^2은 회귀분석 모형의 적합도(model fit, 연구자가 설정한 모형과 연구자료의 차이로 정의되는 개념)를 판단하는 지수가 아니라 회귀분석의 효과크기로서 정의된다. Cohen(1988)에 따르면 효과크기란 모집단에 (연구자가 의도하는) 현상이 존재하는 정도(the degree to which the phenomenon is present in the population) 또는 영가설이 잘못된 정도(the degree to which the null hypothesis is false)이다.

효과크기는 통계적 검정 결과와 더불어서 사용되어 검정 결과만으로는 설명할 수 없는 부분을 보완하는 개념이다. 통계적 검정에서 통계적으로 유의한(statistically significant) 결과를 얻었다는 것이 실용적으로도 유의한(practically significant) 결과를 얻었다는 것을 의미하지는 못하는데, 그 이유는 검정의 유의성이 표본크기에 크게 의존하기 때문이다. 즉, 연구자의 실험 등에서 처치의 효과가 매우 작았음에도 불구하고 표본크기가 크다면 통계적으로 유의한 결과를 줄 수 있는 것이 통계적 검정이다. 이 약점을 보완하기 위해 표본크기가 주는 영향을 제거한 것이 기본적으로 효과크기이다.

회귀분석에서 독립변수 X가 종속변수 Y에 통계적으로 유의한 영향을 주고 있다고 하여도 독립변수의 종속변수에 대한 효과가 크다고 단정적으로 말할 수 없다. 바로 앞에서 설명했듯이 표본크기가 매우 크다면, 표준오차가 작아지고, 따라서 검정통계량의 크기가 커지게 되어 결국 독립변수의 효과가 크지 않았음에도 불구하고 통계적 검정의 결과는 유의할 수 있기 때문이다. 그런 이유로 회귀분석에서는 효과크기 지수로서 표본크기의 영향을 받지 않는 R^2을 사용하며, R^2은 독립변수 X가 종속변수 Y를 예측하거나 설명하는 정도로 해석할 수 있다. 회귀분석의 R^2은 t검정에서 사용하는 Cohen의 d, 분산분석에서 사용하는 η^2이나 ω^2 등과 동일한 개념을 가지고 있으며 목적 역시 같다. 특히, R^2과 η^2은 수리적으로 완전히 일치하는 개념으로서 η^2이 범주형 독립변수가 사용되는 분산분석에서 쓰이는 효과크기라면, R^2은 독립변수가 연속형이든 범주형이든 상관없이 회귀분석의 맥락에서 사용되는 효과크기이다.

R^2이 클수록 독립변수 X(다중회귀분석이라면 X_1, X_2, X_3 등 여러 개의 독립변수들)가 종속변수 Y를 더 잘 예측하거나 설명한다고 서술할 수 있는데, 회귀분석의 영역에서 Cohen (1988)은 R^2의 크기에 따라서 다음과 같이 서술할 수 있다고 가이드라인을 제안하였다.

$$R^2 = 0.02: \text{ 작은 효과크기}$$
$$R^2 = 0.13: \text{ 중간 효과크기} \qquad \text{[식 2.19]}$$
$$R^2 \geq 0.26: \text{ 큰 효과크기}$$

회귀분석에서는 R^2과 함께 Cohen의 f^2을 효과크기로 사용하기도 한다. 둘 모두 효과크기임에도 불구하고 연구자들은 모형의 설명력을 말할 때는 R^2을 사용하고, 효과크기를 말할 때는 f^2을 사용하는 경향이 있다. 둘은 일반적으로 [식 2.20]을 통해서 서로 전환될 수 있다. 여기서 일반적으로라는 단어를 사용하였는데, f^2을 계산하기 위한 더 복잡한 방법도 존재하기 때문이다. 본 책의 범위를 벗어나므로 이는 다루지 않으며, 관심이 있는 독자는 Cohen(1988)이나 Selya, Rose, Dierker, Hedeker와 Mermelstein(2012)을 찾아보기 바란다.

$$f^2 = \frac{R^2}{1-R^2}, \quad R^2 = \frac{f^2}{1+f^2} \qquad \text{[식 2.20]}$$

Cohen(1988)은 f^2의 크기에 따라 다음과 같이 가이드라인을 제시하였으며, 아래의 값들은 R^2의 가이드라인 값들과 서로 상응한다.

$$f^2 = 0.02: \text{ 작은 효과크기}$$
$$f^2 = 0.15: \text{ 중간 효과크기} \qquad [식 2.21]$$
$$f^2 \geq 0.35: \text{ 큰 효과크기}$$

스트레스와 우울의 자료를 이용하여 계산하면, $R^2 = 0.525$, $f^2 = 1.105$가 나오고, 이를 토대로 매우 큰 효과가 있다고 결론 내릴 수 있다. 즉, 스트레스가 우울을 매우 잘 예측 또는 설명하고 있다고 할 수 있다. 스트레스와 우울 자료처럼 큰 효과가 존재한다든지, 아니면 중간 정도의 효과가 존재한다든지 하는 해석은 Cohen(1988)의 가이드라인을 따르는 게 표준 관행이기는 하다. 하지만, 가이드라인이라는 것은 절대적인 의미를 지니는 것이 아니며 단지 가이드라인일 뿐이다. 대부분의 통계학자들은 모든 학문 영역에서 Cohen(1988)의 가이드라인을 따를 필요는 없으며, 단지 참고로 사용해야 한다고 주장한다. Cohen(1988) 역시 자신이 속한 학문 분야에서 연구자들 사이에 통용되는 가이드라인이 있다면 그 값을 사용하는 게 더 적절하다고 제안한다.

지금까지 회귀분석에서 가장 많이 사용되는 두 가지 효과크기인 R^2과 f^2을 간략하게 소개하고 설명하였다. 두 종류 모두 매우 유명하고 목적과 관행에 따라 다양한 맥락에서 사용되는데, 연구자들은 일반적인 회귀분석에서 R^2을 더 선호하고 많이 사용하는 경향이 있다. 이는 R^2이 0에서 1 사이의 값으로 정의되기 때문이다. 총제곱합 중 설명된 제곱합의 비율로 정의되는([식 2.17] 참고) R^2은 0보다 작거나 1보다 클 수 없다. 이런 이유로 R^2을 이용하면 총변동성 중에서 몇 %가 독립변수에 의해 설명된다는 해석이 가능한 것이다.

회귀분석에는 또 다른 유명한 효과크기가 존재한다. 그것은 바로 회귀계수(regression coefficient) 그 자체, 즉 기울기 β_1이다.[11] 회귀계수는 독립변수가 종속변수를 예측하거나 설명하는 정도라는 회귀분석 효과크기의 정의에 잘 들어맞는 개념이며, 특히 단순회귀분석에서 표준화된 회귀계수는 상관계수 그 자체이므로 언제나 -1에서 +1 사이에서 움직인다. 그러므로 표준화된 회귀계수를 회귀분석의 효과크기로 사용할 수 있는데, 사실 어떻게 해석해

---

11 회귀계수는 기본적으로 기울기만을 가리키는 것이지만, 몇몇 연구자들은 절편을 포함하기도 한다. 이는 엄격하게 말해서 옳지 않지만, 많은 연구자가 특별히 심각하게 이런 원칙을 지키지는 않는다. SPSS 역시 Unstandardized Coefficients라는 제목하에 절편과 기울기의 비표준화 추정치를 모두 제공한다.

야 하는지에 대한 정확한 기준은 없다. 다만 단순회귀분석에서 표준화된 회귀계수가 r이므로 상관계수의 크기를 해석하듯이 할 수 있다고 알려져 있다. 독립변수의 개수가 늘어나는 다중회귀분석에서도 표준화된 회귀계수는 -1에서 +1 사이에서 움직이는 경향이 있으므로 어느 정도 표준화된 해석이 가능하다.[12]

2.5. 회귀분석의 가설검정

표본을 수집하고 모형을 추정하여 절편과 기울기 등을 구해 내고, R^2을 계산하여 모형에 대한 평가도 진행하였다면, 다음 단계는 모형의 통계적 가설검정을 하는 것이다. 회귀분석 결과에서의 통계적 검정은 먼저 모형이 의미 있는지에 대해서 이루어지며, 그다음에 개별모수가 유의한지를 확인한다.

2.5.1. 회귀모형의 검정

회귀분석에서 모형에 대한 검정이라는 것은 연구자가 설정한 회귀모형이 통계적으로 의미가 있는지에 대한 검정이다. 이는 종속변수 Y가 독립변수 X에 의해서 충분히 설명 또는 예측되고 있는지를 확인하는 검정이라고 할 수 있다. 일반적인 회귀모형의 검정을 위한 영가설은 다음과 같다.

H_0: 회귀모형이 의미 없다. [식 2.22]

위의 영가설처럼 '회귀모형이 의미 없다(Regression model is not meaningful)'는 것은 독립변수 X가 종속변수 Y를 잘 설명하거나 예측하지 못하고 있다는 것을 가리킨다. 쉽게 다시 표현하면, 회귀계수(기울기)가 0이라는 뜻이 된다. 즉, 아래와 같이 회귀모형 검정의 가설을 서술할 수 있다.

H_0: 모든 회귀계수가 0이다.
H_1: 적어도 하나의 회귀계수는 0이 아니다. [식 2.23]

---

12 회귀분석의 표준화된 회귀계수가 수리적으로 반드시 -1에서 +1 사이에서 움직이는 것은 아니지만, 단순회귀분석의 경우에는 상관계수를 의미하므로 그 사이에서 움직이게 된다.

위의 영가설 H_0과 대립가설 H_1는 단순회귀분석과 다중회귀분석 모두에 사용할 수 있는 서술 방법이다. 다중회귀분석에는 회귀계수가 여러 개 있는 반면, 단순회귀분석에는 회귀계수가 오직 β_1 하나뿐이므로 위의 가설은 단순회귀분석 모형에 대하여 아래처럼 다시 쓸 수 있다.

$$H_0 : \beta_1 = 0 \quad \text{vs.} \quad H_1 : \beta_1 \neq 0 \qquad \text{[식 2.24]}$$

지금까지의 논의를 정리하면, 단순회귀분석에서 모형에 대한 검정이라는 것은 기울기 β_1이 0인지 아닌지를 검정하는 것이다. 회귀모형의 검정을 실시하고자 하면, 앞에서 소개했던 제곱합들을 이용해서 분산분석을 실시하고 F검정을 수행한다. 회귀분석의 모형검정에 왜 분산분석과 F검정이 등장하는지 의아할 수 있지만, 근본적으로 회귀분석과 분산분석 등은 모두 동일한 수학적 배경을 지닌 모형들이며, 일반선형모형(general linear model, GLM)의 일종들이다. 참고로 GLM은 다양한 통계 분석을 수행하고 해석하기 위한 통일된 틀(framework)을 제공하는데, 기본적으로 종속변수와 회귀계수 간의 선형관계를 가정하는, 즉 종속변수에 일어나는 변화가 회귀계수와 일정한 비례 관계가 있다는 가정을 한다.[13] GLM의 틀은 회귀분석, 분산분석, 공분산 분석, t검정 등 다양한 모형들을 포함하고 있다. 회귀모형의 검정을 위한 F검정통계량과 표집분포는 아래와 같다.

$$F = \frac{MS_R}{MS_E} = \frac{\frac{SS_R}{1}}{\frac{SS_E}{n-2}} \sim F_{1,n-2} \qquad \text{[식 2.25]}$$

위에서 MS_R은 회귀평균제곱(mean square regression) 또는 회귀분산이라고 불리며 회귀제곱합 SS_R을 자유도 $1(=p$, 독립변수의 개수$)$로 나눈 값이고, MS_E는 오차평균제곱(mean square error) 또는 오차분산([식 2.10])이라고 불리며 오차제곱합 SS_E를 자유도 $n-2$ $(=n-p-1)$로 나눈 값이다. 이렇게 되면 F검정통계량이 따르는 F분포의 자유도는 1과 $n-2$가 된다. 스트레스와 우울 자료를 이용하여 F검정통계량을 구해 보면 다음과 같다. 식에 제공되는 $SS_R = 14.700$과 $SS_E = 13.300$은 모두 앞에서 구한 값들이다.

---

13 선형모형(linear model)에서 선형(linear)의 의미는 일반적인 연구자들이 생각하는 선형의 의미와 꽤 다르다. 종속변수와 독립변수의 선형적인 관계를 의미하는 것이 아니고 종속변수와 회귀계수의 선형적인 관계를 의미한다. 이에 대해서는 회귀분석의 가정을 다루는 7장에서 예제와 함께 자세히 설명한다.

$$F = \frac{\frac{14.700}{1}}{\frac{13.300}{10-2}} = \frac{14.700}{1.662} = 8.842$$

유의수준 5%에서 자유도가 1과 8인 F분포의 기각값은 5.318이므로, 의사결정의 규칙은 '만약 $F > 5.318$이라면 H_0을 기각한다'가 된다. $F = 8.842 > 5.318$이므로 $H_0 : \beta_1 = 0$을 기각하게 되고, 회귀모형은 통계적으로 의미가 있다고 결론 내린다. 즉, 회귀분석 모형에서 독립변수 스트레스가 통계적으로 유의하게 종속변수 우울을 예측하고 있다고 볼 수 있다. F검정의 전 과정은 아래와 같이 분산분석표를 통하여 보고하기도 한다.

[표 2.4] **스트레스와 우울 자료 회귀분석의 분산분석표**

분산원 (Source of variance)	SS	df	MS	F
회귀(Regression)	14.700	1	14.700	8.842
오차(Error)	13.300	8	1.662	
전체(Total)	28.000	9		

주. SS=sum of squares; df=degrees of freedom; MS=mean square.

검정의 일반적인 과정을 보여 주기 위하여 모형의 F검정통계량을 직접 계산하고, 분산분석표도 작성하였다. 실제로 이와 같은 계산을 손으로 하거나 검정통계량의 값을 기각값에 비교하여 검정을 진행하는 경우는 드물다. 대부분의 프로그램은 검정을 위한 p값을 제공하기 때문이다. 위의 예제에서는 자유도가 1과 8인 F분포 상에서 검정통계량 8.842보다 더 극단적일 확률, 즉 F분포에서 8.842를 기준으로 오른쪽 영역의 확률이 p값이 된다. 해당되는 p값은 이후 SPSS 예제의 결과인 [그림 2.11]에 제공된다.

2.5.2. 회귀모수의 검정

회귀모형 전체가 유의한지에 대한 검정을 실시하였다면, 다음으로 단순회귀분석 모형의 두 모수인 β_0와 β_1에 대한 검정을 진행한다. 아래의 영가설처럼 두 모수가 각각 0인지 아닌지를 검정한다.

$$H_0 : \beta_0 = 0, \quad H_0 : \beta_1 = 0 \qquad \text{[식 2.26]}$$

몇몇의 학문 분야를 제외한 대부분의 사회과학이나 행동과학의 영역에서 절편은 중요한 의미를 갖고 있지 않다. 절편 $\beta_0 = 0$이라는 것은 단지 $X = 0$일 때 $Y = 0$이라는 것을 의미할 뿐이며, 변수 X와 Y의 관계에 대해서는 어떤 것도 알려 주지 않는 것이다. 이에 반해, 기울기 $\beta_1 = 0$이라는 것은 독립변수 X와 종속변수 Y가 서로 관계가 없다는 것을 의미한다. 즉, X가 Y에 영향을 주지 못하고, X를 통해 Y를 예측하는 것도 가능하지 않다는 것을 가리킨다. 그러므로 회귀분석의 모수에 대한 검정은 거의 언제나 기울기에 대한 검정이 중요한 의미를 갖는다.

SPSS, SAS, STATA 등 대부분의 범용 통계 프로그램을 이용하면 p값을 통해 절편과 기울기 모수의 검정 결과를 쉽게 확인할 수 있다. 절편 또는 기울기 모수의 p값이 유의수준 α보다 작다면 해당 모수가 0이라는 영가설을 기각하는 원리이다. 하지만, 회귀분석 모형을 제대로 사용하기 위해서는 검정의 원리를 어느 정도 이해하는 것이 필요하다. 먼저 각 모수의 검정을 진행하기 위해서는 각 추정치의 분포를 알아야 한다. 제1장의 표집이론 리뷰에서 소개했듯이 $H_0 : \mu = 0$을 검정하기 위해서는 μ의 추정치인 $\overline{X}(=\hat{\mu})$의 분포를 알아야 했다. 회귀분석에서 $H_0 : \beta_0 = 0$ 또는 $H_0 : \beta_1 = 0$의 검정을 진행하기 위해서는 각 모수의 추정치인 $\hat{\beta}_0$ 및 $\hat{\beta}_1$의 분포를 알아야 한다. 지금부터 회귀분석의 표집이론을 통해 $\hat{\beta}_0$ 및 $\hat{\beta}_1$의 이론적인 분포를 밝히려고 한다.

연구자가 독립변수 X를 이용하여 종속변수 Y를 예측하는 단순회귀모형을 설정하게 되면, 이에 따라 회귀모수 β_0와 β_1이 정의된다. 이를 그림으로 표현하면, [그림 2.6]의 왼쪽처럼 변수 X와 Y의 값들로 이루어진 모집단에 연구자가 관심 있어 하는 회귀모수 β_0와 β_1이 정의되는 것이다. 회귀모형의 추정치인 $\hat{\beta}_0$ 및 $\hat{\beta}_1$의 이론적인 표집분포를 찾아내기 위해 모집단으로부터 상상 속에서 (X_i, Y_i) 쌍이 일정한 표본크기(예를 들어, $n = 50$)로 표집이 되며, 그 과정을 무한대로 반복한다. 이렇게 되면 무한대의 $\hat{\beta}_0$ 및 $\hat{\beta}_1$이 이론적으로 확보된다. 이때 모든 표본에서 Y의 값들만 변하고 X의 값들은 주어진 값들로서 변하지 않는다고 가정한다. 이를 고정된 X 가정(fixed X assumption)이라고 하며 우리가 사용하는 일반적인 OLS 회귀분석의 기본적인 가정이다.

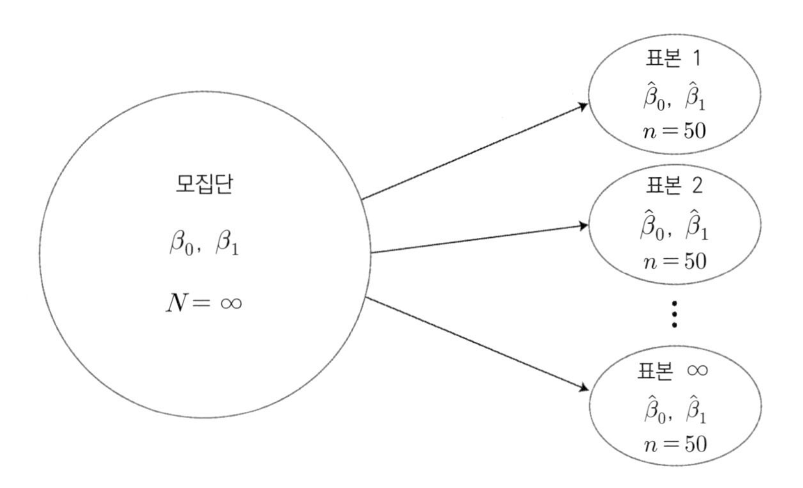

[그림 2.6] **회귀분석 추론을 위한 $n=50$인 반복적인 표집과정**

위와 같이 일정한 표본크기($n=50$)의 (X_i, Y_i) 쌍을 표집하고, 각 표본에서 회귀분석을 실시하면 $\hat{\beta}_0$과 $\hat{\beta}_1$을 추정할 수 있다. 즉, 첫 번째 표본에서도 이론적으로 $\hat{\beta}_0$과 $\hat{\beta}_1$이 추정되고, 두 번째 표본에서도 이론적으로 $\hat{\beta}_0$과 $\hat{\beta}_1$이 추정되며, 세 번째 표본에서도, 네 번째 표본에서도 끊임없이 $\hat{\beta}_0$과 $\hat{\beta}_1$이 추정된다. 표집이론에서는 이론적으로 무한대의 표본이 존재하므로 무한대의 $\hat{\beta}_0$과 $\hat{\beta}_1$이 존재하게 될 것이다. 이 무한대의 $\hat{\beta}_0$과 $\hat{\beta}_1$의 평균도 구할 수 있으며, 표준편차(즉, $\hat{\beta}_0$과 $\hat{\beta}_1$의 표준오차)도 구할 수 있다. 그리고 이렇게 구한 무한대의 추정치들은 기본적으로 표본크기가 커짐에 따라 정규분포를 따른다. 또한, 두 추정치를 아래에 소개하는 표준오차로 각각 나누어 주면 이론적으로 t분포를 따르게 된다. 그러므로 각 모수의 검정에서 중요한 부분은 표준오차의 추정이다. 먼저 회귀분석의 중요한 모수인 β_1의 검정을 진행하기 위해 기울기 추정치 $\hat{\beta}_1$의 이론적인 표준오차인 $SE_{\hat{\beta}_1}$을 구하면 다음과 같다.

$$SE_{\hat{\beta}_1} = \sqrt{\frac{SS_E/(n-2)}{SS_X}} = \sqrt{\frac{\sum(Y_i-\hat{Y}_i)^2}{(n-2)\sum(X_i-\overline{X})^2}} \qquad [식\ 2.27]$$

$\hat{\beta}_1$의 추정된 표준오차를 이용하여 기울기 β_1의 t검정을 다음과 같이 실행한다.

$$t_{\hat{\beta}_1} = \frac{\hat{\beta}_1}{SE_{\hat{\beta}_1}} \sim t_{n-p-1} \qquad [식\ 2.28]$$

위의 식에서 p는 독립변수의 개수를 가리키므로(즉, $p=1$) 단순회귀분석에서 위의 표집분포는 자유도가 $n-2$인 t분포를 가리킨다.

이제 스트레스와 우울 자료를 이용하여 기울기의 t검정을 진행하자. 먼저 유의수준 5%에서 자유도가 8인 t분포의 기각값은 R이나 SPSS 등을 이용하여 확인하면 ± 2.307이다. 즉, 의사결정의 규칙은 '만약 $t<-2.307$ 또는 $t>2.307$이라면 H_0을 기각한다'가 된다. 이제 t검정통계량의 계산을 위해 $\hat{\beta}_1$의 표준오차($SE_{\hat{\beta}_1}$)를 구하면 아래와 같다.

$$SE_{\hat{\beta}_1} = \sqrt{\frac{\sum(Y_i - \hat{Y}_i)^2}{(n-2)\sum(X_i - \overline{X})^2}} = \sqrt{\frac{13.300}{(10-2)\times 30}} = 0.235$$

따라서 $H_0: \beta_1 = 0$ 검정을 위한 t검정통계량은 다음과 같이 계산된다.

$$t_{\hat{\beta}_1} = \frac{\hat{\beta}_1}{SE_{\hat{\beta}_1}} = \frac{0.700}{0.235} = 2.979$$

결과적으로 $t=2.979>2.307$이므로 유의수준 5%에서 $H_0: \beta_1 = 0$을 기각하게 된다. 즉, 회귀모형의 기울기는 통계적으로 0과 다르다고 결론 내린다. 'Y와 X가 충분한 관계가 있다' 또는 'X는 Y를 유의하게 예측하거나 설명한다'고 결론 내릴 수도 있다. 이때 대부분의 연구자들은 책이나 논문에서 '기울기가 통계적으로 유의하다'고 말하는데, 이는 'β_1 통계적으로 유의하게 0과 다르다(β_1 is statistically significantly different from 0)'를 줄여서 말한 것이다.

다음으로 β_0의 검정을 진행하기 위해 절편 추정치 $\hat{\beta}_0$의 이론적인 표준오차를 구하면 다음과 같다.

$$SE_{\hat{\beta}_0} = \sqrt{\frac{\sum(Y_i - \hat{Y}_i)^2}{n-2}\left(\frac{1}{n} + \frac{\overline{X}^2}{\sum(X_i - \overline{X})^2}\right)} \qquad \text{[식 2.29]}$$

위의 추정된 표준오차를 이용하여 절편의 t검정을 아래와 같이 진행한다.

$$t_{\hat{\beta}_0} = \frac{\hat{\beta}_0}{SE_{\hat{\beta}_0}} \sim t_{n-p-1}$$ [식 2.30]

스트레스와 우울 자료를 이용하여 절편의 t검정을 진행하면 다음과 같다. 먼저 표집분포와 자유도가 같으므로 의사결정의 규칙은 기울기 검정과 동일하다. 이제 t검정통계량의 계산을 위해 $\hat{\beta}_0$의 표준오차($SE_{\hat{\beta}_0}$)를 구하면 아래와 같다.

$$SE_{\hat{\beta}_0} = \sqrt{\frac{\sum(Y_i - \hat{Y}_i)^2}{n-2}\left(\frac{1}{n} + \frac{\overline{X}^2}{\sum(X_i - \overline{X})^2}\right)} = \sqrt{\frac{13.300}{10-2}\left(\frac{1}{10} + \frac{5^2}{30}\right)} = 1.246$$

따라서 $H_0 : \beta_0 = 0$ 검정을 위한 t검정통계량은 다음과 같이 계산된다.

$$t_{\hat{\beta}_0} = \frac{\hat{\beta}_0}{SE_{\hat{\beta}_0}} = \frac{2.500}{1.246} = 2.006$$

결과적으로 $-2.307 < t = 2.006 < 2.307$이므로 유의수준 5%에서 $H_0 : \beta_0 = 0$을 기각하는 데 실패하게 된다. 즉, 회귀모형의 절편은 통계적으로 0과 다르지 않다. 이것은 $X=0$일 때, 통계적으로 $Y=0$이라는 것을 의미하며, 독립변수 X와 종속변수 Y 사이의 관계에 대한 정보는 제공하지 못한다.

2.5.3. 모수의 신뢰구간 추정과 검정

최근 회귀분석이나 구조방정식 모형 등을 사용하여 어떤 모수를 검정하고자 할 때, p값을 이용하기도 하지만 신뢰구간 이용이 권장되는 경우(예를 들어, 매개효과의 검정)도 있다. 신뢰구간의 사용이 통계 분석의 다양한 영역으로 들어와 있는 것이다. 1장에서도 설명했지만, 신뢰구간이란 추정치의 일종이다. 일반적으로 모수 β_1이 궁금하다면 우리는 표본을 이용하여 $\hat{\beta}_1 = 1.736$, $\hat{\beta}_1 = 0.358$ 이런 식으로 추정을 하게 되는데, 이를 점추정이라고 하며 추정된 값을 점추정치라고 한다. 반면에 0.357~0.695 또는 0.624~1.103 등의 구간으로 β_1을 추정하는 것도 가능한데, 이를 구간추정이라고 하며, 추정된 구간을 구간추정치라고 한다. 구간추정치 중에서 가장 유명한 것이 신뢰구간(confidence interval)이다.

지금부터 회귀분석 각 모수의 신뢰구간을 추정하고, 모수에 대한 검정을 진행하는 방법을 보인다. 모수의 신뢰구간 추정치는 표본을 이용해 구한 점추정치에 적절한 기각값과 표준오차를 곱한 값을 더하고 빼서 구할 수 있는데, 자세한 신뢰구간의 생성 원리는 본 책의 1장이나 김수영(2019, 2023)을 확인하기 바란다. 여기서는 원리에 따라 생성된 신뢰구간의 식만을 제공한다. 아래에 기울기 β_1의 신뢰구간이 제공된다.

$$\hat{\beta}_1 - t_{cv} SE_{\hat{\beta}_1} \leq \beta_1 \leq \hat{\beta}_1 + t_{cv} SE_{\hat{\beta}_1} \quad [\text{식 } 2.31]$$

위에서 t_{cv}는 t기각값(t critical value)을 의미하며 자료와 모형의 조건(표본크기, 독립변수의 개수 등)을 통해 적절한 자유도($n-p-1$)를 결정하고, 신뢰구간의 수준(95%, 99% 등)에 해당하는 값을 t분포표에서 찾아야 한다. 그리고 표준오차 $SE_{\hat{\beta}_1}$은 [식 2.27]에 제공되어 있다. 신뢰구간의 작은 값인 $\hat{\beta}_1 - t_{cv} SE_{\hat{\beta}_1}$은 하한이라고 하고, 큰 값인 $\hat{\beta}_1 + t_{cv} SE_{\hat{\beta}_1}$은 상한이라고 한다.

스트레스와 우울의 자료를 이용해서 β_1의 95% 신뢰구간을 구해 보도록 하자. 신뢰구간을 위해 필요한 값들은 앞에서 이미 구해 놓았다. 즉, 기울기 추정치 $\hat{\beta}_1 = 0.700$이고, 유의수준 5%에서 자유도가 8인 t분포의 기각값 $t_{cv} = \pm 2.307$, $\hat{\beta}_1$의 표준오차 $SE_{\hat{\beta}_1} = 0.235$이다. 이 값들을 이용하여 구한 β_1의 95% 신뢰구간 추정치는 다음과 같다.

$$0.700 - 2.307 \times 0.235 \leq \beta_1 \leq 0.700 + 2.307 \times 0.235$$
$$0.158 \leq \beta_1 \leq 1.242$$

위의 결과로부터 기울기 β_1의 95% 신뢰구간은 [0.158, 1.242]가 된다. 신뢰구간 추정치를 표현할 때는 [ ]을 이용하는 것이 일반적이다.

신뢰구간 추정치를 이용하여 통계적 검정도 실시할 수 있는데, 1장에서 설명했듯이 그 원칙은 신뢰구간의 생성 원리에 기반하고 있다. 모수의 신뢰구간이 0을 포함하고 있지 않다면 모수가 0이라는 영가설을 기각하며, 모수의 신뢰구간이 0을 포함하고 있다면 모수가 0이라는 영가설을 기각하는 데 실패하게 된다. 이때 신뢰구간의 수준(예를 들어, 95%)은 유의수준과 밀접한 관련이 있는데, 95%의 신뢰 수준(confidence level)으로 검정을 진행한다는 것은 5%의 유의수준(significance level)으로 검정을 진행한다는 것과 동일한 의미이다.

이제 신뢰구간의 검정 방법을 이용하여 $H_0 : \beta_1 = 0$을 검정해 보자. 앞에서 구한 β_1의 95% 신뢰구간 추정치는 [0.158, 1.242]로서 검정하고자 하는 값인 0을 포함하지 않고 있으므로 유의수준 5%에서 영가설을 기각한다. 즉, 회귀모형의 기울기는 통계적으로 0과 다르며, 스트레스는 우울을 유의하게 설명하거나 예측한다고 결론 내린다.

다음으로 절편 β_0의 신뢰구간이 아래에 제공된다.

$$\hat{\beta}_0 - t_{cv} SE_{\hat{\beta}_0} \leq \beta_0 \leq \hat{\beta}_0 + t_{cv} SE_{\hat{\beta}_0} \qquad \text{[식 2.32]}$$

t_{cv}는 이미 앞에서 설명을 하였고, $SE_{\hat{\beta}_0}$은 [식 2.29]에 제공되어 있다. β_0의 95% 신뢰구간을 위해 필요한 모든 값들은 이미 구해 놓았다. 절편 추정치 $\hat{\beta}_0 = 2.500$이고, 유의수준 5%에서 자유도가 8인 t분포의 기각값 $t_{cv} = \pm 2.307$, $\hat{\beta}_0$의 표준오차 $SE_{\hat{\beta}_0} = 1.246$이다. 이 값들을 이용하여 구한 β_0의 95% 신뢰구간 추정치는 다음과 같다.

$$2.500 - 2.307 \times 1.246 \leq \beta_0 \leq 2.500 + 2.307 \times 1.246$$
$$-0.375 \leq \beta_0 \leq 5.375$$

위의 계산 결과로부터 절편 β_0의 95% 신뢰구간은 [−0.375, 5.375]가 된다. 신뢰구간을 이용하여 $H_0 : \beta_0 = 0$의 검정을 실시하면, β_0의 95% 신뢰구간이 검정하고자 하는 값인 0을 포함하고 있으므로 유의수준 5%에서 영가설을 기각하는 데 실패한다. 즉, 절편은 통계적으로 0과 다르지 않다.

2.6. 단순회귀분석의 예

스트레스와 우울 자료를 이용하여 SPSS로 회귀분석을 실시하는 과정을 보인다. 분석을 위한 자료는 지금까지 예제에서 계속 사용하고 있는 [표 1.1] 및 [그림 1.2]에서 제공했던 자료이다. 10명의 스트레스와 우울 값이 아래 그림처럼 입력되어 있다.

01.depression.sav [DataSet1] - IBM SPSS Statistics Data Editor

File Edit View Data Transform Analyze Direct Marketing Graphs Utilities Add-ons Window Help

Visible: 2 of 2 Variables

	Stress	Depression	var	var	var	var	var	var	var	var	var	var	var	var	var	var
1	5.00	6.00														
2	4.00	7.00														
3	6.00	5.00														
4	7.00	7.00														
5	4.00	5.00														
6	2.00	3.00														
7	6.00	9.00														
8	5.00	5.00														
9	8.00	8.00														
10	3.00	5.00														

Data View Variable View

IBM SPSS Statistics Processor is ready Unicode:ON

회귀분석을 실시하기 위해 먼저 Analyze 메뉴로 들어가서 Regression을 선택하고 Linear를 실행하면 아래의 화면이 나타난다. 지금까지 배운 선형회귀분석(linear regression)을 실행하기 위해 변수를 설정하고 옵션을 조정할 수 있는 화면이다.

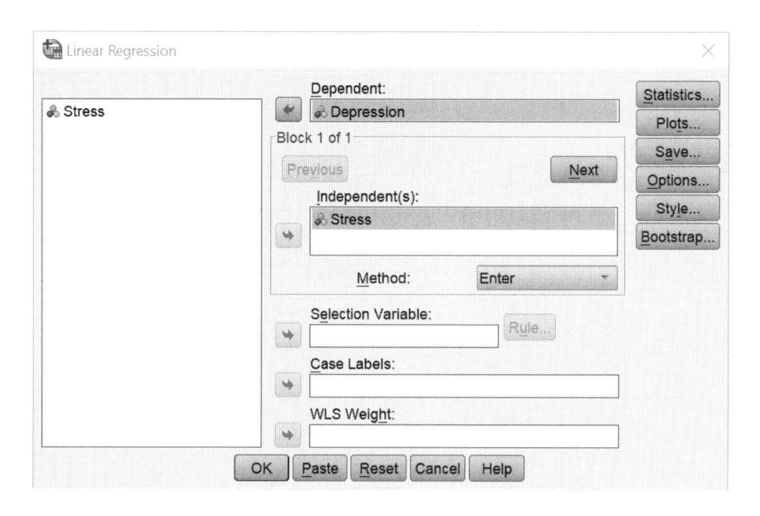

[그림 2.7] 회귀분석 실행 화면

화면이 열리면 왼쪽의 큰 패널에 연구자가 가지고 있는 모두 변수가 나타난다. 변수 패널에서 종속변수인 Depression을 Dependent로 옮기고, 독립변수인 Stress를 Independent(s)로 옮긴다. 이것만으로 종속변수와 독립변수가 SPSS에 설정이 되며, 가장 기본적인 회귀분석은 실행이 된다. 하지만, 바로 앞에서 설명한 β_0와 β_1의 신뢰구간 추정치를 얻고자 하면 오른쪽 위에 있는 Statistics를 클릭하여 들어가야 한다.

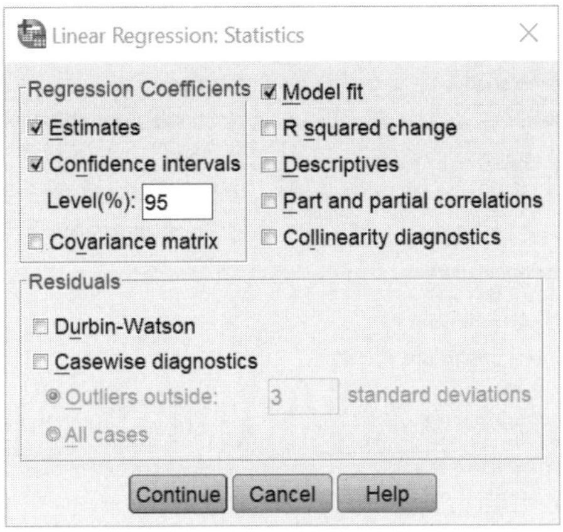

[그림 2.8] 회귀분석의 Statistics 화면

Statistics 화면이 열리면 SPSS Output에 절편과 기울기의 추정치를 보여 주는 Estimates 및 R^2과 추정의 표준오차 등 모형적합도를 보여 주는 Model fit 부분에 이미 체크가 되어 있다.[14] 즉, 회귀계수 추정치와 적합도를 보여 주는 R^2 및 추정의 표준오차 등은 디폴트로 출력되는 결과물들이다. 신뢰구간의 출력을 위해서는 추가로 Confidence intervals에 체크하고 Level(%)은 디폴트로 설정되어 있는 95로 하여 95% 신뢰구간이 출력되도록 해야 한다. Statistics 화면에는 위계적 회귀분석을 실시하거나(R squared change) 다중공선성 확인을 할 수 있는(Collinearity diagnostics) 다양한 옵션들도 있는데, 지금은 그 옵션들에 체크하지 않는다. 차후 필요에 따라 하나씩 설명할 계획이다.

이제 Continue를 눌러 나간 다음 [그림 2.7]의 오른쪽에 있는 Save를 클릭하여 들어가면 아래의 화면이 나타난다. 이 화면은 예측값($\hat{Y}_i$)이나 잔차($\hat{e}_i$) 등을 자료 세트에 저장하는

14 앞에서도 설명했듯이 R^2은 효과크기이며, 엄격하게 말해서 모형과 자료의 차이를 나타내 주는 모형적합도(model fit)라고 할 수는 없다. 그럼에도 불구하고 SPSS나 몇몇 연구자들은 R^2을 모형적합도의 일종으로 취급하기도 한다.

옵션들을 가지고 있다.

Linear Regression: Save

Predicted Values
- ☑ Unstandardized
- ☐ Standardized
- ☐ Adjusted
- ☐ S.E. of mean predictions

Residuals
- ☑ Unstandardized
- ☐ Standardized
- ☐ Studentized
- ☐ Deleted
- ☐ Studentized deleted

Distances
- ☐ Mahalanobis
- ☐ Cook's
- ☐ Leverage values

Influence Statistics
- ☐ DfBeta(s)
- ☐ Standardized DfBeta(s)
- ☐ DfFit
- ☐ Standardized DfFit
- ☐ Covariance ratio

Prediction Intervals
- ☐ Mean ☐ Individual
- Confidence Interval: 95 %

Coefficient statistics
- ☐ Create coefficient statistics
- ◉ Create a new dataset
  - Dataset name:
- ○ Write a new data file
  - File...

Export model information to XML file
- Browse...
- ☑ Include the covariance matrix

Continue Cancel Help

[그림 2.9] 회귀분석의 Save 화면

Predicted Values의 Unstandardized에 체크하면 예측값들($\hat{Y}_i$)이 자료 세트에 저장되고, Residuals의 Unstandardized에 체크하면 추정된 오차들, 즉 잔차들($\hat{e}_i = Y_i - \hat{Y}_i$)이 자료 세트에 저장된다. 이 외에도 극단치를 찾아내거나 회귀분석의 가정을 확인할 수 있는 여러 옵션이 존재한다. 이제 Continue를 눌러 Save 화면을 닫고, [그림 2.7] 화면에서 OK를 눌러 회귀분석을 실시한다. 회귀분석 실행의 결과로서 우선 모형 추정의 요약표가 아래처럼 제공된다.

Model Summary

Model	R	R Square	Adjusted R Square	Std. Error of the Estimate
1	.725[a]	.525	.466	1.28938

a. Predictors: (Constant), Stress

[그림 2.10] 회귀분석의 결과 요약표

가장 먼저 봐야 할 부분은 R Square이며, $R^2 = 0.525$라는 것을 확인할 수 있다. 즉, Depression에 존재하는 변동성의 52.5%가 Stress에 의해 설명된다. 그리고 R Square의 왼쪽에 R이라고 쓰인 부분이 있는데, 이는 다중상관(multiple correlation)이라고 하며 R^2에 제곱근을 씌워서 계산된다. 단순회귀분석에서 이 R은 독립변수 스트레스와 종속변수 우울의 상관계수 r을 의미한다. R^2의 오른쪽에는 Adjusted R Square라는 부분이 제공되는데, 조정된 $R^2(adj.R^2)$이라고 불리며 다중회귀분석에서 의미가 있는 통계치이므로 이번 장에서는 건너뛰고 이후에 설명한다. 가장 마지막에 Std. Error of the Estimate 부분은 추정의 표준오차(standard error of estimate)이며 오차 추정치들의 표준편차를 가리킨다. 앞서 설명했듯이 이는 평균적인 오차의 크기를 의미하며, 각 사례의 점들이 회귀선으로부터 평균적으로 1.289 수직거리만큼 떨어져 있다고 해석할 수 있다. 다음으로는 모형의 검정을 위한 분산분석표가 아래에 제공된다.

ANOVA[a]

Model		Sum of Squares	df	Mean Square	F	Sig.
1	Regression	14.700	1	14.700	8.842	.018[b]
	Residual	13.300	8	1.662		
	Total	28.000	9			

a. Dependent Variable: Depression

b. Predictors: (Constant), Stress

[그림 2.11] 회귀분석의 분산분석표

회귀제곱합 14.700을 자유도 $1(=p)$로 나누어 회귀평균제곱 14.700이 계산되며, 오차제곱합 13.300을 자유도 $8(=n-p-1)$로 나누어 오차평균제곱 1.662가 계산된다. 회귀평균제곱(MS_R) 14.700을 오차평균제곱(MS_E) 1.662로 나누어 F검정통계량 8.842가 나오고, 가장 마지막에는 $p=.018$이 제공된다. p는 오직 영가설을 기각하느냐 기각하지 않느냐를 결정하는 데 사용되는 값이다. 그러므로 분석의 결과로서 p값이 있다는 것은 언제나 이에 상응하는 영가설이 있다는 것을 의미한다. 영가설은 [식 2.22] 및 [식 2.23]에서 보여 주었던 '회귀모형이 의미 없다' 또는 '모든 회귀계수가 0이다'로서 $p=.018<\alpha=.05$이므로 유의수준 5%에서 영가설을 기각한다. 즉, 회귀모형은 의미가 있으며, 이는 단순회귀분석의 회귀계수 β_1이 통계적으로 0과 다르다는 것을 가리킨다. 이제 마지막으로 개별모수의 추정치와 검정 결과가 아래에 제공된다.

Coefficients[a]

Model		Unstandardized Coefficients		Standardized Coefficients	t	Sig.	95.0% Confidence Interval for B	
		B	Std. Error	Beta			Lower Bound	Upper Bound
1	(Constant)	2.500	1.246		2.007	.080	-.372	5.372
	Stress	.700	.235	.725	2.974	.018	.157	1.243

a. Dependent Variable: Depression

[그림 2.12] 회귀분석의 개별모수 추정치와 검정 결과

가장 먼저 표준화하지 않은 모수 추정치인 비표준화 추정치가 Unstandardized Coefficients 부분에 제시된다. B라고 쓰인 부분의 아래에 $B_0 = 2.500$, $B_1 = 0.700$을 확인할 수 있다. 즉, (Constant)라고 쓰여 있는 첫 번째 줄에 $\hat{\beta}_0$이 제공되고, Stress라고 쓰여 있는 두 번째 줄에 $\hat{\beta}_1$이 제공된다. B의 바로 오른쪽 Std. Error 부분에는 각 추정치의 표준오차가 제공된다. $B_0(=\hat{\beta}_0)$의 표준오차 $SE_{\hat{\beta}_0} = 1.246$이 나타나고, 바로 밑에 $B_1(=\hat{\beta}_1)$의 표준오차 $SE_{\hat{\beta}_1} = 0.235$가 나타난다. 추정치와 표준오차의 값은 앞에서 손으로 직접 계산한 값들과는 약간의 차이가 나는데, 이는 모두 계산 때문에 발생한 미미한 오차라고 할 수 있다.

다음 열의 Standardized Coefficients라고 쓰여진 부분은 표준화 추정치를 보여 주는데 Beta라고 쓰여 있다. 통계학에서 Beta는 모수를 표기하는 게 정통이지만, SPSS는 표준화 추정치의 의미로 β를 사용한다. 절편의 표준화 추정치는 언제나 0이므로 공란으로 비워져 있고, 기울기의 표준화 추정치는 0.725로서 스트레스와 우울의 상관계수 추정치와 동일한 값이다. 또한 [그림 2.10]의 다중상관 R과도 동일한 값임을 알 수 있다.

그다음으로는 각 모수의 검정을 위한 t검정통계량과 p값이 제공된다. 먼저 $t_{\hat{\beta}_0} = 2.007$이며, 상응하는 $p = .080$으로서 영가설 $H_0 : \beta_0 = 0$을 기각하는 데 실패하게 된다. 즉, 통계적으로 절편은 0과 다르지 않다고 할 수 있다. 다음으로 밑에 있는 $t_{\hat{\beta}_1} = 2.974$이며, 상응하는 $p = .018$로서 유의수준 5%에서 영가설 $H_0 : \beta_1 = 0$을 기각한다. 즉, 통계적으로 기울기는 0과 다르다고 할 수 있으며, 스트레스는 유의하게 우울을 예측한다고 결론 내릴 수 있다. p가 유의수준 5%보다 작아서 영가설을 기각하게 될 때, 논문 등에서 '$p < .05$ 수준에서 β_1이 통계적으로 유의하다'라는 표현을 사용하기도 한다. 참고로 기울기의 검정을 위한 p값은 [그림 2.11]에 보이는 모형 검정의 p값과 동일하다. 이와 같은 현상은 우연의 일치를 제외하고 오직 단순회귀분석에서만 가능하다. 또한, β_1 검정의 p값은 [그림 1.10]에서 제공한 상관

계수 검정의 p값과도 일치한다. 두 검정 모두 독립변수 스트레스와 종속변수 우울의 관계에 대한 검정이기 때문이다.

마지막으로 절편과 기울기 모수의 95% 신뢰구간 추정치가 제공된다. 절편 β_0의 95% 신뢰구간은 [−0.372, 5.372]이고, 검정하고자 하는 값인 0을 포함하고 있으므로 유의수준 5%에서 영가설 $H_0 : \beta_0 = 0$을 기각하는 데 실패한다. 기울기 β_1의 95% 신뢰구간은 [0.157, 1.243]이고, 검정하고자 하는 값인 0을 포함하고 있지 않으므로 유의수준 5%에서 영가설 $H_0 : \beta_1 = 0$을 기각한다.

SPSS의 Output Viewer에 분석의 결과가 나타났을 뿐만 아니라 자료 세트에도 변화가 나타난 것을 알 수 있다. 이는 Save 옵션에서 Predicted Values와 Residuals의 Unstandardized에 체크한 결과로서, 두 개의 새로운 변수(PRE_1과 RES_1)가 다음과 같이 생긴다.

01.depression.sav [DataSet1] - IBM SPSS Statistics Data Editor

File Edit View Data Transform Analyze Direct Marketing Graphs Utilities Add-ons Window Help

Visible: 4 of 4 Variables

	Stress	Depression	PRE_1	RES_1	var	var	var	var	var	var	var	var	var
1	5.00	6.00	6.00000	.00000									
2	4.00	7.00	5.30000	1.70000									
3	6.00	5.00	6.70000	-1.70000									
4	7.00	7.00	7.40000	-.40000									
5	4.00	5.00	5.30000	-.30000									
6	2.00	3.00	3.90000	-.90000									
7	6.00	9.00	6.70000	2.30000									
8	5.00	5.00	6.00000	-1.00000									
9	8.00	8.00	8.10000	-.10000									
10	3.00	5.00	4.60000	.40000									

Data View Variable View

IBM SPSS Statistics Processor is ready Unicode:ON

[그림 2.13] **예측값과 잔차의 저장**

위의 자료 세트에서 PRE_1은 회귀분석의 예측값(predicted values)으로서 $\hat{Y}_i$을 의미하고, RES_1은 회귀분석의 잔차값(residuals)으로서 $\hat{e}_i$ 또는 $Y_i - \hat{Y}_i$을 의미한다. [표 2.2]에서 손으로 계산했던 값들과 완전히 일치함을 알 수 있다. 그리고 이렇게 저장된 오차 추정치(RES_1)를 이용하면 회귀분석의 가정인 오차의 정규성을 확인할 수 있다. 이는 차후에 자세히 설명할 것이다.

제3장 다중회귀분석

앞 장의 단순회귀분석에서는 우울을 예측하는 변수로서 스트레스 하나만을 고려하였다. 하지만 관심 있는 변수(종속변수)에 영향을 주는 변수(독립변수)가 오직 하나뿐이라고 가정하는 것은 현실적이지 않다. 이번 장은 여러 개의 독립변수를 이용하여 하나의 종속변수를 예측 또는 설명하는 다중회귀분석 또는 중다회귀분석(multiple regression)을 소개한다. 독립변수가 늘어나면 변수들 간의 관계는 어떻게 표현할 수 있는지, 모형은 어떻게 설정하고 추정하는지, 추정한 모형은 어떻게 평가하는지, 이변량 상관계수는 어떤 방식으로 확장될 수 있는지 등 단순회귀분석과 다른 점을 중점으로 하여 논의를 진행한다. 앞 장의 단순회귀분석 모형은 상대적으로 단순했으므로 예측값이나 오차 등을 직접 추정하는 과정을 제공하였으나, 이번 장의 다중회귀분석에서는 모형의 수리적인 계산보다는 내용적인 부분과 해석 및 응용적인 문제에 집중하고자 한다. 즉, 사회과학 분야에서 회귀분석을 공부하고 사용하고자 하는 사람들을 위해 모형을 직관적으로 이해하는 데 도움을 주는 것을 목적으로 한다. 이런 이유로 여러 예제를 SPSS 프로그램으로 제공하여 독자들의 이해를 높이고자 한다.

3.1. 변수의 다중적 관계

단순회귀분석에서 두 변수 사이의 관계를 이해하는 것이 필요했듯이 다중회귀분석 모형을 정확히 이해하고 사용하기 위해서는 셋 이상의 변수들 간 관계를 이해하여야 한다. 즉, 둘 이상의 독립변수를 이용하여 하나의 종속변수를 설명하고 예측한다는 것이 무엇을 의미하는지, 그리고 도대체 어떤 관계에서 무엇을 추정하고자 하는지 알아야 한다. 먼저 단순회귀분석처럼 산포도를 이용하여 변수들의 다중적인 관계를 이해하고자 한다. 예제에서 사용할 자료는 필자가 임의로 만든 자료가 아닌 R 프로그램에 공개된 Cars93이라는 자료이다. Cars93은 1993년 미국에서 팔린 93종류의 자동차(93 models)에서 획득된 자료로서 제조사, 모델, 가격, 마력, 엔진크기, 길이, 무게 등 차량에 대한 다양한 정보를 포함하고 있다. Cars93 자료의 Data View와 Variable View가 아래에 제공된다.

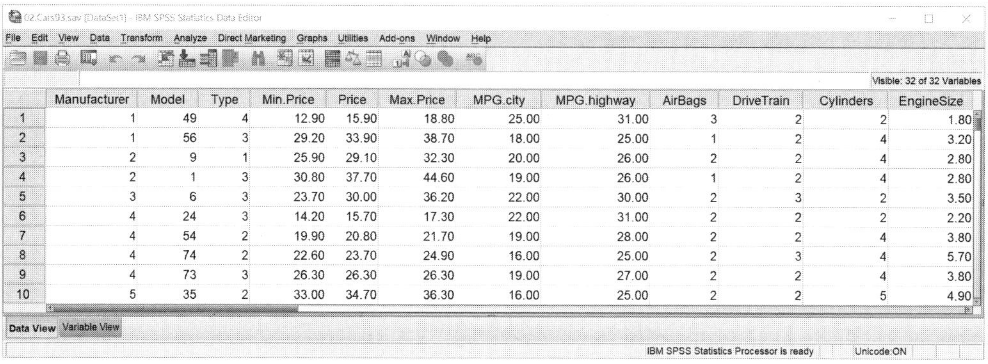

	Manufacturer	Model	Type	Min.Price	Price	Max.Price	MPG.city	MPG.highway	AirBags	DriveTrain	Cylinders	EngineSize
1	1	49	4	12.90	15.90	18.80	25.00	31.00	3	2	2	1.80
2	1	56	3	29.20	33.90	38.70	18.00	25.00	1	2	4	3.20
3	2	9	1	25.90	29.10	32.30	20.00	26.00	2	2	4	2.80
4	2	1	3	30.80	37.70	44.60	19.00	26.00	1	2	4	2.80
5	3	6	3	23.70	30.00	36.20	22.00	30.00	2	3	2	3.50
6	4	24	3	14.20	15.70	17.30	22.00	31.00	2	2	2	2.20
7	4	54	2	19.90	20.80	21.70	19.00	28.00	2	2	4	3.80
8	4	74	2	22.60	23.70	24.90	16.00	25.00	2	3	4	5.70
9	4	73	3	26.30	26.30	26.30	19.00	27.00	2	2	4	3.80
10	5	35	2	33.00	34.70	36.30	16.00	25.00	2	2	5	4.90

[그림 3.1] Cars93 자료의 Data View

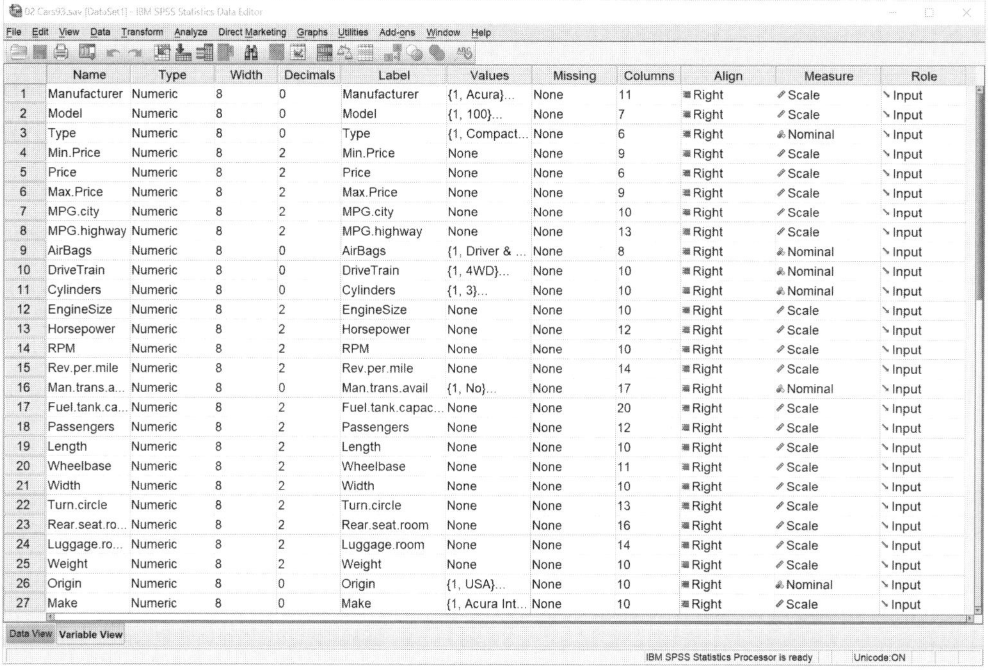

	Name	Type	Width	Decimals	Label	Values	Missing	Columns	Align	Measure	Role
1	Manufacturer	Numeric	8	0	Manufacturer	{1, Acura}...	None	11	Right	Scale	Input
2	Model	Numeric	8	0	Model	{1, 100}...	None	7	Right	Scale	Input
3	Type	Numeric	8	0	Type	{1, Compact...	None	6	Right	Nominal	Input
4	Min.Price	Numeric	8	2	Min.Price	None	None	9	Right	Scale	Input
5	Price	Numeric	8	2	Price	None	None	6	Right	Scale	Input
6	Max.Price	Numeric	8	2	Max.Price	None	None	9	Right	Scale	Input
7	MPG.city	Numeric	8	2	MPG.city	None	None	10	Right	Scale	Input
8	MPG.highway	Numeric	8	2	MPG.highway	None	None	13	Right	Scale	Input
9	AirBags	Numeric	8	0	AirBags	{1, Driver & ...	None	8	Right	Nominal	Input
10	DriveTrain	Numeric	8	0	DriveTrain	{1, 4WD}...	None	10	Right	Nominal	Input
11	Cylinders	Numeric	8	0	Cylinders	{1, 3}...	None	10	Right	Nominal	Input
12	EngineSize	Numeric	8	2	EngineSize	None	None	10	Right	Scale	Input
13	Horsepower	Numeric	8	2	Horsepower	None	None	12	Right	Scale	Input
14	RPM	Numeric	8	2	RPM	None	None	10	Right	Scale	Input
15	Rev.per.mile	Numeric	8	2	Rev.per.mile	None	None	14	Right	Scale	Input
16	Man.trans.a...	Numeric	8	0	Man.trans.avail	{1, No}...	None	17	Right	Nominal	Input
17	Fuel.tank.ca...	Numeric	8	2	Fuel.tank.capac...	None	None	20	Right	Scale	Input
18	Passengers	Numeric	8	2	Passengers	None	None	12	Right	Scale	Input
19	Length	Numeric	8	2	Length	None	None	10	Right	Scale	Input
20	Wheelbase	Numeric	8	2	Wheelbase	None	None	11	Right	Scale	Input
21	Width	Numeric	8	2	Width	None	None	10	Right	Scale	Input
22	Turn.circle	Numeric	8	2	Turn.circle	None	None	13	Right	Scale	Input
23	Rear.seat.ro...	Numeric	8	2	Rear.seat.room	None	None	16	Right	Scale	Input
24	Luggage.ro...	Numeric	8	2	Luggage.room	None	None	14	Right	Scale	Input
25	Weight	Numeric	8	2	Weight	None	None	10	Right	Scale	Input
26	Origin	Numeric	8	0	Origin	{1, USA}...	None	10	Right	Nominal	Input
27	Make	Numeric	8	0	Make	{1, Acura Int...	None	10	Right	Scale	Input

[그림 3.2] Cars93 자료의 Variable View

Cars93 자료는 93개의 자동차 종류와 27개의 변수에 대한 정보를 포함하고 있다. 예를 들어, Manufacturer는 자동차 제조사를 의미하며 총 32개가 있고(BMW, Mercedes, Hyundai, Volkswagen, Toyora 등), Model은 자동차 모델로서 총 93종류가 있으며(300E, Camaro, Camry, Grand Prix, Taurus 등), Price는 각 자동차 모델의 평균적인 판매가격이고(단위=1,000달러), Length는 자동차의 길이(단위=inch) 등이다. 27개의 변수는 연속형 변수로 취급할 수 있는 양적변수들(Price, Horsepower, Length, Weight 등)과 범주형 변수, 즉 질적변수들(Type, Origin, DriveTrain 등)로 이루어져 있다.

우리 예제에서는 연구자가 관심 있어 하는 변수, 즉 종속변수는 Price(단위=1,000달러)라고 가정하고, 독립변수는 Horsepower(마력)와 MPG.city(miles per gallon city, 시내 주행연비)라고 가정한다. 즉, 마력과 연비를 이용해서 가격을 예측하는 연구 질문을 설정하였다. 이제 두 개의 독립변수와 한 개의 종속변수 간 관계를 살펴보기 위해 산포도를 이용하고자 하는데, 지금까지 우리가 사용해 온 산포도는 두 변수 간의 관계를 평면상에 보여 주는 방식이었기 때문에 세 변수의 관계를 한 번에 보여 주기 위한 목적으로는 사용할 수가 없다. 만약 세 변수 간의 산포도를 확인하고자 한다면 3차원 공간에 산포도를 그리는 방법을 사용해야 한다.

SPSS에서 Graphs 메뉴로 들어가 Legacy Dialogs를 선택하고, Scatter/Dot을 실행하면 [그림 1.3] 화면이 나타나고, 가운데 밑에 있는 3-D Scatte를 선택하면 3차원 산포도(3 dimensional scatter plot)를 그릴 수 있다. 하지만 SPSS의 3차원 산포도는 약간 조잡하고 깔끔하지 않아 아래에는 R을 이용하여 그린 3D 플롯을 제공한다.

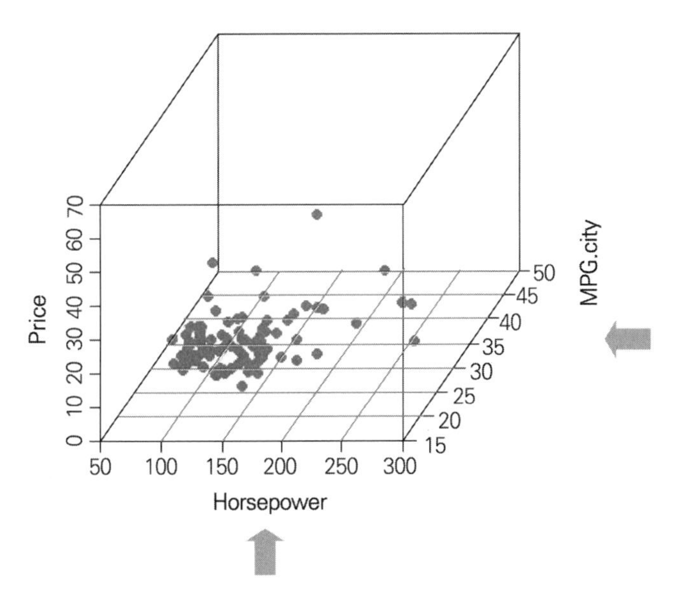

[그림 3.3] Price, Horsepower, MPG.city 사이의 3D 플롯

세 변수의 값 (X_i, Y_i, Z_i)의 조합으로 이루어진 총 93개의 점이 3차원 공간에 펼쳐져 있다. 예를 들어, Horsepower를 X, MPG.city를 Y, Price를 Z라고 가정했을 때, (140, 25, 15.90), (200, 18, 33.90), (172, 20, 29.10) 등의 3차원 점들이 세 변수를 축으로 하여 이루어진 공간에 산포하게 된다. 단순회귀분석의 2차원 평면에서는 점들이 면적을 이루면

서 퍼져 있었다고 하면, 다중회귀분석의 3차원 공간에서는 점들이 부피를 형성하면서 퍼져 있다고 볼 수 있다.

실제 연구에서 세 변수 사이의 관계를 확인할 때 반드시 3차원 산포도를 이용하는 것은 아니다. 세 변수 중 두 변수의 쌍을 선택하여 여러 개의 2차원 산포도를 확인하는 방식이 오히려 더 많이 사용된다. 왜냐하면, 변수가 4개 이상 있을 때 인간의 눈으로 4차원 산포도나 5차원 산포도를 확인하는 것은 실질적으로 불가능에 가깝기 때문이다. 만약 [그림 3.3]을 그림에 나타난 화살표처럼 정확히 앞에서 또는 정확히 오른쪽에서 바라보게 되면 아래와 같은 2차원 평면상의 산포도들을 확인할 수 있게 된다.

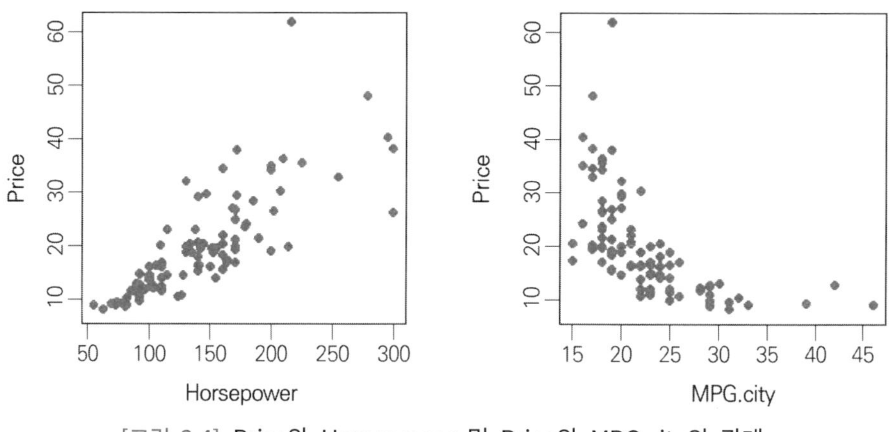

[그림 3.4] Price와 Horsepower 및 Price와 MPG.city의 관계

위 그림의 왼쪽은 Price와 Horsepower의 관계를 보여 주는데 Horsepower가 증가할수록 Price는 높아지는 정적 관계를 확인할 수 있다. 그림의 오른쪽은 Price와 MPG.city의 관계를 보여 주는데 MPG.city가 증가할수록 Price는 낮아지는 부적 관계를 확인할 수 있다. [그림 3.4]에 제공되는 두 개의 그림은 하나의 독립변수를 무시하고 평면상에 종속변수와 나머지 하나의 독립변수 간 관계를 나타낸 것이다.

이처럼 다중적인 세 변수의 관계에서 다중회귀모형이 달성하고자 하는 첫 번째 목표는 세 변수의 관계를 가장 잘 드러내는 적합한 회귀식을 찾는 것이다. 회귀선이 아니라 회귀식이라고 한 이유는 다중회귀분석에서의 회귀식은 더 이상 회귀선이 아니기 때문이다. 두 변수의 관계를 보여 주는 단순회귀분석에서는 산포도가 면적(2차원)을 이루고 있고 산포도를 관통하는 회귀식이 곧 회귀선이지만, 세 변수의 관계를 보여 주는 다중회귀분석에서는 산포도가 부피(3차원)를 이루고 있고 산포도를 관통하는 회귀식은 2차원 평면(plane)을 형성한다. 예를 들어, 종속변수 Price와 독립변수 Horsepower 및 MPG.city의 회귀 관계에서 찾고자 하는 회귀식은 [그림 3.5]처럼 3차원 공간 상의 평면(격자 부분)으로 표현된다. 참고로 독립변수의 수가 더 많아지면 산포도의 차원이나 회귀식의 차원도 더 올라가고, 인간의 눈으로는 한 번에 확인하기가 쉽지 않다.

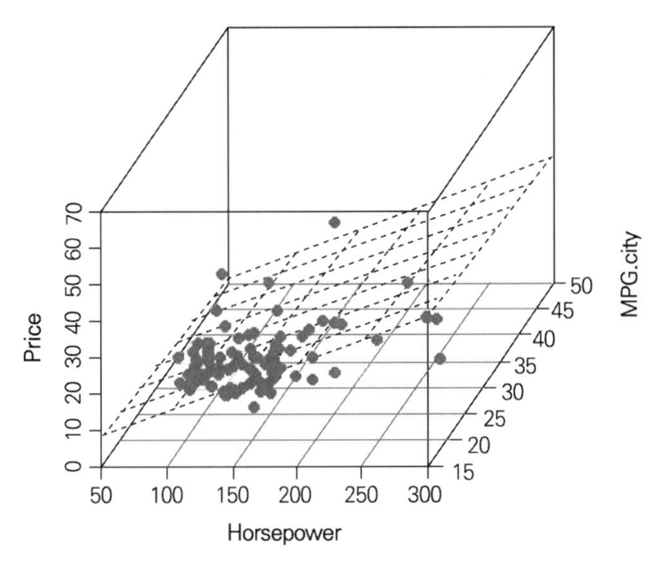

[그림 3.5] 세 변수 간 다중회귀분석의 회귀평면

위 그림에서 산포도를 관통하는 격자 모양 평면은 종속변수 Price와 독립변수 Horsepower 및 MPG.city의 관계를 가장 잘 나타내 주는 회귀식을 기하학적으로 표현한 것이다. 이 회귀평면(regression plane)은 부피를 형성하며 퍼져 있는 점들의 중심을 관통하며 지나가는 평면이다. 그러므로 평면의 위쪽으로 대략 50%의 점들이 존재하고, 아래쪽으로 대략 50%의 점들이 존재하게 된다. 또한, 다중회귀분석의 오차는 각 점에서 평면에 이르는 수직거리로서 정의된다.

3.2. 다중회귀모형

연구자의 가설에 따라 다중회귀분석 모형을 설정하여 이를 추정하는 과정에 대하여 설명하고, 표준화 회귀계수를 이용한 독립변수 간의 영향력 비교도 간단하게 살펴본다.

3.2.1. 모형의 설정과 추정

다중회귀분석 모형을 이용하기 위해서는 먼저 모형을 설정하고, 이후 표본을 이용하여 회귀식을 추정한다. 모집단 수준에서 다중회귀모형의 종속변수를 Y라고 하고, 독립변수 X가 p개 존재한다고 가정하면 사례 i에 대한 다중회귀모형은 아래와 같이 정의된다.

$$Y_i = \beta_0 + \beta_1 X_{i1} + \beta_2 X_{i2} + \cdots + \beta_p X_{ip} + e_i$$ [식 3.1]

위에서 Y_i는 i번째 사례의 Y점수, X_{ip}는 i번째 사례의 X_p점수, β_0는 회귀식의 절편(intercept) 모수, β_1, β_2,..., β_p는 회귀식의 기울기(slope) 모수, e_i는 i번째 사례의 오차(error)를 의미한다. 회귀분석의 가장 중요한 가정은 아래처럼 단순회귀분석과 동일하다.

$$e_i \sim N(0, \sigma^2)$$ [식 3.2]

다시 한번, 위의 식을 간략히 설명하자면, 오차 e_i가 정규분포를 따르며 평균은 0이고 분산은 σ^2이라는 것을 의미한다. 오차의 평균이 0이라는 것은 회귀평면의[15] 위쪽과 아래쪽에 점들이 균등하게 분포한다는 것을 의미하고, 분산이 σ^2이라는 것은 임의의 특정한 상수라는 것이다. 오차가 정규분포를 따른다는 것은 e_i값들이 0 주위에 상대적으로 높은 밀도를 갖고, 0에서 멀어질수록 낮은 밀도를 갖는다는 것을 의미한다. 즉, 회귀평면 주위에 많은 점들이 있고, 회귀평면에서 멀어질수록 점들이 희박해짐을 가리킨다.

다중회귀모형의 회귀식(회귀평면)은 주어진 X_1, X_2,..., X_p에 대한 Y의 기대값으로서 다음과 같이 표현하기도 한다.

---

15 평면이라고 하면 기본적으로 3차원 공간 상에 위치한 2차원 면을 의미하는데, 다중회귀분석에서는 어떤 차원에서든 추정된 회귀식 모두를 회귀평면이라고 한다. 이런 관점에서 회귀평면을 초평면(hyperplane)이라고 하기도 하는데, 초평면이란 3차원 공간상에 생기는 2차원 평면, 4차원 공간상에 생기는 3차원 평면 등을 의미한다.

$$E(Y|X_1, X_2, ..., X_p) = \beta_0 + \beta_1 X_1 + \beta_2 X_2 + \cdots + \beta_p X_p \quad \text{[식 3.3]}$$

위에서 절편 β_0는 모든 X가 0일 때 기대되는 Y의 값을 의미한다. 절편의 해석은 단순회귀분석과 다르지 않지만, 나머지 기울기에 대한 해석은 조금 다르다. 기울기 β_1은 다른 모든 X(즉, X_2, X_3,..., X_p)를 통제한 상태에서 X_1이 한 단위 증가할 때 기대되는 Y의 변화량이다. 이는 Y에 대한 다른 X들의 영향력을 통제한 이후에 계산되는 X_1만의 진정한 효과라고 해석할 수 있다. 마찬가지로 기울기 β_2는 다른 모든 X(즉, X_1, X_3,..., X_p)를 통제한 상태에서 X_2가 한 단위 증가할 때 기대되는 Y의 변화량이다. 다시 말해, Y에 대한 X_2만의 효과라고 할 수 있다. β_3부터 β_p도 마찬가지로 해석할 수 있다.

위의 설명에서 기울기의 해석에 왜 통제(control)라는 단어가 등장하게 되는지는 바로 뒤에서 더 자세히 설명한다. 지금은 일단 표본을 이용하여 [식 3.1]의 회귀모형을 추정하고자 한다. 추정한 회귀식은 아래와 같다.

$$\hat{Y}_i = \hat{\beta}_0 + \hat{\beta}_1 X_{i1} + \hat{\beta}_2 X_{i2} + \cdots + \hat{\beta}_p X_{ip} \quad \text{[식 3.4]}$$

위에서 $\hat{Y}_i$은 i번째 사례의 종속변수 예측값(predicted value)이고, $\hat{\beta}_0$, $\hat{\beta}_1$, $\hat{\beta}_2$,..., $\hat{\beta}_p$은 모형의 모수인 β_0, β_1, β_2,..., β_p의 추정치이다.

[식 3.4]는 X들의 선형결합(linear combination)을 통해 Y를 예측한다는 것을 보여 준다. 통계학을 배우는 데 있어 선형결합이라는 개념은 매우 중요하므로 예를 통해 설명하고자 한다. 선형결합이란 두 개 이상의 벡터(변수를 의미함)에 임의의 상수를 곱해 주고 그것들을 모두 더해서 이루어지는 새로운 벡터를 의미한다. 예를 들어, 벡터(변수) X_1과 X_2가 아래와 같이 세 개의 요소(표본크기 $n=3$이라는 의미)로 이루어졌으며 임의의 상수를 각각 2와 3이라고 가정하면, X_1과 X_2의 선형결합 X_3는 아래와 같이 또 다른 벡터로서 정의된다.

$$X_1 = \begin{bmatrix} 1 \\ 4 \\ 2 \end{bmatrix}, \quad X_2 = \begin{bmatrix} 3 \\ 0 \\ 1 \end{bmatrix}, \quad X_3 = 2X_1 + 3X_2 = 2\begin{bmatrix} 1 \\ 4 \\ 2 \end{bmatrix} + 3\begin{bmatrix} 3 \\ 0 \\ 1 \end{bmatrix} = \begin{bmatrix} 11 \\ 8 \\ 7 \end{bmatrix}$$

위에서 소개한 선형결합의 개념을 보면, 회귀분석에서 종속변수는 독립변수들의 선형결합을 통해서 예측된다는 것을 알 수 있다.

응용통계학을 하는 사회과학 영역에서 회귀모형의 추정치를 로만 알파벳으로 쓰는 경향이 있다고 하였으므로 추정된 회귀식은 아래와 같이 쓸 수 있다.

$$\hat{Y}_i = B_0 + B_1 X_{i1} + B_2 X_{i2} + \cdots + B_p X_{ip} \qquad \text{[식 3.5]}$$

[식 3.4]와 [식 3.5]는 [그림 3.5]에서 보였던 추정된 회귀평면의 수리적 식을 가리킨다. [그림 3.5]에서는 편의상 두 개의 독립변수가 있다고 가정하였다. 만약 세 개 이상의 독립변수가 있다면 추정된 회귀식을 4차원 이상의 공간에서 보여 주어야 하는데, 4차원 그림을 평면상에 보여 주는 것이 완전히 불가능한 것은 아니지만 실질적으로 매우 어렵다. 그러므로 셋 이상의 독립변수가 존재하는 경우에는 산포도나 회귀식을 그림으로 표현하지 않으며, 수리적인 식을 통해서만 회귀평면을 표현하는 것이 일반적이다.

그렇다면 [식 3.4]의 추정된 회귀식을 어떻게 구할 수 있을까? 다시 말해, 다차원 산포도(multi-dimensional scatter plot)를 뚫고 지나가는 회귀평면(회귀식)들은 수없이 많이 존재하는데, 어떤 조건을 만족하는 회귀평면을 구해야 가장 적합한 회귀평면(best plane)이라고 할 수 있을까? 회귀평면을 추정하는 여러 방법이 존재하지만 가장 기본이 되는 것은 역시 OLS 추정이다. 즉, 오차의 제곱의 합을 최소화하는 모수 추정치를 구하는 것이다. 모형의 오차는 [그림 3.5]에서 각 점과 회귀평면 사이의 수직거리를 의미하며 다음과 같이 정의된다.

$$e_i = Y_i - (\beta_0 + \beta_1 X_{i1} + \beta_2 X_{i2} + \cdots + \beta_p X_{ip}) \qquad \text{[식 3.6]}$$

이제 오차의 제곱의 합을 최소화하는 $\hat{\beta}_0$, $\hat{\beta}_1$, $\hat{\beta}_2, \ldots,$ $\hat{\beta}_p$을 구해야 한다. 즉, 아래의 식을 풀어야 한다.

$$\min_{\{\beta_0, \beta_1, \beta_2, \ldots, \beta_p\}} \sum_{i=1}^{n} e_i^2 \qquad \text{[식 3.7]}$$

위의 식은 β_0, β_1, $\beta_2,\ldots,$ β_p에 대하여 오차의 제곱의 합을 최소화한다는 것을 의미한다. 단순회귀분석과 마찬가지로 위의 식을 풀기 위해서는 여러 번의 편미분을 해야 하는데, 일반적으로는 이런 방법을 이용하기보다 행렬식을 사용하여 추정치를 한 번에 풀어낸다. 행렬식을 이용하여 다중회귀분석 모형을 설정하고, 모형을 추정하는 것은 행렬 계산의 기본만 알고 있다면 그다지 어렵지 않지만, 사회과학도를 대상으로 하는 본 책의 목적에 맞지 않으므로 생략하려 한다. 다만 두 개의 독립변수가 있는 비교적 간단한 다중회귀분석 모형에서의 기울기 모수 추정치는 편상관(partial correlation)의 개념을 이용하여 뒤에서 설명한다.

SPSS를 이용하여 다중회귀분석 모형을 추정하는 법과 결과의 해석은 나중에 자세히 보이기로 하고, 일단 여기서는 추정된 회귀식의 결과만 간략하게 짚고 넘어가고자 한다. 먼저 Price를 종속변수로 하고 Horsepower와 MPG.city를 독립변수로 하는 아래의 모형을 추정한다.

$$Price = \beta_0 + \beta_1 Horsepower + \beta_2 MPG.city + e$$

Cars93 자료를 이용한 모형의 추정 결과는 아래와 같다.

$$\hat{\beta}_0 = 5.219,\ \hat{\beta}_1 = 0.131,\ \hat{\beta}_2 = -0.202$$

그러므로 추정된 회귀식은 다음처럼 정리될 수 있다.

$$\widehat{Price} = 5.219 + 0.131 Horsepower - 0.202 MPG.city$$

두 개의 기울기 추정치를 해석해 보면, 시내주행연비를 통제했을 때 마력이 한 단위 증가하면 가격은 131달러 증가하고, 마력을 통제했을 때 시내주행연비가 한 단위(1마일) 증가하면 가격은 202달러 감소한다. 다음으로 절편을 해석해 보면, 마력이 0이고, 시내주행연비가 0일 때 기대되는 자동차 가격은 5,219달러이다. 하지만 이러한 절편의 해석은 아무런 의미가 없다. 움직이는 차량의 마력이 절대 0일 리도 없고, 시내주행연비 역시 절대 0일 리가 없기 때문이다. 만약 절편을 의미 있게 만들려면 독립변수들의 중심화를 실시할 수 있다. 중심화는 뒤에서 몇 가지 예를 소개하고자 한다.

3.2.2. 표준화 회귀계수의 추정

단순회귀분석에서 설명했듯이 종속변수 Y와 독립변수 X_1, $X_2, \ldots,$ X_p를 모두 표준화한 상태에서 아래처럼 회귀분석을 진행하면 이때의 추정된 계수들은 모두 표준화 추정치들이 된다.

$$z_Y = \beta_0^s + \beta_1^s z_{X_1} + \beta_2^s z_{X_2} + \cdots + \beta_p^s z_{X_p} + e \quad \text{[식 3.8]}$$

표준화 추정치는 모든 변수의 상관과 각 변수의 표준편차를 고려하여 구하거나 비표준화 추정치를 수정하는 방식으로 구할 수 있으나 상당히 복잡하고 본 책의 목적에도 맞지 않는다. 사회과학통계에서의 핵심은 모형의 추정을 통해 표준화된 추정치들을 구하는 것보다 이것들을 이용해서 무엇을 할 수 있는가이다. 이 목적을 위해서는 먼저 비표준화 추정치들을 이용해서 할 수 없는 것이 무엇인가를 살펴보아야 한다. 바로 앞에서 Price를 종속변수로 Horsepower와 MPG.city를 독립변수로 하여 회귀분석을 실시한 결과는 아래와 같았다.

$$\widehat{Price} = 5.219 + 0.131 Horsepower - 0.202 MPG.city$$

위 식에서 각 독립변수가 종속변수에 주는 영향의 크기가 회귀계수의 크기에 의해 결정된다고 하면, MPG.city가 Horsepower에 비하여 Price에 더욱 강력한 영향을 주고 있는 듯 보인다. 회귀계수를 비교하였을 때 MPG.city 계수의 절대값이 더 크기 때문이다. 그런데 회귀분석의 결과는 이 예상과 꽤 다르다. 분석 절차는 이 장의 마지막 부분에서 보여줄 것이고 여기서는 일단 결과만 보면, 더 작은 회귀계수를 가지고 있는 Horsepower는 $p < .001$ 수준에서 통계적으로 유의하게 Price를 예측하고, MPG.city는 통계적으로 유의하게 Price를 예측하지 못한다.

어째서 MPG.city의 기울기 추정치가 더 컸음에도 불구하고 통계적으로는 유의하지 않은 결과가 발생했을까? 정답부터 말하자면, 위에서 제공한 회귀분석의 계수 추정치들이 변수의 단위에 의해 영향을 받는 비표준화 추정치이기 때문이다. 독립변수의 단위가 작아지면(예를 들어, cm → mm) 회귀계수의 크기도 작아지고, 반대로 독립변수의 단위가 커지면(예를 들어, cm → m) 회귀계수의 크기도 커진다. 독립변수가 한 단위 증가할 때 기대되는 종속변수의 변화량이 회귀계수의 정의이기 때문이다. 그러므로 비표준화 추정치의 단위라는 것은 해당 독립변수가 종속변수와 얼마나 강력한 관계가 있는지 말해 주지 못한다. 독립변수 간에 효과의 크기를 비교하기 위해서는 독립변수의 단위를 동일하게 맞춰 주어야 한다. 단위를 맞추는 가장 평범한 방법은 변수를 표준화하는 것이다. 모든 변수를 표준화하여 동일한 회귀분석 모형을 추정한 결과가 아래에 제공된다.

$$z_{Price} = 0.709 z_{Horsepower} - 0.118 z_{MPG.city}$$

추정 결과, 표준화된 절편은 언제나 0이어서 식에 보이지 않았고, 표준화된 Horsepower가 표준화된 Price에 주는 영향은 0.709이며, 표준화된 MPG.city가 표준화된 Price에 주는 영향은 −0.118이다. 이 결과를 해석하면, 'MPG.city를 통제한 상태에서 Horsepower가 1 표준편차만큼 증가하면 Price는 0.709 표준편차만큼 증가하고, Horsepower를 통제한 상태에서 MPG.city가 1 표준편차만큼 증가하면 Price는 0.118 표준편차만큼 감소한다'가 된다. 이와 같이 표준화된 계수 추정치를 이용하면 두 변수의 영향력을 비교할 수 있다. 영향력의 관점에서 Horsepower가 더 크다고 볼 수 있음을 확인하였다. 이처럼 표준화된 계수는 각 독립변수의 종속변수에 대한 효과를 비교할 수 있는 효과크기의 일종이라고 할 수 있다. 비표준화 추정치를 이용한 통계적 유의성의 확인도 중요하지만, 실질적으로 효과가 있느냐를 확인하고 효과의 크기를 비교할 수 있는 표준화 추정치 역시 다중회귀분석의 중요한 부분이다.

3.3. 다중회귀분석의 통제

다중회귀분석이 단순회귀분석과 매우 다른 부분은 해석에도 존재하는데, 이는 독립변수 간 통제의 개념과 밀접하게 관련되어 있다. 또한, 통제는 고차상관이라고도 하는 편상관과 연결되어 있으므로 이를 자세히 설명한다.

3.3.1. 통제의 개념

다중회귀분석의 독립변수들은 모두가 종속변수를 예측하기 위해서 선택된 것들이다. 한 가지의 개념(Y)을 설명하기 위해 선택된 변수들이므로 자연스럽게 독립변수 X들 간에도 높은 상관이 있을 수 있다. 즉, X_1이 한 단위 증가할 때 나머지 X들이 가만히 일정한 값에서 멈춰 있는 것이 아니라 X_1과 같이 움직인다. 다중회귀분석에 통제라는 개념이 존재하지 않는다면, β_1의 의미가 X_1이 한 단위 증가하고, X_2는 1.3 단위 증가하고, X_3는 0.4 단위 감소하고, X_4는 0.9 단위 증가할 때 기대되는 Y의 변화량이라는 매우 지저분한 해석을 가질 수 있다. 만약 다중회귀모형에서 β_1을 이렇게 해석해야 한다면 회귀모형의 존재 이유가 의심받을 것이다.

다행스럽게도 다중회귀분석 모형에서 β_1의 의미는 나머지 모든 X가 일정한 수준에서 변화하지 않으면서 X_1만 한 단위 증가할 때 기대되는 Y의 변화량이다. 그리고 이와 같이 나머지 모든 X가 일정한 상수에서 변화하지 않는 것을 '나머지 모든 X를 통제한다(control for the other Xs)'라고 말한다. 나머지 X들을 통제하기 위해 연구자는 그 어떤 특별한 작업도 하지 않으며, 단지 다중회귀분석 모형을 이용하면 자연스럽게 그와 같은 해석이 가능하게 된다. 즉, 연구자가 X_2의 영향을 통제하면서 X_1의 Y에 대한 영향을 확인하고 싶다면 X_1과 X_2를 동시에 독립변수로 모형 안에 넣어서 다중회귀분석 모형을 추정하면 된다. 반대로 만약 연구자가 X_1만을 이용하여 Y를 예측하는 단순회귀모형을 추정하였다면 X_2의 영향은 통제하지 못한 것이 된다. 즉, 모형 안에 넣지 않은 잠재적 독립변수들은 연구자가 통제하고 있지 못한 변수들이다.

회귀모형의 통제에 대하여 아래의 모형을 이용해서 조금 더 일반론적으로 이해하여 보도록 하자.

$$Y = \beta_0 + \beta_1 X_1 + \beta_2 X_2 + e \qquad \text{[식 3.9]}$$

위의 식에서 β_1은 X_2의 Y에 대한 영향력을 통제한 상태에서 X_1의 Y에 대한 효과를 의미한다. 다시 말해, X_2를 일정한 값(상수)으로 고정한 상태에서(holding X_2 constant) X_1이 Y에 대하여 갖는 고유한 효과를 가리킨다.

조금 어려울 수도 있지만, 통제를 더 잘 이해하기 위해 X_1의 계수인 β_1이 구해지는 과정을 다음과 같이 개념적으로 설명할 수도 있다. 먼저 임의의 주어진 X_2 값에서 X_1이 Y에 대하여 갖는 효과(즉, $\beta_1|X_2$[16])를 계산하고, 다른 주어진 X_2 값에서 X_1이 Y에 대하여 갖는

16 수학 및 통계학에서 | 표시는 주어진(given)이라는 의미를 갖는다. b가 주어진 상태에서 a를 의미하기 위해서는 $a|b$(a given b)로 표기한다.

효과(즉, $\beta_1|X_2$)도 계산하고, 또 다른 주어진 X_2 값에서 X_1이 Y에 대하여 갖는 효과(즉, $\beta_1|X_2$)를 계산하고, 이와 같은 작업을 모든 X_2 값에 대하여 계속하였을 때 구한 β_1 값들의 평균이 바로 X_2의 Y에 대한 영향력을 통제한 상태에서 X_1의 Y에 대한 효과인 β_1을 의미한다. 위의 β_1을 구하는 과정에서 X_2는 변화하지 않고 일정한 상수였다는 것을 알 수 있다. 즉, 첫 번째 β_1을 구할 때 X_2는 주어진 값에 고정되어 있었으며, 두 번째, 세 번째 β_1을 구할 때도 X_2는 주어진 값에 고정되어 있었다. 아래에 제공되는 가상의 자료를 이용하여 통제에 대하여 직관적인 이해를 할 수 있는 예를 보인다.

[표 3.1] 통제를 이해하기 위한 자료

Y	X_1	X_2
3.2	1	1
2.7	2	1
3.1	3	1
5.2	5	2
5.4	6	2
4.9	7	2
6.8	9	3
7.1	10	3
7.3	11	3

위의 표에서 Y는 회귀모형의 종속변수, X_1과 X_2는 회귀모형의 독립변수라고 가정한다. 회귀모형을 추정하기 전에 먼저 세 변수 사이의 상관계수를 구해 보면 아래와 같다.

[표 3.2] Y, X_1, X_2 간의 상관계수

	Y	X_1	X_2
Y	1.000		
X_1	0.964	1.000	
X_2	0.991	0.970	1.000

위의 표로부터 세 변수 사이에 매우 높은 상관이 존재하는 것을 알 수 있다. 제공된 상관계수를 보면 X_1이 Y를 매우 잘 예측하고, X_2도 Y를 매우 잘 예측하는 것으로 생각할 수

있다. 실제로 SPSS를 이용하여 두 번의 단순회귀분석을 실시한 결과가 아래에 제공된다.

Coefficients[a]

Model		Unstandardized Coefficients		Standardized Coefficients	t	Sig.
		B	Std. Error	Beta		
1	(Constant)	2.201	.345		6.386	.000
	x1	.479	.050	.964	9.569	.000

a. Dependent Variable: y

Coefficients[a]

Model		Unstandardized Coefficients		Standardized Coefficients	t	Sig.
		B	Std. Error	Beta		
1	(Constant)	1.011	.218		4.632	.002
	x2	2.033	.101	.991	20.122	.000

a. Dependent Variable: y

[그림 3.6] 두 번의 단순회귀분석 결과

회귀계수 부분만 확인해 보면, X_1이 Y에 주는 효과는 0.479이고, 이 효과가 없다는 영가설은 p가 0.001보다도 작으므로 기각한다. 이와 같은 경우에 'X_1이 Y에 주는 효과(또는 영향)가 $p < .001$ 수준에서 통계적으로 유의하다'라는 표현을 쓴다. X_2가 Y에 주는 효과는 2.033으로서 역시 $p < .001$ 수준에서 통계적으로 유의하다.

그렇다면 이제 다중회귀분석 모형을 추정하여 X_2를 통제한 상태에서 X_1의 영향력 및 X_1을 통제한 상태에서 X_2의 영향력을 확인해 보도록 하자.

Coefficients[a]

Model		Unstandardized Coefficients		Standardized Coefficients	t	Sig.
		B	Std. Error	Beta		
1	(Constant)	1.044	.321		3.257	.017
	x1	.017	.109	.034	.153	.883
	x2	1.967	.449	.959	4.379	.005

a. Dependent Variable: y

[그림 3.7] 다중회귀분석 결과

위의 다중회귀분석 결과를 보면 상당히 흥미롭다는 것을 알 수 있다. X_2는 $p < .01$ 수준에서 여전히 통계적으로 유의한 독립변수인데 반해, X_1은 더 이상 통계적으로 유의한 독립

변수가 아니라는 것($p = .883$)을 확인할 수 있다. 어째서 이와 같은 일이 발생했을까? 이를 이해하기 위해서 아래의 산포도가 제공된다. 이 산포도는 X_2를 통제한 상태에서 X_1과 Y의 관계를 확인할 수 있도록 계획된 것이다. 그림은 기본적으로 X_1과 Y의 산포도를 보여 주고 있으며, X_2의 값에 따라 산포도가 분리되어 있다.

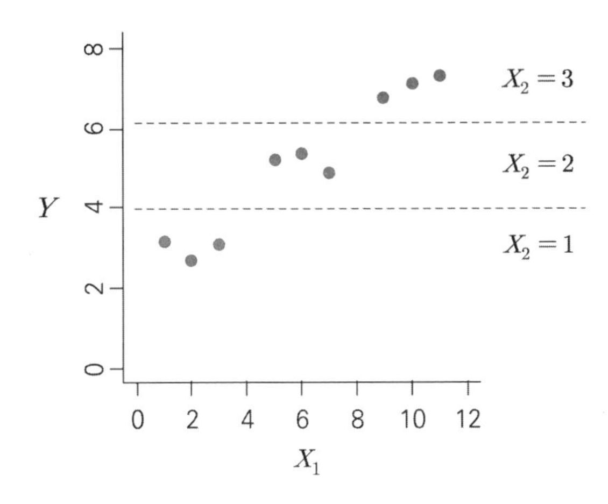

[그림 3.8] X_2를 통제한 상태에서 X_1과 Y의 관계

앞에서 X_1이 Y에 주는 효과인 β_1은 개념적으로 임의의 주어진 X_2 값에서 X_1이 Y에 대하여 갖는 효과들을 모두 구해서 평균을 낸 개념이라고 하였다. [그림 3.8]을 보면, $X_2 = 1$일 때 X_1과 Y의 회귀선 기울기($\beta_1 | X_2 = 1$)는 0에 가까운 것으로 보이고, $X_2 = 2$일 때 X_1과 Y의 기울기($\beta_1 | X_2 = 2$)는 아주 미세하게 부적이라고 보이며, $X_2 = 3$일 때 X_1과 Y의 기울기($\beta_1 | X_2 = 3$)는 아주 미세하게 정적이라고 볼 수 있을 것이다. 전체 분석에서의 β_1은 이 세 기울기의 평균이라고 할 수 있으므로 거의 0에 가깝게 될 것이다. 즉, X_2를 일정한 값으로 통제하면 X_1의 Y에 대한 강력한 영향은 사라진다. 반면, X_1을 통제한 상태에서는 X_2가 여전히 Y의 강력한 예측변수로서 작동하고 있는 것으로 보아, Y를 예측하는 진짜 변수는 X_1이 아니라 X_2가 되는 것이다.

근본적으로 X_1은 Y를 예측하지 못하는데도 불구하고 단순회귀분석 또는 이변량 상관분석에서는 강력한 관계가 있는 것으로 결과가 나왔다. 이런 현상이 발생하는 주된 이유는 X_2가 X_1과도 강력한 상관이 있고, Y와도 강력한 상관이 있기 때문이다. 즉, X_2가 양쪽 변수 모두와 높은 관계가 있으므로 X_1과 Y도 마치 강력한 관계가 있는 것처럼 거짓효과

(spurious effect)가 발생했던 것이다. 이런 경우에 대부분은 X_1과 X_2를 동시에 독립변수로 투입한 다중회귀분석을 실시하면 둘 중에 진정으로 Y와 관계가 있는 것을 찾아낼 수 있다.

거짓효과는 다양한 자료에서 발생하는 매우 흔한 현상인데, Wikipedia에 있는 거짓효과의 예를 하나 들어 이해를 돕고자 한다. 1장에서 상관과 인과관계를 설명하면서 들었던 예이다. 도시를 단위로 하여 아이스크림 판매량과 수영장에서의 익사율을 조사하였는데, 이 둘 사이에 매우 높은 상관이 있다는 것을 발견하였다. 둘 사이의 높은 상관이 인과관계에 기반하고 있는 것인지 확인하고자 가설을 세워 보았는데, 아이스크림을 먹다가 수영장에서 익사하였다는 가설이나 수영장에서 익사하는 것이 아이스크림 판매량을 늘린다는 가설은 모두 말이 되지 않았다. 아이스크림 판매량이 수영장 익사율에 영향을 주었다기보다는 제3의 변수인 더운 날씨가 아이스크림 판매량과 수영장 익사율 모두에 영향을 주었다고 이해할 수 있다. 즉, 진실은 더운 날씨(X_2)가 아이스크림 판매량(X_1)과 수영장 익사율(Y) 모두에 영향을 줌으로써 아이스크림 판매량(X_1)과 수영장 익사율(Y) 사이에 높은 거짓 상관이 발생하게 된 것이다. 수영장 익사율(Y)에 진짜로 영향을 준 변수는 더운 날씨(X_2)라고 할 수 있다. 이때 아이스크림 판매량(X_1)과 수영장의 익사율(Y) 사이의 상관은 거짓효과라고 해석하게 된다.

3.3.2. 편상관

단순회귀분석의 기울기 추정치 $\hat{\beta}_1$이 아래처럼 X와 Y의 상관계수 r_{XY}에 기반하고 있다는 것은 [식 2.8]을 통하여 확인할 수 있었다.

$$\hat{\beta}_1 = r_{XY}\frac{s_Y}{s_X}$$

위에 제공되는 단순회귀분석의 기울기는 제3의 변수를 통제하지 않고 오로지 두 변수의 직접적인 상관계수인 r_{XY}에 기반하고 있으며, 이와 같은 상관을 영차상관(zero-order correlation)이라고 한다. 우리가 1장의 리뷰에서 보았던 두 변수 사이의 상관, 즉 이변량 상관이 바로 영차상관이다. 그에 반해 다중회귀분석의 기울기는 세 변수 이상의 상관계수에 기반하고 있다. 예를 들어, 아래와 같은 회귀모형을 가정하자.

$$Y = \beta_0 + \beta_1 X_1 + \beta_2 X_2 + e$$

위처럼 두 개의 독립변수가 있는 회귀모형에서 기울기 $\hat{\beta}_1$은 'X_2를 통제한 상태에서 X_1과 Y의 상관계수'에 기반하여 추정된 것이며, $\hat{\beta}_2$은 'X_1을 통제한 상태에서 X_2와 Y의 상관계수'에 기반하여 추정된 것이다. 이렇게 'X_2를 통제한 상태에서 X_1과 Y의 상관' 또는 'X_1을 통제한 상태에서 X_2와 Y의 상관'을 편상관(partial correlation)이라고 한다. 또는 이를 고차상관(higher-order correlation)[17]이라고도 하는데, 통제하는 변수의 개수에 따라 한 변수를 통제하면 일차상관(first-order correlation), 두 변수를 통제하면 이차상관(second-order correlation) 등으로 명명하기도 한다. 예를 들어, 독립변수가 세 개 있는 회귀모형의 계수들은 두 개의 독립변수를 통제한 상태에서의 상관계수에 기반하게 되며 이 상관계수는 이차상관이라고 지칭한다.

편상관계수(partial correlation coefficient)를 소개하기 위해 바로 위에 제공된 두 개의 독립변수가 있는 회귀모형을 가정해 보자. 먼저 X_2를 통제한 상태에서 Y와 X_1의 편상관계수 $r_{YX_1 \cdot X_2}$는 다음과 같이 정의된다.

$$r_{YX_1 \cdot X_2} = \frac{r_{YX_1} - r_{YX_2} r_{X_1X_2}}{\sqrt{1 - r_{YX_2}^2}\sqrt{1 - r_{X_1X_2}^2}} \qquad \text{[식 3.10]}$$

반대로 X_1을 통제한 상태에서 Y와 X_2의 편상관계수 $r_{YX_2 \cdot X_1}$은 아래와 같다.

$$r_{YX_2 \cdot X_1} = \frac{r_{YX_2} - r_{YX_1} r_{X_1X_2}}{\sqrt{1 - r_{YX_1}^2}\sqrt{1 - r_{X_1X_2}^2}} \qquad \text{[식 3.11]}$$

[표 3.1]의 통제를 이해하기 위한 자료를 이용하여 위의 두 편상관계수를 계산해 보면 아래와 같다. 위의 식들을 보면, 편상관계수의 계산을 위해서는 여러 개의 영차상관(r_{YX_1},

---

[17] 고차상관에는 편상관뿐만 아니라 부분상관(part correlation) 또는 준편상관(semi-partial correlation)도 있는데, 본 책에서는 다루지 않는다. 부분상관은 회귀분석의 일종인 위계적 회귀분석과 어느 정도 관련이 있는 개념이기는 하나 사회과학도들이 회귀분석을 이해하기 위해 반드시 알아야 하는 개념은 아니다. 부분상관에 관심 있는 독자들은 김수영(2019)을 참고하기 바란다.

r_{YX_2}, $r_{X_1X_2}$)이 요구되는데, 일반적으로 우리가 사용하는 소수점 셋째 자리까지의 값으로는 충분치 않다. 왜냐하면, 편상관계수가 상당히 미세한 값에 의해 영향을 받기 때문이다. 이런 이유로 소수점 여섯째 자리까지 사용하여 계산한 결과가 아래에 제공된다.

$$r_{YX_1 \cdot X_2} = \frac{0.963834 - 0.991466 \times 0.970143}{\sqrt{1-0.991466^2}\sqrt{1-0.970143^2}} = 0.0623$$

$$r_{YX_2 \cdot X_1} = \frac{0.991466 - 0.963834 \times 0.970143}{\sqrt{1-0.963834^2}\sqrt{1-0.970143^2}} = 0.8727$$

위의 결과를 보면 X_2를 통제한 상태에서 Y와 X_1의 상관계수는 0.0623으로서 매우 낮은 반면에, X_1을 통제한 상태에서 Y와 X_2의 상관계수는 0.8727로 상당히 높은 것을 확인할 수 있다. [그림 3.7]의 다중회귀분석 결과에서 X_1은 Y의 유의하지 않은 예측변수이고, X_2는 Y의 유의한 예측변수로 나온 것이 바로 이와 같은 편상관계수의 값 때문이라고 할 수 있을 것이다.

SPSS에서 편상관계수를 추정하고자 하면 Analyze 메뉴로 들어가서 Correlate와 Partial을 연이어 선택한다.

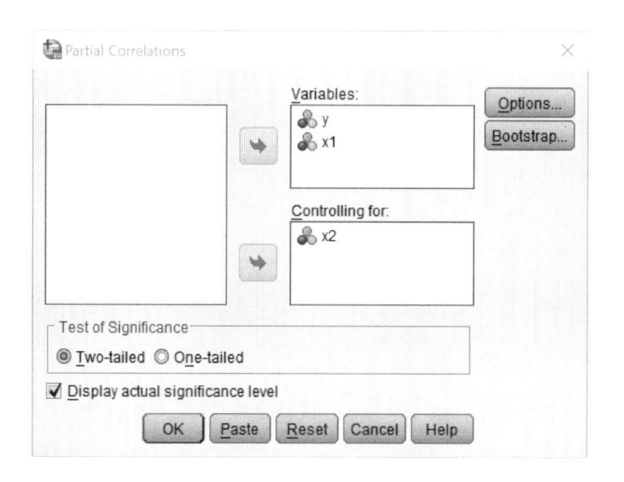

[그림 3.9] **편상관계수 추정 화면**

화면에서 편상관을 구하고자 하는 두 개의 변수 Y와 X_1을 Variables로 옮기고, 통제하고자 하는 변수 X_2를 Controlling for로 옮기면 된다. 그림에서 추정되는 상관은 X_2를 통제한 상태에서 Y와 X_1 간의 상관계수(correlation coefficient between Y and X_1 controlling for X_2)가 된다. OK를 눌러 실행하면 아래와 같은 결과가 나온다.

Correlations

Control Variables			y	x1
x2	y	Correlation	1.000	.062
		Significance (2-tailed)	.	.883
		df	0	6
	x1	Correlation	.062	1.000
		Significance (2-tailed)	.883	.
		df	6	0

[그림 3.10] X_2를 통제한 상태에서 Y와 X_1 간의 상관계수

X_2를 통제한 상태에서 Y와 X_1 간의 편상관계수는 0.062로서 바로 앞에서 식을 이용하여 직접 계산했던 0.0623과 동일한 것을 확인할 수 있다. 바로 그 아래에는 편상관계수의 검정을 위한 p값이 제공되고 있다. 실제 연구에서 편상관계수를 검정하는 것이 상당히 드문 일이기는 하지만, 하고자 하면 못할 이유는 없다. 예를 들어, X_2, X_3,..., X_p를 통제한 상태에서 Y와 X_1의 편상관계수를 검정하고자 하면 가설은 다음과 같다.

$$H_0 : \rho_{YX_1 \cdot X_2X_3 \cdots X_p} = 0 \quad \text{vs.} \quad H_1 : \rho_{YX_1 \cdot X_2X_3 \cdots X_p} \neq 0 \qquad \text{[식 3.12]}$$

위의 가설을 검정하기 위해서는 아래와 같이 t검정을 실시한다.

$$t = \frac{r_{YX_1 \cdot X_2X_3 \cdots X_p}\sqrt{n-2-(p-1)}}{\sqrt{1-r^2_{YX_1 \cdot X_2X_3 \cdots X_p}}} \sim t_{n-2-(p-1)} \qquad \text{[식 3.13]}$$

위에서 $p-1$은 통제하고자 하는 변수의 개수를 의미하며, t검정을 위한 자유도는 $(n-2)-(p-1)$이 된다. 그러므로 X_2를 통제한 상태에서 Y와 X_1 간 편상관계수의 검정에서 자유도 $\nu=7-1=6$이 된다. [그림 3.10]의 결과를 보면, X_2를 통제한 상태에서 Y와 X_1의 상관계수 0.062는 통계적으로 유의하지 않다($p=.883$). 또한, X_1을 통제한 상태에서 Y와 X_2의 상관계수는 다음과 같이 추정된다.

Correlations

Control Variables			y	x2
x1	y	Correlation	1.000	.873
		Significance (2-tailed)	.	.005
		df	0	6
	x2	Correlation	.873	1.000
		Significance (2-tailed)	.005	.
		df	6	0

[그림 3.11] X_1을 통제한 상태에서 Y와 X_2 간의 상관계수

X_1을 통제한 상태에서 Y와 X_2 간의 편상관계수는 0.873으로서 역시 앞에서 손으로 직접 계산했던 0.8727과 동일한 것을 확인할 수 있다. 또한, 편상관계수의 검정 결과 $p < .01$ 수준에서 통계적으로 유의하다. 참고로 두 편상관계수의 p값과 검정 결과를 보면, [그림 3.7]에 제공된 다중회귀분석의 두 기울기 검정 결과와 완전하게 일치하는 것을 알 수 있다. 단순회귀분석에서 이변량 상관계수의 검정이 기울기의 검정과 일치했던 것과 같은 원리라고 할 수 있다.

편상관계수의 의미와 추정 방법을 설명하였고, 이를 검정하는 것이 기울기의 검정과 유의성 측면에서 일치한다는 것도 보여 주었다. 이제 편상관계수에 기반한 다중회귀분석의 기울기를 추정해 보도록 한다. 여전히 종속변수 Y와 독립변수 X_1 및 X_2가 있는 상황을 가정한다. 먼저 X_1의 계수인 β_1의 추정치는 아래와 같다.

$$\hat{\beta}_1 = r_{YX_1 \cdot X_2} \frac{s_Y \sqrt{1 - r_{YX_2}^2}}{s_{X_1} \sqrt{1 - r_{X_1 X_2}^2}} \qquad \text{[식 3.14]}$$

다음으로 X_2의 계수인 β_2의 추정치는 아래와 같다.

$$\hat{\beta}_2 = r_{YX_2 \cdot X_1} \frac{s_Y \sqrt{1 - r_{YX_1}^2}}{s_{X_2} \sqrt{1 - r_{X_1 X_2}^2}} \qquad \text{[식 3.15]}$$

위의 두 식을 보면, 모두 편상관계수에 기반하여 표준편차 및 상관계수 등이 곱해진 것이라는 걸 알 수 있다. 즉, 다중회귀분석의 기울기 계수 추정치는 편상관계수에 기반하고 있다. 위 두 식을 [표 3.1]의 통제 자료에 적용하여 각 기울기 추정치를 구해 보면 다음과 같다.

[그림 3.7]에 제공된 계수와는 미세하게 다른데, 이는 계산에서 발생한 오차라고 할 수 있다.

$$\hat{\beta}_1 = 0.062\frac{1.776\sqrt{1-0.991^2}}{3.571\sqrt{1-0.970^2}} = 0.017$$

$$\hat{\beta}_2 = 0.873\frac{1.776\sqrt{1-0.964^2}}{0.866\sqrt{1-0.970^2}} = 1.958$$

지금까지 편상관계수를 이용하여 기울기 추정치를 구하는 방법을 보였다. 회귀분석에서 절편 추정치가 중요하지는 않지만 구해 보면 다음과 같다.

$$\hat{\beta}_0 = \overline{Y} - \hat{\beta}_1\overline{X}_1 - \hat{\beta}_2\overline{X}_2 \qquad \text{[식 3.16]}$$

위의 식을 [표 3.1]의 통제 자료에 적용하여 절편 추정치를 구해 보면 다음과 같다.

$$\hat{\beta}_0 = 5.078 - 0.017 \times 6.000 - 1.958 \times 2.000 = 1.060$$

$X_1 = 0$이고, $X_2 = 0$일 때, 기대되는 Y의 값은 1.060임을 알 수 있다.

지금까지 편상관이 무엇인지에 대해 설명하였고, 다중회귀분석의 기울기와는 어떤 관계가 있으며, 어떻게 추정되고 검정되는지 등을 설명하였다. [표 3.1]의 통제 자료를 이용하여 실제로 편상관 및 편상관에 기반한 기울기가 어떻게 추정되는지에 대한 예제도 제공하였다. 이제 조금 다른 방식으로, 그리고 좀 더 개념적으로 편상관이란 무엇인지 설명을 해 봄으로써 편상관에 대한 이해를 높이고자 한다.

X_2를 통제한 상태에서 Y와 X_1의 편상관계수 $r_{YX_1 \cdot X_2}$는 Y와 X_1의 관계에 미치는 X_2의 영향을 모두 제거한 이후 계산된 Y와 X_1 간 상관계수이다. 달리 말해, $r_{YX_1 \cdot X_2}$는 Y에서도 X_2가 설명하는 부분을 제거하고 X_1에서도 X_2가 설명하는 부분을 제거한 이후에 나머지 부분 간 상관을 의미한다. 즉, X_2의 영향을 제거한, 순수한 Y와 X_1의 상관이라고 할 수 있다. 그렇다면 Y에서 X_2의 영향을 제거한다는 것은 무엇일까? 다음처럼 X_2가 Y를 예측하는 모형을 고려해 보자.

$$Y = \beta_0 + \beta_2 X_2 + e_Y \qquad \text{[식 3.17]}$$

위의 모형에서 e_Y는 모형의 오차이다. 여기서 오차란 X_2가 Y를 설명한 이후에 남은 Y의 일부분이라고 할 수 있다. 예를 들어, 종속변수 Y가 100의 정보를 가지고 있고, 그중 60이 X_2에 의해 설명이 된다면, Y의 설명되지 않은 나머지 40은 e_Y에 들어가 있게 되는 것이다. 즉, e_Y는 Y에서 X_2가 설명하는 부분을 제거한 나머지이다. 쉽게 말해, 회귀모형의 오차란 종속변수의 일부라는 말이다. 그리고 이렇게 어떤 변수(Y)에 영향을 끼치는 다른 변수(X_2)의 영향력을 제거하는 작업을 잔차화(residualization)라고 한다. 일반적으로 회귀모형에서 잔차화를 한다는 것은 '설명되지 않은 Y의 부분을 오차변수로 만든다'라는 개념을 가지고 있다.

그렇다면 이제 X_1에서 X_2의 영향을 제거한다는 것은 무엇일까? X_2가 X_1을 예측하는 모형을 고려해 보자.

$$X_1 = \beta_0 + \beta_2 X_2 + e_{X_1} \qquad \text{[식 3.18]}$$

위의 모형에서 오차 e_{X_1}은 X_2가 X_1을 설명한 이후에 남은 X_1의 일부분이라고 할 수 있다. 바로 앞에서 설명했던 것과 마찬가지로, 예를 들어, 종속변수 X_1이 100의 정보를 가지고 있고, 그중 70이 X_2에 의해 설명이 된다면, X_1의 설명되지 않은 나머지 30은 e_{X_1}에 들어가 있게 되는 것이다. 즉, e_{X_1}은 X_1에서 X_2가 설명하는 부분을 제거한 나머지 부분이다.

이제 [식 3.17]의 e_Y와 [식 3.18]의 e_{X_1} 사이의 상관계수를 구하면 그게 바로 X_2를 통제한 상태에서 Y와 X_1의 편상관계수 $r_{YX_1 \cdot X_2}$가 된다. 왜냐하면 $r_{YX_1 \cdot X_2}$의 개념적 정의가 Y와 X_1의 관계에 미치는 X_2의 영향을 모두 제거한 이후 계산된 Y와 X_1 간 상관계수이기 때문이다. [표 3.1]의 통제 자료를 이용하여 위처럼 정의된 잔차들로 상관계수를 구해 보자. 먼저 X_2가 Y를 설명한 이후에 남은 Y의 일부분인 e_Y를 구하기 위해서는 SPSS에서 Analyze 메뉴로 들어가 Regression을 선택하고 Linear를 실행한다.

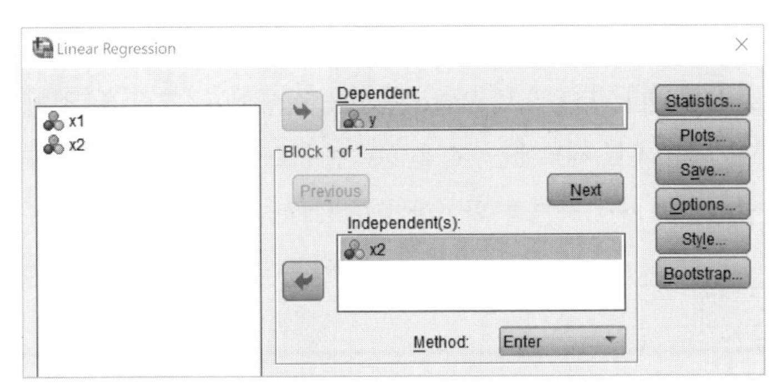

[그림 3.12] Y와 X_2의 회귀분석

위의 회귀분석 화면에서 종속변수 Y를 Dependent로 옮기고, 독립변수 X_2를 Independent(s)로 옮긴다. 다음으로 Save 옵션을 실행하여 잔차를 저장해야 한다.

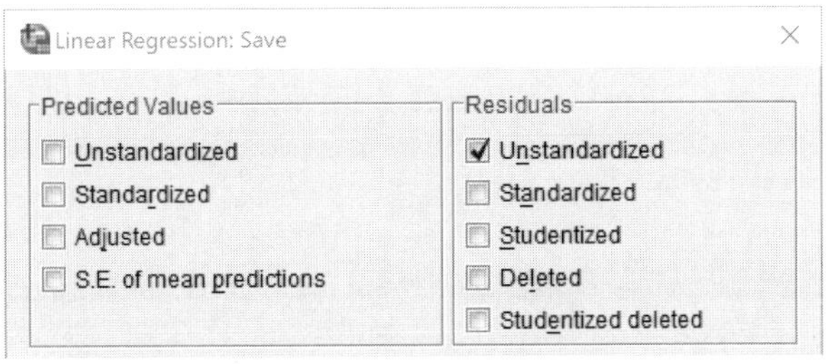

Linear Regression: Save
Predicted Values
Unstandardized
Standardized
Adjusted
S.E. of mean predictions
Residuals
Unstandardized
Standardized
Studentized
Deleted
Studentized deleted

[그림 3.13] 잔차의 저장

Residuals의 Unstandardized에 체크하고 Continue를 눌러 나간 후에 OK를 눌러 분석을 실행하면 회귀분석 결과와 함께 e_Y가 자료 세트에 저장된다. 다음으로 X_2가 X_1을 설명한 이후에 남은 X_1의 일부분인 e_{X_1}을 구하기 위해서는 역시 SPSS에서 Analyze 메뉴로 들어가 Regression을 선택하고 Linear를 실행한다.

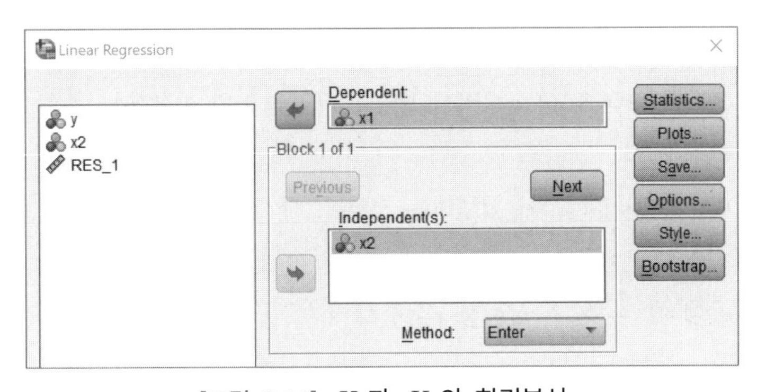

[그림 3.14] X_1과 X_2의 회귀분석

위의 회귀분석 화면에서 종속변수 X_1을 Dependent로 옮기고, 독립변수 X_2를 Independent(s)로 옮긴다. 다음으로 Save 옵션을 실행하여 [그림 3.13]처럼 잔차를 저장해야 한다. 이렇게 되면 자료 세트에는 X_1을 종속변수로 하고 X_2를 독립변수로 하였을 때의 오차인 e_{X_1}이 저장된다. 자료 세트를 확인해 보면 [그림 3.15]와 같이 e_Y는 RES_1으로 저장되었고, e_{X_1}은 RES_2로 저장되었음을 알 수 있다. [그림 3.16]에는 RES_1과 RES_2를 이용한 상관계수가 제공된다.

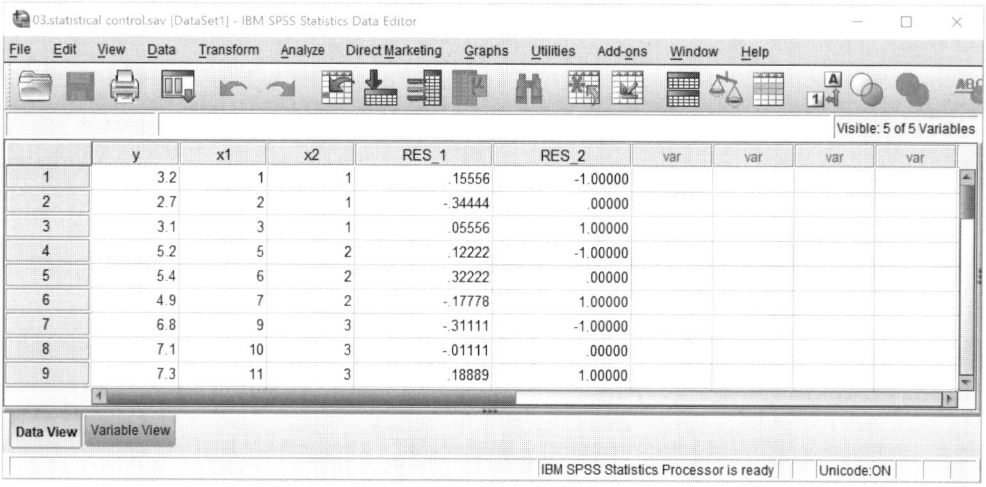

03.statistical control.sav [DataSet1] - IBM SPSS Statistics Data Editor

File Edit View Data Transform Analyze Direct Marketing Graphs Utilities Add-ons Window Help

Visible: 5 of 5 Variables

	y	x1	x2	RES_1	RES_2	var	var	var	var
1	3.2	1	1	.15556	-1.00000				
2	2.7	2	1	-.34444	.00000				
3	3.1	3	1	.05556	1.00000				
4	5.2	5	2	.12222	-1.00000				
5	5.4	6	2	.32222	.00000				
6	4.9	7	2	-.17778	1.00000				
7	6.8	9	3	-.31111	-1.00000				
8	7.1	10	3	-.01111	.00000				
9	7.3	11	3	.18889	1.00000				

Data View Variable View

IBM SPSS Statistics Processor is ready Unicode:ON

[그림 3.15] 생성된 e_Y와 e_{X_1}

Correlations

		RES_1	RES_2
RES_1	Pearson Correlation	1	.062
	Sig. (2-tailed)		.873
	N	9	9
RES_2	Pearson Correlation	.062	1
	Sig. (2-tailed)	.873	
	N	9	9

[그림 3.16] e_Y(RES_1)와 e_{X_1}(RES_2)의 상관계수

분석 결과를 보면, Y에서도 X_2가 설명하는 부분을 제거하고, X_1에서도 X_2가 설명하는 부분을 제거한 이후에 나머지 부분 간 상관계수는 0.062이다. 이는 [그림 3.10]의 편상관계수 0.062와 완전히 일치하는 것을 확인할 수 있다.

3.4. 회귀모형의 평가와 가설검정

다중회귀분석이라고 하여 모형을 평가하거나 모수를 검정하는 방법이 단순회귀분석과 다른 것은 아니다. 하나씩 다시 살펴보도록 한다.

3.4.1. 회귀모형의 평가

먼저 추정의 표준오차(standard error of estimate)가 작을수록 종속변수 Y를 예측하는 독립변수 X들의 집합을 잘 선택했다고 할 수 있다. 평균적인 오차의 크기가 작다는 것을 의미하기 때문이다. 하지만 역시 문제는 추정의 표준오차가 종속변수의 단위에 영향을 받으므로 얼마나 작아야 충분히 작은지 판단할 수 없다는 것이다. 그래서 모형이 얼마나 적합한지에 대한 평가로서 'Y의 변동성 중 X의 변동성에 의해서 설명되는 비율'이라는 의미를 지니는 결정계수 R^2을 이용한다. 다중회귀분석에서는 여러 개의 X를 통하여 Y를 예측하므로 R^2을 'Y의 변동성 중 X들의 변동성에 의해서 설명되는 비율' 또는 'Y의 변동성 중 X들의 선형결합에 의해서 설명되는 비율'이라고 할 수도 있다. X들의 선형결합이란 [식 3.4] 또는 [식 3.5]에 제공된 추정된 회귀식의 우변을 가리킨다. 다중회귀분석에서의 R^2은 아래처럼 단순회귀분석의 R^2과 다르지 않다.

$$R^2 = \frac{SS_R}{SS_T} = 1 - \frac{SS_E}{SS_T}$$

위의 식에서 회귀제곱합(SS_R)과 오차제곱합(SS_E)을 계산하는 방법이 조금 더 복잡해지겠지만, R^2의 근본적인 의미는 다르지 않다고 볼 수 있다.

요즘에는 컴퓨터가 워낙 발전했으므로 다중회귀분석에서 R^2을 직접 계산할 일은 없겠지만, 적어도 계산하는 전체 과정을 한번 확인하는 것은 나쁘지 않다. [표 3.1]의 통제를 이해하기 위한 자료를 이용하여 R^2을 계산해 본다. 설명되지 않은 편차 $Y-\hat{Y}$을 이용하여 오차제곱합 SS_E(sum of squares error)를 구하고, 총편차 $Y-\overline{Y}$를 이용하여 총제곱합 SS_T(sum of squares total)를 구하는 방식을 사용한다. 계산의 과정은 아래에 제공된다.

[표 3.3] 통제 자료의 총편차와 오차

Y	X_1	X_2	$\hat{Y}=1.044+0.017X_1+1.967X_2$	$Y-\overline{Y}$	$Y-\hat{Y}$
3.2	1	1	3.028	-1.878	0.172
2.7	2	1	3.045	-2.378	-0.345
3.1	3	1	3.062	-1.978	0.038
5.2	5	2	5.063	0.122	0.137
5.4	6	2	5.080	0.322	0.320
4.9	7	2	5.097	-0.178	-0.197
6.8	9	3	7.098	1.722	-0.298
7.1	10	3	7.115	2.022	-0.015
7.3	11	3	7.132	2.222	0.168

$\overline{Y}=5.078$을 이용하여 $Y-\overline{Y}$를 계산하였고, 추정된 회귀식인 $\hat{Y}$을 이용하여 $Y-\hat{Y}$도 계산하였다. 이를 이용하여 총제곱합과 오차제곱합을 구하면 아래와 같다.

$$SS_T=\sum(Y-\overline{Y})^2=(-1.878)^2+(-2.378)^2+\cdots+(2.222)^2=25.236$$
$$SS_E=\sum(Y-\hat{Y})^2=(0.172)^2+(-0.345)^2+\cdots+(0.168)^2=0.427$$

그러므로 통제 자료를 이용한 회귀모형의 R^2은 다음과 같이 계산된다.

$$R^2=1-\frac{SS_E}{SS_T}=1-\frac{0.427}{25.236}=0.983$$

위의 예제는 다중회귀분석에서의 R^2이 어떤 방식으로 구해질 수 있는지 보여 주기 위하여 손으로 직접 계산하였지만, 현실에서 R^2을 직접 계산할 일은 없을 것이다. SPSS를 이용하여 회귀분석을 실시하면 다음과 같이 첫 번째 표에서 R Square라는 이름으로 R^2을 제공한다.

Model Summary

Model	R	R Square	Adjusted R Square	Std. Error of the Estimate
1	.991[a]	.983	.977	.2668

a. Predictors: (Constant), x2, x1

[그림 3.17] 통제 자료의 모형 평가 결과

위의 요약 결과표는 [그림 3.7]에 제공된 회귀계수 결과에 상응하는 모형 평가 정보이다. 즉, [표 3.1]의 통제를 이해하기 위한 자료에 있는 종속변수 Y와 독립변수 X_1 및 X_2를 이용하여 회귀분석을 실시한 결과이다. R^2은 손으로 직접 계산한 결과와 전혀 다르지 않은 0.983이다. 즉, Y에 존재하는 변동성의 98.3%가 X_1과 X_2에 의해 설명된다는 것이다. 또는 Y에 존재하는 변동성의 98.3%가 추정된 회귀식에 의해서 설명된다고 표현할 수도 있다. Cohen(1988)의 효과크기 가이드라인에 따르면, 일반적으로 R^2이 26%만 넘어도 Y가 X들에 의하여 잘 설명되고 있다고 볼 수 있으므로 98.3%는 매우 높은 값이다.

다른 표현으로 R^2을 다중상관제곱(squared multiple correlation, SMC)이라고 한다. 말 그대로 이는 다중상관의 제곱이란 뜻인데, 그렇다면 다중상관(multiple correlation)은 무엇인가? 먼저, 다중상관 R을 구하고자 하면, R^2에 제곱근을 씌우기만 하면 된다. 개념적으로 정의되는 다중상관 R은 아래처럼 종속변수 Y와 추정된 회귀식(즉, X들의 선형결합) 간의 상관계수를 의미한다.

$$R = Cor(Y, \hat{\beta}_0 + \hat{\beta}_1 X_1 + \hat{\beta}_2 X_2 + \cdots + \hat{\beta}_p X_p) \qquad \text{[식 3.19]}$$

위에서 추정된 회귀식 $\hat{Y} = \hat{\beta}_0 + \hat{\beta}_1 X_1 + \hat{\beta}_2 X_2 + \cdots + \hat{\beta}_p X_p$이므로 위의 식은 다음과 같이 고쳐 쓸 수도 있다.

$$R = Cor(Y, \hat{Y}) \qquad \text{[식 3.20]}$$

[식 3.19]와 [식 3.20]으로부터 알 수 있는 것은 다중상관이란 것이 실제 Y값과 X들을 통하여 예측한 Y값의 상관이라는 것이다. 다중상관이 높을수록 연구자가 선택한 독립변수들을 통하여 종속변수를 예측하는 것이 더 잘 되고 있다는 것을 의미하게 된다.

[표 3.1]의 통제를 이해하기 위한 자료에서 다중상관을 구하고자 하면, [그림 3.17]의 모형 평가 결과표를 확인하면 된다. 다중상관은 가장 왼쪽에 나와 있는 값으로서 $R = 0.991$이다. 또한, 이 값을 제곱하면 다중상관제곱 $R^2 = 0.983$이 된다. [표 3.3]의 가장 왼쪽 열에 있는 Y값과 중간에 있는 $\hat{Y}$값 사이의 상관계수를 계산하는 방식으로 다중상관을 구해 보고자 하면, 먼저 아래의 자료 세트에 보이는 것처럼 회귀분석을 실시할 때 Save 옵션을 통하여 예측값을 저장해야 한다.

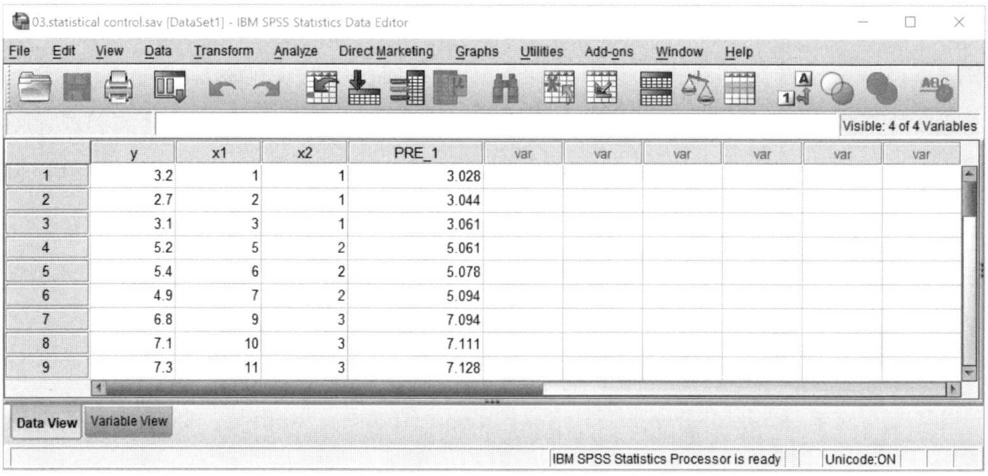

03.statistical control.sav [DataSet1] - IBM SPSS Statistics Data Editor

File Edit View Data Transform Analyze Direct Marketing Graphs Utilities Add-ons Window Help

Visible: 4 of 4 Variables

	y	x1	x2	PRE_1	var	var	var	var	var	var
1	3.2	1	1	3.028						
2	2.7	2	1	3.044						
3	3.1	3	1	3.061						
4	5.2	5	2	5.061						
5	5.4	6	2	5.078						
6	4.9	7	2	5.094						
7	6.8	9	3	7.094						
8	7.1	10	3	7.111						
9	7.3	11	3	7.128						

Data View Variable View

IBM SPSS Statistics Processor is ready Unicode:ON

[그림 3.18] 추정된 회귀식 값의 저장($\widehat{Y}$ = PRE_1)

위의 그림에 예측값이 PRE_1이라는 이름으로 저장되어 있다. 이제 Y와 PRE_1의 상관계수를 구하면 다음과 같다. 상관계수 추정치가 0.991로서 [그림 3.17]에 제공되는 다중상관 R과 동일한 것을 확인할 수 있다.

Correlations

		y	PRE_1
y	Pearson Correlation	1	.991
	Sig. (2-tailed)		.000
	N	9	9
PRE_1	Pearson Correlation	.991	1
	Sig. (2-tailed)	.000	
	N	9	9

[그림 3.19] Y와 $\widehat{Y}$(PRE_1)의 상관계수

[그림 3.17]의 모형 평가 결과표에는 Adjusted R Square라는 결과물도 나오는데, 이를 보통 조정된 $R^2(adj.R^2)$이라고 한다. 조정된 R^2은 단순회귀분석에서는 아무런 의미가 없으며, 다중회귀분석에서만 어떤 의미를 갖는다. 지금까지 배운 R^2은 엄격하게 말해서 여러 작은 문제들을 가지고 있는데, 그중 하나가 어떤 독립변수라고 하여도 모형에 넣기만 하면 무조건 증가하게 된다는 것이다. 심지어 사람의 몸무게를 예측하기 위하여 그 사람이 소유하고 있는 연필의 개수를 독립변수로 사용하여도 설명력 R^2은 증가한다. 사람의 몸무게를 그 사람이 소유한 연필의 개수로 예측한다는 것은 논리적으로 말도 되지 않지만, 회귀분석의

R^2은 이런 식으로 작동하는 것이다.

Cars93 자료의 Price를 예측하기 위해 나름대로 의미 있는 변수인 Horsepower와 MPG.city에 더하여 Price와 아무 관련도 없는 RPM(엔진의 분당 최대 회전수) 변수를 추가한다고 가정해 보자. 종속변수 Price와 새로운 독립변수 RPM의 상관계수는 −0.005로서 거의 0에 가까우며 두 변수는 거의 아무런 상관도 없다고 말할 수 있다. 아래에 RPM 변수가 들어가지 않은 경우와 들어간 경우의 모형 평가 결과표가 제공되고 있다.

Model Summary

Model	R	R Square	Adjusted R Square	Std. Error of the Estimate
1	.793[a]	.6289	.6206	5.94970

a. Predictors: (Constant), MPG.city, Horsepower

Model Summary

Model	R	R Square	Adjusted R Square	Std. Error of the Estimate
1	.793[a]	.6290	.6165	5.98151

a. Predictors: (Constant), RPM, Horsepower, MPG.city

[그림 3.20] **회귀분석의 R^2 변화**

Cars93 자료에서 Price와 RPM 변수는 거의 완전히 아무런 상관도 없는 관계임에도 불구하고, 이러한 변수라도 모형에 추가적으로 넣기만 하면 $R^2 = 0.6289$에서 $R^2 = 0.6290$으로 미세하게 증가한다.

다중회귀분석에서 의미 없는 독립변수의 개수를 늘리는 것은 모형을 복잡하게 만들어 모형의 간명성(model parsimony) 원칙에도 어긋날 뿐만 아니라, 모형이 이미 존재하는 자료에 대해서만 높은 적합도를 지니고 새로운 사례의 예측력은 오히려 떨어뜨리는 과적합(overfitting)의 문제도 발생시킨다. 과적합은 회귀분석을 포함해서 여러 통계 분석에서도 잘 알려진 문제이므로 간략한 설명이 필요하다. 예를 들어, [그림 3.21]과 같이 4개의 사례가 있는 경우에 X를 통해 Y를 예측하는 회귀식을 추정한다고 가정하자. 그림의 왼쪽은 아래처럼 일반적인 선형식을 이용하여 직선으로 회귀식을 추정한 것이다.

$$Y = \beta_0 + \beta_1 X + e$$

그에 반해, 그림의 오른쪽은 아래처럼 3차 다항식을 이용하여 곡선으로 회귀식을 추정한 것이다.

$$Y = \beta_0 + \beta_1 X + \beta_2 X^2 + \beta_3 X^3 + e$$

그림에서 볼 수 있듯이 선형식을 이용한 경우에는 오차가 다양한 크기로 존재하며, 3차 다항식을 이용한 경우에는 오차가 전혀 없는 것을 알 수 있다.

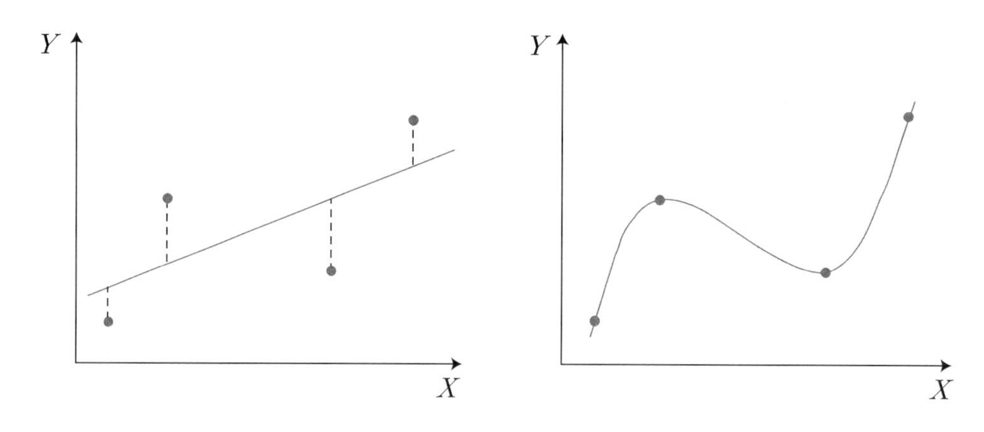

[그림 3.21] 선형모형 및 곡선모형의 추정과 오차

오른쪽처럼 복잡한 회귀식을 이용하게 되면 오차는 모두 0이 되고, 오차제곱합도 0이 될 것이고, 그 결과 $R^2 = 1.000$이 될 것이다. 반면에 왼쪽처럼 단순한 회귀식을 이용하게 되면 오차는 그림처럼 존재하고 되고 R^2은 100%보다는 훨씬 작은 값, 예를 들어, $R^2 = 0.250$이 될 것이다. 그렇다면 더 높은 R^2을 가진 3차 다항식 모형이 더 좋은 모형이라고 할 수 있을까? 연구자는 3차 다항식을 이용한 곡선의 모형을 사용함으로써 더 많은 이익을 얻을 수 있을까?

회귀분석에서는 회귀식을 추정하여 존재하는 자료의 오차 크기를 줄이는 것도 중요하지만, 추정된 회귀식을 이용하여 새로운 사례를 예측하는 것도 중요하다. [그림 3.22]는 새로운 사례 하나가 추가되었을 때, 선형모형과 곡선모형에서의 오차 크기를 비교하고 있다. 아래의 그림을 보면, 흥미롭게도 R^2이 더 작았던 선형식 모형이 새로운 사례에 대해 더 작은 오차(e_1)를 가지고 있음을 알 수 있다. 기존의 자료로 R^2이 100%였던 3차 다항식 모형은 새로운 사례에 대하여 오히려 더 큰 오차(e_2)를 발생시키는 것을 확인할 수 있다.

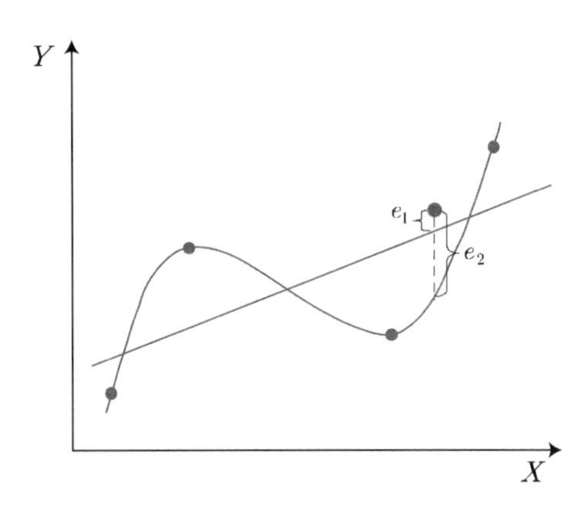

[그림 3.22] 선형식 모형과 다항식 모형의 예측력 비교

필자가 과적합의 이해를 위하여 조금 극단적인 예를 들기는 했지만, 한 모형의 R^2을 높이기 위해 복잡한 모형을 추정하는 것이 어떤 문제를 일으킬 수도 있는지 이 예를 통해 어느 정도 이해하였을 것이다. 이런 이유로 독립변수의 개수에 페널티를 주는 R^2의 변형이 제안되었는데 이것이 바로 아래의 조정된 R^2(adjusted R^2, $adj.R^2$)이다.

$$adj.R^2 = 1 - \frac{SS_E}{SS_T}\frac{(n-1)}{(n-p-1)} = 1-(1-R^2)\frac{(n-1)}{(n-p-1)} \qquad [식\ 3.21]$$

위의 식에서 설명력의 크기 등 조건이 동일하다는 가정하에 독립변수의 개수인 p가 커지게 되면 $adj.R^2$은 작아진다. 즉, 동일한 정도로 오차가 발생하는 두 개의 모형이 있다고 가정하면, 독립변수의 개수가 많은 모형의 $adj.R^2$이 더 작아지는 구조인 것이다. 정리하면, $adj.R^2$에는 독립변수의 개수에 대하여 페널티가 있다.

[그림 3.20]의 모형 평가 결과표를 보면, Horsepower와 MPG.city를 독립변수로 사용했을 때 $adj.R^2 = 0.6206$이었는데, 독립변수 RPM을 추가적으로 투입하였더니 $adj.R^2 = 0.6165$로 감소하였음을 확인할 수 있다. Price의 예측에 도움이 안 되는 독립변수를 투입하면 변수 추가에 대한 페널티가 작동하여 조정된 R^2을 떨어뜨리게 되는 것이다. 이는 RPM이 추가됨으로써 0.0001 증가한 R^2과는 차이가 있는 결과이다. 조정된 R^2은 설명이 중심이 되는 대부분의 사회과학 연구에서 R^2만큼 많이 사용되지는 않는데, 예측모형을 이용하고자 하는 영역

에서는 여전히 쓰이고 있다. 이후 예측과 변수의 선택에 관련된 장에서 다시 한번 등장한다.

3.4.2. 회귀모형의 검정

다중회귀분석에서도 단순회귀분석과 마찬가지로 추정된 회귀모형의 유의성을 검정할 수 있다. 다중회귀분석의 영가설은 아래처럼 [식 2.23]에서 정의했던 단순회귀분석의 영가설과 일치한다.

H_0: 모든 회귀계수가 0이다.
H_1: 적어도 하나의 회귀계수는 0이 아니다.

단순회귀분석에서는 회귀계수가 하나밖에 존재하지 않으므로 $H_0 : \beta_1 = 0$으로 쓸 수 있었는데, 다중회귀분석에서는 p개의 회귀계수(기울기)가 존재하므로 회귀모형의 영가설은 다음과 같이 다시 쓸 수 있다.

$$H_0 : \beta_1 = \beta_2 = \cdots = \beta_p = 0 \qquad \text{[식 3.22]}$$

회귀모형의 검정은 종속변수가 독립변수들에 의해서 충분히 설명 또는 예측되고 있느냐에 대한 검정인데, 이것은 적어도 하나의 유의한 기울기 계수가 있느냐는 것과 동일한 의미라는 것이다. [식 3.22]의 영가설을 검정하기 위해서는 아래처럼 분산분석을 실시하고 F검정을 수행한다.

$$F = \frac{MS_R}{MS_E} = \frac{\frac{SS_R}{p}}{\frac{SS_E}{n-p-1}} \sim F_{p,n-p-1} \qquad \text{[식 3.23]}$$

위에서 MS_R은 회귀평균제곱이며 회귀제곱합 SS_R을 자유도 p(독립변수의 개수)로 나눈 값이고, MS_E는 오차평균제곱이며 오차제곱합 SS_E를 자유도 $n-p-1$로 나눈 값이다. F검정 통계량이 따르는 F분포의 두 자유도는 p와 $n-p-1$이다. [표 3.1]의 통제를 이해하기 위한 자료를 이용하여 회귀분석을 실시하면, [그림 3.17]의 모형 평가 결과표와 함께 아래의 분산분석표가 출력된다.

ANOVA[a]

Model		Sum of Squares	df	Mean Square	F	Sig.
1	Regression	24.808	2	12.404	174.207	.000[b]
	Residual	.427	6	.071		
	Total	25.236	8			

a. Dependent Variable: y

b. Predictors: (Constant), x2, x1

[그림 3.23] **통제 자료 회귀분석의 분산분석표**

분산분석표에는 회귀제곱합 $SS_R = 24.808$, 오차제곱합 $SS_E = 0.427$, 총제곱합 $SS_T = 25.236$임을 보여 주고 있으며, 회귀 자유도는 2, 오차의 자유도는 6, 총자유도는 8임도 보여 주고 있다. 이어서 회귀평균제곱 $MS_R = 12.404$, 오차평균제곱 $MS_E = 0.071$, 그리고 이 둘의 비율로 정의되는 $F = 174.207$이며, 이 검정통계량 값에 해당하는 $p < .001$이다. 즉, β_1과 β_2가 모두 0이라는 영가설은 $p < .001$ 수준에서 기각하게 된다. 즉, 적어도 하나의 회귀계수는 0이 아닌 것이다.

마지막으로 위의 분산분석표에 제공되는 회귀제곱합과 총제곱합을 이용하면 R^2도 다음과 같이 구할 수 있다.

$$R^2 = \frac{24.808}{25.236} = 0.983$$

제곱합을 이용하여 직접 구한 R^2의 값이 SPSS에서 제공된 R^2의 값과 일치하는 것을 확인할 수 있다.

3.4.3. 회귀모수의 검정

단순회귀분석에서 두 모수인 β_0와 β_1에 대한 검정을 진행했듯이 다중회귀분석에서는 β_0, β_1, $\beta_2, \ldots,$ β_p에 대한 검정을 진행할 수 있다. 각 영가설은 아래처럼 설정할 수 있다.

$$H_0 : \beta_k = 0 \quad \text{vs.} \quad H_1 : \beta_k \neq 0, \quad k = 0, 1, 2, \ldots, p \qquad \text{[식 3.24]}$$

위의 가설은 다음과 같이 t검정을 이용하여 진행한다.

$$t_{\hat{\beta}_k} = \frac{\hat{\beta}_k}{SE_{\hat{\beta}_k}} \sim t_{n-p-1}$$ [식 3.25]

모든 검정의 핵심은 언제나 추정치가 따르는 분포를 파악하여 표준오차를 계산해 내는 것이다. 일반적으로 다중회귀분석에서 추정치 $\hat{\beta}_k$의 표준오차 $SE_{\hat{\beta}_k}$은 행렬식을 이용하여 계산을 하게 되는데, 본 책에서는 행렬 부분을 다루지 않겠다고 하였으므로 그 결과만 제공한다. 예를 들어, $\hat{\beta}_1$의 표준오차는 아래와 같다.

$$SE_{\hat{\beta}_1} = \frac{MS_{E(Y \cdot X_1 X_2 \cdots X_p)}}{SS_{E(X_1 \cdot X_2 \cdots X_p)}}$$ [식 3.26]

위의 식에서 $MS_{E(Y \cdot X_1 X_2 \cdots X_p)}$는 Y를 종속변수로 하고 $X_1 \sim X_p$를 독립변수로 하여 다중회귀분석을 실시할 때의 오차평균제곱을 가리키고, $SS_{E(X_1 \cdot X_2 \cdots X_p)}$는 X_1을 종속변수로 하고 $X_2 \sim X_p$를 독립변수로 하여 다중회귀분석을 실시할 때 오차제곱합을 가리킨다. 만약 $SE_{\hat{\beta}_2}$, $SE_{\hat{\beta}_3}$ 등을 계산하고 싶다면 마찬가지 방법으로 변형하여 시행하면 된다.

[식 3.25]와 [식 3.26]에 개별모수의 검정을 위한 t검정통계량과 추정치의 표준오차를 계산하는 방법을 제공했지만, 다중회귀분석에서 개별적인 모수 추정치의 표준오차 계산을 이런 식으로 직접 실행할 일은 없다. 우리는 SPSS를 이용하여 추정된 표준오차와 이에 따른 검정을 진행할 뿐이다. 아래에는 [그림 3.7]에서 보여 주었던 통제 자료의 회귀분석 결과가 있으며, 이를 이용하여 개별모수의 검정을 실행하는 방식을 설명한다.

Coefficients[a]

Model		Unstandardized Coefficients		Standardized Coefficients	t	Sig.
		B	Std. Error	Beta		
1	(Constant)	1.044	.321		3.257	.017
	x1	.017	.109	.034	.153	.883
	x2	1.967	.449	.959	4.379	.005

a. Dependent Variable: y

먼저 절편에 대한 영가설인 $H_0 : \beta_0 = 0$을 검정한다고 가정하자. $\hat{\beta}_0 = 1.044$이고, $SE_{\hat{\beta}_0} = 0.321$이므로 t검정통계량은 아래와 같이 계산된다.

$$t_{\hat{\beta}_0} = \frac{\hat{\beta}_0}{SE_{\hat{\beta}_0}} = \frac{1.044}{0.321} = 3.257$$

자유도 $n-p-1=9-2-1=6$이므로 자유도가 6인 t분포에서 t검정통계량 3.257에 해당하는 $p=.017$로 구해진다. 결국 $p=.017<\alpha=.05$이므로 $\beta_0=0$이라는 영가설을 기각하게 된다. 즉, 절편은 통계적으로 0이 아니라고 결론 내린다. 논문에서는 '절편이 $p<.05$ 수준에서 통계적으로 유의하다'고 표현하기도 한다.

다음으로 X_1에 대한 영가설인 $H_0:\beta_1=0$을 검정한다고 가정하자. $\hat{\beta}_1=0.017$이고, $SE_{\hat{\beta}_1}=0.109$이므로 t검정통계량은 아래와 같이 계산된다.

$$t_{\hat{\beta}_1} = \frac{\hat{\beta}_1}{SE_{\hat{\beta}_1}} = \frac{0.017}{0.109} = 0.153$$

자유도는 6이므로 t검정통계량 0.153에 해당하는 $p=.883$으로 구해진다. 결국 $p=.883>\alpha=.05$이므로 $\beta_1=0$이라는 영가설을 기각하는 데 실패하게 된다. 즉, X_1의 기울기는 통계적으로 0과 다르지 않다고 결론 내린다.

마지막으로 X_2에 대한 영가설인 $H_0:\beta_2=0$을 검정한다고 가정하자. $\hat{\beta}_2=1.967$이고, $SE_{\hat{\beta}_2}=0.449$이므로 t검정통계량은 아래와 같이 계산된다.

$$t_{\hat{\beta}_2} = \frac{\hat{\beta}_2}{SE_{\hat{\beta}_2}} = \frac{1.967}{0.449} = 4.379$$

자유도는 6이므로 t검정통계량 4.379에 해당하는 $p=.005$로 구해진다. 결국 $p=.005<\alpha=.05$이므로 $\beta_2=0$이라는 영가설을 기각하게 된다. 즉, X_2의 기울기는 통계적으로 0과 다르다고 결론 내린다. 논문에서는 'X_2의 기울기가 $p<.01$ 수준에서 통계적으로 유의하다'고 표현한다.

3.5. 다중회귀분석의 예

지금까지 다중회귀분석 모형을 설명하였으며, 이를 어떻게 추정하고 평가하며 검정하는지 등도 설명하였다. 각 개념을 설명하고 이해하는 과정에서 SPSS의 결과물을 이용하기도 하였지만, 모두 산발적으로 흩어진 상태로 보여 주었다. 여기서는 이제 종합적이고 전체적으로 SPSS를 이용하여 회귀분석을 진행하는 예를 보인다. 예제는 앞에서 소개했던 Cars93 자료를 이용하며, Price(단위=1,000달러)를 설명 또는 예측하기 위하여 Horsepower(마력)와 Length(길이, 단위=inch)를 독립변수로 사용한다.

분석을 위해서는 Analyze 메뉴로 들어가서 Regression을 선택하고 Linear를 실행한다. [그림 3.24]와 같은 Linear Regression 화면이 나타나면, Dependent로 Price 변수를 옮기고, Independent(s)로 Horsepower 변수와 Length 변수를 옮긴다. 필요에 따라 Statistics 옵션으로 들어가서 신뢰구간 추정치 등을 요구할 수 있고, Save 옵션으로 들어가서 예측값(predicted values)이나 잔차(residuals)를 자료 세트에 저장할 수도 있다.

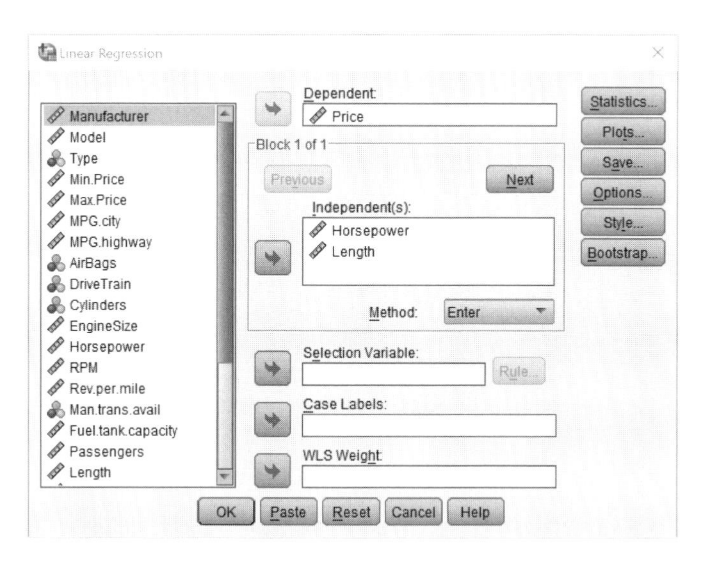

[그림 3.24] 회귀분석의 실행 화면

OK를 눌러 분석을 실행하면 기본적으로 세 개의 테이블이 나타난다. 먼저 회귀분석의 모형 평가 결과표가 아래와 같이 제공된다.

Model Summary

Model	R	R Square	Adjusted R Square	Std. Error of the Estimate
1	.793[a]	.628	.620	5.95490

a. Predictors: (Constant), Length, Horsepower

[그림 3.25] 회귀분석의 결과 요약표

요약표의 가장 왼쪽에 다중상관 $R=.793$이 제공된다. 이는 종속변수 Price와 독립변수들(Horsepower와 Length)의 선형결합으로 이루어진 회귀식 간의 상관계수가 0.793임을 가리킨다. 즉, 실제 종속변수의 값(Y_i)과 예측된 종속변수의 값($\hat{Y}_i$) 사이에 존재하는 상관계수가 0.793이라는 것을 의미한다. 다음으로 결정계수 또는 다중상관제곱 $R^2=0.628$이 나온다. 이는 종속변수에 존재하는 변동성의 62.8%가 선택한 독립변수들에 의해서 설명되고 있음을 가리킨다. Cohen(1988)의 가이드라인에 따르면 이는 매우 큰 효과크기라고 할 수 있다. 다시 말해, 종속변수 Price가 독립변수 Horsepower와 Length에 의해서 매우 잘 설명 또는 예측되고 있다.

다음으로는 독립변수의 개수에 페널티를 주어서 계산되는 $adj.R^2=.620$임을 보여 준다. 조정된 R^2을 따로 해석하지는 않으며, 모형 간의 비교를 위해서 사용되는 것이 일반적이다. 이는 이후 6장에서 그 쓰임을 설명할 것이다. 마지막으로 추정의 표준오차(standard error of estimate)가 제공된다. 이는 오차 추정치들의 표준편차를 의미하며, 개념적으로는 평균적인 오차의 크기라고 할 수 있다. 즉, 이 회귀분석 모형을 통하여 추정한 회귀평면과 각 사례의 점들의 수직거리 평균이 대략 5.955 정도 된다는 것을 의미한다. 추정의 표준오차가 모형의 평가에 쓰일 수 있다고 하나 단위에 의해 영향을 받기 때문에 쉬운 일은 아니다.

회귀분석 결과의 두 번째 표는 모형의 검정을 위한 분산분석표이다.

ANOVA[a]

Model		Sum of Squares	df	Mean Square	F	Sig.
1	Regression	5392.542	2	2696.271	76.035	.000[b]
	Residual	3191.479	90	35.461		
	Total	8584.021	92			

a. Dependent Variable: Price

b. Predictors: (Constant), Length, Horsepower

[그림 3.26] 회귀분석의 분산분석표

분산분석표에는 가장 먼저 제곱합(Sum of Squares)이 제공된다. 회귀제곱합이 5392, 잔차제곱합 또는 오차제곱합이 3191, 총제곱합이 8584임을 보여 준다. 그다음으로 회귀식의 자유도(df) 2, 오차의 자유도 90이 제공되는데, 회귀제곱합과 잔차제곱합을 각 자유도로 나누어 평균제곱(Mean Square), 즉 분산 추정치를 구할 수 있다. 이렇게 구한 회귀평균제곱을 잔차평균제곱(또는 오차평균제곱)으로 나누면 모형의 검정을 위한 F검정통계량이 76.035로 구해진다. 그리고 최종적으로 검정통계량에 상응하는 p값이 제공되는데, $p < .001$로서 매우 작다. 통계 프로그램에서 p값이 제공된다는 것은 이에 상응하는 영가설이 있다는 것을 의미한다. 왜냐하면 p값의 쓰임은 영가설을 기각하느냐 기각하지 않느냐 외에는 없기 때문이다. 영가설은 [식 2.22] 및 [식 2.23]에서 정의했던 것처럼 아래와 같다.

$$H_0 : \beta_1 = \beta_2 = 0$$

사회과학에서 주로 사용하는 $\alpha = .05$보다 p값이 훨씬 더 작으므로 위의 영가설을 기각하게 된다. 즉, β_1과 β_2 중 적어도 하나의 유의한(즉, 0과 다른) 회귀계수가 존재한다.

마지막으로 어떤 회귀계수가 통계적으로 유의한지 찾을 수 있는 절편과 기울기의 검정에 관련 있는 결과표가 제공된다.

Coefficients[a]

Model		Unstandardized Coefficients		Standardized Coefficients	t	Sig.
		B	Std. Error	Beta		
1	(Constant)	-12.022	8.406		-1.430	.156
	Horsepower	.135	.014	.733	9.522	.000
	Length	.066	.051	.100	1.294	.199

a. Dependent Variable: Price

[그림 3.27] **회귀분석의 개별모수 검정 결과표**

위의 결과로부터 다음처럼 추정된 회귀식을 얻을 수 있다.

$$\widehat{Price} = -12.022 + 0.135Horsepower + 0.066Length$$

먼저 Horsepower의 기울기 추정치는 0.135인데, 이는 Price에 대한 Length의 영향력을 통제했을 때 Horsepower가 1마력 증가할 때마다 가격이 135달러 올라간다는 것을 의미한다.

즉, Length를 일정한 상수에 고정했을 때 Horsepower가 한 단위 증가할 때마다 가격이 135달러 증가한다는 것이다. 또 다른 표현으로 하면, Length가 동일하다면 Horsepower가 1마력 높은 차량이 135달러 더 비싸다라고 해석할 수 있다. 그리고 이러한 Horsepower의 효과는 $p < .001$ 수준에서 통계적으로 유의하다.

다음으로 Length의 기울기 추정치가 0.066인데, 이는 Price에 대한 Horsepower의 영향력을 통제했을 때 Length가 1인치 증가할 때마다 가격이 66달러 올라간다는 것을 의미한다. 즉, Horsepower를 일정한 상수에 고정했을 때 Length가 한 단위 증가할 때마다 가격이 66달러 증가한다는 것이다. 또 다른 표현으로 하면, Horsepower가 동일하다면 Length가 1인치 더 긴 차량이 66달러 더 비싸다라고 해석할 수 있다. 그런데 이러한 Length의 효과는 통계적으로 유의하지 않다. 효과가 통계적으로 유의하지 않으면 그 결과를 해석하지 않는 것이 일반적이다. 독자들에게 Length의 기울기 추정치를 설명하기 위하여 자세한 해석을 보여 주었지만, 실제에서는 그냥 'Horsepower를 통제한 상태에서 Length의 Price에 대한 효과는 통계적으로 유의하지 않다'라고 말하고 해석을 끝낸다.

마지막으로 절편 추정치는 −12.022인데, 이는 마력이 0이고 길이가 0인 자동차의 기대되는 가격이 −12,022달러라는 의미이다. 이 추정치는 사실 아무런 의미가 없다. 자동차의 가격이 마이너스라는 것은 상식적으로 말이 되지 않기 때문이다. 실제 시장경제에서 어떤 재화(goods)나 선물(futures)의 가격이 마이너스인 경우가 없지는 않지만, 자동차의 경우에는 발생한 적이 없다. 그리고 또한 절편에 대한 검정 결과가 유의하지 않기 때문에 해석할 필요도 없다.

그렇다면 이렇게 말이 안 되는 결과는 왜 발생한 것일까? 그 이유는 절편의 의미라는 것이 모든 독립변수의 값이 0일 때 기대되는 종속변수의 값이기 때문이다. Horsepower가 0인 차량은 움직일 수 없는 장난감일 뿐이며, Length가 0인 차량은 존재할 수 없다. 그럼에도 불구하고 절편은 Horsepower가 0이고, Length가 0일 때의 기대값이기 때문에 이런 해석 불가능의 문제가 발생하는 것이다. 이렇게 이상한 절편의 추정치를 바로 잡는 방법이 있다. 사실 회귀분석에서 많은 경우에 절편이란 것 자체가 별로 중요하지 않기 때문에 큰 의미는 없을 수 있지만, 절편이 해석 가능하도록 모형을 수정하는 방법이 있다. 이 방법을 중심화(centering)라고 부르며, 모형에 통계적인 변화를 주지 않으면서 단지 절편의 해석만 바꿀 수 있다. 중심화는 개념적으로도 통계적으로도 간단한 변수 변환의 방법이지만, 꽤 다양한 쓸모가 있기 때문에 다음 장에서 자세히 다룬다.

제4장 회귀분석의 주요 개념

지금까지 단순회귀분석과 다중회귀분석의 기본을 다루었는데, 회귀분석을 이용한 연구를 이해하거나 직접 연구를 진행하려고 하면 이외에도 여러 추가적인 개념에 대한 이해가 필요하다. 필요에 따라 변수를 변환(transformation)하는 방법도 알아야 하고, 독립변수 사이에 존재하는 다중공선성(multicollinearity)도 이해해야 하며, 억제효과(supression effect) 및 거짓효과(spurious effect) 등도 알아야 한다. 이번 장에서는 회귀분석을 사용하는 데 있어서 알아야 하는 몇 가지를 다루고자 한다.

4.1. 변수의 변환

변수의 변환은 다양한 방법으로 행해질 수 있지만, 여기서는 일단 변수의 중심화와 척도화 두 가지를 소개한다.

4.1.1. 중심화

회귀모형을 추정할 때, 독립변수 X에서 상수 c를 빼서 새로운 변수 $X-c$를 만들고 이 변수를 모형의 새로운 독립변수로 사용할 수 있다. 이와 같은 작업을 독립변수의 중심화라고 한다. 만약 빼 주는 상수 c가 표본평균 $\overline{X}$여서 중심화한 변수가 $X-\overline{X}$라면 이를 평균중심화(mean centering)라고 부른다. 평균중심화를 실행하는 여러 이유가 있는데 여기서는 절편의 해석을 올바르게 하려는 목적으로 평균중심화의 예제를 보이고자 한다.

간단한 모형을 통해서 평균중심화를 설명하기 위해 Cars93 자료의 Price를 종속변수로 하고, Horsepower를 독립변수로 하는 단순회귀분석 모형을 가정한다. 먼저 Horsepower를 평균중심화한 변수를 만들어야 하는데, 이를 위해서는 Horsepower의 평균을 확인해야 한다. SPSS의 Analyze 메뉴로 들어가 Descriptive Statistics를 선택하고 Descriptives를 실행하여 Horsepower의 평균을 구하면 143.83이다. 이제 Transform 메뉴로 들어가 Compute Variable을 실행하면 다음과 같은 화면이 나타난다.

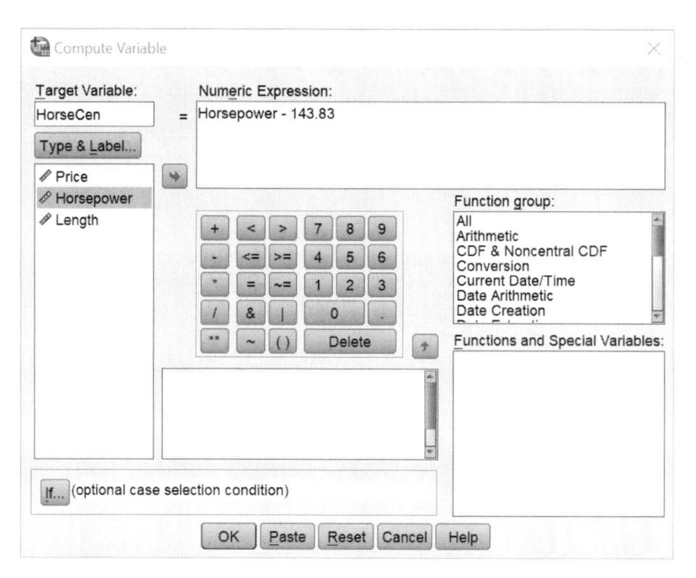

[그림 4.1] 평균중심화 실행

Target Variable에 새롭게 생성되는 변수의 이름을 HorseCen으로 지정한다. 다음으로 오른쪽에 있는 Numeric Expression 부분에 새롭게 생성하는 변수의 수식을 'Horsepower – 143.83'으로 입력한다. OK를 눌러 변환을 실행하면 아래처럼 새로운 변수가 생긴다.

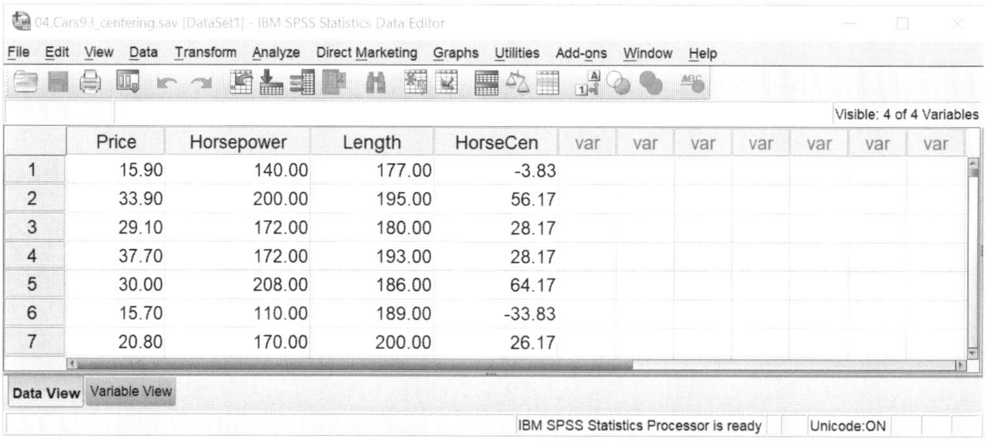

	Price	Horsepower	Length	HorseCen	var	var	var	var	var	var	var
1	15.90	140.00	177.00	-3.83							
2	33.90	200.00	195.00	56.17							
3	29.10	172.00	180.00	28.17							
4	37.70	172.00	193.00	28.17							
5	30.00	208.00	186.00	64.17							
6	15.70	110.00	189.00	-33.83							
7	20.80	170.00	200.00	26.17							

[그림 4.2] 평균중심화를 통한 HorseCen 변수의 생성

이제 Horsepower 대신 HorseCen을 통해 단순회귀분석을 실행한다. 비교를 위해 Horsepower를 통한 단순회귀분석의 결과도 같이 제공한다. 결과를 보면, 가장 먼저 평균중심화하지 않은 변수를 투입하든 평균중심화한 변수를 투입하든 아래의 그림처럼 R^2은 변하지 않는다는 것을 알 수 있다.

Model Summary

Model	R	R Square	Adjusted R Square	Std. Error of the Estimate
1	.788[a]	.621	.617	5.97695

a. Predictors: (Constant), Horsepower

Model Summary

Model	R	R Square	Adjusted R Square	Std. Error of the Estimate
1	.788[a]	.621	.617	5.97695

a. Predictors: (Constant), HorseCen

[그림 4.3] **평균중심화와 R^2의 비교**

2장에서 설명했던 '차이가 차이를 설명한다'는 표현을 기억할 것이다. 변수가 변수를 설명한다는 것은 변수의 편차를 이용하는 것이고, 평균중심화를 한다고 하여도 변수의 편차는 변하지 않는다. 다시 말해, HorseCen의 편차는 Horsepower의 편차와 동일하다. 그러므로 Price를 예측하는 능력이 변할 리 없고, R^2은 동일하게 된다. 그리고 여기서는 생략하겠지만, 모형의 F검정 결과도 완벽하게 동일하다. 다른 점은 아래 그림과 같이 절편 추정치 부분이다.

Coefficients[a]

Model		Unstandardized Coefficients		Standardized Coefficients	t	Sig.
		B	Std. Error	Beta		
1	(Constant)	-1.399	1.820		-.769	.444
	Horsepower	.145	.012	.788	12.218	.000

a. Dependent Variable: Price

Coefficients[a]

Model		Unstandardized Coefficients		Standardized Coefficients	t	Sig.
		B	Std. Error	Beta		
1	(Constant)	19.510	.620		31.479	.000
	HorseCen	.145	.012	.788	12.218	.000

a. Dependent Variable: Price

[그림 4.4] **평균중심화와 추정치의 비교**

먼저 평균중심화를 하지 않았을 때 추정된 회귀식은 다음과 같다.

$$\widehat{Price} = -1.399 + 0.145 Horsepower$$

Horsepower가 0일 때 기대되는 가격은 -1,399달러이고, Horsepower가 1마력 증가할 때 가격은 145달러씩 올라간다. 여기서 절편 추정치의 해석이 적절치 않다. 일반적으로 자동차의 가격은 마이너스가 될 수 없기 때문이다. Horsepower가 0이라는 조건도 말이 되지 않기는 마찬가지다. Horsepower가 0이라면 움직이지 않는 자동차이기 때문이다.

다음으로 평균중심화를 했을 때 추정된 회귀식은 다음과 같다.

$$\widehat{Price} = 19.510 + 0.145 HorseCen$$

HorseCen이 0일 때 기대되는 가격은 19,510달러이고, HorseCen이 1마력 증가할 때 가격은 145달러씩 올라간다. Horsepower를 평균중심화한 모형에서의 절편 추정치 19,510달러는 자동차 가격으로서 꽤 그럴듯하다. 이 가격을 해석하기 위해서는 HorseCen이 0이라는 게 무슨 조건인지 이해해야 한다. Horsepower를 평균 중심화한 변수가 0이라는 것은 아래처럼 Horsepower에서 Horsepower의 평균을 뺀 값이 0이라는 것을 의미한다.

$$HorseCen = 0$$
$$Horsepower - \overline{Horsepower} = 0$$

위의 조건은 Horsepower의 평균을 우변으로 넘겨 아래와 같이 쓸 수 있다.

$$Horsepower = \overline{Horsepower}$$

즉, HorseCen이 0이라는 조건은 Horsepower가 Horsepower의 평균일 때라는 조건과 수학적으로 일치한다. 결국 의미상으로 'HorseCen이 0일 때 기대되는 가격은 19,510달러이다'라는 것은 'Horsepower가 평균적인 수준일 때 기대되는 가격은 19,510달러이다'라는 것과 동일하게 된다. 다시 말해, 19,510달러는 평균적인 마력을 가진 차량의 기대값이라는 것으로 정리할 수 있다.

회귀분석에서 절편은 그다지 중요하지 않게 취급되지만, 절편의 해석이 중요한 연구에서는 독립변수의 평균중심화가 매우 유용하게 사용될 수 있다. [그림 4.4]에서처럼 평균중심화를 하느냐 하지 않느냐에 따라 절편의 해석이 적절할 수도 있고 매우 이상할 수도 있었다.

그에 반해, 평균중심화를 하든지 하지 않든지 간에 기울기 값은 0.145로서 전혀 변하지 않았다는 것을 알 수 있다. 이런 일이 발생하는 이유는 평균중심화가 변수의 값들이 어떤 평균을 중심으로 펼쳐지느냐, 즉 평균의 위치는 바꿀 수 있지만, 변수 자체의 분포 형태는 바꿀 수 없기 때문이다. 그러므로 평균중심화를 한다고 하여도 기울기의 추정치나 유의성 검정 결과는 전혀 바꾸지 못한다. 오직 절편의 추정치와 유의성만 바꿀 뿐이다.

변수의 중심화를 실시한다고 할 때 대부분의 연구자들은 평균중심화를 떠올리지만, 앞에서 정의했듯이 중심화는 단지 변수에서 임의의 상수를 빼 줌으로써 이루어진다. 만약 독립변수 Horsepower에서 평균이 아닌 상수 100을 빼 준다면 해석은 어떤 식으로 이루어질까? 지금부터 $c = 100$인 경우의 예를 간단히 보이고자 한다. SPSS의 Transform 메뉴로 들어가서 Compute Variable을 실행하고 Horsepower에서 상수 100을 빼 주어 아래 그림처럼 Horse100이라는 변수를 새로 만들었다고 가정하자.

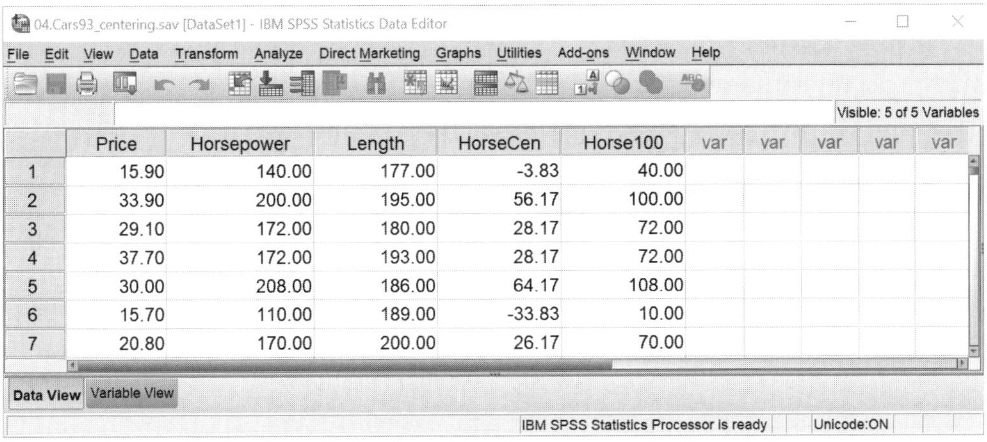

04.Cars93_centering.sav [DataSet1] - IBM SPSS Statistics Data Editor

File Edit View Data Transform Analyze Direct Marketing Graphs Utilities Add-ons Window Help

Visible: 5 of 5 Variables

	Price	Horsepower	Length	HorseCen	Horse100	var	var	var	var	var
1	15.90	140.00	177.00	-3.83	40.00					
2	33.90	200.00	195.00	56.17	100.00					
3	29.10	172.00	180.00	28.17	72.00					
4	37.70	172.00	193.00	28.17	72.00					
5	30.00	208.00	186.00	64.17	108.00					
6	15.70	110.00	189.00	-33.83	10.00					
7	20.80	170.00	200.00	26.17	70.00					

Data View Variable View

IBM SPSS Statistics Processor is ready Unicode:ON

[그림 4.5] 중심화를 통한 Horse100 변수의 생성

Horse100 변수의 값들이 Horsepower의 각 값에서 상수 100을 빼서 이루어져 있다는 것을 확인할 수 있다. Price를 종속변수로 하고, Horse100을 독립변수로 하여 회귀분석을 실시하면 아래와 같은 결과를 얻을 수 있다. 먼저 회귀분석 모형의 평가 결과표가 제공된다.

Model Summary

Model	R	R Square	Adjusted R Square	Std. Error of the Estimate
1	.788[a]	.621	.617	5.97695

a. Predictors: (Constant), Horse100

[그림 4.6] Horse100 변수의 사용과 R^2

새롭게 중심화된 변수인 Horse100을 사용한다고 하여도 Horsepower를 사용했을 때 또는 HorseCen을 사용했을 때와 비교하여 전혀 모든 내용이 변하지 않았다는 것을 알 수 있다. 즉, 독립변수를 중심화하여도 종속변수와의 관계는 바뀌지 않는다는 것을 의미한다. 이제 아래에 개별모수 추정치 결과가 제공된다.

Coefficients[a]

Model		Unstandardized Coefficients		Standardized Coefficients	t	Sig.
		B	Std. Error	Beta		
1	(Constant)	13.138	.810		16.221	.000
	Horse100	.145	.012	.788	12.218	.000

a. Dependent Variable: Price

[그림 4.7] Horse100 변수의 사용과 개별모수 추정치

위의 결과를 통하여 Horse100을 독립변수로 사용했을 때의 추정된 회귀식이 다음과 같다는 것을 알 수 있다.

$$\widehat{Price} = 13.138 + 0.145 Horse100$$

Horse100이 0일 때 기대되는 가격은 13,138달러이고, Horse100이 1마력 증가할 때 가격은 145달러씩 올라간다. 여기서 Horse100이 0이라는 것은 아래와 같은 조건을 의미한다.

$$Horse100 = 0$$

$$Horsepower - 100 = 0$$

$$Horsepower = 100$$

즉, 절편 추정치 13,138달러는 Horsepower가 100일 때의 Price 기대값이 된다. 100마력인 자동차들의 기대가격이 13,138달러인 것이다. 이처럼 절편 추정치의 의미를 독립변수의

특정한 값에서 해석하고 싶다면, 그 상수를 이용하여 독립변수를 중심화하고 회귀분석을 실시하면 된다.

4.1.2. 척도화

회귀모형을 추정할 때, 변수 X에 상수 c를 곱해 주어 새로운 변수 cX를 만들고, 이 변수를 모형의 새로운 변수로 사용할 수 있다. 이와 같은 작업을 변수의 척도화(scaling) 또는 재척도화(rescaling)라고 한다. 회귀분석에서는 일반적으로 독립변수를 변환하는 경우가 많기는 하지만, 종속변수에 대해서도 실행하지 못할 이유는 없다. 1장에서 상관계수의 특성을 논할 때, 어떤 변수에 상수를 곱한다고 하여도 상관계수 값은 변하지 않는다고 하였다. 그러므로 회귀분석에서 독립변수의 척도화를 실시하여도 독립변수와 종속변수의 상관은 변하지 않을 것임을 예측할 수 있다. 이런 특성을 바탕으로 변수의 척도화를 실시하여 해석상 도움을 받거나 모형의 추정 과정을 안정적으로 만들 수 있다.

사실 심리학, 교육학 등을 포함한 여러 사회과학 및 응용과학 영역에서 변수의 단위나 점수 그 자체의 의미는 꽤 불명확하다. 예를 들어, Beck의 우울척도(Beck's depression inventory)를 이용하여 측정한 어떤 사람의 우울 점수가 11점이라고 하면, 그 11점이 정확히 어떤 수준의 우울을 말하는 것인지 모호하며, 1점의 의미가 무엇인지도 확실치 않다. 1905년 Binet에 의해 개발된 지능지수 IQ(intelligence quotient) 역시 마찬가지이다. IQ 135라는 것이 정확히 어느 정도의 지적 능력을 대표하는 것인지, 그리고 1점이 어떤 정도를 가리키는 것인지 알지 못한다. 우울 점수든 IQ 점수든 점수의 상대적인 위치에 중요성이 있을 뿐이다. 즉, 우울 점수 25점은 우울 점수 11점보다 더 심한 우울을 가지고 있는 것이며, IQ 135는 IQ 90보다 더 높은 지능을 가지고 있을 뿐이다.

본 책에서 사용하는 Cars93 자료에서 Length의 한 단위인 인치나 Horsepower의 한 단위인 마력은 정확히 자연과학적인 의미를 가지고 있지만, 사회과학에서는 이미 설명한 대로 드문 일이다. 그러므로 척도화를 통해 변수의 단위를 바꾼다는 것이 변수의 의미를 바꾸는 경우도 드물다. 예를 들어, Beck의 우울 점수에 상수 10을 곱하여 새로운 변수를 만들어도 점수들의 상대적인 위치는 바뀌지 않고, 분포의 모양도 바뀌지 않는다. 그러므로 대부분의 변수에서 척도화를 하지 못할 이유가 없다. 사실은 자연과학적인 변수들도 척도화를 통해 얼마든지 의미를 바꾸어 사용할 수 있으며, 이러한 척도화가 통계모형의 유의성이나 R^2을 바꾸지 못한다. 예를 들어, cm로 측정된 키를 mm로 바꾸어 사용한다고 하여도 그저 단위만 바뀔 뿐 분포의 모양이나 점수들의 상대적인 위치는 바뀌지 않는다.

다시 말하지만, 사회과학 특히 심리학 분야의 많은 변수들이 그저 측정한 척도의 문항점수를 모두 더한 합산점수 또는 평균점수인 경우가 많고, 이렇게 되면 변수의 단위에 특별한 의미가 있다고 보기 어렵다. 어떤 척도를 사용하느냐, 그 척도에는 몇 개의 문항이 있느냐, 각 문항은 몇 점 척도로 이루어져 있느냐 등이 점수의 범위나 단위를 결정하게 될 뿐이다. 그러므로 분석 결과에서 해석의 유용성을 높이기 위해 척도화를 사용하는 데 큰 문제는 없다. 여러 가지 목적으로 척도화를 사용할 수 있지만, 여기서는 우리가 친숙한 단위를 이용하는 방식으로 척도화를 하는 예를 제공하고자 한다. Cars93 자료에서 자동차의 무게인 Weight (단위=파운드)가 Price에 주는 영향을 회귀분석으로 알아본다고 가정하자.

영미권 국가들은 몸무게나 자동차 무게의 단위로 파운드(lbs)를 사용하는 경우가 아주 흔하다. 파운드는 우리에게 그다지 친숙한 단위가 아니며, 대부분의 우리나라 사람들은 태어나면서부터 kg을 사용하는 데 익숙하다. 파운드는 kg과 대략적으로 다음과 같은 관계를 가지고 있다.

$$1\ lb = 0.45359\ kg \qquad [식\ 4.1]$$

위의 단위를 염두에 두고, Weight를 독립변수로 Price를 종속변수로 하여 단순회귀분석을 실시하면 다음과 같은 결과가 나타난다.

Coefficients[a]

Model		Unstandardized Coefficients		Standardized Coefficients		
		B	Std. Error	Beta	t	Sig.
1	(Constant)	-13.055	4.094		-3.189	.002
	Weight	.011	.001	.647	8.098	.000

a. Dependent Variable: Price

[그림 4.8] Weight 변수를 사용한 경우의 회귀분석 결과

추정된 회귀식은 다음과 같이 쓸 수 있다.

$$\widehat{Price} = -13.055 + 0.011\,Weight$$

위의 회귀식으로부터 Weight가 0일 때 기대되는 Price의 값은 −13,055달러이며, Weight가 1파운드 증가할 때마다 가격이 11달러씩 올라간다는 것을 알 수 있다. 절편 추정치의 값이 아주 이상한데, 이는 앞에서 배웠듯이 중심화를 실시하면 해석 가능한 값으로 바꿀 수 있다. 지금은 절편이 아닌 Weight가 주는 효과, 즉 기울기에 집중하도록 하자. 우리나라 사람으로서 기울기의 해석에서 가장 거슬리는 부분은 무게의 단위 파운드이다. 경험의 한계 때문에 1파운드가 어느 정도인지 한 번에 인지하기가 쉽지 않기 때문이다. 이때 [식 4.1]의 정보를 이용하여 Weight 변수의 단위를 lbs에서 kg으로 바꿀 수 있다. 즉, lbs로 되어 있는 Weight 변수에 0.45359를 곱하면 kg으로 바뀐 Weight_kg 변수를 다음과 같이 얻을 수 있다.

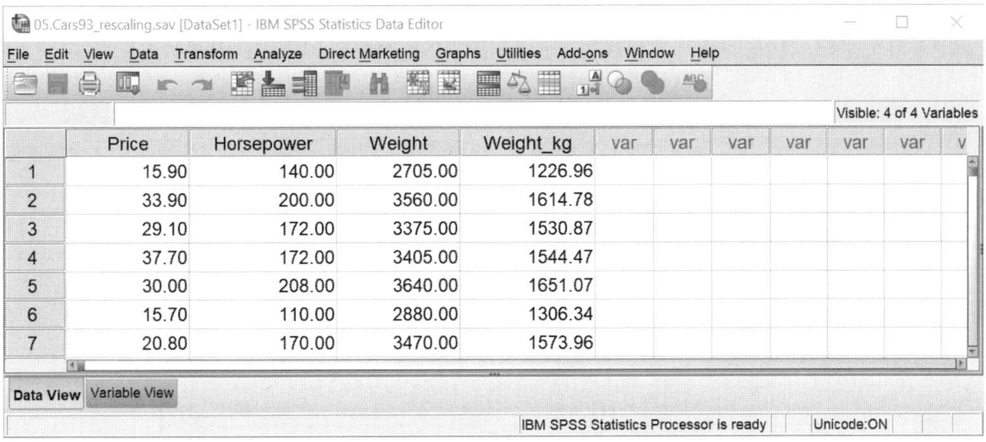

05.Cars93_rescaling.sav [DataSet1] - IBM SPSS Statistics Data Editor

File Edit View Data Transform Analyze Direct Marketing Graphs Utilities Add-ons Window Help

Visible: 4 of 4 Variables

	Price	Horsepower	Weight	Weight_kg	var	var	var	var	var	var	v
1	15.90	140.00	2705.00	1226.96							
2	33.90	200.00	3560.00	1614.78							
3	29.10	172.00	3375.00	1530.87							
4	37.70	172.00	3405.00	1544.47							
5	30.00	208.00	3640.00	1651.07							
6	15.70	110.00	2880.00	1306.34							
7	20.80	170.00	3470.00	1573.96							

Data View Variable View

IBM SPSS Statistics Processor is ready Unicode:ON

[그림 4.9] kg 단위로 측정된 Weight 변수 생성

Weight_kg 변수를 얻기 위해 이전처럼 Transform 메뉴의 Compute Variable을 실행해야 하는데, 그 과정은 이미 익숙할 것으로 믿고 생략한다. 새로운 독립변수를 이용하여 실시한 회귀분석의 결과가 아래와 같다.

Coefficients[a]

Model		Unstandardized Coefficients		Standardized Coefficients	t	Sig.
		B	Std. Error	Beta		
1	(Constant)	-13.055	4.094		-3.189	.002
	Weight_kg	.023	.003	.647	8.098	.000

a. Dependent Variable: Price

[그림 4.10] Weight_kg 변수를 사용한 경우의 회귀분석 결과

추정된 회귀식은 다음과 같이 쓸 수 있다.

$$\widehat{Price} = -13.055 + 0.023\,Weight\_kg$$

위의 회귀식으로부터 Weight_kg이 0일 때 기대되는 Price의 값은 −13,055달러이며, Weight_kg이 한 단위(1kg) 증가할 때마다 가격이 23달러씩 올라간다는 것을 알 수 있다. 절편 추정치의 값이 Weight를 사용할 때와 정확히 일치하는 것을 볼 수 있는데, 이는 $0lbs = 0kg$이기 때문이다. 기울기 추정치의 값은 이전과 비교하여 바뀌었는데, 이는 Weight_kg과 Weight의 단위가 다르기 때문이다. 단위 때문에 기울기 추정치가 각각 0.011과 0.023으로 다르긴 하지만, 두 기울기의 통계적 검정($H_0 : \beta_1 = 0$)을 위한 검정통계량 $t = 8.098$로서 동일하고 p값도 완전히 동일하다. 변수들의 단위를 동일하게 맞추어 구하는 표준화 추정치의 값도 0.647로서 같다. 사실 표준화는 가장 대표적인 변수의 척도화 방법이기도 하다.

단순회귀분석에서 기울기 추정치의 통계적 유의성이 같다는 것은 모형의 검정을 위한 통계적 유의성도 같고, 모형의 평가를 위한 R^2도 같다는 것을 의미한다. 두 모형의 평가 결과표를 비교해 보면 아래와 같다.

Model Summary

Model	R	R Square	Adjusted R Square	Std. Error of the Estimate
1	.647[a]	.419	.412	7.40410

a. Predictors: (Constant), Weight

Model Summary

Model	R	R Square	Adjusted R Square	Std. Error of the Estimate
1	.647[a]	.419	.412	7.40410

a. Predictors: (Constant), Weight_kg

[그림 4.11] Weight 모형과 Weight_kg 모형의 R^2 비교

위의 결과로부터 알 수 있듯이 독립변수의 척도화를 실시하여도 모형의 설명력을 나타내는 R^2값은 변하지 않는다. 이는 척도화를 실시하여도 독립변수와 종속변수의 관계가 변하지 않기 때문이다. 그리고 추정의 표준오차 역시 7.404로서 동일하다. 이는 독립변수의 단위만 척도화를 해서 바꾸었을 뿐이지 종속변수는 원래의 단위를 그대로 사용했기 때문이다. 그러

므로 이 회귀모형에서 오차의 평균적인 크기는 7,404달러라고 할 수 있다.

[그림 4.8]에 제공되는 Weight 변수를 사용했을 때의 기울기와 [그림 4.10]에 제공되는 Weight_kg 변수를 사용했을 때의 기울기는 모두 $p < .001$ 수준에서 통계적으로 유의하다. 표준화 추정치도 0.647로서 상당히 큰 효과크기가 존재함을 확인할 수 있다. 단순회귀분석의 표준화 추정치라는 것은 상관계수를 의미하므로 0.647이라면 꽤 큰 상관이라고 볼 수 있는 것이다. 그런데 비표준화 추정치는 각각 0.011과 0.023으로서 매우 작다. p가 0.001보다도 작을 정도로 매우 유의한 것에 비교하면 상대적으로 그 값이 미미하다고 할 수 있다.

사실 비표준화 추정치라는 것은 변수의 단위에 영향을 받기 때문에 이 값이 작다는 것이 효과가 작다는 것을 의미하지 않는다. 하지만 어떤 연구자들(때때로 학회지의 심사자들)은 아무리 통계적 검정 결과가 유의하다고 하여도 이렇게 작은 비표준화 추정치가 실질적으로 무슨 의미가 있느냐고 반문하곤 한다. 매우 그럴듯하고 합리적인 질문처럼 보인다. 하지만 이는 독립변수의 단위를 제대로 이해하지 못하는 오해에서 비롯된 현명하지 못한 질문이다. 그럼에도 불구하고, 논문을 심사받는 입장에서 이런 요구에도 반응해야 한다. 가장 쉬운 방법은 변수의 단위를 바꾸는 것이다. 이번에는 이미 만들어져 있는 Weight_kg 변수를 100kg 단위로 바꾸어 보고자 한다. 이를 위해서는 Weight_kg 변수에 상수 0.01을 곱해 주면 된다.

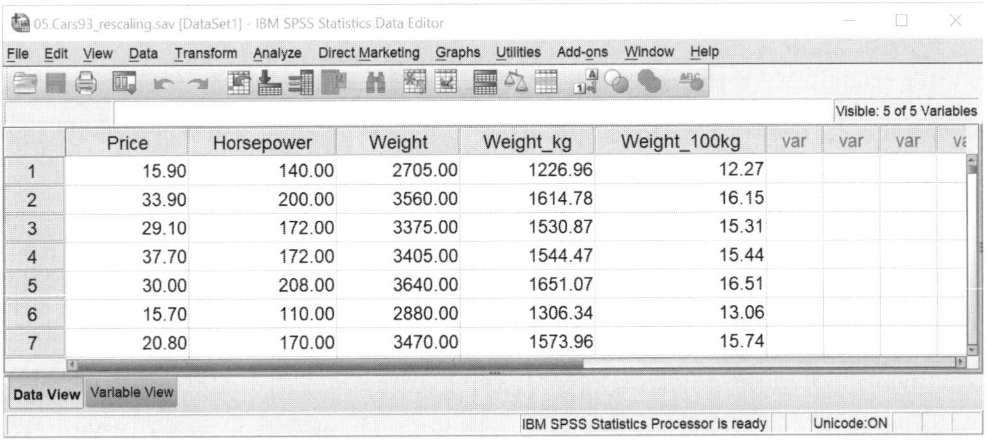

05.Cars93_rescaling.sav [DataSet1] - IBM SPSS Statistics Data Editor

File Edit View Data Transform Analyze Direct Marketing Graphs Utilities Add-ons Window Help

Visible: 5 of 5 Variables

	Price	Horsepower	Weight	Weight_kg	Weight_100kg	var	var	var	va
1	15.90	140.00	2705.00	1226.96	12.27				
2	33.90	200.00	3560.00	1614.78	16.15				
3	29.10	172.00	3375.00	1530.87	15.31				
4	37.70	172.00	3405.00	1544.47	15.44				
5	30.00	208.00	3640.00	1651.07	16.51				
6	15.70	110.00	2880.00	1306.34	13.06				
7	20.80	170.00	3470.00	1573.96	15.74				

Data View Variable View

IBM SPSS Statistics Processor is ready Unicode:ON

[그림 4.12] 100kg 단위의 Weight 변수 생성

새롭게 생성된 Weight_100kg을 독립변수로 사용하여 회귀분석을 다시 실시하면 다음과 같은 결과를 확인할 수 있다.

Model Summary

Model	R	R Square	Adjusted R Square	Std. Error of the Estimate
1	.647[a]	.419	.412	7.40410

a. Predictors: (Constant), Weight_100kg

Coefficients[a]

Model		Unstandardized Coefficients		Standardized Coefficients	t	Sig.
		B	Std. Error	Beta		
1	(Constant)	-13.055	4.094		-3.189	.002
	Weight_100kg	2.336	.288	.647	8.098	.000

a. Dependent Variable: Price

[그림 4.13] Weight_100kg 변수를 이용한 회귀분석 결과

먼저 $R^2 = 0.419$로서 Weight를 사용하든 Weight_kg을 사용하든 Weight_100kg을 사용하든 동일한 결과를 얻는다는 것을 확인할 수 있다. 즉, 변수의 척도화가 모형의 적합도나 효과크기를 바꿀 수 없다는 것을 알 수 있다. 그리고 추정된 회귀식은 다음과 같다.

$$\widehat{Price} = -13.055 + 2.336\,Weight\_100kg$$

위의 회귀식으로부터 Weight_100kg이 0일 때 기대되는 Price의 값은 −13,055달러이며, Weight_100kg이 한 단위(100kg) 증가할 때마다 가격이 2,336달러씩 올라간다는 것을 알 수 있다. Weight의 단위를 1kg에서 100kg으로 변환함으로써 기울기 추정치도 정확히 100배 증가하였다. 단위의 다름으로 인해서 발생한 0.023과 2.336의 차이가 누군가에게는 아무런 의미도 없지만, 또 누군가에게는 큰 의미를 지닌다면 바꾸지 못할 이유가 없다.

변수의 척도화는 결과의 해석과는 또 다른 맥락에서 매우 중요할 수 있다. 회귀분석에서는 기본적으로 최소제곱 추정을 사용하는데, 최소제곱법보다도 오히려 더 많이 쓰이는 최대우도(maximum likelihood) 추정법도 사용 가능하다. 최대우도 추정을 간단하게 설명하자면, 자료의 발생확률을 최대화하는 모수의 값을 찾는 방법이다. 예를 들어, 동전의 앞면이 나올 확률 p를 추정한다고 가정하자. 먼저 동전을 100번 던져서 그중에 앞면이 70번 나왔다고 하면, 동전의 앞면이 100번 중 70번이 나오도록 만들 가장 그럴듯한 p는 아마도 0.7일 것이

다. 이렇게 되면 동전의 앞면이 나올 확률 p의 최대우도 추정치는 0.7이 된다.

최대우도 추정은 모형 안에서 사용되는 변수들의 분산 크기에 상당히 민감한데, 만약 변수들 간에 매우 큰 분산 차이가 있다면 추정에 실패할 확률이 높아진다. 예를 들어, Kline(2016)은 하나의 모형 안에서 사용되는 변수들의 분산 중에서 가장 작은 분산과 가장 큰 분산의 차이가 10배를 넘어간다면, 최대우도 추정에 실패할 확률이 높다고 하였다. 그리고 이러한 자료를 잘못 조건화된(ill-conditioned) 또는 잘못 척도화된(ill-scaled) 자료라고 명명하였다. 필자의 오랜 경험으로 보면 분산의 차이가 10배 정도라고 해서 최대우도 추정에 실패할 확률은 거의 없는데, 만약 100배를 넘어가면 실패할 확률이 어느 정도 생기고, 1,000배를 넘어간다면 그 확률이 상당히 높게 치솟는다.

이렇게 하나의 모형에서 분산의 크기가 매우 다른 경우는 생각보다 자주 발생한다. 예를 들어, Cars93 자료에서 시내주행연비 MPG.city 변수와 자동차의 무게 Weight 변수의 분산 차이는 11,000배가 넘으며, 분당 최대 회전수 RPM과 생산지 변수 Origin의 분산 차이는 심지어 1,400,000배가 넘는다. 이렇게 분산의 크기가 매우 다른 변수를 이용하여 최대우도 추정법을 사용할 때는 변수의 분산을 비슷하게 맞추는 척도화가 큰 도움을 준다. 변수 간의 관계는 바꾸지 않으면서 추정은 안정적으로 이루어지도록 만들어 주기 때문이다.

4.2. 다중공선성

다중회귀분석 결과의 해석은 독립변수들 간에 너무 높은 상관이 없다는 가정하에 이루어진다. 예를 들어, 아래처럼 두 개의 독립변수가 있는 다중회귀분석 모형이 있다고 잠시 가정하자.

$$Y = \beta_0 + \beta_1 X_1 + \beta_2 X_2 + e$$

위의 모형에서 β_1의 해석은 X_2를 일정한 상수로 고정한 상태에서(즉, X_2를 통제한 상태에서) X_1이 한 단위 증가할 때 변화하는 Y의 기대값이다. 그런데 만약 X_1과 X_2가 극단적으로 높은 상관을 가지고 있다면, X_2를 상수로 고정한 상태에서 X_1을 한 단위 증가시키는 것이 가능하지 않을 수 있다. 왜냐하면, X_1이 한 단위 증가할 때, 고정하려고 했던 X_2가 X_1과 높은 상관을 가지고 있으므로 X_1을 따라서 함께 움직일 수 있기 때문이다. 이렇게 다중회귀분석 모형에서 독립변수들 간에 매우 높은 상관이 존재하는 것을 공선성(collinearity) 또는 다중공선성(multicollinearity)이라고 한다. 기본적으로 공선성이나 다중공선성은 모형 설정의 오류가 아니며 자료의 문제이다(Chatterjee & Price, 1991). 또한, 자료의 문제로 인해서 추정에 문제가 발생하게 된다.

공선성(collinearity)은 두 독립변수 간에 매우 강력한 상관(부적상관, 정적상관 모두 해당함)이 존재할 때 발생하게 되는 문제이다. 예를 들어, 독립변수 X_1과 X_2 간의 이변량 상관계수가 0.99라면 공선성이 존재한다고 할 수 있다. 반면에 다중공선성(multicollinearity)은 여러 독립변수 간 상관이 너무 강력해서 발생하게 되는 문제인데, 여기서의 상관은 여러 변수 간 이변량 상관 이상을 의미한다. 예를 들어, 세 독립변수 X_1, X_2, X_3 간에 상관계수를 계산하였더니, $r_{X_1X_2}=0.6$, $r_{X_1X_3}=0.3$, $r_{X_2X_3}=0.5$로서 그 어떤 변수 간에도 심각한 공선성은 존재하지 않았다. 하지만 만약 X_1과 X_2의 선형결합인 $2X_1+3X_2$와 X_3 간의 상관계수가 0.98로서 매우 높은 상관을 보인다면, 우리는 다중공선성이 존재한다고 이야기한다.

다음의 예제 자료를 이용하여 평범해 보이는 자료에 다중공선성이 존재할 수 있음을 이해하여 보도록 하자.

06.multicollinearity.sav [DataSet4] - IBM SPSS Statistics Data Editor

File Edit View Data Transform Analyze Direct Marketing Graphs Utilities Add-ons Window Help

Visible: 5 of 5 Variables

	Y	X1	X2	X3	X1plusX2
1	11.00	3.00	5.00	8.00	8.00
2	9.00	4.00	4.00	8.00	8.00
3	8.00	3.00	5.00	8.00	8.00
4	9.00	4.00	5.00	9.00	9.00
5	7.00	3.00	4.00	6.00	7.00
6	8.00	4.00	4.00	8.00	8.00
7	5.00	3.00	5.00	8.00	8.00

Data View Variable View

IBM SPSS Statistics Processor is ready Unicode:ON

[그림 4.14] 다중공선성 자료의 예

위의 예제 자료에는 종속변수 Y의 독립변수들로서 X_1, X_2, X_3가 보인다. 또한, 두 독립변수 X_1과 X_2의 선형결합으로 형성된 X_1+X_2(X1plusX2 변수)도 계산되어 있다. 이 변수는 말 그대로 X_1과 X_2를 더하여 생성한 새로운 변수이다. 먼저 세 변수 사이의 이변량 상관을 구하면 다음과 같다.

Correlations

		X1	X2	X3
X1	Pearson Correlation	1	-.417	.495
	Sig. (2-tailed)		.352	.259
	N	7	7	7
X2	Pearson Correlation	-.417	1	.545
	Sig. (2-tailed)	.352		.206
	N	7	7	7
X3	Pearson Correlation	.495	.545	1
	Sig. (2-tailed)	.259	.206	
	N	7	7	7

[그림 4.15] X_1, X_2, X_3 간 이변량 상관계수

위의 결과를 보면, $r_{X_1X_2}=-0.417$, $r_{X_1X_3}=0.495$, $r_{X_2X_3}=0.545$로서 그 어떤 독립변수 간에도 심각하게 강력한 이변량 상관은 존재하지 않는다. 그렇다면 X_1+X_2와 X_3 간의 상관은 어떤지 살펴보도록 하자.

Correlations

		X1plusX2	X3
X1plusX2	Pearson Correlation	1	.963
	Sig. (2-tailed)		.001
	N	7	7
X3	Pearson Correlation	.963	1
	Sig. (2-tailed)	.001	
	N	7	7

[그림 4.16] X_1+X_2와 X_3 간 이변량 상관계수

[그림 4.15]와 [그림 4.16]의 결과들을 보면, 개별적인 X 변수들 간에는 강력한 상관이 존재하지 않아도 두 변수의 결합과 또 다른 변수 간에는 강력한 상관이 존재할 수 있다는 것을 알 수 있다. 이런 경우에 X_1, X_2, X_3를 이용하여 Y를 예측하는 회귀모형을 설정하면 다중공선성이 발생하게 된다. 참고로 공선성은 두 변수 간 강력한 상관, 다중공선성은 두 변수 이상의 변수들 간 강력한 상관으로 구분하여 정의하기도 하지만, 많은 연구자들이 구분 없이 다중공선성의 의미로 두 단어를 혼용하여 사용하기도 한다.

다중공선성이 존재하게 되면 발생하는 가장 큰 문제는 추정치의 검정에 필수적인 표준오차의 값이 정확하게 추정되지 않는다는 것이다. 자료 안에 다중공선성이 있다면 오차의 제곱의 합을 최소화하는 회귀평면이 하나가 아니라 여러 개 생길 수 있다. 즉, 추정 자체가 매우 불안정해지는 것이다. 일반적으로 표준오차가 과대 추정되거나 아예 추정이 되지 않거나 또는 자료 세트에서 사례값 하나가 바뀌었을 때 매우 다른 표준오차가 추정되기도 한다. 만약 완벽한 공선성이나 다중공선성이 존재하면 표준오차의 추정 자체가 불가능하기도 하다. 어쨌든 연구자가 설정한 회귀모형에 높은 수준의 다중공선성이 존재하게 되면, 결과의 해석에 매우 주의해야 하며 선부른 내용적 결론은 내리지 말아야 한다.

회귀모형의 추정 과정에서 다중공선성을 찾아내는 것은 상당히 어려운 작업으로 알려져 있다. 일반적으로는 독립변수 하나가 더해지거나 지워졌을 때 회귀계수의 값이 매우 크게 변하거나, 사례가 하나 더해지거나 제거되었을 때 역시 회귀계수가 크게 변한다면, 다중공선성의 신호라고 볼 수 있다. 하지만 이런 식으로 모호하게 다중공선성의 존재 여부를 결정할 수는 없기 때문에 양적으로 다중공선성을 확인할 수 있는 몇 가지 방법이 제안되었다. 그중 대표적인 방법은 분산팽창지수(variance inflation factor, VIF)를 이용하는 것이다.

VIF를 이해하기 위해 먼저 다중회귀모형에서 독립변수 X_1, X_2, $X_3, \ldots,$ X_{10} 간에 존재하는 다중공선성을 확인한다고 가정하자. 우선 아래의 식과 같이 X_1을 종속변수로 하고 나머지 모든 변수를 독립변수로 하는 회귀모형을 설정한다.

$$X_1 = \beta_0 + \beta_2 X_2 + \beta_3 X_3 + \cdots + \beta_{10} X_{10} + e \quad [식\ 4.2]$$

위의 회귀모형을 추정하면 결정계수 R_1^2을 구할 수 있다. 만약 이때, R_1^2이 0.9를 넘는다면, X_1에 존재하는 변동성의 90% 이상을 나머지 아홉 개의 X들로 설명할 수 있음을 의미한다. 즉, 이는 X_1이 나머지 독립변수들과 다중공선성을 가질 수도 있음을 시사한다. 다음으로 X_2를 종속변수로 하고 나머지 아홉 개를 독립변수로 하여 회귀모형을 다음과 같이 설정한다.

$$X_2 = \beta_0 + \beta_1 X_1 + \beta_3 X_3 + \cdots + \beta_{10} X_{10} + e \quad [식\ 4.3]$$

이렇게 하면 역시 결정계수 R_2^2을 구할 수 있다. 이런 식으로 모든 독립변수들을 종속변수로 한 번씩 설정하는 회귀모형을 계속하여 추정하면, R_3^2, $R_4^2,\ldots,$ R_{10}^2까지 총 10개의 R_i^2을 구하게 된다. 그리고 만약 이 10개의 R_i^2들 중에서 0.9를 넘는 값이 하나라도 있다면, 자료에 다중공선성이 존재할 수 있음을 가리키게 된다.

위처럼 독립변수들끼리 회귀모형을 설정하여 R_i^2을 구하고 이 값들을 확인하는 것도 충분히 좋은 방법이지만, 다중공선성 지수로서 결정계수 R_i^2을 사용한다는 것이 누군가에게는 조금 어색할 수 있다. 왜냐하면 R^2은 일반적으로 모형의 설명력을 나타내거나 효과크기를 보여 주는 지수이기 때문이다. 그래서 어떤 연구자들은 $1-R_i^2$을 공차(tolerance)라고 정의하고 이 값이 0.1보다 작다면, 다중공선성이 존재한다고 보기도 한다. $1-R_i^2$이 0.1보다 작다는 조건은 R_i^2이 0.9보다 크다는 기준과 정확히 일치한다. 그리고 공차는 각 R_i^2에 대하여 계산되므로 R_i^2이 10개라면 공차인 $1-R_i^2$도 10개가 형성된다. 즉, 10개의 $1-R_i^2$ 중에서 하나라도 0.1보다 작다면 자료에 다중공선성이 존재할 수 있음을 가리키게 된다.

공차는 작을수록 다중공선성이 존재할 확률이 증가하는 구조이기 때문에 많은 연구자들이 좋아하지 않는다. 예를 들어, 효능감이라는 척도를 새로 만들었는데 척도의 합산점수 값이 클수록 효능감이 낮도록 설계하였다는 것과 같다. 그래서 연구자들은 공차에 역수를 취하여 다음과 같이 VIF를 정의하고 사용한다.

$$VIF = \frac{1}{tolerance} = \frac{1}{1-R_i^2} \qquad \text{[식 4.4]}$$

VIF 역시 근본적으로 R_i^2을 변형하여 만든 것이므로 독립변수가 10개라면 총 10개의 값이 계산된다. 10개의 VIF를 모두 확인하여 하나라도 값이 10을 넘는다면 다중공선성의 신호로 받아들인다(Bowerman & O'Connell, 1990; Chatterjee & Price, 1991). 여기서 VIF가 10을 넘는다는 조건은 근본적으로 R_i^2이 0.9보다 크다는 조건 및 $1-R_i^2$이 0.1보다 작다는 조건과 일치한다. 그러므로 사실 결정계수 R_i^2, 공차 $1-R_i^2$, VIF 중 그 무엇을 사용하여도 다중공선성에 대해 동일한 결론을 내리게 된다.

이제 [그림 4.14]에 제공된 다중공선성 자료를 이용하여 실시하는 회귀분석에서 어떻게

SPSS로 다중공선성을 확인할 수 있는지 보이고자 한다. 먼저 Analyze 메뉴로 들어가 Regression을 선택하고 Linear를 실행한다. [그림 2.7]과 같은 회귀분석 실행 화면이 나타나면, [그림 4.14] 자료의 Y 변수를 Dependent로 옮기고, X_1, X_2, X_3 변수를 Independent(s)로 옮긴다. 다음으로 Statistics 옵션을 클릭하여 실행하면 아래와 같은 화면이 나타나게 된다.

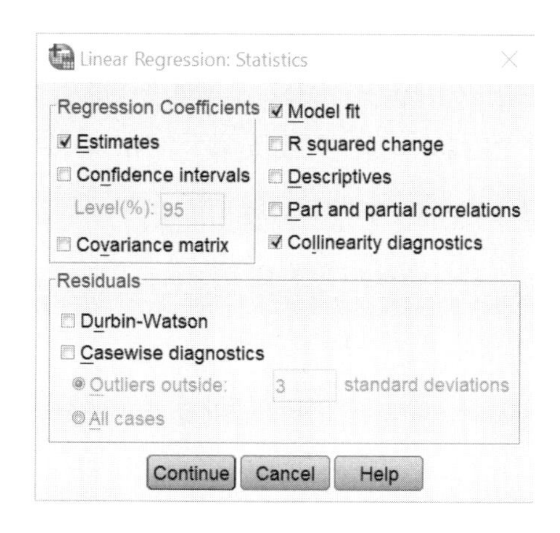

[그림 4.17] 다중공선성 진단을 하기 위한 화면

위의 그림에서 Collinearity diagnostics에 체크하고 Continue를 눌러 밖으로 나간 다음 회귀분석의 실행 화면에서 OK를 누르면 아래와 같은 결과가 제공된다.

Coefficients[a]

Model		Unstandardized Coefficients		Standardized Coefficients	t	Sig.	Collinearity Statistics	
		B	Std. Error	Beta			Tolerance	VIF
1	(Constant)	2.500	22.464		.111	.918		
	X1	.500	6.491	.143	.077	.943	.085	11.714
	X2	-1.826E-15	6.725	.000	.000	1.000	.080	12.571
	X3	.500	4.180	.241	.120	.912	.073	13.762

a. Dependent Variable: Y

[그림 4.18] 공차와 VIF

회귀분석의 추정치를 보여 주는 표의 가장 오른쪽에 Tolerance와 VIF가 각각 독립변수의 개수만큼 제공되는 것을 확인할 수 있다. 다중공선성과 관련이 있는 독립변수들의 VIF가 높은 것이 일반적이다. 위의 예제에서는 모든 독립변수의 VIF 값이 10을 넘었는데, 이는 사실 우리가 이미 알고 있다시피 X_3 변수가 X_1과 X_2의 선형결합인 $X_1 + X_2$와 높은 상관이 있기 때문에 발생한 것이다. 즉, 세 변수 모두가 다중공선성과 관련이 있다고 볼 수 있다. 위의 결과표에서 참고로 X_2의 비표준화 회귀계수가 -1.826E-15라고 표기가 되어 있는데, 이는 과학적 표기법(scientific notation)이라고 한다. 이 숫자는 -1.826과 E-15를 나누어서 해석한다. E-15는 소수점 15번째 자리에서부터 0이 아닌 숫자가 나타난다는 의미이고, 1.826은 0이 아닌 숫자가 소수점 15번째 자리부터 1826의 순서로 나타난다는 의미이다. 그리고 1.826에 - 표시가 있으므로 음수를 의미한다. 즉, -0.000000000000001826이라는 것을 가리키며, 이는 곧 X_2의 회귀계수가 거의 0이라는 의미가 된다.

[그림 4.17]에서 Collinearity diagnostics에 체크하면 지금까지 설명한 내용 외에 아래와 같이 또 다른 결과표가 생성된다. 이 부분은 꽤 수학적이고 이해하기 어려워서 사람들이 잘 사용하지 않는데, 여기서는 간략하게만 소개하고자 한다. 이 부분은 대부분의 사회과학 분야 연구자들이 이해하지 못해도 아무런 문제가 없으며, 제대로 이해하려고 하면 상당한 수학적, 통계학적 배경이 있어야 한다. 특히 주성분 분석(principal component analysis)과 요인분석(factor analysis)에 대한 이해가 필수적이다.

Collinearity Diagnostics[a]

Model	Dimension	Eigenvalue	Condition Index	Variance Proportions			
				(Constant)	X1	X2	X3
1	1	3.971	1.000	.00	.00	.00	.00
	2	.023	13.206	.00	.04	.02	.00
	3	.006	26.465	.18	.00	.00	.06
	4	.000	113.604	.82	.96	.98	.94

a. Dependent Variable: Y

[그림 4.19] **추가적인 다중공선성 확인 방법**

가장 왼쪽의 Dimension은 회귀분석 자료의 설계행렬(design matrix)을 특이값 분해(singular-value decomposition)하여 얻어 내는 4개의 차원이다. 차원은 절편을 포함한 독립변수들의 선형결합으로 이루어져 있고 기존의 독립변수들을 이용하여 새롭게 생성되는 변수라고 생각하면 된다. 주성분 분석의 주성분이라고 개념적으로 생각할 수 있다. 각 차원은 통계적으로 서로 독립적(independent) 또는 기하학적으로 서로 직교(orthogonal)하는 관계에 있다.

다음으로 Eigenvalue(고유값) 역시 설계행렬(design matrix)을 특이값 분해하여 얻는 값으로서 주성분 분석의 고유값과 매우 비슷한 의미를 지니고 있으나 수학적으로는 차이가 있다. Eigenvalue 컬럼은 차원의 개수가 늘어나면서 얼마나 추가적으로 종속변수에 존재하는 분산을 설명할 수 있는지에 대한 정보를 제공하며, Eigenvalue들의 총합은 차원의 개수와 일치한다. 첫 번째 차원의 Eigenvalue가 3.971이라는 것은 절편과 독립변수 세 개를 선형결합하여 만들어 낸 변수(차원) 하나가 전체 4라는 분산 중에 3.971을 설명한다는 의미이다. 즉, 독립변수들의 첫 번째 선형결합으로 종속변수에 존재하는 거의 모든 분산을 다 설명할 수 있다는 뜻이다. 그림처럼 차원의 개수가 늘어가면서 추가적으로 설명할 수 있는 분산이 매우 작아질 때, 0에 가까운 Eigenvalue 값이 나타나게 되고, 이는 다중공선성의 신호가 된다. 다시 말해서, X들의 선형결합을 이용해서 가질 수 있는 독립적인 정보들이 X의 개수만큼 충분히 존재하지 않을 때, 0에 가까운 Eigenvalue 값들이 발생하는 것이다.

Eigenvalue를 이용해서 다중공선성을 판단할 수는 있지만, 여기서 0에 가깝다는 것이 얼마나 가까워야 하느냐에 대해서 모호함이 있기 때문에 이를 변형한 Condition Index를 사용할 수 있다. Condition Index는 가장 큰 고유값과 해당 고유값의 비율을 이용해서 구하게 된다. 예를 들어, 네 개의 Condition Index는 다음처럼 구할 수 있다.

$$\sqrt{\frac{3.971}{3.971}} = 1.000, \quad \sqrt{\frac{3.971}{0.023}} = 13.206, \quad \sqrt{\frac{3.971}{0.006}} = 26.465, \quad \sqrt{\frac{3.971}{0.0003}} = 113.604$$

즉, Condition Index는 가장 큰 정보를 가진 차원과 각 해당 차원의 상대적인 비율을 보여주는 것으로서 이 값이 크면 클수록 각 해당 차원의 정보 크기가 작다는 것을 의미한다. 일반적으로 Condition Index에 15 또는 30을 넘는 값이 있으면 다중공선성이 발생하고 있는 것으로 보기도 한다.

마지막으로 Variance Proportions 행렬에서는 각 독립변수에 해당하는 회귀계수 추정치가 가진 분산이 각 차원으로 분배된다. 그리고 각 회귀계수가 가진 분산의 크기는 1이라고 가정한다. 표를 잘 살펴보면, Variance Proportions의 각 컬럼 값들을 모두 더하면 1이 되는 것을 확인할 수 있다. Variance Proportions를 이용하여 다중공선성을 확인하고자 하면, 먼저 큰 Condition Index를 가진 차원에서(달리 말해, 하나의 행에서) 0.9가 넘는 값을 두 개 이상 찾아내면 그 변수들 간의 다중공선성을 의심하게 된다. 예를 들어, 네 번째 차원의 Condition Index가 113 정도로 매우 큰데, Variance Proportion에 0.9를 넘는 값이 모든 독립변수들에 대해서 존재한다. 이는 X_1, X_2, X_3 간에 다중공선성이 있음을 암시하는 것이다.

그렇다면 이제 위의 방법들을 이용하여 다중공선성이 의심되는 독립변수들을 찾아냈을 때 어떻게 해야 할까? 첫 번째로 취할 수 있는 가장 간단한 방법은 다중공선성이 의심되는 독립변수를 제거하는 것이다. 모두 제거하는 것이 아니라 일부를 제거하면 다중공선성이 사라질 수 있다. 두 번째 방법은 변수들끼리 선형결합을 하여 하나의 변수로 변환하는 것인데, 이는 주로 이변량 상관계수를 통하여 공선성을 확인하였을 때 사용할 수 있는 방법이다. 예를 들어, 만약 X_1과 X_2가 매우 높은 상관을 보인다면 $X_1 + X_2 = X_{12}$로 새롭게 정의하여 X_{12}를 분석에 사용한다. 이와 같은 방법은 X_1과 X_2의 분산이 비슷해야 하고, 두 변수가 비슷한 의미를 지닐 때 쓸 수 있다. 이런 상황 외에 상호작용효과 모형에서 다중공선성이 발생하는 경우가 있다. 상호작용항으로 인하여 다중공선성이 발생한 경우에는 변수의 평균중심화를 이용할 수 있는데, 이는 나중에 상호작용을 배운 이후 자세히 설명한다.

4.3. 억제효과와 거짓효과

억제효과와 거짓효과는 회귀분석의 결과를 해석하는 데 도움을 주는 개념이다. 회귀분석뿐만 아니라 더욱 발전된 매개모형이나 구조방정식 모형에서도 이 두 가지에 대한 개념 없이 결과를 온전히 해석하는 것이 쉽지 않다. 여기서는 다중회귀분석의 관점에서 억제효과와 거짓효과의 기초를 이해하고자 한다.

4.3.1. 억제효과

회귀분석에서의 억제효과(suppression, suppressed effect, suppression effect 등)를 한마디로 정의하기는 어렵지만, 기본적으로 영차상관이 존재하지 않았는데 고차상관은 유의하게 존재하는 경우라고 할 수 있다. 예를 들어, 종속변수 Y와 독립변수 X_1, X_2가 있는 상황에서 Y, X_1, X_2 사이의 영차상관은 아래와 같다.

$$r_{YX_1} = 0.0,\ r_{YX_2} = 0.6,\ r_{X_1X_2} = 0.5$$

그리고 X_2를 통제한 상태에서 Y와 X_1의 편상관계수 $r_{YX_1 \cdot X_2}$ 및 X_1을 통제한 상태에서 Y와 X_2의 편상관계수 $r_{YX_2 \cdot X_1}$은 다음과 같다.

$$r_{YX_1 \cdot X_2} = 0.5,\ r_{YX_2 \cdot X_1} = 0.7$$

영차상관을 보면 Y와 X_1 사이의 상관계수가 $0(r_{YX_1} = 0.0)$으로서 아무런 관계가 없는 것처럼 보인다. 그런데 X_2를 통제하였더니 Y와 X_1의 상관계수(고차상관)가 $0.5(r_{YX_1 \cdot X_2} = 0.5)$로 상당히 증가한 것을 확인할 수 있다. 이를 회귀분석의 관점에서 보면, 하나의 독립변수(X_1)가 종속변수를 설명하는 모형에 또 다른 독립변수(X_2)가 투입되면서 기존 독립변수(X_1)의 예측 강도가 증가하는 상황이 발생한 것이다. 이러한 현상은 실제 자료 분석의 상황에서 적지 않게 발생하는데, 이를 보이기 위해 Cars93 자료의 Price를 종속변수로 하고 RPM 및 Weight를 독립변수로 하는 회귀분석을 가정한다.

07.supression and spurious effects.sav [DataSet1] - IBM SPSS Statistics Data Editor

File Edit View Data Transform Analyze Direct Marketing Graphs Utilities Add-ons Window Help

Visible: 6 of 6 Variables

	Price	MPG.city	Horsepower	RPM	Weight	Passengers	var	var	var	var
1	15.90	25.00	140.00	6300.00	2705.00	5.00				
2	33.90	18.00	200.00	5500.00	3560.00	5.00				
3	29.10	20.00	172.00	5500.00	3375.00	5.00				
4	37.70	19.00	172.00	5500.00	3405.00	6.00				
5	30.00	22.00	208.00	5700.00	3640.00	4.00				
6	15.70	22.00	110.00	5200.00	2880.00	6.00				
7	20.80	19.00	170.00	4800.00	3470.00	6.00				

Data View Variable View

IBM SPSS Statistics Processor is ready Unicode:ON

[그림 4.20] 억제효과와 거짓효과를 보이기 위한 자료

위의 Cars93 자료를 이용하여 Price와 RPM의 관계가 Weight의 유무에 따라서 어떻게 달라지는지 보이고자 한다. 먼저 Price와 RPM 및 Weight 사이의 영차상관은 아래와 같이 계산된다.

Correlations

		Price	RPM	Weight
Price	Pearson Correlation	1	-.005	.647
	Sig. (2-tailed)		.962	.000
	N	93	93	93
RPM	Pearson Correlation	-.005	1	-.428
	Sig. (2-tailed)	.962		.000
	N	93	93	93
Weight	Pearson Correlation	.647	-.428	1
	Sig. (2-tailed)	.000	.000	
	N	93	93	93

[그림 4.21] Price, RPM, Weight 사이의 이변량 상관계수

위의 이변량 상관계수 결과에서 알 수 있듯이 Price와 RPM 사이의 상관계수는 0에 가까우며($r = -0.005$) 통계적으로도 유의하지 않다($p = .962$). 아래는 Weight를 통제한 상태에서 Price와 RPM 사이의 편상관계수이다.

Correlations

Control Variables			Price	RPM
Weight	Price	Correlation	1.000	.395
		Significance (2-tailed)	.	.000
		df	0	90
	RPM	Correlation	.395	1.000
		Significance (2-tailed)	.000	.
		df	90	0

[그림 4.22] Weight를 통제한 상태에서 Price와 RPM 사이의 편상관계수

위의 결과를 보면 Weight를 통제한 상태에서 Price와 RPM 사이의 편상관계수는 0.395로서 $p < .001$ 수준에서 통계적으로 유의한 것을 알 수 있다. 즉, 영차상관을 확인하였을 때 RPM은 Price와 아무런 상관이 없는 것처럼 보였지만, Weight를 통제한 상태에서는, 즉 Weight를 상수로 고정하면 RPM이 높을수록 통계적으로 유의하게 Price가 높은 것이다. 이 결과는 동일한 Weight를 지닌 차량이라면 RPM이 높을수록 Price가 높다고 해석할 수 있도록 해 준다.

이러한 현상은, 앞에서도 잠시 언급했듯이, 상관계수가 아닌 회귀분석 모형을 이용해서도 설명할 수 있다. 어쩌면 이 설명이 독자들에게 더 이해하기 쉬운 방식일 수 있다. 아래는 Price를 종속변수로 하고, RPM을 독립변수로 하는 단순회귀분석의 결과이다.

Coefficients[a]

Model		Unstandardized Coefficients		Standardized Coefficients	t	Sig.
		B	Std. Error	Beta		
1	(Constant)	19.933	9.017		2.211	.030
	RPM	-8.021E-5	.002	-.005	-.047	.962

a. Dependent Variable: Price

[그림 4.23] Price와 RPM의 단순회귀분석 결과

Price에 대한 RPM의 비표준화 기울기 추정치는 거의 0에 가까우며, 이는 통계적으로 유의하지 않다($p = .962$). 표준화 기울기 추정치는 Price와 RPM의 상관계수를 가리키는데 이는 −0.005로서 매우 작다. 다음은 위의 모형에 독립변수로서 Weight를 추가한 다중회귀분석 결과이다.

Coefficients[a]

Model		Unstandardized Coefficients		Standardized Coefficients	t	Sig.
		B	Std. Error	Beta		
1	(Constant)	-48.687	9.525		-5.112	.000
	RPM	.005	.001	.333	4.076	.000
	Weight	.013	.001	.790	9.667	.000

a. Dependent Variable: Price

[그림 4.24] Price와 RPM 및 Weight의 다중회귀분석 결과

위의 결과를 보면, Weight를 통제한 상태에서 Price에 대한 RPM의 비표준화 기울기 추정치는 0.005이고, 표준화 기울기 추정치는 0.333으로서 $p < .001$ 수준에서 통계적으로 유의한 것을 확인할 수 있다. 제3의 변수 Weight가 들어가면서 RPM과 Price의 관계가 유의하게 바뀐 것이다.

영차상관과 고차상관의 차이로 설명하든, 단순회귀분석과 다중회귀분석 차이로 설명하든 결과는 동일하다. 이러한 상황이 모형의 추정 결과에서 발생하면 억제효과가 있다고 하는데, 이는 제3의 변수(Weight)의 부재로 인하여 독립변수 RPM과 종속변수 Price의 관계가 단순회귀분석(또는 영차상관)에서 억제된(suppressed) 것으로 이해할 수 있다. 여기서 억제되었다는 것은 단순회귀분석에서 RPM의 효과가 0으로 억제되었다(suppressed to zero)는 것을 의미한다. 그렇다면 이와 같은 억제 상황은 왜 발생하는 것일까?

억제효과의 상황을 한 마디로 쉽게 설명할 수는 없으며 여러 이유가 있을 수 있지만, 기본적으로 통제 때문에 발생한 것으로 생각할 수 있다. Price를 예측하기 위해 RPM만 독립변수로 사용한다는 것은 Weight가 통제되지 않았던 상황이다. 단순회귀분석에서(즉, 그 어떤 변수도 통제되지 않은 상황에서) RPM의 Price에 대한 효과는 단순히 RPM이 한 단위 증가할 때 변화하는 Price의 크기가 아니라는 것을 앞 장에서 배웠다. 이는 RPM이 한 단위 증가하면서 동시에 Weight 등이 증가하거나 감소할 때 변화하는 Price의 크기이다. [그림 4.21]을 보면, RPM과 Weight의 이변량 상관계수는 −0.428로서 꽤 강력한 부적 관계가 있으므로 RPM이 한 단위 증가하며 Weight는 감소할 때 변화하는 Price의 크기가 바로 단순회귀분석에서 RPM의 효과이다. 즉, [그림 4.23]에서 RPM의 효과 0에는 RPM의 정적 효과와 Weight의 부적효과가 결합되어 있는 것으로 이해할 수 있다. Weight를 추가하여 다중회귀분석을 실시하면, 비로소 Weight가 통제된(즉, Weight가 변화하지 않는) 상태에서 RPM이 한 단위 증가할 때 변화하는 Price의 크기가 추정된다. 그리고 그 효과는 정적으로 유의하다.

그렇다면 단순회귀분석의 결과와 다중회귀분석의 결과 중 과연 무엇이 옳은 것일까? 연구자로서 RPM은 Price에 영향을 전혀 주지 못하는지 또는 Price에 정적인 영향을 주는지 알고 싶다. 현실적으로 이 질문은 매우 난해한데, 왜냐하면 실제 자료 분석의 상황 속에서 다양한 결과가 펼쳐질 수 있기 때문이다. 근본적으로 이 질문에 대한 답은 단순회귀분석 모형과 다중회귀분석 모형 중에 어떤 모형이 진모형(true model)이냐에 달려 있다. 그리고 그것을 결정하는 것은 연구자가 자신의 연구에서 설정한 가설모형(hypothetical model)이 무엇인지에 달려 있다. 만약 연구자의 모형이 다중회귀분석이라면 RPM이 통계적으로 유의한 변수가 된다. 그리고 대부분의 연구에서 영차상관보다는 고차상관이, 단순회귀분석보다는 다중회귀분석이 연구자의 관심이다.

지금까지 단순회귀분석에서는 효과가 존재하지 않는데, 다중회귀분석에서는 효과가 존재하는 상황을 억제효과라고 정의하였는데, 이러한 종류의 억제효과를 고전적 억제효과(classical suppression)라고 한다. 이와 거의 비슷하지만 부적 억제효과(negative suppression)라는 상황도 존재할 수 있다. 부적 억제효과란 영차상관과 고차상관의 부호가 다른 경우, 즉 단순회귀분석에서의 효과와 다중회귀분석의 효과가 반대 부호인 경우를 가리킨다. 예를 들어, 종속변수 Y와 독립변수 X_1 및 X_2 간 영차상관이 아래와 같다.

$$r_{YX_1} = 0.3,\ r_{YX_2} = 0.6,\ r_{X_1X_2} = 0.5$$

그리고 X_2를 통제한 상태에서 Y와 X_1의 편상관계수 $r_{YX_1 \cdot X_2}$ 및 X_1을 통제한 상태에서 Y와 X_2의 편상관계수 $r_{YX_2 \cdot X_1}$은 다음과 같다.

$$r_{YX_1 \cdot X_2} = -0.3,\ r_{YX_2 \cdot X_1} = 0.7$$

영차상관을 보면 Y와 X_1 사이의 상관계수가 0.3($r_{YX_1} = 0.3$)으로서 정적인 관계가 있는 것처럼 보인다. 그런데 X_2를 통제하였더니 Y와 X_1의 상관계수(고차상관)가 −0.3 ($r_{YX_1 \cdot X_2} = -0.3$)으로서 반대 부호가 된 것을 확인할 수 있다. 이를 회귀분석의 관점에서 보면, 하나의 독립변수(X_1)가 종속변수(Y)를 설명하는 모형에 또 다른 독립변수(X_2)가 투입되면서 기존 독립변수(X_1)의 예측 방향이 반대가 되는 상황이 발생한 것이다. 부적 억제효과는 고전적 억제효과만큼 자주 일어나지는 않지만, 현실 속에서 발생할 가능성은 얼마든지 있다. 부적 억제효과는 고전적 억제효과와 발생 기제가 거의 비슷하기 때문에 자료를 이용한 예제는 생략한다. 개념적으로만 두 가지를 구분할 수 있으면 회귀분석을 사용하고 결과를 해석하는 데 문제가 없을 것으로 믿는다.

4.3.2. 거짓효과

회귀분석에서 허위효과 또는 가짜효과로도 번역되는 거짓효과(spurious effect)는 억제효과의 정반대 개념으로서 영차상관은 유의하게 존재하였는데 고차상관이 유의하지 않은 경우라고 할 수 있다. 이는 앞 장에서 통제의 개념을 설명하였을 때 소개한 적이 있다. 예를 들어, 종속변수 Y와 독립변수 X_1, X_2가 있는 상황에서 Y, X_1, X_2 사이의 영차상관은 아래와 같다.

$$r_{YX_1} = 0.5,\ r_{YX_2} = 0.6,\ r_{X_1X_2} = 0.7$$

그리고 X_2를 통제한 상태에서 Y와 X_1의 편상관계수 $r_{YX_1 \cdot X_2}$ 및 X_1을 통제한 상태에서 Y와 X_2의 편상관계수 $r_{YX_2 \cdot X_1}$은 다음과 같다.

$$r_{YX_1 \cdot X_2} = 0.0,\ r_{YX_2 \cdot X_1} = 0.7$$

영차상관을 보면 Y와 X_1 사이의 상관계수가 0.5($r_{YX_1}=0.5$)로서 상당한 관계가 있는 것처럼 보인다. 그런데 X_2를 통제하였더니 Y와 X_1의 상관계수(고차상관)가 0($r_{YX_1 \cdot X_2}=0.0$)으로서 관계가 사라지는 것을 확인할 수 있다. 이를 회귀분석의 관점에서 보면, 하나의 독립변수(X_1)가 종속변수(Y)를 설명하는 모형에 또 다른 독립변수(X_2)가 투입되면서 기존 독립변수(X_1)의 예측 강도가 사라지는 상황이 발생한 것이다. 이러한 현상은 오히려 억제효과보다도 더 자주 발생하는데, 이를 보이기 위해 Cars93 자료의 종속변수 Price와 독립변수 MPG.city 및 Horsepower 사이의 회귀분석을 이용한다. 아래는 먼저 Price를 종속변수로 하고, MPG.city를 독립변수로 하는 단순회귀분석의 결과이다.

Coefficients[a]

Model		Unstandardized Coefficients		Standardized Coefficients	t	Sig.
		B	Std. Error	Beta		
1	(Constant)	42.366	3.340		12.685	.000
	MPG.city	-1.022	.145	-.595	-7.054	.000

a. Dependent Variable: Price

[그림 4.25] Price와 MPG.city의 단순회귀분석 결과

Price에 대한 MPG.city의 비표준화 기울기 추정치는 −1.022로서 $p < .001$ 수준에서 통계적으로 유의하다. 표준화 기울기 추정치는 Price와 MPG.city의 상관계수를 가리키는데 −0.595로서 상당히 크다. 다음은 위의 모형에 독립변수로서 Horsepower를 추가한 다중회귀분석 결과이다.

Coefficients[a]

Model		Unstandardized Coefficients		Standardized Coefficients	t	Sig.
		B	Std. Error	Beta		
1	(Constant)	5.219	5.210		1.002	.319
	MPG.city	-.202	.149	-.118	-1.355	.179
	Horsepower	.131	.016	.709	8.171	.000

a. Dependent Variable: Price

[그림 4.26] Price와 MPG.city 및 Horsepower의 다중회귀분석 결과

위의 결과를 보면, Horsepower를 통제한 상태에서 Price에 대한 MPG.city의 비표준화 기울기 추정치는 −0.202이고, 표준화 기울기 추정치는 −0.118로서 통계적으로 유의하지 않은 것을 확인할 수 있다. 제3의 변수 Horsepower가 들어가면서 본래 투입되어 있던 MPG.city와 Price의 관계가 없는 것으로 바뀐 것이다.

이는 제3의 변수(Horsepower)의 부재로 인하여 독립변수 MPG.city와 종속변수 Price의 관계가 단순회귀분석(또는 영차상관)에서 거짓으로(spuriously) 유의했던 것으로 이해할 수 있다. 그렇다면 이와 같은 거짓효과의 상황은 왜 발생하는 것일까? 이는 앞에서 소개했던 각 도시의 아이스크림 판매량과 수영장에서의 익사율 예제와 근본적으로 일치한다. 아이스크림 판매량이 수영장에서의 익사률에 영향을 주었다기보다는 더운 날씨가 아이스크림 판매량 및 수영장에서의 익사률 모두와 높은 상관이 있으므로 인해 둘 사이의 관계가 거짓으로 유의하게 나타났던 것이다. Cars93 자료에서 MPG.city가 Price에 영향을 주었다기보다는 Horsepower가 MPG.city 및 Price 모두와 높은 상관이 있음으로 인해서 MPG.city와 Price 사이의 거짓 관계를 만들어 냈던 것으로 이해할 수 있다. 그러므로 MPG.city가 들어가 있는 상태에서 Horsepower를 추가로 투입하자 MPG.city의 통계적 유의성은 곧바로 사라졌던 것이다. 이는 다음의 상관계수들을 확인함으로써 더욱 잘 알 수 있다.

Correlations

		Price	MPG.city	Horsepower
Price	Pearson Correlation	1	-.595	.788
	Sig. (2-tailed)		.000	.000
	N	93	93	93
MPG.city	Pearson Correlation	-.595	1	-.673
	Sig. (2-tailed)	.000		.000
	N	93	93	93
Horsepower	Pearson Correlation	.788	-.673	1
	Sig. (2-tailed)	.000	.000	
	N	93	93	93

[그림 4.27] Price, MPG.city, Horsepower 사이의 이변량 상관계수

위의 상관계수표를 보면 Horsepower가 Price와도 매우 높은 상관($r = 0.788$)을 갖고 있으며, MPG.city와도 매우 높은 상관($r = -0.673$)을 갖고 있는 것을 확인할 수 있다.

이러한 거짓효과는 혼입효과(confounding effect)라고 할 수도 있으며, 혼입변수(confounding variable 또는 confounder)와 밀접한 관계가 있다. 혼입변수란 독립변수와 종속변수 모두에 영향을 주는 변수이다. Cars93 자료에서 Horsepower는 독립변수인 MPG.city에 강력한 부적 영향, 즉 마력이 높을수록 시내주행연비는 낮아지는 영향을 준다. 또한, Horsepower는 종속변수인 Price에 강력한 정적 영향, 즉 마력이 높을수록 가격은 높아지는 영향을 준다. 이렇게 Horsepower가 혼입변수로서 양쪽 모두에 강력한 영향을 주기 때문에 MPG.city와 Price 사이에 거짓효과가 발생했던 것이다.

제5장

범주형 독립변수

회귀분석에서 종속변수는 양적변수여야 하므로 지금까지 종속변수로는 양적변수(예를 들어, Price)를 사용하였다.[18] 하지만 회귀분석의 독립변수는 반드시 양적변수일 필요는 없으며 질적변수(범주형 변수)의 사용도 가능하다. 범주형 변수를 독립변수로 사용하기 위해서는 변수가 적절한 형태로 코딩되어 있어야 하는데, 더미 코딩(dummy coding), 효과코딩(effect coding), 직교코딩(orthogonal coding) 등 여러 방법이 존재한다. 각 코딩 방식의 분석 목표가 따로 있지만, 가장 광범위하게 일반적으로 사용되는 방법은 더미코딩이다. 이번 장에서는 더미코딩을 이용하여 어떻게 범주형 독립변수를 사용하고 그 결과를 해석할 수 있을지 집중적으로 소개한다. 그리고 효과코딩의 두 가지 방식에 대해서도 간략하게 소개한다.

5.1. 범주가 두 개인 경우

먼저 더미변수를 이해하고 사용하기 위하여 가장 간단한 범주형 변수인 두 개의 범주가 있는 경우를 다룬다. 어떻게 더미변수를 만들며, 결과는 어떻게 해석하는지 소개하고, 범주형 변수는 어떻게 통제하며 그 의미는 무엇인지, 더미변수를 사용하는 회귀분석과 t검정은 어떤 관계에 있는지 등을 다룬다. 또한, 독립변수로서 더미변수를 사용한 경우에 종속변수와 어떤 관계를 갖게 되는지 이론적으로 설명한다.

5.1.1. 더미변수의 사용

더미변수란 두 개의 범주만 있는 변수, 즉 이분형 변수(dichotomous variable 또는 binary variable) 중에서 한 범주는 0, 또 다른 범주는 1로 코딩되어 있는 변수를 가리킨다. 사회과학에서 이분형 변수를 코딩하여 자료 세트에 입력할 때, 1과 2(예를 들어, 남자는 1, 여자는 2)를 사용하는 경우가 상당히 흔한데, 이러한 변수는 단지 이분형 변수라고만 하며 더미변수는 아니다. 회귀분석에서 범주형 독립변수를 1과 2로 코딩하여 분석하는 경우는 거의 없으

---

18 회귀분석의 종속변수로 범주형 변수나 빈도변수 등을 사용하는 것도 가능하지만, 그렇게 되면 더 이상 회귀분석이라고 부르지 않으며 다른 이름을 갖게 된다. 예를 들어, 범주형 종속변수를 사용하는 회귀분석을 로지스틱 회귀분석(logistic regression)이라고 한다.

며, 더미(dummy)변수로 리코딩(recoding)하여 모형에 투입하는 것이 가장 일반적인 방식이다. 회귀분석 내에서 1과 2로 코딩하는 방식과 더미코딩 방식이 수학적으로 다른 것은 아니지만, 결과 해석의 용이성에서 큰 차이가 있기 때문이다.

더미변수와 더미코딩을 이해하기 위해 예제로 사용할 자료는 Cars93 자료에 있는 Price 변수와 Origin 변수이다. Price를 종속변수로 사용하고 생산지 변수인 Origin을 독립변수로 사용한다. 분석에 사용된 변수들이 아래에 제공된다.

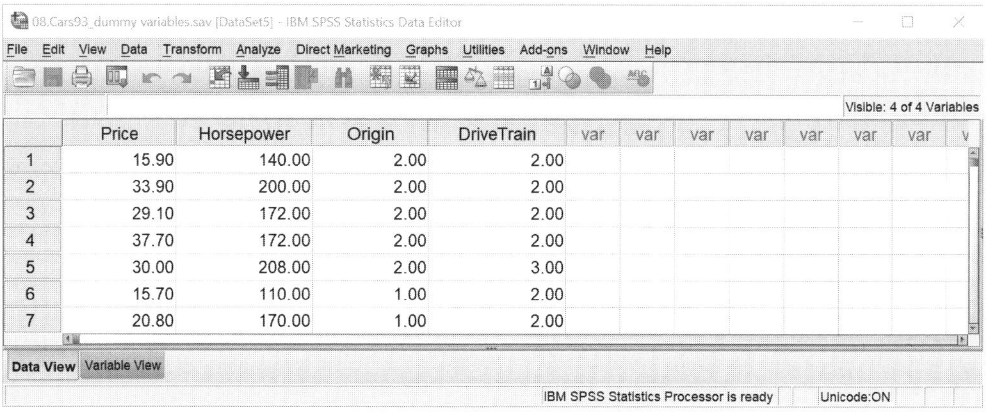

	Price	Horsepower	Origin	DriveTrain
1	15.90	140.00	2.00	2.00
2	33.90	200.00	2.00	2.00
3	29.10	172.00	2.00	2.00
4	37.70	172.00	2.00	2.00
5	30.00	208.00	2.00	3.00
6	15.70	110.00	1.00	2.00
7	20.80	170.00	1.00	2.00

[그림 5.1] 범주형 독립변수의 사용을 위한 자료

위의 자료에서 Origin은 자동차가 어디서 생산되었는지를 보여 주는 변수로서 Variable View에서 Origin 변수의 Values를 클릭하면 다음과 같이 두 개의 범주로 이루어져 있음을 확인할 수 있다.

1 = "USA"
2 = "non-USA"

[그림 5.2] Origin 변수의 코딩

그림에 보이듯이 Origin 변수의 두 범주는 1=USA, 2=non-USA이다. 즉, 1로 코딩된 차량들은 미국에서 생산된 것들이며, 2로 코딩된 차량들은 미국 밖에서 생산되어 수입된 것들이다. 지금처럼 1과 2로 코딩되어 있는 Origin 변수를 독립변수로 사용하지는 않기 때문에, 더미변수로 리코딩을 해야 한다. 이를 위해 Transform 메뉴로 들어가 Recode into Different Variables를 실행한다.

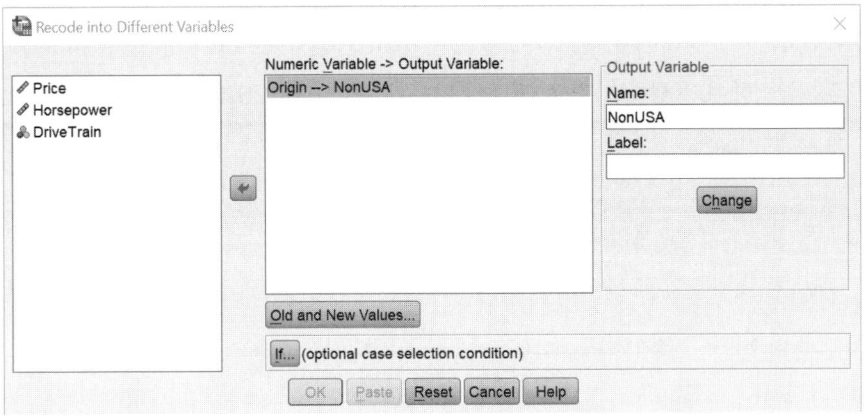

[그림 5.3] 새로운 변수의 코딩 화면

위의 화면이 열리면 왼쪽 패널에 있는 변수들 중에서 생산지 변수 Origin을 Numeric Variable -> Output Variable 패널로 옮긴다. 그리고 오른쪽에 있는 Output Variable 부분에서 새롭게 만들 더미변수의 이름을 NonUSA로 정해 준 다음에 Change를 클릭한다. 그러면 중간 화면에서 Origin --> NonUSA가 생성되며, 이는 Origin 변수를 이용하여 NonUSA라는 변수를 새롭게 만든다는 의미이다. 다음으로 코딩 방식을 지정하기 위해 Old and New Values를 클릭한다.

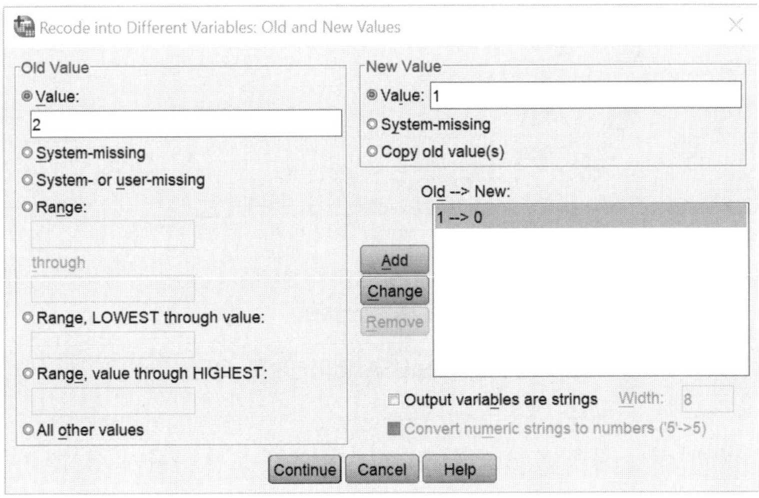

[그림 5.4] 더미변수 코딩 화면

왼쪽 Old Value의 Value 부분에 1을 입력하고, 오른쪽 New Value의 Value 부분에 0을 입력한 다음 중간 부분에 있는 Add가 활성화되면 이를 클릭한다. 그러면 오른쪽 중간 부분인 Old --> New에 '1 --> 0'이 새롭게 생긴다. 다음으로 왼쪽 Old Value의 Value 부분에 2를 입력하고, 오른쪽 New Value의 Value 부분에 1을 입력하면 다시 Add 부분이 활성화된다. [그림 5.4]는 그 상태에서 캡처한 그림이며, Add를 먼저 누르고 이후 Continue를 누르고 나가 OK를 클릭하여 실행하면 자료 세트에 다음과 같이 NonUSA라는 더미변수가 생성된다.

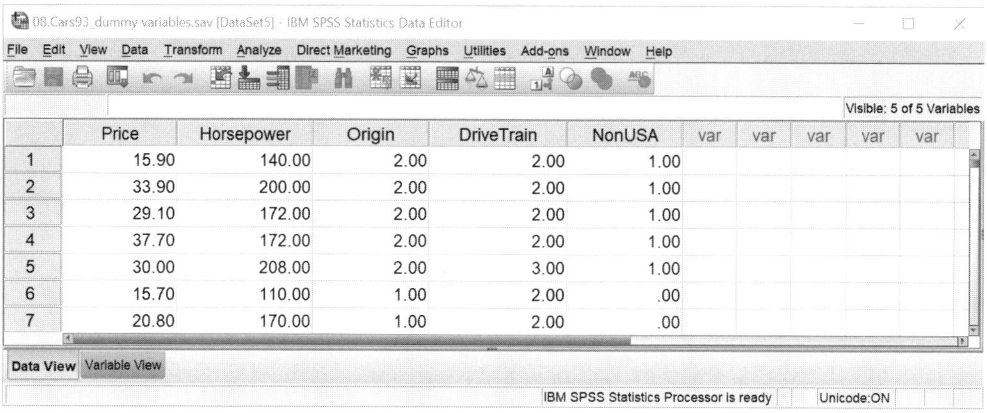

	Price	Horsepower	Origin	DriveTrain	NonUSA
1	15.90	140.00	2.00	2.00	1.00
2	33.90	200.00	2.00	2.00	1.00
3	29.10	172.00	2.00	2.00	1.00
4	37.70	172.00	2.00	2.00	1.00
5	30.00	208.00	2.00	3.00	1.00
6	15.70	110.00	1.00	2.00	.00
7	20.80	170.00	1.00	2.00	.00

[그림 5.5] NonUSA 더미변수의 생성

위의 자료 세트를 보면, 원래 있던 이분형 Origin 변수를 리코딩한 NonUSA 더미변수가 가장 오른쪽 열에 생성된 것을 볼 수 있다. NonUSA 더미변수는 아래 그림처럼 0=USA, 1=non-USA로 코딩되어 있다.

.00 = "USA"
1.00 = "non-USA"

[그림 5.6] NonUSA 더미변수의 코딩

위에서 더미변수의 이름을 NonUSA라고 지은 이유는 보통 새롭게 생성되는 더미변수의 이름을 1로 코딩된 범주로 하는 관습이 있기 때문이다. 예를 들어, 성별 더미변수가

0=Female, 1=Male로 코딩되어 있다면, 변수의 이름을 Male로 하는 것이 연구자들 사이의 표준관행이다. 성별 더미변수를 Gender라고 이름 짓고 분석에 사용하는 연구자들이 종종 있는데, 이는 연구의 결과를 제공하는 측면에서 그다지 좋은 생각이 아니다. 왜냐하면, 성별을 Gender라고 했을 때, 여성이 1로 코딩되었는지 남성이 1로 코딩되었는지 한눈에 알 수 없기 때문이다. 만약 성별 더미변수가 Male이라는 이름을 가지고 있다면 관행에 의하여 모든 연구자들은 1=Male일 것으로 쉽게 유추할 수 있다. 이와 같은 작명이 반드시 해야 하는 원칙은 아니지만, 분석 결과를 이해하는 데 큰 장점이므로 되도록 이처럼 하는 것이 추천된다. 이제 NonUSA를 독립변수로 하고, Price를 종속변수로 하여 회귀분석을 실시한 결과가 아래에 제공된다.

Model Summary

Model	R	R Square	Adjusted R Square	Std. Error of the Estimate
1	.101[a]	.010	-.001	9.66299

a. Predictors: (Constant), NonUSA

[그림 5.7] 회귀분석의 결과 요약표

위의 그림에서 $R^2 = 0.010$으로서 종속변수 Price에 존재하는 전체 분산의 1%만이 독립변수인 NonUSA에 의해서 설명되었음을 알 수 있다. Cohen(1988)의 효과크기 가이드라인에 따르면 $R^2 < .02$이므로 작은 효과크기라고 할 수 있다. 다음으로 모형의 검정을 실시할 수 있는 분산분석표는 건너뛰고 각 모수의 추정치와 검정 결과를 확인해 보도록 하자.

Coefficients[a]

Model		Unstandardized Coefficients		Standardized Coefficients	t	Sig.
		B	Std. Error	Beta		
1	(Constant)	18.573	1.395		13.316	.000
	NonUSA	1.936	2.005	.101	.966	.337

a. Dependent Variable: Price

[그림 5.8] 회귀분석의 개별모수 추정치와 검정 결과

위에서 추정한 결과를 회귀식으로 표현하면 아래와 같다.

$$\widehat{Price} = 18.573 + 1.936 NonUSA$$

위 회귀식에서 절편 추정치는 18.573으로서 NonUSA가 0일 때 기대되는 자동차의 가격은 18,573달러이다. NonUSA가 0이라는 것은 생산지가 USA라는 것을 가리키므로 미국에서 생산된 자동차의 기대가격은 18,573달러라는 것을 의미한다. 기울기 추정치가 1.936이라는 것은 NonUSA가 한 단위 증가할 때 기대되는 Price의 변화량이 1,936달러라는 것을 의미한다. NonUSA가 한 단위 증가하는 경우는 0에서 1이 되는 것뿐이므로 이를 해석하면 'USA(NonUSA=0)가 non-USA(NonUSA=1)가 될 때 자동차의 가격이 1,936달러 증가한다'이다. 미국산 자동차가 갑자기 수입 자동차가 될 수는 없고, 이런 경우에 '미국에서 생산된 차량보다 미국 밖에서 생산된 차량의 평균적인 가격이 1,936달러 더 높다'라고 해석한다. 또한, 절편 추정치는 미국산 자동차의 가격이고, 기울기 추정치는 미국차와 수입차의 가격 차이이므로 수입차들의 기대가격이 20,509달러(=18,573+1,936)라는 것도 추측할 수 있다. 두 집단의 가격을 확인한 기술통계 결과가 아래에 제공된다.

Descriptive Statistics

NonUSA		N	Minimum	Maximum	Mean	Std. Deviation
.00	Price	48	7.40	40.10	18.5729	7.81691
	Valid N (listwise)	48				
1.00	Price	45	8.00	61.90	20.5089	11.30675
	Valid N (listwise)	45				

[그림 5.9] 미국차와 수입차의 가격 비교

지금까지 교육적인 목적으로 더미변수의 기울기를 어떻게 해석하는지 보여 주었지만, 사실 기울기 검정의 $p=.337$로서 두 집단 사이에 통계적으로 유의한 평균 차이는 존재하지 않는다. 즉, 미국에서 생산된 자동차와 미국 밖에서 생산되어 수입된 자동차 사이에는 유의한 가격 차이가 없다고 결론 내리고 기울기의 해석은 하지 않는 것이 일반적이다.

5.1.2. 단순회귀분석과 다른 분석의 관계

더미변수를 독립변수로 이용하여 회귀분석을 실시한 결과의 기울기에 대한 해석은 더미변수 두 집단 간의 종속변수 평균 차이이다. 즉, 기울기에 대한 통계적 유의성 검정은 어떤 변수(Price)의 두 집단(USA와 non-USA) 간 평균 차이 검정을 의미하게 된다. 만약 그렇다면 더미변수 기울기의 통계적 검정 목적은 독립표본 t검정의 목적과 완전히 동일하다. 사실 앞에서도 언급한 적이 있지만, t검정 및 분산분석과 회귀분석은 모두 일반선형모형(general linear model)이라는 큰 틀 아래 속해 있으며 수리적으로 동일한 체계를 갖고 있는 통계분석 방법들이다. t검정이나 분산분석은 평균 차이 검정이란 목적을 갖고, 회귀분석이나 상관분석은 변수 간의 관계를 연구하는 목적을 갖고 있다고 구분하여 생각하지만 사실 둘은 수리적으로 같다. 독립표본 t검정이나 분산분석 F검정은 우리가 관심 있어 하는 변수(종속변수)와 집단변수(독립변수) 간의 관계를 검정하는 방법이다.

Price를 종속변수로 하고 NonUSA를 집단변수로 하여 독립표본 t검정을 실시한 결과를 회귀분석의 결과와 비교해 보고자 한다. 먼저 Analyze 메뉴로 들어가서 Compare Means를 선택하고, 다음으로 Independent-Samples T Test를 선택하면 아래와 같은 화면이 열린다.

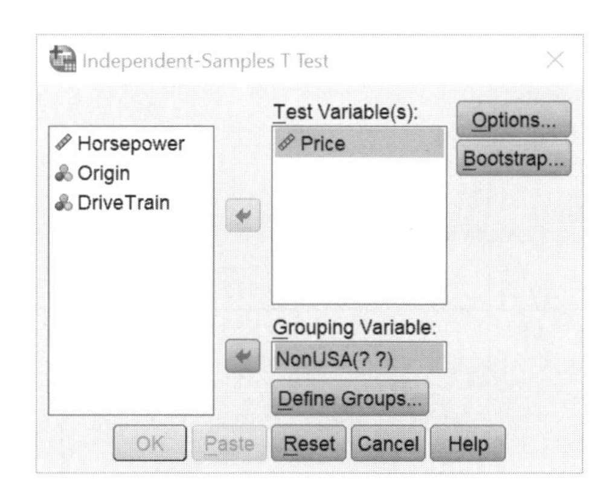

[그림 5.10] 독립표본 t검정의 실행 화면

t검정의 종속변수 Price를 Test Variable(s)로 옮기고, 독립변수 NonUSA를 Grouping Variable로 옮긴다. 다음에 Define Groups를 선택하여 NonUSA의 어떤 집단들을 t검정의 두 집단으로 할지 결정해야 한다.

[그림 5.11] 독립표본 t검정에서 집단의 선택

독립표본 t검정의 독립변수 NonUSA는 어차피 두 개의 집단밖에 없는데, 위와 같은 화면에서 이처럼 집단의 값을 0과 1로 결정해야 하는 데에는 두 가지 이유가 있다. 첫째는 집단변수가 세 개 이상의 범주를 가지고 있는 경우에도 이런 식으로 두 개의 집단을 선택함으로써 t검정의 진행이 가능하도록 하는 것이다. 다음으로 둘째는 어떤 방식으로 t검정통계량의 분자 부분인 평균 차이를 결정하는가 하는 것이다. SPSS는 Group 1의 집단 평균에서 Group 2의 집단 평균을 뺌으로써($\overline{X}_1 - \overline{X}_2$) 검정통계량을 계산한다. 즉, 미국산 자동차의 평균 가격에서 수입산 자동차의 평균 가격을 뺌으로써 독립표본 t검정을 진행한다. 사실 이러한 순서는 t검정통계량의 부호에만 영향을 주며, 검정 결과인 p값에는 전혀 영향을 주지 못한다. 검정 결과는 아래와 같다.

Independent Samples Test

		Levene's Test for Equality of Variances		t-test for Equality of Means					95% Confidence Interval of the Difference	
		F	Sig.	t	df	Sig. (2-tailed)	Mean Difference	Std. Error Difference	Lower	Upper
Price	Equal variances assumed	4.234	.042	-.966	91	.337	-1.93597	2.00505	-5.9188	2.0468
	Equal variances not assumed			-.954	77.667	.343	-1.93597	2.02829	-5.9743	2.1023

[그림 5.12] 독립표본 t검정 결과

표의 왼쪽에 있는 Levene's Test for Equality of Variances 부분은 독립표본 t검정의 등분산성(equality of variances) 가정을 확인하는 검정 결과를 제공한다. Levene의 F검정을 이용하며, 영가설은 '두 집단 간 모분산 차이가 없다'는 것이다. 검정 결과, Levene의 $F = 4.234$이고 $p < .05$ 수준에서 유의하여 영가설을 기각하게 된다. 그렇게 되면 등분산성 가정이 만족되지 않은 것이므로 결과를 보여 주는 두 개의 행 중에서 Equal variances not assumed 부분인 두 번째 행의 결과를 해석해야 한다. 그런데 사실 등분산성 가정의 만족 여부는 t검정에서 그다지 절대적이지 않다(김수영, 2019; Tomarken & Serlin, 1986). 등분산성을 가정하고 검정하든, 가정하지 않고 검정하든 차이는 거의 없으며, 무엇이 더 정확한 것인지에 대한 연구 결과도 제각각이다.

어쨌든 위 독립표본 t검정의 결과를 보면 $p = .337$(또는 $p = .343$)로서 두 집단의 평균이 같다는 영가설은 기각한다. 이는 더미변수를 이용한 회귀분석의 기울기 검정 결과와 완전히 일치한다. 수학적으로 당연한 결과라고 할 수 있다. 더미변수를 독립변수로 하여 실시한 회귀분석은 더미변수 집단 간의 독립표본 t검정과 통계적으로 동치모형(equivalent model)으로서 같은 모형이기 때문이다.

독립표본 t검정이 두 집단 간 평균 차이 검정이라면, 분산분석 F검정은 두 집단 이상의 평균 차이 검정으로서 t검정의 일반화된 확장이다. 그러므로 분산분석을 실시하여도 역시 동일한 결과를 얻게 된다. 아래에는 Price를 종속변수로 하고, NonUSA를 요인(factor, 독립변수)으로 설정한 분산분석의 수행 결과가 제공된다. 분석을 위해서는 Analyze 메뉴에서 Compare Means의 One-Way ANOVA를 실행하면 된다.

ANOVA

Price

	Sum of Squares	df	Mean Square	F	Sig.
Between Groups	87.050	1	87.050	.932	.337
Within Groups	8496.971	91	93.373		
Total	8584.021	92			

[그림 5.13] 분산분석 F검정 결과

두 집단 간 가격 차이가 없다는 영가설에 대한 $p = .337$로서 분산분석 F검정의 결과 역시 회귀분석 및 독립표본 t검정의 결과와 완전히 일치한다. 우리가 일반적으로 t검정이나 분산분석 F검정을 다룰 때 '모형'이라는 단어를 사용하지 않고, 회귀분석을 다룰 때만 '모형'이라는 단어를 사용함으로 인해 많은 사람들이 t검정이나 분산분석 F검정은 모형이 없다고 생각하는 경우가 있다. 하지만 사실 분산분석에도 효과모형(effects model)이라는 이름으로 수학적 모형이 존재하며, 그 모형은 더미변수를 사용하는 회귀분석 모형과 수학적으로 같다. 그러므로 t검정, F검정, 더미변수가 투입된 회귀분석은 모두 동일한 모형을 가지고 있으며, 단지 다른 방식으로 결과를 보여 주는 분석들이라고 할 수 있다.

5.1.3. 범주형 변수의 통제

회귀분석을 이용한 연구에서는 관심 있는 종속변수 Y에 영향을 주는 독립변수 X들의 집합을 찾아내고자 한다. 이때 어떤 변수가 Y에 주는 효과를 통제한 상태에서 X들의 Y에 대한 효과를 확인하고자 할 수 있다. 일반적으로 종속변수 Y에 영향을 주는 변수로 생각은 되지만, 연구자의 주 관심은 아닌 변수가 연구에서 통제해야 할 변수이다. 그리고 사회과학 연구에서 통제하고자 하는 변수가 범주형 변수인 경우가 결코 적지 않다. 예를 들어, 성별을 통제한 상태에서 성적이 자존감에 주는 영향을 연구하고자 할 수 있다. 즉, 성별이 자존감에 주는 영향을 제거한 이후에 성적이 자존감에 주는 영향에만 관심이 있을 수 있다.

이런 경우에 연구자의 가설에 맞는 연구모형은 어떻게 설정할 수 있을까? 앞에서 배웠듯이 회귀모형에서의 통제란 통제하고자 하는 변수를 모형에 독립변수로 투입함으로써 모든 설정이 끝난다. 즉, 성별 변수를 회귀모형에 더하기만 하면 된다. 성별은 이분형 변수이며, 회귀분석에서 이분형 변수는 더미변수로 코딩하는 것이 일반적이므로 성별을 Male=0 및 Female=1로 코딩하여 Female로 이름 붙이고 아래와 같이 모형을 설정한다.

$$SelfEsteem = \beta_0 + \beta_1 Grade + \beta_2 Female + e$$

위의 식에서 β_1의 의미는 성별(Female)을 상수로 고정한 상태에서 성적(Grade)이 자존감(SelfEsteem)에 주는 영향이라고 할 수 있다.

이제 Cars93 자료를 이용하여 이분형 변수를 회귀모형 안에서 어떻게 통제할 수 있는지 실제 예를 보이고자 한다. 연구자의 목적은 생산지(Origin)를 통제한 상태에서 마력이 가격에 주는 영향을 파악하는 것이다. 생산지가 다르지 않다면, 또는 생산지에 상관없이 마력이 가격에 영향을 주는지 확인하고 싶다. 이러한 연구가설을 검증하기 위해서는 아래와 같은 다중회귀분석 모형을 설정하고 Horsepower의 기울기인 β_1을 검정하면 된다.

$$Price = \beta_0 + \beta_1 Horsepower + \beta_2 NonUSA + e$$

위의 모형은 Price를 종속변수로 하고, Horsepower를 독립변수로 하며, 생산지 변수인 Origin을 통제하고자 한다. 앞에서 Origin 변수는 더미변수 NonUSA로 리코딩해 놓았으니 통제변수로 NonUSA를 투입하였다. 회귀분석의 결과는 아래와 같다.

Coefficients[a]

Model		Unstandardized Coefficients		Standardized Coefficients	t	Sig.
		B	Std. Error	Beta		
1	(Constant)	-3.190	1.904		-1.675	.097
	Horsepower	.148	.012	.800	12.729	.000
	NonUSA	3.062	1.208	.159	2.535	.013

a. Dependent Variable: Price

[그림 5.14] NonUSA를 통제한 상태에서 마력이 가격에 주는 영향

생산지(NonUSA)를 통제한 상태에서 마력이 가격에 주는 영향 $\hat{\beta}_1 = 0.148$로서 $p < .001$ 수준에서 통계적으로 유의하다. 즉, 생산지에 상관없이(생산지가 동일하다면) 1마력 증가할 때마다 가격은 148달러씩 유의하게 올라간다.

이처럼 이분형 변수인 생산지(Origin)를 통제한 상태에서 독립변수 Horsepower가 종속변수 Price에 주는 영향을 살펴보기 위해, USA 생산 차량을 0으로 코딩하고 non-USA 생산 차량을 1로 코딩한 더미변수를 사용하였다. 그런데 Origin 변수를 꼭 이런 방식으로만 더미변수로 만들 수 있는 것은 아니다. USA 생산 차량을 1로 코딩하고 non-USA 생산 차량을 0으로 코딩할 수도 있다. 만약 이렇게 되면 통제변수가 다르게 코딩되었으므로 연구자가 알고 싶은 결과가 바뀌게 될까? 이를 확인하기 위해 다음과 같이 USA=1, non-USA=0으로 코딩한 새로운 더미변수 USA를 만들었다.

08.Cars93_dummy variables.sav [DataSet1] - IBM SPSS Statistics Data Editor

File Edit View Data Transform Analyze Direct Marketing Graphs Utilities Add-ons Window Help

Visible: 6 of 6 Variables

	Price	Horsepower	Origin	DriveTrain	NonUSA	USA	var	var	var
1	15.70	110.00	1.00	2.00	.00	1.00			
2	20.80	170.00	1.00	2.00	.00	1.00			
3	23.70	180.00	1.00	3.00	.00	1.00			
4	26.30	170.00	1.00	2.00	.00	1.00			
5	34.70	200.00	1.00	2.00	.00	1.00			
6	40.10	295.00	1.00	2.00	.00	1.00			
7	13.40	110.00	1.00	2.00	.00	1.00			

Data View Variable View

IBM SPSS Statistics Processor is ready Unicode:ON

[그림 5.15] USA 더미변수의 생성

새롭게 생성된 USA 더미변수를 이용하여 아래와 같은 회귀모형을 설정하고 분석을 진행하였다.

$$Price = \beta_0 + \beta_1 Horsepower + \beta_2 USA + e$$

회귀분석을 실행한 결과가 아래에 제공된다.

Coefficients[a]

Model		Unstandardized Coefficients		Standardized Coefficients	t	Sig.
		B	Std. Error	Beta		
1	(Constant)	-.128	1.838		-.070	.945
	Horsepower	.148	.012	.800	12.729	.000
	USA	-3.062	1.208	-.159	-2.535	.013

a. Dependent Variable: Price

[그림 5.16] USA를 통제한 상태에서 마력이 가격에 주는 영향

생산지(USA)를 통제한 상태에서 마력이 가격에 주는 영향 $\hat{\beta}_1 = 0.148$로서 이전과 동일하며, 역시 $p < .001$ 수준에서 통계적으로 유의하다. 즉, 생산지에 상관없이 1마력 증가할 때마다 가격은 148달러씩 유의하게 올라간다.

NonUSA(0=USA, 1=non-USA)를 통제했을 때나 USA(1=USA, 0=non-USA)를 통제했을 때나 결정계수 R^2 및 모형의 검정을 위한 분산분석표 등의 결과도 같다. 다른 것은 절편 추정치와 더미변수의 회귀계수 부호일 뿐이다. 절편은 모든 독립변수가 0일 때 기대되는 종속변수의 값이므로 독립변수의 어떤 값이 0이냐에 따라 바뀌는 것이 당연하다. 더미변수의 회귀계수 추정치 역시 0으로 코딩된 범주에 비하여 1로 코딩된 범주의 종속변수 값이 얼마나 다른가의 의미이므로 정확히 반대 부호를 가지게 된다. 그렇다면 왜 Horsepower의 추정치는 바뀌지 않을까? 이것은 앞에서 설명했던 통제의 의미가 무엇인지를 곱씹어 보면 이해할 수 있다.

"통제를 더 잘 이해하기 위해 X_1의 계수인 β_1이 구해지는 과정을 다음과 같이 개념적으로 설명할 수도 있다. 먼저 임의의 주어진 X_2 값에서 X_1이 Y에 대하여 갖는 효과(즉, $\beta_1|X_2$)를 계산하고, 다른 주어진 X_2 값에서 X_1이 Y에 대하여 갖는 효과(즉, $\beta_1|X_2$)도 계산하고, 또 다른 주어진 X_2 값에서 X_1이 Y에 대하여 갖는 효과(즉, $\beta_1|X_2$)를 계산하고, 이와 같은

작업을 모든 X_2 값에 대하여 계속하였을 때 구한 β_1 값들의 평균이 바로 X_2의 Y에 대한 영향력을 통제한 상태에서 X_1의 Y에 대한 효과인 β_1을 의미한다."

Origin을 통제한 상태에서 Horsepower가 Price에 주는 영향이란 Origin이 한 값일 때 (즉, Origin=1) Horsepower가 Price에 주는 영향 β_1을 추정하고, Origin이 다른 값일 때 (즉, Origin=2) Horsepower가 Price에 주는 영향 β_1을 추정하여 평균을 낸 개념으로 이해할 수 있다. 그러므로 1과 2로 이루어져 있는 Origin을 리코딩하여 0과 1로 하든, 1과 0으로 하든, 심지어 1과 100으로 하든지 간에 β_1 추정치들의 평균은 변할 리가 없다. 아래는 Origin을 1과 100으로 리코딩하여 통제변수로 사용한 회귀분석 결과이다.

Coefficients[a]

Model		Unstandardized Coefficients		Standardized Coefficients	t	Sig.
		B	Std. Error	Beta		
1	(Constant)	-3.221	1.909		-1.687	.095
	Horsepower	.148	.012	.800	12.729	.000
	Origin_recoded	.031	.012	.159	2.535	.013

a. Dependent Variable: Price

[그림 5.17] Origin_recoded를 통제한 상태에서 마력이 가격에 주는 영향

Horsepower가 Price에 주는 영향이 전혀 변하지 않은 것을 확인할 수 있다. 물론 절편이나 통제변수의 기울기 추정치는 통제변수의 코딩에 따라 변하기는 하는데, 연구자의 주요 관심은 독립변수 Horsepower가 Price에 주는 영향이다. 이렇듯 회귀분석에서 통제하는 이분형 변수를 그 어떤 형태로 코딩해도 주요 독립변수의 효과에는 영향을 미치지 못한다. 하지만, 그럼에도 불구하고 연구자들 사이에는 통제하는 범주형 변수를 더미변수로 코딩하여 모형에 투입하는 관행이 있다.

5.1.4. 이분형 변수의 성격

사회과학에서는 범주형 변수를 매우 자주 사용하는데, 범주형 변수가 모두 똑같은 범주형 변수의 성격을 가지고 있는 것은 아니다. 범주형 변수의 성격에 대해 범주형 변수 중 가장 간단한 형태인 이분형 변수를 이용해서 설명해 보고자 한다. 지금부터 설명하는 내용의 결론이나 함의점은 상당히 간단한데 반해 그 이유는 꽤 복잡하다. 통계적 배경지식이 부족하면

이해하는 것이 조금 어렵기도 한데 크게 걱정할 부분은 아니다. 함의점이 무엇인지 파악하는 것만으로 회귀분석을 이용하는 데는 아무런 문제가 없기 때문이다.

사회과학에서 사용되는 이분형 변수로는 성별(남/녀), 직업의 유무(없음/있음), 정치성향(좌파/우파), 위험회피성향(약함/강함), 나이대(청년/장년) 등이 있으며, 이들은 0과 1로 더미코딩되어 회귀분석의 독립변수로 사용될 수 있다. 이 변수들이 회귀분석의 독립변수로 사용된다는 것은 연속형 변수인 종속변수와 더미 독립변수 사이의 상관계수(더욱 정확히 말하면, Pearson 상관계수)에 기반하여 통계적 유의성이 결정된다는 의미이다.

그런데 위에서 예로 든 이분형 변수들은 무조건 Pearson의 상관계수를 이용하기에는 꽤 다른 성격을 가지고 있다. 위의 변수들 중 성별이나 직업의 유무는 본질적인 이분형(true dichotomy) 변수로서 두 개의 범주가 태생적으로 결정되어 있는 것들이다. 그에 반해, 정치성향, 위험회피성향, 나이대는 본래 이분형이 아니었으나 연구자에 의하여 만들어진 인위적인 이분형(artificial dichotomy) 변수이다. 예를 들어, 정치성향이라고 하면 극단적인 좌파 성향부터 극단적인 우파 성향까지 연속선(continuum) 상에 펼쳐지게 되는데, 연구자가 중간에 임의점을 설정하여 좌파(0) vs. 우파(1)의 두 개 범주로 나눈 것이다. 위험회피성향이나 나이대도 마찬가지로 형성된 이분형 변수들이다. 우리가 사용하는 다양한 통계모형이나 통계분석에서 이렇게 인위적으로 형성된 이분형 변수 X(0, 1이 있는 더미변수)의 기저에는 연속형 변수 X^*가 있다고 가정한다. 그리고 이러한 X^*를 잠재반응변수(latent response variable)라고 한다. 아래의 그림은 이분형 변수 X와 잠재반응변수 X^*의 관계를 보여 준다. 이분형 변수의 비율은 0이 47.8%, 1이 52.2%라고 가정한다.

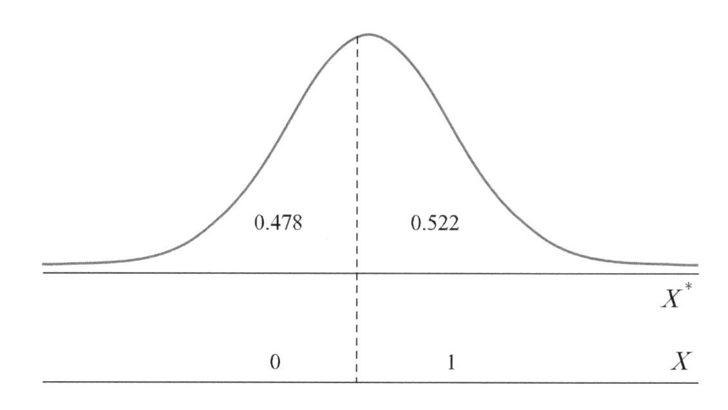

[그림 5.18] 이분형 변수 X와 잠재반응변수 X^*의 관계

위의 그림에서 연속형 변수 X^*는 특별히 다른 이유가 없는 한 표준정규분포(z분포)를 따른다고 가정한다. 이처럼 0과 1로 코딩된 더미변수의 기저에 정규분포가 있다는 가정은 Bock과 Lieberman(1970), Christofferson(1975) 및 Muthén(1978) 등 많은 연구자들에 의해 공유되는 개념이다. 이 잠재반응변수의 개념을 정치성향 변수에 적용해 볼 때, 정치성향 더미변수 X는 단지 0과 1 두 값밖에 취하지 않지만, 그 기저에 있는 정치성향 X^*는 태생적으로 연속형이라는 것을 의미한다.

이렇게 구분되는 두 성격에 따라 이분형 변수가 포함되는 상관계수의 계산법도 달라진다. 만약 이분형 변수가 본질적 이분형 변수라면, 즉 기저에 연속형 변수가 있는 것이 아니라면, 이분형 독립변수(더미변수) X와 연속형 종속변수 Y 간의 상관계수는 점이연상관계수(point biserial correlation coefficient)라는 것을 이용하여 아래처럼 추정한다.

$$r_{pb} = \frac{\left(\overline{Y}_0 - \overline{Y}_1\right)\sqrt{pq}}{\sqrt{\frac{1}{n}\sum(Y_i - \overline{Y})^2}} \qquad \text{[식 5.1]}$$

위에서 r_{pb}는 점이연상관계수, $\overline{Y}_0$는 더미변수가 0인 집단의 Y 평균, $\overline{Y}_1$은 더미변수가 1인 집단의 Y 평균, p는 더미변수가 1인 집단의 비율, q는 더미변수가 0인 집단의 비율이다. 식의 분모 부분은 Y의 표준편차인데, $n-1$이 아니라 n으로 나누어 주어 계산한다. 위의 식을 이용하여 추정하였을 때, 본질적 이분형 독립변수와 연속형 종속변수의 관계를 제대로 추정하게 된다. 사실 위의 점이연상관계수는 이분형 독립변수와 연속형 종속변수의 Pearson 상관계수와 일치한다($r_{pb} = r$). 그러므로 [식 5.1]에 제공된 복잡한 수식을 이용하지 않아도 본질적인 이분형 변수와 연속형 변수의 상관계수는 쉽게 추정할 수 있다.

만약 이분형 변수가 인위적으로 형성된 것이라면, 즉 기저에 연속형 변수가 있는 것이라면, 이분형 독립변수(더미변수)와 연속형 종속변수 간의 상관계수는 이연상관계수(biserial correlation coefficient)라는 것을 이용하여 아래처럼 추정한다.

$$r_b = \frac{(\overline{Y}_0 - \overline{Y}_1)pq}{d\sqrt{\frac{1}{n}\sum(Y_i - \overline{Y})^2}} = r_{pb}\frac{\sqrt{pq}}{d} \qquad \text{[식 5.2]}$$

위에서 r_b는 이연상관계수이고 d는 [그림 5.18]에서 0과 1이 구분되는 지점의 표준정규분포의 함수값, 즉 확률밀도(probability density) 값이다. 위의 식을 이용하여 추정하였을 때, 인위적 이분형 독립변수와 연속형 종속변수의 관계를 제대로 추정하게 된다. 그런데 문제는 Y와 X의 이연상관계수가 Y와 X의 Pearson 상관계수와 일치하지 않는다는 것이다 ($r_b \neq r$). 사실 Y와 X의 이연상관계수는 Y와 X^*의 Pearson 상관계수와 동일하다.

일반적인 회귀분석에서 사용하는 회귀계수의 기반은 Pearson 상관계수인데, 만약 이분형 변수가 인위적으로 생성된 변수라면 회귀분석의 결과는 틀리게 되는 것이다. 그리고 Pearson 상관계수 r은 언제나 이연상관계수 r_b보다 작다(Cohen et al., 2015). 인위적 더미변수와 연속형 종속변수의 상관을 추정하게 되면, 이연상관계수 r_b, 점이연상관계수 r_{pb}, Pearson 상관계수 r 사이에는 다음과 같은 관계가 존재하게 된다.

$$r_b > r_{pb} = r \qquad \text{[식 5.3]}$$

즉, 인위적 더미변수를 회귀분석에 사용하게 되면, 그 효과는 언제나 과소추정된다. 왜냐하면, 회귀분석은 기본적으로 더미변수가 독립변수로 투입될 때, 그 더미변수를 본질적 이분형 변수라고 가정하고 r_{pb} 또는 r을 계산하여 사용하기 때문이다.

그렇다면 점이연상관계수, 이연상관계수, Pearson 상관계수의 관계가 이분형 독립변수를 사용하는 회귀분석에 어떤 시사점이 있을까? 결론은 연속형 변수를 사용함에 있어서 그것을 인위적 범주형으로 만드는 것에 매우 주의해야 한다는 것이다. 독립변수로서 나이를 연속형 양적변수로 수집하여 사용할 수 있는데, 굳이 이분형 변수(예를 들어, 청년/장년)로 자료를 수집하여 사용하지 말아야 한다는 것이다. 그렇게 되면 나이 변수와 종속변수가 가지고 있는 진짜 관계가 과소추정된다. 나이와 종속변수의 진짜 관계는 이연상관계수 r_b인데, 회귀분석의 기울기 추정치가 기반하고 있는 관계는 r_{pb} 또는 r이 되는 것이다. 그런데 이러한 원칙에도 불구하고 연속형 독립변수를 인위적으로 이분하여 사용하였을 때 더 유의한 결과가 나오는 경우가 없지는 않다. 이는 연속형 독립변수의 점수 분포와 관련이 있는데 자세한 내용은 생략한다.

5.2. 범주가 세 개인 경우

사회과학을 포함한 대다수의 학문 영역에서 범주형 변수가 세 개 이상의 범주를 갖는 경우는 매우 흔하다. 예를 들어, 결혼상태(marital status)라는 변수가 있다고 하면, 혼인/이혼/별거/사별 등의 범주를 가질 수 있으며, 국적(nationality)이라는 변수가 있다고 하면 한국/일본/미국/중국/러시아 등의 범주를 가질 수 있다. 앞에서 이분형 변수의 경우에 어떻게 회귀분석에서 독립변수로 사용할 수 있는지 다루었는데, 여기서는 세 개 이상의 범주를 갖는 경우에 어떻게 독립변수로 사용할 수 있을지에 대하여 논의를 진행한다.

5.2.1. 더미변수의 사용

만약 K개의 범주를 가지고 있는 질적변수(범주형 변수)가 있다면 회귀분석에서는 어떻게 독립변수로 이용할 수 있을까? 기본적으로 범주의 개수보다 하나 더 적은 $K-1$개의 더미변수를 생성하면 된다. 예를 들어, 세 개의 범주를 가진 질적변수가 있다고 하면, 이를 통해 두 개의 더미변수(D_1, D_2)를 만들고 이를 이용하여 아래처럼 회귀모형을 설정한다.

$$Y = \beta_0 + \beta_1 D_1 + \beta_2 D_2 + e \qquad \text{[식 5.4]}$$

세 개 이상의 범주를 갖는 독립변수의 더미변수화 과정을 이해하기 위해 Cars93 자료의 DriveTrain(구동열) 변수를 통하여 Price를 예측하는 상황을 가정한다. DriveTrain 변수는 자동차가 엔진에서 발생된 동력을 변속기(transmission)를 통하여 어떤 바퀴로 전달하느냐에 따라 총 세 개의 범주로 이루어져 있다. 앞바퀴로만 동력을 전달하면 전륜구동(Front)이라고 하고, 뒷바퀴로만 동력을 전달하면 후륜구동(Rear)이라고 하며, 네 바퀴 모두로 동력을 전달하면 사륜구동(4WD)이라고 한다.

이처럼 DriveTrain 변수는 세 개의 범주를 갖고 있으므로 회귀분석에서 독립변수로 사용하고자 하면 두 개의 더미변수를 만드는 과정이 필요하다. 범주가 세 개 이상일 때는 두 개일 때에 비하여 더욱 정교하게 더미변수화 과정을 진행해야 한다. 아래의 표에 DriveTrain 변수의 더미코딩 방법과 생성된 더미변수의 이름을 어떻게 결정하는지에 대한 정보가 제공된다.

[표 5.1] DriveTrain 변수의 더미코딩 – 참조범주 4WD

DriveTrain 범주	더미변수	
	D_1=Front	D_2=Rear
Front	1	0
Rear	0	1
4WD	0	0

앞에서 생산지(Origin) 변수를 더미코딩할 때 미국산 차량을 0으로 코딩하고 수입산 차량을 1로 코딩하였다. 이렇게 하면 더미변수의 기울기 추정치가 미국산 차량의 가격 대비 수입산 차량의 가격이 얼마나 더 큰지(또는 작은지) 의미하게 된다. 이때 0으로 코딩한 범주를 참조범주(reference category)라고 한다. 이분형 변수의 더미코딩에서는 참조범주를 무엇으로 정하든지 상대적으로 덜 중요한 데 반해, 다분형(polytomous) 변수의 더미코딩에서는 참조범주를 정하는 것이 매우 중요하다. 왜냐하면, 회귀분석에서의 기울기 해석이 참조범주 대비 얼마나 큰지 또는 작은지의 효과로 이루어지기 때문이다.

위의 예에서는 4WD가 참조범주로 설정되어 있는 구조이다. 4WD 범주가 참조범주가 되면, 나머지 두 개 범주 이름으로 두 개의 더미변수가 만들어지게 된다. 먼저 첫 번째 더미변수의 이름은 Front로서 Front 범주를 1로 코딩하고, 나머지 Rear와 4WD를 0으로 코딩한다. 다음으로 두 번째 더미변수의 이름은 Rear로서 Rear 범주를 1로 코딩하고 Front와 4WD를 0으로 코딩한다. 이는 이분형 NonUSA 변수가 non-USA 범주를 1로 코딩하고 나머지 범주를 0으로 코딩한 것과 같은 이치이다. 잘 알다시피 더미변수는 1과 0으로만 이루어져 있는 변수이다.

더미변수(Front와 Rear)의 관점에서 더미코딩을 설명하였는데, 더미변수화 결과는 각 범주의 측면에서도 설명할 수 있다. 원래의 Front 범주는 Front=1, Rear=0으로 대표되고, Rear 범주는 Front=0, Rear=1로 대표되며, 4WD 범주는 Front=0, Rear=0으로 대표되는 것이다. 다시 말해, 원래 DriveTrain 변수는 1, 2, 3 이렇게 3개의 범주로 이루어져 있었는데, DriveTrain의 1범주는 더미변수 두 개 (1, 0)으로 대표되고, 2범주는 더미변수 두 개 (0, 1)로 대표되며, 3범주는 더미변수 두 개 (0, 0)으로 대표된다. 이는 곧 새롭게 생성된 두 개의 더미변수 Front와 Rear만 있으면, 이를 통해 DriveTrain 변수를 역으로 만들어 낼 수도 있음을 의미한다.

이와 같은 더미변수에 대한 이해를 바탕으로 [식 5.4]의 회귀분석 모형에서 기울기 β_1과 β_2를 해석할 수 있다. 먼저 Price를 종속변수로, DriveTrain(즉, Front와 Rear)을 독립변수로 하여 추정된 회귀식은 아래와 같다.

$$\widehat{Price} = \hat{\beta}_0 + \hat{\beta}_1 Front + \hat{\beta}_2 Rear \qquad [식\ 5.5]$$

위에서 $\hat{\beta}_0$, $\hat{\beta}_1$, $\hat{\beta}_2$을 해석하기 위해서는 약간의 트릭이 필요하다. 각 집단에서의 Price 추정값을 구하기 위해 아래처럼 [식 5.5]에 Front와 Rear의 더미코딩 값을 대입해 보는 방법을 사용한다.

[표 5.2] 더미코딩에서 각 범주별 Price의 기대값

DriveTrain 범주	더미코딩	Price(Y)의 추정치
Front	Front=1, Rear=0	$\hat{Y}_{Front} = \hat{\beta}_0 + \hat{\beta}_1 \cdot 1 + \hat{\beta}_2 \cdot 0 = \hat{\beta}_0 + \hat{\beta}_1$
Rear	Front=0, Rear=1	$\hat{Y}_{Rear} = \hat{\beta}_0 + \hat{\beta}_1 \cdot 0 + \hat{\beta}_2 \cdot 1 = \hat{\beta}_0 + \hat{\beta}_2$
4WD	Front=0, Rear=0	$\hat{Y}_{4WD} = \hat{\beta}_0 + \hat{\beta}_1 \cdot 0 + \hat{\beta}_2 \cdot 0 = \hat{\beta}_0$

위의 결과로부터 가장 먼저 $\hat{\beta}_0$이 4WD 집단의 Price 기대값인 $\hat{Y}_{4WD}$이라는 것을 알 수 있다. 다음으로 $\hat{\beta}_1$의 의미를 파악하기 위해서는 Front 집단의 Price 기대값에서 4WD 집단의 Price 기대값을 뺀다. 결과는 아래와 같다.

$$\hat{Y}_{Front} - \hat{Y}_{4WD} = \hat{\beta}_0 + \hat{\beta}_1 - \hat{\beta}_0 = \hat{\beta}_1$$

즉, $\hat{\beta}_1$의 의미는 Front 집단의 Price와 4WD 집단의 Price의 차이이다. 그리고 $\hat{\beta}_2$의 의미를 파악하기 위해서는 Rear 집단의 Price 기대값에서 4WD 집단의 Price 기대값을 뺀다. 결과는 아래와 같다.

$$\hat{Y}_{Rear} - \hat{Y}_{4WD} = \hat{\beta}_0 + \hat{\beta}_2 - \hat{\beta}_0 = \hat{\beta}_2$$

즉, $\hat{\beta}_2$의 의미는 Rear 집단의 Price와 4WD 집단의 Price 간 차이이다. 결과들을 종합하여 표로 만들면 다음과 같다.

[표 5.3] 더미코딩에서 각 추정치의 의미

추정치	결과	해석
$\hat{\beta}_0$	$\hat{Y}_{4WD}$	4WD 집단의 Price 평균
$\hat{\beta}_1$	$\hat{Y}_{Front} - \hat{Y}_{4WD}$	4WD 집단의 Price 평균 대비 Front 집단의 Price 평균 차이
$\hat{\beta}_2$	$\hat{Y}_{Rear} - \hat{Y}_{4WD}$	4WD 집단의 Price 평균 대비 Rear 집단의 Price 평균 차이

이제 SPSS를 이용하여 실제로 더미변수를 생성하기 위해 원변수인 DriveTrain의 코딩 상태를 확인한다.

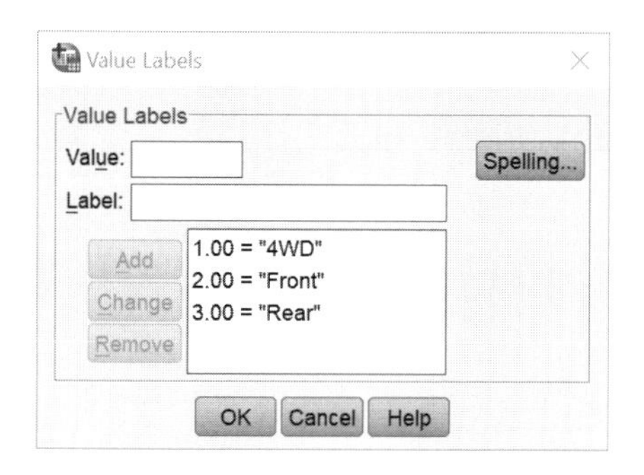

[그림 5.19] DriveTrain 변수의 범주

먼저 Front 더미변수를 코딩하기 위해서 Transform 메뉴의 Recode into Different Variables를 실행한다.

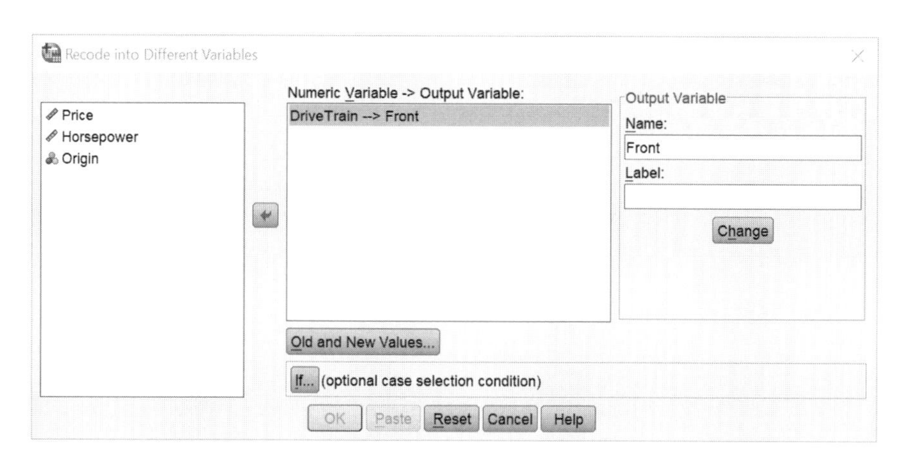

[그림 5.20] Front 더미변수 생성

왼쪽의 변수 패널에서 DriveTrain 변수를 Numeric Variable -> Output Variable

패널로 옮긴다. 오른쪽에 있는 Output Variable 부분에서 새롭게 만들 더미변수의 이름을 Front로 정해 준 다음에 Change를 클릭한다. 다음으로 Old and New Values를 클릭하여 들어가면 아래의 화면이 열린다.

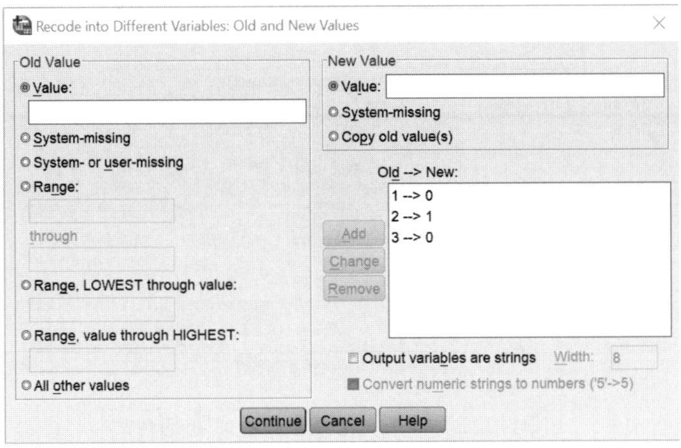

[그림 5.21] Front 더미변수의 코딩 방식

위의 그림처럼 Front 범주를 1로 리코딩하고, Rear 범주와 4WD 범주는 0으로 리코딩한다. 이제 Continue를 누르고 나가서 이전 화면의 OK를 누르면 Front 더미변수가 생성된다. 마찬가지로 Rear 더미변수를 코딩하기 위해서 Transform 메뉴의 Recode into Different Variables를 다시 실행한다.

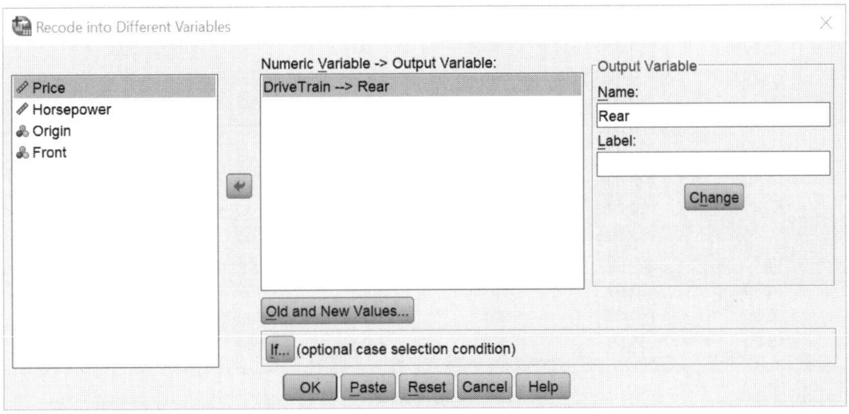

[그림 5.22] Rear 더미변수 생성

왼쪽의 변수 패널에서 DriveTrain 변수를 Numeric Variable −> Output Variable 패널로 옮긴다. 오른쪽에 있는 Output Variable 부분에서 새롭게 만들 더미변수의 이름을

Rear로 정해 준 다음에 Change를 클릭한다. 다음으로 Old and New Values를 클릭하여 들어가면 아래의 화면이 열린다.

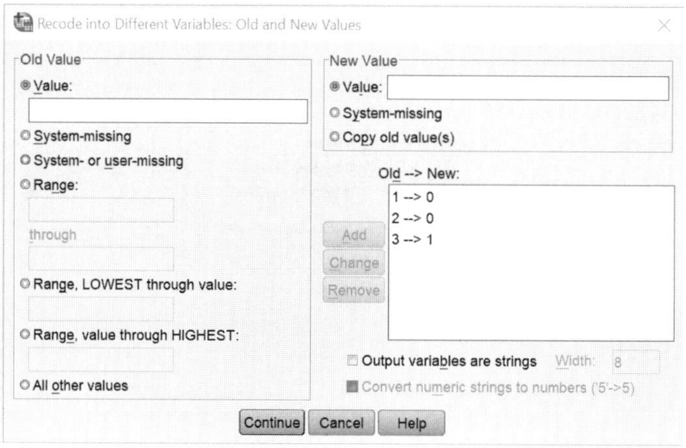

[그림 5.23] Rear 더미변수의 코딩 방식

위의 그림처럼 Rear 범주를 1로 코딩하고, Front 범주와 4WD 범주는 0으로 코딩한다. 이제 Continue를 누르고 나가서 이전 화면의 OK를 누르면 Rear 더미변수가 생성된다. 새롭게 생성된 Front와 Rear 변수는 다음과 같다.

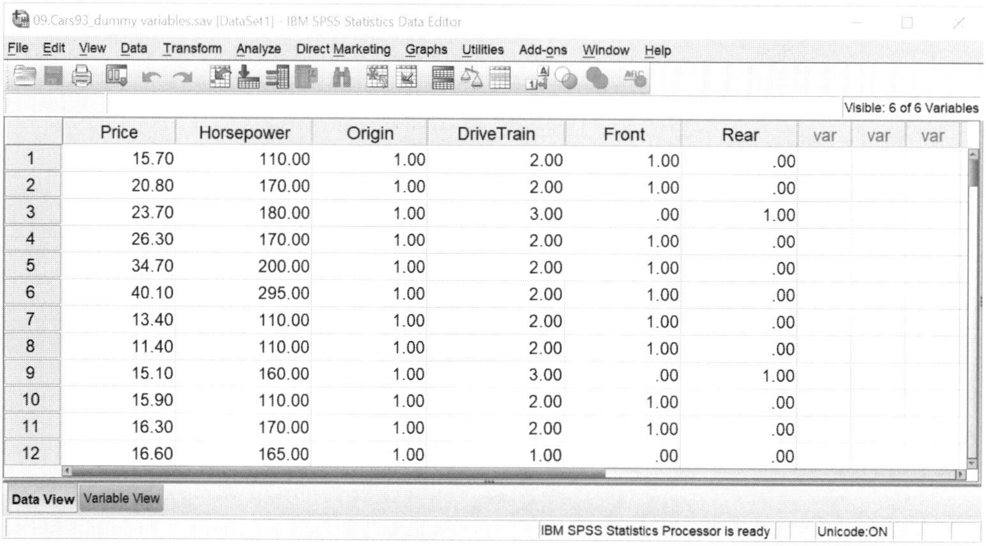

	Price	Horsepower	Origin	DriveTrain	Front	Rear	var	var	var
1	15.70	110.00	1.00	2.00	1.00	.00			
2	20.80	170.00	1.00	2.00	1.00	.00			
3	23.70	180.00	1.00	3.00	.00	1.00			
4	26.30	170.00	1.00	2.00	1.00	.00			
5	34.70	200.00	1.00	2.00	1.00	.00			
6	40.10	295.00	1.00	2.00	1.00	.00			
7	13.40	110.00	1.00	2.00	1.00	.00			
8	11.40	110.00	1.00	2.00	1.00	.00			
9	15.10	160.00	1.00	3.00	.00	1.00			
10	15.90	110.00	1.00	2.00	1.00	.00			
11	16.30	170.00	1.00	2.00	1.00	.00			
12	16.60	165.00	1.00	1.00	.00	.00			

[그림 5.24] 생성된 Front, Rear 더미변수

생성된 두 개의 더미변수 값을 살펴보도록 하자. DriveTrain 변수가 2라는 것은 Front

범주를 의미하며, 이때 Front 더미변수의 값은 1이다. DriveTrain 변수가 3일 때는 Rear 범주이고 1일 때는 4WD 범주이며, 이때의 Front 더미변수 값은 모두 0이다. 즉, Front 더미변수가 Front 범주일 때는 1, Front 범주가 아닐 때는 0으로 코딩되어 있는 것을 확인할 수 있다. Rear 더미변수를 살펴보면, 역시 DriveTrain이 3일 때(Rear 범주) 1로 코딩되어 있으며, 그 외의 값일 때는 모두 0으로 코딩되어 있다. 다른 각도로 보면, DriveTrain이 1일 때(4WD)는 Front와 Rear가 0, 0으로 코딩되어 있고, 2일 때(Front)는 1, 0으로 코딩되어 있으며, 3일 때(Rear)는 0, 1로 코딩되어 있다.

이제 생성된 더미변수들을 이용하여 DriveTrain이 Price에 주는 영향을 살펴보도록 하자. 설정한 모형은 아래와 같다.

$$Price = \beta_0 + \beta_1 Drive\,Train + e$$

그런데 위 모형의 독립변수인 DriveTrain은 1, 2, 3으로 코딩된 질적변수이므로 회귀모형에서 사용할 수 없다. DriveTrain이 Price에 주는 영향을 확인하고 싶으면 새롭게 형성된 더미변수를 이용하여 아래처럼 모형을 설정해야 한다.

$$Price = \beta_0 + \beta_1 Front + \beta_2 Rear + e$$

모형의 추정 결과가 아래에 제공된다.

Model Summary

Model	R	R Square	Adjusted R Square	Std. Error of the Estimate
1	.448[a]	.201	.183	8.73164

a. Predictors: (Constant), Rear, Front

ANOVA[a]

Model		Sum of Squares	df	Mean Square	F	Sig.
1	Regression	1722.286	2	861.143	11.295	.000[b]
	Residual	6861.735	90	76.242		
	Total	8584.021	92			

a. Dependent Variable: Price

b. Predictors: (Constant), Rear, Front

[그림 5.25] DriveTrain의 Price 예측모형 평가 결과표 및 분산분석표

결과를 보면 Price에 존재하는 변동성의 20.1%가 DriveTrain에 의해서 설명되고 있다. 이는 Cohen(1988)의 가이드라인에 따르면 중간 정도 또는 큰 정도의 효과크기라고 할 수 있다. 모형의 F검정 결과는 $p < .001$ 수준에서 통계적으로 유의한데, 이는 적어도 하나의 회귀계수가 통계적으로 유의할 것이라는 걸 가리킨다. 즉, Front 또는 Rear 변수 중 하나는 통계적으로 유의한 예측변수일 것이다. 다음으로는 각 변수의 검정 결과가 제공된다.

Coefficients[a]

Model		Unstandardized Coefficients		Standardized Coefficients	t	Sig.
		B	Std. Error	Beta		
1	(Constant)	17.630	2.761		6.385	.000
	Front	-.094	2.960	-.004	-.032	.975
	Rear	11.320	3.520	.445	3.216	.002

a. Dependent Variable: Price

[그림 5.26] DriveTrain의 Price 예측모형 추정 결과

위의 결과로부터 추정된 회귀식은 다음과 같음을 알 수 있다.

$$\widehat{Price} = 17.630 - 0.094Front + 11.320Rear$$

해석은 [표 5.3]을 이용하면 된다. 먼저 절편 $\hat{\beta}_0$은 Front 변수와 Rear 변수가 모두 0일 때의 Price 기대값이므로 4WD 범주의 기대되는 Price를 의미한다. 즉, 사륜구동 차들의 평균적인 가격은 17,630달러이다. 다음으로 기울기 $\hat{\beta}_1$은 참조범주인 4WD와 Front 범주의 가격 차이를 의미한다. 그러므로 전륜구동 차들이 사륜구동 차들에 비해 94달러 더 싸다. 마지막으로 기울기 $\hat{\beta}_2$은 참조범주인 4WD와 Rear 범주의 가격 차이를 의미한다. 그러므로 후륜구동 차들이 사륜구동 차들에 비해 11,320달러 더 비싸다. 해석을 한번 보여 주기 위해서 위와 같이 모든 추정치의 해석을 하였으나 실제 연구에서는 모수가 통계적으로 유의한지 아닌지를 확인한 이후에 해석을 진행한다. 예를 들어, β_1은 통계적으로 유의하게 0과 다르지 않으므로 참조범주인 4WD와 Front 범주의 가격 차이는 없다고 보고해야 한다.

5.2.2. 회귀분석과 분산분석

이분형 변수를 더미코딩하고 회귀분석을 실시하여 기울기에 대한 검정을 진행하는 것이 독립표본 t검정을 진행하는 것과 수리적으로 일치한다는 것을 앞에서 보여 주었다.

DriveTrain으로 두 개의 더미변수를 만들어 회귀분석을 실시하는 것 역시 분산분석 F검정과 통계적으로 다르지 않다. Price를 종속변수로 하고, DriveTrain을 요인으로 하여 분산분석을 실시하고자 하면, Analyze 메뉴로 들어가 Compare Means를 선택하고 One-Way ANOVA를 실행한다.

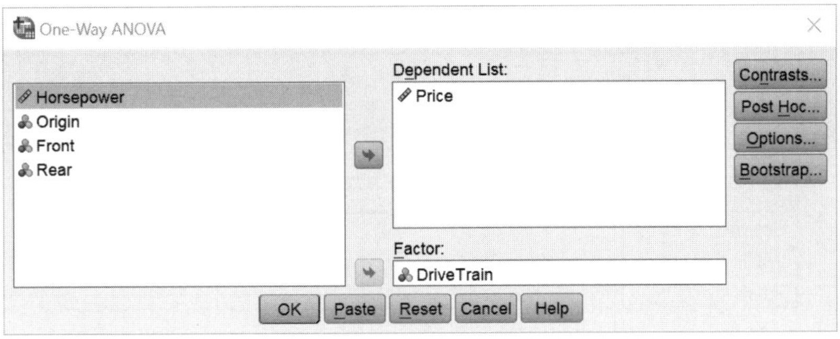

[그림 5.27] 일원분산분석의 실행 화면

위의 화면에서 종속변수 Price를 Dependent List로 옮기고, 독립변수(요인) DriveTrain을 Factor로 옮긴다. 분산분석의 사후분석(post hoc analysis)을 실시하기 위하여 Post Hoc 옵션을 선택하면 아래와 같은 화면이 나타난다.

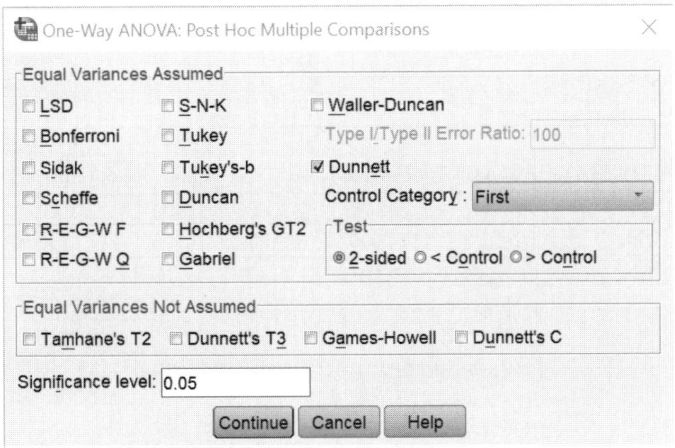

[그림 5.28] 분산분석의 사후분석 선택 화면

요인의 범주가 3개 있을 때는 분산분석의 사후분석으로서 Fisher의 LSD(least significant difference) 방법이 제1종오류를 통제하면서도 가장 검정력이 높은 방법이어서 추천된다. 하지만 Bonferroni 방법이나, Tukey 방법 등 다양한 사후분석이 실제 현장에서 사용되고 있다. 화면에 보이는 수많은 사후분석 옵션 중에서 회귀분석의 결과와 동일한 평균비교(mean comparison)를 하는 방법이 있다. [그림 5.28]의 화면에 선택되어 있는 Dunnett 방법으로서 이 사후분석 절차는 Control Category에서 참조범주를 선택함으로써 참조범주 대비 해당범주의 평균 차이를 보여 준다. Control Category는 First 또는 Last를 선택할 수 있는데, [그림 5.19]처럼 DriveTrain의 첫 번째 범주는 4WD, 마지막 범주는 Rear이므로 여기서는 First를 선택하였다. 결과는 다음과 같다.

ANOVA

Price

	Sum of Squares	df	Mean Square	F	Sig.
Between Groups	1722.286	2	861.143	11.295	.000
Within Groups	6861.735	90	76.242		
Total	8584.021	92			

[그림 5.29] Price와 DriveTrain의 분산분석표

위의 그림에 나타나는 분산분석 F검정통계량이라든지 p값은 회귀분석의 결과인 [그림 5.25]와 완전히 일치한다. DriveTrain을 분산분석의 요인으로 투입하든지 이를 더미변수화하여 회귀분석의 독립변수로 투입하든지 통계적으로 다르지 않다는 것을 의미한다. 아래는 Dunnett의 방법을 이용한 사후분석 결과이다.

Multiple Comparisons

Dependent Variable: Price
Dunnett t (2-sided)[a]

(I) DriveTrain	(J) DriveTrain	Mean Difference (I-J)	Std. Error	Sig.	95% Confidence Interval Lower Bound	95% Confidence Interval Upper Bound
2.00	1.00	-.09418	2.96008	.999	-6.6228	6.4344
3.00	1.00	11.32000*	3.51984	.003	3.5568	19.0832

*. The mean difference is significant at the 0.05 level.

a. Dunnett t-tests treat one group as a control, and compare all other groups against it.

[그림 5.30] Dunnett의 사후분석 결과

Dunnett의 방법을 사용하면 참조범주로 결정된 4WD 집단(범주 1)과 Front 집단(범주 2) 및 Rear 집단(범주 3)의 평균 차이 검정을 진행한다. 두 번째 컬럼의 Mean Difference 부분을 보면 회귀분석에서의 $\hat{\beta}_1$ 및 $\hat{\beta}_2$의 값과 동일하며, 오른쪽에 있는 표준오차(Std. Error) 역시 동일함을 알 수 있다. 다만 p값이 조금 다른데, 이는 가족제1종오류(familywise Type I error)를 통제하는 과정에서 생긴 차이이다. 참고로 더미변수를 이용

한 회귀분석에서는 가족제1종오류를 통제하는 과정을 거치지 않는다.

사실 분산분석에서는 사후분석 방법으로서 Dunnett의 절차를 잘 사용하지 않는데, 이는 [그림 5.30]처럼 집단 2와 집단 3의 비교를 진행하지 않기 때문이다. 평균비교가 중심이 되는 연구라면 Dunnett은 적절하지 않으며, 다음처럼 Fisher의 LSD나 Bonferroni의 절차를 진행한다.

Multiple Comparisons

Dependent Variable: Price
LSD

(I) DriveTrain	(J) DriveTrain	Mean Difference (I-J)	Std. Error	Sig.	95% Confidence Interval	
					Lower Bound	Upper Bound
1.00	2.00	.09418	2.96008	.975	-5.7865	5.9749
	3.00	-11.32000*	3.51984	.002	-18.3128	-4.3272
2.00	1.00	-.09418	2.96008	.975	-5.9749	5.7865
	3.00	-11.41418*	2.42961	.000	-16.2410	-6.5873
3.00	1.00	11.32000*	3.51984	.002	4.3272	18.3128
	2.00	11.41418*	2.42961	.000	6.5873	16.2410

*. The mean difference is significant at the 0.05 level.

[그림 5.31] Fisher의 LSD 사후분석 결과

위의 그림을 보면 첫 번째 행에서 집단 1(4WD)에 대해서 집단 2(Front) 및 집단 3(Rear)의 비교를 진행할 뿐만 아니라, 두 번째와 세 번째 행에서 집단 2 및 집단 3에 대해서 나머지 두 집단의 평균비교도 진행한다. 즉, 위의 결과에서는 집단 1 vs. 집단 2, 집단 1 vs. 집단 3, 집단 2 vs. 집단 3의 모든 쌍별비교(pairwise comparison)를 진행한다. 분산분석의 사후분석에는 모든 쌍별비교를 확인하는 것이 일반적이므로 Dunnett보다는 다른 방법들을 사용하게 된다. 참고로 [그림 5.31]의 결과에서 첫 번째 행이 Dunnett의 비교와 동일한 절차를 가리키며, 더미변수들을 이용한 회귀분석의 결과와도 일치한다.

Fisher의 LSD 절차가 더미변수를 이용한 회귀분석 결과와 일치하는 이유는 두 방법 모두 가족제1종오류를 통제하는 과정이 없기 때문이다. 하나의 회귀분석 모형에서 각 예측변수의 효과를 검정함에 있어 가족제1종오류를 통제하는 경우는 일반적이지 않으며, Fisher가 분산분석의 사후 절차로서 처음 제안한 LSD 방법 역시 가족제1종오류를 통제하는 과정은 거치지 않는다. 그렇다면 Fisher의 LSD 방법은 분산분석의 사후분석으로서 제1종오류를 통제하지 못하는 것일까? 이에 대한 답은 생각보다 조금 복잡한데, 분산분석에서 몇 개의 집단을 비교하는가에 달려 있다. 만약 세 개의 집단 간 평균을 비교한다면 Fisher의 방법은 가족제1종오류를 잘 통제할 수 있다. 반면 네 개 이상의 집단 간 평균비교를 진행한다면 Fisher의 방법은 가족제1종오류를 통제하지 못한다. 이에 대한 자세한 설명은 김수영(2019)을 참고하기 바란다.

5.3. 효과코딩

범주형 변수를 코딩하여 회귀분석에서 사용하는 방법이 더미코딩만 있는 것은 아니라고 하였다. 더미코딩 다음으로 많이 쓰이는 코딩 방식은 아마도 효과코딩(effect coding)일 것이며, 이 방법은 비가중효과코딩(unweighted effect coding)과 가중효과코딩(weighted effect coding)으로 나뉜다. 효과코딩을 하여 회귀분석을 한다고 하여 통계적으로 모형이 바뀌는 것은 아니지만 절편과 기울기의 해석이 더미코딩과는 다르게 된다. 범주형 변수의 효과코딩 부분은 회귀분석을 이용하여 자료를 분석하는 대다수의 사회과학도들에게 필수지식은 아니다. 그러므로 필요에 따라 선택하여 공부하기 바란다.

5.3.1. 비가중효과코딩

효과코딩을 이해하기 위해 예제로 사용할 자료는 Cars93 자료에 있는 Price 변수와 DriveTrain 변수이다. 더미코딩 예제와 마찬가지로 Price를 종속변수로 사용하고 구동열 변수인 DriveTrain을 독립변수로 사용한다. 더미코딩에서는 [표 5.1]처럼 비교범주 또는 참조범주를 4WD로 결정하고, 나머지 두 개의 범주인 Front와 Rear에 해당하는 두 개의 더미변수 Front와 Rear를 형성하였다. Front 더미변수에서 Front 범주는 1로 코딩되었으며, 나머지 Rear 범주와 4WD 범주는 0으로 코딩되었다. Rear 더미변수에서는 Rear 범주가 1로 코딩되었으며, 나머지 Front 범주와 4WD 범주는 0으로 코딩되었다. 즉, 더미코딩은 참조범주가 두 개의 더미변수에서 모두 0으로 코딩되는 방식이다.

비가중효과코딩은 더미코딩의 방식과 매우 비슷하게 이루어진다. 참조범주를 결정하고 나머지 범주에 해당하는 두 개의 효과코딩 변수를 만드는데, 참조범주를 0이 아닌 −1로 코딩하는 것만 다르고 나머지는 일치한다. 비가중효과코딩을 실시하여 두 개의 효과코딩 변수 E_1과 E_2가 만들어지면, 아래처럼 회귀모형을 설정하여 분석을 실시하게 된다.

$$Y = \beta_0 + \beta_1 E_1 + \beta_2 E_2 + e \quad \text{[식 5.6]}$$

아래의 표는 DriveTrain 변수를 비가중효과코딩하여 효과코딩 변수 E_1과 E_2를 만드는 방법을 제공한다.

[표 5.4] **DriveTrain 변수의 비가중효과코딩**

DriveTrain 범주	효과코딩 변수	
	E_1=Front_E	E_2=Rear_E
Front	1	0
Rear	0	1
4WD	−1	−1

위의 표에서는 더미코딩으로 생성되는 변수와 구분하기 위하여 두 개의 효과코딩 변수 이름을 각각 Front_E와 Rear_E로 하였다. 참조의 대상이 되는 범주인 4WD가 Front_E 변수 및 Rear_E 변수에서 모두 −1로 코딩되어 있는 것을 볼 수 있다. 반면에 Front 범주는 Front_E 변수 및 Rear_E 변수에서 각각 1과 0으로 코딩되어 있고, Rear 범주는 Front_E 변수 및 Rear_E 변수에서 각각 0과 1로 코딩되어 있다. 이와 같은 Front와 Rear 범주에 대한 코딩 방식은 [표 5.1]에서 제공하는 더미코딩 방식과 전혀 다르지 않다.

이제 비가중효과코딩을 바탕으로 [식 5.6]의 회귀분석 모형에서 절편 β_0 및 기울기 β_1과 β_2를 해석할 수 있다. 먼저 Price를 종속변수로, DriveTrain을 독립변수로 하여 추정된 회귀식은 아래와 같다. DriveTrain은 비가중효과코딩하여 Front_E와 Rear_E로 나뉘어 있다.

$$\widehat{Price} = \hat{\beta}_0 + \hat{\beta}_1 Front\_E + \hat{\beta}_2 Rear\_E \quad \text{[식 5.7]}$$

더미코딩과 마찬가지로 위의 $\hat{\beta}_0$, $\hat{\beta}_1$, $\hat{\beta}_2$을 해석하기 위해서는 약간의 트릭이 필요하다. 각 집단에서의 Price 추정값을 구하기 위해 [식 5.7]에 Front_E와 Rear_E의 비가중효과코딩 값을 대입해 보는 방법을 사용한다.

[표 5.5] 비가중효과코딩에서 각 범주별 Price의 기대값

DriveTrain 범주	효과코딩	Price(Y)의 추정치
Front	Front_E=1, Rear_E=0	$\hat{Y}_{Front} = \hat{\beta}_0 + \hat{\beta}_1 \cdot 1 + \hat{\beta}_2 \cdot 0 = \hat{\beta}_0 + \hat{\beta}_1$
Rear	Front_E=0, Rear_E=1	$\hat{Y}_{Rear} = \hat{\beta}_0 + \hat{\beta}_1 \cdot 0 + \hat{\beta}_2 \cdot 1 = \hat{\beta}_0 + \hat{\beta}_2$
4WD	Front_E=−1, Rear_E=−1	$\hat{Y}_{4WD} = \hat{\beta}_0 + \hat{\beta}_1 \cdot (-1) + \hat{\beta}_2 \cdot (-1) = \hat{\beta}_0 - \hat{\beta}_1 - \hat{\beta}_2$

위 표의 결과로부터 먼저 $\hat{\beta}_0$의 의미를 파악하기 위해 각 집단의 Price 기대값을 모두 더하면 아래와 같다.

$$\hat{Y}_{Front} + \hat{Y}_{Rear} + \hat{Y}_{4WD} = \hat{\beta}_0 + \hat{\beta}_1 + \hat{\beta}_0 + \hat{\beta}_2 + \hat{\beta}_0 - \hat{\beta}_1 - \hat{\beta}_2 = 3\hat{\beta}_0$$

이를 $\hat{\beta}_0$에 대하여 정리하면 다음과 같다.

$$\hat{\beta}_0 = \frac{\hat{Y}_{Front} + \hat{Y}_{Rear} + \hat{Y}_{4WD}}{3}$$

위의 결과를 통해서 절편 $\hat{\beta}_0$의 의미는 Price의 세 집단 비가중평균(unweighted average)이 됨을 알 수 있다. Price의 비가중평균은 Price의 전체평균 $\overline{Y}$와는 다르다. 전체평균은 각 집단의 평균에 표본크기를 가중치로 사용하여 계산한 평균과 동일하다. 즉, 전체평균이란 표본크기를 가중치로 이용한 집단평균들의 가중평균이다. 쉽게 말해, 93종류 모든 차량의 가격 평균으로 이해하면 된다. 그에 반해, 비가중평균은 각 집단의 표본크기가 반영되지 않고 세 집단의 평균을 더해 단순히 집단 개수로 나누어 구한 것이다. 그러므로 만약 각 집단의 크기가 동일하다면 비가중평균과 전체평균(가중평균)은 같은 값이 될 것이지만, 집단의 크기가 동일하지 않다면 비가중평균과 전체평균은 다른 값을 보여 주게 될 것이다.

다음으로 $\hat{\beta}_1$의 의미를 파악하기 위해서는 [표 5.5]의 첫 번째 식을 이용한다. $\hat{\beta}_0$을 왼쪽으로 넘기면 아래와 같은 관계가 드러난다.

$$\hat{\beta}_1 = \hat{Y}_{Front} - \hat{\beta}_0$$

이처럼 $\hat{\beta}_1$의 의미는 Front 집단의 평균에서 비가중평균을 뺀 값이다. 다시 말해, $\hat{\beta}_1$은 비가중평균에 비해 Front 집단 평균의 상대적 크기 차이를 가리킨다. 또한, 이는 Front 집단의 집단효과(group effect)를 의미한다. 집단효과는 분산분석에서 사용하는 개념으로서 각 집단의 평균에서 전체평균을 뺀 개념이다. 즉, 집단효과는 개별집단의 평균이 전체집단의 평균에 비해서 얼마나 큰지, 또는 작은지를 보여 준다. 여기서 $\hat{\beta}_1$이 분산분석에서 사용하는 집단효과와 다른 것은 각 집단의 평균에서 전체평균(가중평균)이 아닌 비가중평균을 빼서 구했다는 것이다.

마지막으로 $\hat{\beta}_2$의 의미를 파악하기 위해서는 [표 5.5]의 두 번째 식을 이용한다. $\hat{\beta}_0$을 왼쪽으로 넘기면 아래와 같은 관계가 드러난다.

$$\hat{\beta}_2 = \hat{Y}_{Rear} - \hat{\beta}_0$$

이처럼 $\hat{\beta}_2$의 의미는 Rear 집단의 평균에서 비가중평균을 뺀 값이다. 다시 말해, $\hat{\beta}_2$은 비가중평균에 비해 Rear 집단 평균의 상대적 크기 차이를 가리킨다. 또한, 이는 Rear 집단의 집단효과를 의미한다. 물론 앞서 설명한 대로 분산분석의 집단효과와는 다른 결과를 보여 준다. 지금까지의 결과들을 모두 종합하여 표로 만들면 다음과 같다.

[표 5.6] **비가중효과코딩에서 각 추정치의 의미**

추정치	결과	해석
$\hat{\beta}_0$	$\hat{\beta}_0 = \frac{\hat{Y}_{Front} + \hat{Y}_{Rear} + \hat{Y}_{4WD}}{3}$	세 집단의 Price 비가중평균
$\hat{\beta}_1$	$\hat{\beta}_1 = \hat{Y}_{Front} - \hat{\beta}_0$	Price의 비가중평균 대비 Front 집단의 Price 평균 차이
$\hat{\beta}_2$	$\hat{\beta}_2 = \hat{Y}_{Rear} - \hat{\beta}_0$	Price의 비가중평균 대비 Rear 집단의 Price 평균 차이

이제 4WD를 참조범주로 하여 효과코딩 변수 Front_E와 Rear_E를 생성하고 [식 5.7]의 회귀분석을 실시한다. 아래의 그림은 Front_E와 Rear_E를 생성하기 위한 Transform 메뉴의 Recode into Different Variables의 실행 화면이다. 공간의 절약을 위해 Old --> New 부분만 제공한다.

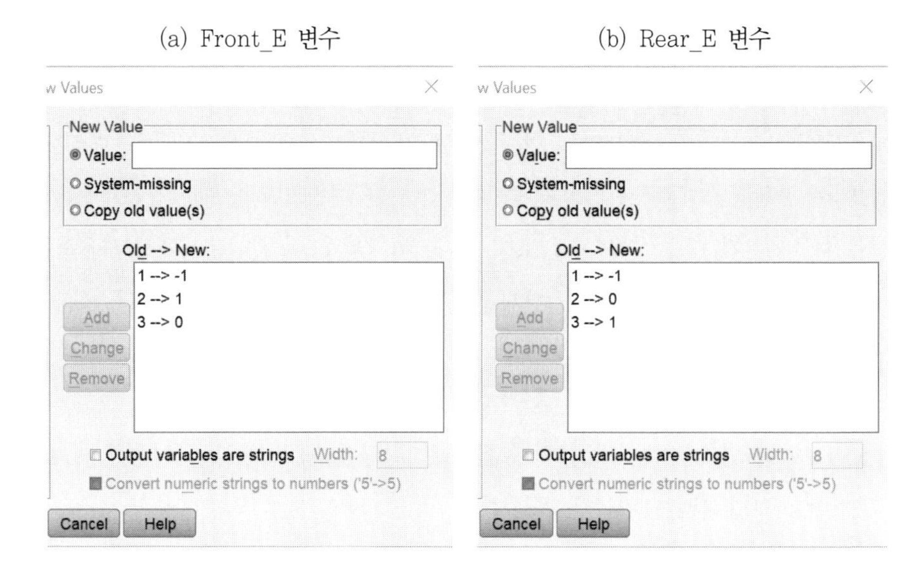

[그림 5.32] Front_E와 Rear_E를 생성하기 위한 코딩

본래 DriveTrain 변수는 1이 4WD, 2가 Front, 3이 Rear이다. Front_E 변수를 생성하기 위해서는 위 그림의 (a)처럼 4WD를 −1로 하고, Front를 1로 코딩하며, 나머지를 0으로 코딩하면 된다. 그리고 Rear_E 변수를 생성하기 위해서는 위 그림의 (b)처럼 4WD를 −1로 하고, Rear를 1로 코딩하며, 나머지를 0으로 코딩하면 된다. 이렇게 하면 다음과 같이 두 개의 효과코딩 변수가 생성된다.

09.Cars93_dummy variables.sav [DataSet5] - IBM SPSS Statistics Data Editor

File Edit View Data Transform Analyze Direct Marketing Graphs Utilities Add-ons Window Help

Visible: 10 of 10 Variables

	Horsepower	Price	Origin	DriveTrain	Front	Rear	Front_E	Rear_E
11	295.00	40.10	1.00	2.00	1.00	.00	1.00	.00
12	110.00	13.40	1.00	2.00	1.00	.00	1.00	.00
13	110.00	11.40	1.00	2.00	1.00	.00	1.00	.00
14	160.00	15.10	1.00	3.00	.00	1.00	.00	1.00
15	110.00	15.90	1.00	2.00	1.00	.00	1.00	.00
16	170.00	16.30	1.00	2.00	1.00	.00	1.00	.00
17	165.00	16.60	1.00	1.00	.00	.00	-1.00	-1.00
18	170.00	18.80	1.00	3.00	.00	1.00	.00	1.00
19	300.00	38.00	1.00	3.00	.00	1.00	.00	1.00
20	153.00	18.40	1.00	2.00	1.00	.00	1.00	.00

Data View Variable View

IBM SPSS Statistics Processor is ready Unicode:ON

[그림 5.33] Front_E와 Rear_E 변수의 생성

생성된 Front_E와 Rear_E 변수를 보면, DriveTrain이 1(4WD)일 때 각각 −1과 −1로

코딩되어 있으며, 2(Front)일 때 각각 1과 0으로 코딩되어 있고, 3(Rear)일 때 각각 0과 1로 코딩되어 있다. 이제 두 개의 효과코딩 변수를 독립변수로 하여 회귀분석을 실시하면 결과는 다음과 같다.

Model Summary

Model	R	R Square	Adjusted R Square	Std. Error of the Estimate
1	.448[a]	.201	.183	8.73164

a. Predictors: (Constant), Rear_E, Front_E

Coefficients[a]

Model		Unstandardized Coefficients		Standardized Coefficients	t	Sig.
		B	Std. Error	Beta		
1	(Constant)	21.372	1.226		17.433	.000
	Front_E	-3.836	1.372	-.269	-2.796	.006
	Rear_E	7.578	1.758	.414	4.310	.000

a. Dependent Variable: Price

[그림 5.34] **효과코딩 변수의 회귀분석 결과 요약 및 개별효과 추정치**

먼저, [그림 5.34]의 위를 보면 $R^2 = 0.201$로서 더미코딩 변수인 Front와 Rear를 사용했을 때와 정확히 동일한 설명력을 보여 준다는 것을 알 수 있다. 다음으로 [그림 5.34]의 아래는 개별적인 추정치 결과이다. SPSS 결과를 통해 추정된 회귀식은 아래와 같음을 알 수 있다.

$$\widehat{Price} = 21.372 - 3.836 Front\_E + 7.578 Rear\_E$$

절편은 21.372로서 이는 4WD, Front, Rear 세 집단의 비가중평균 가격이 21,372달러임을 가리킨다. Front_E의 기울기는 −3.836으로서 Front 집단의 평균 가격 17,539달러와 비가중평균 가격 21,372달러의 차이를 의미한다. 즉, Front 집단의 차량 평균 가격이 세 집단의 비가중평균 가격보다 3,836달러 더 싸다. Rear_E의 기울기는 7.578로서 Rear 집단의 평균 가격과 비가중평균 가격의 차이를 의미한다. 즉, Rear 집단의 차량 평균 가격이 세 집단의 비가중평균 가격보다 7,578달러 더 비싸다.

실제로 이와 같은 해석이 맞는 것인지 확인하고자 하면 세 집단의 가격 평균을 출력하여 비교하면 된다. 아래는 Data 메뉴의 Split File을 실행하고, Compare groups에 체크한

후에 DriveTrain 변수를 Groups Based on으로 옮긴 다음 Descriptives를 실행하면 얻을 수 있는 결과물이다. 이렇게 하면 기술통계치들을 DriveTrain 범주별로 따로 계산하여 출력해 준다.

Descriptive Statistics

DriveTrain		N	Minimum	Maximum	Mean	Std. Deviation
1.00	Price	10	8.40	25.80	17.6300	5.24003
	Valid N (listwise)	10				
2.00	Price	67	7.40	40.10	17.5358	7.83811
	Valid N (listwise)	67				
3.00	Price	16	14.90	61.90	28.9500	13.06354
	Valid N (listwise)	16				

[그림 5.35] DriveTrain 집단별 Price의 기술통계

위의 기술통계 결과를 통해 세 집단의 비가중평균 가격을 구하면 21.3719로서 회귀식의 절편과 동일함을 알 수 있다. 또한, Front 집단의 평균 가격인 17.5358에서 비가중평균 가격 21.3719을 빼면 −3.8361임을 알 수 있고, Rear 집단의 평균 가격인 28.9500에서 비가중평균 가격 21.3719을 빼면 7.5781임을 알 수 있다. 즉, 회귀분석의 추정치가 [표 5.6]에서 제시한 의미와 다르지 않다.

5.3.2. 가중효과코딩

가중효과코딩은 비가중효과코딩의 방식과 매우 비슷한데, 절편과 기울기를 다른 방식으로 해석하고자 할 때 사용한다. 비가중효과코딩에서 절편의 의미는 세 집단의 비가중평균 종속변수 값이었는데, 사실 이 개념은 우리에게 그다지 친숙하지 않다. 만약 절편의 의미가 전체 평균, 즉 가중평균이라면 절편과 두 기울기의 해석이 더욱 자연스러워질 수 있다. 이와 같은 해석을 위해서는 비가중효과코딩을 조금 변형한 가중효과코딩을 이용할 수 있다.

[표 5.4]의 비가중효과코딩에서는 E_1 또는 E_2 변수 컬럼에서 코딩의 비가중합(unweighted sum)이 0이 되도록 만든다면, 가중효과코딩에서는 아래의 표처럼 생성되는 효과코딩 변수 컬럼에서 코딩값의 가중합(weighted sum)이 0이 되도록 만든다. 아래는 DriveTrain 변수를 가중효과코딩하여 효과코딩 변수 WE_1과 WE_2를 만드는 방법을 제공한다.

[표 5.7] DriveTrain 변수의 가중효과코딩

DriveTrain 범주(표본크기)	효과코딩 변수	
	WE_1=Front_WE	WE_2=Rear_WE
Front(n_{Front})	1	0
Rear(n_{Rear})	0	1
4WD(n_{4WD})	$-\frac{n_{Front}}{n_{4WD}}$	$-\frac{n_{Rear}}{n_{4WD}}$

위의 표를 통하여 새롭게 생성된 두 개의 효과코딩 변수 WE_1과 WE_2가 만들어지면, 아래처럼 회귀모형을 설정하여 분석을 실시하게 된다.

$$Y = \beta_0 + \beta_1 WE_1 + \beta_2 WE_2 + e \qquad \text{[식 5.8]}$$

또한, 위의 표처럼 코딩을 하면, 앞서 말했듯이 WE_1 또는 WE_2 변수 컬럼 코딩값의 가중합이 아래처럼 0이 된다.

$$WE_1 \text{ 가중합: } n_{Front} \times 1 + n_{Rear} \times 0 + n_{4WD} \times \left(-\frac{n_{Front}}{n_{4WD}}\right) = 0$$

$$WE_2 \text{ 가중합: } n_{Front} \times 0 + n_{Rear} \times 1 + n_{4WD} \times \left(-\frac{n_{Rear}}{n_{4WD}}\right) = 0$$

이와 같은 효과코딩을 바탕으로 [식 5.8]의 회귀분석 모형에서 절편 β_0 및 기울기 β_1과 β_2를 해석할 수 있다. 먼저 Price를 종속변수로, DriveTrain(즉, Front_WE와 Rear_WE)을 독립변수로 하여 추정된 회귀식은 아래와 같다.

$$\widehat{Price} = \hat{\beta}_0 + \hat{\beta}_1 Front\_WE + \hat{\beta}_2 Rear\_WE \qquad \text{[식 5.9]}$$

위 식에서 $\hat{\beta}_0$, $\hat{\beta}_1$, $\hat{\beta}_2$의 해석은 비가중효과코딩을 사용했을 때와 비교해서 거의 차이가 없다. 가장 중요한 차이는 $\hat{\beta}_0$의 의미가 세 집단의 비가중평균이 아니라 가중평균이 되었다는 것이다. 이렇게 되면 $\hat{\beta}_1$과 $\hat{\beta}_2$의 의미가 가중평균에 대한 차이로 해석되게 된다. 이를 표로 정리하면 다음과 같으며, $\hat{\beta}_1$은 Front 집단의 집단효과, $\hat{\beta}_2$은 Rear 집단의 집단효과로 해석한다.

[표 5.8] 가중효과코딩에서 각 추정치의 의미

추정치	해석
$\hat{\beta}_0$	세 집단의 Price 가중평균 즉, 전체집단의 평균 가격
$\hat{\beta}_1$	Front 집단의 Price 평균과 가중평균의 차이 즉, Front 집단의 평균 가격에서 전체평균 가격을 뺀 값
$\hat{\beta}_2$	Rear 집단의 Price 평균과 가중평균의 차이 즉, Rear 집단의 평균 가격에서 전체평균 가격을 뺀 값

이제 4WD를 참조범주로 하여 가중효과코딩 변수 Front_WE와 Rear_WE를 생성하고, [식 5.9]의 회귀분석을 실시한다. 아래는 Front_WE와 Rear_WE를 생성하기 위한 Transform 메뉴의 Recode into Different Variables의 실행 화면이다. 이전과 마찬가지로 Old --〉 New 부분만 제공한다.

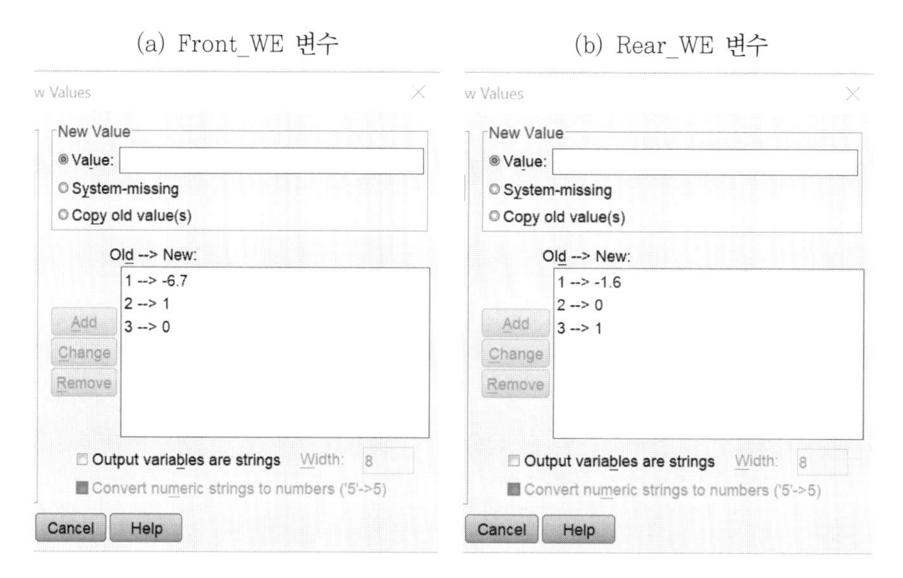

[그림 5.36] Front_WE와 Rear_WE를 생성하기 위한 코딩

Front_WE 변수에서 4WD 집단에 해당하는 가중효과코딩과 Rear_WE 변수에서 4WD 집단에 해당하는 가중효과코딩은 아래와 같이 계산되었다.

$$-\frac{n_{Front}}{n_{4WD}}=-\frac{67}{10}=-6.7, \quad -\frac{n_{Rear}}{n_{4WD}}=-\frac{16}{10}=-1.6$$

이처럼 계산된 효과코딩 값을 이용해서 두 번의 Recode into Different Variables를 실행하면 다음과 같이 두 개의 가중효과코딩 변수가 생성된다.

09.Cars93_dummy variables.sav [DataSet5] - IBM SPSS Statistics Data Editor

File Edit View Data Transform Analyze Direct Marketing Graphs Utilities Add-ons Window Help

Visible: 10 of 10 Variables

	Origin	DriveTrain	Front	Rear	Front_E	Rear_E	Front_WE	Rear_WE
11	1.00	2.00	1.00	.00	1.00	.00	1.00	.00
12	1.00	2.00	1.00	.00	1.00	.00	1.00	.00
13	1.00	2.00	1.00	.00	1.00	.00	1.00	.00
14	1.00	3.00	.00	1.00	.00	1.00	.00	1.00
15	1.00	2.00	1.00	.00	1.00	.00	1.00	.00
16	1.00	2.00	1.00	.00	1.00	.00	1.00	.00
17	1.00	1.00	.00	.00	-1.00	-1.00	-6.70	-1.60
18	1.00	3.00	.00	1.00	.00	1.00	.00	1.00
19	1.00	3.00	.00	1.00	.00	1.00	.00	1.00
20	1.00	2.00	1.00	.00	1.00	.00	1.00	.00

Data View Variable View

IBM SPSS Statistics Processor is ready Unicode:ON

[그림 5.37] **Front_WE와 Rear_WE 변수의 생성**

이제 두 개의 가중효과코딩 변수를 독립변수로 하여 회귀분석을 실시하면 결과는 다음과 같다.

Model Summary

Model	R	R Square	Adjusted R Square	Std. Error of the Estimate
1	.448[a]	.201	.183	8.73164

a. Predictors: (Constant), Rear_WE, Front_WE

Coefficients[a]

Model		Unstandardized Coefficients		Standardized Coefficients		
		B	Std. Error	Beta	t	Sig.
1	(Constant)	19.510	.905		21.547	.000
	Front_WE	-1.974	.564	-.484	-3.500	.001
	Rear_WE	9.440	1.986	.657	4.753	.000

a. Dependent Variable: Price

[그림 5.38] **가중효과코딩 변수의 회귀분석 결과 요약 및 개별효과 추정치**

둘 중 위의 표를 보면, $R^2 = 0.201$로서 더미코딩 변수인 Front와 Rear를 사용했을 때나 비가중효과코딩 변수인 Front_E와 Rear_E를 사용했을 때와 정확히 동일한 설명력을 보여 준다. 코딩 방식을 어떻게 하든 통계적으로는 달라진 점이 없다는 의미이다. 다음으로 아래 표는 개별적인 추정치 결과이다. SPSS 결과를 통해 추정된 회귀식은 아래와 같음을 알 수 있다.

$$\widehat{Price} = 19.510 - 1.974 Front\_WE + 9.440 Rear\_WE$$

절편은 19.510으로서 4WD, Front, Rear 세 집단의 가중평균 가격은 19,510달러임을 가리킨다. 즉, 전체 집단($n = 93$)의 평균 가격은 19,510달러이다. Front_WE의 기울기는 −1.974로서 Front 집단의 평균 가격(17,536달러)이 전체평균 가격보다 1,974달러 더 싸다. Rear_WE의 기울기는 9.440으로서 Rear 집단의 평균 가격(28,950달러)이 전체평균 가격보다 9,440달러 더 비싸다.

제6장 회귀분석의 종류

회귀모형의 기본을 이해한 상태에서 실제 자료를 이용하여 회귀분석을 실행할 때, 그 방법은 연구자가 어떤 목적을 가지고 있느냐에 따라 달라질 수 있다. 지금까지 설명한 회귀분석은 어떤 특별한 목적하에서 사용하는 방법이라고 말할 수 없을 정도로 단순한 절차였으며, 그저 연구자가 고려하는 모든 독립변수를 한꺼번에 모형 안에 투입하는 방법이었다. 사람들은 이런 방식에도 이름을 붙여 표준 회귀분석(standard regression analysis) 또는 동시 회귀분석(simultaneous regression analysis)이라고 한다. 일반적으로는 크게 예측(prediction) 또는 설명(explanation)의 목적을 가지고 회귀분석을 실행하게 된다. 설명이 인과관계에 기반한 두 변수 간의 영향 관계에서 사용되는 용어라면, 예측은 인과관계 또는 영향 관계와 상관없이 두 변수의 상관에 기반하여 사용될 수 있다. 많은 사회과학 연구가 독립변수들을 이용하여 종속변수를 설명하고자 하는 목적을 지니고 있고, 때때로 종속변수를 예측하는 모형을 만들고자 하는 목적을 갖기도 한다. 각 목적에 따라서 조금 더 적절한 회귀모형의 분석 절차가 제안되었으며, 이번 장에서는 몇 가지 방법을 비교하여 살펴보도록 한다.

6.1. 위계적 회귀분석

사회과학 분야에서 설명을 목적으로 자주 사용되는 회귀분석 방법이 있는데 위계적 회귀분석(hierarchical regression analysis)이라고 한다. 위계적 회귀분석을 통해 만들어진 모형을 예측에 사용하지 못할 것은 아니지만, 기본적으로 이 분석의 절차는 설명에 특화되어 있다고 보는 것이 옳을 것이다. 분석의 절차와 실제 분석의 예를 제공한다.

6.1.1. 분석 절차의 이해

위계적 회귀분석은 임의의 주어진 모형에서 추가적으로 독립변수(들)를 투입했을 때, 이 변수들이 종속변수에 존재하는 변동성을 얼마나 더 설명할 수 있는지 확인하는 방법이다.

일반적으로 위계적 회귀분석을 실시하게 되면 독립변수들을 더해 나가면서 여러 개의 모형을 순차적으로 추정한다. 이때 각 단계에서 추가한 독립변수로 인하여 통계적으로 유의한 만큼의 R^2 증가가 있었는지 F검정을 통하여 확인하게 된다. 예를 들어, 이전 단계 M_1 모형과 다음 단계 M_2 모형이 다음과 같다고 가정하자.

$$M_1 : Y = \beta_0 + \beta_1 X_1 + e$$
$$M_2 : Y = \beta_0 + \beta_1 X_1 + \beta_2 X_2 + e \quad \text{[식 6.1]}$$

두 모형의 차이에 대한 검정, 즉 통계적으로 유의한 만큼의 R^2 증가가 있었는지 검정을 실시할 수가 있는데 영가설은 아래와 같이 추가된 독립변수의 효과가 없다는 것을 의미한다.

$$H_0 : \beta_2 = 0 \quad \text{[식 6.2]}$$

만약 위의 영가설을 기각하게 되면 β_2가 통계적으로 유의하다는 의미가 되고, M_1 모형에 비해 M_2 모형에서 통계적으로 유의한 만큼의 R^2 증가가 있다고 결론 내린다. 즉, M_1 모형에 이미 들어가 있는 X_1이 종속변수 Y를 설명한 이후에 추가적으로 X_2가 유의하게 Y를 설명한다고 한다. 반대로 영가설을 기각하는 데 실패하게 되면 통계적으로 유의한 R^2 증가는 없으며, X_2의 추가적인 설명력이 없다고 결론 내린다.

바로 위의 예제에서는 M_1 모형에 비해 M_2 모형이 한 개의 추가적인 독립변수를 가지고 있었지만, 위계적 회귀분석에서 두 개 이상의 독립변수 개수 차이가 나는 것은 드문 일이 아니다. 사실 위계적 회귀분석의 목적에 비추어 오히려 한 개의 독립변수보다는 여러 개의 독립변수를 추가적으로 더해 가면서 R^2의 증가를 확인하는 것이 더 적절하다고 볼 수도 있다. 그래서 다음과 같이 M_1 모형과 M_2 모형을 설정하는 것도 얼마든지 가능하다.

$$M_1 : Y = \beta_0 + \beta_1 X_1 + e$$
$$M_2 : Y = \beta_0 + \beta_1 X_1 + \beta_2 X_2 + \beta_3 X_3 + e \quad \text{[식 6.3]}$$

위처럼 설정한 위계적 회귀분석에서 연구자가 확인하고 싶은 것은 X_2, X_3가 함께 X_1에 비하여 추가적으로 Y의 분산을 더 잘 설명하는가이다. 두 모형의 차이에 대한 검정, 즉 통계적으로 유의한 만큼의 R^2 증가가 있었는지에 대한 검정의 영가설은 아래와 같다.

$$H_0 : \beta_2 = 0 \text{ and } \beta_3 = 0 \qquad \text{[식 6.4]}$$

하나의 독립변수를 추가하든, 여러 개의 독립변수를 추가하든 두 모형의 차이검정은 F분포를 이용한다. 만약 둘 중 더 간단한 M_1 모형의 오차제곱합을 SS_E^1, 오차의 자유도를 df_E^1이라고 가정하고, M_2 모형의 오차제곱합을 SS_E^2, 오차의 자유도를 df_E^2라고 가정하면 아래를 이용하여 F검정을 실시할 수 있다.

$$F = \frac{\dfrac{SS_E^1 - SS_E^2}{df_E^1 - df_E^2}}{\dfrac{SS_E^2}{df_E^2}} \sim F_{df_E^1 - df_E^2, df_E^2} \qquad \text{[식 6.5]}$$

만약 오차제곱합 SS_E가 없고 대신 두 모형의 R^2이 있다면 아래와 같이 통계적으로 유의한 만큼의 R^2 증가가 있었는지 F검정을 실시할 수 있다. 아래 식에서 간단한 M_1 모형의 결정계수는 R_1^2, 복잡한 M_2 모형의 결정계수는 R_2^2이라고 가정한다.

$$F = \frac{\dfrac{R_2^2 - R_1^2}{df_E^1 - df_E^2}}{\dfrac{1 - R_2^2}{df_E^2}} \sim F_{df_E^1 - df_E^2, df_E^2} \qquad \text{[식 6.6]}$$

위계적 회귀분석은 단지 두 단계만으로 끝나는 경우는 많지 않고, 연구자의 목적에 따라 더 많은 단계로 이루어질 수 있다. 예를 들어, 다음과 같이 세 단계로 위계적 회귀분석을 진행할 수 있다.

$$\begin{aligned} M_1 &: Y = \beta_0 + \beta_1 X_1 + e \\ M_2 &: Y = \beta_0 + \beta_1 X_1 + \beta_2 X_2 + \beta_3 X_3 + e \\ M_3 &: Y = \beta_0 + \beta_1 X_1 + \beta_2 X_2 + \beta_3 X_3 + \beta_4 X_4 + \beta_5 X_5 + e \end{aligned} \qquad \text{[식 6.7]}$$

만약 이처럼 위계적 회귀분석을 진행하게 되면, M_1과 M_2 모형의 차이검정뿐만 아니라 M_2와 M_3 모형의 차이검정도 실시하게 된다. 즉, X_1에 비하여 X_2와 X_3가 추가적으로 Y를 설명할 수 있는지 확인하고, 이후 X_1, X_2, X_3에 비하여 X_4와 X_5가 추가적으로 Y를 설명할 수 있는지 확인한다. 이와 같은 과정에서 X_2와 X_3는 하나의 의미로 통합할 수 있는 관련 있는 두 개의 변수여야 하고, X_4와 X_5 역시 하나로 통합할 수 있는 의미를 지니고 있어야 한다. 참고로 [식 6.1], [식 6.3], [식 6.7]의 위계적 회귀분석 모형은 묵시적으로 M_0 모형을 함의하고 있다. M_0 모형은 독립변수 없이 절편만 있는 아래와 같은 모형이며, M_1 모형의 앞 단계에 있다고 생각하면 된다.

$$M_0 : Y = \beta_0 + e \qquad [식\ 6.8]$$

위계적 회귀분석을 이용하여 자료를 분석할 때, 이전 단계 모형에서 다음 단계 모형으로 진행하면서 통계적으로 유의한 만큼의 R^2 증가가 있었는지를 검정하는 것도 중요한 부분이지만, 어떤 변수들을 어떤 순서로 추가하는지가 실질적으로 매우 중요하다. 일반적으로 사회과학에서는 두 가지 정도의 원칙을 세워 변수의 투입 순서를 결정할 수 있다. 첫 번째로 먼저 연구에서 통제하고자 하는 변수들(예를 들어, 인구통계학적 변수들)을 먼저 투입하고, 확인하고 싶은 효과에 해당하는 관심 있는 독립변수들을 나중에 투입한다. 두 번째로는 시간적 순서에 따라 종속변수에 더 오래전부터 영향을 준 변수들을 먼저 투입하고 나중에 영향을 준 변수들을 뒤에 투입한다.

이 두 가지 원칙은 사실 서로 상통하는 면이 있다. 예를 들어, 성적이 자존감에 미치는 효과를 연구하고자 한다고 가정하자. 연구자는 성별과 나이에 따른 자존감의 차이를 먼저 고려한 이후에, 즉 성별과 나이를 통제한 상태에서 성적이 자존감에 미치는 영향을 보고자 한다. 그렇다면 첫 번째 단계에서 성별과 나이를 독립변수로 투입하고, 두 번째 단계에서 성별과 나이 및 성적을 독립변수로 투입하는 위계적 회귀분석을 실시할 수 있다. 여기서 성별과 나이는 인구통계학적 변수이므로 앞 단계에서 투입한다고 할 수도 있고, 시간적인 순서로 성적보다는 성별 및 나이가 더욱 앞서기 때문에 앞 단계에서 투입한다고 할 수도 있다.

위계적 회귀분석에서 변수의 투입 순서는 단지 의미적이고 해석적인 차이만을 유발하는 것이 아니다. 독립변수의 투입 순서는 R^2 증가의 통계적 유의성과도 밀접한 관련이 있다. 예를 들어, X_1을 처음 투입했을 때 독립변수가 하나도 없을 때에 비하여 유의한 R^2 증가가 있었고, 추가적으로 X_2를 투입할 때도 X_1만 있을 때에 비하여 유의한 R^2 증가가 있었다. 그런데 순서를 바꾸어 X_2를 먼저 투입했을 때는 유의한 R^2 증가가 있었지만, 추가적으로 X_1을 투입할 때는 유의한 R^2 증가가 없을 수도 있다. 다음의 그림은 각 변수들이 갖는 분산의 크기(또는 변동성의 크기)를 원으로 표현한 것으로서 교집합 부분은 변수들이 서로 공유하는 분산(공분산)이라고 가정한다.

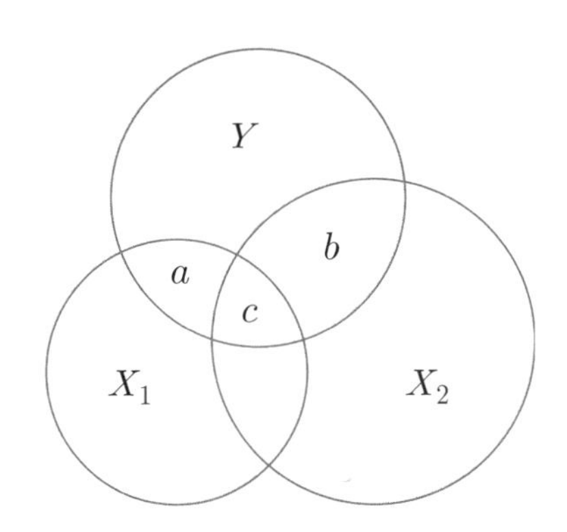

[그림 6.1] **변수 간 공유하는 분산의 크기**

회귀분석은 기본적으로 종속변수 Y에 존재하는 변동성을 독립변수들을 이용하여 설명하고자 하는 것이므로 많이 설명할수록, 즉 독립변수와 종속변수 간의 공분산이 클수록 독립변수는 통계적으로 유의하게 된다. [그림 6.1]에서 만약 X_1을 먼저 투입하게 되면 X_1이 Y를 설명하는 부분이 $a+c$가 되고, 다음으로 X_2를 투입하게 되면 X_2가 Y를 추가적으로 설명하는 부분은 b가 된다. $a+c$와 b가 모두 충분히 Y를 설명할 정도로 면적이 크다고 가정하면, 위계적 회귀분석의 각 단계는 통계적으로 유의하게 된다. 하지만 만약 X_2를 먼저 투입하게 되면 X_2가 Y를 설명하는 부분은 $b+c$가 되고, 다음으로 X_1을 투입하게 되면 X_1이 Y를 추가적으로 설명하는 부분은 a가 된다. 그리고 a 부분은 Y를 충분히 설명하기에는 면적이 작다라고 가정하면, 위계적 회귀분석의 마지막 단계는 통계적으로 유의하지 않게 된다.

정리하자면, 어떤 순서로 독립변수를 투입하느냐에 따라 각 독립변수가 추가적으로 설명할 수 있는 분산(면적)의 크기가 달라지고, R^2 증가의 통계적 유의성에도 영향을 미치게 된다. 연구자들은 자신이 속한 영역의 이론과 통계적 유의성을 고려하여 독립변수의 투입 순서를 사려 깊게 결정해야 한다.

6.1.2. Cars93 예제

지금부터 Cars93 자료의 변수들을 사용하여 위계적 회귀분석을 실시하는 예를 SPSS로 보이고자 한다. 종속변수는 언제나처럼 Price이며, 독립변수로는 NonUSA(생산지), Length(길이, inch), Weight(무게, lbs), Horsepower(마력), EngineSize(엔진크기, liter)를 고려한다. 연구자는 생산지(NonUSA)를 통제한 상태에서 차량의 사이즈(Length, Weight)가 Price를 추가적으로 설명하는지 확인하고, 마지막으로 생산지와 차량의 사이즈를 통제한 상태에서 차량의 파워(Horsepower, EngineSize)가 Price를 추가적으로 설명하는지 확인하는 것이 목적이다. 이를 표로 정리하면 아래와 같다.

[표 6.1] Cars93 자료의 위계적 회귀모형

단계	추가	모형
M_0		$Price = \beta_0 + e$
M_1	생산지	$Price = \beta_0 + \beta_1 NonUSA + e$
M_2	사이즈	$Price = \beta_0 + \beta_1 NonUSA + \beta_2 Length + \beta_3 Weight + e$
M_3	파워	$Price = \beta_0 + \beta_1 NonUSA + \beta_2 Length + \beta_3 Weight + \beta_4 Horsepower + \beta_5 EngineSize + e$

아래는 위계적 회귀분석을 위한 변수들만 따로 정리해 놓은 것이다.

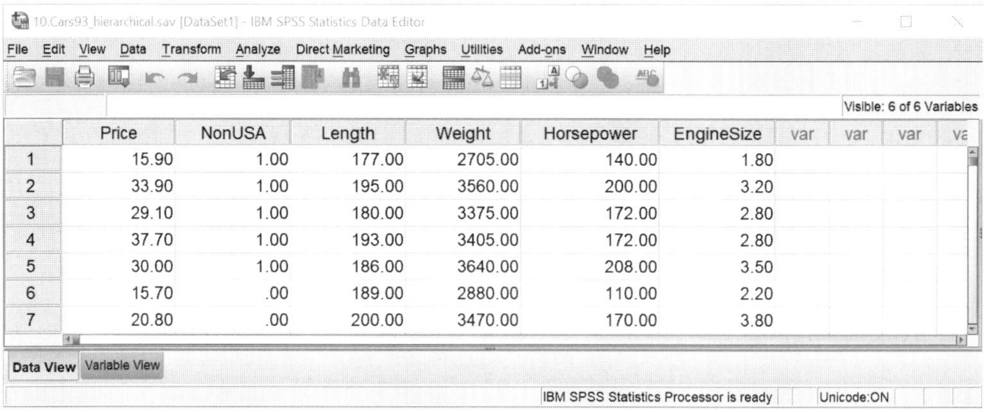

10.Cars93_hierarchical.sav [DataSet1] - IBM SPSS Statistics Data Editor

File Edit View Data Transform Analyze Direct Marketing Graphs Utilities Add-ons Window Help

Visible: 6 of 6 Variables

	Price	NonUSA	Length	Weight	Horsepower	EngineSize	var	var	var	var
1	15.90	1.00	177.00	2705.00	140.00	1.80				
2	33.90	1.00	195.00	3560.00	200.00	3.20				
3	29.10	1.00	180.00	3375.00	172.00	2.80				
4	37.70	1.00	193.00	3405.00	172.00	2.80				
5	30.00	1.00	186.00	3640.00	208.00	3.50				
6	15.70	.00	189.00	2880.00	110.00	2.20				
7	20.80	.00	200.00	3470.00	170.00	3.80				

Data View Variable View

IBM SPSS Statistics Processor is ready Unicode:ON

[그림 6.2] 위계적 회귀분석의 자료

위계적 회귀분석을 실시하기 위해 SPSS의 Analyze 메뉴로 들어가 Regression을 선택하고 Linear를 실행한다. 사실 위계적 회귀분석을 실행하기 위한 메뉴가 SPSS에 따로 있지는 않으며, 아래의 일반적인 회귀분석 화면에서 투입할 변수를 각 단계별로 설정함으로써 진행할 수 있다.

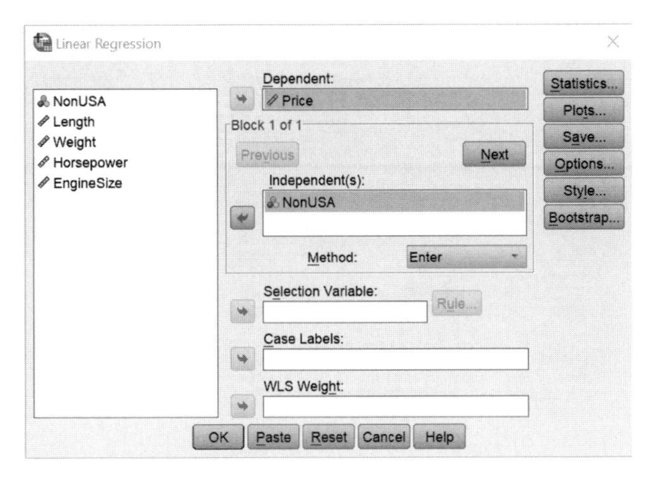

[그림 6.3] **위계적 회귀분석의 1단계 독립변수 입력**

먼저 종속변수 Price를 Dependent로 옮기고, 1단계 모형의 독립변수인 NonUSA를 Independent(s)로 옮긴다. 독립변수를 입력하는 부분을 자세히 보면 Block 1 of 1이라고 쓰여 있는데, 이것은 바로 1단계라는 것을 의미한다. 이제 Block 부분에 있는 Next를 클릭한다.

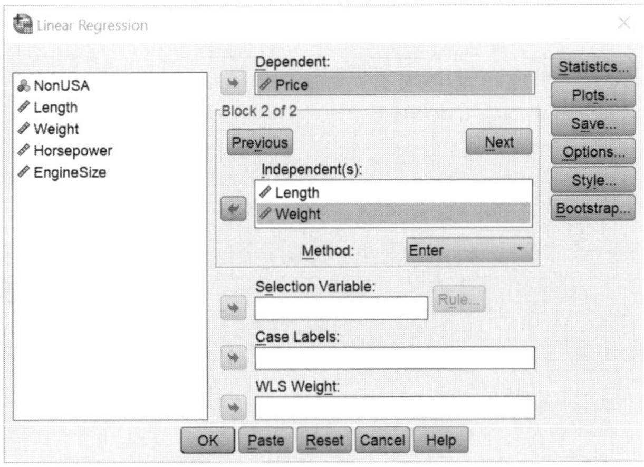

[그림 6.4] **위계적 회귀분석의 2단계 독립변수 입력**

위 그림에서 독립변수 부분이 Block 2 of 2라고 바뀌어 있는 것을 확인할 수 있다. 여기서는 2단계의 추가적 독립변수인 Length와 Weight를 옮겨 놓으면 된다. 다시 또 Block 부분에 있는 Next를 클릭한다.

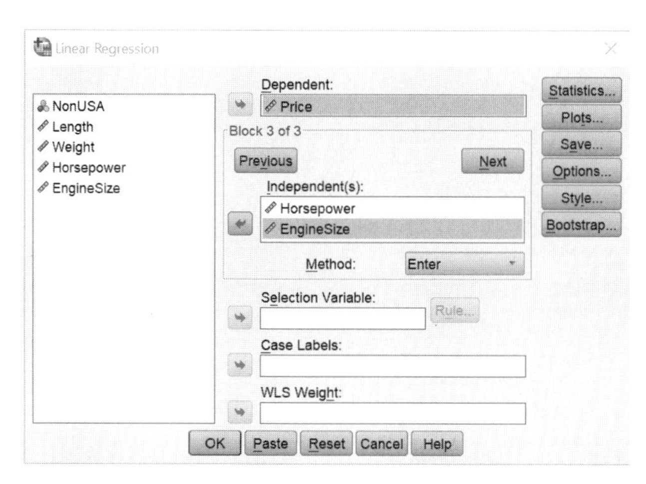

[그림 6.5] 위계적 회귀분석의 3단계 독립변수 입력

위 그림에서 독립변수 부분이 Block 3 of 3이라고 또 바뀌어 있는 것을 확인할 수 있다. 여기서는 3단계의 추가적 독립변수인 Horsepower와 EngineSize를 옮겨 놓으면 된다. 이렇게 3단계에 걸쳐 종속변수와 추가적인 독립변수들을 설정해 놓은 상태에서 F차이검정을 실시하기 위해 Statistics 옵션을 클릭하여 들어간다.

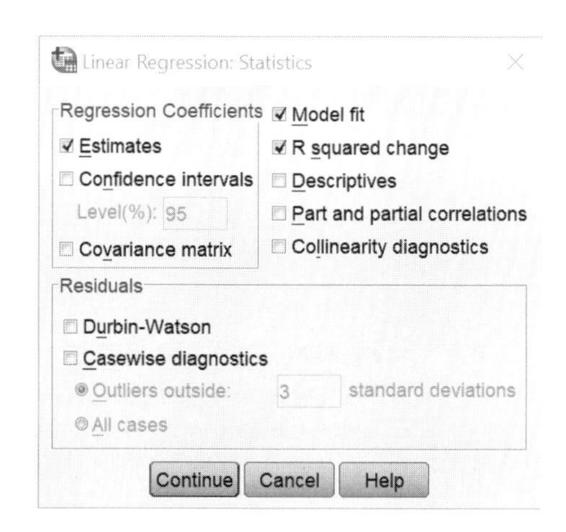

[그림 6.6] 위계적 회귀분석에서 R^2 증가에 대한 F차이검정 실행

위처럼 Statistics 화면이 열리면 R squared change 부분에 체크를 하여야 R^2 증가분(ΔR^2)에[19] 대한 유의성 검정의 실행 결과를 확인할 수 있다. 이제 Continue를 누르고

19 Δ(delta)는 변화분 또는 증가분(change)을 의미하는 표기법으로서 ΔR^2은 'delta R squared' 또는 '델타 R제곱'이라고 읽으며 R^2 증가분(change in R^2)을 의미한다.

나가서 OK를 눌러 위계적 회귀분석을 실행하면 먼저 다음과 같은 모형 요약 결과가 제공된다.

Model Summary

Model	R	R Square	Adjusted R Square	Std. Error of the Estimate	Change Statistics				
					R Square Change	F Change	df1	df2	Sig. F Change
1	.101[a]	.010	-.001	9.66299	.010	.932	1	91	.337
2	.694[b]	.482	.465	7.06749	.472	40.556	2	89	.000
3	.821[c]	.674	.655	5.67267	.192	25.574	2	87	.000

a. Predictors: (Constant), NonUSA

b. Predictors: (Constant), NonUSA, Weight, Length

c. Predictors: (Constant), NonUSA, Weight, Length, Horsepower, EngineSize

[그림 6.7] **위계적 회귀분석의 결과 요약**

SPSS가 제공하는 요약표의 첫 번째 컬럼 Model에는 연구자가 설정한 모형의 단계가 나타나 있다. 결과표 아래의 주 a, b, c를 살펴보면, Model 1은 NonUSA가 들어간 모형이며, Model 2는 Length와 Weight가 추가적으로 들어간 모형이고, Model 3은 Horsepower와 EngineSize가 추가적으로 들어간 모형이다. 위계적 회귀분석의 결과 요약표에는 나타나지 않지만, Model 0이 있다고 가정하면 전체 절차를 이해하는 데 도움이 된다. Model 0은 [식 6.8]처럼 그 어떤 독립변수들도 들어가 있지 않은, 단지 절편만 있는 모형이다. 두 번째와 세 번째 컬럼에는 각 모형의 다중상관계수 R 및 결정계수 R^2이 제공되는데, 이중 R^2은 위계적 회귀분석의 핵심적인 개념이다. 네 번째와 다섯 번째 컬럼에는 $adj.R^2$과 추정의 표준오차도 제공이 되는데 위계적 회귀분석에서는 참고 정도만 할 개념이다.

요약표의 오른쪽 반을 차지하고 있는 Change Statistics가 바로 위계적 회귀분석을 단계별로 요약하고 있는 결과치이다. 가장 먼저, NonUSA만 들어가 있는 Model 1의 R Square Change(ΔR^2)는 0.010이다. 이는 절편만 들어가 있는 Model 0의 $R^2 = 0.000$과 비교하여 NonUSA를 추가로 투입한 Model 1의 $R^2 = 0.010$이라는 의미이다. $\Delta R^2 = 0.010$이 통계적으로 유의한 증가였는지 확인하기 위한 F차이검정의 검정통계량 $F = 0.932$이고 통계적으로 유의하지 않았다($p = .337$). 이해를 위하여 F차이검정의 영가설을 쓰면 아래와 같다.

$$H_0 : \beta_1 = 0 \qquad \text{[식 6.9]}$$

위에서 β_1은 NonUSA의 회귀계수이다. 1단계가 유의하지 않게 나왔는데, 위계적 회귀분석의 단계에서 통계적으로 유의한 R^2 증가가 없으면 멈춰야 한다는 주장도 있으나 그와 같은 주장은 근거가 없고 적절하지도 않다. 연구자가 처음 계획한 대로 진행하여 모든 결과를 보고하면 된다.

다음으로 Model 2에 해당되는 $\Delta R^2 = 0.472$로서 Model 2의 $R^2 = 0.482$에서 Model 1의 $R^2 = 0.010$을 빼서 계산된 것이다. NonUSA가 투입된 Model 1에 비해 Length와 Weight를 추가로 투입한 Model 2에서 유의한 R^2 증가가 있었는지 검정한 결과, $F = 40.556$이고 $p < .001$ 수준에서 통계적으로 유의하였다. 이해를 위하여 2단계 F차이검정의 영가설을 쓰면 아래와 같다.

$$H_0 : \beta_2 = 0 \text{ and } \beta_3 = 0 \qquad \text{[식 6.10]}$$

위에서 β_2는 Length의 회귀계수이고, β_3는 Weight의 회귀계수이다. 위의 검정 결과는 NonUSA가 Price에 존재하는 변동성을 설명한 상태에서 차량의 사이즈 변수들(Length, Weight)이 추가적으로 유의하게 Price를 설명하고 있는 것이다. 이는 추가적으로 투입된 Length와 Weight 중 적어도 하나의 독립변수는 통계적으로 유의하게 Price를 설명하고 있다는 것을 의미한다.

마지막으로 Model 2의 $R^2 = 0.482$에서 Model 3의 $R^2 = 0.674$로 증가함으로써 Model 3에 해당되는 $\Delta R^2 = 0.192$였다. NonUSA, Length, Weight가 투입된 상태에서 Horsepower와 EngineSize를 추가로 투입한 Model 3에서 유의한 R^2 증가가 있었는지 검정한 결과, $F = 25.574$이고 $p < .001$ 수준에서 통계적으로 유의하였다. 이해를 위하여 3단계 F차이검정의 영가설을 쓰면 아래와 같다.

$$H_0 : \beta_4 = 0 \text{ and } \beta_5 = 0 \qquad \text{[식 6.11]}$$

위에서 β_4는 Horsepower의 회귀계수이고, β_5는 EngineSize의 회귀계수이다. 위의 검정 결과는 NonUSA, Length, Weight가 Price에 존재하는 변동성을 설명한 상태에서 차량의 파워 변수들(Horsepower, EngineSize)이 추가적으로 유의하게 Price를 설명하고 있는 것이다. 이는 이전과 마찬가지로 Horsepower와 EngineSize 중 적어도 하나의 독립변수는 통계적으로 유의하게 Price를 설명하고 있는 것이다.

다음으로 위계적 회귀분석에서 각 단계의 모형을 검정할 수 있는 분산분석표가 아래와 같이 제공된다.

ANOVA[a]

Model		Sum of Squares	df	Mean Square	F	Sig.
1	Regression	87.050	1	87.050	.932	.337[b]
	Residual	8496.971	91	93.373		
	Total	8584.021	92			
2	Regression	4138.530	3	1379.510	27.618	.000[c]
	Residual	4445.492	89	49.949		
	Total	8584.021	92			
3	Regression	5784.432	5	1156.886	35.951	.000[d]
	Residual	2799.589	87	32.179		
	Total	8584.021	92			

a. Dependent Variable: Price

b. Predictors: (Constant), NonUSA

c. Predictors: (Constant), NonUSA, Weight, Length

d. Predictors: (Constant), NonUSA, Weight, Length, Horsepower, EngineSize

[그림 6.8] **위계적 회귀분석의 분산분석표**

위의 분산분석표는 단지 Model 1, Model 2, Model 3의 분산분석표를 모아 놓은 것이다. 그러니 특별한 해석이 있다기보다는 각 단계에서 회귀모형이 통계적으로 유의했는지 아닌지를 판단하는 정보를 제공하고 있을 뿐이다. 먼저 NonUSA만을 포함하고 있는 Model 1의 $F = 0.932$이고 이는 통계적으로 유의하지 않다($p = .337$). 이 검정에 해당하는 영가설은 다음과 같다.

$$H_0 : \beta_1 = 0 \qquad \text{[식 6.12]}$$

이 영가설은 [그림 6.7]의 결과 요약표에서 첫 번째 행에 해당하는 영가설과 일치한다. 그러므로 결과 해석도 동일하다. 즉, NonUSA는 통계적으로 유의하게 Price를 설명하고 있지 않다.

NonUSA에 추가적으로 Length와 Weight를 투입한 Model 2의 $F = 27.618$이고 이는 $p < .001$ 수준에서 통계적으로 유의하다.[20] 이 결과를 해석할 때 주의해야 할 것은 [그림 6.7]

---

20 Model 1의 $F = 0.932$이고, Model 2의 $F = 27.618$이므로, 두 값의 차이가 F차이검정의 검정통계량 값을 만들어 낸다고 착각하는 경우가 있다. 하지만 F차이검정의 검정통계량은 두 개의 F값 차이로 만들어지는 것이 아니라 [식 6.5] 또는 [식 6.6]을 통하여 계산된 것이다. 둘은 우연의 일치를 제외하고는 동일할 수 없다.

결과 요약표의 두 번째 행과 해석이 다르다는 것이다. 너무 당연하게도 [그림 6.8]의 결과는 추가적으로 투입한 Length와 Weight의 유의성을 확인하는 것이 아니다. 이것은 Model 2에 있는 전체 독립변수에 대한 검정이다. 이 검정에 해당하는 영가설은 다음과 같다.

$$H_0 : \beta_1 = 0 \text{ and } \beta_2 = 0 \text{ and } \beta_3 = 0$$ [식 6.13]

[그림 6.8] 분산분석표의 검정은 [식 6.13]의 영가설에 대한 것이므로 검정 결과는 NonUSA, Length, Weight 중 적어도 하나의 통계적으로 유의한 독립변수가 있다는 것을 의미한다.

마지막 Model 3에 대한 검정도 마찬가지이다. 추가적으로 투입한 Horsepower와 EngineSize 중 적어도 하나의 유의한 독립변수가 있는지에 대한 검정이 아니라, 아래의 영가설처럼 NonUSA, Length, Weight, Horsepower, EngineSize 중에서 적어도 하나의 유의한 독립변수가 있는지에 대한 검정이다.

$$H_0 : \beta_1 = 0 \text{ and } \beta_2 = 0 \text{ and } \beta_3 = 0 \text{ and } \beta_4 = 0 \text{ and } \beta_5 = 0$$ [식 6.14]

마지막 위계적 회귀분석의 결과표는 각 단계에서의 절편과 기울기에 대한 개별적인 검정 결과를 보여 준다.

Coefficients[a]

Model		Unstandardized Coefficients		Standardized Coefficients		
		B	Std. Error	Beta	t	Sig.
1	(Constant)	18.573	1.395		13.316	.000
	NonUSA	1.936	2.005	.101	.966	.337
2	(Constant)	-26.138	12.296		-2.126	.036
	NonUSA	5.203	1.590	.271	3.273	.002
	Length	.063	.090	.095	.693	.490
	Weight	.010	.002	.629	4.831	.000
3	(Constant)	-21.005	10.580		-1.985	.050
	NonUSA	4.580	1.408	.238	3.252	.002
	Length	.092	.075	.138	1.218	.227
	Weight	.001	.002	.058	.412	.681
	Horsepower	.117	.019	.635	6.275	.000
	EngineSize	.657	1.318	.071	.499	.619

a. Dependent Variable: Price

[그림 6.9] 위계적 회귀분석의 회귀계수 결과

위의 회귀계수 결과표는 각 Model 1, Model 2, Model 3의 회귀계수 추정치와 통계적 유의성 등을 모아 놓은 것이다. 각 단계의 모형에서 절편이나 기울기에 대한 검정은 잠시 후에 더 자세히 설명하도록 하고, 여기서는 일단 위계적 회귀분석 결과를 하나의 표로 정리하고자 한다. 사회과학 분야에서 위계적 회귀분석을 사용하여 논문을 쓰는 경우는 매우 다양하지만, 대부분의 경우에 아래와 같이 하나의 표로 전체 분석 결과를 정리한 이후에 결과를 해석한다. 표를 작성하는 방식은 꽤 다양한데, 아래의 표처럼 최소한 회귀계수(기울기) 추정치와 통계적 유의성, R^2, ΔR^2 또는 ΔF를 제공하는 것이 요구된다.

[표 6.2] **위계적 회귀분석의 결과**

독립변수	1단계	2단계	3단계
NonUSA	1.936	5.203**	4.580**
Length		0.063	0.092
Weight		0.010***	0.001
Horsepower			0.117***
EngineSize			0.657
R^2	0.010	0.482***	0.674***
ΔR^2	0.010	0.472***	0.192***
ΔF	0.932	40.556***	25.574***

**$p < .01$; ***$p < .001$

첫 번째 단계에서 통제하고자 하는 변수인 NonUSA를 투입했을 때 통계적으로 모형이 유의하지 않았다. 다시 말해, NonUSA를 투입하지 않은 모형에 비해 투입한 모형에서 통계적으로 유의한 R^2 증가($\Delta R^2 = 0.010$)가 없었다. 두 번째 단계에서 Length와 Weight를 추가적으로 투입했을 때 $p < .001$ 수준에서 유의한 R^2 증가($\Delta R^2 = 0.472$)가 있었으며, NonUSA와 Weight가 통계적으로 유의하게 Price를 예측하였다. 마지막으로 Horsepower와 EngineSize를 추가적으로 투입하였을 때 또한 $p < .001$ 수준에서 유의한 R^2 증가($\Delta R^2 = 0.192$)가 있었으며, NonUSA와 Horsepower가 통계적으로 유의하게 Price를 예측하였다.

개별모수 추정치를 살펴보면, 첫 번째 단계에서 유의하지 않았던 NonUSA가 두 번째 단계에서 차량의 사이즈 변수(Length, Weight)를 투입함으로써 $p < .01$ 수준에서 정적으로

유의하게 바뀌었다($\hat{\beta}_1 = 5.203$). 차량의 사이즈를 통제하면 생산지가 가격에 중요한 영향을 미치게 된 것이다. 풀어 보면, Length와 Weight를 상수로 고정한 상태에서, 즉 차량의 길이와 무게가 동일하다면 수입산 차량이 미국산 차량보다 5,203달러 더 비싸다. 새롭게 투입한 변수들 중에서는 Weight가 $p < .001$ 수준에서 정적으로 유의하였다($\hat{\beta}_3 = 0.010$). 이는 생산지가 동일하고 길이도 동일하다면, 무게가 1파운드가 증가할수록 10달러씩 더 비싸진다고 해석할 수 있다.

1단계에서 2단계로 넘어가는 과정에서 억제효과가 발생한 것을 확인할 수 있다. 1단계에서 Price와 NonUSA의 관계(영차상관)는 유의하지 않았는데, 2단계에서 다른 변수들(Length, Weight)이 투입되면서 NonUSA가 Price의 유의한 예측변수로 변한 것이다. 생산지 변수가 가격을 결정하는 데 아무런 의미가 없는 변수 같았지만, 차량의 사이즈가 동일하다면 수입 차량이 미국 차량보다 더 비싸다는 결과가 나온 것이다. 2단계에서 3단계로 넘어가는 과정에서도 거짓효과와 비슷한 현상이 발생하였다. 영차상관과 고차상관의 관계는 아니지만, 상대적으로 저차상관(2단계에서의 Weight와 Price의 관계)과 고차상관(3단계에서의 Weight와 Price의 관계)이 달라진 것이다. 2단계에서 생산지와 길이를 통제한 상태에서 Weight가 Price의 유의한 예측변수였으나, 3단계에서 다른 변수들(Horsepower, EngineSize)이 투입되면서 Weight가 유의하지 않은 변수로 바뀐 것이다.

위계적 회귀분석을 실시하면 유의한 R^2 증가를 이용해서 새롭게 투입한 변수 또는 변수 세트가 통계적으로 유의하게 종속변수를 더 잘 설명했는지도 중요한 의미를 지니고, 이처럼 억제효과와 거짓효과가 발생하였을 때 단계별로 올바른 해석을 하는 것도 역시 중요하다.

1단계에서 유의하지 않았던 생산지가 2단계에서 차량의 사이즈를 통제하니 유의하게 변하였는데, 이런 현상은 생산지와 차량의 사이즈 사이에 존재하는 밀접한 관련으로 인해서 발생할 수 있다. 차량의 사이즈를 무시한 상태에서(즉, 통제하지 않고) 생산지 간 가격 차이는 없었으나 차량의 사이즈를 동일한 값으로 통제하면 수입 차량이 미국 차량보다 더 비쌌다는 것은 아마도 수입 차량이 더 작고, 더 가벼울 것이라고 추측할 수 있다. 수입차는 전반적으로 작고 미국차는 전반적으로 크고, 작은 수입차와 큰 미국차가 전반적으로 비슷한 가격대를 형성하므로 사이즈를 통제하지 않는다면 생산지 간 가격 차이는 유의하지 않을 수 있다. 하지만, 사이즈가 둘 다 작거나 둘 다 크면, 즉 사이즈가 동일하다면 수입차가 미국차보다는 평균적으로 더 비싼 것이다.

2단계에서 유의하였던 무게가 3단계에서 차량의 파워를 통제하니 유의하지 않게 변한 것도 비슷하게 해석할 수 있다. 즉, 이런 현상은 차량의 사이즈와 파워 사이에 존재하는 높은 상관으로 인해서 발생할 수 있다. 차량의 파워를 통제하지 않은 상태에서는 무게가 많이 나갈수록 가격도 더 비쌌으나 동일한 파워를 가정하면 무게는 중요한 예측변수가 아니라는 것은 아마도 무게가 많이 나가는 차량이 파워도 더 높은 것이었다고 유추할 수 있다. 실제로 무게가 많이 나갈수록 가격이 높았다기보다는 무게가 많이 나가는 차량들이 보통 엔진도 더 크고 마력도 더 높음으로 인해서 마치 무게와 가격 사이에 높은 상관이 있는 것처럼 보였던 것이다. 실제로 가격에 영향을 주는 것은 무게가 아니라 차량의 파워인 것으로 볼 수 있다. Length와 Horsepower의 상관계수를 추정해 보면 $r = 0.739$로서 매우 높은 것을 확인할 수 있다. 자동차 시장과 판매에 대한 이론을 잘 알고 있다면 위의 흥미로운 결과들을 시장이론에 맞게 해석할 수 있겠으나 필자의 한계로 인하여 더 이상의 해석은 하지 않는다. 하지만 이 거짓효과는 앞에서 아이스크림 예제를 들어서도 설명했듯이 통계분석에서 매우 자주 발생하는 것이므로 독자들은 올바른 해석을 위해 이를 충분히 이해하는 과정이 필요하다.

위의 결과를 종합하여 한 가지 더 유의할 부분은 지금까지 실시한 위계적 회귀분석 결과가 순서에 의존적이라는 것이다. 앞에서도 밝혔듯이 어떤 순서로 독립변수들을 투입하느냐에 따라 추가적인 독립변수(들)에 대한 R^2 증가분이 통계적으로 유의할 수도 있고 그렇지 않을 수도 있다. 위에서 설명한 예제와는 다르게 1단계에서 생산지를 투입하고, 2단계에서 차량의 파워 변수들을 투입하며, 3단계에서 차량의 사이즈 변수들을 투입하는 위계적 회귀분석의 결과를 보이고자 한다. [그림 6.3]~[그림 6.6]에 보인 순서대로 새롭게 위계적 회귀분석을 실시하였고, 먼저 결과 요약표가 아래에 제공된다.

Model Summary

Model	R	R Square	Adjusted R Square	Std. Error of the Estimate	Change Statistics				
					R Square Change	F Change	df1	df2	Sig. F Change
1	.101[a]	.010	-.001	9.66299	.010	.932	1	91	.337
2	.814[b]	.663	.652	5.70069	.653	86.231	2	89	.000
3	.821[c]	.674	.655	5.67267	.011	1.441	2	87	.242

a. Predictors: (Constant), NonUSA

b. Predictors: (Constant), NonUSA, Horsepower, EngineSize

c. Predictors: (Constant), NonUSA, Horsepower, EngineSize, Length, Weight

[그림 6.10] 입력순서 바뀐 위계적 회귀분석의 결과 요약

첫 번째 단계는 이전과 동일하므로 통제하고자 하는 변수인 NonUSA를 투입했을 때의 모

형은 통계적으로 유의하지 않았다($p = .337$). 다시 말해, 생산지 변수인 NonUSA를 투입하지 않은 모형에 비해 투입한 모형에서 통계적으로 유의한 R^2 증가($\Delta R^2 = 0.010$)는 없었다. 두 번째 단계에서 차량의 파워 변수인 Horsepower와 EngineSize를 추가적으로 투입하였을 때 $p < .001$ 수준에서 유의한 R^2 증가($\Delta R^2 = 0.653$)가 있었으며, 세 번째 단계에서 차량의 사이즈 변수인 Length와 Weight를 추가적으로 투입하였을 때 통계적으로 유의한 R^2 증가($\Delta R^2 = 0.011$)가 없었다($p = .242$). 이는 이전과 다른 결과로서 왜 그랬는지는 변수들의 투입 순서로부터 비교적 쉽게 추측할 수 있다. 차량의 사이즈 변수들은 사실 차량의 파워 변수들이 Price를 설명한 이후에 추가적으로 설명할 수 있는 변동성을 갖지 못하고 있는 것이다. 자동차의 가격을 결정하는 요인이 길이와 무게라기보다는 엔진크기와 마력이라고 해석할 수 있는 부분이다.

다음으로 입력순서가 바뀐 위계적 회귀분석에서 각 단계의 모형을 검정할 수 있는 분산분석표가 아래와 같이 제공된다.

ANOVA[a]

Model		Sum of Squares	df	Mean Square	F	Sig.
1	Regression	87.050	1	87.050	.932	.337[b]
	Residual	8496.971	91	93.373		
	Total	8584.021	92			
2	Regression	5691.710	3	1897.237	58.380	.000[c]
	Residual	2892.311	89	32.498		
	Total	8584.021	92			
3	Regression	5784.432	5	1156.886	35.951	.000[d]
	Residual	2799.589	87	32.179		
	Total	8584.021	92			

a. Dependent Variable: Price
b. Predictors: (Constant), NonUSA
c. Predictors: (Constant), NonUSA, Horsepower, EngineSize
d. Predictors: (Constant), NonUSA, Horsepower, EngineSize, Length, Weight

[그림 6.11] 입력순서 바뀐 위계적 회귀분석의 분산분석표

앞서 분산분석표에서 설명했던 바와 같이 위의 검정들은 각각 해당하는 모형에서 모든 회귀계수가 0이라는 영가설에 대한 검정이다. 즉, 각 F검정은 단계별로 회귀분석 모형이 완전히 무의미한지, 아니면 적어도 하나의 유의한 독립변수가 있는지에 대한 것이다. 3단계의 F검정은 [그림 6.8]과 동일하지만, 2단계의 F검정은 다른 회귀계수들에 대한 것이므로 같지 않은 것을 확인할 수 있다. 아래는 각 개별모수 추정치 결과이다.

Coefficients[a]

Model		Unstandardized Coefficients B	Unstandardized Coefficients Std. Error	Standardized Coefficients Beta	t	Sig.
1	(Constant)	18.573	1.395		13.316	.000
	NonUSA	1.936	2.005	.101	.966	.337
2	(Constant)	-5.236	2.110		-2.481	.015
	NonUSA	4.528	1.378	.236	3.286	.001
	Horsepower	.119	.018	.645	6.685	.000
	EngineSize	2.042	.977	.219	2.090	.039
3	(Constant)	-21.005	10.580		-1.985	.050
	NonUSA	4.580	1.408	.238	3.252	.002
	Horsepower	.117	.019	.635	6.275	.000
	EngineSize	.657	1.318	.071	.499	.619
	Length	.092	.075	.138	1.218	.227
	Weight	.001	.002	.058	.412	.681

a. Dependent Variable: Price

[그림 6.12] 입력순서 바뀐 위계적 회귀분석의 회귀계수 결과

첫 번째 단계의 NonUSA는 이전 모형과 동일하다. 두 번째 단계에 투입된 차량의 파워 변수들은 모두 통계적으로 유의하게 가격을 설명하고 있으며, 첫 번째 단계에서 유의하지 않았던 NonUSA 변수도 유의하게 가격을 설명하게 되었다. 그리고 마지막 세 번째 단계에서 추가된 차량의 사이즈 변수들은 최종적으로 모두 유의하게 가격을 설명하지 못하며, 차량의 파워 변수들 중 EngineSize도 더 이상 유의하지 않게 되었다. 세 번째 단계는 모든 독립변수들이 투입된 결과이므로 이전 위계적 회귀분석과 동일한 결과이다. 다시 한번 강조하는데 위계적 회귀분석에서는 변수의 투입 순서가 매우 중요하다. 각 연구자의 학문 영역에서 최대한 이론에 맞게 순서를 결정해야 해석 가능하고 무리 없는 결과를 얻게 된다.

6.1.3. 실제 논문의 적용 예

바로 앞에서는 지금까지 책 전체에서 예제 자료로 사용해 왔던 Cars93 자료를 이용하여 위계적 회귀분석의 예를 보였다. 하지만, 이 예제만으로는 실제로 사회과학에서 어떻게 연구문제를 설정하고 분석을 진행할지 감이 잡히지 않을 수 있다. 실제 출판된 논문을 통하여 어떤 사회과학적인 변수들로 어떤 연구 문제와 결론을 내릴 수 있는지 살펴보는 것이 독자들에게 실질적으로 도움을 줄 것이다. 이에 목적에 맞게 잘 쓰인 두 편의 논문을 이용하여 위계적 회귀분석을 살펴본다.

먼저 지한솔, 장승민, 강연욱(2020)의 논문인 「인지기능과 도구적인 일상생활기능의 관계

에서 인구통계학적 변인들의 조절효과」를 소개한다. 이 연구에서는 여러 조절효과(상호작용 효과)를 이용하여 논지를 전개하였는데, 그 부분이 아닌 위계적 회귀분석 부분에만 집중한다. 연구에서 제공한 위계적 회귀분석의 결과를 아래와 같이 재구성하였다.

[표 6.3] **인구통계학적 변수와 인지기능이 도구적인 일상생활기능에 미치는 영향**

단계	변수	B	SE	β	$adj.R^2$	ΔR^2	ΔF
1	나이	0.01^{***}	0.00	0.23	0.078		6.23^{***}
	성별	−0.09	0.06	−0.10			
	교육년수	−0.01	0.01	−0.13			
	우울	0.00	0.01	0.01			
2	나이	0.00	0.00	0.02	0.297	0.233	13.68^{***}
	성별	-0.11^{*}	0.05	−0.12			
	교육년수	0.01	0.01	0.09			
	우울	−0.00	0.01	−0.01			
	정신상태	-0.04^{***}	0.01	−0.41			
	주의집중능력	0.09	0.04	0.20			
	언어기능	−0.09	0.06	−0.12			
	시공간기능	0.05	0.04	0.13			
	기억력	-0.14^{**}	0.05	−0.23			
	전두엽/집행기능	−0.04	0.04	−0.12			

$^{*}p < .05$; $^{**}p < .01$; $^{***}p < .001$.

표의 제목으로부터 종속변수가 도구적인 일상생활기능인 것을 추측할 수 있다. 위계적 회귀분석이 총 2단계로 실행되었는데, 먼저 1단계에서 도구적인 일상생활기능에 영향을 주는 인구통계학적 변수인 나이, 성별, 교육년수, 우울이 투입되었다. 그리고 2단계에서 인지기능 변수의 세트(정신상태, 주의집중능력, 언어기능, 시공간기능, 기억력, 전두엽/집행기능)가 추가로 투입되었다. 이로부터 위계적 회귀분석의 목적이 인구통계학적 변수들을 통제한 후에 인지기능 변수들의 세트가 도구적인 일상생활기능에 주는 추가적인 설명력이 있는지 확인한 것이라는 걸 알 수 있다.

이 논문으로부터 독자들이 얻을 수 있는 것은 위계적 회귀분석에서 변수들을 추가할 때는 하나의 개념으로 통합될 수 있는 변수들의 세트를 사용하면 좋다는 것이다. 만약 2단계에서 단 하나의 변수가 추가된다면, 굳이 위계적 회귀분석을 해야 할 이유가 없다. 단지 다섯 개의 독립변수(인구통계학적 변수 네 개와 추가된 변수 하나)를 모두 투입한 하나의 모형만으로도 네 개의 인구통계학적 변수들을 통제한 상태에서 관심 있는 독립변수의 효과를 확인할 수 있기 때문이다.

지한솔 등(2020)이 제공한 표에서 B는 비표준화 추정치, SE는 비표준화 추정치의 표준오차(standard error), β는 표준화 추정치를 의미한다. 앞 장에서 일반 연구자들이 SPSS의 표기법을 이용하여 비표준화 추정치와 표준화 추정치를 B와 β로 자주 쓴다는 말을 했던 것을 기억할 것이다. 이 표기법은 대부분의 사회과학 분야 논문에서 표준관행으로 굳어져 있다고 볼 정도로 광범위하게 이용된다. 또한, 표에서는 R^2 대신에 조정된 R^2을 보고하였는데, 이는 그렇게 일반적이지 않다. $adj.R^2$은 위계적 회귀분석의 개념과 직접적으로 연결되어 있지 않기 때문에 많은 연구자들은 R^2을 보고한다. 만약 표에서 1단계 ΔR^2이라도 제공되어 있었으면, 1단계와 2단계의 R^2을 추론할 수 있었으나, 안타깝게도 그것은 가능하지 않았다.

다음으로 각 단계에서의 R^2 증가분(ΔR^2)과 F 증가분(ΔF)이 제공되고 있으며, ΔF값에는 증가된 R^2이나 F가 통계적으로 유의했는지 *(asterisk)를 이용해서 보여 주고 있다. 2단계에서 $\Delta F = 13.68$로서 인지능력 변수들이 투입됨으로써 인구통계학적 변수들에 비해 $p < .001$ 수준에서 통계적으로 유의하게 도구적인 일상생활기능을 추가적으로 설명하고 있음을 알 수 있다.

조금 더 여러 단계로 위계적 회귀분석을 실시한 이민영, 엄정호, 이경주, 이상은, 이상민(2019)의 논문인 「학업반감에 영향을 미치는 환경적 심리적 영향요인 분석: 고등학교 3학년 학생을 대상으로」를 소개한다. 이 연구의 목적은 학교 맥락에서 학업반감에 영향을 주는 요소들을 교우 요인, 교사 요인, 부모 요인, 개인내적 보호요인으로 나누어 위계적으로 추가적인 설명력을 확인하는 것이었다. 이 연구에서 제공한 위계적 회귀분석의 결과를 재구성한 [표 6.4]가 제공된다.

[표 6.4]의 위계적 회귀분석은 총 4단계로 실행되었는데, 1단계에서 학업반감에 영향을 주는 교우 요인으로서 교우지지가 투입되었고, 2단계에서 교사 요인으로서 교사압력, 교사자율성지지, 교사지지가 추가적으로 투입되었으며, 3단계에서 부모 요인으로서 부모학업압력, 부모자율성지지, 부모학업지지, 부모정서적지지가 투입되었고, 마지막으로 4단계에서 개인내적 보호요인으로서 자율성, 유능감, 관계성이 투입되었다.

[표 6.4] 교우, 교사, 부모, 개인 변수가 학업반감에 미치는 영향

단계	B	$SE\ B$	β
1단계			
교우지지	−0.26	0.05	-0.16^{***}
2단계			
교우지지	−0.09	0.05	−0.06
교사압력	−0.01	0.05	−0.01
교사자율성지지	−0.24	0.07	-0.17^{**}
교사지지	−0.15	0.07	-0.10^{*}
3단계			
교우지지	−0.03	0.06	−0.02
교사압력	−0.03	0.05	−0.02
교사자율성지지	−0.20	0.07	-0.13^{**}
교사지지	−0.14	0.07	−0.10
부모학업압력	0.17	0.03	0.21^{***}
부모자율성지지	0.08	0.08	0.05
부모학업지지	−0.07	0.03	-0.09^{*}
부모정서적지지	−0.03	0.04	−0.03
4단계			
교우지지	0.02	0.06	0.01
교사압력	−0.03	0.05	−0.02
교사자율성지지	−0.13	0.07	−0.09
교사지지	−0.14	0.07	-0.10^{*}
부모학업압력	0.12	0.03	0.15^{***}
부모자율성지지	0.14	0.08	0.09
부모학업지지	−0.07	0.03	-0.08^{*}
부모정서적지지	−0.04	0.04	−0.04
자율성	−0.25	0.08	-0.12^{**}
유능감	−0.33	0.08	-0.15^{***}
관계성	−0.03	0.08	−0.01

모형 1: $R^2 = 0.03^{***}$; 모형 2: $\Delta R^2 = 0.05^{***}$; 모형 3: $\Delta R^2 = 0.05^{***}$; 모형 4 $\Delta R^2 = 0.04^{***}$.

이민영 등(2019)의 분석도 위계적 회귀분석의 목적이나 절차에 잘 맞게 실행되었다고 볼 수 있다. 위계적 회귀분석의 가장 큰 장점은 단지 개별적인 변수들의 설명력뿐만 아니라 의미를 지닌 변수 세트로서의 추가적인 설명력을 확인할 수 있다는 것이다. 학업반감에 영향을 주는 수많은 요인을 교우 요인, 교사 요인, 부모 요인, 개인내적 보호요인으로 나누어 각 요

인의 추가적인 설명력을 확인하는 것은 위계적 회귀분석의 목적에 잘 들어맞는다.

결과를 보면, 1단계에서 교우 요인 변수인 교우지지가 들어갔을 때 $R^2 = 0.03$으로서 $p < .001$ 수준에서 통계적으로 유의하였다. 2단계 교우 요인을 통제한 상태에서 교사 요인 변수들이 들어갔을 때 $\Delta R^2 = 0.05$로서 $p < .001$ 수준에서 유의하여 적어도 교사 요인 변수들 중 하나의 유의한 변수가 있을 것임을 예측할 수 있다. 실제로도 교사자율성지지와 교사지지가 통계적으로 유의하게 부적으로 학업반감에 영향을 주었다. 3단계 교우 요인과 교사 요인을 통제한 상태에서 부모 요인 변수들이 들어갔을 때 $\Delta R^2 = 0.05$로서 $p < .001$ 수준에서 유의하였다. 그리고 부모학업압력이 정적으로, 부모학업지지가 부적으로 유의하게 학업반감에 영향을 주었다. 마지막 4단계 교우 요인, 교사 요인, 부모 요인을 통제한 상태에서 개인내적 보호요인 변수들이 들어갔을 때 $\Delta R^2 = 0.04$로서 $p < .001$ 수준에서 유의하였다. 세 변수 중 자율성과 유능감이 부적으로 학업반감에 영향을 주었다.

이민영 등(2019)이 제공한 표에서 B는 비표준화 추정치, $SE\ B$는 비표준화 추정치의 표준오차, β는 표준화 추정치로서 지한솔 등(2020)의 방식과 거의 흡사하다. 그런데 비표준화 추정치의 표준오차라는 의미로서 SE 옆에 B를 붙여 놓았음에도 불구하고, 표준화 추정치인 β 추정치 옆에 *(asterisk)를 붙여 유의성을 제공한 것은 어색하다. 모수에 대한 통계적 검정은 비표준화 추정치와 비표준화 추정치의 표준오차의 비(ratio)로 진행하며, 표준화 추정치는 효과의 크기를 확인하기 위해 추가적으로 제공하는 정보이다. 그러므로 *는 비표준화 추정치 B 옆에 붙여야 더욱 적절하다. 이민영 등(2019)의 위계적 회귀분석 제공 방식은 모든 R^2과 ΔR^2을 확인할 수 있다는 점에서 유용하다. ΔF를 제공하는 것도 추가적인 정보가 될 수 있겠지만, 위계적 회귀분석에서 필수적인 것이라고 할 수는 없다. 가장 중요한 정보는 R^2과 ΔR^2, 그리고 개별모수 추정치의 유의성 검정 결과이다.

6.2. 예측과 변수의 선택

회귀분석의 가장 중요한 목적은 현상의 설명이나 예측이라고 할 수 있는데, 인과관계에 기반하는 현상의 설명(explanation)과 상관관계에 기반하는 현상의 예측(prediction)은 다르다고 보는 것이 일반적이라고 앞에서 소개하였던 것을 기억할 것이다. 설명과 예측을 통합적으로 언급하였던 Kaplan(1964)은 가장 이상적인 설명이란 예측을 가능하게 하는 설명일 것이라고 주장하기도 하였다. 회귀분석의 한 목적인 설명을 위해서 위계적 회귀분석을 많이 사용하듯이 또 다른 목적인 예측을 위한 다양한 회귀분석 방법들이 따로 존재한다. 회귀분석의 중요한 목적 중 하나인 예측을 위해 종속변수를 가장 효율적으로 잘 예측하는 최선의 독립변수 조합(또는 부분집합)을 찾기 위한 여러 가지 방법이 개발되었다. 지금부터 그 방법들을 하나하나 살펴본다.

6.2.1. 전통적인 예측 방법들

설명을 목적으로 하는 회귀 연구에서는 주로 현상을 이해하는 데 관심이 있는 반면, 예측을 목적으로 하는 회귀 연구에서는 실제 적용에 중점을 둔다. 예를 들어, 기업, 대학, 군대에서는 지원자들의 정보를 독립변수로 사용하여 훌륭한 지원자를 선발하는 데 회귀분석을 이용할 수 있으며, 대학생의 우울을 예측하는 요인을 찾아내거나, 근로자의 소득 또는 대통령 선거의 결과를 예측하는 데에도 회귀분석이 사용될 수 있다. 또한, 회귀분석은 비연속형 종속변수의 경우에 사용할 수 있는 일반화 선형모형(generalized linear model)이나 주요한 사건(event)이 발생하기까지의 시간과 그 원인을 파악하고자 하는 생존분석(survival analysis) 등의 복잡한 모형을 위해 미리 적당한 예측변수를 선별하려는 목적으로 사용되기도 한다(Heinze, Wallisch, & Dunkler, 2018).

어떤 목적으로 회귀분석을 사용하든 간에 연구자의 목적이 관심 있는 종속변수를 예측하는 것이라면, 그 기준은 주로 선택된 변수들의 예측에 대한 기여도가 된다. 순수하게 예측을 목적으로 하는 회귀분석의 경우에 예측변수가 종속변수의 원인이 아닌 결과일 수도 있다. 즉, 종속변수와 예측변수의 상관관계가 높아서 R^2을 향상시킬 수만 있다면 그 외의 다른 기준은 필요하지 않을 수도 있다는 것이다. 그래서 Pedhazur(1982)는 심리치료가 우울증 환자의 자살가능성을 낮추는 것이 사실임에도 불구하고, 예측을 목적으로 하는 회귀분석에서는 심리치료를 많이 받을수록 자살가능성이 높아진다고 할 수도 있다고 하였다. 설명을 목적으로 하는 회귀분석을 실시한다면 이러한 영향 관계가 논리적으로 맞지 않을 수 있지만, 예측은 그런 것을 심각하게 따지지 않는다는 것을 의미한다. 즉, 자식의 키로 부모의 키를 설명할 수는 없지만, 예측할 수는 있다는 원리와 동일하다.

하지만 예측 연구에서 변수 선택이 인과관계가 아닌 상관관계, 즉 경험적으로 결정된다는 사실이 변수의 선택에 있어 이론의 역할이 전혀 없다는 것은 아니다. Gelman과 Hill(2007)은 예측을 위한 회귀모형에서 변수를 선택함에 있어 단지 상관뿐만이 아니라 종속변수에 실질적으로 관련되어 있는 변수들을 포함하는 것이 좋다고 하였다. 모든 잠재적인 변수들을 살펴보는 비용과 노력을 최소화하면서도 상당히 예측력 좋은 모형을 만들 수 있기 때문이다. 다만, 대부분의 실제 연구에서 예측을 목적으로 하는 경우에 후보 예측변수들이 반드시 관심 있는 종속변수의 원인이 될 필요가 없다는 것은 잘 알려진 사실이다.

회귀모형에 사용하기 위해 다양하고 많은 후보 변수들을 준비하였을 때, 종속변수의 예측을 위해 자료 세트 안에 있는 모든 예측변수를 모형에 사용할 필요는 없다. 심리학, 교육학, 경제학, 사회복지학 등의 사회과학에서 사용되는 많은 변수는 상호 밀접한 관련이 있기 때문이다. 또한, 후보로서 선택해 놓은 예측변수들을 모두 투입하는 것은 모형의 간명성(model parsimony) 원칙에도 맞지 않으므로 최소한의 변수를 이용하여 종속변수에 존재하는 분산을 잘 설명하는 것이 예측모형에서의 좋은 전략이다. 다만 예측을 목적으로 하는 회귀분석에서 가장 어려운 부분이 바로 다수의 예측변수로부터 소수의 효율적인 예측변수를 선택하는 것이다. 이미 수십 년 전에 예측변수의 전체집합에서 효율적인 부분집합을 선택하는 여러 방법이 소개되었다. 가장 잘 알려져 있으며 지금도 많은 연구자가 사용하는 방법으로는 전진선택법, 후진제거법, 단계회귀법 등이 있다.

언급한 모든 방법들은 많은 단계를 거쳐 최종 모형에 다다르게 되는데, 이러한 단계마다 여러 번의 검정을 진행하게 된다. 그 결과 이 변수 선택 방법들은 제1종오류와 제2종오류를 증가시키는 문제를 가지고 있으며, 편향되고 부정확한 회귀계수 추정치와 신뢰구간 추정치를 만들어 내는 것으로 알려져 있다(Smith, 2018; Yang, 2013). 하지만 변수 선택의 절차에서 여전히 가장 많이 사용되는 방법은 이 세 가지일 것이다. 이에 지금부터 Chatterjee와 Price(1991), Draper와 Smith(1981), Pedhazur(1982) 등을 일부 참고하여 세 방법의 기본적인 절차를 설명한다. 여기서 독자들이 염두에 두어야 할 것은 각 방법의 세부적인 절차에서 얼마든지 다양한 변형이 있을 수 있다는 사실이다. 소개된 이후에 워낙 오랫동안 다양한 분야와 맥락에서 사용되어 왔기 때문에 모든 연구자들이 정확히 동일한 방식으로 각 절차를 시행하고 있지는 않다.

이제 세 가지 방법의 기본적인 절차를 간략히 설명하고 SPSS를 통하여 어떻게 실행하는지 보인다. 예제는 Cars93 자료의 Price(가격)를 예측하기 위해 MPG.city(시내주행연비),

AirBags(에어백 개수), EngineSize(엔진 크기), Horsepower(마력), RPM(분당 최대 회전수), Fuel.tank.capacity(연료통 용량), Passengers(승객 수), Length(길이), Width(폭), Rear.seat.room(뒷좌석 공간), Luggage.room(트렁크 공간), Weight(무게)를 이용하였다.

전진선택법

일반적으로 전진선택법(forward selection)을 실행하기 위해서는 가장 먼저 종속변수와 예측변수를 포함하는 모든 변수들 간에 상관계수를 추정한 다음, 종속변수와 가장 큰 영차상관(zero-order correlation)을 보이는 예측변수를 모형에 투입한다. 다음으로 첫 번째 예측변수가 모형 안에 투입되어 있는 상태에서, 즉 첫 번째 예측변수를 통제한 상태에서 종속변수와 준편상관이 가장 큰[21] 변수를 두 번째로 투입한다. 준편상관은 앞에서 잠시 언급했듯이 부분상관이라고도 하며, 편상관과 함께 고차상관의 일종이다. 이때 두 번째 변수와 종속변수 간에 통계적으로 유의한 준편상관이 있다면 모형에 계속 남게 되고, 동일한 방법으로 세 번째 변수를 탐색한다. 만약 두 번째 변수와 종속변수 간의 준편상관이 유의하지 않다면, 두 번째 변수는 모형에 투입하지 않고 더 이상의 탐색은 중지한다.

전진선택법은 상관계수가 아닌 회귀분석의 관점에서 설명하는 것이 이해하기에 더 수월하다. 상관계수를 이용하든, 회귀분석을 이용하든, 두 방법은 통계적으로 일치하는데 많은 연구자들이 회귀분석의 맥락에서 절차를 수행한다. 가장 먼저 종속변수와 모든 독립변수 간에 단순회귀분석을 실시한다. 결과를 확인하여 가장 통계적으로 유의한 예측변수를 모형에 첫 번째로 투입한다. 다음으로 회귀모형에 첫 번째 변수가 있는 상태에서 가장 큰 R^2 증가를 보이는 두 번째 예측변수를 투입한다. 가장 큰 ΔR^2이라는 것은 종속변수와 제곱된 준편상관이 가장 큰 예측변수를 투입하는 것을 의미한다. 만약 ΔR^2이 통계적으로 유의하면 두 번째 변수를 모형에 남긴 상태에서 세 번째 변수를 탐색하고, 만약 두 번째 변수를 투입함으로써 유의한 ΔR^2이 없다면 두 번째 변수는 모형에 투입하지 않고 탐색을 중지한다.

SPSS를 이용하여 전진선택법 절차를 실행하기 위해 먼저 Analyze 메뉴로 들어가 Regression을 선택하고 Linear를 실행한다.

---

21 상관이 크다는 것은 정적상관일 수도 있고, 부적상관일 수도 있다. 즉, 변수 간 상관계수의 절대값이 1에 가까우면 상관은 크다는 것을 가리킨다.

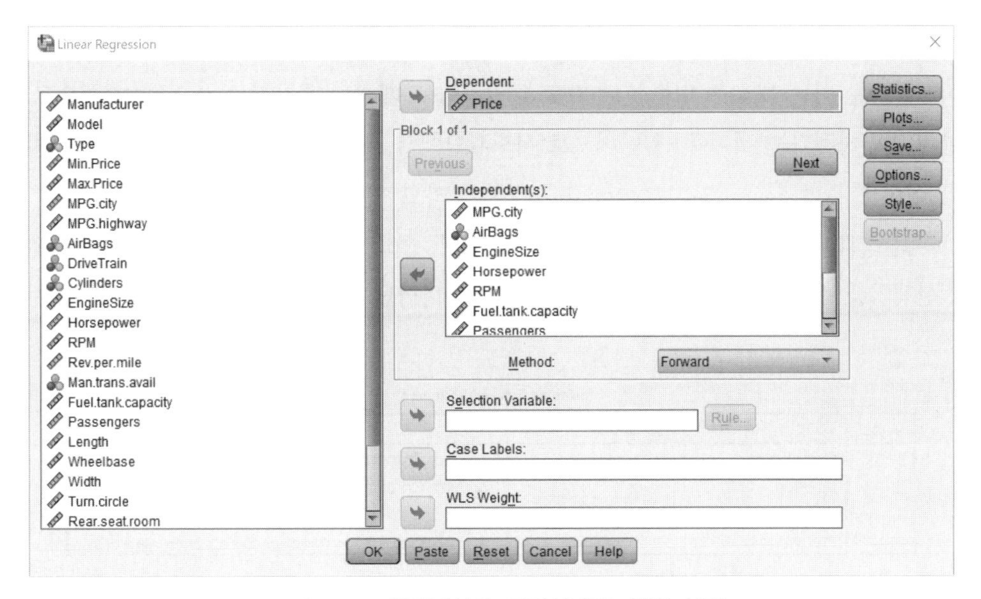

[그림 6.13] **회귀분석의 전진선택법 실행 화면**

먼저 그림처럼 종속변수 Price를 Dependent로 옮기고, 모든 후보 독립변수를 Independent(s)로 옮긴다. 독립변수들 바로 밑에 있는 Method가 처음에는 모든 독립변수를 투입하여 표준 회귀분석을 실시하는 Enter로 선택이 되어 있는데, 그것을 Forward로 바꾼다. 전진선택법, 즉 forward selection을 실시한다는 의미이다. 그리고 Options를 선택하면 아래와 같이 전진선택법을 실시하는 데 있어서 중요한 옵션 화면이 열린다.

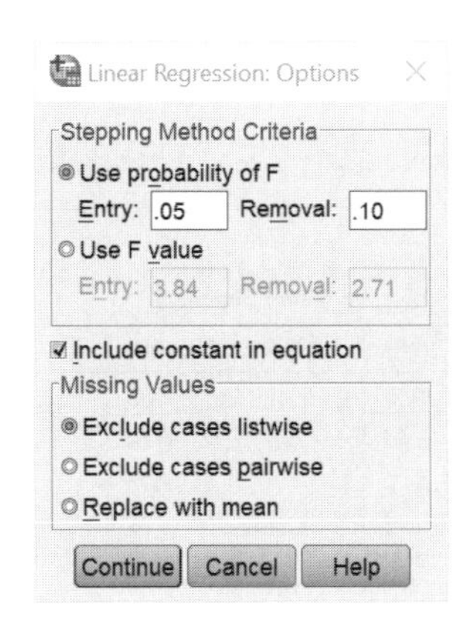

[그림 6.14] **변수 선택과 제거의 기준**

이 화면에서는 전진선택법, 후진제거법, 단계회귀법을 실시할 때 변수가 선택되고 제거되는 기준(criterion)을 정할 수 있다. 전진선택법에서는 변수의 제거 없이 오직 선택만 하므로 Use probability of F의 Entry 부분만 잘 설정하면 된다. Entry는 디폴트 값이 0.05로 되어 있는데, 이는 새로운 변수를 추가로 투입하였을 때 R^2 증가가 $\alpha = 0.05$ 기준으로 유의한지 판단하겠다는 것이다. 일반적으로 사회과학에서 $\alpha = 0.05$를 이용해서 검정을 진행하므로 이대로 두면 된다. 그리고 probability of F라고 되어 있는 것은 앞에서 배웠듯이 R^2의 차이검정과 F차이검정이 다를 바 없기 때문이다. Continue를 누르고 이어서 OK를 눌러 전진선택법을 실행하면 가장 먼저 아래의 결과가 나타난다.

Variables Entered/Removed[a]

Model	Variables Entered	Variables Removed	Method
1	Horsepower	.	Forward (Criterion: Probability-of-F-to-enter <= .050)
2	AirBags	.	Forward (Criterion: Probability-of-F-to-enter <= .050)
3	Width	.	Forward (Criterion: Probability-of-F-to-enter <= .050)
4	Weight	.	Forward (Criterion: Probability-of-F-to-enter <= .050)

a. Dependent Variable: Price

[그림 6.15] 전진선택법의 변수 선택과 제거

위의 결과는 예측모형에 어떤 변수들이 어떤 순서로 들어갔는지를 보여 준다. 총 12개의 예측변수로 12번의 단순회귀분석 모형을 추정하였을 때, 가장 유의한, 즉 가장 작은 p값을 보인 변수가 Horsepower임을 알 수 있다. AirBags는 Horsepower가 모형에 들어가 있는 상태에서 R^2을 가장 많이 증가시키는 변수이고, 차례대로 R^2을 유의하게 증가시키는 변수들이 Width와 Weight이다. 표를 보면 Variables Entered에는 내용이 있으나 Variables Removed는 공란으로 비워져 있는 것을 확인할 수 있다. 앞서 설명한 대로 전진선택법은 중간에 예측변수를 제거하지 않는 방법이기 때문이다. 그래서 표의 오른쪽에는 변수의 투입 기준만 있으며, 제거 기준은 나타나지 않고 있다. 다음으로는 모형 요약 결과표이다.

Model Summary

Model	R	R Square	Adjusted R Square	Std. Error of the Estimate
1	.787[a]	.620	.615	6.17950
2	.811[b]	.657	.649	5.90281
3	.822[c]	.675	.662	5.78653
4	.854[d]	.729	.715	5.31949

a. Predictors: (Constant), Horsepower
b. Predictors: (Constant), Horsepower, AirBags
c. Predictors: (Constant), Horsepower, AirBags, Width
d. Predictors: (Constant), Horsepower, AirBags, Width, Weight

[그림 6.16] 전진선택법의 단계별 모형 결과 요약

네 번의 변수 선택 절차가 있었으므로 전진선택법에서 추정한 모형의 개수도 네 개이다. 각 모형에 어떤 변수들이 들어가 있는지는 [그림 6.16]의 아랫부분에 제공된다. 마지막으로 아래는 단계별 추정 모형에서의 개별모수 추정치이다.

Coefficients[a]

Model		Unstandardized Coefficients B	Unstandardized Coefficients Std. Error	Standardized Coefficients Beta	t	Sig.
1	(Constant)	-2.321	2.002		-1.160	.250
	Horsepower	.154	.013	.787	11.419	.000
2	(Constant)	8.030	4.001		2.007	.048
	Horsepower	.129	.015	.660	8.372	.000
	AirBags	-3.201	1.087	-.232	-2.945	.004
3	(Constant)	42.478	17.247		2.463	.016
	Horsepower	.149	.018	.763	8.270	.000
	AirBags	-3.924	1.122	-.285	-3.497	.001
	Width	-.519	.253	-.192	-2.051	.044
4	(Constant)	80.054	18.539		4.318	.000
	Horsepower	.084	.023	.430	3.579	.001
	AirBags	-3.544	1.036	-.257	-3.421	.001
	Width	-1.468	.336	-.545	-4.368	.000
	Weight	.012	.003	.687	3.911	.000

a. Dependent Variable: Price

[그림 6.17] 전진선택법의 단계별 개별모수 추정치

네 개의 모형에서 각 모수의 추정치와 통계적 유의성을 확인할 수 있다. 최종 모형을 보면 Horsepower, AirBags, Width, Weight가 모두 통계적으로 유의한 것을 확인할 수 있다. 참고로 전진선택법의 특성상 최종 모형에 유의하지 않은 예측변수가 남아 있을 수도 있다. 유의한 R^2 증가가 있어서 새로운 예측변수를 추가하였으나 이후 단계에서 다른 예측변수가 투입됨으로써 유의하지 않게 변할 수 있기 때문이다. 전진선택법은 말 그대로 오직 선택만 이루어지기 때문에 변수가 한번 모형 안으로 들어오면 나가지 않으므로, 유의하지 않은 예측변수도 계속 남아 있을 수 있다.

후진제거법

후진제거법(backward elimination)을 실행하기 위해서는 먼저 종속변수를 예측하기 위해 준비한 모든 변수를 모형 안에 넣고 시작한다. 이후로 조건에 따라 예측변수를 하나씩 제거해 나가는데, 가장 먼저 제거할 것은 그 예측변수가 사라짐으로써 발생하는 R^2 손실이 가장 작은 변수이다. 예측변수들 중에서도 가장 작은 R^2 손실을 발생시키는 예측변수를 하나

제거하였을 때, 만약 통계적으로 유의하지 않은 R^2이 감소한다면 그 변수는 모형에서 사라지게 된다. 그리고 남아 있는 예측변수 모형에서 R^2 손실이 가장 작은 예측변수를 다음 제거 후보에 올리게 된다. 역시 그 변수를 제거함으로써 통계적으로 유의하지 않은 R^2이 감소한다면, 그 변수는 모형에서 제거된다. 그런데 만약 첫 번째 단계에서든, 또는 두 번째 단계에서든 변수를 제거함으로써 통계적으로 유의한 R^2이 감소한다면, 해당 변수는 제거하지 않고 절차는 거기서 멈춰야 한다. 앞에서 설명했듯이 예측모형의 변수 선택법들에는 다양한 변형이 존재하기 때문에 기준으로서 꼭 R^2을 이용해야 하는 것은 아니며, AIC(Akaike information criterion, Akaike, 1973)나 BIC(Bayesian information criterion, Schwarz, 1978) 같은 정보지수(information criterion) 등을 기준으로 이용하여도 상관은 없다.

SPSS를 이용하여 후진제거법 절차를 실행하기 위해 역시 Analyze 메뉴로 들어가 Regression을 선택하고 Linear를 실행해야 한다. [그림 6.13]처럼 종속변수 Price를 Dependent로 옮기고, 모든 독립변수를 Independent(s)로 옮긴다. 또한, Method 옵션을 Backward로 바꾼다. 이는 backward elimination을 실시한다는 의미이다. 그리고 이전처럼 Options를 선택하여 변수 제거의 기준을 확인한다. 후진제거법에서는 처음에 모든 변수를 선택함으로써 시작하기 때문에 Entry 값은 중요하지 않으며, Removal 기준을 의도한 대로 정하는 것이 중요하다. 디폴트 값은 0.10으로 되어 있는데, 이는 변수를 제거할 때 $\alpha = 0.10$ 기준에서 유의하면 제거의 후보로 고려하지 않겠다는 뜻이다. Continue를 누르고 이어서 OK를 눌러 후진제거법을 실행하면 가장 먼저 아래의 결과가 나타난다.

Variables Entered/Removed[a]

Model	Variables Entered	Variables Removed	Method
1	Weight, RPM, Rear.seat.room, AirBags, Passengers, Luggage.room, MPG.city, Width, Fuel.tank.capacity, Length, Horsepower, EngineSize[b]	.	Enter
2	.	Passengers	Backward (criterion: Probability of F-to-remove >= .100).
3	.	MPG.city	Backward (criterion: Probability of F-to-remove >= .100).
4	.	Rear.seat.room	Backward (criterion: Probability of F-to-remove >= .100).
5	.	Weight	Backward (criterion: Probability of F-to-remove >= .100).
6	.	EngineSize	Backward (criterion: Probability of F-to-remove >= .100).
7	.	Luggage.room	Backward (criterion: Probability of F-to-remove >= .100).

a. Dependent Variable: Price

b. All requested variables entered.

[그림 6.18] 후진제거법의 변수 선택과 제거

위의 결과는 예측모형에 어떤 변수들이 맨 처음에 들어갔으며, 그 변수들 중 무엇이 어떤 순서로 제거되었는지를 보여 준다. Variables Entered에는 맨 처음 설정한 모든 예측변수들이 들어갔다는 내용이 나오며, Variables Removed는 Passengers, MPG.city, Rear.seat.room, Weight, EngineSize, Luggage.room의 순서로 원래 모형에 있는 변수들이 제거되었다는 것을 보여 준다. 후진제거법에서는 첫 단계를 빼면 계속해서 변수를 제거만 하기 때문에 표의 오른쪽 컬럼에는 변수의 제거 기준만 설명되어 있다. 전진선택법에서는 오직 선택만 하므로 표의 오른쪽 컬럼에 변수의 투입 기준만 설명되어 있는 것과 마찬가지이다. 다음은 후진제거법을 실시한 모형의 요약 결과표이다.

Model Summary

Model	R	R Square	Adjusted R Square	Std. Error of the Estimate
1	.868[a]	.754	.711	5.35296
2	.868[b]	.754	.715	5.31542
3	.868[c]	.754	.719	5.27957
4	.868[d]	.753	.722	5.24677
5	.867[e]	.752	.725	5.22178
6	.866[f]	.751	.727	5.20194
7	.863[g]	.745	.725	5.22547

a. Predictors: (Constant), Weight, RPM, Rear.seat.room, AirBags, Passengers, Luggage.room, MPG.city, Width, Fuel.tank.capacity, Length, Horsepower, EngineSize

b. Predictors: (Constant), Weight, RPM, Rear.seat.room, AirBags, Luggage.room, MPG.city, Width, Fuel.tank.capacity, Length, Horsepower, EngineSize

c. Predictors: (Constant), Weight, RPM, Rear.seat.room, AirBags, Luggage.room, Width, Fuel.tank.capacity, Length, Horsepower, EngineSize

d. Predictors: (Constant), Weight, RPM, AirBags, Luggage.room, Width, Fuel.tank.capacity, Length, Horsepower, EngineSize

e. Predictors: (Constant), RPM, AirBags, Luggage.room, Width, Fuel.tank.capacity, Length, Horsepower, EngineSize

f. Predictors: (Constant), RPM, AirBags, Luggage.room, Width, Fuel.tank.capacity, Length, Horsepower

g. Predictors: (Constant), RPM, AirBags, Width, Fuel.tank.capacity, Length, Horsepower

[그림 6.19] **후진제거법의 단계별 모형 결과 요약**

한 번의 변수 선택과 여섯 번의 변수 제거 절차가 있었으므로 후진제거법에서 추정한 모형의 개수는 일곱 개이다. 각 모형에 어떤 변수들이 들어가 있는지는 표의 아랫부분에 제공된다.

마지막으로 [그림 6.20]에는 단계별 추정 모형에서의 개별모수 추정치이다. 너무나 긴 내용이 있으므로 일부만 발췌해서 보여 준다. 총 일곱 개의 모형 중 1단계 모형과 마지막 7단계 모형에서 각 모수의 추정치와 통계적 유의성을 확인할 수 있다. 최종 모형을 보면 유의수준 5% 기준으로 보았을 때, AirBags, Horsepower, RPM, Fuel.tank.capacity, Width가 통계적으로 유의하며, Length는 통계적으로 유의하지 않은 것을 확인할 수 있다. 후진제거법에서의 제거 기준이 $\alpha = 0.10$이기 때문에 Length가 통계적으로 유의하지는 않지만 제거되지 않고 모형에 남아 있을 수 있는 것이다.

Coefficients[a]

Model		Unstandardized Coefficients		Standardized Coefficients	t	Sig.
		B	Std. Error	Beta		
1	(Constant)	109.121	29.022		3.760	.000
	MPG.city	-.052	.215	-.029	-.243	.809
	AirBags	-4.246	1.086	-.308	-3.909	.000
	EngineSize	1.200	2.392	.121	.502	.618
	Horsepower	.119	.044	.610	2.714	.008
	RPM	-.001	.002	-.077	-.582	.562
	Fuel.tank.capacity	.616	.493	.186	1.250	.215
	Passengers	-.216	1.474	-.015	-.147	.884
	Length	.092	.117	.141	.787	.434
	Width	-1.927	.464	-.715	-4.153	.000
	Rear.seat.room	.137	.369	.039	.371	.711
	Luggage.room	.304	.360	.092	.846	.401
	Weight	.002	.005	.127	.422	.674
7	(Constant)	107.103	26.160		4.094	.000
	AirBags	-4.190	1.015	-.304	-4.127	.000
	Horsepower	.140	.023	.717	5.984	.000
	RPM	-.003	.001	-.166	-2.017	.047
	Fuel.tank.capacity	.906	.404	.274	2.239	.028
	Length	.173	.089	.265	1.943	.056
	Width	-1.883	.412	-.698	-4.568	.000

a. Dependent Variable: Price

[그림 6.20] 후진제거법의 단계별 개별모수 추정치

단계회귀법

단계회귀법(stepwise regression)은 단계선택법(stepwise selection)으로도 불리는데, 선택법이라는 이름에서도 보이는 것처럼 전진선택법의 변형된 형태이다. 이 방법은 예측변수가 일단 모형 안으로 들어오면 절대로 나가지 않는 전진선택법의 약점을 보완하기 위해 개발되었다. 즉, 전진선택법에서는 이미 투입된 변수가 이후 변수의 투입과 함께 통계적으로 유의하지 않게 되어도 한번 모형 안으로 투입된 변수는 제거할 수가 없다. 단계회귀법은 기본적으로 앞에서 설명한 전진선택법으로 진행이 된다. 하지만, 만약 새로운 변수를 투입함으로써 이미 투입된 변수 중 일부가 유의하지 않게 변한다면 그 변수를 제거하면서 계속해서 새로운 예측변수를 탐색하는 방법이다. 편향된 회귀계수와 부정확한 신뢰구간을 주는 것으로 알려져 있기도 하지만(Smith, 2018; Yang, 2013), 일반 연구자들이 사용하는 변수 선택방법 중 가장 많이 사용된다. 단계회귀법은 전진선택법을 기본적으로 채용하기 때문에 전진선택법과 매우 비슷한 결과를 주는 것으로 알려져 있다.

SPSS를 이용하여 단계회귀법 절차를 실행하기 위해 역시 Analyze 메뉴로 들어가 Regression을 선택하고 Linear를 실행한다. [그림 6.13]과 같이 변수를 선택하고 Method 옵션을 Stepwise로 바꾸면 된다. 이는 stepwise regression을 실시한다는 의미이다. 그리고 이전처럼 Options를 선택하여 변수 투입 및 제거의 기준을 확인한다. 단계회귀법에서는 가장 유의한 예측변수를 먼저 투입하고 차례대로 유의한 변수를 추가해 나가기 때문에 Entry 값이 중요하며, 각 단계마다 유의하지 않은 변수를 제거하기 때문에 Removal 기준도 중요하다. 디폴트 값은 각각 0.05와 0.10으로 되어 있는데, 이는 변수를 선택할 때는 $\alpha = 0.05$ 기준, 변수를 제거할 때는 $\alpha = 0.10$ 기준을 사용하겠다는 것이다. Continue를 누르고 이어서 OK를 눌러 단계회귀법을 실행하면 가장 먼저 아래의 결과가 나타난다.

Variables Entered/Removed[a]

Model	Variables Entered	Variables Removed	Method
1	Horsepower	.	Stepwise (Criteria: Probability-of-F-to-enter <= .050, Probability-of-F-to-remove >= .100).
2	AirBags	.	Stepwise (Criteria: Probability-of-F-to-enter <= .050, Probability-of-F-to-remove >= .100).
3	Width	.	Stepwise (Criteria: Probability-of-F-to-enter <= .050, Probability-of-F-to-remove >= .100).
4	Weight	.	Stepwise (Criteria: Probability-of-F-to-enter <= .050, Probability-of-F-to-remove >= .100).

a. Dependent Variable: Price

[그림 6.21] 단계회귀법의 변수 선택과 제거

표의 오른쪽 부분에 변수 선택과 제거의 기준이 각각 보여지고 있는데, 사실 변수 선택과 제거의 결과는 전진선택법과 완전히 일치하는 것을 알 수 있다. 이것은 꽤나 자주 발생하는 결과이다. 단계회귀법은 기본적으로 전진선택법을 채용하고, 그 단계마다 유의하지 않은 예측변수가 있다면 그것을 제거하는 방법인데, 위에서는 유의하지 않은 변수가 없었던 것이다. 이는 최종 회귀계수표를 이용하여 확인할 수 있을 것이다. 다음으로는 모형 요약 결과표가 제공된다.

Model Summary

Model	R	R Square	Adjusted R Square	Std. Error of the Estimate
1	.787[a]	.620	.615	6.17950
2	.811[b]	.657	.649	5.90281
3	.822[c]	.675	.662	5.78653
4	.854[d]	.729	.715	5.31949

a. Predictors: (Constant), Horsepower

b. Predictors: (Constant), Horsepower, AirBags

c. Predictors: (Constant), Horsepower, AirBags, Width

d. Predictors: (Constant), Horsepower, AirBags, Width, Weight

[그림 6.22] 단계회귀법의 단계별 모형 결과 요약

네 번의 변수 선택 절차가 있었으며, 전진선택법에서 추정한 모형과 모두 동일하다. 마지막으로 아래는 단계별 추정 모형에서의 개별모수 추정치이다.

Coefficients[a]

Model		Unstandardized Coefficients		Standardized Coefficients	t	Sig.
		B	Std. Error	Beta		
1	(Constant)	-2.321	2.002		-1.160	.250
	Horsepower	.154	.013	.787	11.419	.000
2	(Constant)	8.030	4.001		2.007	.048
	Horsepower	.129	.015	.660	8.372	.000
	AirBags	-3.201	1.087	-.232	-2.945	.004
3	(Constant)	42.478	17.247		2.463	.016
	Horsepower	.149	.018	.763	8.270	.000
	AirBags	-3.924	1.122	-.285	-3.497	.001
	Width	-.519	.253	-.192	-2.051	.044
4	(Constant)	80.054	18.539		4.318	.000
	Horsepower	.084	.023	.430	3.579	.001
	AirBags	-3.544	1.036	-.257	-3.421	.001
	Width	-1.468	.336	-.545	-4.368	.000
	Weight	.012	.003	.687	3.911	.000

a. Dependent Variable: Price

[그림 6.23] **단계회귀법의 단계별 개별모수 추정치**

네 개의 모형에서 각 모수의 추정치와 통계적 유의성을 확인할 수 있다. 첫 단계부터 마지막 네 번째 단계까지 투입한 예측변수 중에서 $\alpha = 0.10$ 기준으로 유의하지 않은 변수가 하나도 없다. 그러므로 변수의 제거는 발생하지 않았고, 결국 전진선택법과 완전히 동일한 결과를 보여 주게 되었다.

6.2.2. 모든 부분집합 회귀분석

분석방법의 이해

예측을 목적으로 회귀분석을 이용할 때, 전통적으로 많이 사용되는 전진선택법, 후진제거법, 단계회귀법을 살펴보았다. 이 방법들은 여전히 자주 사용되는 방법들이지만, 태생적으로 변수의 풀(pool) 안에 있는 모든 예측변수의 가능한 조합을 시도하는 것이 아니므로 반드시 미처 고려하지 못한 예측변수들의 조합이 존재하게 된다. 이에 반해, 모든 부분집합 회귀분석(all subsets regression)은 연구자가 가지고 있는 전체 예측변수의 조합으로 형성되는 회귀모형을 모두 다 추정한 다음 그중에서 가장 효율적으로 종속변수를 잘 예측하는 조합을 찾아내는 분석방법이다.

모든 부분집합 회귀분석은 모든 예측변수의 조합으로 회귀모형을 추정해야 하므로 변수의 개수가 증가함에 따라 추정해야 하는 모형의 개수가 기하급수적으로 증가한다는 약점이 있으나, 최근 컴퓨터와 소프트웨어의 발전으로 이 문제는 많이 해결되었다. 특히 SPSS에는 버전 19부터 Automatic Linear Modeling이라는 이름으로 모든 부분집합 회귀분석 및 발전된 예측모형의 변형들이 포함되어 있으며, 이 방법들은 머신러닝 기반의 회귀예측 모형인 회귀분석 나무(regression tree)보다도 어떤 면에서 더 우월한 수행 능력을 보인다는 최근의 시뮬레이션 연구도 있다(Genc & Mendes, 2021).

아주 오래된 회귀분석 텍스트인 Draper와 Smith(1981) 및 Pedhazur(1982) 등에서 모든 부분집합 회귀분석이 간략하게 언급되었는데, 이 방법은 모든 가능한 회귀분석(all possible regression), 모든 가능한 부분집합 회귀분석(all possible subsets regression), 최적 부분집합 회귀분석(best subsets regression) 등 다양한 이름으로 불린다. 이 방법은 예측변수의 가능한 모든 조합을 실행하여 최적 모형을 찾아낸다는 이론적 우월성은 있었으나 사용하기에는 너무 복잡하다고 여겨져 왔다. 예를 들어, 만약 p개의 예측변수가 존재하는 경우에 각각의 변수가 모형에 들어가는 경우와 들어가지 않는 경우가 있으므로 총 2^p개의 부분집합으로 회귀분석 모형을 추정하고 결과를 비교해야 한다. 10개의 예측변수가 있다면 1,024개의 회귀모형을 추정해야 하고, 20개의 예측변수가 있다면 1,048,576개의 회귀모형을 추정해야 한다.

일반적인 예측 연구에서 종속변수에 대한 후보 변수의 개수가 10~30개가 되는 일은 드물지 않기 때문에(Heinze et al., 2018) 예측변수의 수가 조금만 많아져도 추정해야 하는 회귀분석 모형의 개수는 기하급수적으로 늘어나 계산에 부담이 된다. 이런 이유로 인해서 Draper와 Smith(1981) 및 Pedhazur(1982) 등이 매우 오래전에 모든 부분집합 회귀분석의 아이디어를 제안하였음에도 이 분석을 인지하고 있는 연구자도 드물며 실제로 사용하는 연구자는 더 드문 게 사실이다. 하지만 SPSS가 제공하는 Automatic Linear Modeling은 예측변수가 20개 이하일 때는 상당히 빠른 속도로 모든 부분집합 회귀모형의 추정을 시도하는 방식으로 진행하며, 20개를 넘어갈 때는 단계회귀법과 모든 부분집합 회귀분석을 조합하는 하이브리드 알고리즘을 이용하여 수십 초 이내에 결과를 제공한다. 사실 모든 부분집합 회귀분석은 컴퓨터에 상당한 부담을 주는 것이 사실이었기 때문에 이 방법을 이용하는 경우

20개 이하의 예측변수가 적절하다고 제안하는 학자들(Miller, 2002; Yan & Su, 2009)도 있었다.

모든 부분집합 회귀분석을 실행하게 되면 후보 예측변수의 모든 조합을 이용하여 회귀분석 모형을 추정한다고 하였는데, 이것이 무엇을 의미하는지 실제로 정확히 보이고자 한다. 예를 들어, 종속변수 Y를 예측하기 위한 변수 세트 X_1, X_2, X_3, X_4가 존재한다고 가정하면, 아래의 표에 제공되는 총 $16(=2^4)$개의 모형을 모두 추정하게 된다.

[표 6.5] 네 개의 예측변수가 있을 때 추정해야 하는 모든 모형

예측변수의 개수	부분집합 번호	회귀모형
0	1	$Y=\beta_0+e$
1	2	$Y=\beta_0+\beta_1X_1+e$
	3	$Y=\beta_0+\beta_2X_2+e$
	4	$Y=\beta_0+\beta_3X_3+e$
	5	$Y=\beta_0+\beta_4X_4+e$
2	6	$Y=\beta_0+\beta_1X_1+\beta_2X_2+e$
	7	$Y=\beta_0+\beta_1X_1+\beta_3X_3+e$
	8	$Y=\beta_0+\beta_1X_1+\beta_4X_4+e$
	9	$Y=\beta_0+\beta_2X_2+\beta_3X_3+e$
	10	$Y=\beta_0+\beta_2X_2+\beta_4X_4+e$
	11	$Y=\beta_0+\beta_3X_3+\beta_4X_4+e$
3	12	$Y=\beta_0+\beta_1X_1+\beta_2X_2+\beta_3X_3+e$
	13	$Y=\beta_0+\beta_1X_1+\beta_2X_2+\beta_4X_4+e$
	14	$Y=\beta_0+\beta_1X_1+\beta_3X_3+\beta_4X_4+e$
	15	$Y=\beta_0+\beta_2X_2+\beta_3X_3+\beta_4X_4+e$
4	16	$Y=\beta_0+\beta_1X_1+\beta_2X_2+\beta_3X_3+\beta_4X_4+e$

위의 표에서 추정하는 회귀모형들을 보면, 모든 부분집합 회귀분석에는 예측변수가 하나도 들어가지 않은 모형 1개, 하나만 들어간 모형 4개, 두 개가 들어간 모형 6개, 세 개가 들어간 모형 4개, 네 개 모두 들어간 모형 1개가 있음을 알 수 있다. 연구자는 여러 통계적인 준거를 이용하여 총 16개의 모형 중에서 최적의 예측변수 조합을 찾아내야 한다.

추정된 회귀모형 중 최적의 조합을 찾아내는 절차나 기준은 연구자마다 다를 수 있다(Draper & Smith, 1981; Penhazur, 1982). 예를 들어, 16개 전체 모형들의 $adj.R^2$ 통계치를 비교하고, 그중에서 가장 높은 $adj.R^2$을 가진 모형을 최적의 모형으로 선택할 수 있다. $adj.R^2$ 외에도 최적의 모형을 결정하기 위한 다양한 통계치가 존재하며, 연구자마다 각자 최적이라고 생각하는 방식으로 최종 예측모형을 결정하게 된다. 이처럼 통계치에 기반하여 최적의 예측변수 부분집합을 찾아내는 것도 무척이나 중요하지만, 대다수의 통계분석과 마찬가지로 최적의 부분집합을 찾아내는 하나의 기준은 변수가 가진 의미성(meaningfulness)이라고 할 수 있다(Pedhazur, 1982). 앞에서 예측을 목적으로 하면 원인과 결과에 상관없이 종속변수와 상관있는 그 어떤 변수라도 독립변수로서 사용할 수 있다고 하였지만, 실질적으로 연구자가 사용하는 예측모형에 정당성을 부여하기 위해서는 종속변수와 실질적으로 관계있는 변수들을 최종 모형에 남기는 것이 합리적이다.

최적의 조합을 찾기 위한 통계적 기준

종속변수와 실질적으로 의미 있게 연결된 변수들을 후보로 설정하였다고 하여도 결국 최적의 예측모형을 결정하기 위해서는 객관적인 통계적 기준이 필요하다. 상당히 다양한 통계적 기준들이 사용될 수 있는데, 지금부터 몇 가지 주요한 통계치를 소개하고자 한다. 가장 먼저, 모형의 설명력을 말해 주는 결정계수 R^2을 이용하여 최적 조합을 결정할 수 있다. 하지만, 결정계수 R^2은 투입하는 예측변수와 종속변수 간 관계성과 상관없이 그 어떤 변수라도 모형에 추가되기만 한다면 무조건 증가하는 문제가 있다고 하였다. 그래서 [표 6.5]에 제공되는 16개의 모형 중에서 가장 큰 R^2 값을 보이는 모형은 언제나 예외 없이 모든 예측변수가 투입된 16번째 모형이 된다. 그에 반해, 조정된 R^2은 예측변수의 개수에 페널티를 주어 모형이 과적합되는 것을 막고, 모형의 간명성을 유지하도록 돕는다. $adj.R^2$은 [식 3.21]에서 아래처럼 정의하였다.

$$adj.R^2 = 1 - (1 - R^2)\frac{n-1}{n-p-1}$$

$adj.R^2$은 간명한 모형을 통해 종속변수를 최적 예측하는 독립변수의 조합을 찾고자 할 때 유용하게 사용될 수 있다.

모든 부분집합 회귀분석에서 최적의 모형을 결정하기 위해 통계학에서 모형 선택의 목적으로 널리 쓰이는 정보준거 또는 정보지수(information criterion, IC)를 이용할 수 있다. IC는 Akaike(1973, 1974)가 모형의 비교를 위하여 정보측정치(information measure; Kullback & Leibler, 1951)라는 개념을 이용해 만든 지수가 시초로서 아래와 같이 정의된다. 이 지수는 Akaike의 이름을 따서 AIC(Akaike information criterion)라고 한다.

$$AIC = -2LL + 2t \qquad [식\ 6.15]$$

위에서 LL은 최대우도나 베이지안(Bayesian) 추정 방법에서 사용되는 로그우도(log likelihood)함수 값이고, t는 모형에서 추정되는 자유모수(free parameter)의 개수를 의미한다. 비교 모형 중에서 AIC가 가장 작은 모형을 최적 모형으로 선택하게 된다.

AIC는 최초의 정보지수이며 지금도 상당히 많이 사용되지만, 과적합된 모형을 선택하는 편향이 있어서, 즉 복잡한 모형을 선택하는 편향이 있어서 Hurvich와 Tsai(1989)에 의해 다음과 같은 AICc(AIC corrected)가 제안되었다.

$$AICc = -2LL + 2t\frac{n}{n-t-1} \qquad [식\ 6.16]$$

위에서 n은 표본크기를 가리킨다. AICc는 AIC에 비해 상대적으로 더 간명한 모형을 선택하는 경향이 있어(DelSole & Tippett, 2021) 최근 다양한 영역의 모형 선택 과정에서 추천된다(Burnham & Anderson, 2010). 또한, 수식에서 알 수 있듯이 AICc는 작은 표본크기일 때 AIC를 더 크게 수정하며, 표본크기 n이 커짐에 따라 AIC로 수렴하게 된다. AIC나 AICc 외에도 베이지안 이론을 적용한 지수인 BIC(Bayesian information criterion, Schwarz, 1978)나 표본크기를 조정한 SABIC(sample size adjusted BIC, Sclove, 1987) 등의 다양한 정보지수들이 제안되었으나 모두 소개하지는 않는다. 참고로 SPSS는 모든 부분집합 회귀분석에서의 모형 선택 기준으로 AICc를 제공한다.

모형 선택을 위해 회귀모형 오차제곱의 평균(mean squared error, MSE)을 사용하기도 한다. MSE는 앞에서 소개했듯이 추정의 표준오차, 즉 평균적인 오차 크기의 제곱으로서 다음과 같이 정의된다.

$$MSE = \frac{1}{n-p-1}\sum_{i=1}^{n}(Y_i - \hat{Y}_i)^2 \qquad [식\ 6.17]$$

위의 MSE는 식 그대로 오차의 제곱합(sum of squares error)을 자유도로 나누어 주는 오차의 분산 추정치라고 할 수 있으며, MSE를 최소화하는 회귀모형을 최적의 회귀모형으로 선택할 수 있다. SPSS에서는 MSE를 ASE(average squared error) 또는 과적합 방지 기준(overfit prevention criterion)이라고 하는데, 일반적인 통계 용어는 아니다. 보통 MSE를 모형 선택의 기준으로 선택하게 되면, 오차의 제곱합을 최소화해야 하고, 이를 위해서는 결국 R^2을 끌어올려야 하므로 과적합된 모형이 최종 모형으로 선택될 가능성이 높아지게 된다.

Automatic Linear Modeling 예제

Cars93 자료를 이용하여 모든 부분집합 회귀분석을 SPSS로 보여 준다. 종속변수는 여전히 Price이고, 후보 예측변수는 전통적인 방법들과 마찬가지로 MPG.city, AirBags, EngineSize 등 총 12개의 변수이다. SPSS가 제공하는 모든 부분집합 회귀분석인 Automatic Linear Modeling 기능을 사용하기 전에 먼저 Variable View에 있는 Measure 및 Role 탭을 이해해야 한다. 아래에 Cars93 자료의 Variable View 화면이 제공된다.

	Name	Type	Width	Decimals	Label	Values	Missing	Columns	Align	Measure	Role
1	Price	Numeric	8	2	Price	None	None	6	Right	Scale	Target
2	MPG.city	Numeric	8	2	MPG.city	None	None	10	Right	Scale	Input
3	AirBags	Numeric	8	0	AirBags	{1, Driver & ...	None	8	Right	Scale	Input
4	EngineSize	Numeric	8	2	EngineSize	None	None	10	Right	Scale	Input
5	Horsepower	Numeric	8	2	Horsepower	None	None	12	Right	Scale	Input
6	RPM	Numeric	8	2	RPM	None	None	10	Right	Scale	Input
7	Fuel.tank.c...	Numeric	8	2	Fuel.tank.capa...	None	None	20	Right	Scale	Input
8	Passengers	Numeric	8	2	Passengers	None	None	12	Right	Scale	Input
9	Length	Numeric	8	2	Length	None	None	10	Right	Scale	Input
10	Width	Numeric	8	2	Width	None	None	10	Right	Scale	Input
11	Rear.seat.ro...	Numeric	8	2	Rear.seat.room	None	None	16	Right	Scale	Input
12	Luggage.room	Numeric	8	2	Luggage.room	None	None	14	Right	Scale	Input
13	Weight	Numeric	8	2	Weight	None	None	10	Right	Scale	Input

[그림 6.24] Automatic Linear Modeling을 위한 Cars93 자료의 Variable View

먼저 Measure 탭은 변수가 어떤 척도 규칙에 기반하여 형성되었는지 지정해 주는 부분이다. 일반적으로 사회과학에서는 Stevens(1946)가 제안한 Nominal(명명), Ordinal(순위),

Interval(등간), Ratio(비율)를 사용하는데, SPSS는 Interval 척도와 Ratio 척도를 통합해 놓은 Scale이라는 새로운 이름을 사용한다. 쉽게 말해, Measure가 Scale로 되어 있다면 해당 변수는 양적변수이고 회귀분석에서 사용될 수 있다는 의미이다. 범주형 변수들도 만약 연구자가 이미 더미변수로 변환해 놓았다면 Scale로 취급하면 된다. 만약 Nominal, Ordinal 등으로 설정을 해 놓으면 SPSS는 그 변수를 범주형이라고 판단하고, 자동으로 더미변수를 형성한다. 더미변수의 해석에 관련하여 가장 중요한 것은 참조범주의 설정인데, 이를 SPSS가 자동으로 처리하도록 맡겨 놓는다는 것은 적절치 않으며 더미변수화 작업은 연구자가 직접 해야 하는 일이다.

다음으로 Measure 탭 옆에 있는 Role 탭을 이해해야 한다. 여기서 Automatic Linear Modeling의 변수 역할을 지정할 수 있는데, Input으로 지정한 변수는 예측변수로서의 역할을 한다. 회귀분석에서의 예측변수는 양적변수와 더미변수를 사용하는 것이 일반적이므로 연구자는 그에 맞게 변수들을 모두 준비해 놓아야 한다. Target으로 지정한 변수는 종속변수로서의 역할을 하는데, 반드시 Measure 부분이 Scale로 설정되어 있어야 한다. 당연하게도 회귀분석의 종속변수는 등간척도 또는 비율척도로 측정된 양적변수라고 가정한다. 또한, Target 변수는 하나만 지정해 놓는 것이 좋다. 여러 개를 지정해 놓으면 이후 진행 화면에서 Target 변수를 다시 지정해야 하는 번거로움이 생기기 때문이다. 그리고 예측변수 및 종속변수로 사용하지 않은 변수들은 모두 None으로 지정해 놓도록 한다. [그림 6.24]에서는 사용하는 변수만 모아 놓은 상태여서 None으로 설정한 변수는 보이지 않는다.

이제 변수에 대한 준비는 완료되었으며, 모든 부분집합 회귀분석을 실행하기 위해 Analyze 메뉴로 들어가 Regression을 선택하고 Automatic Linear Modeling을 실행한다. [그림 6.25]의 화면이 열리면 Fields, Build Options, Model Options 이렇게 세 개의 탭이 나타나는데, 그중 분석의 종속변수와 예측변수를 결정할 수 있는 Fields 탭이 활성화되어 있다. Fields 탭에서는 연구자가 [그림 6.24]의 Role 탭에서 미리 지정해 놓은 종속변수가 Target 박스에, 예측변수가 Predictors(Inputs) 박스에 포함되어 있음을 보여 준다. 만약 None으로 설정한 변수가 있었다면 왼쪽 Fields 패널에 남아 있게 되며, Target 변수를 두 개 이상 설정해 놓았다면 이 화면에서 사용할 Target 변수를 다시 결정해야 한다.

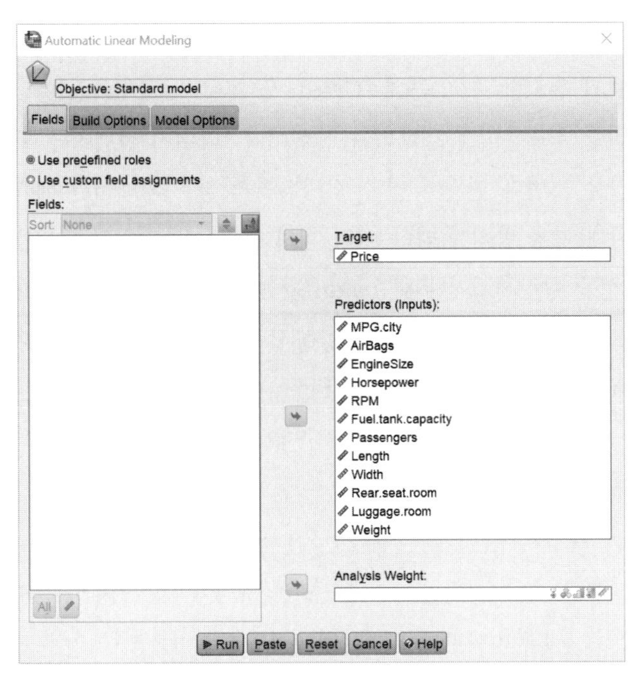

[그림 6.25] Automatic Linear Modeling의 Fields 화면

이제 위에서 Build Options 탭을 클릭하면 아래의 화면이 열리고, 왼쪽에 있는 Select an item에서 몇 가지 중요한 선택을 해야 한다.

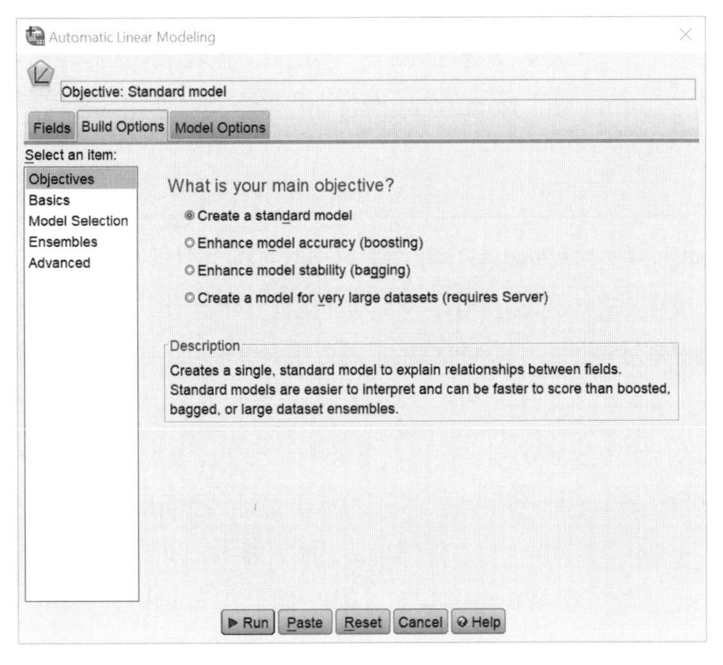

[그림 6.26] Build Options 화면의 Objectives 항목

첫째, Select an item의 Objectives 항목에서 Automatic Linear Modeling을 실행하는 주목적이 무엇인지 결정할 수 있는데, Create a standard model을 선택한다. 가장 일반적인 모든 부분집합 회귀분석을 실행하는 옵션이다. 나머지 선택지는 모형의 예측력을 향상시키기 위한 앙상블 기법과 연관이 있다. SPSS의 앙상블 기법이란 예측의 안정성과 정확성을 향상시키기 위해 특정 방식에 따라 여러 개의 모형을 추정하고 그것들을 통합하는 방법을 가리킨다. 안정성을 향상시키기 위한 bagging 방법은 부트스트랩(bootstrap) 재표집 방법을 사용하며(Breiman, 1996), 정확도를 향상시키기 위한 boosting 방법은 머신러닝 방법을 이용한다(Drucker, 1997; Freund & Schapire, 1996). 마지막 선택지는 자료 세트가 너무 커서 앞선 두 가지 앙상블 방법을 쓸 수 없을 때, SPSS 서버와 연결하여 다양한 앙상블 기법을 실행할 수 있도록 해 준다.

둘째, Select an item의 Basics 항목으로 들어가면 Automatically prepare data를 선택할 수 있는데, 이는 Automatic Linear Modeling에 사용되는 자료를 자동으로 정리해 주는 옵션이다. SPSS의 디폴트는 이 기능을 이용하는 것인데, 필자는 이 옵션을 해제하여 사용하지 않을 것을 강력하게 권고한다. 다만 이 옵션이 어떤 기능을 수행하는지는 설명하도록 한다. 먼저 극단치를 판별할 수 있는데, SPSS는 양적 예측변수의 ±3 표준편차를 벗어나는 값을 극단치로 판별한다. 다음으로 결측치 대체 기능을 자동으로 실행할 수 있으며 기본적으로 대체법(imputation)을 사용한다. Nominal로 설정된 변수는 최빈값, Ordinal로 설정된 변수는 중앙값, Scale로 설정된 변수는 평균으로 대체한다(IBM Corp, 2021). 또한, Measure 탭에서 Ordinal이나 Nominal로 설정되어 있는 변수의 경우에 자동으로 더미변수를 만들어 주는 기능도 가지고 있다.

언뜻 Automatically prepare data가 상당히 유용하게 느껴질 수도 있다. 하지만 극단치 제거나 결측치 대체 같은 중요한 작업을 프로그램에 일임하는 것은 매우 위험하다. 양적변수의 값이 ±3 표준편차 밖으로 나갔다고 하여 반드시 극단치라고 할 수 없으며, 특히 결측치를 중앙값, 평균 등으로 대체하는 것은 결측치 처리 중에 가장 좋지 않은 방법이기도 하다(Enders, 2022). 앞서 말했듯 더미변수의 형성에서 가장 중요한 참조범주의 결정을 통계 패키지에 맡긴다는 것도 전혀 적절하지 않다. 자료를 분석 가능하도록 깔끔하게 정리하는 과정은 연구자의 중요한 의무이며, 나중에 결과를 정확하게 해석하기 위해서는 연구자가 직접 극단치를 판별하고, 결측치 처리 방법을 선택하며, 변수의 변환을 실행해야 한다.

셋째, Select an item의 Model Selection 항목으로 들어가면 [그림 6.27]에서 보여 주듯이 두 가지를 결정해야 한다. 먼저 Model selection method에서는 어떤 방식으로 예측모형을 설정할지 결정해야 하는데, 1) Include all predictors, 2) Forward stepwise, 3) Best subsets 중 3번을 선택해야 모든 부분집합 회귀분석을 실행할 수 있다. 다음으로는 최적 부분집합을 선택(Best Subsets Selection)하기 위한 기준인 Criteria for entry/removal을 설정해야 하는데, 1) Information Criterion(AICC), 2) Adjusted R2, 3) Overfit Prevention Criterion(ASE) 중에서 선택할 수 있다. 셋 중에서 추천할 수 있는 통계치는 AICc로서 제1종오류와 제2종오류를 잘 일으키지 않고, 표본크기에 크게 영향받지 않는 것으로 알려져 있다(Miller, 2002; Yang, 2013). 또한, 간명한 모형을 유지하면서도 예측력을 극대화하기 위하여 $adj.R^2$을 사용하는 것도 가능하다. 다만, 세 번째 MSE 방법(SPSS에서는 ASE)은 앞서 설명했듯 과적합 문제가 발생할 수 있으므로 추천하지 않는다.

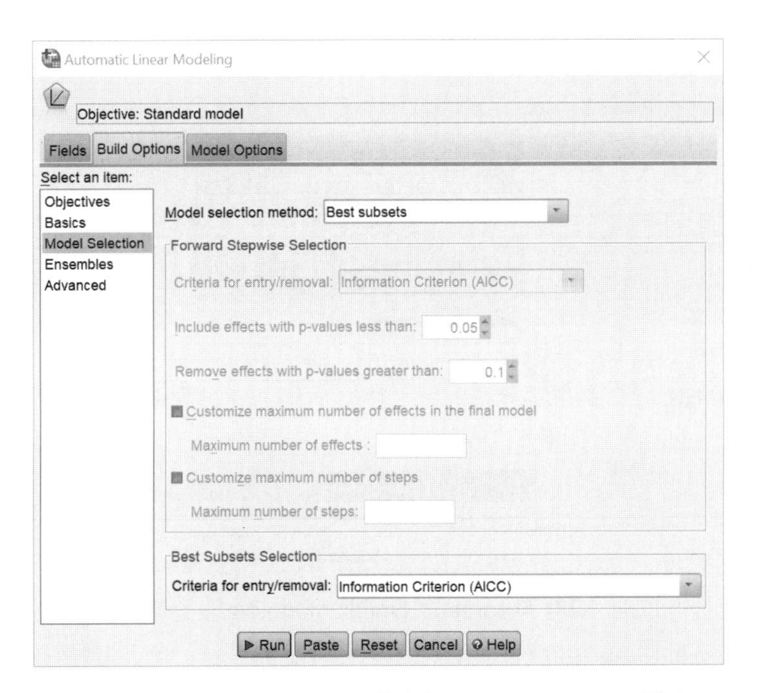

[그림 6.27] Build Options 화면의 Model Selection 항목

Select an item의 마지막 두 개 항목인 Ensembles와 Advanced는 앞에서 설명한 앙상블 기능과 관련이 있다. Ensembles에서는 boosting이나 bagging을 통해 여러 개의 모형을 추정하고, 그것들을 통계적으로 통합할 때 평균을 쓸 것인지, 중앙값을 쓸 것인지 등을 결정할 수 있다. 그리고 Fields와 Build Options 탭에 이어 세 번째로는 Model Options

탭이 있다. 이 탭에서는 AICc 기준으로 선택된 최종 모형의 예측값을 PredictedValue라는 이름의 변수에 저장할 수 있다. 또한, 현재의 자료를 이용하여 생성한 모형을 외부로 저장하여, 최종 모형을 다른 자료 세트에 적용할 수 있는 옵션도 존재한다. 이 기능들은 모든 부분집합 회귀분석을 실행하고 결과를 해석하는 데 큰 관계가 없으므로 이에 대한 자세한 설명은 생략한다.

옵션들이 목적에 맞게 설정되면, 이제 화면의 가장 아래에 있는 Run을 눌러서 모든 부분집합 회귀분석을 실행한다. 연구자가 설정한 모형의 복잡도(즉, 예측변수의 개수)와 표본크기에 따라 추정의 시간이 결정되는데, 일반적으로 그리 오래 걸리지는 않는다. 참고로 표본크기는 93이고 예측변수의 개수는 12개인 본 예제에서는 4,096개의 모형을 추정하고 결과를 출력하는 데 1초 정도의 시간밖에 걸리지 않았다. SPSS의 Output 화면에서 결과를 더블클릭하여 안으로 더 들어가야 아래처럼 다양한 세부 결과를 확인할 수 있다. 첫 번째 보이는 것은 분석 결과를 요약한 Model Summary이다.

Target	Price
Automatic Data Preparation	Off
Model Selection Method	Best Subsets
Information Criterion	278.818

The information criterion is used to compare to models. Models with smaller information criterion values fit better.

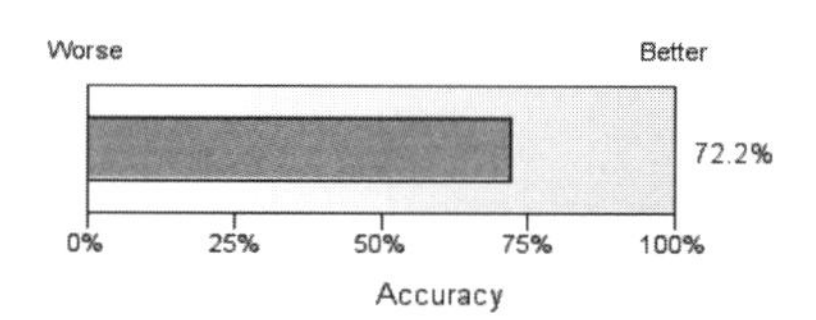

[그림 6.28] Automatic Linear Modeling의 결과 요약

종속변수는 Price이고, 자동으로 자료를 준비하는 기능은 Off로 설정되어 있으며, 변수선택방법으로서 모든 부분집합 방법(Best Subsets)을 이용했고, 최종 모형의 AICc 값이 278.818이라는 것과 $adj.R^2$ 값이 72.2%임이 제공되어 있다. 두 번째 결과화면은 Automatic Data Preparation 관련된 것인데, 사용하지 않기로 결정하였으므로 그냥 지나간다. 다음 결과화면은 Predictor Importance로서 최종 모형 예측변수들 각각의 상대적 중요도를 보여 준다. 일반적으로 선형 회귀모형의 중요도 importance는 해당하는 예측변수를 제거했을

때의 잔차제곱합 크기를 가리킨다(Genc & Mendes, 2021). 즉, importance의 값이 크다는 것은 해당 변수를 제거했을 때, 모형의 잔차 값들이 크게 증가한다는 뜻이다. SPSS가 보여 주는 예측변수의 중요성은 절대적인 값이 아니라 상대적이어서 화면에 보이는 중요성 값의 합계는 1이 된다(IBM Corp, 2021). 최종 모형에 선택된 예측변수들 중에서는 Width가 가장 중요하며, Luggage.room이 가장 덜 중요함을 보여 주고 있다.

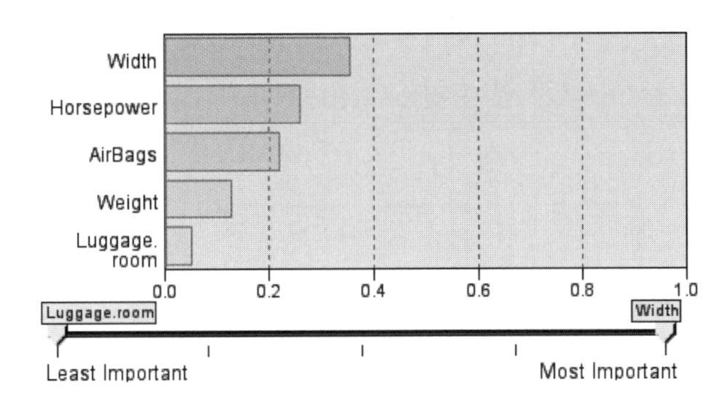

[그림 6.29] 예측변수의 상대적 중요성

다음 결과화면은 Predicted by Observed로서 실제 Price 값(Y)을 수평축에, 예측된 Price 값($\hat{Y}$)을 수직축에 위치시킨 산포도를 보여 준다. 즉, 제공된 산포도는 Y와 $\hat{Y}$의 다중상관(multiple correlation) 산포도를 확인할 수 있는 그래프이다. 두 변수가 충분한 상관을 갖고 있는 것을 확인할 수 있는데, 이는 선택된 예측변수들을 통해서 Price를 예측하는 것이 꽤 괜찮았다는 것을 보여 준다.

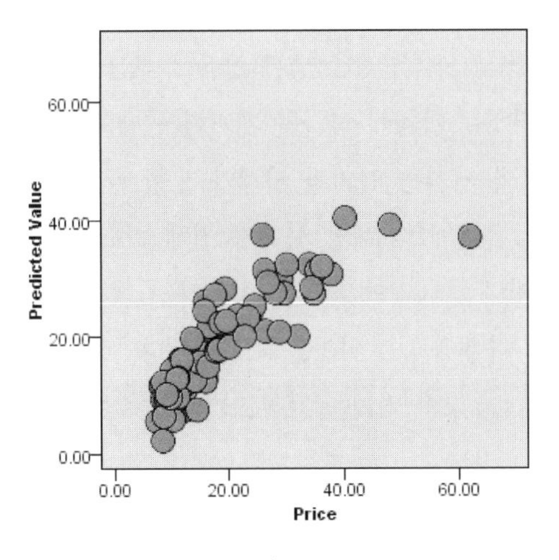

[그림 6.30] Y와 $\hat{Y}$의 다중상관 산포도

다음 결과화면은 Residuals로서 최종 모형의 스튜던트화 잔차(studentized residuals)를 이용한 히스토그램이다. 스튜던트화 잔차라는 것은 잔차를 그 표준편차로 나누어 표준화해 준 값을 의미하며 일반적으로 극단치(±3 밖의 값들)를 판별하기 위한 기준으로 사용한다. 하지만, SPSS는 이 결과를 이용하여 오차의 정규성을 확인할 것을 제안한다. 그림에 보이는 것처럼 실선의 정규분포 곡선에 히스토그램이 잘 들어맞으면 회귀분석의 정규성 가정이 만족되었다고 판단하는 것이다. 그림을 보면 약간의 불일치가 있기는 하나 전반적으로 평균 주위에 많은 잔차가 있고, 평균에서 멀어질수록 잔차의 밀도가 떨어지는 것을 볼 수 있다. 즉, 정규분포에서 크게 어긋나지 않는 것으로 판단된다.[22]

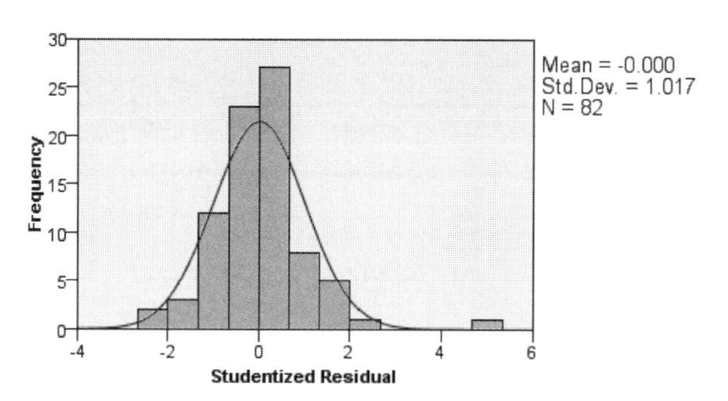

[그림 6.31] 표준화된 잔차의 히스토그램

다음 결과화면은 Outliers로서 Cook의 거리(Cook's distance)를 이용하여 극단치를 판별하는 것을 도와준다. 8장에서 더욱 자세히 다루게 될 Cook의 거리는 회귀식에 대하여 영향력 있는 관찰치(influential observation)를 찾을 수 있는 방법으로서, 모든 관찰치를 이용하여 구한 회귀식과 해당하는 관찰치 하나를 제거했을 때의 회귀식을 구하여 그 차이를 표준화한 값이다. 즉, Cook의 거리는 임의의 사례가 모형에 있을 때와 모형에서 제거되었을 때의 차이를 구하고, 그 값을 통하여 해당 사례가 전체 회귀모형에 얼마나 영향력이 있는지를 결정하기 위한 통계치이다. Cook의 거리를 이용하는 절대적인 규칙은 매우 정하기 어려운데, Cohen 등(2015)의 경우에 1.0 이상을 제안하였다. 하지만 이는 실제 상황에서 나타나기 어려운 큰 숫자로서, Cook의 거리는 표본크기가 클수록 더 작아지기 때문에 표본크기

22 [그림 6.31]에서 표본크기 N이 82로 나타나는데, 이는 Rear.seat.room과 Luggage.room에 결측치가 있었기 때문에 일률적 삭제(listwise deletion)가 작동하여 발생한 것이다. SPSS의 Automatic Linear Modeling을 이해하는 데 있어 영향을 주는 요인이 아니므로 신경 쓰지 않아도 좋다.

와 관계없이 절대적인 값의 기준을 정하는 것은 적절하지 않다. 그러므로 Cook의 거리 추정치들로 산포도를 그려서 상대적으로 값이 큰 관찰치를 극단치로 판별하거나 표본크기에 따라 달라지는 기준을 사용하는 것이 일반적이다.

Record ID	Price	Cook's Distance
59	61.90	0.478
28	25.80	0.332
48	47.90	0.091
43	17.50	0.065
21	15.80	0.057
72	14.40	0.056

Records with large Cook's distance values are highly influential in the model computations. Such records may distort the model accuracy.

[그림 6.32] Cook의 거리를 이용한 극단치 판별

다음 결과화면은 Effects로서 최종 모형에 포함되는 예측변수의 상대적 중요성을 직선의 두께로 보여 주는 그림이다. 최종적으로 선택된 모형에서 Width가 가장 중요한 예측변수이고, Luggage.room이 가장 덜 중요한 예측변수임을 알 수 있다. 아래의 슬라이더를 이용하면 p값의 수준에 따라 그림의 선택 변수를 변화시킬 수 있다.

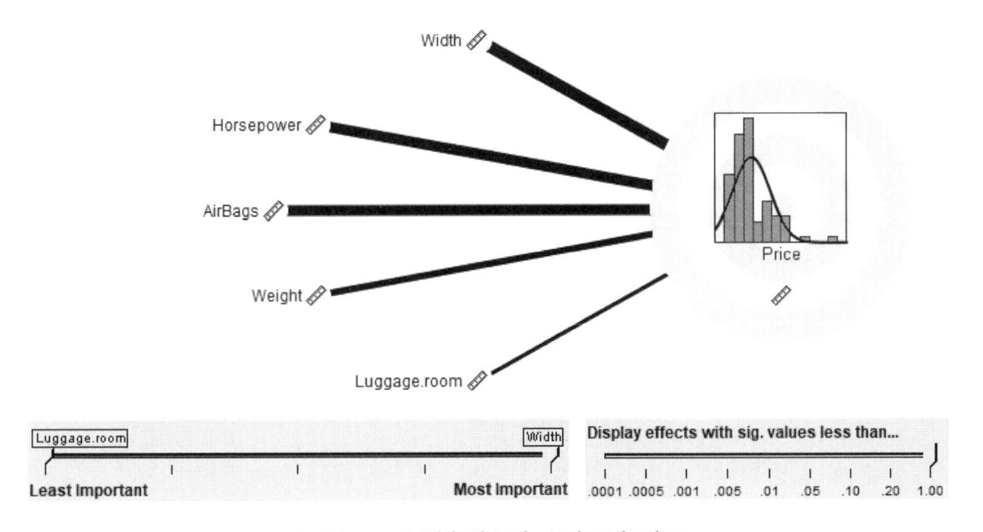

[그림 6.33] 예측변수의 효과크기 비교

마지막 결과화면은 Model Building Summary로서 연구자가 선택한 모형 선택 기준(AICc 또는 $adj.R^2$ 등)에 따라 도출된 예측변수 결과를 보여 준다. 아래의 결과표에는 AICc(Information Criterion)를 기준으로 상위 10개의 후보 최적모형이 표시되고 있는데, 1번 모형이 바로 앞에서 보여 주었던 결과 그림들에서의 최종모형이다. 일반적으로 모형 간에 선택된 예측변수가 약간의 차이만 있을 뿐 거의 비슷한 경향이 있다면 최적모형에 대한 확신이 높다고 볼 수 있다. 만약 10개의 후보 간 예측변수가 매우 다른 경향이 있다면 다중공선성이 발생한 것일 수 있다(IBM Corp, 2021). 그런 측면에서 현재 분석 결과는 꽤 안정적으로 보인다.

		Model									
		1	2	3	4	5	6	7	8	9	10
Information Criterion		278.818	279.203	279.315	279.357	279.378	279.528	279.550	279.562	279.650	279.735
	AirBags	✓	✓	✓	✓	✓	✓	✓	✓	✓	✓
	Horsepower	✓	✓	✓	✓	✓	✓	✓	✓	✓	✓
	Width	✓	✓	✓	✓	✓	✓	✓	✓	✓	✓
	Luggage.room	✓					✓		✓		✓
Effect	Weight	✓		✓			✓	✓		✓	✓
	EngineSize		✓	✓	✓				✓	✓	✓
	Fuel.tank.capacity		✓	✓	✓	✓	✓	✓	✓		
	Length		✓			✓					
	RPM					✓					

The model building method is Best Subsets using the Information Criterion.
A checkmark means the effect is in the model.

[그림 6.34] AICc 기준 최종 예측모형들

제7장 회귀분석의 가정과 진단

표본을 통해 추정된 회귀분석 모형의 결과가 타당하기 위해서는 기본적인 가정을 만족해야 한다. 회귀분석은 정규성, 선형성, 등분산성, 독립성 등 다양한 세부적인 가정들을 가지고 있는데, 이러한 가정이 충분히 만족되지 않으면 회귀계수의 유의성이나 통계적 타당성이 위협받을 수 있다. 이번 장에서는 회귀분석의 중요한 가정 몇 가지를 확인하는 방법을 보이고자 한다. 그런데 독자들도 다 알다시피 회귀분석의 목적은 종속변수에 존재하는 의미 있는 모든 '체계적인' 변동성을 연구자가 선택한 독립변수를 이용하여 설명하는 것이다. 그리고 오차 또는 잔차는 이러한 회귀분석 모형에 의해서 설명되지 않는 Y의 일부분을 보여 준다. 만약 추정한 회귀모형의 잔차에 '체계적인' 변동성이 여전히 남아 있게 된다면, 설정한 회귀모형은 뭔가 잘못 되었다고 볼 수 있게 된다(Cohen et al., 2015). 즉, 잔차를 주의 깊게 관찰하고 조사함으로써 회귀모형에 존재하는 문제점들을 파악할 수 있다는 것이다. 이번 장은 주로 잔차를 이용하여 회귀분석의 가정을 확인하게 되는데, 이와 같은 과정을 회귀진단(regression diagnosis)이라고 한다.

7.1. 정규성

변수의 정규성을 확인하는 방법에 대해 논의하고, 이후 회귀분석 오차의 정규성을 확인하는 과정을 예제와 함께 제공한다. 그리고 만약 회귀분석의 중요한 가정인 오차의 정규성이 만족되지 않을 때 어떤 방법을 사용할 수 있을지 논의한다.

7.1.1. 변수의 정규성

아마도 회귀분석의 가장 중요한 가정은 오차의 정규성(normality)이라고 할 것이다. 단순회귀모형과 다중회귀모형을 정의할 때, 오차가 평균이 0이고 분산이 σ^2인 정규분포를 따른다는 $e_i \sim N(0, \sigma^2)$ 가정을 하였다. 오차가 정규분포를 따르지 않으면 회귀분석에서 실시한 모든 t검정과 F검정은 신뢰할 수 없게 된다.

실제 회귀분석의 잔차를 이용하여 정규성을 확인하기 이전에 먼저 변수의 비정규성(non-normality)이 어떤 형태로 존재할 수 있으며, 그러한 비정규성을 어떻게 탐지할 수 있는지 알아본다. 일반적으로 분포의 비정규성은 크게 두 가지의 측면, 즉 왜도(skewness)와 첨도(kurtosis)로 설명한다. 먼저 왜도는 좌우 비대칭의 정도(degree of asymmetry), 즉 분포가 자료의 중심에 대하여 서로 대칭적이지 않고 한쪽으로 치우친 정도를 나타낸다. 아래 그림은 편포(치우침)의 방식에 따른 세 가지 형태의 분포를 보여 주고 있다.

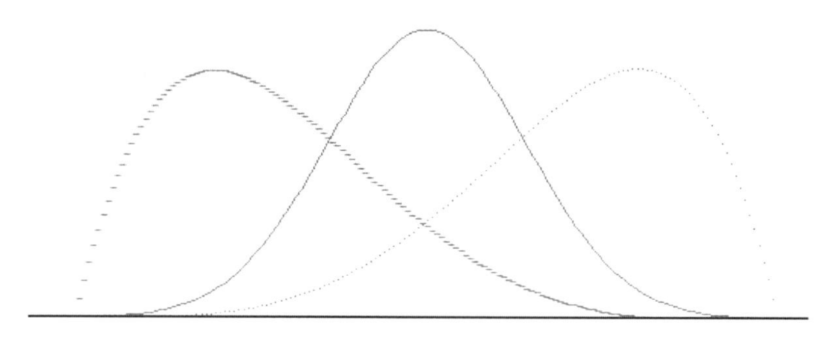

[그림 7.1] 정규분포(line), 정적 편포된 분포(dash), 부적 편포된 분포(dot)

위의 그림에서 중심에 실선으로 보이는 좌우대칭의 분포가 바로 정규분포이다. 왼쪽에 대시(dash)로 이루어진 분포는 정적으로 편포(positively skewed)되어 있으며, 오른쪽에 점(dot)으로 이루어진 분포는 부적으로 편포(negatively skewed)되어 있다.

자료의 치우침의 정도를 나타내려는 여러 방법 중 지금 가장 많이 사용하는 측정치는 Pearson이 개발한 왜도이다. 이를 왜도계수(coefficient of skewness) 또는 왜도지수(index of skewness)라고 지칭하는데, 표본의 왜도를 구하는 식은 다음과 같다.

$$\text{skewness} = \frac{\frac{1}{n}\sum_{i=1}^{n}(X_i - \overline{X})^3}{\left(\frac{1}{n-1}\sum_{i=1}^{n}(X_i - \overline{X})^2\right)^{\frac{3}{2}}} \qquad [식\ 7.1]$$

위의 왜도 값이 0에 가까우면 정규분포와 같은 좌우대칭적인 분포를 나타내고, 음수이면 부적 편포, 양수이면 정적 편포를 가리킨다. 결국 왜도가 0보다 크거나 작다면, 즉 왜도의 절대값이 커지면 정규분포의 가정 중 하나인 대칭성을 위반하게 되는 구조이다. 참고로 정규분포의 왜도는 0이다.

다음으로 첨도는 분포의 뾰족한 정도(degree of peakedness)를 나타내는데, 일반적으로 정규분포보다 더욱 뾰족하면 급첨(leptokurtic)이라고 하고, 정규분포보다 평평하면 평첨(platykurtic)이라고 한다. 그리고 정규분포와 비슷한 정도의 뾰족함을 갖고 있을 때는 중첨(mesokurtic)이라고 한다. 아래 그림은 첨도의 정도에 따른 세 가지 형태의 분포를 보여 주고 있다.

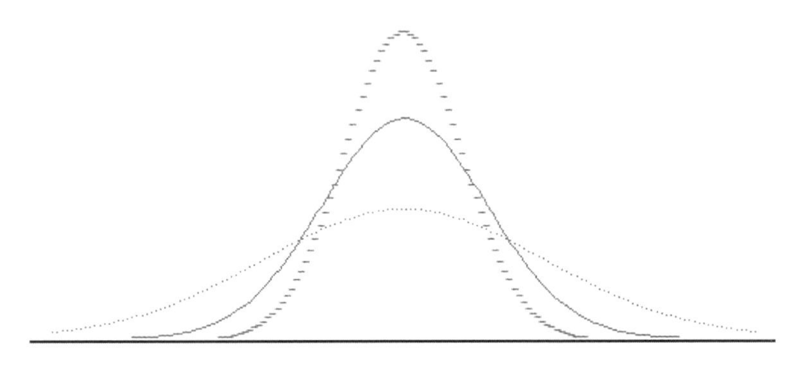

[그림 7.2] 정규분포(line), 급첨의 분포(dash), 평첨의 분포(dot)

위의 그림에서 실선(line)으로 그린 정규분포와 비교하여, 대시(dash)로 이루어진 뾰족한 급첨 분포와 점(dot)으로 이루어진 평평한 평첨 분포를 볼 수 있다.

첨도의 경우도 주로 Pearson이 개발한 측정치를 사용하는데, 이를 첨도계수(coefficient of kurtosis) 또는 첨도지수(index of kurtosis)라고 하고 표본에 적용하면 다음과 같다.

$$\text{kurtosis} = \frac{\frac{1}{n}\sum_{i=1}^{n}(X_i - \overline{X})^4}{\left(\frac{1}{n-1}\sum_{i=1}^{n}(X_i - \overline{X})^2\right)^2} \qquad [\text{식 } 7.2]$$

위의 식을 이용하여 정규분포의 첨도를 계산하면 3이 나오게 된다. 정규분포의 왜도가 0인 것처럼 편의상 정규분포의 첨도를 0으로 맞춰 주기 위하여 위의 식에서 3을 뺀 값을 첨도지수로 사용하는 것이 더욱 일반적이다. 이를 excess kurtosis라고 부르는데, SPSS를 포함하여 우리가 사용하는 대부분의 통계 프로그램들이 [식 7.2]보다는 3을 빼 준 아래의 식을 사용한다.

$$\text{excess kurtosis} = \frac{\frac{1}{n}\sum_{i=1}^{n}(X_i - \overline{X})^4}{\left(\frac{1}{n-1}\sum_{i=1}^{n}(X_i - \overline{X})^2\right)^2} - 3 \qquad \text{[식 7.3]}$$

위의 첨도값이 0에 가까우면 정규분포와 같은 정도의 뾰족한 분포를 나타내고, 음수이면 정규분포에 비해 납작한 분포, 양수이면 정규분포에 비해 뾰족한 분포를 가리킨다. 결국 첨도가 0보다 크거나 작다면, 즉 첨도의 절대값이 커지면 정규분포의 가정을 위반하게 되는 구조이다.

정리하면, 어떤 변수의 왜도와 첨도의 값이 0에 가까우면 해당 변수가 정규분포를 따른다고 보고, 절대값이 0보다 훨씬 커지면 정규분포를 따르지 않는다고 결론 내린다. 문제는 왜도와 첨도가 얼마나 0에 가까워야 정규분포를 따른다고 말할 수 있는지에 대한 기준을 설정하는 것이다. Curran, West와 Finch(1996)는 왜도의 절대값이 2 이하, 첨도의 절대값이 7 이하면 정규성을 만족한다고 보았고, Kline(2016)의 경우에는 조금 더 관대하게 왜도의 절대값이 3 이하, 첨도의 절대값이 10 이하라면 정규성을 만족한다고 보았다. 이와 같은 수치들은 절대적인 기준이라기보다는 가이드라인 정도로 이해하는 것이 좋다.

변수의 정규성 또는 비정규성을 확인하기 위해 왜도와 첨도 외에 두 가지 그림을 이용하기도 한다. 하나는 히스토그램이며, 또 하나는 Q-Q plot(quantile quantile plot)이다. 히스토그램은 모든 독자가 충분히 잘 알고 있는 그림으로서 만약 히스토그램이 대략적으로 정규분포에 가까운 모양으로 형성이 되면 정규성을 만족하다고 결론 내리게 된다. Q-Q plot이란 실제 변수의 값들(수평축)과 이론적으로 정규분포를 따르는 값들(수직축)을 쌍으로 하여 평면상에 표시한다. 만약 평면상의 점들이 대각의 직선을 따라 분포한다면 정규성이 만족되었다고 판단한다. 이유는 비교적 간단한데, 어떤 변수의 값들이 정규분포를 따른다는 것은 평균 주위에 높은 밀도로 값들이 분포하고 평균에서 멀어질수록 낮은 밀도로 값들이 분포한다는 것을 의미한다. 연구자가 확인하고자 하는 변수의 값들도 이론적으로 정규분포를 따르는 변수와 같은 패턴으로 분포한다면, 두 변수(실제 변수와 이론적인 변수)의 값들이 서로 일정한 간격으로 직선을 이루면서 평면상에서 만나게 될 것이기 때문이다. 다음의 그림을 보면 그 원리를 비교적 쉽게 이해할 수 있다.

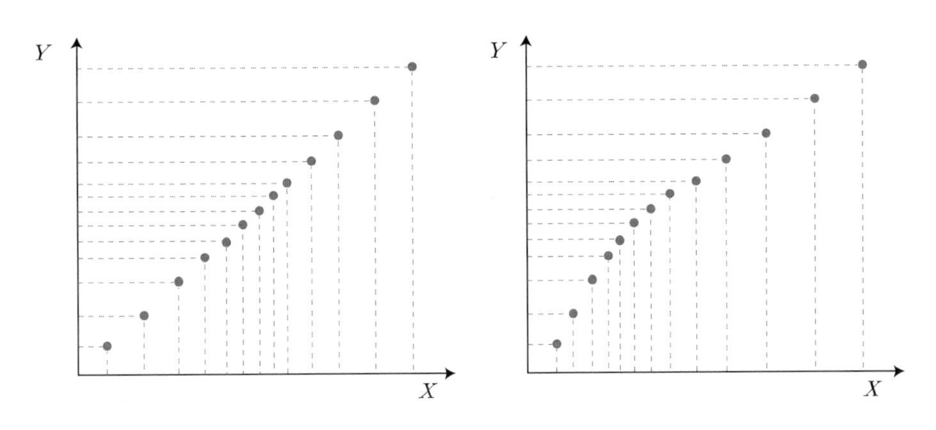

[그림 7.3] Q-Q plot의 이해

위의 그림에서 Y는 이론적으로 정규분포를 따르는 변수이고, X는 연구자가 정규분포를 따르는지 확인하고자 하는 변수이다. 왼쪽의 그림에서 Y 변수를 보면, 중심(평균) 주위에 높은 밀도로 값들이 존재하고 평균에서 멀어질수록 값들의 밀도가 낮아진다. X 변수 역시 마찬가지로 중심 부근에 높은 밀도로 값들이 존재하고 평균에서 멀어질수록 밀도가 낮아진다. 그리고 그 결과 X와 Y의 쌍으로 찍히는 평면상의 점들은 직선을 따라 분포한다. 오른쪽 그림에서 Y는 여전히 왼쪽 그림과 마찬가지로 정규분포의 패턴으로 점수가 분포하고 있다. 반면 X는 자료의 중심이 왼쪽에 있으며 정적으로 편포된 패턴을 보여 주고 있다. 그리고 그 결과 X와 Y의 쌍으로 만들어지는 평면상의 점들은 직선을 따르지 않는다.

그림을 이용하거나 왜도 및 첨도를 사용하여 정규성을 확인할 수도 있으며, 통계적으로 정규성을 검정하는 방법도 있다. 대표적으로 Kolmogorov-Smirnov의 검정과 Shapiro-Wilk의 검정이 있으며 영가설은 다음과 같다.

H_0 : 자료가 정규분포를 따른다. [식 7.4]

Kolmogorov-Smirnov나 Shapiro-Wilk의 검정을 사용하는 데 있어 한 가지 유의해야 할 것은 다른 모든 검정처럼 이 두 검정 역시 표본크기가 커짐에 따라 아주 작은 정규성의 어긋남에도 영가설을 기각하려는 경향이 있다는 것이다. 이렇게 어떤 검정이 너무 쉽게 영가설을 기각하려는 경향이 있을 때, '검정이 너무 민감하다(Tests are too sensitive)'라고 표현한다.

7.1.2. 회귀분석 오차의 정규성

변수의 정규성 또는 비정규성을 확인하는 예제를 보여 주기 위해서 필자가 생성한 가상의 자료($n = 1,000$)가 아래에 제공된다. 자료는 기본적으로 평균 0, 표준편차 1인 분포를 이루는 것으로 가정하였으며, X는 정적 편포, Y는 부적 편포, Z는 정규분포를 따르도록 설계되었다.

skewdata.sav [DataSet1] - IBM SPSS Statistics Data Editor

	X	Y	Z
1	-.616	-.383	1.279
2	.046	1.065	.633
3	-.688	.398	-.267
4	-.699	-.176	-1.891
5	.100	-.104	-1.238
6	.243	-.663	-.464
7	.999	-.683	1.662

[그림 7.4] 정규 및 비정규 자료

SPSS를 통하여 변수의 왜도와 첨도를 확인하는 방법은 꽤 여러 가지가 있는데 그중에서도 가장 많이 쓰는 방법은 기술통계량 표를 요구하는 것이다. Analyze 메뉴로 들어가 Descriptive Statistics를 선택하고 Descriptives를 실행하면 아래와 같은 화면이 나타난다.

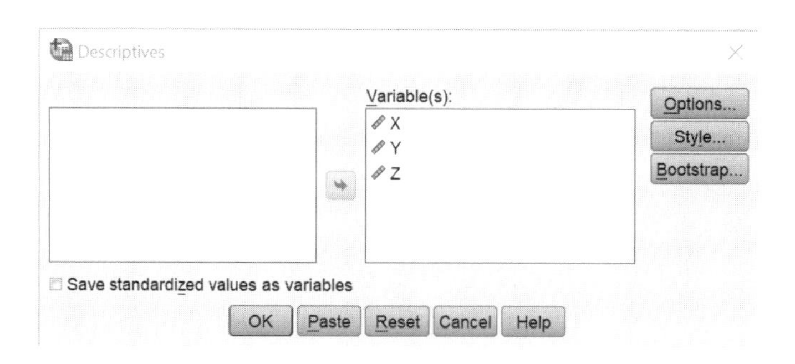

[그림 7.5] 기술통계 분석

위 그림의 왼쪽 패널에서 변수들을 Variable(s)로 옮긴다. 그런데 이것만으로는 왜도와 첨도가 나오지 않고, 단지 평균, 표준편차, 최소값, 최대값 등만 제공된다. Options로 들어가 Kurtosis와 Skewness에 체크하고 기술통계 분석을 실시하면 다음과 같은 결과가 나타난다.

Descriptive Statistics

	N	Minimum	Maximum	Mean	Std. Deviation	Skewness		Kurtosis	
	Statistic	Statistic	Statistic	Statistic	Statistic	Statistic	Std. Error	Statistic	Std. Error
X	1000	-1.368	5.003	.08534	1.055038	.991	.077	.974	.155
Y	1000	-6.738	1.364	.00204	1.045156	-1.245	.077	2.281	.155
Z	1000	-3.067	4.057	-.01879	.995819	.125	.077	.044	.155
Valid N (listwise)	1000								

[그림 7.6] X, Y, Z 변수의 왜도와 첨도

X의 왜도는 0.991이어서 정적으로 약간 편포되었고 첨도는 0.974로서 정규분포보다는 조금 더 뾰족한 형태를 이루고 있다. Y의 왜도는 −1.215로서 부적으로 약간 편포되었고 첨도는 2.281로서 정규분포보다 꽤 더 뾰족한 형태이다. Z의 왜도는 0.125, 첨도는 0.044로서 거의 0에 가까운 값이며, 자료 생성시 의도한 대로 정규분포의 형태와 매우 가까울 것이 예상된다. 히스토그램, Q-Q plot, Shapiro-Wilk의 정규성 검정을 실행하고자 하면 Analyze 메뉴의 Descriptive Statistics로 들어가 Explore를 실행한다.

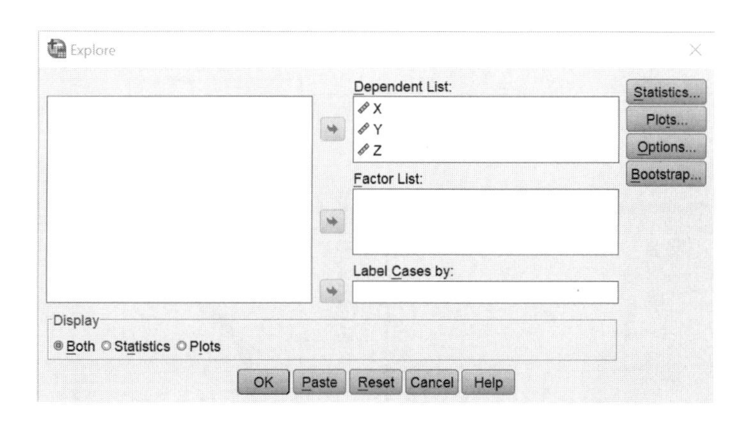

[그림 7.7] 기술통계의 Explore 화면

SPSS의 Explore는 상당히 많은 종류의 기술통계를 보여 준다. 왼쪽 패널에 있는 변수들을 모두 Dependent List로 옮기고 OK를 눌러 실행하면 평균, 평균의 신뢰구간, 중앙값, 분산, 표준편차, 최소값, 최대값, 범위, 사분범위(interquartile range), 왜도, 첨도 등 거의 모든 기술통계치가 제공된다. 그런데 디폴트 결과만으로는 정규성을 확인하기 위한 두 그

래프와 검정의 결과를 보여 주지 않는다. 이를 위해서는 Explore의 Plots 옵션을 실행하여 아래처럼 Histogram 및 Normality plots with tests에 체크를 하여야 한다.

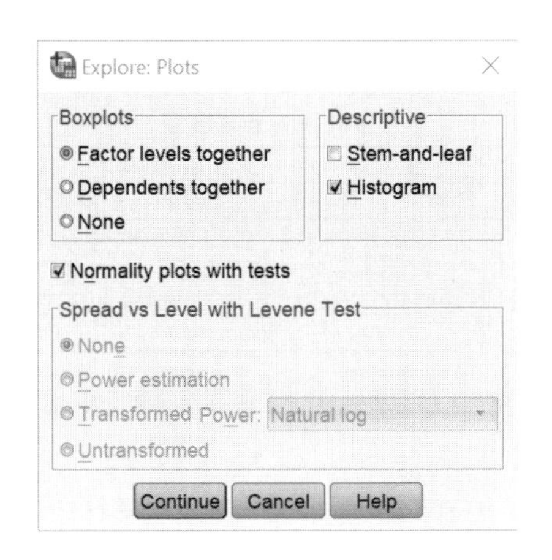

[그림 7.8] Explore의 Plots 옵션

Continue를 누르고 나가서 OK를 눌러 Explore 분석을 실시하면 상당히 긴 결과물이 출력되지만, 목적에 맞는 그림만 추려서 아래에 제공한다. 먼저 X 변수의 히스토그램과 Q-Q plot은 다음과 같다.

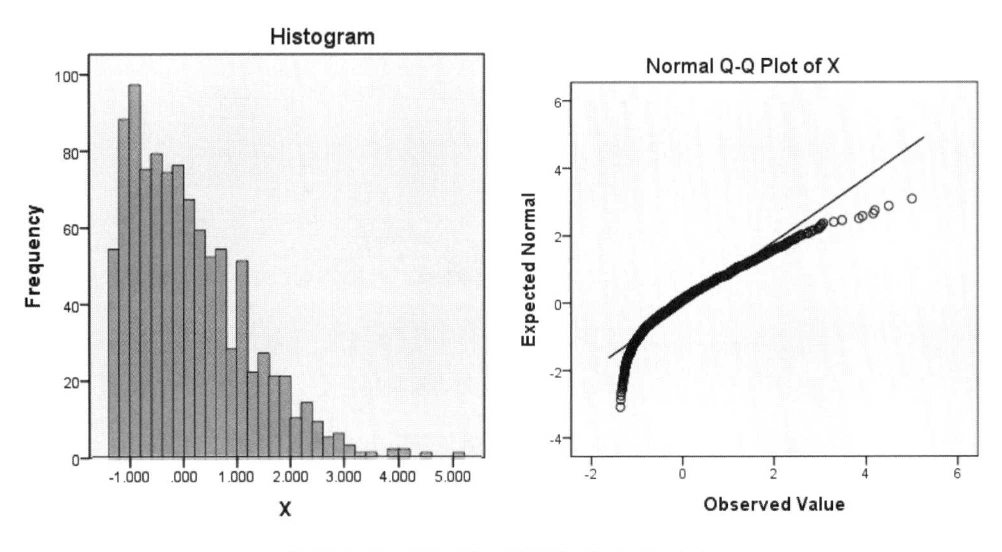

[그림 7.9] X의 히스토그램 및 Q-Q plot

X의 히스토그램은 원래 의도했던 대로 대부분의 점수가 왼쪽에 밀집되어 있으며 정적으로 편포되어 있다. 참고로 평균은 거의 0이었으며 표준편차 역시 1에 가까웠다. X의 Q-Q plot은 직선과는 거리가 있었으며, 이를 봤을 때 정규분포를 따른다고 보기는 어려웠다. 다음으로 Y 변수의 히스토그램과 Q-Q plot은 다음과 같다.

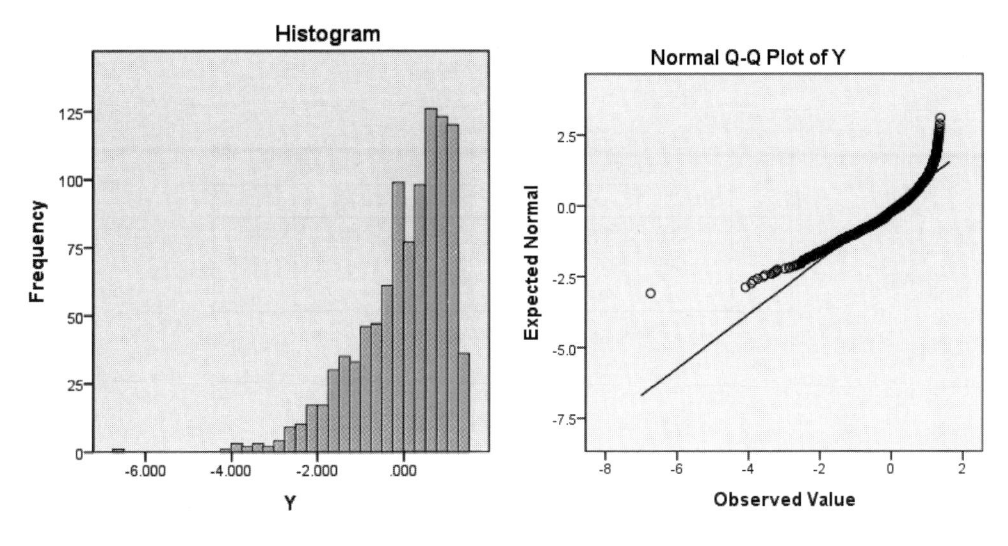

[그림 7.10] Y의 히스토그램 및 Q-Q plot

Y의 히스토그램도 원래 의도했던 대로 대부분의 점수가 오른쪽에 밀집되어 있으며 부적으로 편포되어 있다. Y의 Q-Q plot도 직선과는 거리가 있었으며, 이를 봤을 때 정규분포를 따른다고 보기는 어려웠다. 다음으로 Z 변수의 히스토그램과 Q-Q plot은 다음과 같다.

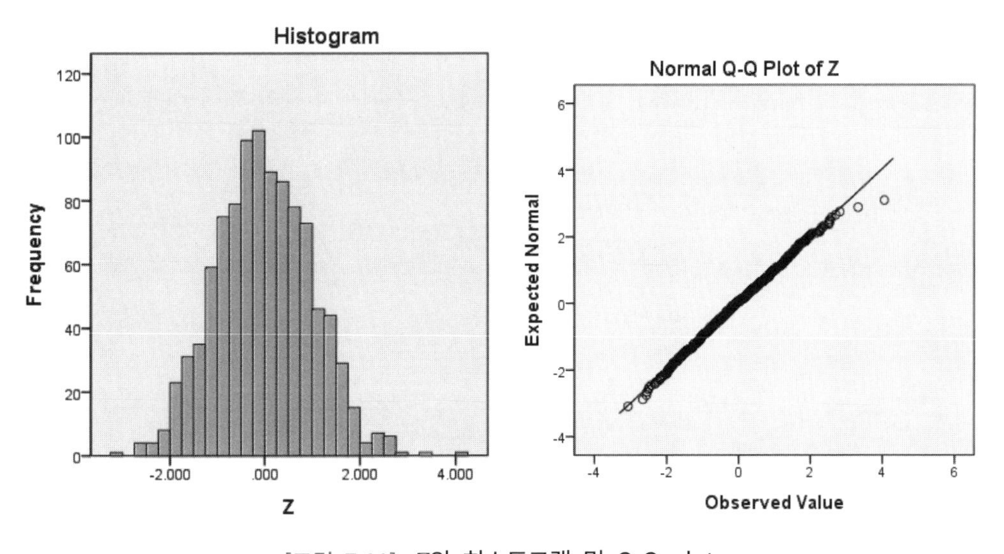

[그림 7.11] Z의 히스토그램 및 Q-Q plot

Z의 히스토그램은 점수가 평균인 0을 중심으로 좌우대칭으로 퍼져 있으며 정규분포의 모습을 띠고 있다. Z의 Q-Q plot은 정규분포를 암시하는 직선의 패턴을 보여 주고 있다. Normalty plots with tests에 체크를 하였기 때문에 정규성 검정의 결과도 다음과 같이 제공된다.

Tests of Normality

	Kolmogorov-Smirnov[a]			Shapiro-Wilk		
	Statistic	df	Sig.	Statistic	df	Sig.
X	.087	1000	.000	.929	1000	.000
Y	.099	1000	.000	.906	1000	.000
Z	.024	1000	.200*	.998	1000	.400

*. This is a lower bound of the true significance.

a. Lilliefors Significance Correction

[그림 7.12] X, Y, Z의 정규성 검정 결과

X와 Y의 정규성 위반 검정 결과 Kolmogorov-Smirnov 및 Shapiro-Wilk 모두 $p < .001$ 수준에서 자료가 정규분포를 따른다는 영가설을 기각하였다. 정규분포를 의도하고 생성했던 Z의 검정에서는 두 방법 모두 영가설을 기각하지 않아 Z가 정규분포를 따른다고 결론 내릴 수 있다.

이제 Cars93 자료로 회귀분석을 실시하고 오차의 정규성을 확인하고자 한다. Price를 종속변수로 하였으며, Horsepower(마력)와 MPG.city(시내주행연비)를 독립변수로 설정하였다. 회귀분석을 실시할 때 오차를 이용하여 정규성 가정의 진단을 하려고 하면 크게 두 가지 방법이 있다. 첫 번째는 회귀분석을 실시할 때 Plots 옵션에서 아래와 같이 설정하는 것이다.

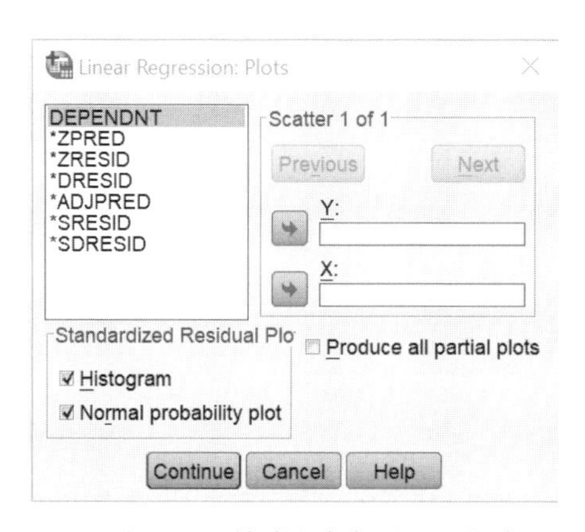

[그림 7.13] 회귀분석의 Plots 옵션

위의 그림처럼 Histogram과 Normal probability plot에 체크하여 회귀분석을 실행하면, 표준화된 잔차를 이용하여 히스토그램과 P-P plot(probability probability plot)을 아래와 같이 자동으로 제공한다.

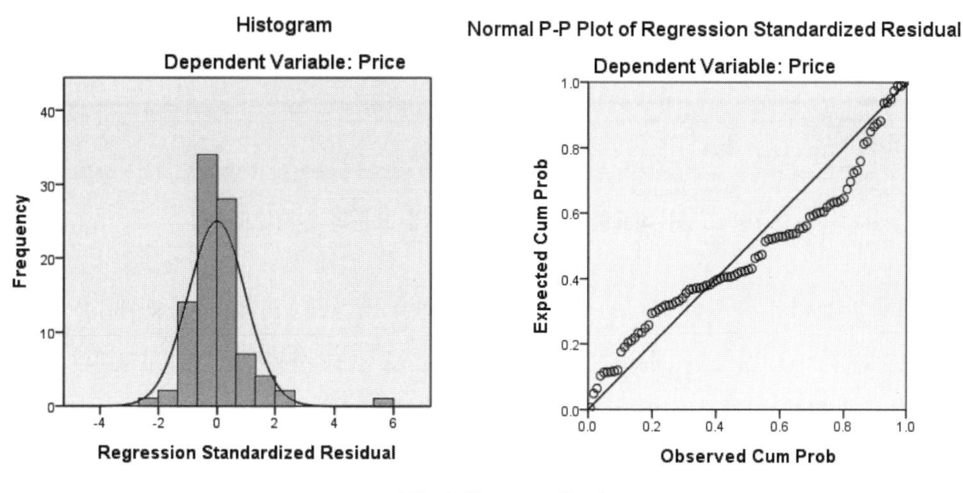

[그림 7.14] 잔차의 히스토그램 및 P-P plot

잔차의 히스토그램은 이론적인 정규분포 곡선과 함께 제공되는데, 히스토그램이 정규분포 곡선과 최대한 비슷한 형태라면 정규성을 만족한 것으로 볼 수 있다. 위 그림에서 히스토그램의 좌우대칭성은 어느 정도 만족한 것으로 보이나 정규분포에 비해 첨도가 높아 보인다. 그리고 오른쪽에 보이는 P-P plot은 Q-Q plot과 동일한 방식으로 해석할 수 있는데, 대다수의 점들이 완전한 직선이라고 보기에는 조금 어려울 것 같다. 참고로 수평축과 수직축에 관찰된 잔차의 값과 이론적인 정규분포의 값을 매칭시키는 Q-Q plot과 다르게 P-P plot은 관찰된 값의 누적확률과 이론적인 정규분포 값의 누적확률을 매칭시킨다. 결과적으로는 거의 차이가 없는 산포도가 생산되기 때문에 대부분의 연구자들은 Q-Q plot과 P-P plot을 크게 구분하지 않는다.

오차를 이용하여 정규성 가정을 진단하는 두 번째 방법은 회귀분석의 실시 중 잔차를 따로 변수로 저장하여 그 변수의 정규성을 확인하는 것이다. 이를 위해서는 회귀분석의 실시 중 Save 옵션을 이용하여 잔차를 저장해야 한다. 그리고 단지 정규성을 확인하는 것이 목적이라면 잔차는 비표준화여도 되고, 표준화여도 상관없다. Save 옵션의 Residuals에서 Unstandardized와 Standardized를 체크한 다음 분석을 진행하면 아래처럼 새로운 두 개의 잔차 변수가 형성된다.

11 Cars93_normality.sav [DataSet4] - IBM SPSS Statistics Data Editor

File Edit View Data Transform Analyze Direct Marketing Graphs Utilities Add-ons Window Help

Visible: 5 of 5 Variables

	Price	MPG.city	Horsepower	RES_1	ZRE_1	var	var	var	var
1	15.90	25.00	140.00	-2.57666	-.43307				
2	33.90	18.00	200.00	6.16159	1.03561				
3	29.10	20.00	172.00	5.42777	.91228				
4	37.70	19.00	172.00	13.82568	2.32376				
5	30.00	22.00	208.00	2.02365	.34013				
6	15.70	22.00	110.00	.54066	.09087				
7	20.80	19.00	170.00	-2.81275	-.47275				

Data View Variable View

IBM SPSS Statistics Processor is ready Unicode:ON

[그림 7.15] **비표준화 잔차(RES_1)와 표준화 잔차(ZRE_1)**

값 자체를 확인하는 것이 아니라 정규분포를 따르는지 그래프의 패턴을 확인하는 것이므로 비표준화 잔차(RES_1)를 사용하든 표준화 잔차(ZRE_1)를 사용하든 히스토그램의 모양과 Q-Q plot의 형태는 완전히 일치한다. 아래는 표준화된 잔차를 이용하여 Explore 분석을 실시한 결과이다.

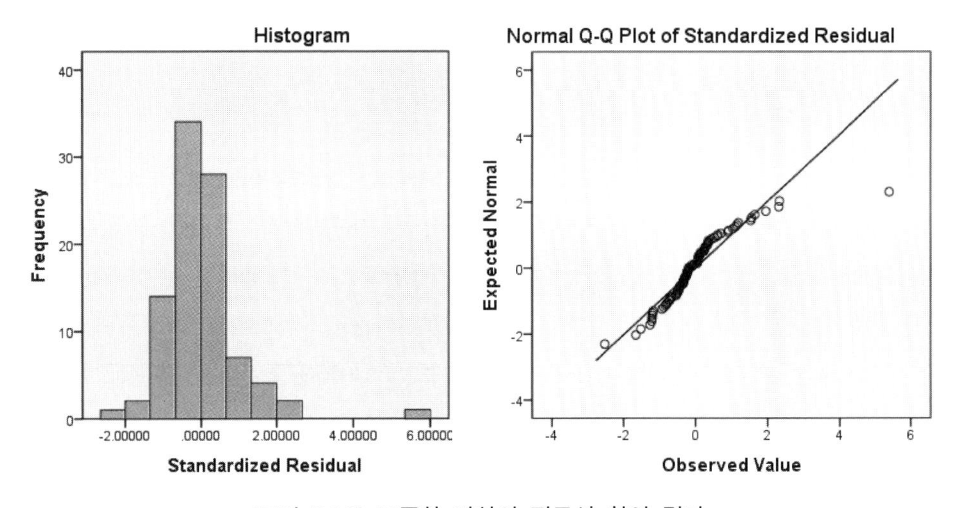

[그림 7.16] **표준화 잔차의 정규성 확인 결과**

표준화된 잔차의 히스토그램은 정규분포의 형태를 크게 벗어나지는 않았으나 매우 큰 극단치(outlier) 하나가 보인다. Q-Q plot 역시 대부분의 점이 대각선 위에 위치하고 있으나 매우 이상한 값이 하나 나타난다. 이 극단치를 포함해서 왜도와 첨도를 확인한 결과 각각 1.944와 9.274로서 Kline(2016)의 정규성 기준은 만족하나, Curran 등(1996)의 정규성 기준에는 부족하다. 많은 경우에 극단치를 제거하면 왜도와 첨도가 정규분포 기준에 근접하게 된다. 이에 위의 그림에서 눈에 띄게 극단치로 판단되는 하나의 사례를 제거한 이후에 Explore 분석을 실시하였다.

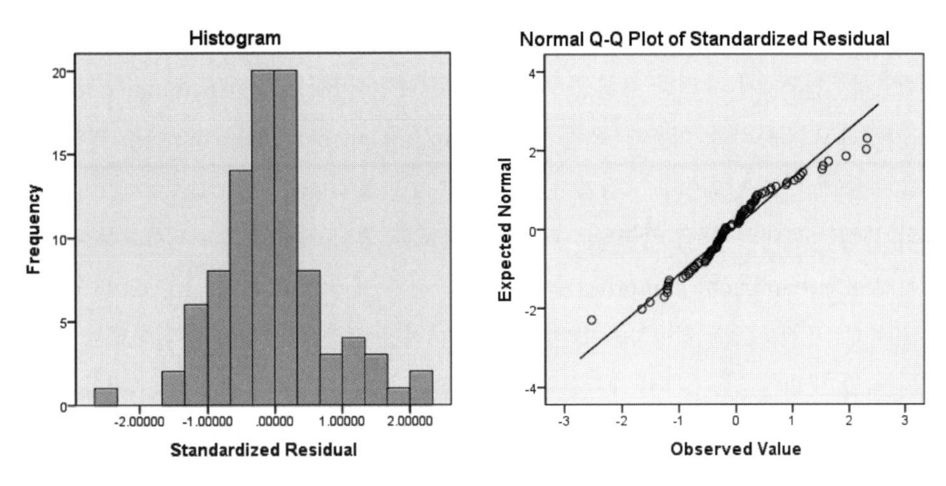

[그림 7.17] 극단치 제거 후 표준화 잔차의 정규성 확인 결과

히스토그램의 분포가 정규분포에 더욱 근사한 것이 보이고, Q-Q plot 역시 직선에 가까워진 것을 볼 수 있다. 왜도를 확인한 결과 0.464였으며, 첨도 역시 1.495로서 Curran 등(1996)의 기준에도 충분히 정규성을 만족하게 되었다. 극단치를 판별하는 방법과 이론은 다음 장에서 설명한다.

7.1.3. 부트스트랩 회귀분석

표준화된 잔차 등을 통해서 정규성 가정을 확인하였을 때 이를 잘 만족하지 않는 경우가 종종 발생한다. 또는 바로 앞에 소개한 극단치 제거 이전 결과처럼 정규성을 만족한다고 하기에는 모호한 경우도 생긴다. 이런 경우 연구자는 어떻게 대처해야 할까? 기본적으로 회귀분석에서 표본크기가 충분히 클 때(large enough) 자료의 비정규성은 큰 문제가 아니다(Schmidt & Finan, 2018; Weisberg, 2014).[23] 문제는 표본크기가 작으면서 오차의 정규성이 만족되지 않을 때이다. 이런 경우의 대안으로 부트스트랩(bootstrap)을 이용한 검정과 추론을 진행할 수 있다. 부트스트랩은 기본적으로 분포에 대한 가정(예를 들어, 오차의 정규분포 가정)을 하지 않는 추론 방법이며(Fox, 2002), 유일한 가정은 연구자가 가진 표본이

[23] 표본크기가 얼마나 커야 충분히 큰 것인지에 대해서 Weisberg(2014)는 정확히 말하지 않았다. Schmidt와 Finan(2018)은 변수당 사례의 개수가 10을 넘는다면 회귀분석의 표본크기가 크다고 하였다.

모집단과 같은 형태의 점수 분포를 가지고 있다는 것이다(Kline, 2016). 그러므로 회귀분석에서 오차의 정규성이 만족되지 않을 때 유용하게 사용할 수 있다.

부트스트랩은 Efron(1979)에 의해 개발된 비모수적인 재표집(nonparametric resampling) 기법으로서, 연구자가 수집한 표본을 가상 모집단 또는 거짓 모집단(pseudo-population)으로 가정하고 컴퓨터를 이용해 복원 추출(sampling with replacement)로 많은 개수의 표본을 추출해 내는 방법이다. 1장에서 배운 이론적인 표집(theoretical sampling)이 사실 상상의 표집(무한대의 표집 가능)을 통해 표집분포를 형성하는 것인 반면에, 부트스트랩은 경험적인 표집(empirical sampling)을 통해, 즉 진짜 표집(예를 들어, 10,000번의 표집)의 과정을 통해 표집분포를 형성하는 방법이다. 이론적인 표집은 상상의 표집이므로 개별적인 추정치는 알 방법이 없는 데 반해, 경험적인 표집은 진짜 표집이므로 10,000개의 개별적인 추정치를 모두 실제로 얻을 수 있다.

[그림 7.18]은 거짓 모집단(연구자의 표본)을 이용하여 부트스트랩 표집을 하는 과정을 보여 준다. 이 예에서 연구자가 가진 표본의 크기를 500($n = 500$)이라고 가정하면, 이는 곧 거짓 모집단의 크기도 500($N = 500$)임을 의미하며, 또한 표집을 통하여 생성되는 표본도 각각 500($n = 500$)이 된다. 부트스트랩은 컴퓨터를 이용해 진짜로 표집을 실행하기 때문에, [그림 1.16]의 이론적인 표집 예와는 다르게 무한대의 표집을 한다고 가정할 수 없다. 그래서 [그림 7.18]에서는 충분히 큰 표본의 개수를 달성할 수 있는 10,000번의 표집($B = 10,000$)만 실시한다고 가정하였다. 보통은 충분히 큰 표집의 횟수를 달성해야 한다고 하며, 2,000번, 5,000번, 10,000번 등 연구자마다 다른 크기의 표집 횟수를 제안한다.

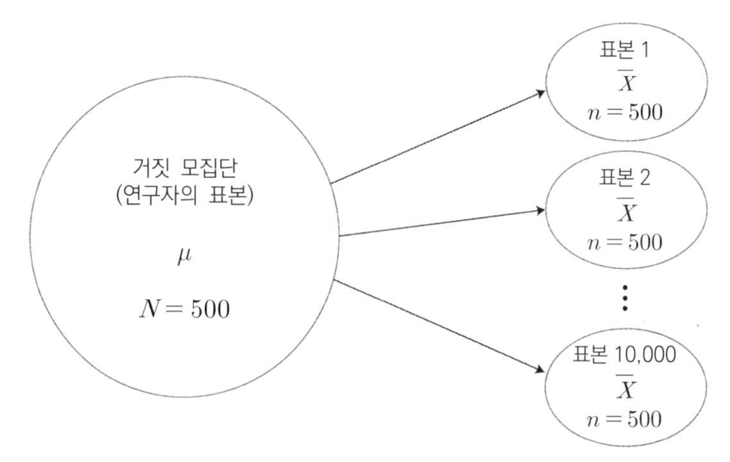

[그림 7.18] 부트스트랩의 경험적인 표집과정

위의 그림처럼 $N=500$인 모집단에서 $n=500$인 표본을 계속 추출하게 되면 10,000개의 표본 모두가 같은 점수들로 이루어져 있어서 결국 모든 $\overline{X}$가 같을 것이라고 생각할 수 있다. 하지만 부트스트랩에서는 비복원 추출이 아닌 복원 추출을 하기 때문에 그런 일이 발생할 가능성은 확률적으로 거의 0이라고 할 수 있다.

10,000번의 표집과정을 통해 총 10,000개의 실제 $\overline{X}$를 확보하게 되고, 이 10,000개의 $\overline{X}$는 어떤 분포를 형성하게 된다. 이와 같은 분포를 부트스트랩 표집분포(bootstrapped sampling distribution)라고 한다. 10,000개의 $\overline{X}$가 있으므로 이 표집분포의 평균도 구할 수 있으며, 표준오차도 구할 수 있다. $\overline{X}$ 10,000개의 평균이 바로 부트스트랩 $\overline{X}$ 추정치이다. 이론적인 표집에서 표본의 크기 n만 충분히 크다면 $\overline{X}$가 정규분포를 따른다고 가정할 수 있듯이, 유한한 표본을 갖는 부트스트랩 표집에서도 $\overline{X}$의 분포가 정규분포일 것이라고 예측할 수 있다. 따라서 $\overline{X}$의 표집분포를 구하여 $H_0: \mu=0$과 같은 영가설의 검정을 정규이론(normal theory)에 기반한 z검정이나 t검정으로 진행하기도 한다. 그러나 추정치의 종류(예를 들어, 매개효과 추정치)에 따라 부트스트랩 표집분포가 정규분포라고 특정하기 어려운 경우들도 존재한다.

여러 이유로 이론적인 표집분포가 아닌 부트스트랩 표집분포를 이용할 때에는 정규이론에 기반하여 p값을 구하는 검정 방법보다는 신뢰구간을 이용한 검정을 진행하는 것이 더 일반적이라고 할 수 있다. 이런 이유로 부트스트랩 추론을 이용하는 경우에 관심 모수(예를 들어, 평균 μ)의 신뢰구간 추정치를 구해야 한다. 예를 들어, μ의 95% 부트스트랩 신뢰구간 추정치를 구하고자 하면, 10,000개의 $\overline{X}$를 가장 작은 값부터 가장 큰 값의 순서대로 나열했을 때, 2.5%에 해당하는 값(즉, 250번째 값)을 하한으로 하고, 97.5%에 해당하는 값(즉 9,750번째 값)을 상한으로 하여 구간을 설정하면 된다. 만약에 이 95% 부트스트랩 신뢰구간이 $H_0: \mu=0$의 검정하고자 하는 값인 0을 포함하고 있다면 유의수준 5%에서 H_0을 기각하는 데 실패하고, 반대로 신뢰구간이 0을 포함하고 있지 않다면 H_0을 기각하여 μ가 통계적으로 0이 아니라고 결론 내릴 수 있다.

SPSS를 이용하면 모평균 μ의 부트스트랩 신뢰구간을 형성할 수 있다. Analyze 메뉴로 들어가 Descriptive Statistics를 선택하고 Descriptives를 실행하면, 기술통계를 구할 수 있는 화면이 나타나는데 거기서 Bootstrap 옵션을 누르면 아래와 같은 화면이 나타난다.

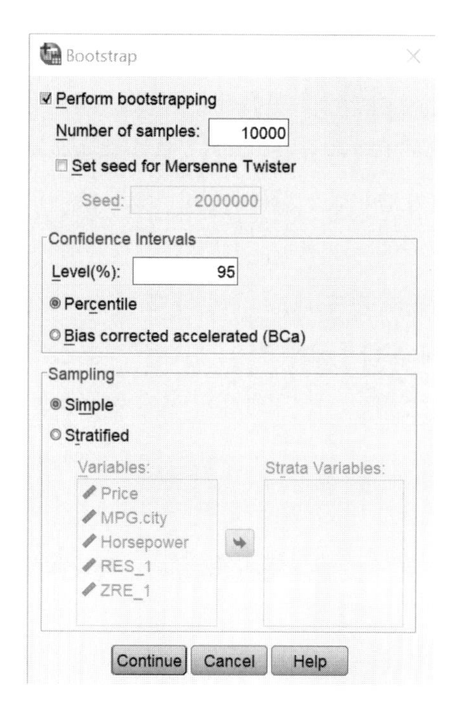

[그림 7.19] 기술통계치 추정의 부트스트랩 실행 화면

부트스트랩 추론을 진행하기 위해 Perform bootstrapping에 체크하고, 부트스트랩 표본의 개수는 Number of samples 부분에 10000으로 설정한다. 신뢰구간의 수준(confidence level)은 기본적으로 95%로 설정되어 있는데 필요와 목적에 따라 수정하면 된다. 만약 99% 신뢰구간을 추정하여 검정을 진행하게 되면, 이는 유의수준 1%에서 검정을 진행하는 것과 같게 된다.

신뢰 수준의 바로 밑에는 Percentile에 체크가 되어 있는데, 이는 백분위수 부트스트랩(percentile bootstrap)을 실행한다는 의미이다. 백분위수 부트스트랩은 가장 일반적인 부트스트랩 방법으로서 바로 앞에서 필자가 설명한 방법이다. 그 밑에 있는 Bias corrected accelerated(BCa)는 편향조정 부트스트랩(bias corrected bootstrap) 방법을 가리키는데, 이 방법은 백분위수 부트스트랩에 존재하는 추정치의 편향을 조정하는 방법이다. 자세한 내용은 본 책의 14장이나 심미경, 서영숙, 김수영(2022)을 참고하기 바란다. 이 두 가지 방법은 검정력과 제1종오류의 측면에서 지금까지도 계속 경쟁하고 있는데, 기본 방법은 백분위수 부트스트랩이라고 할 수 있다. Continue를 눌러 나가고, 기술통계 분석을 실행하면 아래와 같은 결과가 제공된다.

Descriptive Statistics

		Statistic	Bootstrap[a]			
			Bias	Std. Error	95% Confidence Interval	
					Lower	Upper
Horsepower	N	93	0	0	93	93
	Minimum	55.00				
	Maximum	300.00				
	Mean	143.8280	-.0334	5.4074	133.5594	154.7419
	Std. Deviation	52.37441	-.57288	4.63555	42.69881	60.76999
Valid N (listwise)	N	93	0	0	93	93

a. Unless otherwise noted, bootstrap results are based on 10000 bootstrap samples

[그림 7.20] **기술통계치의 부트스트랩 추정 결과**

위의 표에서 Statistic 밑에 있는 부분은 모두 부트스트랩 방식의 추정을 하지 않은 통계치들을 가리킨다. 예를 들어, Horsepower의 평균 $\overline{X} = 143.8280$과 표준편차 $s = 52.37441$은 모두 [그림 7.19]의 Perform bootstrapping 체크 없이 일반적인 기술통계를 요구했을 때 볼 수 있는 값들이다. 10,000번의 부트스트랩 재표집을 통해 추정한 통계치들은 Bootstrap 아래에 제공되는 값들이다. 먼저 Bias 부분은 10,000번의 부트스트랩 표집을 통해서 계산된 평균 및 표준편차와 Statistic 아래에 제공되는 평균(143.8280) 및 표준편차(52.37441) 간의 차이를 의미한다. 예를 들어, 평균(Mean)의 Bias가 −0.0334인데, 이는 부트스트랩 표본에서 각각 구한 $\overline{X}$ 10,000개의 평균이 143.8280과 −0.0334만큼 차이가 난다는 의미이다. 즉, 부트스트랩 표집을 통한 $\overline{X}$ 10,000개의 평균 추정치는 143.7946이다. 표준편차(Std. Deviation)의 Bias도 마찬가지로 해석할 수 있다. Bias 옆에 있는 Std. Error는 각 통계치(Mean 또는 Std. Deviation)의 부트스트랩 표준오차를 가리킨다. 다시 말해, 추정된 $\overline{X}$ 10,000개의 표준오차는 5.4074이다.

표의 가장 오른쪽 95% Confidence Interval 밑에는 95% 부트스트랩 신뢰구간 추정치의 하한(Lower)과 상한(Upper)이 제공된다. 예를 들어, μ의 구간추정치인 95% 부트스트랩 신뢰구간은 [133.5594, 154.7419]이다. 신뢰구간의 하한과 상한은 부트스트랩 재표집을 통해 추정된 10,000개의 $\overline{X}$를 가장 작은 값부터 오름차순으로 나열하여 2.5% 및 97.5%에 해당하는 값을 찾은 것이다. 만약 이렇게 추정된 신뢰구간을 이용하여 Horsepower의 평균에 대한 검정($H_0 : \mu = 0$)을 진행한다고 하면, μ의 95% 신뢰구간 추정치가 0을 포함하고 있지 않으므로 유의수준 5%에서 영가설을 기각한다고 결론 내릴 수 있다.

앞에서 실시한 Cars93 자료를 이용한 회귀분석, 즉 Price를 종속변수로 하고 Horsepower

와 MPG.city를 독립변수로 하여 실시한 회귀분석에서 극단치를 제거하지 않았을 때, 오차의 정규성 가정이 완전히 만족되지 못하였다. 잔차의 분포가 정규분포를 완전히 벗어난다고 볼 수는 없었으나 그렇다고 정규성을 잘 만족한다고 볼 수도 없었다. 정규성이 잘 만족되지 않으며, 표본크기가 충분히 크지 못하다고 가정하고(사실 $n=93$으로서 꽤 크다고 볼 수 있다) 부트스트랩 회귀분석을 실시해 보기로 한다. 설정한 회귀모형은 아래와 같다.

$$Price = \beta_0 + \beta_1 Horsepower + \beta_2 MPG.city + e$$

위의 모형을 가정했을 때 모수는 β_0, β_1, β_2이다. 이 모수들의 부트스트랩 추정치를 구하고, 이를 바탕으로 회귀분석의 추론을 진행하기 위한 10,000번의 부트스트랩 표집과정은 아래의 그림과 같다.

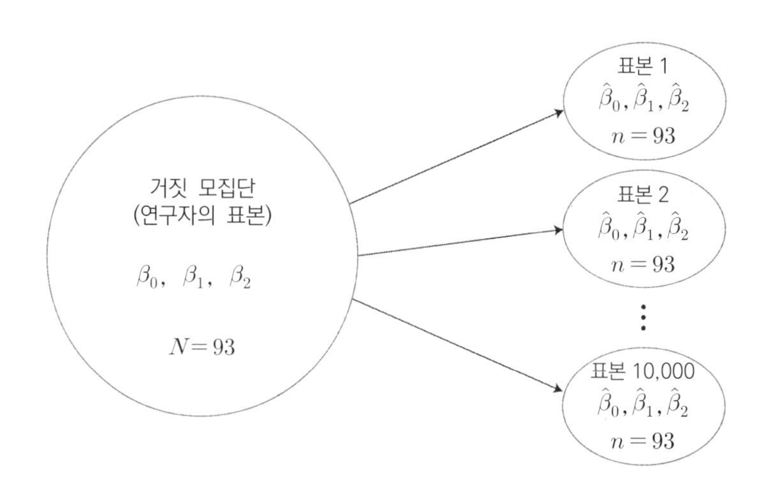

[그림 7.21] **부트스트랩 회귀분석의 표집과정**

표집의 과정, 신뢰구간 추정치의 형성 등은 바로 앞에서 모수 μ에 대해 설명했던 과정과 일치한다. 10,000번의 복원 추출 표집에서 $\hat{\beta}_0$, $\hat{\beta}_1$, $\hat{\beta}_2$이 총 10,000개씩 추정이 되며, 모수 β_0, β_1, β_2에 대한 부트스트랩 신뢰구간도 추정된다. 신뢰구간이 추정되면 각 모수에 대한 검정도 진행할 수 있게 된다. SPSS에서 이와 같은 부트스트랩 회귀분석을 실시하는 방법은 매우 간단하다. 회귀분석 실행 화면에서 종속변수 Price와 독립변수 Horsepower 및 MPG.city를 설정하고, Bootstrap 옵션을 누르면 [그림 7.19]와 동일한 화면이 열린다. 부트스트랩 표집의 횟수를 10000으로 설정하고, Continue를 눌러 나간 다음 회귀분석을 실행하면 된다. 10,000번의 회귀분석을 실시하는 시간은 수 초 정도 걸리고 결과는 다음과 같다.

Coefficients[a]

Model		Unstandardized Coefficients B	Unstandardized Coefficients Std. Error	Standardized Coefficients Beta	t	Sig.	95.0% Confidence Interval for B Lower Bound	95.0% Confidence Interval for B Upper Bound
1	(Constant)	5.219	5.210		1.002	.319	-5.131	15.569
	Horsepower	.131	.016	.709	8.171	.000	.099	.163
	MPG.city	-.202	.149	-.118	-1.355	.179	-.498	.094

a. Dependent Variable: Price

Bootstrap for Coefficients

Model		B	Bootstrap[a] Bias	Std. Error	Sig. (2-tailed)	95% Confidence Interval Lower	Upper
1	(Constant)	5.219	.223	5.848	.371	-6.312	16.968
	Horsepower	.131	.000	.023	.000	.090	.179
	MPG.city	-.202	-.012	.141	.146	-.523	.045

a. Unless otherwise noted, bootstrap results are based on 10000 bootstrap samples

[그림 7.22] **부트스트랩 회귀분석 결과**

부트스트랩을 실시하였다고 하여 모형의 설명력 R^2이나 모형의 검정을 위한 F값이 바뀌는 것은 아니다. [그림 7.22]의 윗부분에 보이는 것처럼 부트스트랩을 실시하여도 OLS 회귀분석의 회귀계수 추정치 결과를 같이 제공해 준다. 이 결과는 앞에서 계속 보아 왔던 그 값들과 동일하다.

$$\widehat{Price} = 5.219 + 0.131 Horsepower - 0.202 MPG.city$$

SPSS의 부트스트랩 회귀분석에서 달라진 점은 [그림 7.22]의 아랫부분에 보여지는 부트스트랩 회귀계수 추정치 결과가 추가된다는 것이다. 먼저 B 아래에 제공되는 추정치는 부트스트랩이 아닌 OLS 방법의 추정치이다. Bootstrap 아래의 Bias는 OLS 추정치와 부트스트랩 추정치의 차이를 의미하며, [그림 7.20]에서 설명했던 것과 동일하다. 예를 들어, MPG.city 회귀계수의 부트스트랩 추정치는 OLS 추정치인 −0.202와 −0.012 차이가 난다. 즉, 부트스트랩 추정치는 −0.214이다. 이 추정치의 부트스트랩 표준오차는 0.141이고, 이는 부트스트랩 표집을 이용해 구한 것이므로 OLS 표준오차와 당연히 다르다. 다른 표준오차를 이용해서 검정통계량을 형성하기 때문에 p값도 다르다. 예를 들어, MPG.city의 계수 검정을 위한 OLS 회귀분석의 $p = .179$인 데 반해 부트스트랩 회귀분석의 $p = .146$이다. 오차의 정규성이 만족되지 않아 부트스트랩을 진행한 것이므로 연구자는 부트스트랩 p값을 보고해야 한다.

부트스트랩 회귀분석을 실시한 다음 이처럼 개별모수의 검정에 p값을 이용하는 것이 잘못된 것은 아닌데, 그렇다고 좋은 생각도 아니다. 부트스트랩 표집을 실행한 경우에는 신뢰구간 추정치를 이용하여 검정을 진행하는 것이 더 일반적이다. 예를 들어, Horsepower 회귀계수(β_1)의 95% 부트스트랩 신뢰구간은 [0.090, 0.179]이므로 검정하고자 하는 값인 0을 포함하고 있지 않아 유의수준 5%에서 $H_0 : \beta_1 = 0$을 기각한다. 즉, Horsepower는 통계적으로 유의하게 Price에 영향을 준다. 그리고 MPG.city 회귀계수(β_2)의 95% 부트스트랩 신뢰구간은 [-0.523, 0.045]이므로 검정하고자 하는 값인 0을 포함하고 있어 유의수준 5%에서 $H_0 : \beta_2 = 0$을 기각하는 데 실패한다. 즉, MPG.city는 통계적으로 유의하게 Price에 영향을 주지 못한다.

7.2. 선형성

상관계수의 확장으로서 회귀모형의 또 다른 가정인 선형성(linearity)에 대해 논의한다. 회귀모형의 선형성이란 것이 정확히 무슨 의미이며, 어떤 부분이 확인되어야 하는지, 그리고 어떻게 확인할 수 있는지 등을 다룬다. 또한, 선형성이 만족되지 않았을 때 사용할 수 있는 방법인 변수의 변환(transformation)을 소개한다.

7.2.1. 선형모형의 의미

우리가 지금 배우고 있는 회귀분석은 보통 선형 회귀분석(linear regression)이라고 하며, SPSS를 통하여 회귀분석을 실시할 때도 Regression 메뉴로 들어가서 Linear를 실행한다. 또한, 회귀분석은 상관분석에 그 기반을 두고 있는데 상관이란 두 변수의 선형적인 관계(linear relationship)를 의미한다. 즉, 일반적인 회귀분석이라는 것은 기본적으로 변수 간의 선형적 관계에 기반한 선형 회귀분석이다. 그리고 변수 간 선형성(linearity)은 회귀분석의 가장 기본적인 가정 중 하나이다.

회귀분석의 선형성 가정이란 쉽게 말해서 독립변수와 종속변수 간에 선형적인 관계가 있어야 한다는 것이다. 그런데 이 단순해 보이는 선형성의 개념이 사실은 꽤 복잡하며, 많은 국내외 회귀분석 책들이 선형성의 개념을 정확히 설명하지 못하고 있다. 먼저 선형성이란 무엇인지 이해하기 위해 선형모형(linear model)이 무엇인지 이해해야 한다. 아래의 자료 예를 한번 살펴보자.

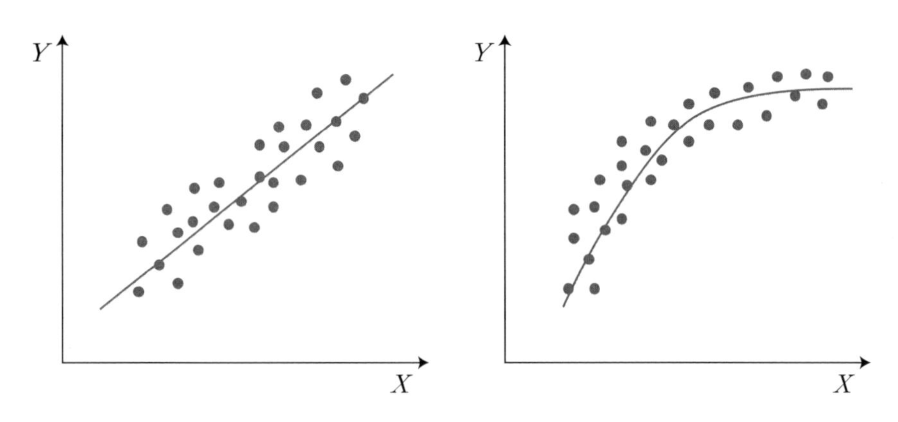

[그림 7.23] **선형 자료와 비선형 자료**

위의 그림에서 왼쪽은 독립변수 X와 종속변수 Y 간에 선형적인 관계가 있고 그 위에 직선의 회귀선이 그어져 있으며, 오른쪽은 X와 Y 간에 비선형적인 관계가 있고 그 위에 곡선의 회귀선이 그어져 있다. 그래서 왼쪽은 선형모형의 예이고, 오른쪽은 비선형 모형의 예라고 대부분의 사람들이 생각한다. 하지만 선형모형인지 아닌지가 단지 회귀선의 형태로만 결정되지는 않는다. 회귀분석에서 선형모형이란 회귀식이 $Y = a + bX$(일차식 또는 선형식)의 형태로 이루어져 있다는 것을 넘어서는 개념이다. X와 Y가 직선의 관계를 가지고 있는지 또는 곡선의 관계를 가지고 있는지 만으로는 해당 모형이 선형모형인지 아닌지 결정할 수 없다는 의미이다. 선형모형을 정확히 설명하기 위한 식이 아래에 제공된다.

$$DV = \beta_0 + \beta_1 IV_1 + \beta_2 IV_2 + \beta_3 IV_3 + \cdots + e \qquad \text{[식 7.5]}$$

위에서 DV는 종속변수, IV는 독립변수를 가리킨다. 선형모형은 바로 위와 같은 형태를 지니고 있는 모형이다. 즉, 선형모형이란 IV가 증가할 때 DV가 선형적으로 증가하거나 감소하는 모형을 가리킨다. 예를 들어, IV_1이 한 단위씩 증가할 때 DV는 꾸준히 선형적으로 증가하거나 감소하고, IV_2나 IV_3가 한 단위씩 증가할 때도 DV는 꾸준히 선형적으로 증가하거나 감소하는 형태의 모형이 선형모형이다.

회귀분석에서 선형모형의 조건이 만족되려면 IV의 형태(예를 들어, X, X^2, $\sqrt{X}$, $\log X$ 등)가 중요한 것이 아니라, IV의 계수(예를 들어, β_1, β_2, β_3 등) 형태가 중요하다. 그런 이유로 Chatterjee와 Price(1991) 및 Pedhazur(1982) 같은 학자들은 선형모형이란

독립변수의 형태가 아니라 모수, 즉 회귀계수(β)의 형태에 달려 있다고 하였다. 아래에 제공된 선형모형의 예시들을 통해 선형모형을 더 이해해 보도록 하자.

$$Y = \beta_0 + \beta_1 X + e$$

$$Y = \beta_0 + \beta_1 X + \beta_2 X^2 + e$$

$$Y = \beta_0 + \beta_1 \log X + e$$

$$Y = \beta_0 + \beta_1 \sqrt{X} + e$$

첫 번째 식인 $Y = \beta_0 + \beta_1 X + e$는 당연히 X와 Y의 관계를 선형으로 가정한 선형모형이 확실한데, 두 번째 식인 $Y = \beta_0 + \beta_1 X + \beta_2 X^2 + e$는 아무리 살펴봐도 2차함수 식으로서 X와 Y의 비선형 관계를 가정한 모형이다. 그런데 어째서 두 번째 식도 선형모형일까? [식 7.5]와 함께 소개된 선형모형의 정의를 적용해 보아야 한다. 선형모형이란 독립변수가 증가할 때 종속변수가 선형적으로 증가하거나 감소하는 모형을 가리킨다. 두 번째 식이 선형모형인지 아닌지 결정하기 위해 X와 Y의 관계를 생각하면 안 된다. 두 번째 식은 X와 X^2이라는 독립변수와 각 독립변수의 계수인 β_1, β_2로 이루어진 회귀분석이다. 그리고 이 회귀식은 [식 7.5]의 기준에서 벗어난 점이 없으므로 선형모형이 된다.

마찬가지로 위의 세 번째와 네 번째 식에서도 선형모형인지 아닌지 판단하기 위해 X와 Y의 관계를 생각해서는 안 된다. [식 7.5]의 선형모형 정의처럼 IV와 DV의 관계가 선형인지를 확인해야 한다. $Y = \beta_0 + \beta_1 \log X + e$와 $Y = \beta_0 + \beta_1 \sqrt{X} + e$에서 X와 Y의 관계가 아닌 $\log X$와 Y의 관계, $\sqrt{X}$와 Y의 관계를 보아야 한다. 두 모형의 각 독립변수 앞에는 계수 β_1이 있으므로 $\log X(IV)$와 $Y(DV)$의 관계는 선형적이며, $\sqrt{X}(IV)$와 $Y(DV)$의 관계도 선형적이다. 두 모형은 [식 7.5]의 기준에 벗어나지 않으며, 둘 다 선형모형의 정의에 들어맞는다.

[식 7.5]에서 종속변수를 Y로, 독립변수를 X로 쓰지 않고, DV와 IV로 썼던 이유가 이것이다. 회귀모형의 선형성은 독립변수 IV가 어떤 형태를 가지고 있는지가 중요한 것이 아니라 그 독립변수의 계수인 β가 어떤 형태를 가지고 있는지가 중요하다. 왜냐하면 β와 종속변수 DV가 선형적인 관계를 가지고 있는 것이 바로 선형모형의 조건이기 때문이다.

선형모형과 비선형 모형을 대비시키면 선형모형의 의미는 더욱 명확해진다. 아래는 비선형 모형의 예시이다.

$$Y = \beta_0 + e^{\beta_1 X} + e$$

위의 식에서 독립변수 X가 증가하면 종속변수 Y는 기하급수적으로 증가하는 패턴을 보인다. $\beta_1 X$가 자연상수(natural constant) 또는 오일러의 수(Euler's number)인 e 위에 승수로 있기 때문이다. 선형모형이란 독립변수가 증가할 때 종속변수가 선형적으로 증가하거나 감소하는 모형을 가리키므로 위의 모형은 선형모형이 될 수 없다.

일반적으로 우리가 독립변수를 X라고 생각하고 있기 때문에 회귀모형의 선형성을 X와 Y의 선형성이라고 생각하는 경향이 있는데, 이는 단순한 모형의 경우에는 맞을 수 있지만 사실 정확한 표현이 아니다. 독립변수는 X가 아니라 X^2도 될 수 있고, $\log X$도 될 수 있다. 회귀분석의 선형성이라는 것은 독립변수가 어떤 형태로 되어 있든 간에 독립변수와 종속변수 사이의 선형성을 확보하면 되는 것이다. 그와 같은 이유로 독립변수와 종속변수 간에 선형성이 만족되지 못할 때 독립변수를 변환하여 $\log X$ 또는 $\sqrt{X}$를 사용할 수 있는 것이다.

사실 독립변수를 $\log X$ 또는 $\sqrt{X}$로 변환한다고 하여 없던 X와 Y 사이의 선형성이 갑자기 생겨나는 것이 아니다. 새롭게 설정된 모형인 $Y = \beta_0 + \beta_1 \log X + e$나 $Y = \beta_0 + \beta_1 \sqrt{X} + e$를 통해 확보되는 것은 $\log X$와 Y의 선형성 또는 $\sqrt{X}$와 Y의 선형성인 것이지, X와 Y의 선형성이 아니다. 정리하면, 독립변수가 어떤 형태를 가지고 있어도 독립변수의 계수인 β가 Y와 선형적인 관계가 있다면 모형은 선형성을 갖는 선형모형이 된다.

7.2.2. 선형성의 확인

지금까지 회귀분석 모형의 선형성 조건에 대해 다양한 회귀모형의 예를 통해 살펴보았는데, 이제 선형모형을 적용한 실제 자료에서 독립변수와 종속변수 간의 선형성이 만족되는지 확인해야 할 필요가 있다. 다시 말해, 우리가 사용하는 회귀모형은 선형모형이니, 이를 자료에 적용했을 때 그 가정이 잘 만족되는지 확인해야 하는 것이다.

회귀분석 모형에서 종속변수와 독립변수 사이의 선형성은 그래프를 통해서 확인하는 것이 가장 일반적이다. 만약 독립변수가 하나뿐이라면, 수직축에 종속변수 Y, 수평축에 독립변수 X를 위치시키고, 산포도 위에 선형회귀선과 lowess(locally weighted scatterplot smoother) 라인을 더해서 선형성을 확인할 수 있다(Cohen et al., 2015; Gelman & Hill, 2007). Lowess 라인은 산포도에서 독립변수와 종속변수와의 관계를 비모수적(nonparametric)으로 표현해 주는 그림으로서, 독립변수와 종속변수 사이의 관계 형태에 그 어떤 가정(예를 들어, 선형)도 하지 않는 회귀선이라고 생각하면 된다.

산포도 위의 Lowess 라인이 선형회귀선과 비슷하게 그려진다면 독립변수와 종속변수 사이에 선형성이 있다고 할 수 있고, 만약 그렇지 못하고 Lowess 라인이 어떤 특정한 패턴을 보인다면 선형성을 의심하게 된다. 아래는 Weight를 종속변수로 하고 EngineSize를 독립변수로 한 산포도에 선형회귀선 및 비모수적 lowess 라인을 더한 그림이다.

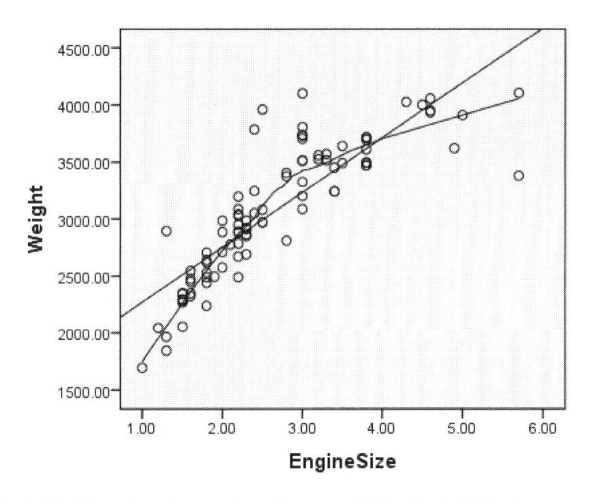

[그림 7.24] Weight와 EngineSize 사이의 회귀선과 lowess 라인

위처럼 산포도에 회귀선이나 lowess 라인을 추가로 더하기 위해서는 SPSS의 Output 화면에서 출력된 그림을 더블클릭하여 Chart Editor로 들어가야 한다. Chart Editor 화면이 열리면 Elements 메뉴로 들어가 Fit Line at Total을 실행하면 다음과 같이 자료 전체에 대하여 평균선(Mean of Y), 선형회귀선(Linear), lowess 라인(Loess)[24] 등을 더할 수 있는 화면이 나타난다.

[24] 지금은 산포도 위해 더할 수 있는 비모수적 회귀선을 lowess 라인이라고 하는 경우가 더 일반적이지만, 맨 처음 Cleveland(1979)에 의해 이것이 제안되었을 때 loess 라인이라고 하였다. SPSS는 이 전통을 따라 옵션의 이름이 loess이다.

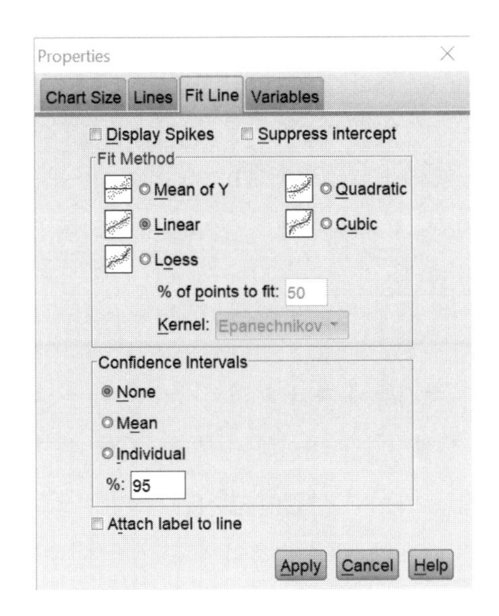

[그림 7.25] 산포도에 여러 라인을 더할 수 있는 화면

위의 화면에서 먼저 Linear를 선택하고 Apply를 누르면 산포도에 선형회귀선이 추가되며, 그 상태에서 Loess를 선택하고 다시 Apply를 누르면 산포도에 lowess 라인이 추가된다. 이런 식으로 원하는 모든 선을 선택한 이후에 화면을 닫고 나오면 변화가 자동적으로 그림에 적용된다. 그리고 화면의 맨 아래에 제공되어 있는 Attach label to line에 있는 체크는 제거해 주는 것이 더 깔끔한 그림을 출력할 수 있다. 디폴트로 체크되어 있는 이 옵션을 해제하지 않으면 추가된 선의 중간에 작은 박스가 생기고, 그 안에 회귀선의 수식이 나타나서 그림의 선명성이나 단순성을 해치게 된다.

이제 [그림 7.24]로 돌아가서 결과를 해석해 보도록 하자. EngineSize가 작거나 클 때는 Weight 값들이 선형회귀선의 밑에 주로 있고, EngineSize가 중간 정도일 때는 Weight 값들이 선형회귀선 위에 주로 있는 것을 볼 수 있다. 그런 이유로 자료를 따라 나타나는 비모수적인 lowess 라인이 선형적으로 되어 있지 않고, 볼록한 곡선으로 나타난다. 그림으로부터 판단한다면, Weight와 EngineSize 사이에 아마도 비선형 관계가 있다고 할 수 있을 듯하다.

[그림 7.24]에 나타나는 자료의 패턴을 더욱 선명하게 보기 위해서는 수직축에 잔차, 수평축에 독립변수의 값(X) 또는 예측값($\hat{Y}$)을 위치시키는 산포도를 이용할 수 있다. 참고로 수평축에 X 또는 $\hat{Y}$을 위치시키는 것이 상당히 다르게 느껴질 수 있는데, $\hat{Y}$이라는 것은 단순

회귀분석에서는 X에 상수가 곱해진 것(즉, $\hat{\beta}_0+\hat{\beta}_1X$)이고 다중회귀분석에서는 X들의 선형 결합(예를 들어, $\hat{\beta}_0+\hat{\beta}_1X_1+\hat{\beta}_2X_2$)이므로 개념적으로 다르지 않다. 어쨌든 산포도를 출력하기 위해서는 종속변수 Weight와 독립변수 EngineSize 사이에 회귀분석을 실시하고 잔차를 저장한다. 그리고 X값 또는 $\hat{Y}$값과 함께 산포도를 출력하여 잔차의 평균선과 lowess 라인을 더하면 [그림 7.26]과 같다.

왼쪽 그림은 수평축에 X, 수직축에 잔차를 위치시켰으며, 오른쪽 그림은 수평축에 $\hat{Y}$, 수직축에 잔차를 위치시켰다. 선형성만을 확인하는 목적이라면 수직축에 비표준화 잔차나 표준화 잔차 중 무엇을 위치시켜도 아무런 상관이 없지만, 일반적으로 잔차도표(residual plot)를 그릴 때는 표준화 잔차를 이용한다. 수평축의 예측값 역시 관계의 형태를 확인하는 목적에서 비표준화 예측값이나 표준화 예측값 사이에 아무런 차이가 없지만, 잔차도표를 그릴 때는 표준화 예측값을 사용하는 경우가 관습적으로 더 빈번하다.

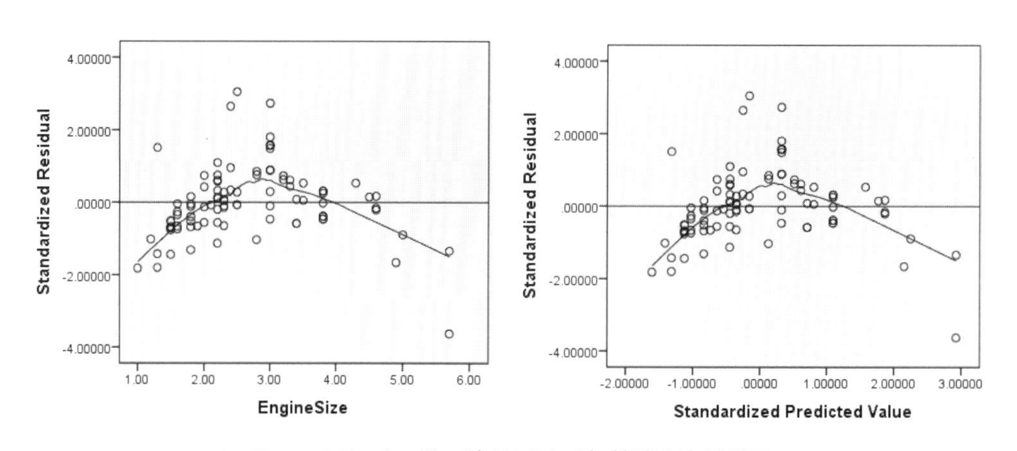

[그림 7.26] EngineSize와 Weight의 회귀분석 잔차도표

먼저 잔차도표에서 수평하게 그려져 있는 오차의 평균선은 회귀선을 눕혀 놓은 것이라고 생각하면 이해하기 좋다. Lowess 라인 역시 [그림 7.24]와 마찬가지로 생각할 수 있다. 선형성을 판단하기 위해 왼쪽 잔차도표를 보든, 오른쪽 잔차도표를 보든 결과는 동일하다. 표준화 잔차들의 분포가 가운데 부분이 볼록한 비선형 형태로 되어 있으며, 따라서 lowess 라인 역시 가운데가 볼록한 형태를 띠고 있다. 그래프만을 이용해서 선형성을 판단해야 한다면, 독립변수와 종속변수의 관계가 선형적이지 않다고 판단해야 할 것이다.

이처럼 종속변수와 독립변수 간 선형성을 확인하기 위하여 꼭 잔차나 예측값을 자료 세트에 저장하여 산포도를 그릴 필요는 없다. SPSS의 Analyze 메뉴로 들어가 Regression을 선택하고 Linear를 실행한 다음 Plots 옵션을 클릭하면, [그림 7.27]과 같은 화면이 나타난다.

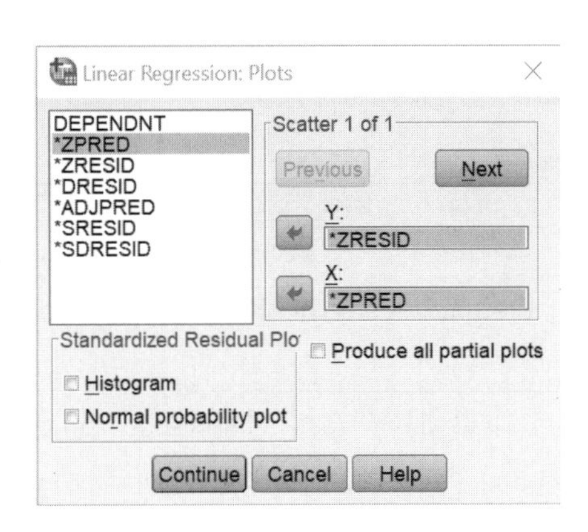

[그림 7.27] 회귀분석의 Plots 옵션

위는 정규성을 확인하기 위해 Histogram과 Normal probability plot을 이용했던 바로 그 화면이다. Plots 옵션 화면이 열리면 왼쪽에 있는 여러 값 중에서 ZRESID(표준화 잔차)를 Y 부분으로 옮기고, ZPRED(표준화 예측값)를 X 부분으로 옮긴 다음 Continue를 눌러 나가서 회귀분석을 실행한다. 이렇게 하면 [그림 7.26]의 오른쪽과 정확히 일치하는 그림이 출력되므로 그림은 생략한다. 오차의 평균선과 lowess 라인을 더하고 싶다면 앞에서 했던 것처럼 그림을 더블클릭하고 Elements 메뉴로 들어가 Fit Line at Total을 실행하면 된다.

Weight와 EngineSize의 관계는 꽤 전형적인 비선형 관계였는데, 만약 종속변수와 독립변수 사이에 선형적인 관계가 있을 때는 잔차도표나 lowess 라인이 어떤 형태를 보이게 될까? 아래는 종속변수 Weight와 독립변수 Length 사이의 산포도에 회귀선과 lowess 라인을 더한 그림이다.

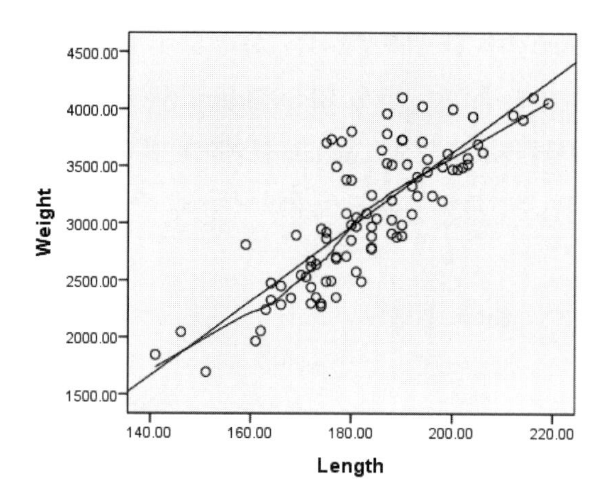

[그림 7.28] Weight와 Length 사이의 회귀선과 lowess 라인

위의 그림을 보면, Length의 값에 상관없이 전체적으로 Weight 값들이 선형회귀선의 위와 아래에 어떤 패턴을 형성하지 않고 분포되어 있는 것을 확인할 수 있다. 그런 이유로 비모수적인 lowess 라인이 완벽한 선형은 아니지만, 선형회귀선을 따라 거의 직선을 형성하며 나타나는 것을 확인할 수 있다. 그림으로부터 판단한다면, 이것은 아마도 선형 관계라고 할 수 있을 것이다.

이제 앞선 그림처럼 수직축에 표준화 잔차, 수평축에 독립변수의 값(X) 또는 표준화 예측값($\hat{Y}$)을 위치시키는 산포도를 확인하자. 이를 위해 종속변수 Weight와 독립변수 Length 사이에 회귀분석을 실시하고 잔차를 저장하여 X값 또는 $\hat{Y}$과 함께 산포한 다음 잔차의 평균선과 lowess 라인을 더하면 아래와 같다.

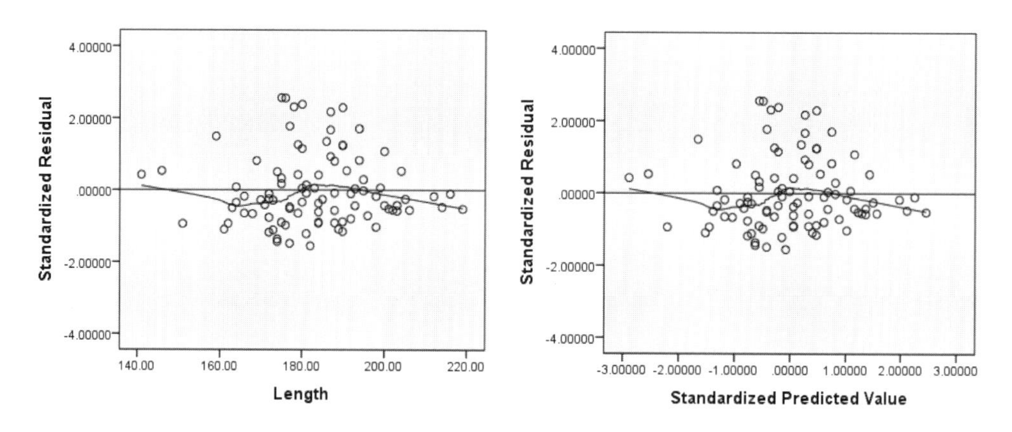

[그림 7.29] Length와 Weight의 회귀분석 잔차도표

이전과 마찬가지로 선형성을 확인하기 위해 왼쪽 잔차도표를 보든, 오른쪽 잔차도표를 보든 결과는 동일할 것이다. 표준화 잔차들의 분포가 특별히 어떤 비선형적인 패턴을 따른다고 보이지 않는다. Lowess 라인 역시 완전히 오차의 평균선을 따라서 직선으로 펼쳐진 것은 아니지만 평균선을 크게 벗어나서 체계적인 비선형 모습을 보여 주고 있지는 않다. 이 정도면 경험적으로 독립변수와 종속변수의 관계가 선형적이라고 결론 내릴 수 있을 것 같다.

지금까지는 잔차도표를 쉽게 이해하고, 개념적으로 선형성을 판단하기 용이하도록 하기 위해 독립변수가 하나인 단순회귀분석의 예를 보였는데, 일반적으로 회귀분석에는 여러 개의 독립변수가 포함되어 있다. 이제 일반적인 다중회귀분석에서의 선형성 가정을 어떻게 확인할 수 있을지 논의하고자 하는데, 단 하나의 절대적인 절차가 존재하는 것은 아니다. Cohen 등(2015)이 제안하는 절차는 먼저 잔차를 각 독립변수에 대해서 산포하여 선형성을 만족하는지 확인하고, 다음으로 잔차를 예측값에 대하여 산포하고 또 선형성을 만족하는지 lowess 라인 등을 통해 확인하는 것이다. 이 절차는 사실 단순회귀분석의 경우와 전혀 다르지 않다. 종속변수와 독립변수들의 관계가 선형적으로 잘 설정되었다면 lowess 라인은 오차의 평균선을 따라서 있어야 하며 둘 사이에 큰 차이가 발생하지 않아야 한다는 원리이다.

지금부터 종속변수 Price에 대하여 독립변수 Horsepower, MPG.city, NonUSA를 이용하여 회귀분석을 실시하고 선형성을 확인하고자 한다. 잔차도표를 출력하기 위해 회귀분석을 실행하는 중에 Save 옵션을 클릭하여 표준화 잔차(ZRE_1)와 표준화 예측값(ZPR_1)을 다음과 같이 변수로 저장하였다.

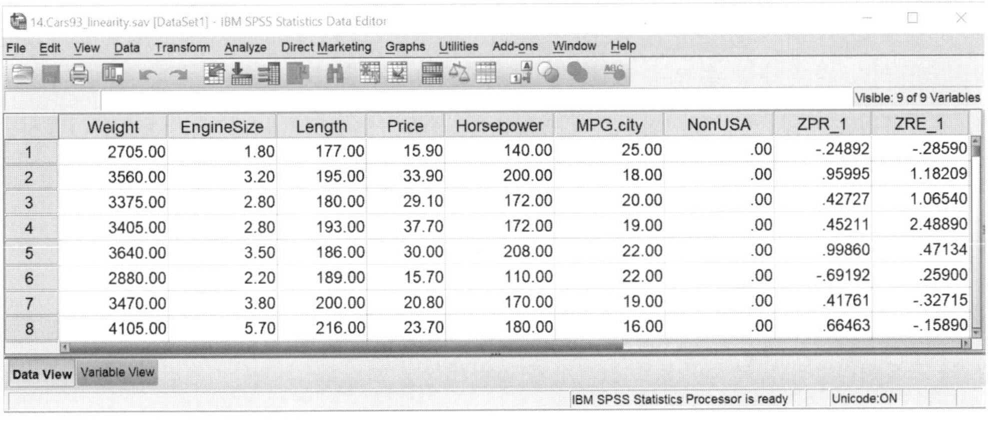

14.Cars93_linearity.sav [DataSet1] - IBM SPSS Statistics Data Editor

File Edit View Data Transform Analyze Direct Marketing Graphs Utilities Add-ons Window Help

Visible: 9 of 9 Variables

	Weight	EngineSize	Length	Price	Horsepower	MPG.city	NonUSA	ZPR_1	ZRE_1
1	2705.00	1.80	177.00	15.90	140.00	25.00	.00	-.24892	-.28590
2	3560.00	3.20	195.00	33.90	200.00	18.00	.00	.95995	1.18209
3	3375.00	2.80	180.00	29.10	172.00	20.00	.00	.42727	1.06540
4	3405.00	2.80	193.00	37.70	172.00	19.00	.00	.45211	2.48890
5	3640.00	3.50	186.00	30.00	208.00	22.00	.00	.99860	.47134
6	2880.00	2.20	189.00	15.70	110.00	22.00	.00	-.69192	.25900
7	3470.00	3.80	200.00	20.80	170.00	19.00	.00	.41761	-.32715
8	4105.00	5.70	216.00	23.70	180.00	16.00	.00	.66463	-.15890

Data View Variable View

IBM SPSS Statistics Processor is ready Unicode:ON

[그림 7.30] 표준화 예측값(ZPR_1)과 표준화 잔차(ZRE_1)의 저장

먼저 독립변수 Horsepower에 대하여 위에서 저장된 표준화 잔차를 출력한 그림은 아래의 왼쪽에 제공되고, 다음으로 MPG.city에 대하여 저장된 표준화 잔차를 출력한 그림은 아래의 오른쪽에 제공된다. 각 잔차도표에 오차의 평균선과 lowess 라인을 아래처럼 더하였다.

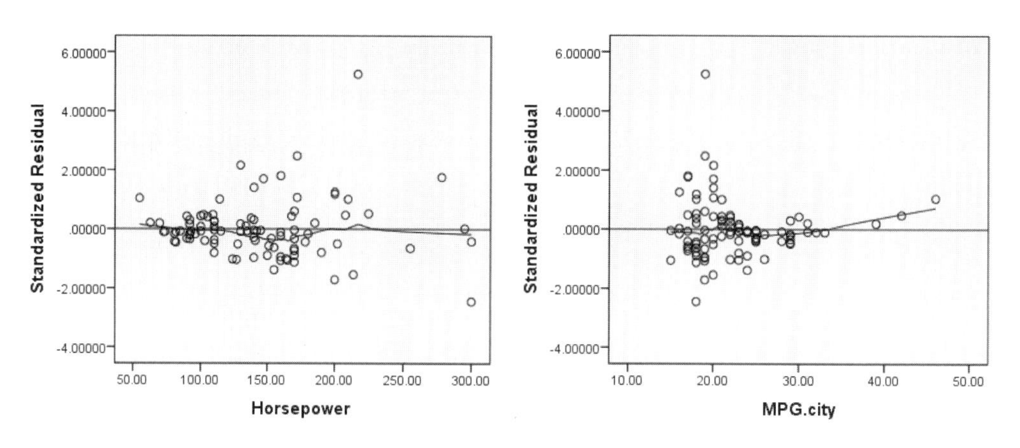

[그림 7.31] Price와 Horsepower 및 MPG.city의 회귀분석 잔차도표

[그림 7.31]의 왼쪽에 제공된 Horsepower와 표준화된 잔차의 산포도에서 잔차가 어떤 특정한 비선형적 패턴을 따르고 있는 것으로 판단되지는 않는다. 그에 따라 Lowess 라인 역시 특정한 패턴이나 곡선을 이루지 않고 직선에 가까운 것을 알 수 있다. [그림 7.31]의 오른쪽에 제공된 MPG.city와 표준화된 잔차의 산포도에서도 잔차가 어떤 특정한 비선형적 패턴을 따르고 있는 것으로 보이지는 않는다. Lowess 라인 역시 오른쪽 끝부분에서 살짝 올라가는 패턴이 있지만, 이는 점수가 몇 개 안 되어 그런 것이고 전체적으로는 어떤 체계적인 패턴이나 곡선을 이루고 있지는 않은 듯 보인다. 이 정도면 각 독립변수와 종속변수의 관계가 선형적이라고 결론 내릴 수 있을 것 같다. 그리고 세 개의 독립변수 중 더미변수인 NonUSA와 표준화된 잔차의 산포도는 확인하지 않았는데, 이는 NonUSA가 질적 변수로서 선형성을 확인하는 게 별 의미가 없기 때문이다.

마지막으로 Cohen 등(2015)이 제안하는 것처럼 수평축에 표준화 예측값과 수직축에 표준화 잔차의 값을 위치시킨 산포도를 확인하면 아래와 같다. 아래의 그림이야말로 다중회귀분석에서 독립변수들과 종속변수의 선형성을 종합적으로 확인할 수 있는 그림이다.

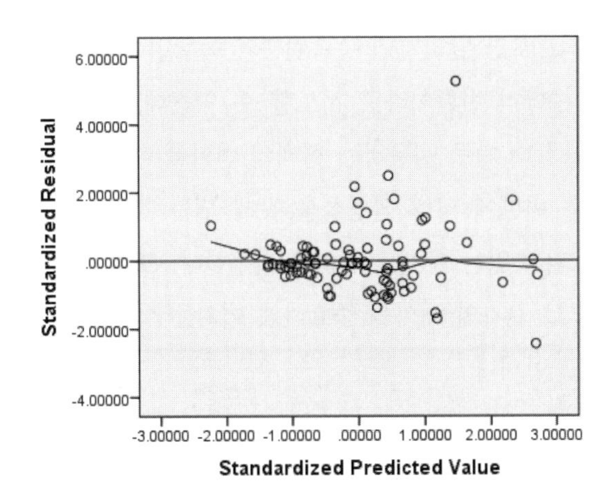

[그림 7.32] 표준화 예측값과 표준화 잔차의 산포도

위의 그림에서 수직축은 표준화된 잔차로 이루어져 있으며, 수평축은 세 독립변수의 선형결합으로 이루어진 예측값($\hat{Y}$)의 표준화된 값이다. 전체적으로 잔차가 어떤 특정한 비선형적 패턴을 따르고 있지 않으며, lowess 라인도 오차의 평균선(산포도에 중앙을 관통하는 직선)을 크게 벗어나지 않는다. 즉, 주어진 독립변수들에 대하여 Price의 잔차가 어떤 체계적인 패턴을 따르고 있지 않다고 볼 수 있다. 종합하면, Price를 종속변수로 하고, Horsepower, MPG.city, NonUSA를 독립변수로 하는 회귀분석에서 선형성이 만족된다고 판단할 수 있다.

7.2.3. 변수의 변환

종속변수와 독립변수의 형태가 적절하게, 즉 선형적으로 설정되지 않았다면 회귀분석의 추정치는 편향되고(biased) 검정 결과는 신뢰할 수 없게 된다. 만약 선형성이 만족되지 않고 있다면 여러 가지 해결책을 시도해 볼 수 있다. 예를 들어, 아래와 같은 다항식을 사용하여 종속변수와 독립변수 사이에 있는 비선형성을 모형화해 줄 수 있다.

$$Y = \beta_0 + \beta_1 X + \beta_2 X^2 + e$$

위와 같은 수식을 이용한 회귀분석 모형을 곡선 회귀모형(curvilinear regression model)이라고 한다. 이 외에 독립변수나 종속변수를 변환(transformation)하여 적절한 형태로 만들어 줄 수도 있다. 종속변수에 대하여 $Y \rightarrow \log Y$, $Y \rightarrow 1/Y$ 등의 변환을 할 수 있고, 독립변수에 대하여 $X \rightarrow \log X$, $X \rightarrow \sqrt{X}$, $X \rightarrow 1/\sqrt{X}$ 등의 변환도 할 수 있다(Chatterjee

& Price, 1991). 이론적으로만 말하자면 종속변수와 독립변수 관계의 형태를 선형으로 만들어 주기 위한 그 어떤 수학적 변환이라도 시도할 수 있는데, Chatterjee와 Price(1991)는 그중에서 연구자들이 조금 더 자주 사용하는 형태의 변환을 예로 들었을 뿐이다. 그리고 모든 형태의 비선형성이 변수 변환에 의해 선형성을 갖게 되는 것도 아니어서 그 어떤 함수식을 적용해도 선형성이 확보되지 않는 문제도 흔하게 발생한다. 또한, 변수를 변환하게 되면 X와 Y의 해석도 복잡해지므로 결과의 해석을 중요하게 여기는 사회과학 분야에서 변환이란 것이 반드시 환영받는 개념도 아니다.

변환의 이와 같은 약점에도 불구하고 독립변수와 종속변수 사이에 심각한 비선형성이 있고, 이와 같은 문제를 해결하고자 한다면 몇 가지를 시도해 볼 수 있다. 앞에서 종속변수 Weight와 독립변수 EngineSize 사이에 비선형성이 존재하는 것을 확인하였는데, 변수의 변환을 통하여 선형성을 갖게 되는 예를 보이고자 한다. [그림 7.24]와 같이 EngineSize가 증가함에 따라 Weight의 증가분이 점점 작아지는 형태의 비선형적 관계를 가지고 있을 때, 경험적으로 독립변수에 역수(reciprocal number)를 취하는 종류의 변환을 해주면 비교적 선형성을 잘 만족하게 된다. 이런 형태의 자료를 보았을 때 필자에게는 $1/X$ 또는 $1/\sqrt{X}$ 변환이 떠오르는데 모두 시도해 본 결과 $1/\sqrt{X}$이 조금 더 잘 작동하는 것을 확인하였다.

참고로 만약 독립변수가 증가함에 따라 종속변수의 증가분이 점점 커지는 형태의 비선형적 관계, 즉 기하급수적으로 값이 증가하는 패턴이 있을 때는 $\log X$ 변환을 해 주면 잘 작동하는 것으로 알려져 있다. 어쨌든 EngineSize 변수에는 다음과 같은 변환을 하여 sqrtEngine 변수를 생성하였다.

$$sqrtEngine = \frac{1}{\sqrt{EngineSize}}$$

SPSS의 Transform 메뉴로 들어가 Compute Variable을 실행하고, Target Variable에 새로운 변수명인 sqrtEngine을 입력한 다음 Numeric Expression에 '1/sqrt(EngineSize)'라고 입력한다. SPSS에서 sqrt()는 변수에 제곱근(square root) 변환을 해 주는 함수이다. 이제 OK를 눌러 실행하면 sqrtEngine이 아래와 같이 새롭게 생성된다.

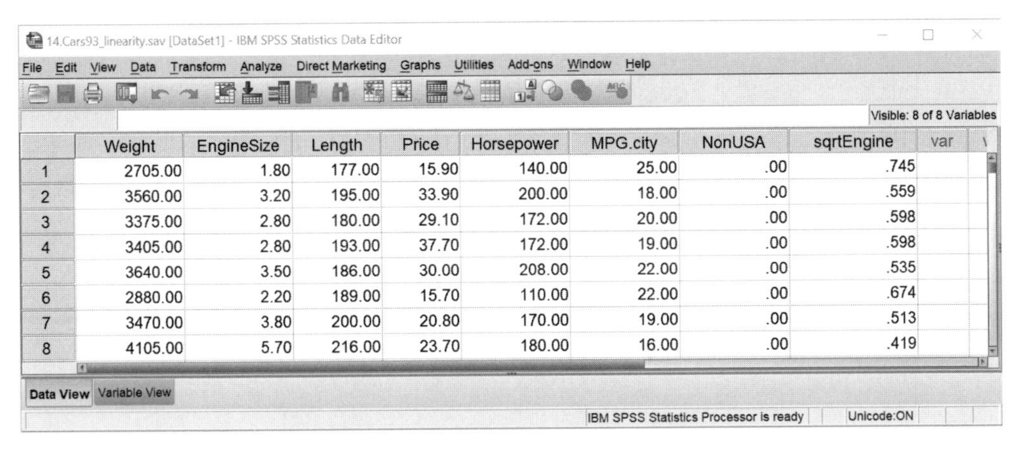

[그림 7.33] sqrtEngine 변수의 추가

EngineSize 변수가 1.000에서 5.700 사이에서 움직이기 때문에 sqrtEngine 변수는 0.419에서 1.000 사이에서 움직이게 된다. sqrtEngine 변수를 이용하여 Weight를 예측한 회귀분석 결과는 다음과 같다.

Model Summary[b]

Model	R	R Square	Adjusted R Square	Std. Error of the Estimate
1	.904[a]	.818	.816	253.15230

a. Predictors: (Constant), sqrtEngine

b. Dependent Variable: Weight

[그림 7.34] sqrtEngine을 사용한 회귀분석의 결과 요약

$R^2 = .818$로서 Weight 변수에 존재하는 변동성의 81.8%가 sqrtEngine에 의하여 설명되고 있다. 이 값은 변환되지 않은 EngineSize를 이용해서 Weight를 예측했을 때의 $R^2 = .714$보다 훨씬 높다. 선형성이 더 확보되면서 둘의 관계가 명확해진 것이 이유일 것이다. 개별적인 모수 추정치 결과는 아래와 같다.

Coefficients[a]

Model		Unstandardized Coefficients		Standardized Coefficients	t	Sig.
		B	Std. Error	Beta		
1	(Constant)	5874.843	141.088		41.640	.000
	sqrtEngine	-4336.493	214.545	-.904	-20.213	.000

a. Dependent Variable: Weight

[그림 7.35] sqrtEngine을 사용한 회귀분석의 추정치

위의 표에서 기울기 추정치가 $p < .001$ 수준에서 통계적으로 유의한 것으로 보아 독립변수 sqrtEngine이 종속변수 Weight를 잘 예측 또는 설명하고 있다고 할 수 있다. 그런데 사실 추정치의 해석은 절편과 기울기 모두 모호하다. 절편을 보면, sqrtEngine이 0일 때의 기대되는 무게가 5874.8파운드인데, sqrtEngine이 0이라는 것은 EngineSize가 무한대라는 뜻이므로 그저 매우 크다 정도로 해석할 수 있을 뿐이다. 또한, sqrtEngine이 한 단위 증가할 때 무게가 4336파운드 감소하는데 sqrtEngine의 한 단위 증가라는 것도 모호하다. sqrtEngine은 0.419에서 1.000 사이에서 움직이기 때문에 최소값에서 최대값으로 증가해도 한 단위가 되지 않는다.

위의 결과를 통해서 그저 EngineSize 변수가 Weight에 매우 강력한 영향을 준다는 정도를 파악할 수 있을 뿐이다. 해석은 이미 말한 대로 상당히 모호하다. 그런데 이와 같은 모호성 때문에 변수의 변환이 항상 의미가 없는 것은 아니다. 6장에서 다루었던 종속변수에 대한 독립변수의 예측력을 최대화하고자 하는 목적에서는 비선형적인 관계를 선형화해 줌으로써 가정도 만족시키고 예측력도 높일 수 있다. 이제 EngineSize 변수의 변환을 통해 비선형성이 얼마나 개선되었는지 확인하고자 한다. 아래는 Weight를 종속변수로 하고 sqrtEngine을 독립변수로 한 산포도에 선형회귀선 및 lowess 라인을 더한 그림이다.

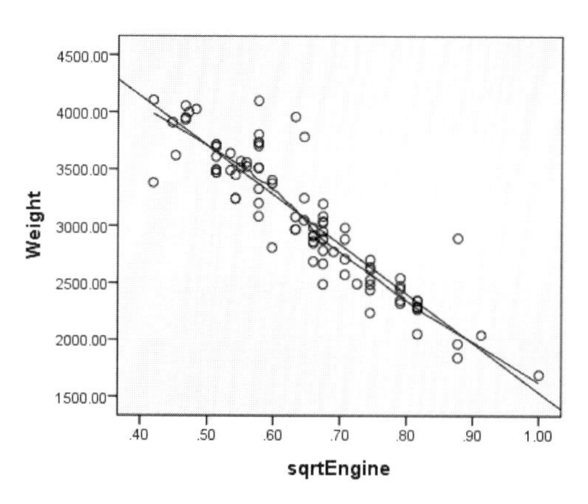

[그림 7.36] Weight와 sqrtEngine 사이의 회귀선과 lowess 라인

위의 그림을 보면, sqrtEngine의 값에 상관없이 전체적으로 Weight 값들이 선형회귀선의 위와 아래에 고르게 분포되어 있는 것을 확인할 수 있다. 비모수적인 lowess 라인도 거의 선형회귀선을 따라 비슷하게 나타나고 있다. 그림으로부터 판단한다면, 이것은 아마도 선형 관계라고 할 수 있을 것이다. 다음으로 아래는 표준화된 예측값에 대해 표준화된 잔차를 보여 주는 잔차도표이다.

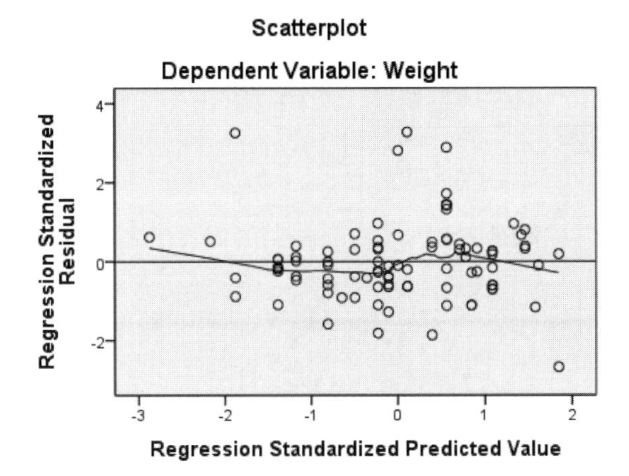

[그림 7.37] 표준화 예측값과 표준화 잔차의 산포도

위의 그림에서 표준화 잔차들의 분포가 특별히 어떤 비선형적인 패턴을 따르는 것으로 보이지 않는다. Lowess 라인 역시 오차의 평균선을 따라서 거의 직선으로 펼쳐지고 있으며 평균선을 벗어나서 체계적인 비선형 모습을 보여 주고 있지도 않다. 제곱근과 역수를 이용하여 EngineSize 변수를 변환한 sqrtEngine이 종속변수와 선형적인 관계를 갖게 되었다고 결론 내릴 수 있다. 마지막으로 다시 한번 강조하는데, 변환을 하였다고 해서 EngineSize와 Weight 사이에 선형성이 확보된 것이 아니다. 변환된 sqrtEngine과 Weight 사이에 선형성이 확보된 것뿐이다.

7.3. 등분산성

회귀분석에서 자료의 등분산성은 상관분석에서와 마찬가지로 중요하게 다루어지는 가정이다. 등분산성에 대해서 이해하고, 등분산성을 어떻게 확인하는지 다룬다. 또한, 등분산성이 만족되지 않을 때 이를 어떻게 해결할 것인지 논의한다.

7.3.1. 등분산성의 이해와 확인

회귀분석 모형의 또 다른 기본적인 가정은 오차의 등분산성(homoscedasticity of errors)이다. 이는 주어진 X에 대하여 Y의 분산이 일정하다는 것을 가리키는데, 결국 회귀분석의 가정인 $e_i \sim N(0, \sigma^2)$에서 오차의 분산이 상수인 σ^2이라는 것을 의미한다. 왜냐하면, 오차라는 것이 개념적으로 주어진 X에서의 Y 값을 의미하기 때문이다. 자료가 등분산성을 만족한다든지, 또는 만족하지 않는다든지 하는 것이 무슨 의미인지 1장에서 살펴보았던 [그림 1.13]을 통해 재확인한다.

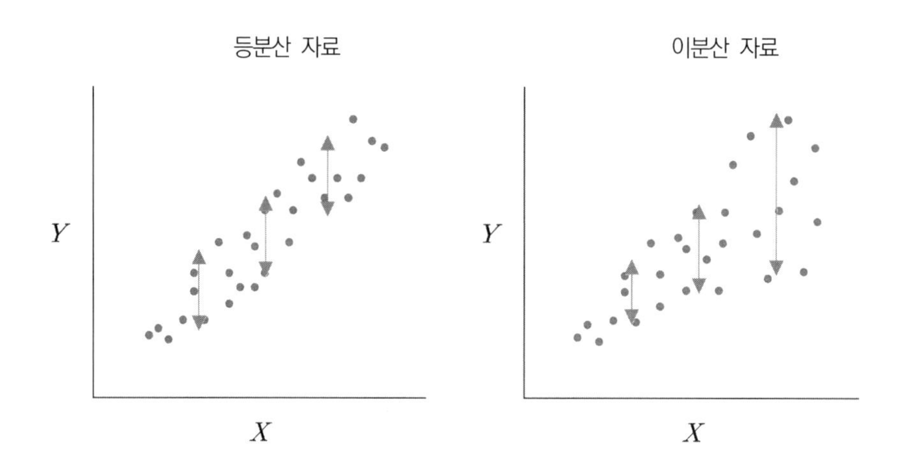

그림의 왼쪽은 등분산성을 만족하는 자료로서 주어진 X에 대하여 Y의 분산이 일정하게 유지되는 형태, 즉 상수임을 나타낸다. 반면에 그림의 오른쪽은 등분산성을 만족하지 못하는 자료로서 주어진 X에 대하여 Y의 분산이 일정하게 유지되지 못하는 형태, 즉 상수가 아님을 나타낸다. 이처럼 자료(또는 오차)가 등분산성을 만족하지 못하는 상태를 이분산성(heteroscedasticity)이라고 한다.

오차가 등분산성을 만족하지 못하는 상태에서 일반적인 OLS 회귀분석을 실시하면, 추정된 절편과 기울기에 편향은 존재하지 않지만(unbiased) 더 이상 효율적인 추정치가 아니게 된다(not efficient). 추정치가 효율적이라는 것은 최소분산을 갖는다는 것을 의미하는데, 만약 효율적이 아니게 되면 추정치들의 표준오차가 정확히 추정되지 않는다. 통계적인 측면뿐만 아니라 해석적인 측면에서도 모호함을 일으키는데, 등분산성이 만족되지 않으면 하나의 상관계수로 자료 전체를 대표하는 것이 적절하지 않게 된다. 위 그림의 오른쪽을 보면, X의 값이 작을 때는 자료가 가상의 회귀선을 중심으로 응집되어 있어 높은 상관이 예상되고, X의 값이 클 때는 자료가 회귀선으로부터 멀리 떨어져 있어서 낮은 상관이 예상된다. 예를 들어, 자료 전체적으로는 $r = 0.5$라고 하여도 X의 값이 작을 때는 $r = 0.7$이고 X의 값일 클 때는 $r = 0.3$이 될 수 있는 것이다. 이렇게 되면 X와 Y의 관계를 하나의 상관계수 또는 하나의 기울기로서 대표하는 것이 애매하게 되는 문제가 있다.

지금까지 X와 Y의 단순한 관계에서 자료의 등분산성이 오차의 등분산성과 동일한 것처럼 설명하였는데, 이는 단순회귀분석에서는 쉽게 적용되나 다중회귀분석에서는 그렇지 않다. 물론 둘은 밀접한 관련이 있지만, 어쨌든 회귀분석에서 우리가 가정하는 것은 자료의 등분산성이 아니라 오차의 등분산성이며 둘은 다른 개념이다. 단순회귀분석이든 다중회귀분석이든 오차의 등분산성은 잔차도표를 이용하여 확인할 수 있다. 이제 종속변수 Price에 대하여 독립변수 Horsepower, MPG.city, NonUSA를 이용하여 회귀분석을 실시하고 등분산성을 확인하고자 한다. 잔차도표를 출력하기 위해서는 회귀분석 과정에서 Save 옵션을 클릭하여 표준화 잔차와 표준화 예측값을 변수로 저장한 후에 Graphs 메뉴를 통하여 산포도를 그릴 수도 있고, Plots 옵션을 이용하여 곧바로 산포도를 지정하여 출력할 수도 있다. 아래는 후자를 이용하여 획득한 잔차도표이다.

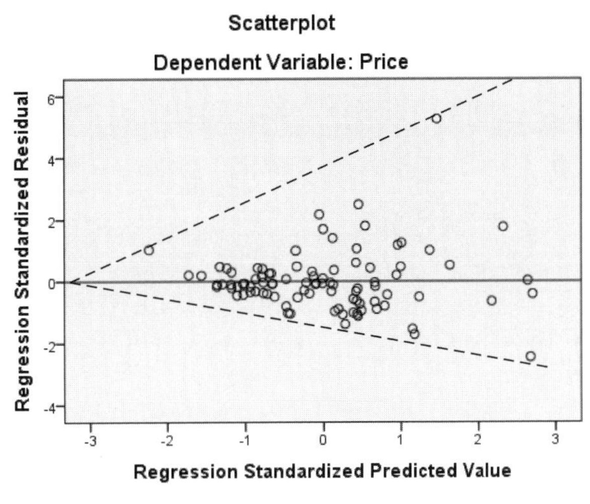

[그림 7.38] 표준화 예측값과 표준화 잔차

위의 그림에서 잔차가 중심선으로부터 멀리 떨어져 있다는 것은 해당 사례의 잔차가 정적으로든 부적으로든 큰 값이라는 것을 의미한다. X축을 따라서 잔차의 크기가 일정하게 유지되면 오차의 등분산성이 성립한다고 보는데, 그다지 잘 만족하고 있지는 못한 것으로 보인다. 이처럼 오차의 이분산성이 발생한 이유로는 적절한 형태의 회귀 관계를 찾지 못해서일 수 있고, 추가적인 독립변수가 필요한 상황일 수도 있으며, 몇 개의 사례가 극단치(outliers)일 수도 있다(Chatterjee & Price, 1991). 단순히 하나의 이유가 아닐 수 있으므로 이는 연구가 필요한 부분이라고 할 수 있다.

7.3.2. 가중최소제곱 추정

오차의 등분산성이 만족되지 않을 때, 오차의 분산을 안정화하는 목적으로 종속변수 Y를 변환하여 회귀분석을 실시하는 것이 하나의 해결책일 수 있다. Y를 새로운 변수로 변환하는 과정에서 선형 회귀분석이 아닌 비선형 회귀분석들, 예를 들어, 포아송(Poisson) 회귀분석, 이항(binomial) 회귀분석, 로지스틱 회귀분석 등의 일반화선형모형(generalized linear model)을 사용하게 될 수도 있다. 이 방법들을 설명하는 것은 전혀 본 책의 목적이 아니다. 여기서는 각 오차 e_i에 다른 가중치를 주어 모형을 추정하는 가중최소제곱(weighted least squares, WLS) 방법을 간략하게 소개하고자 한다.

이분산성이 발생했다는 것은 [그림 1.13]의 오른쪽처럼 주어진 $X=x$에서 Y의 분산, 즉 오차 e_i의 분산(변동성)이 다르다는 것을 의미한다. 모든 오차의 분산을 동일하게 맞춰 주는 교정을 하여 최소제곱 추정을 진행할 수 있는데, 이것이 바로 WLS 방법의 기본적인 아이디어이다. 종속변수 Y와 독립변수 X_1, X_2가 있다고 가정할 때, OLS는 오차의 제곱의 합인 $\sum e_i^2$을 최소화하는 $\hat{\beta}_0$, $\hat{\beta}_1$, $\hat{\beta}_2$을 구하는 방법이다. 오차 $e_i = Y_i - (\beta_0 + \beta_1 X_{1i} + \beta_2 X_{2i})$이므로 결국 아래의 식을 최소화한다.

$$\sum_{i=1}^{n} e_i^2 = \sum_{i=1}^{n} (Y_i - \beta_0 - \beta_1 X_{1i} - \beta_2 X_{2i})^2 \quad \text{[식 7.6]}$$

WLS는 각 오차의 제곱에 가중치 w_i를 곱해 주어 교정된 오차의 제곱의 합인 $\sum w_i e_i^2$을 최소화하는 $\hat{\beta}_0$, $\hat{\beta}_1$, $\hat{\beta}_2$을 구하는 방법이다. 따라서 WLS는 아래의 식을 최소화하게 된다.

$$\sum_{i=1}^{n} w_i e_i^2 = \sum_{i=1}^{n} w_i (Y_i - \beta_0 - \beta_1 X_{1i} - \beta_2 X_{2i})^2 \quad \text{[식 7.7]}$$

이때 만약 주어진 x에 대하여 오차의 분산이 크다면 작은 w_i값을 곱해 주고, 만약 주어진 x에 대하여 오차의 분산이 작다면 큰 w_i값을 곱해 주게 된다. 쉽게 말해, [그림 7.38]의 이분산성 상황에서 수평축인 $\hat{Y}_i$의 값(또는 X_i의 값)이 크면 오차의 분산이 크므로 오차제곱에 작은 w_i값을 곱해 주고, $\hat{Y}_i$의 값이 작으면 오차의 분산이 작으므로 오차제곱에 작은 w_i값을 곱해 준다. 이는 개념적으로 가중치가 오차분산의 역수 형태로 결정된다는 것을 의미한다

($w_i = 1/\sigma^2_{e_i}$). 이렇게 되면 X들(수평축)의 전 영역에서 오차의 크기가 안정화되고 일정해지는 효과를 갖게 된다.

WLS 추정을 실행하는 과정에서 어려운 점은 w_i를 어떻게 결정하느냐인데, 꽤 다양한 변형이 존재한다. 어떤 형태의 이분산성을 가졌는지에 따라서도 다른 방식이 사용되며, 사례간 독립성(independence)이 확보되었는지 아닌지에 따라서도 다른 방식의 교정이 사용된다. 모든 다양한 WLS의 변형을 설명하는 것은 본 책의 목적이 아니며, 여기서는 가장 기본적인 상황에서 사용할 수 있는 WLS 추정 방법을 설명한다. 일반적으로 w_i가 아래의 식처럼 주어진 x에 대하여 잔차분산의 역수로 결정될 때, 추정 과정에서 가장 작은 표준오차를 만들어 내는 것으로 알려져 있다(Cohen et al., 2015).

$$w_i = \frac{1}{\sigma^2_{Y-\hat{Y}|x}} \qquad \text{[식 7.8]}$$

위의 w_i는 주어진 x에 대한 오차분산 크기의 역수로 해석될 수 있으며, 연구자가 가지고 있는 표본과 OLS 추정을 통해서 결정된다. WLS 추정은 프로그램에 따라서 옵션 하나면 자동적으로 해결되기도 하지만, SPSS에서는 가능하지 않기 때문에 수동으로 가중치 w_i를 구해서 직접 입력해야 한다. 여기서는 잘 알려져 있는 Kutner, Nachtsheim, Neter와 Li(2005)의 방법을 이용하여 가중치를 계산하고, 이를 이용하여 SPSS에서 WLS 회귀분석을 실시하는 예제를 보인다. 이 방법은 여러 단계로 이루어져 있다.

Kutner 등(2005)의 방법을 설명하기 위하여 아래처럼 종속변수 Y와 독립변수 X_1, X_2의 상황을 가정한다.

$$Y_i = \beta_0 + \beta_1 X_{1i} + \beta_2 X_{2i} + e_i \qquad \text{[식 7.9]}$$

가장 먼저 1단계에서는 OLS 방법으로 위의 회귀분석을 추정하고 잔차 e_i를 저장한다. 2단계에서는 변수로 저장된 잔차 e_i를 제곱하여 오차분산 함수를 생성하기 위한 준비를 한다. 3단계에서는 제곱된 잔차를 종속변수로 하고, 원래의 독립변수들을 그대로 사용하여 아래의 회귀분석을 실시한다.

$$e_i^2 = \beta_0 + \beta_1 X_{1i} + \beta_2 X_{2i} + u_i \qquad \text{[식 7.10]}$$

위의 모형에서 예측값을 저장해야 하는데, 이 예측값은 주어진 x_1, x_2에서 오차제곱의 기대값을 가리킨다. 즉, 저장되는 값은 주어진 x_1, x_2에서 오차분산의 예측값을 의미한다. 4단계에서는 아래의 식처럼 오차분산의 예측값에 역수를 취하여 가중치로 저장한다.

$$w_i = \frac{1}{predicted\ values} \qquad \text{[식 7.11]}$$

이렇게 하면 [식 7.8]에 제공된 w_i의 의미와 매우 근접하는 가중치를 얻게 된다. 마지막 5단계에서는 생성된 w_i를 이용하여 WLS 회귀분석을 실시한다.[25]

Kutner 등(2005)은 분산함수를 이용하는 방법 외에 표준편차 함수를 이용하는 방법도 동시에 언급하였다. 1단계와 5단계는 동일하며, 2~4단계가 다음과 같이 다르다. 2단계에서는 잔차 e_i에 절대값을 씌워 오차의 표준편차 함수를 생성하기 위한 준비를 한다. 3단계에서는 잔차의 절대값을 종속변수로 하고, 원래의 독립변수들은 그대로 사용하여 아래의 회귀분석을 실시한다.

$$|e_i| = \beta_0 + \beta_1 X_{1i} + \beta_2 X_{2i} + u_i \qquad \text{[식 7.12]}$$

위의 모형에서 예측값을 저장해야 하는데, 이는 주어진 x_1, x_2에서 오차 표준편차의 기대값을 의미한다. 4단계에서는 아래의 식처럼 예측값의 제곱에 역수를 취하여 가중치로 저장한다.

$$w_i = \frac{1}{(predicted\ values)^2} \qquad \text{[식 7.13]}$$

---

25 가중치를 형성하는 과정에서 그냥 오차제곱의 역수를 취하지 않고, 오차제곱을 종속변수로 하여 다시 한번 회귀분석을 하고 그때의 예측값을 취하는 데에는 이유가 있다. [식 7.8]의 분모를 보면, 이는 주어진 x에 대한 Y의 분산이 아니라 주어진 x에 대한 오차의 분산임을 알 수 있다. [식 7.9]의 오차 e_i는 주어진 x에 대한 Y값을 의미하며, [식 7.9]를 통해 예측값을 한 번 더 구하는 과정을 거쳐야 [식 7.8]의 의미에 근접할 수 있게 된다.

이렇게 하면 역시 [식 7.8]에 제공된 w_i의 의미와 매우 근접하는 가중치를 얻게 된다. 분산의 함수를 사용하는 방법과 표준편차의 함수를 이용하는 방법이 조금 다른 결과를 줄 수도 있으나 대체적으로 흡사하다.

이제 SPSS를 이용하여 Price를 종속변수로 하고, Horsepower, MPG.city, NonUSA를 독립변수로 하는 WLS 회귀분석을 실시하는 방법을 보인다. Kutner 등의 방법 중 분산함수를 이용하는 방법을 설명한다. 표준편차 함수를 이용하는 방법은 매우 흡사하기 때문에 따로 예를 보이지는 않는다. 독자들이 직접 실행하여 결과를 비교해 보기 바란다.

가장 먼저, 1단계에서는 회귀분석을 실시하여 오차를 저장해야 한다. SPSS의 Analyze 메뉴로 들어가 Regression을 선택하고 Linear를 실행한다. 종속변수와 독립변수를 아래의 식과 같이 설정하고 Save 옵션으로 들어가서 Residuals 부분의 Unstandardized에 체크한다.

$$Price = \beta_0 + \beta_1 Horsepower + \beta_2 MPG.city + \beta_3 NonUSA + e$$

위에 설정한 대로 회귀분석을 실행하면 비표준화 잔차 $\hat{e}_i$이 아래와 같이 RES_1 변수로 저장된다.

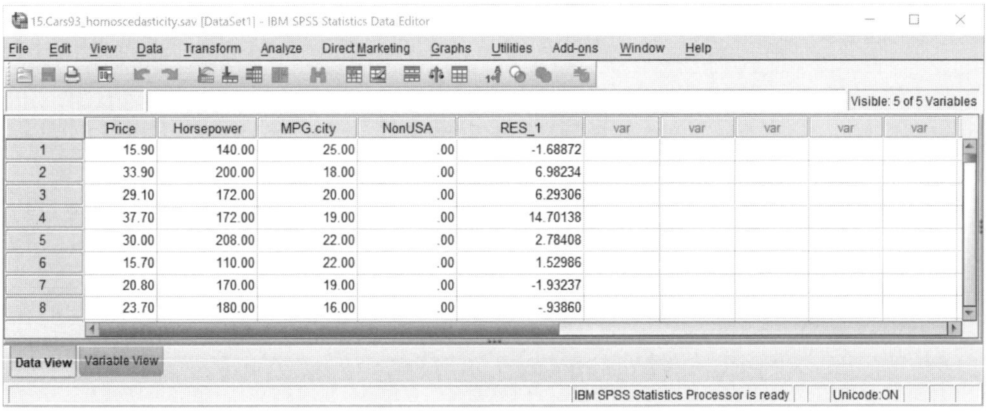

15.Cars93_homoscedasticity.sav [DataSet1] - IBM SPSS Statistics Data Editor

File Edit View Data Transform Analyze Direct Marketing Graphs Utilities Add-ons Window Help

Visible: 5 of 5 Variables

	Price	Horsepower	MPG.city	NonUSA	RES_1	var	var	var	var	var
1	15.90	140.00	25.00	.00	-1.68872					
2	33.90	200.00	18.00	.00	6.98234					
3	29.10	172.00	20.00	.00	6.29306					
4	37.70	172.00	19.00	.00	14.70138					
5	30.00	208.00	22.00	.00	2.78408					
6	15.70	110.00	22.00	.00	1.52986					
7	20.80	170.00	19.00	.00	-1.93237					
8	23.70	180.00	16.00	.00	-.93860					

Data View Variable View

IBM SPSS Statistics Processor is ready Unicode:ON

[그림 7.39] $\hat{e}$의 저장

2단계에서는 Transform 메뉴로 들어가 Compute Variable을 실행하여 [그림 7.40]과 같이 앞에서 저장된 RES_1을 제곱하여 Error2를 생성한다. Error2는 잔차의 제곱, $\hat{e}_i^2$을 의미한다. 이제 [그림 7.41]와 같이 오차제곱 변수가 생성된 것을 확인할 수 있다. 참고로 SPSS에서 **의 의미는 지수(exponentiation)이다. 즉, $e^{**}2$는 e^2을 의미한다.

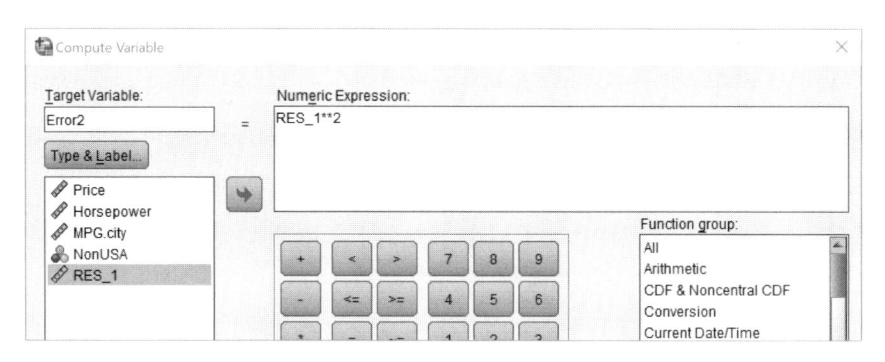

[그림 7.40] $\hat{e}^2$의 계산

15.Cars93_homoscedasticity.sav [DataSet1] - IBM SPSS Statistics Data Editor

File Edit View Data Transform Analyze Direct Marketing Graphs Utilities Add-ons Window Help

Visible: 6 of 6 Variables

	Price	Horsepower	MPG.city	NonUSA	RES_1	Error2	var	var	var	var
1	15.90	140.00	25.00	.00	-1.68872	2.85				
2	33.90	200.00	18.00	.00	6.98234	48.75				
3	29.10	172.00	20.00	.00	6.29306	39.60				
4	37.70	172.00	19.00	.00	14.70138	216.13				
5	30.00	208.00	22.00	.00	2.78408	7.75				
6	15.70	110.00	22.00	.00	1.52986	2.34				
7	20.80	170.00	19.00	.00	-1.93237	3.73				
8	23.70	180.00	16.00	.00	-.93860	.88				

Data View Variable View

IBM SPSS Statistics Processor is ready Unicode:ON

[그림 7.41] $\hat{e}^2$의 생성

3단계에서는 앞선 단계에서 생성된 오차제곱항 Error2를 이용하여 아래와 같은 회귀분석을 실시한다.

$$Error2 = \beta_0 + \beta_1 Horsepower + \beta_2 MPG.city + \beta_3 NonUSA + u$$

위의 회귀모형을 추정하는 과정에서 Save 옵션으로 들어가 Predicted Values의 Unstandardized에 체크하여 예측값을 저장하면, [그림 7.42]와 같이 예측값 PRE_1이 생성된다.

15.Cars93_homoscedasticity.sav [DataSet1] - IBM SPSS Statistics Data Editor

File Edit View Data Transform Analyze Direct Marketing Graphs Utilities Add-ons Window Help

Visible: 7 of 7 Variables

	Price	Horsepower	MPG.city	NonUSA	RES_1	Error2	PRE_1	var	var
1	15.90	140.00	25.00	.00	-1.68872	2.85	24.14157		
2	33.90	200.00	18.00	.00	6.98234	48.75	55.82431		
3	29.10	172.00	20.00	.00	6.29306	39.60	39.10371		
4	37.70	172.00	19.00	.00	14.70138	216.13	37.57582		
5	30.00	208.00	22.00	.00	2.78408	7.75	67.58626		
6	15.70	110.00	22.00	.00	1.52986	2.34	-1.63107		
7	20.80	170.00	19.00	.00	-1.93237	3.73	36.16322		
8	23.70	180.00	16.00	.00	-.93860	.88	38.64255		

Data View Variable View

IBM SPSS Statistics Processor is ready Unicode:ON

[그림 7.42] 오차분산의 예측값 생성

4단계에서는 [그림 7.43]처럼 앞서 생성된 예측값에 역수를 취하여 가중치 변수를 생성한다. 최종적으로 생성된 WLS의 가중치 weight는 [그림 7.44]와 같다.

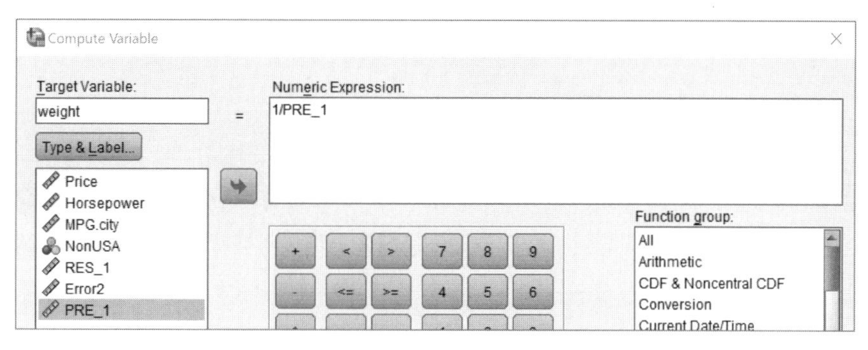

[그림 7.43] 가중치 w의 계산

15.Cars93_homoscedasticity.sav [DataSet1] - IBM SPSS Statistics Data Editor

File Edit View Data Transform Analyze Direct Marketing Graphs Utilities Add-ons Window Help

Visible: 8 of 8 Variables

	Price	Horsepower	MPG.city	NonUSA	RES_1	Error2	PRE_1	weight	var
1	15.90	140.00	25.00	.00	-1.68872	2.85	24.14157	.04	
2	33.90	200.00	18.00	.00	6.98234	48.75	55.82431	.02	
3	29.10	172.00	20.00	.00	6.29306	39.60	39.10371	.03	
4	37.70	172.00	19.00	.00	14.70138	216.13	37.57582	.03	
5	30.00	208.00	22.00	.00	2.78408	7.75	67.58626	.01	
6	15.70	110.00	22.00	.00	1.52986	2.34	-1.63107	-.61	
7	20.80	170.00	19.00	.00	-1.93237	3.73	36.16322	.03	
8	23.70	180.00	16.00	.00	-.93860	.88	38.64255	.03	

Data View Variable View

IBM SPSS Statistics Processor is ready Unicode:ON

[그림 7.44] 가중치 w의 생성

이제 가중치 weight를 이용하여 WLS 회귀분석을 아래와 같이 실행한다. Price를 종속변수로 하고, Horsepower, MPG.city, NonUSA를 독립변수로 하며, WLS Weight 부분에 가중치 변수인 weight를 옮긴 다음 회귀분석을 실행한다.

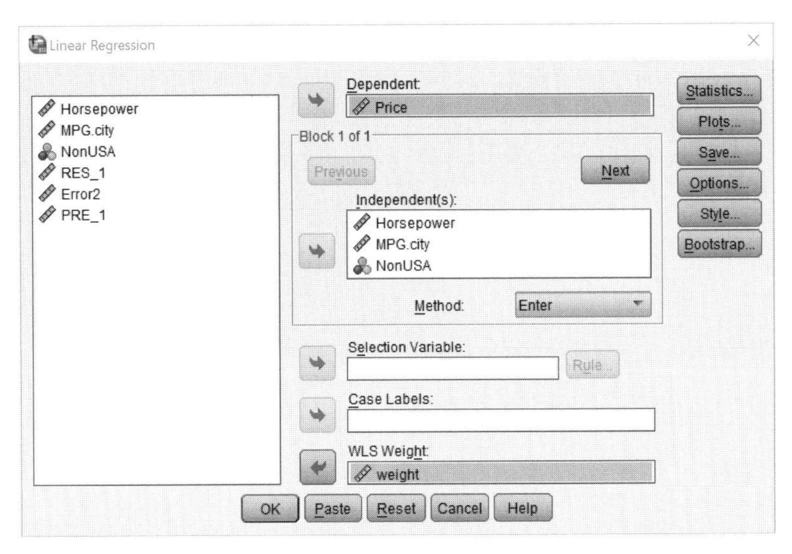

[그림 7.45] WLS 회귀분석 실행

OK를 눌러 위의 회귀분석을 실행하기 전에 Save 옵션을 클릭하여 잔차와 예측값을 저장한다. 이는 가중치 변수를 만들어서 WLS 회귀분석을 실시한 것이 OLS 회귀분석을 실시했을 때에 비해 더 나은 등분산성을 보여 주는지 확인하기 위함이다. SPSS에서 WLS 회귀분석을 하면 표준화 잔차를 제공하지 않기 때문에 오차의 등분산성을 확인하기 위해 스튜던트화 잔차(studentized residual)를 요구해야 한다. 스튜던트화 잔차란 잔차를 표본의 표준편차로 나누어 계산한 값으로서 변수의 표준화와 개념적으로 일치한다고 보아도 무방하다. 이를 저장하기 위해서는 아래와 같이 Residuals의 Studentized에 체크한다.

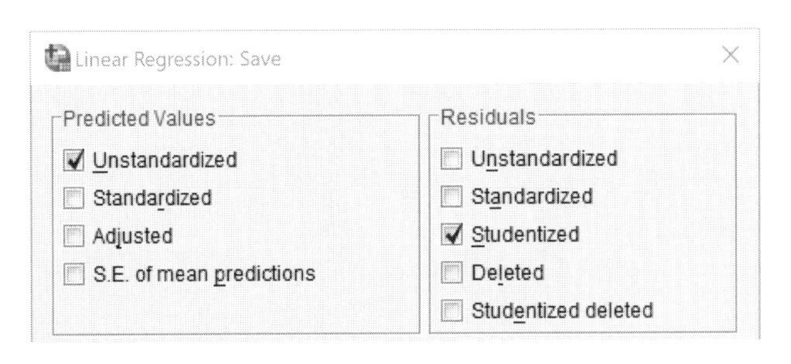

[그림 7.46] 스튜던트화 잔차 저장

WLS 회귀분석의 결과를 보여 줌에 있어 OLS 회귀분석 결과와 비교하기 위해 두 가지를 함께 제공한다. [그림 7.47]과 [그림 7.48]에서 위쪽이 OLS 결과이고, 아래쪽이 WLS 결과이다.

Model Summary

Model	R	R Square	Adjusted R Square	Std. Error of the Estimate
1	.799[a]	.638	.626	5.90677

a. Predictors: (Constant), NonUSA, MPG.city, Horsepower

Model Summary[b,c]

Model	R	R Square	Adjusted R Square	Std. Error of the Estimate
1	.820[a]	.673	.659	.92943

a. Predictors: (Constant), NonUSA, MPG.city, Horsepower

b. Dependent Variable: Price

c. Weighted Least Squares Regression - Weighted by weight

[그림 7.47] OLS 모형 요약 vs. WLS 모형 요약

OLS 회귀분석의 $R^2 = 0.638$이었고, WLS 회귀분석의 $R^2 = 0.673$으로서 설명력에서 약간의 차이를 보였다. [그림 7.38]에 보이는 잔차의 이분산성을 WLS 추정 방법을 이용해 해결함으로써 설명력이 증가한 것이다. 다음은 각 추정 방법의 개별모수 추정치이다.

Coefficients[a]

Model		Unstandardized Coefficients		Standardized Coefficients	t	Sig.
		B	Std. Error	Beta		
1	(Constant)	3.744	5.262		.711	.479
	Horsepower	.133	.016	.722	8.339	.000
	MPG.city	-.192	.148	-.112	-1.293	.199
	NonUSA	1.873	1.232	.097	1.521	.132

a. Dependent Variable: Price

Coefficients[a,b]

Model		Unstandardized Coefficients		Standardized Coefficients	t	Sig.
		B	Std. Error	Beta		
1	(Constant)	.418	4.975		.084	.933
	Horsepower	.149	.018	.774	8.139	.000
	MPG.city	-.188	.131	-.132	-1.435	.155
	NonUSA	2.966	.995	.211	2.982	.004

a. Dependent Variable: Price

b. Weighted Least Squares Regression - Weighted by weight

[그림 7.48] OLS 추정치 vs. WLS 추정치

Horsepower 및 MPG.city의 추정치나 통계적 유의성은 크게 바뀌지 않았는데, NonUSA의 추정치 및 통계적 유의성이 크게 변하였다. OLS 회귀분석에서는 생산지가 유의한 변수가 아니었으나 WLS 회귀분석에서는 유의하였다. 잔차의 이분산성을 해결하는 추정 방법을 사용함으로써 가장 크게 변한 것이라 하겠다. 그렇다면 Kutner 등(2005)의 WLS 방법을 사용함으로써 정말로 이분산성이 해결된 것일까? 분석의 설정 시에 저장했던 스튜던트화 잔차를 살펴보도록 하자.

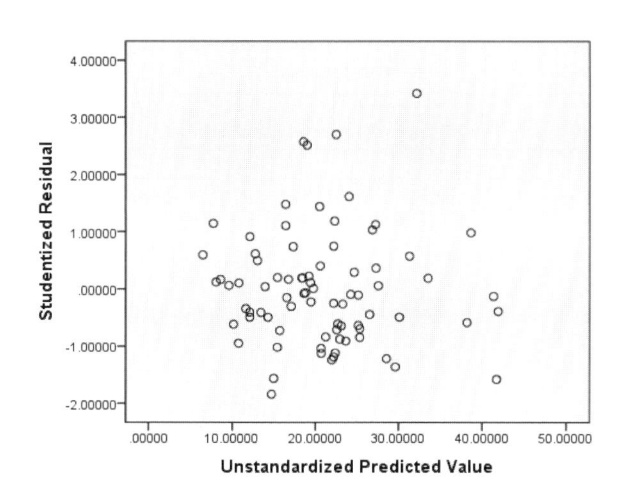

[그림 7.49] WLS 회귀분석의 스튜던트화 잔차도표

위의 그림은 [그림 7.38]의 OLS 회귀분석의 잔차도표와 비교해야 한다. OLS 잔차도표에서 x축의 예측값이 커짐에 따라 잔차의 분산이 계속 증가했던 것에 비해서 WLS 잔차도표에서는 x축의 값에 상관없이 잔차의 분산이 거의 일정한 것을 확인할 수 있다. 잔차의 이분산성을 해결하기 위해 WLS 추정을 사용했던 것이 정말로 문제를 해결했으며, 그 결과 모형의 설명력도 좋아졌고, 독립변수도 유의해진 것이다.

7.4. 독립성

회귀분석에서 다룰 마지막 가정은 오차의 독립성(independence of errors)이며, 독립성이란 통계학에서 관계가 없다는 것을 의미한다. 즉, 오차의 독립성이란 오차 간에 상관관계가 없어야 한다는 가정이다. 회귀분석을 실시할 때 어떤 특정한 이유로 오차의 독립성을 의심해야 하는 상황이 아니라면 독립성은 크게 걱정할 필요가 없다. 일반적으로는 시간에 따라 관찰되는 자료, 즉 시계열 자료(time-series data)에서 오차 간 독립성이 훼손되는 경우가 자주 발생한다. 시간이 개입되어 있는 자료에서 이전 시점의 오차 값이 양수인데(사례가 회귀선의 위쪽에 있다는 의미) 다음 시점에서도 양수로 나타난다거나, 이전 시점의 오차 값이 음수인데(사례가 회귀선의 아래쪽에 있다는 의미) 다음 시점에서도 음수로 나타나는 패턴이 발생한다면 오차 간에 상관이 존재하는 것이다. 예를 들어, 월간 수출량(X)을 통해서 주가지수(Y)를 예측한다고 가정하자. 가상의 수집된 자료는 아래와 같다.

16 Correlated errors.sav [DataSet2] - IBM SPSS Statistics Data Editor

	Month	Export	KOSPI
1	1	823	2001
2	2	814	1980
3	3	793	1920
4	4	790	1920
5	5	768	1839
6	6	807	1920
7	7	834	2001

[그림 7.50] 월간 수출량과 주가지수 자료

Month는 자료가 수집된 20개월을 1부터 20까지 나열한 일종의 관찰치 순서 변수이고, Export는 월간 수출량(단위: 100억), KOSPI(Korea composite stock price index)는 주가지수이다. 수출량과 주가지수를 관찰하여 산포하고 회귀선을 추정하였더니 아래와 같았다.

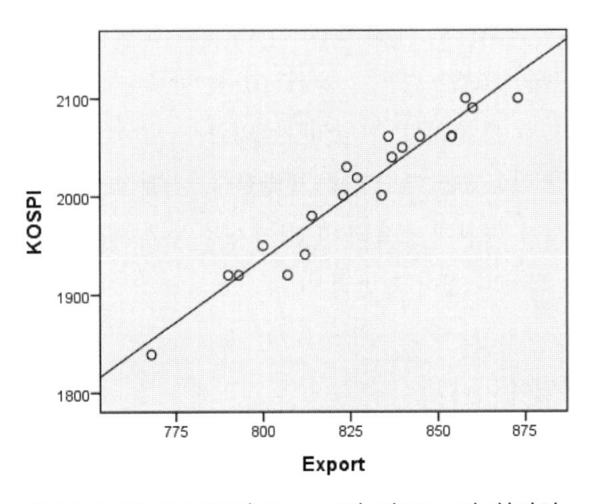

[그림 7.51] KOSPI와 Export의 산포도 및 회귀선

산포도와 회귀선만으로는 오차의 독립성이 확보되었는지 아닌지 판단하기가 쉽지 않다. 잔차의 독립성을 판단하기 위해서는 수평축을 관찰치의 순서(여기서는 Month)로 하고, 수직축을 잔차로 하여 산포도를 그려야 한다. 먼저 KOSPI를 종속변수로 하고 Export를 독립변수로 하여 회귀분석을 실시하면서 비표준화 또는 표준화 잔차를 저장한다. 패턴을 확인하기 위한 것이므로 무엇으로 해도 상관은 없다. 다음으로 Graphs 메뉴로 들어가 아래처럼 표준화 잔차를 이용한 잔차도표를 출력한다.

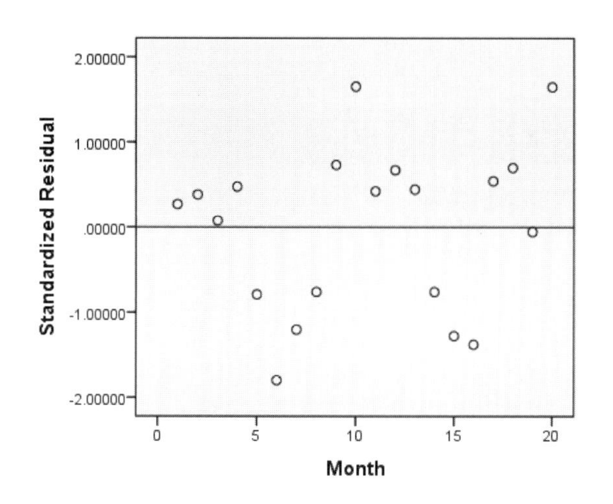

[그림 7.52] 관찰치 순서(Month)와 표준화 잔차의 산포도

이처럼 x축이 관찰치 순서이고, 이에 따른 잔차 또는 어떤 통계치의 도표를 index plot이라고 하기도 하는데, 국내에서 이를 번역하여 사용하는 경우는 드물다. 잔차 간에 상관이 있게 되면, 위의 그림처럼 양의 잔차가 연이어 나타나거나 음의 잔차가 연이어 나타나게 된다. 이는 전달의 주가지수가 높았다면 다음 달의 주가지수도 높았고, 전달의 주가지수가 낮았다면 다음 달의 주가지수도 낮았던 것으로 볼 수 있다. 바로 [그림 7.52]가 오차의 독립성이 깨졌을 때의 전형적인 index plot 패턴이다. 이런 독립성 위반 패턴은 위계적인 자료(hierarchical data)를 사용했을 때도 자주 발생한다. 위계적인 자료란 학생이 학교에 소속되어 있는 자료, 간호사가 병원에 소속되어 있는 자료 등을 의미하며, 다층모형(multilevel model)을 이용하여 분석하는 것이 일반적이다.

이렇게 오차 간에 독립이 아니면서 상관관계를 가지게 되면 등분산성이 깨졌을 때 발생하는 상황과 유사한 문제가 발생한다. 회귀계수 추정치에 편향이 발생하지는 않지만(unbiased) 더 이상 효율적이 아니게 된다(not efficient). 또한, 독립성 가정하에 추정되는 신뢰구간이 정확하지 않게 되고, 검정 결과 또한 신뢰할 수 없게 된다. 양의 잔차가 연속되는 경우에는 추정치의 표준오차가 과소추정되어 모수 검정에 거짓 유의성(false positive)[26] 문제를 가져오기도 한다.

이와 같은 오차 간 독립성을 확인하기 위해서 설명한 대로 잔차도표를 이용할 수도 있지만, Durbin-Watson 통계량이라는 것을 이용하여 확인하는 방법도 있다. Durbin-Watson 통계량은 회귀분석에서 연속된 잔차에 자기상관(autocorrelation)이 존재하는지 확인하는 방법으로서 자기상관이란 앞에서 설명했던 이전 시점 오차와 다음 시점 오차 간의 상관을 의미한다. Durbin-Watson 통계량 DW는 아래와 같다.

$$DW = \frac{\sum_{t=2}^{T}(e_t - e_{t-1})^2}{\sum_{t=1}^{T} e_t^2}$$

위에서 t는 사례의 시점(즉, 순서), T는 총 사례의 개수를 의미한다. DW는 잔차를 이용하여 계산되는 통계치이므로 $\hat{e}_i$을 이용하는 것이 더 정확하다고 할 수 있는데, 식의 간편성을 위해 ^은 생략하였다.

Durbin-Watson 통계량은 $0 \sim 4$ 사이에서 움직이며, $DW = 2$는 자기상관이 전혀 없다는 것을 의미하고, $0 < DW < 2$는 정적 자기상관(positive autocorrelation)이 있다는 것을 의미하며, $2 < DW < 4$는 부적 자기상관(negative autocorrelation)이 있다는 것을 의미한다. 일반적으로 $DW < 1$이거나 $DW > 3$이면 잔차 간 자기상관이 있다고 결론 내린다. 또한, Durbin-Watson 통계량을 이용하면 잔차 간에 자기상관이 없다는 $H_0 : No\ autocorrelation$ 가설에 대한 검정도 진행할 수 있는데, 이 검정은 잘 사용하지 않으므로 생략한다.

Cars93 자료를 이용하여 회귀분석을 실시하고 오차의 독립성을 확인하는 과정을 설명하기 위해 등분산성을 확인할 때 사용했던 회귀분석을 다시 실행한다. 즉, Price를 종속변수로

---

26 거짓 유의성, 거짓 양성 등으로 번역되는 false positive는 검정 결과가 통계적으로 유의하지 않아야 하는데, 무언가의 잘못으로 인해(예를 들어, 표준오차의 과소추정) 유의한 결과가 나오는 상황을 말한다. 제1종오류가 증가하는 문제를 야기한다.

하고 Horsepower, MPG.city, NonUSA를 독립변수로 하여 회귀분석을 실시하고, x축을 관찰치의 순서 변수로 하여 잔차도표를 출력하며, Durbin-Watson 통계량을 확인한다. 독립성을 확인하기 위한 잔차도표를 출력하기 위해 Save 옵션으로 들어가 Residuals에서 Standardized에 체크해야 하며, Cars93 자료 세트에 1부터 93까지의 숫자로 이루어진 순서 변수(id 변수)도 하나 만들어야 한다. 그리고 Durbin-Watson 통계량을 출력하기 위해서 Statistics 옵션으로 들어가 아래의 그림처럼 Residuals 부분의 Durbin-Watson에 체크한다.

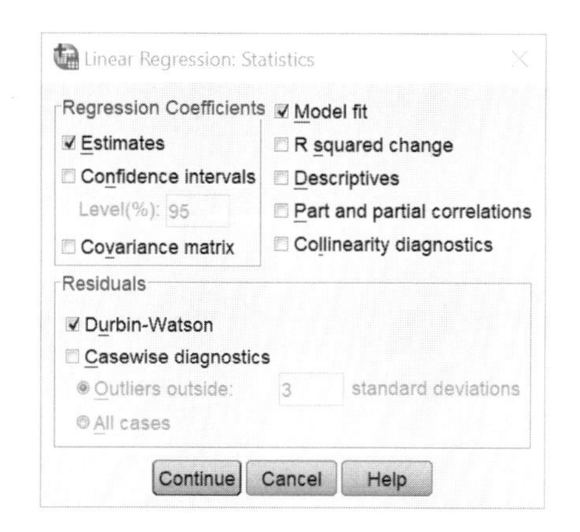

[그림 7.53] Durbin-Watson 통계량 출력

먼저 x축을 앞에서 만들어 놓은 순서 변수(id)로 하고 y축을 저장한 표준화 잔차로 하여 산포도를 출력하면 아래와 같다.

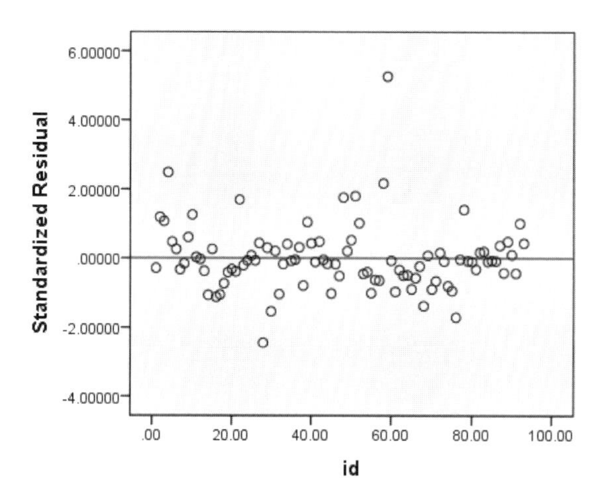

[그림 7.54] Cars93 자료의 관찰치 순서와 표준화 잔차의 산포도

위의 그림으로부터 앞에서 보았던 독립성이 위배되는 패턴 같은 것은 찾을 수 없다. 이제 Durbin-Watson 통계량을 확인해 보도록 한다. Durbin-Watson 통계량은 아래처럼 회귀분석의 결과 요약표에서 가장 오른쪽에 제공된다. 결과로부터 $DW = 1.516$으로서 1보다 작거나 3보다 크지 않으므로 자료에 독립성이 위배되는 어떤 증거도 보이지 않는 것으로 결론내릴 수 있다.

Model Summary[b]

Model	R	R Square	Adjusted R Square	Std. Error of the Estimate	Durbin-Watson
1	.799[a]	.638	.626	5.90677	1.516

a. Predictors: (Constant), NonUSA, MPG.city, Horsepower

b. Dependent Variable: Price

[그림 7.55] Durbin-Watson 통계량

위의 예제에서는 오차의 독립성에 문제가 발생하지 않았지만, 만약 문제가 발생한다면 그에 따른 해결책들이 제안되어 있다. 예를 들어, 시계열 자료에서 생긴 독립성의 문제는 종속변수인 Y를 변환함으로써 해결할 수가 있고(Chatterjee & Price[1991] p.156 또는 Cohen et al.[2015] p.149 참조), 위계적 자료에서 생긴 독립성의 문제는 다층모형을 이용함으로써 해결한다.

제8장 극단치의 판별

회귀분석에서 이상값 또는 극단치(outlier)란 대부분의 나머지 자료들과 어울리지 못하는, 즉 대부분의 사례들이 취하고 있는 값에서 멀리 떨어져 있는 값을 가리킨다. 연구자의 자료 세트 안에 극단치가 생기는 이유는 매우 다양할 수 있는데, 자료의 입력 과정에 문제가 생겼을 수도 있고, 실제로 잘 일어날 수 없는 매우 드문 사례일 수도 있다. 어떤 이유든지 간에 극단치는 변수의 관계를 왜곡하여 회귀계수 및 표준오차의 추정에 안 좋은 영향을 주고, 모형의 설명력인 R^2을 잘못 추정하게 만든다. 독립변수의 개수가 적거나 극단치가 선명한 경우에는 다양한 그림들을 통해서 상대적으로 쉽게 극단치를 판별할 수 있으나 독립변수의 개수가 늘어나고 모형이 복잡해지면 여러 통계적인 방법들의 도움을 받을 수 있다. 이번 장에서는 그림이나 통계적인 방법들을 이용하여 극단치를 판별하는 과정을 소개한다.

극단치를 판별하는 여러 그림과 통계적 방법들이 제안되었고, 연구자에 따라 그 방법들을 몇 가지 종류로 나누곤 한다. 본 책에서는 먼저 잔차를 통하여 극단치를 판단하는 방법을 설명하고, 이후 Cohen 등(2015)의 제안에 따라 1) 독립변수 X들을 이용하여 극단치를 결정하는 레버리지 또는 지렛값(leverage), 2) Y값과 $\hat{Y}$값의 차이를 이용해서 극단치를 결정하는 불일치(discrepancy 또는 distance), 3) 사례 하나가 제거된다면 회귀분석의 결과가 어떻게 변할지를 이용하는 영향력(influence)에 대하여 소개한다. 극단치를 찾는다는 것은 이례적인 하나 또는 여러 개의 사례를 찾는다는 것이므로 기본적으로 위의 방법들은 각 사례에 대하여 하나의 통계치를 생성하는 구조이고, 이를 통해 극단치를 결정한다. 극단치를 결정하는 과정에서 다양한 통계치들이 항상 동일한 결과를 가리키는 것은 아니며 얼마든지 다른 결과로 이끌 수 있다. 여러 통계치와 그림을 참조하여 최종적으로 극단치를 결정하는 것은 순전히 연구자의 몫이다. 만약 연구자가 어떤 사례를 극단치로 결정하였다면 그 사례는 제거하고 분석을 진행하게 된다.

8.1. 극단치와 잔차

극단치를 판별할 때 가장 쉽게 이용할 수 있는 것은 그림이다. 그중에서도 극단치 판별을 위해 기본적으로 사용하는 것은 산포도라고 할 수 있다. 산포도를 통하여 대다수의 사례들로부터 멀리 떨어져 있는 점, 즉 극단치를 눈으로 찾아내는 것이다. 그런데 단순회귀분석이라면 X와 Y의 관계를 이차원 평면상에서 보며 비교적 쉽게 극단치를 찾아낼 수 있겠지만, 다중회귀분석의 경우에는 변수의 다차원적인 산포도를 보는 것이 쉽지 않다. 이런 경우 행렬산포도(matrix plot)를 이용하여 여러 개의 이차원 산포도를 동시에 확인할 수 있다. Price를 종속변수로 하고 Horsepower, MPG.city, NonUSA를 독립변수로 하여 회귀분석을 실시한다고 가정해 보자. 네 개의 변수 간 산포도를 확인하고자 하면, SPSS의 Graphs 메뉴로 들어가 Legacy Dialogs를 선택하고, Scatter/Dot을 실행하면 [그림 1.3]처럼 산포도의 종류를 선택할 수 있는 화면이 나타난다. 이중 Matrix Scatter를 실행하면 Scatterplot Matrix라는 화면이 열린다. 거기서 네 개의 변수를 Matrix Variables로 옮기고 OK를 눌러 실행하면 다음과 같은 행렬산포도가 출력된다.

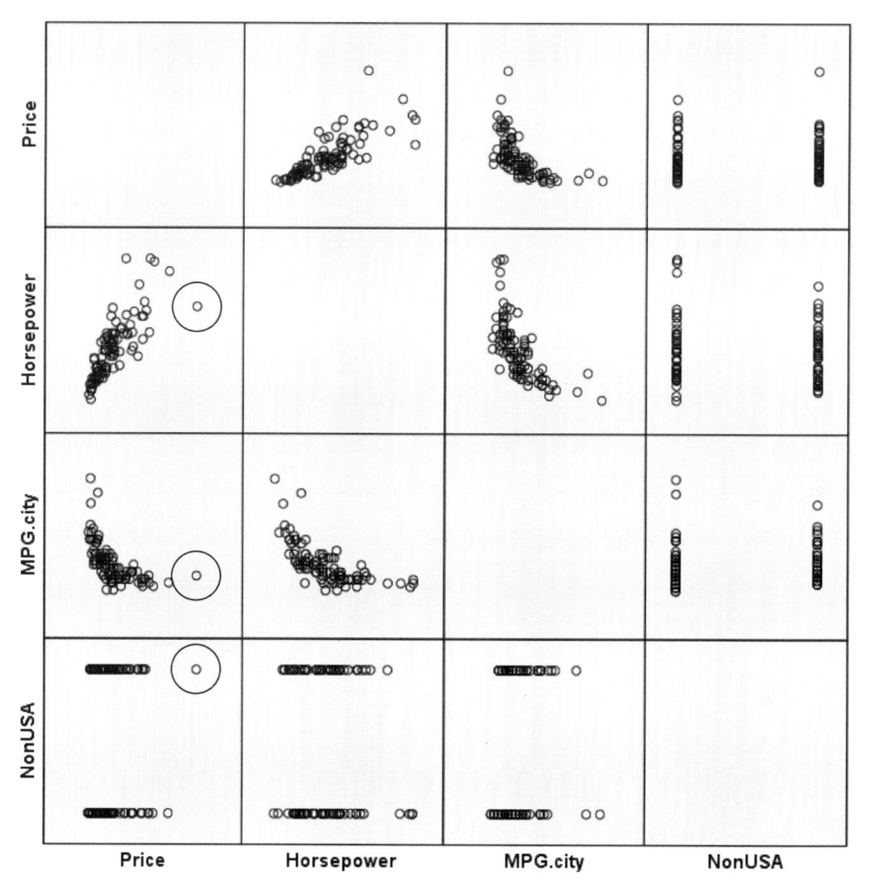

[그림 8.1] Price, Horsepower, MPG.city, NonUSA의 행렬산포도

위의 행렬산포도는 네 변수 사이의 모든 이차원 평면 산포도를 보여 주고 있다. 한 번에 4차원 산포도를 통해 극단치를 찾아내면 가장 좋겠지만, 인간에게 그것은 가능한 것이 아니므로 대안으로서 위 그림처럼 여러 개의 이차원 산포도를 통해 극단치를 찾는 것이다. 그리고 대각의 빈칸들을 중심으로 해서 위쪽과 아래쪽은 동일한 산포도를 다른 각도로 보여 준 것뿐이므로 한쪽만 확인하면 된다. 필자는 아래쪽 여섯 개의 산포도를 확인하였고, 대다수의 점들로부터 매우 선명하게 떨어져 있는 점은 찾지 못하였다. 다만 많은 점들로부터 꽤 거리가 있는 사례 하나(원으로 표시)를 파악하였다. 절대적으로 이 사례가 극단치라는 것보다는 극단치의 가능성이 있는 정도로 판단할 수 있다.

산포도를 통해 극단치를 찾는 것도 아주 자연스러운 자료 분석의 절차이지만, 극단치 판별을 위해 가장 많이 사용하는 그림은 표준화 잔차도표이다. Cars93 자료를 이용하여 회귀분석을 실시하고 표준화 잔차로 극단치를 판별해 보도록 하자. Price를 종속변수로 하고 Horsepower, MPG.city, NonUSA를 독립변수로 하여 회귀분석을 실시한다. 이때 Plots 옵션을 이용하여 Y는 ZRESID(표준화 잔차), X는 ZPRED(표준화 예측값)로 설정하여 표준화 잔차도표를 출력한다. 또는 Save 옵션의 Predicted Values와 Residuals에서 Standardized에 체크하여 표준화 예측값과 표준화 잔차를 자료에 저장하고, Graphs 메뉴에서 동일한 도표를 출력할 수도 있다. 앞에서 여러 번 했던 작업이니 자세한 설명은 생략한다.

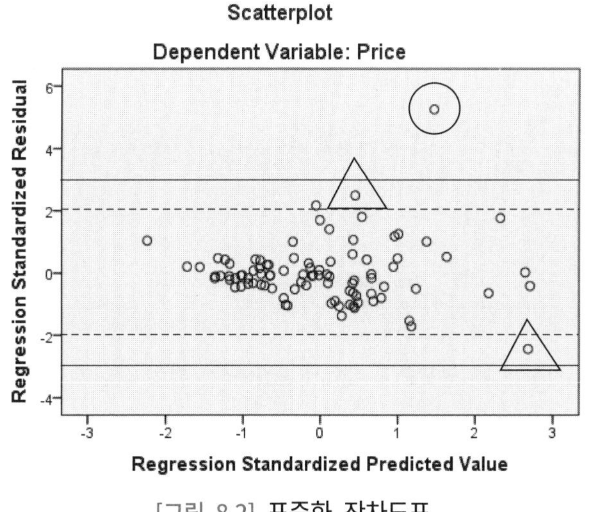

[그림 8.2] **표준화 잔차도표**

표준화 잔차도표를 이용하여 오차의 평균 0으로부터 멀리 떨어져 있는 사례를 극단치로 판별한다. 0으로부터 멀리 떨어져 있다는 것은 해당 사례가 대부분의 사례들이 몰려 있는 회귀선으로부터 멀리 떨어져 있다는 의미이므로 극단치로 판별하는 것이 자연스럽다. 잔차도표에서 연구자의 눈으로 직접 극단치를 판별하기도 하지만, 표준화된 잔차의 크기를 이용해서 판단하기도 한다. 일반적으로 표준화된 잔차가 ±2 또는 ±3 밖으로 나가는 관찰치를 극단치로 판별하게 된다. 위의 그림에서 보면 대쉬선(dashed line)이 ±2를 나타내 주며, 실선이 ±3을 나타내 주고 있다. ±2를 기준으로 사용한다면 3개 정도의 극단치가 있고, ±3을 기준으로 한다면 1개의 극단치가 있다. 어떤 기준을 사용할지는 연구자가 결정할 문제인데, 필자의 경험으로 대부분의 연구자들은 ±2보다는 ±3을 더 많이 사용하는 것 같다.

이제 그림을 통해 판별한 극단치가 실제로 어떤 사례를 가리키는지 찾아야 하는데, 두 가지 방법이 있다. 첫 번째는 SPSS의 Output에서 그림을 더블클릭하여 들어가 아래에 보이는 Chart Editor를 이용하는 방법이다.

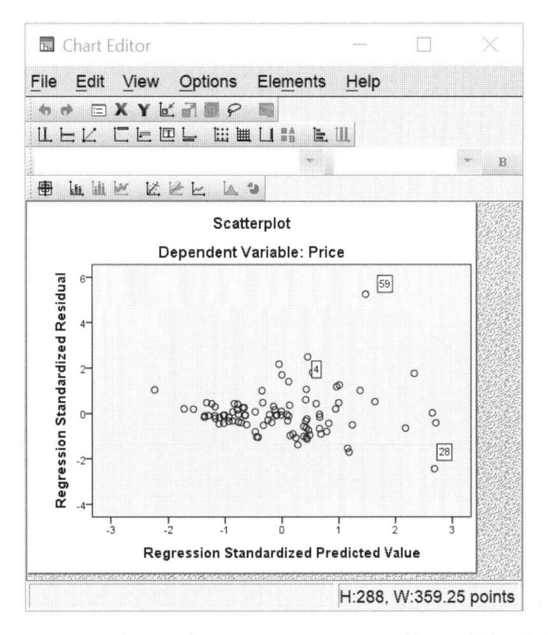

[그림 8.3] 산포도의 Chart Editor를 통한 극단치 판별

Chart Editor가 열리고 왼쪽 위에 과녁(target) 모양으로 생긴 파란색 아이콘을 누르면 마우스 커서가 과녁 모양으로 바뀌게 된다. 그 상태에서 그림 속의 점을 클릭하게 되면 위의 그림처럼 사례의 번호가 나타난다. 참고로 생각보다 클릭이 잘 안 되니 여러 번 시도해야 할 것이다. 어쨌든 이렇게 극단치로 판별된 자동차는 59번이다. 추가적으로 28번 및 4번도 극

단치로 판별할 수 있다. 59번은 Cars93 자료 세트에서 확인해 보면, Mercedes-Benz의 300E 모델이고, 28번은 Dodge의 Stealth 모델이며, 4번은 Audi의 Compact 모델이다. 가격, 마력, 시내주행연비, 생산지 등을 확인해 보면, 59번과 28번은 확연히 극단치라고 판별할 수 있을 정도로 값들이 독특하며, 4번도 극단치 후보 정도는 된다. 300E는 217마력의 중간 정도 파워를 가지고 있지만 가격은 61,900달러로 전체 차종 중 가장 비싸며, Stealth는 비교적 비싸지 않은 25,800달러 정도에 파워는 300마력으로서 가장 높다.

그림을 통해서 극단치를 찾아낼 수도 있지만, 저장한 표준화 잔차 변수를 이용하여 찾아낼 수도 있다. 아래에는 Save 옵션을 통해 저장한 표준화 잔차(ZRE_1) 변수가 제공된다.

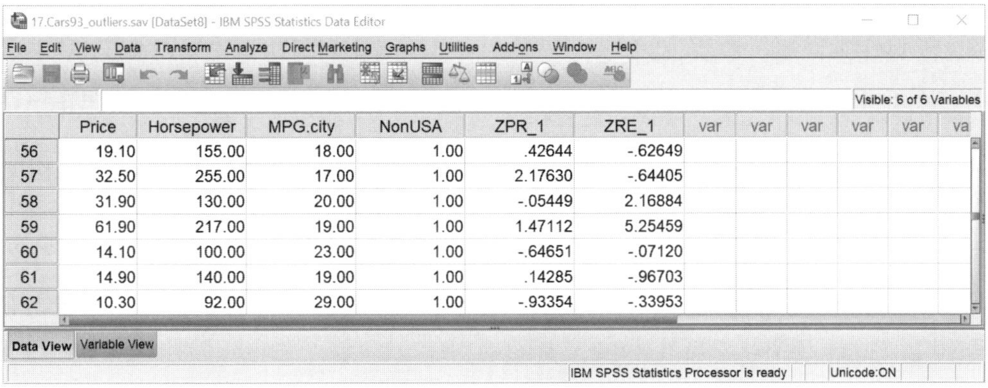

17.Cars93_outliers.sav [DataSet8] - IBM SPSS Statistics Data Editor

File Edit View Data Transform Analyze Direct Marketing Graphs Utilities Add-ons Window Help

Visible: 6 of 6 Variables

	Price	Horsepower	MPG.city	NonUSA	ZPR_1	ZRE_1	var	var	var	var	var	va
56	19.10	155.00	18.00	1.00	.42644	-.62649						
57	32.50	255.00	17.00	1.00	2.17630	-.64405						
58	31.90	130.00	20.00	1.00	-.05449	2.16884						
59	61.90	217.00	19.00	1.00	1.47112	5.25459						
60	14.10	100.00	23.00	1.00	-.64651	-.07120						
61	14.90	140.00	19.00	1.00	.14285	-.96703						
62	10.30	92.00	29.00	1.00	-.93354	-.33953						

Data View Variable View

IBM SPSS Statistics Processor is ready Unicode:ON

[그림 8.4] 저장된 표준화 잔차

표준화 잔차의 절대값이 3을 넘어가는 자동차를 검색한 결과 59번 차량의 표준화 잔차가 5.25 정도로 매우 높다는 것을 확인할 수 있었다. 이 외에는 표준화 잔차가 ±3을 넘어가는 차량이 없었으며, 28번 차량의 표준화 잔차는 -2.44로서 절대값 기준으로 두 번째로 컸다.

위의 예제에서는 그림을 이용해서 시각적으로 찾아내든 표준화 잔차의 크기를 기준으로 찾아내든 거의 같은 극단치를 판별하게 되었다. 그런데 여기서 표준화 잔차의 절대값만을 기준으로 극단치를 판별하는 것이 위험한 일이 될 수도 있다는 것을 짚고 넘어가고자 한다. 극단치라는 것은 대다수의 나머지 사례들로부터 많이 떨어져 있는 사례라고 정의하는데, 이것이 꼭 표준화 잔차의 절대값이 크다는 기준과 상응하지 않을 수 있다는 것이다. 예를 들어, 93종류의 차량이 보여 주는 표준화 잔차 값을 모두 확인했더니 그중 일부가 2.849, 2.899, 2.936, 2.978, 3.012, 3.095, 3.127, 3.139 등의 값을 보여 주었다고 가정하자. 여기서 과연 3.012, 3.095, 3.127, 3.139의 표준화 잔차 값을 보여 준 네 개의 사례가 극단치라고 말할 수 있을까? 극단치는 대부분의 사례와 떨어져 있는 값이라고 하였는데, 저런 방식으로 표준화 잔차가 있다는 것은 대다수의 값들과 떨어져 있는지 그렇지 않은지 판단하기가 쉽지 않다. 그러므로 표준화 잔차의 값들만으로 극단치를 판별하기보다는 표준화 잔차도표를 함께 이용하는 것이 강하게 추천된다.

8.2. 레버리지

지렛값 또는 레버리지(leverage, h_{ii})는 임의의 관찰치가 자료의 중심로부터 떨어져 있는 정도를 나타낸다. 즉, 레버리지가 높은 사례라는 것은 해당 사례가 나머지 사례들로부터 멀리 떨어져 있다는 것을 의미한다. 레버리지가 높은 자료는 회귀분석의 결과에 큰 영향을 주게 되므로, 높은 값을 보이면 극단치로 판별할 수 있다. 그리고 레버리지는 종속변수와는 무관하게 독립변수들에 의해서만 결정되는 종류의 통계적 방법이다. 다중회귀분석에서의 레버리지는 행렬식을 이용해서 정의하는 것이 일반적인데, 본 책에서는 사회과학도를 위하여 되도록 행렬을 이용하지 않고 설명하려고 한다. 아래는 독립변수가 하나 있는 단순회귀분석, 즉 가장 단순한 경우의 레버리지이다.

$$h_{ii} = \frac{1}{n} + \frac{(X_i - \overline{X})^2}{\sum_{i=1}^{n}(X_i - \overline{X})^2} = \frac{1}{n} + \frac{1}{n-1}\left(\frac{X_i - \overline{X}}{s_X}\right)^2 \quad \text{[식 8.1]}$$

위에서 h_{ii}는[27] 사례 i의 레버리지 값을 의미한다. 임의의 사례 값(X_i)이 평균($\overline{X}$)과 같은 값이 될 때 식의 두 번째 항이 0이 되므로 h_{ii}는 $1/n$이 되고, 이 값이 h_{ii}의 최소값이다. 레버리지를 사용하는 데 있어 한 가지 주의할 점은 어떤 통계 프로그램들(예를 들어, SPSS)은 아래와 같이 중심화된 레버리지(centered leverage)를 제공한다는 것이다.

---

27 참고로 레버리지를 나타내는 h_{ii}의 h는 회귀분석의 hat matrix라는 것에서 유래했는데, hat matrix란 Y 관찰값을 $\hat{Y}$으로 변형할 수 있는 행렬로서 앞에서 잠시 언급했던 X의 설계행렬(design matrix)을 이용하여 정의된다.

$$h_{ii}^{*}=h_{ii}-\frac{1}{n}=\frac{1}{n-1}\left(\frac{X_i-\overline{X}}{s_X}\right)^2 \qquad [식 8.2]$$

위의 h_{ii}^{*}를 레버리지로 사용하면, 이론적인 최소값은 0이 되고, 최대값은 $1-1/n$이 된다. 표본크기 n이 커짐에 따라 h_{ii}와 h_{ii}^{*}의 차이는 거의 사라진다.

[식 8.1]이나 [식 8.2]를 보면, 레버리지는 세 개의 요인에 의해서 결정된다고 볼 수 있다. 임의의 값 X_i가 평균 $\overline{X}$로부터 멀리 떨어져 있을수록, X의 표준편차가 작을수록, 표본크기가 작을수록 h_{ii}는 더 커지게 된다. 이 세 가지를 정리하면, 임의의 한 자료값(X_i)의 표준화된 거리가 크면 클수록 레버리지는 더 커지게 된다고 할 수 있다. 임의의 자료값과 자료의 중심(centroid) 사이의 표준화된 거리를 마할라노비스 거리(Mahalanobis distance)라고 하는데, 이 값이 커지면 레버리지 h_{ii}는 더 커지게 되는 것이다. 즉, 마할라노비스 거리를 이용하면 레버리지처럼 극단치를 판별할 수 있다.

마할라노비스 거리를 이해하기 위한 그림이 아래에 제공된다. 독립변수 X_1과 X_2가 있다고 가정하고 X들만의 정보를 이용해서 극단치를 찾는다고 가정하자. 만약 임의의 점이 자료의 중심으로부터 멀리 떨어져 있다면 극단치로 판별한다.

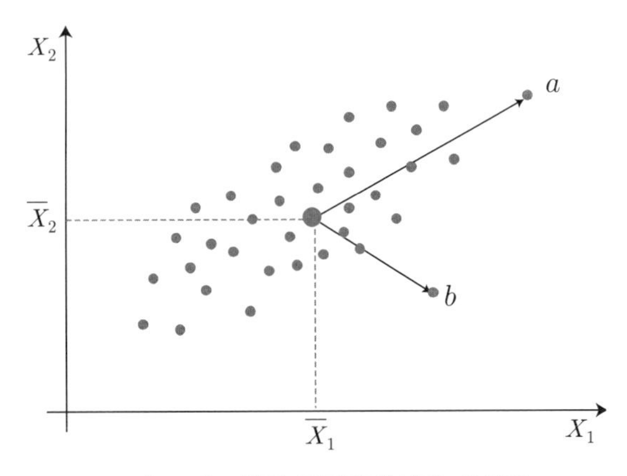

[그림 8.5] **2차원 평면상에서의 이상값**

우리가 일상생활이나 수학에서 사용하는 거리의 개념은 유클리드 거리(Euclidean distance)이다. b점의 좌표가 (x_1, x_2)라고 가정하면 b점과 자료의 중심점($\overline{X}_1$, $\overline{X}_2$) 사이의 유클리드 거리는 아래와 같고, 이는 이미 우리가 잘 알고 있는 피타고라스의 정리 내용과 다르지 않다.

$$Euclidean\ d = \sqrt{(x_1 - \overline{X}_1)^2 + (x_2 - \overline{X}_2)^2} \qquad \text{[식 8.3]}$$

그에 반해 마할라노비스 거리란 일반적인 차원상에서 자료의 중심과 한 점의 통계적인 거리(statistical distance)를 나타내는 지수이다. 통계적 거리는 상대적인 거리로서 각 변수의 분산(또는 표준편차)을 고려하여 다음과 같이 계산된다.

$$Mahalanobis'\, d = \sqrt{\frac{(x_1 - \overline{X}_1)^2}{s_1^2} + \frac{(x_2 - \overline{X}_2)^2}{s_2^2}} \qquad \text{[식 8.4]}$$

마할라노비스의 d를 이용하여 중심점과 사례 사이의 거리를 계산하면, [그림 8.5]처럼 X_1축이 X_2축에 비해 분산이 더 컸을 때(즉, $s_1^2 > s_2^2$), X_1축 상의 거리 계산 효과를 반감시키게 된다. 즉, 유클리드 거리를 계산하면 X_1의 상대적으로 큰 분산 때문에 $(x_1 - \overline{X}_1)^2$ 부분이 $(x_2 - \overline{X}_2)^2$ 부분보다 거리의 크기에 더 많이 기여하게 될 가능성이 큰 반면, 마할라노비스의 d를 계산하면 $(x_1 - \overline{X}_1)^2$ 부분이 상대적으로 더 큰 s_1^2으로 나누어지게 되므로 거리 계산시에 $\frac{(x_1 - \overline{X}_1)^2}{s_1^2}$ 부분과 $\frac{(x_2 - \overline{X}_2)^2}{s_2^2}$ 부분이 비슷한 기여를 하게 된다. 다시 말해, X_1축과 X_2축이 거리 계산에 비슷한 정도로 기여하게 되는 것이다.

정리하면, 마할라노비스 거리는 분산이 다른 여러 변수들로 이루어진 다차원 공간에서 중심점과 사례 사이의 거리를 계산할 때, 각 변수의 중요성이 비대칭적으로 반영되지 않도록 조정해 주는 것이고(다시 말해, 분산이 큰 변수가 거리 계산에 더 크게 기여하지 못하도록 조정해 주는 것이고), 그 값의 해석은 다차원 상에서 한 점과 자료의 중심 간 거리를 표준편차의 단위로 나타내는 수치라고 할 수 있다.

그렇다면 [그림 8.5]의 a와 b 중에서 어떤 점이 자료의 중심으로부터 더 멀리 떨어져 있는 것으로 결정해야 할까? 마할라노비스 거리를 계산해 봐야 정확히 알겠지만, 중심에서 b까지의 거리가 결코 중심에서 a까지의 거리에 비하여 작지는 않을 것으로 예상된다. 유클리드 거리는 우리 눈으로 볼 수 있는 거리와 다를 것이 없으므로 당연히 중심에서 a까지의 거리가 더 큰 값이겠지만, X_1의 분산과 X_2의 분산을 고려하는 마할라노비스 거리로 보면 중심에서 b까지의 거리도 상당한 값이 될 수 있는 것이다.

i번째 사례의 마할라노비스 거리를 이용하여 극단치를 판별할 때 [식 8.4]에 제공되는 d_i 값이 아닌 d_i^2을 사용하는 게 일반적인데, 이렇게 하면 몇 가지 이점이 있다. 먼저, 마할라노비스 거리의 제곱(d_i^2)은 레버리지와 아래의 관계를 갖고 있어 쉽게 교환이 가능하다.

$$Mahalanobis'\ d_i^2 = (n-1)h_{ii}^* = (n-1)\left(h_{ii} - \frac{1}{n}\right) \qquad [식\ 8.5]$$

또한, 마할라노비스 거리의 제곱은 χ^2분포를 따르기 때문에 각 값에 대하여 통계적 유의성 검정을 진행할 수 있다. 영가설은 해당 사례의 값이 극단치가 아니라는 것이며, 마할라노비스 거리의 제곱은 아래처럼 자유도가 p(독립변수의 개수)인 χ^2분포를 따른다.

$$d_i^2 \sim \chi_p^2 \qquad [식\ 8.6]$$

위의 χ^2분포를 이용하여 각 사례의 극단치 검정을 진행할 때, Kline(2016) 등을 포함하여 대다수의 학자들은 매우 보수적으로 접근해야 한다고 주장한다. 그 이유는 d_i^2을 이용한 χ^2검정이 매우 민감하여(sensitive) 영가설을 과도하게 기각하기 때문이다. 그러므로 사회과학에서 일반적으로 사용하는 유의수준 $\alpha = 0.05\,(\alpha = 5\%)$가 아니라 $\alpha = 0.001\,(\alpha = 0.1\%)$에서 검정을 진행하는 것이 일반적이다.

지금부터 레버리지와 마할라노비스 거리를 이용하여 극단치를 판별하는 과정을 보여 주고자 한다. 이전과 마찬가지로 Price를 종속변수로 하고 Horsepower, MPG.city, NonUSA를 독립변수로 하여 회귀분석을 실시한다고 가정한다. SPSS에서 마할라노비스 거리와 레버리지를 얻기 위해서는 회귀분석을 실시하는 과정에서 몇 가지 설정을 해야 한다. 아래의 그림처럼 Save 옵션을 연 다음, Distances 밑에 있는 Mahalanobis와 Leverage values에 체크하는 것이다.

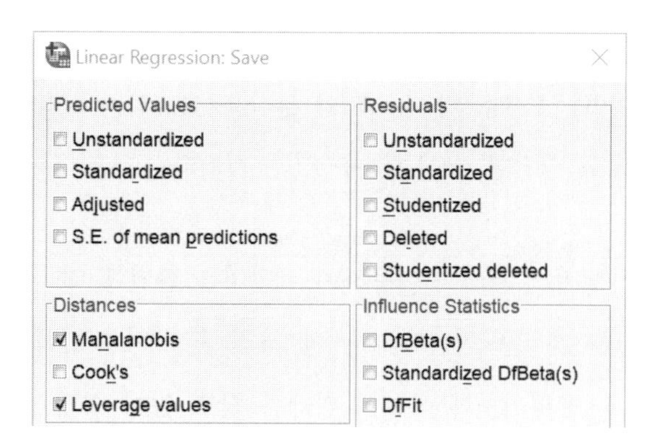

[그림 8.6] 마할라노비스 거리와 레버리지 출력

이와 같은 옵션으로 회귀분석을 실시하면 아래처럼 마할라노비스 거리(MAH_1)와 레버리지(LEV_1)가 저장된다.

17.Cars93_outliers.sav [DataSet17] - IBM SPSS Statistics Data Editor

File Edit View Data Transform Analyze Direct Marketing Graphs Utilities Add-ons Window Help

Visible: 9 of 9 Variables

	Price	Horsepower	MPG.city	NonUSA	ZPR_1	ZRE_1	MAH_1	LEV_1	id	va
1	15.90	140.00	25.00	.00	-.24892	-.28590	1.22574	.01332	1.00	
2	33.90	200.00	18.00	.00	.95995	1.18209	1.92385	.02091	2.00	
3	29.10	172.00	20.00	.00	.42727	1.06540	1.14930	.01249	3.00	
4	37.70	172.00	19.00	.00	.45211	2.48890	1.26622	.01376	4.00	
5	30.00	208.00	22.00	.00	.99860	.47134	3.21283	.03492	5.00	
6	15.70	110.00	22.00	.00	-.69192	.25900	1.98839	.02161	6.00	
7	20.80	170.00	19.00	.00	.41761	-.32715	1.25939	.01369	7.00	

Data View Variable View

IBM SPSS Statistics Processor is ready Unicode:ON

[그림 8.7] 마할라노비스 거리(MAH_1)와 레버리지(LEV_1)

위의 Cars93 자료 파일에 저장된 MAH_1과 LEV_1을 해석할 때 유의해야 할 것이 있다. SPSS의 MAH_1은 마할라노비스 거리인 d_i가 아니라 마할라노비스 거리의 제곱인 d_i^2이며, LEV_1은 레버리지 h_{ii}가 아니라 중심화된 레버리지 h_{ii}^*이다. 그러므로 [식 8.5]가 가리키는 것처럼 LEV_1에 $(93-1)$을 곱하면 MAH_1의 값이 나오게 된다. 먼저 레버리지를 이용하여 극단치를 판별할 때는 x축을 id로 하고 y축을 중심화된 레버리지로 하여 [그림 8.8]처럼 index plot을 출력한다. 이때 그림에서 상대적으로 큰 레버리지 값을 가진 사례를 극단치로 판별할 수 있다. Index plot을 위해서 위의 자료 세트에 id 변수를 미리 만들어 놓았다.

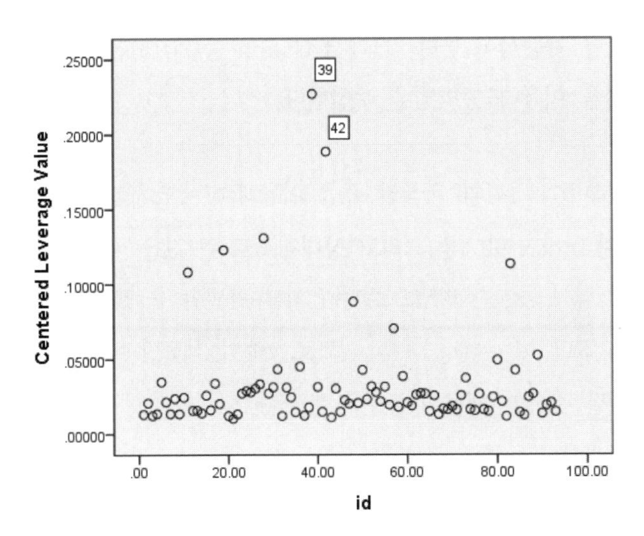

[그림 8.8] 레버리지의 index plot

위의 index plot을 보면 가장 윗부분에 다른 사례들의 레버리지 값보다 상대적으로 큰 두 개의 사례가 있다. 특히 39번 사례의 레버리지 값이 0.22705로서 가장 컸는데, 이는 Geo사의 Metro라는 차량으로서 Horsepower는 55마력으로 가장 낮고 MGP.city는 46으로서 가장 높은 상당히 특이한 차량이었다.

이처럼 레버리지의 상대적인 크기를 통하여 극단치를 판별할 수도 있으나, 경험칙(rule of thumb)에 의해 레버리지가 임의의 값을 넘으면 극단치로 판별하기도 한다. Belsley, Kuh와 Welsch(1980)는 만약 표본크기가 충분히 크고 독립변수의 개수가 많으면 h^*_{ii}가 $2p/n$(여기서 p는 독립변수의 개수)를 넘는 경우에 극단치로 판별할 수 있다고 하였으며, 표본크기가 작을 때는 h^*_{ii}가 $3p/n$를 넘는 경우에 극단치로 판별할 수 있다고 하였다. 본 예제에서 각 값은 아래와 같이 계산된다.

$$\frac{2p}{n} = \frac{2 \times 3}{93} = 0.06452, \quad \frac{3p}{n} = \frac{3 \times 3}{93} = 0.09677$$

Cars93 예제가 충분한 표본크기와 독립변수 개수가 있다고 가정했을 때 8개의 사례, 표본크기가 크지 않다고 가정했을 때 6개의 사례가 극단치로 판별되었다. 중심화된 레버리지 h^*_{ii}의 평균은 p/n이기 때문에 위의 기준은 h^*_{ii} 평균보다 두 배 또는 세 배 이상 크면 극단치로 판별한다는 것과 같은 의미이다. 이런 경험칙에 의해 극단치를 결정하면, 상당히 많은 사례를 극단치로 판단할 가능성이 높다. 그래서 Cohen 등(2015)은 이런 경험칙보다는 [그림 8.8]에서 보인 그림을 이용하는 방법을 추천한다.

다음으로 마할라노비스 거리의 제곱인 d_i^2을 이용하여 극단치를 판별하는 과정을 보인다. 레버리지를 이용하여 index plot을 그리고 상대적으로 큰 값을 극단치로 판별했듯이 마할라노비스 거리의 제곱 역시 동일한 방법으로 극단치를 판별할 수 있다. 하지만 이 방법을 다시 보이는 것은 의미가 없다. $d_i^2 = (n-1)h_{ii}^*$이므로 y축의 척도만 바뀔 뿐 정확히 같은 형태의 index plot이 그려질 것이기 때문이다.

극단치 판별을 위해 마할라노비스 거리의 제곱을 이용할 때는 앞서 소개한 χ^2검정을 진행하는 경우가 대부분이다. d_i^2이 자유도가 3인 χ^2분포를 따르는 것을 이용해서 모든 사례의 극단치 검정(H_0: 해당 사례가 극단치가 아니다)을 수행하는 것이다. 이를 위해서는 Transform 메뉴의 Compute Variable을 실행하고 다음과 같이 입력하여 각 사례 검정의 p값을 계산해야 한다.

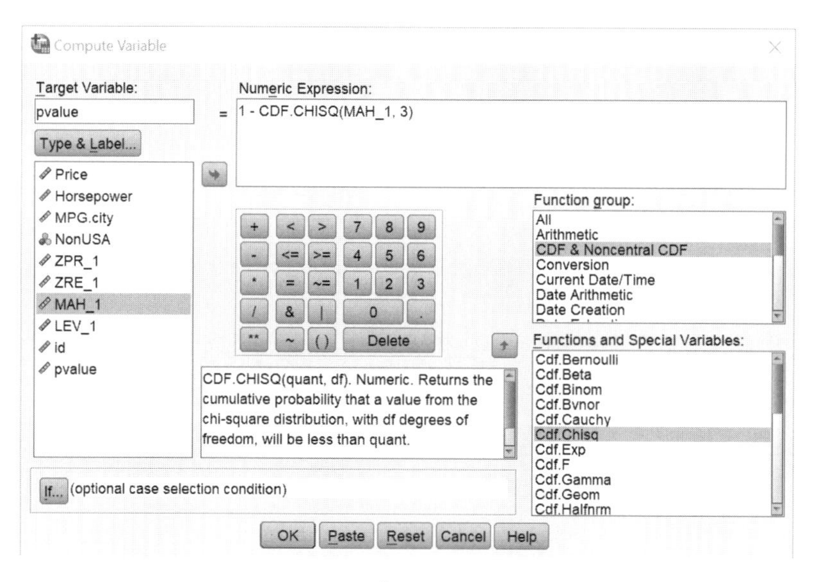

[그림 8.9] χ^2검정의 p값 계산

그림에 보이는 CDF.CHISQ(quant, df) 함수는 χ^2분포의 누적확률을 계산해 준다. 누적확률은 자유도가 df인 χ^2분포의 0부터 quant 값까지의 확률을 의미하므로 1에서 이 값을 빼 주면 극단적인 확률, 즉 p값이 된다. quant의 자리에는 검정통계량 d_i^2을 입력하면 되고,

df 자리에는 χ^2검정의 자유도를 입력해 주면 된다. 즉, quant 자리에는 MAH_1을 입력하고 df 자리에는 독립변수의 개수 3을 입력한다. OK를 눌러 실행하면 아래처럼 마할라노비스 거리를 이용한 극단치 검정의 p값이 맨 오른쪽에 새롭게 생성된다.

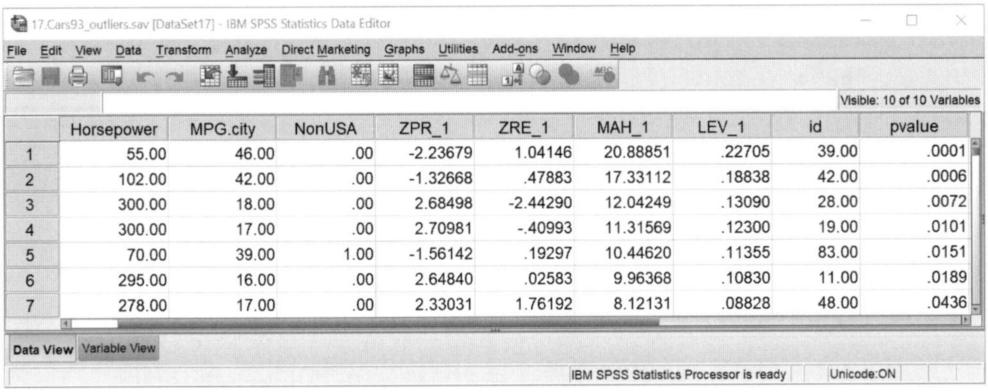

17.Cars93_outliers.sav [DataSet17] - IBM SPSS Statistics Data Editor

File Edit View Data Transform Analyze Direct Marketing Graphs Utilities Add-ons Window Help

Visible: 10 of 10 Variables

	Horsepower	MPG.city	NonUSA	ZPR_1	ZRE_1	MAH_1	LEV_1	id	pvalue
1	55.00	46.00	.00	-2.23679	1.04146	20.88851	.22705	39.00	.0001
2	102.00	42.00	.00	-1.32668	.47883	17.33112	.18838	42.00	.0006
3	300.00	18.00	.00	2.68498	-2.44290	12.04249	.13090	28.00	.0072
4	300.00	17.00	.00	2.70981	-.40993	11.31569	.12300	19.00	.0101
5	70.00	39.00	1.00	-1.56142	.19297	10.44620	.11355	83.00	.0151
6	295.00	16.00	.00	2.64840	.02583	9.96368	.10830	11.00	.0189
7	278.00	17.00	.00	2.33031	1.76192	8.12131	.08828	48.00	.0436

Data View Variable View

IBM SPSS Statistics Processor is ready Unicode:ON

[그림 8.10] **마할라노비스 거리의 제곱을 이용한 극단치 검정**

$\alpha = 0.001$ 수준에서 검정하는 것이 권장되기 때문에 p값은 소수점 넷째 자리까지 보이도록 하였고, 전체 93개의 값은 p값의 크기에 따라 오름차순으로 정렬하였다. 자료의 정렬은 Data 메뉴의 Sort Cases를 실행하여 Sort by에 정렬 변수를 설정하고 ascending(오름차순) 또는 descending(내림차순)을 선택할 수 있다. 마할라노비스의 극단치 검정을 적용하면 39번 사례와 42번 사례가 극단치로 판정되는데, 이는 레버리지의 index plot을 이용한 결과와 동일한 것을 알 수 있다.

8.3. 불일치

레버리지가 종속변수와는 무관하게 독립변수들에 의해서만 극단치를 결정하는 방법이라면, 종속변수의 관찰값(Y_i)과 예측값($\hat{Y}_i$)의 차이 또는 불일치(discrepancy)를 이용하는 방법도 있다. 쉽게 말해, 잔차 $e_i(=Y_i - \hat{Y}_i)$를 이용하여 극단치를 판별하는 것이다. 이는 표준화 잔차도표를 이용하거나 표준화 잔차의 값(± 3)을 이용한 극단치의 판별에서 이미 설명하였다. 이 방법은 많은 연구자에 의해 사용되기도 하지만 작은 문제가 하나 있다. 각 사례의 잔차 계산에 극단치가 포함되어 있다는 것이다. 이것이 무엇을 의미하는지 확인하기 위한 그림이 아래에 제공된다. 각 그림에서 가장 위에 있는 사례 하나를 극단치라고 가정한다.

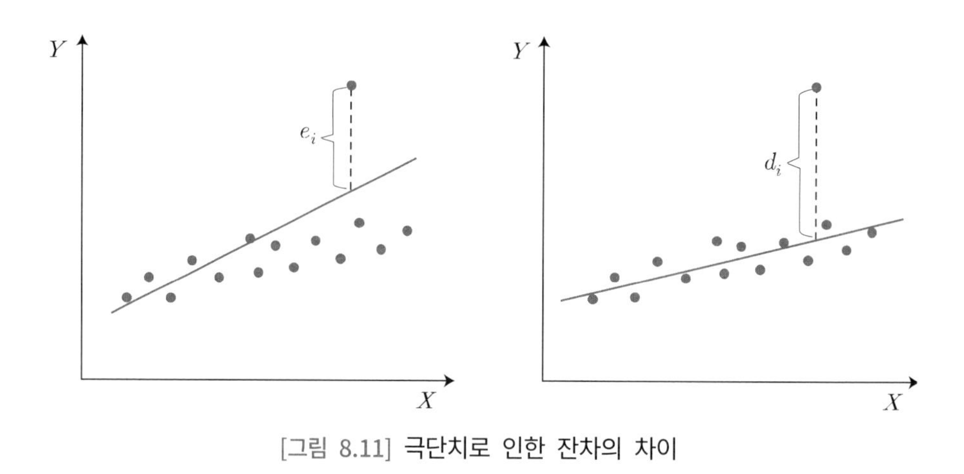

[그림 8.11] 극단치로 인한 잔차의 차이

위 그림의 왼쪽은 지금까지 우리가 추정해 왔던 방식의 잔차 크기(e_i)를 보여 준다. 일반적으로 회귀분석을 실시할 때 자연스럽게 모든 사례를 다 포함시키고, 이 상태에서 각 잔차를 추정하게 된다. 이렇게 되면 회귀선이 극단치에 의해 영향을 받고, 그림에 보이는 것처럼 잔차의 크기가 추정된다. 즉, 극단치가 회귀선을 자기 쪽으로 끌어당기고, 이로 인해 극단치의 오차 크기가 과소추정되는 문제가 발생할 수 있다. 만약 극단치가 없었다면 오른쪽 그림과 같이 회귀선이 추정되었을 것이고, 극단치에 해당하는 잔차(d_i)의 크기는 훨씬 더 컸을 것이다. 그러므로 극단치가 포함되어 있는 상태에서 회귀모형을 추정하고 그 기준으로 계산된 잔차의 크기를 극단치 판별에 사용한다는 것은 그다지 현명하지 못한 선택이 될 수 있다.

이와 같은 문제를 해결하기 위하여 사용하는 잔차의 종류를 스튜던트화 잔차라고 한다. 이는 Automatic Linear Modeling을 설명할 때 소개했던 바로 그 잔차의 종류이다. 스튜던트화(studentizing)라는 것은 t검정을 처음 발명한 William Sealy Gosset의 필명이 Student였고, t검정통계량이 통계치(평균 차이)를 표준오차로 나누어 준 것에서 유래하였다. 쉽게 말해, 스튜던트화 잔차라는 것은 잔차 추정치를 표준오차로 나누어 준 표준화 잔차라는 것을 의미한다. 이런 이유로 스튜던트화 잔차를 표준화 잔차라고 번역하는 경우도 아주 많이 있다. 스튜던트화 잔차에는 크게 두 가지가 있는데, 하나는 스튜던트화 잔차(studentized residual 또는 internally studentized residual)이고, 또 하나는 스튜던트화 삭제 잔차(studentized deleted residual 또는 externally studentized residual)이다. 두 가지 중에서는 거의 언제나 스튜던트화 삭제 잔차를 사용하는 것이 더 선호되고, 일반적으로 스튜던트화 잔차라고 할 때 이는 스튜던트화 삭제 잔차를 의미하는 경우가 대부분이다.

먼저 스튜던트화 잔차(studentized residual의 약자로 sr 사용)는 내표준화 잔차(internally studentized residual)라고도 하며 아래의 식으로 정의된다.

$$sr_i = \frac{e_i}{\sqrt{MS_E(1-h_{ii})}} = \frac{Y_i - \hat{Y}_i}{\sqrt{MS_E(1-h_{ii})}} \quad \text{[식 8.7]}$$

위의 식에서 $Y_i - \hat{Y}_i$은 잔차 e_i를 의미하고, MS_E는 잔차의 평균제곱으로서 오차의 분산추정치를 의미하며, h_{ii}는 앞에서 배운 레버리지를 의미한다. 스튜던트화 잔차의 문제 중 하나는 이 값이 t분포 등 잘 알려진 특정한 분포를 따르지 않는다는 것이며,[28] 그래서 임의의 사례가 극단적인지 아닌지를 판단하는 기준을 찾기 힘들다는 것이다. 더 큰 문제는 앞에서 설명했듯이 바로 이 스튜던트화 잔차가 모형 안에 극단치를 넣은 상태에서 계산되었다는 사실이다. [그림 8.11]에서 제기되었던 문제를 해결하지 못하는 종류의 잔차가 바로 스튜던트화 잔차인 것이다.

스튜던트화 삭제 잔차(studentized deleted residual의 약자로 sdr 사용)는 외표준화 잔차(externally studentized residual), 잭나이프 잔차(Jackknife residual) 등으로도 불리는데, 극단치가 회귀선을 끌어당기는 문제를 해결하고 스튜던트화 잔차가 특정한 분포를 따르지 않는 문제도 해결한다. 즉, 스튜던트화 삭제 잔차는 [그림 8.11]의 오른쪽처럼 극단치를 제거했을 때 잔차가 어떻게 되는지를 보여 주는 통계치이다. 또한, 스튜던트화 삭제 잔차는 자유도가 $n-p-1$(p는 독립변수의 개수)인 t분포를 따른다. 스튜던트화 삭제 잔차를 이해하기 위해 먼저 극단치를 제거한 상태에서 새롭게 정의되는 오차를 d_i라고 하면 아래와 같다.

$$d_i = Y_i - \hat{Y}_{i(i)} \quad \text{[식 8.8]}$$

위에서 Y_i는 사례 i의 Y 관찰값이고, $\hat{Y}_{i(i)}$은 사례 i를 제거했을 때 사례 i의 Y 예측값을 의미한다. 스튜던트화 잔차에서는 $e_i = Y_i - \hat{Y}_i$을 이용함으로써 잔차 계산에 극단치가 들어

[28] 스튜던트화 잔차 sr_i를 $n-p$로 나눈 값, 즉 $\frac{sr_i}{n-p}$가 베타 분포(beta distribution)를 따르는 것으로 알려져 있기는 하지만 그다지 이용되지 않고 있다.

가 있는 회귀식을 사용하여 왜곡이 있었다면, 스튜던트화 삭제 잔차에서는 $d_i = Y_i - \hat{Y}_{i(i)}$을 이용함으로써 잔차 계산에 해당 사례 i의 영향을 제거하게 됨을 알 수 있다. 스튜던트화 삭제 잔차는 다음과 같이 정의된다.

$$sdr_i = \frac{d_i}{SE_{d_i}} = \frac{Y_i - \hat{Y}_i}{\sqrt{MS_{E(i)}(1-h_{ii})}} \qquad [식\ 8.9]$$

위에서 SE_{d_i}는 새로운 잔차 d_i의 표준오차, $MS_{E(i)}$는 사례 i를 제거한 상태에서 구한 잔차의 평균제곱, 즉 오차의 분산 추정치이다. 참고로 수식을 풀어 보면, 위 식의 분자는 $Y_i - \hat{Y}_{i(i)}$이 아닌 $Y_i - \hat{Y}_i$이 맞으며, 스튜던트화 삭제 잔차 sdr_i는 다음의 식처럼 스튜던트화 잔차 sr_i를 이용하여 구할 수도 있다.

$$sdr_i = sr_i\sqrt{\frac{n-p-1}{n-p-sr_i^2}} \qquad [식\ 8.10]$$

위의 식이 말해 주는 것은 모든 사례의 스튜던트화 삭제 잔차를 얻기 위해 해당 사례를 제거하는 모든 회귀분석을 실시할 필요는 없다는 것이다. 하나의 회귀분석 모형을 추정하고 그 회귀식을 통해 계산한 스튜던트화 잔차를 통해서 스튜던트화 삭제 잔차를 얻을 수 있다. 이제 SPSS에서 극단치의 판별을 위해 스튜던트화 잔차 및 스튜던트화 삭제 잔차를 이용하기 위해서는 Save 옵션에서 아래처럼 Studentized와 Studentized deleted에 체크하면 된다.

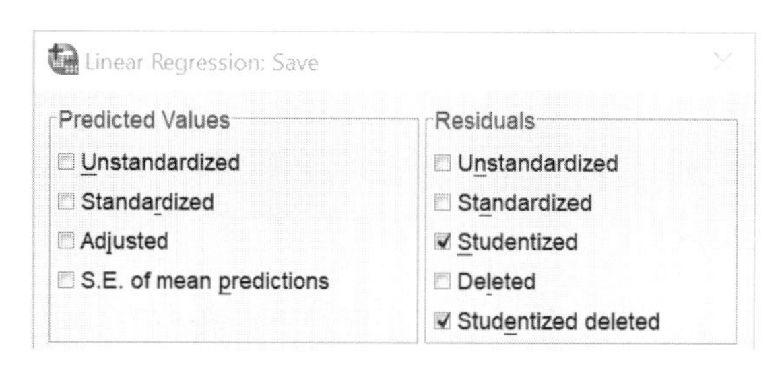

[그림 8.12] 스튜던트화 잔차 저장

회귀분석의 종속변수와 독립변수들은 이전과 동일하며, 분석을 실행하면 아래처럼 스튜던트화 잔차(SRE_1) 및 스튜던트화 삭제 잔차(SDR_1)가 저장된다.

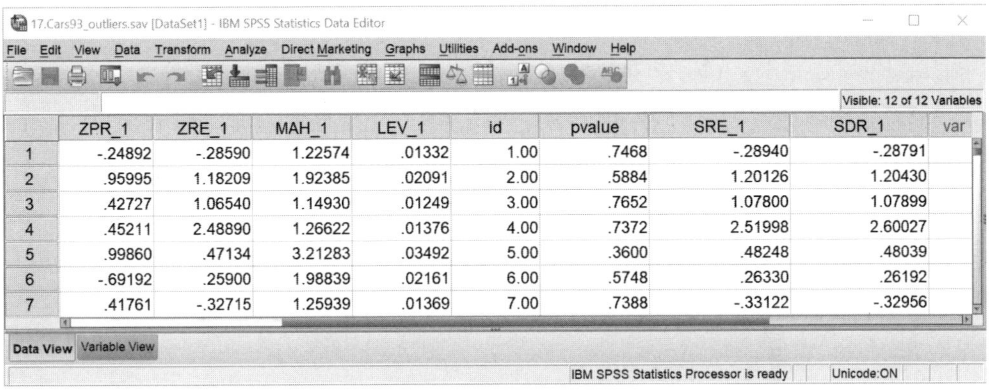

17.Cars93_outliers.sav [DataSet1] - IBM SPSS Statistics Data Editor

File Edit View Data Transform Analyze Direct Marketing Graphs Utilities Add-ons Window Help

Visible: 12 of 12 Variables

	ZPR_1	ZRE_1	MAH_1	LEV_1	id	pvalue	SRE_1	SDR_1	var
1	-.24892	-.28590	1.22574	.01332	1.00	.7468	-.28940	-.28791	
2	.95995	1.18209	1.92385	.02091	2.00	.5884	1.20126	1.20430	
3	.42727	1.06540	1.14930	.01249	3.00	.7652	1.07800	1.07899	
4	.45211	2.48890	1.26622	.01376	4.00	.7372	2.51998	2.60027	
5	.99860	.47134	3.21283	.03492	5.00	.3600	.48248	.48039	
6	-.69192	.25900	1.98839	.02161	6.00	.5748	.26330	.26192	
7	.41761	-.32715	1.25939	.01369	7.00	.7388	-.33122	-.32956	

Data View Variable View

IBM SPSS Statistics Processor is ready Unicode:ON

[그림 8.13] **스튜던트화 잔차 및 스튜던트화 삭제 잔차**

먼저 스튜던트화 삭제 잔차 중 가장 큰 절대값은 6.52906으로서 이는 id 59번, 즉 Mercedes-Benz의 300E 모델이다. 표준화된 잔차(ZRE_1)를 이용해서 극단치를 판별했을 때와 동일한 결과임을 알 수 있다. 그리고 Mercedes-Benz의 300E 모델의 스튜던트화 잔차는 5.38923으로서 스튜던트화 삭제 잔차 6.52906에 비해서 더 작은 값이다. 그것은 스튜던트화 잔차의 계산을 위한 회귀식의 계산에 극단치(id 59번)가 영향을 주어서 자기 쪽으로 회귀평면을 끌어당긴 결과이다. 그러므로 우리가 스튜던트화 잔차를 정의하기는 하나 거의 언제나 스튜던트화 삭제 잔차를 극단치 판별에 더 선호하게 된다.

그렇다면 스튜던트화 삭제 잔차의 값을 통해 어떤 기준으로 극단치를 판별해야 할까? 먼저 경험칙(rule of thumb)에 의해 스튜던트화 삭제 잔차가 임의의 값을 넘으면 큰 값으로 판단하고 해당 사례를 극단치로 판별할 수 있다. 스튜던트화 삭제 잔차는 자유도가 $n-p-1$인 t분포를 따르기 때문에 표본크기가 충분히 크다면 5%의 극단적인 스튜던트화 삭제 잔차가 있다고 가정하고, ± 2가 넘는 사례들을 극단치로 판단한다. 하지만, 보통 이렇게 하면 너무 많은 사례(전체 사례의 5% 안팎)를 극단치로 판별하게 된다. 이런 경우에 Cohen 등(2015)은 더 큰 값(예를 들어, ± 3, ± 3.5, ± 4 등)을 사용하기를 추천한다. Cars93 자료에서 ± 2 기준을 사용한다면 총 4개의 극단치가 판별되고, ± 3 기준을 사용한다면 id 59번 하나의 극단치가 판별된다.

이런 경험칙에 의한 방법은 제안된 임의의 숫자를 기준으로 삼게 되는데 사실 이는 극단치의 정의에 그다지 부합하지 못할 수 있다. 앞에서도 여러 번 정의했듯이, 극단치란 대부분의 나머지 자료들과 어울리지 못하는, 즉 대부분의 사례들이 취할 수 있는 값에서 멀리 떨어져 있는 값을 가리킨다. 즉, 극단치라는 것이 꽤나 상대적으로 결정되는 것이다. 그래서 레버리지와 마찬가지로 index plot을 통해서 상대적으로 큰 스튜던트화 삭제 잔차를 가진 사례들을 극단치로 판별하는 것이 좋은 방법이다. 수직축은 스튜던트화 삭제 잔차로 하고, 수평축은 사례의 id로 하여 index plot을 그리면 아래와 같다.

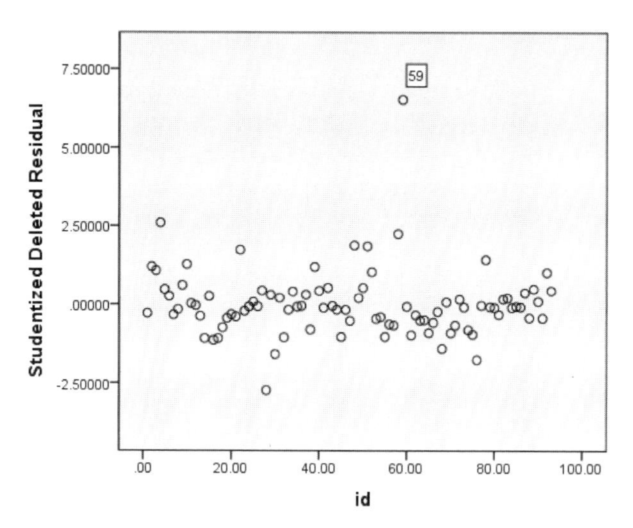

[그림 8.14] 스튜던트화 삭제 잔차의 index plot

위의 index plot을 보면 가장 윗부분에 다른 사례들의 스튜던트화 삭제 잔차 값보다 상대적으로 매우 큰 하나의 사례가 있다. 바로 id 59번 Mercedes-Benz의 300E 모델이다.

8.4. 영향력

각 사례 또는 관찰치의 영향력(influence)을 이용하여 극단치를 판별할 수 있다. 영향력 있는 관찰치(influential point 또는 influential observation)란 회귀분석의 추정치나 표준오차 등에 큰 영향을 주는 관찰값으로서 영향력이 높으면 극단치로 판별하게 된다. 어떤 사례가 영향력 있는 관찰치인지 결정할 수 있는 여러 영향력 측정치(influence measures) 또는 통계치들이 있다. 먼저 회귀식 전체에 대한 사례의 영향력을 확인할 수 있는 전반적 영향력 측정치(global influence measures)에 대해 논의하고, 다음으로 개별적인 회귀계수에 대한 영향력을 확인할 수 있는 부분적 영향력 측정치(partial influence measures)에 대해 논의한다.

8.4.1. 전반적 영향력

회귀식 전체에 대한 사례의 영향력을 확인할 수 있는 방법으로는 Cook의 거리(Cook's distance) D_i 및 $DFFITS$(difference in fit, standardized)가 있다. 두 가지 모두 마치 스튜던트화 삭제 잔차처럼 해당 사례를 제거했을 때와 제거하지 않았을 때를 비교하는 일종의 제거 방법들이다. 먼저 i번째 사례의 $DFFITS_i$는 아래와 같이 정의된다.

$$DFFITS_i = \frac{\hat{Y}_i - \hat{Y}_{i(i)}}{\sqrt{MS_{E(i)} h_{ii}}} \qquad [식\ 8.11]$$

위에서 $\hat{Y}_i$은 i번째 사례의 예측값, $\hat{Y}_{i(i)}$은 사례 i를 제거하고 회귀식을 구했을 때 사례 i의 예측값, $MS_{E(i)}$는 사례 i를 제거한 상태에서 구한 잔차의 평균제곱, h_{ii}는 레버리지이다. $DFFITS_i$의 분자인 $\hat{Y}_i - \hat{Y}_{i(i)}$은 사례 i의 예측값이 사례 i가 제거되었을 때 얼마나 차이가 나는지의 정도를 가리키며 $DFFIT_i$를 의미한다. 그리고 분자를 분모 $\sqrt{MS_{E(i)} h_{ii}}$로 나누어 주는 것은 $DFFIT_i$를 표준화하는 개념이다. 그러므로 $DFFITS_i$는 개념적으로 사례 i의 예측값과 사례 i가 제거되었을 때 구한 사례 i의 예측값 사이에 얼마나 차이가 나는지의 정도를 표준편차 단위로 표현하게 된다. $DFFITS_i$는 스튜던트화 삭제 잔차인 sdr_i와 아래의 관계를 가지고 있기도 하다.

$$DFFITS_i = sdr_i \sqrt{\frac{h_{ii}}{1 - h_{ii}}} \qquad [식\ 8.12]$$

위의 식으로부터 스튜던트화 삭제 잔차와 레버리지가 클수록 $DFFITS_i$도 커지게 됨을 알 수 있다. $DFFITS_i$는 결국 레버리지(leverage)와 불일치(discrepancy)의 결합으로 만들어진 통계치로서 값이 클수록 극단치로 판별할 가능성이 높아지는 구조이다. $DFFITS_i$를 이용하여 극단치를 판별할 때, 상대적인 크기를 보기 위하여 레버리지나 스튜던트화 삭제 잔차처럼 index plot을 이용할 수 있다. 또한, 경험칙을 이용할 수도 있는데, 작은 표본에서는 $|DFFITS_i| > 1$인 경우에 극단치로 판별하고, 큰 표본에서는 $|DFFITS_i| > 2\sqrt{(p+1)/n}$인 경우에 극단치로 판별하기도 한다.

다음으로 i번째 사례의 Cook의 거리 D_i는 아래와 같이 정의된다.

$$D_i = \frac{\sum_{i=1}^{n}(\hat{Y}_i - \hat{Y}_{i(i)})^2}{(p+1)MS_E} \qquad [식\ 8.13]$$

D_i는 $DFFITS_i$와 마찬가지로 i번째 사례의 예측값 $\hat{Y}_i$과 사례 i를 제거하고 회귀식을 구했을 때 사례 i의 예측값인 $\hat{Y}_{i(i)}$의 차이를 이용한다. 다만 이 값들을 모두 제곱하여 더한다는 것이 다를 뿐이다. 분모인 $(p+1)MS_E$로 나누어 주는 것 역시 $DFFITS_i$와 마찬가지로 분자를 표준화하는 개념이다. Cook의 거리 D_i는 최소 0과 같거나 더 큰 값을 가지게 되며, D_i가 가장 큰 관찰치를 제거했을 때 회귀식은 가장 크게 변화하게 된다. 이렇게 되면 해당 사례를 극단치로 판별할 가능성이 높아진다.

Cook의 D_i를 이용하여 극단치를 판별할 때, $DFFITS_i$와 마찬가지로 상대적인 크기를 보기 위하여 index plot을 이용할 수 있다. 또한, 경험칙을 이용하는 경우에 여러 기준을 사용할 수 있다. 첫째, $D_i > 1$인 경우에 극단치로 판별한다. 둘째, D_i가 전체 D_i 값들의 평균보다 3배 이상이 되는 경우에 극단치로 판별한다. 셋째, $D_i > 4/n$인 경우에 극단치로 판별한다. 넷째, D_i가 $\alpha = 0.50$에서[29] 자유도가 $(p+1, n-p-1)$인 F분포의 기각값보다 크면 극단치로 판별한다.

SPSS를 이용하여 Cook의 D_i와 $DFFITS_i$를 저장하기 위해서는 아래처럼 Save 옵션의 Distances에서 Cook's에 체크하고 Influence Statistics에서 Standardized DfFit에 체크한다. 그런데 아래의 [그림 8.15]에서 Cook's의 위치가 조금 이상하다. Cook's는 극단치 판별을 위한 세 종류의 통계치(레버리지, 불일치, 영향력) 중에서 영향력 통계치이므로 Distances가 아니라 Influence Statistics에 있어야 하는데, SPSS는 Cook의 거리를 마할라노비스 거리나 레버리지 같은 거리 통계치라고 가정하는 것이다. Cook의 거리가 distance이니까 Distances 통계치 밑에 배치한 것은 SPSS의 수많은 오류 중 하나라고 볼 수 있다.[30]

---

29 Cook의 거리 검정에서 $\alpha = 0.05$가 아니라 $\alpha = 0.50$이 맞다.

30 SPSS는 존재하는 범용 통계 소프트웨어 중에서 가장 편리하다고 취급받기는 하지만 상상할 수 없을 만큼 매우 많은 오류를 포함한 프로그램이기도 하므로 결과나 과정 및 용어 등에 대하여 무조건적인 신뢰를 해서는 안 된다.

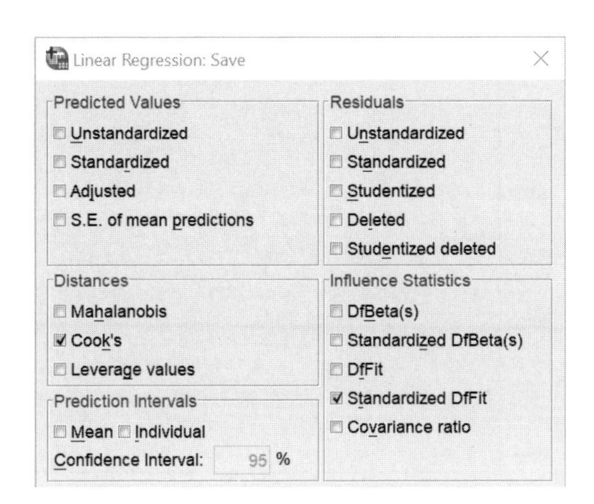

[그림 8.15] Cook의 거리 및 DFFITS 저장

SPSS가 Cook's의 위치를 Distances에 잘못 배치하였다고 하여 자료 세트에 저장되는 Cook의 거리가 잘못 추정되거나 문제가 있는 것은 아니다. 이제 전반적 영향적 측정치들을 얻기 위해 회귀분석을 실행하면 SPSS는 다음과 같이 D_i(COO_1)와 $DFFITS_i$(SDF_1)를 자료세트에 저장한다.

17.Cars93_outliers.sav [DataSet3] - IBM SPSS Statistics Data Editor

File Edit View Data Transform Analyze Direct Marketing Graphs Utilities Add-ons Window Help

Visible: 14 of 14 Variables

	ZRE_1	MAH_1	LEV_1	id	pvalue	SRE_1	SDR_1	COO_1	SDF_1
1	-.28590	1.22574	.01332	1.00	.7468	-.28940	-.28791	.00052	-.04522
2	1.18209	1.92385	.02091	2.00	.5884	1.20126	1.20430	.01180	.21777
3	1.06540	1.14930	.01249	3.00	.7652	1.07800	1.07899	.00691	.16645
4	2.48890	1.26622	.01376	4.00	.7372	2.51998	2.60027	.03990	.41222
5	.47134	3.21283	.03492	5.00	.3600	.48248	.48039	.00279	.10510
6	.25900	1.98839	.02161	6.00	.5748	.26330	.26192	.00058	.04790
7	-.32715	1.25939	.01369	7.00	.7388	-.33122	-.32956	.00069	-.05216

Data View Variable View

IBM SPSS Statistics Processor is ready Unicode:ON

[그림 8.16] Cook의 거리(COO_1)와 DFFITS(SDF_1)

추정되어 나온 $DFFITS_i$(SDF_1)로 극단치를 판별하기 위하여 앞에서 여러 번 보여 주었던 index plot을 이용할 수도 있고, 연구자들이 제안하는 경험칙을 이용할 수도 있다. 먼저 수직축을 $DFFITS_i$로 하고 수평축을 id로 하여 index plot을 실행하면 아래와 같다.

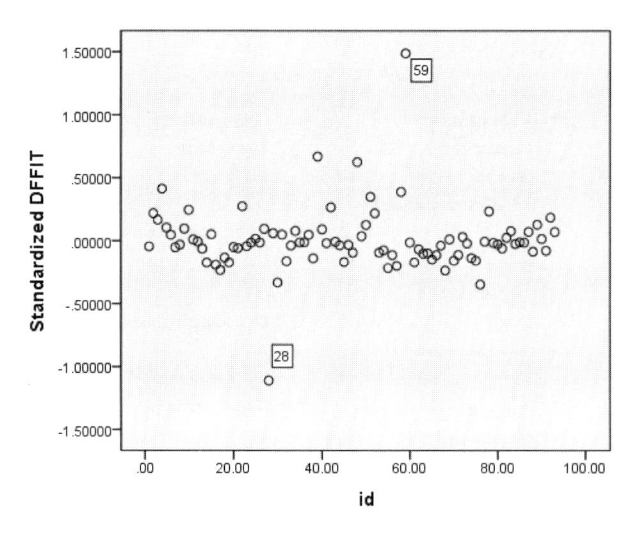

[그림 8.17] $DFFITS_i$의 index plot

위에 제공된 $DFFITS_i$의 index plot을 보면, 두 개의 사례가 나머지 사례들과 매우 다른 $DFFITS_i$ 값을 보여 주는 것을 확인할 수 있다. 59번은 Cars93 자료 세트에서 Mercedes-Benz의 300E 모델이고, 28번은 Dodge의 Stealth 모델이다. 이와 같은 결과는 이번 장의 앞부분에서 표준화된 잔차도표를 이용하여 확인한 극단치 결과와 일치한다.

경험칙을 이용할 수도 있는데, $|DFFITS_i| > 1$ 또는 $|DFFITS_i| > 2\sqrt{(p+1)/n}$ 기준을 적용할 수 있다.

$$|DFFITS_i| > 2\sqrt{\frac{(p+1)}{n}} = 2\sqrt{\frac{(3+1)}{93}} = 0.41478$$

즉, $DFFITS_i$의 절대값이 1을 넘거나 0.41478을 넘으면 극단치로 판별한다. $DFFITS_i$의 절대값이 1을 넘는 사례는 역시 59번(1.48745)과 28번(−1.10932) 밖에 없다. 만약 0.41478을 기준으로 하면 59번과 28번 외에 39번(0.66793)과 48번(0.62413)도 포함되게 된다. 절대적인 기준이라는 것은 없으므로 선택은 연구자의 몫이다.

다음으로 D_i를 이용하여 극단치를 판별하기 위해 수직축을 D_i(COO_1)로 하고 수평축을 id로 하여 index plot을 실행하면 아래와 같다.

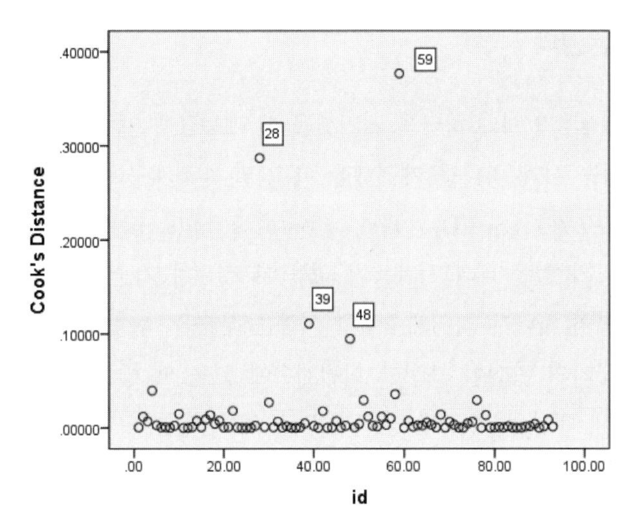

[그림 8.18] D_i의 index plot

위에 제공된 D_i의 index plot을 보면, 역시 59번과 28번 두 개의 사례가 나머지 사례들과 매우 다른 D_i 값을 보여 주는 것을 확인할 수 있다. 또한, 그림의 중간에 극단치 후보 정도라고 볼 수 있는 39번과 48번도 확인된다. 이 네 개의 사례는 $DFFITS_i$를 이용하여 본 결과와 일치한다. $DFFITS_i$와 D_i는 서로 다음과 같이 매우 밀접한 관계를 갖고 있기 때문에 나온 결과라고 할 수 있다.

$$D_i \approx \frac{DFFITS_i^2}{p+1} \qquad \text{[식 8.14]}$$

경험칙을 이용할 수도 있는데, 첫째 기준은 $D_i > 1$인 경우에 극단치로 판별하는 것이다. SPSS에 저장된 COO_1을 모두 확인했을 때, 1이 넘는 값을 가진 경우는 없었다. 둘째 기준은 D_i 평균의 3배보다 크면 극단치로 판별하는 것인데, D_i 평균의 3배는 0.04262이다. 이 기준으로 극단치를 판별하면, 59번(0.37686), 28번(0.28684), 39번(0.11100), 48번(0.09468)이다. 셋째 기준은 $D_i > 4/93$인 경우에 극단치로 판별하는 것인데, 4를 93으로 나누면 0.04301이다. 이 기준으로 극단치를 판별하면 둘째 기준으로 판별된 극단치와 일치한다. 마지막으로 D_i가 $\alpha = 0.50$에서 자유도 $df_1 = 4$, $df_2 = 89$인 F분포의 기각값보다 크면 극단치로 판별하는 것인데, 이 조건을 만족하는 F값은 0.8456이다. 이 기준을 적용하면 극단치는 존재하지 않는다. 학자마다 다양한 기준을 제시하며, 극단치 판별에 절대적인 기준이라는 것은 존재하지 않으므로 선택은 연구자의 몫임을 다시 한번 밝힌다.

8.4.2. 부분적 영향력

전반적 영향력 측정치가 사례 하나를 제거했을 때 예측값에 미치는 영향을 측정한다면, 부분적 영향력 측정치는 사례 하나를 제거했을 때 개별 회귀계수에 미치는 영향을 측정한다. 대표적 측정치인 $DFBETAS$(difference in beta, standardized)는 표준화된 $DFBETA$라고도 하며, 사례 i가 있을 때와 사례 i가 없을 때 절편과 기울기의 차이를 측정한다. 즉, $DFBETAS$는 관찰치 하나가 회귀계수에 기여하는 부분을 측정하는 표준화된 통계치이다. $DFBETAS$는 연구자의 관심이 특정한 회귀계수에 있을 때 중요하게 사용되며, 독립변수 X_j의 회귀계수 β_j에 대한 사례 i의 영향력 $DFBETAS_{ij}$는 다음과 같이 정의된다.

$$DFBETAS_{ij} = \frac{\hat{\beta}_j - \hat{\beta}_{j(i)}}{SE_{\hat{\beta}_{j(i)}}} \qquad [식\ 8.15]$$

위에서 $\hat{\beta}_j$은 사례 i가 포함되었을 때 독립변수 X_j의 회귀계수 추정치, $\hat{\beta}_{j(i)}$은 사례 i가 제거되었을 때 독립변수 X_j의 회귀계수 추정치, $SE_{\hat{\beta}_{j(i)}}$은 사례 i가 제거되었을 때 회귀계수 추정치의 표준오차를 의미한다. $DFBETAS_{ij}$의 분자는 사례 i가 들어갔을 때와 들어가지 않았을 때의 회귀계수 차이이며, 분모 $SE_{\hat{\beta}_{j(i)}}$으로 나누어 줌으로써 회귀계수 차이를 표준화한다. 즉, $DFBETAS_{ij}$는 개념적으로 사례 i가 들어갔을 때와 들어가지 않았을 때 회귀계수가 얼마나 차이나는지의 정도를 표준편차 단위로 표현하게 된다.

$DFBETAS_{ij}$는 사례 i에 대하여 $p+1$(절편 및 기울기 개수)만큼 계산된다. 이렇게 계산된 $DFBETAS_{ij}$를 이용하여 극단치를 판별할 때, 상대적인 크기를 보기 위하여 이전의 영향력 측정치들과 마찬가지로 index plot을 이용할 수 있다. 또한, 경험칙을 이용할 수로 있는데, 작은 표본에서는 $|DFBETAS_{ij}| > 1$인 경우에 극단치로 판별하기도 하고, 큰 표본에서는 $|DFBETAS_{ij}| > 2/\sqrt{n}$인 경우에 극단치로 판별하기도 한다.

SPSS를 이용하여 $DFBETAS_{ij}$를 저장하기 위해서는 [그림 8.15] Save 옵션의 Influence Statistics에서 Standardized DfBeta(s)에 체크한다. DfBeta(s)에 체크하면 [식 8.15]의 분자 부분을 계산하게 되므로 유의해야 한다. 회귀분석을 실행하면 다음의 그림과 같이 절편 및 세 개의 기울기에 대하여 $DFBETAS_{ij}$가 계산된다. 그리고 종속변수는 여전히 Price이며, 독립변수는 Horsepower, MPG.city, NonUSA의 순서로 들어가 있다.

17.Cars93_outliers.sav [DataSet5] - IBM SPSS Statistics Data Editor

File Edit View Data Transform Analyze Direct Marketing Graphs Utilities Add-ons Window Help

76 : SDB3_1 -.21268061862129 Visible: 18 of 18 Variables

	SDR_1	COO_1	SDF_1	id	SDB0_1	SDB1_1	SDB2_1	SDB3_1	var
1	-.28791	.00052	-.04522	1.00	.00634	-.00713	-.01588	.02881	
2	1.20430	.01180	.21777	2.00	.00021	.08364	-.01471	-.11181	
3	1.07899	.00691	.16645	3.00	.02127	.02889	-.01394	-.10516	
4	2.60027	.03990	.41222	4.00	.11267	.02519	-.09970	-.25664	
5	.48039	.00279	.10510	5.00	-.05505	.07748	.05062	-.04163	
6	.26192	.00058	.04790	6.00	.03165	-.02857	-.02007	-.02932	
7	-.32956	.00069	-.05216	7.00	-.01585	-.00139	.01385	.03270	

Data View Variable View

IBM SPSS Statistics Processor is ready Unicode:ON

[그림 8.19] DFBETAS(SDB0_1, SDB1_1, SDB2_1, SDB3_1)

먼저 저장된 $DFBETAS_{ij}$가 어떤 의미인지 살펴보기로 한다. SDB0_1은 절편 추정치와 관련된 $DFBETAS_{ij}$를 보여 준다. 이 값들은 $DFBETAS_{ij}$의 분자가 $\hat{\beta}_0 - \hat{\beta}_{0(i)}$이므로 사례 i가 들어감으로써 바뀐 절편의 크기를 의미하게 된다. 물론 $SE_{\hat{\beta}_{j(i)}}$으로 나누어 주었으니 표준화된 변화량이라고 봐야 한다. 예를 들어, 첫 번째 사례의 SDB0_1이 0.00634인 것은 $DFBETAS_{10} = 0.00634$임을 가리키며, 첫 번째 사례가 절편의 추정에 있어서 정적으로(positively) 0.00634만큼 기여하고 있다는 의미한다. 만약 첫 번째 사례를 제거할 경우, 개념적으로 표준화된 절편 추정치는 0.00634만큼 작아지게 된다.

다음으로 SDB1_1은 첫 번째 독립변수인 Horsepower의 기울기 추정치와 관련된 $DFBETAS_{ij}$를 보여 준다. 이 값들은 $DFBETAS_{ij}$의 분자가 $\hat{\beta}_1 - \hat{\beta}_{1(i)}$이므로 사례 i가 들어감으로써 바뀐 Horsepower 기울기의 표준화된 크기를 의미하게 된다. 예를 들어, 첫 번째 사례의 SDB1_1이 −0.00713인 것은 $DFBETAS_{11} = -0.00713$임을 가리키며, 첫 번째 사례가 Horsepower 기울기의 추정에 있어서 부적으로(negatively) 0.00713만큼 기여하고 있다는 의미한다. 만약 첫 번째 사례를 제거할 경우 Horsepower 표준화된 기울기 추정치는 0.00713만큼 커지게 된다. SDB2_1은 두 번째 독립변수인 MPG.city의 기울기 추정치와 관련된 $DFBETAS_{ij}$를 보여 주며, SDB3_1은 세 번째 독립변수인 NonUSA의 기울기 추정치와 관련된 $DFBETAS_{ij}$를 보여 준다. 이 모든 값들도 마찬가지로 해석할 수 있다.

$DFBETAS_{ij}$로 극단치를 판별하기 위하여 수직축을 $DFBETAS_{ij}$로 하고 수평축을 id로 하여 index plot을 실행하면 아래와 같이 네 개가 출력된다.

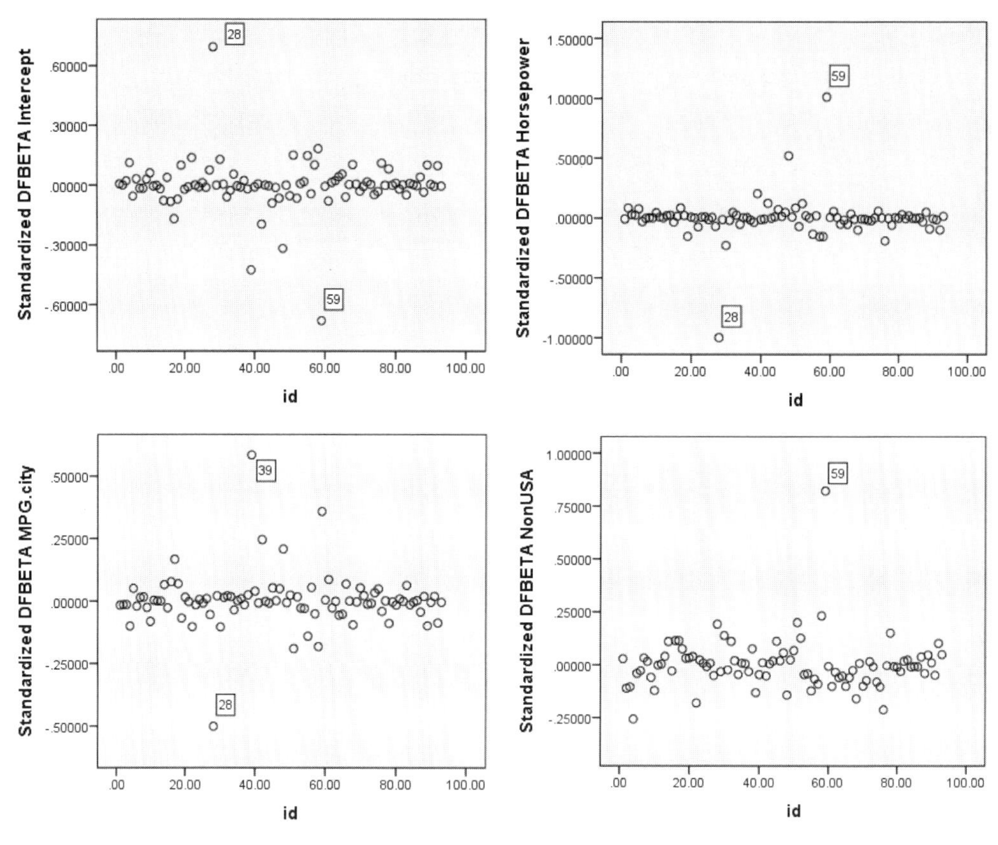

[그림 8.20] $DFBETAS_{ij}$의 index plot

왼쪽 위 그림은 절편의 $DFBETAS_{ij}$를 보여 주며, 28번과 59번이 극단치의 가능성을 나타낸다. 28번의 $DFBETAS_{ij}$가 양수이므로 이는 사례 28번이 절편에 정적으로 기여하고 있다는 것을 의미하고, 만약 28번 사례를 제거하면 절편이 작아질 것이다. 그리고 59번의 $DFBETAS_{ij}$는 음수이므로 이는 사례 59번이 절편에 부적으로 기여하고 있다는 것을 의미하고, 만약 59번 사례를 제거하면 절편이 커질 것이다. 오른쪽 위 그림은 Horsepower 기울기의 $DFBETAS_{ij}$를 보여 주며, 역시 28번과 59번이 극단치의 가능성을 나타낸다. 59번의 $DFBETAS_{ij}$는 양수이므로 이는 사례 59번이 Horsepower 기울기에 정적으로 기여하고 있다는 것을 의미하고 만약 59번 사례를 제거하면 기울기가 작아질 것이다. 그리고 28번의 $DFBETAS_{ij}$가 음수이므로 이는 사례 28번이 Horsepower 기울기에 부적으로 기여하고 있다는 것을 의미하고 만약 28번 사례를 제거하면 Horsepower 기울기가 커질 것이다. 나머지 index plot도 MPG.city 기울기 및 NonUSA 기울기에 대해 마찬가지로 해석할 수 있다.

경험칙을 이용하여 극단치를 판별할 수 있는데, Cars93 자료의 표본크기가 작지는 않으므로 $|DFBETAS_{ij}| > 2/\sqrt{93}$ 의 기준을 이용할 수 있다. $2/\sqrt{93} = 0.20739$ 이므로 $DFBETAS_{ij}$ 절대값이 0.20739보다 크면 극단치로 판별할 수 있다. 이 기준을 절편에 적용하면 28번, 39번, 48번, 59번이 극단치의 가능성이 있고, Horsepower의 기울기에 적용하면 28번, 30번, 48번, 59번이 극단치의 가능성이 있으며, MPG.city의 기울기에 적용하면 28번, 39번, 42번, 48번, 59번이 극단치의 가능성이 있고, NonUSA의 기울기에 적용하면 58번, 59번, 76번이 극단치의 가능성이 있다. 이중 공통적으로 모든 기울기와 절편에 영향력을 행사하는 사례는 59번 하나로서 아마도 이 사례를 극단치로 판단할 수 있을 것이다.

제9장 연속형 변수와 이분형 변수의 상호작용

상호작용효과(interaction effect)란 통계적으로 하나의 독립변수(X_1)가 종속변수(Y)와 갖는 관계가 또 다른 독립변수(X_2)의 수준(level)에[31] 따라 다르다는 것을 의미한다. 이는 Y에 대하여 X_1과 X_2 사이에 상호작용효과가 존재한다고 표현하기도 한다. 이때 변수 X_1을 독립변수, 변수 X_2를 조절변수(moderator)라고 구분하며, 조절효과(moderation effect)가 있다고 말할 수도 있다. 최근에는 상호작용효과보다 조절효과라는 용어를 사회과학에서 더 자주 사용하는데, 둘 사이에는 아주 작은 뉘앙스의 차이만 있을 뿐 근본적으로 동일한 것이라고 보아도 무방하다. 예를 들어, 일부 학자는 상호작용효과에서는 어떤 변수가 독립변수이고 또 어떤 변수가 조절변수인지 크게 구분하지 않는 반면, 조절효과에서는 그 두 종류의 변수를 선명하게 구분한다고 주장한다. 본 책에서는 상호작용효과와 조절효과를 특별히 구분하지 않겠지만, 연구문제를 선명하게 하기 위해서 독립변수와 조절변수는 구분하여 사용한다. 이번 장에서는 상호작용효과의 기본을 먼저 설명하고, 상호작용을 가장 선명하게 이해할 수 있는 연속형 변수와 범주형 변수의 상호작용효과를 소개한다. 특히 범주형 변수가 이분형인 경우만 설명하며, 다분형인 경우는 이후에 다룬다.

9.1. 상호작용효과의 이해

심리학, 교육학, 사회복지학, 경영학, 간호과학 등 대다수의 응용연구 분야에서 상호작용효과를 확인해야 하는 다양한 연구문제(research question)가 있을 수 있다. 예를 들어, 대학교 입학시험점수(X_1)가 평점(Y)에 미치는 영향이 학생들의 입학 전형 형태(X_2, 수시 vs. 정시)에 따라 다른지, 숙제에 투자하는 시간(X_1)이 성취도(Y)에 주는 영향이 학생의 동기 수준(X_2)에 따라 다른지, 학교 선생님이 느끼는 통제(X_1)가 소진(Y)에 주는 영향이 학교의 지원(X_2) 수준에 따라 다른지 등에 대한 질문이 모두 상호작용효과 또는 조절효과를 확인하는 연구주제라고 할 수 있다.

---

31 이와 같은 맥락에서 변수의 수준(level)이란 변수의 값(value)을 의미한다. 그러므로 '수준에 따라 다르다'라는 것은 '값에 따라 다르다'라는 것을 가리킨다.

이와 같은 연구문제의 예들을 살펴보면 두 독립변수 X_1과 X_2의 성격이 다른 것을 알 수 있다. 수리적으로는 X_1과 X_2가 모두 독립변수 또는 예측변수이지만 실질적으로 사용된 쓰임을 보면 X_1이 Y에 미치는 효과가 X_2의 수준에 따라 다르다는 가설이 사용된다. 이는 달리 표현하면 X_1이 Y에 미치는 효과의 방향이나 크기를 X_2가 조절(moderation)한다는 의미가 되기도 한다. 이런 이유로 두 예측변수를 구별하여 X_1은 독립변수, X_2는 조절변수라고 말하고, 상호작용효과를 조절효과라고 부르기도 한다. 본 책에서는 상호작용효과 또는 조절효과에 대한 설명을 전개함에 있어서 두 종류의 변수를 더욱 선명히 구분하기 위하여 지금부터 독립변수는 X, 조절변수는 W라고 표기한다. 이와 같은 구분은 조절효과에 대한 논의를 더욱 쉽게 만들어 주며, 최근 조절효과 및 매개효과 등을 통합 정리하여 방법론 발전에 기여한 Hayes(2022)의 표기법이기도 하다.

회귀분석을 이용하여 조절효과 또는 상호작용효과를 검정하기 위해서는 상호작용항(interaction term)을 만들어서 모형에 투입해야 한다. 상호작용항이란 독립변수 X와 조절변수 W의 곱으로 만들어진 새로운 변수이다. 만약 종속변수 Y와 독립변수 X 및 조절변수 W가 있는 회귀모형이라면 아래와 같이 XW항을 만들어 모형에 투입하고 이를 상호작용효과 모형이라고 한다.

$$Y = \beta_0 + \beta_1 X + \beta_2 W + \beta_3 XW + e \qquad \text{[식 9.1]}$$

위의 수식에서 상호작용항 XW는 X와 W를 실제로 곱하여 새롭게 생성한 변수이고, 상호작용항의 계수 β_3의 통계적 유의성이 바로 상호작용효과의 유의성을 가리킨다. 다시 말해, $H_0 : \beta_3 = 0$에 대한 검정을 진행해서 통계적으로 유의한 결과가 나오면, X가 Y에 주는 영향이 W의 수준에 따라 다르다고 결론 내린다. 이렇게 되면 X가 Y에 주는 영향을 W가 조절한다든지, 또는 Y에 대하여 X와 W 사이에 상호작용효과가 존재한다고 표현할 수도 있다. 어떤 연구자들은 단지 조절효과가 있다 또는 상호작용효과가 있다라고 하는데, 이는 좋은 서술이 아니며 조금 더 구체적으로 설명하는 것이 옳다.

참고로 [식 9.1]처럼 독립변수와 조절변수가 각각 하나씩 있어서 상호작용항이 두 변수의 곱으로 만들어지는 상호작용을 이원상호작용(two-way interaction)이라고 한다. 이는 다양한 상호작용효과 가운데 가장 기본적이고 일반적인 형태라고 할 수 있다. 만약 하나의 독립변수와 두 개의 조절변수가 모두 곱해진 형태, 즉 세 개의 예측변수들의 곱으로 상호작용항이 만들어진다면 이를 삼원상호작용(three-way interaction)이라고 하는데, 이는 13장에서 자세히 다룰 것이다.

상호작용항의 계수인 β_3가 어째서 상호작용효과 또는 조절효과를 가리키는지 이해하기 위해 [식 9.1]의 우변을 독립변수 X에 대하여 정리하면 다음과 같이 다시 쓸 수 있다.

$$Y = (\beta_0 + \beta_2 W) + (\beta_1 + \beta_3 W)X + e \qquad \text{[식 9.2]}$$

위처럼 상호작용효과 모형을 독립변수 X의 관점에서 정리하고 나면, 원래의 회귀식은 마치 단순회귀분석과 비슷한 형태를 띠게 된다. [식 9.2]에서 $\beta_0 + \beta_2 W$는 회귀모형의 절편이고, $\beta_1 + \beta_3 W$는 회귀모형의 기울기라고 볼 수 있게 되는 것이다. 다시 말해, 상호작용효과 회귀식에서 독립변수가 종속변수에 주는 효과는 $\beta_1 + \beta_3 W$임을 알 수 있다. 그리고 $\beta_1 + \beta_3 W$는 X가 Y에 주는 효과이므로 $\theta_{X \to Y}$라고 표기하기도 한다.[32]

일반적인 회귀모형에서 효과라는 것은 상수인데, [식 9.2]의 모형에서는 X가 Y에 주는 효과에 변수인 W가 들어가 있다. 이런 이유로 X가 Y에 주는 효과는 상수가 아니라 변수가 되고, 그 효과($\beta_1 + \beta_3 W$)는 당연히 W의 값에 의해 영향을 받게 된다. W의 값이 커지거나 작아짐에 따라 X가 Y에 주는 효과에 변화가 생기는 것이다. 이는 'X가 Y에 주는 효과가 W에 따라 달라진다'든지, 또는 'X와 Y의 관계를 W가 조절한다'는 의미와 동일하다. 그리고 이 조절하는 정도는 β_3의 절대값 크기가 클수록 더욱 커지게 될 것도 자명하다. 예를 들어, $\beta_3 = 0.0001$이라면 W가 아무리 변한다고 해도 $\beta_1 + \beta_3 W$ 전체의 크기는 별로 변하지 않을 것인 데 반해, 만약 $\beta_3 = 10.000$이라면 W가 조금만 변해도 $\beta_1 + \beta_3 W$가 크게 변할 수 있을 것이다.

상호작용항이 있는 회귀모형, 즉 [식 9.2]에서 X가 Y에 주는 효과인 $\beta_1 + \beta_3 W$는 설명한 것처럼 상호작용효과를 분석하고 결과를 해석하는 데 아주 중요한 의미를 지니는데, 이를 **단순회귀선 또는 단순기울기(simple slope)라고 한다**(Aiken & West, 1991). 참고로 simple

---

32 θ(theta)라는 것은 통계학에서 일반적으로 임의의 모수(parameter) 또는 효과(effect)를 의미한다. 그러므로 $\theta_{X \to Y}$는 'X가 Y에 주는 효과'에 대한 통계학적 표기이며, 조절효과, 매개효과, 조절된 매개효과 분석의 맥락에서 자주 사용된다.

slope에 대한 번역으로 단순회귀선이나 단순기울기 모두가 사용되는데, 맥락에 따라서 조금 다른 의미로 사용될 수 있다. 단순기울기가 오직 기울기 모수 $\beta_1+\beta_3 W$를 지칭하는 것뿐이라면, 단순회귀선은 그 기울기로 이루어진 회귀선 $(\beta_0+\beta_2 W)+(\beta_1+\beta_3 W)X$를 의미하는 것이다. 두 단어를 심각하게 구분하지 않는 경우도 많은데, 문장에서는 맥락에 맞게 적절히 사용하는 것이 좋다. 그리고 단순기울기는 상황에 따라 단순효과(simple effect)라고 하여도 자연스럽게 뜻이 통한다. 동일한 통계적 개념에 대하여 회귀분석의 맥락에서 단순기울기를 사용하는 것에 반하여 분산분석의 맥락에서는 단순효과라는 단어를 사용한다.

또한, Y에 대한 X의 기울기 $\beta_1+\beta_3 W$는 X가 Y에 주는 영향인데, 여기서 단순이란 단어가 붙은 이유는 W의 어떤 값(상수)에서의 기울기라는 의미를 지닌다. 예를 들어, $W=-1$일 때 X가 Y에 주는 효과는 $\beta_1-\beta_3$, $W=2$일 때 X가 Y에 주는 효과는 $\beta_1+2\beta_3$ 등에서 $\beta_1-\beta_3$이나 $\beta_1+2\beta_3$ 등을 단순기울기라고 부른다. 즉, 단순이란 단어가 효과(기울기) 앞에 붙는 것은 제3의 변수인 W의 특정한 값에서의 효과라는 것을 의미하기 위해서이다. 차후 상호작용효과의 사후탐색 과정에는 단순기울기 분석이라는 부분이 추가되는데, 이는 W의 어떤 특정한 값에서의 기울기가 통계적으로 유의한가에 대한 검정이 된다.

상호작용효과 모형에서 X가 Y에 주는 효과인 $\beta_1+\beta_3 W$를 최근에는 조건부효과(conditional effect)라고 하는 경우도 있다(Hayes, 2022). 조건부효과라는 것은 X가 Y에 주는 효과가 W의 조건에 따라, 즉 W의 값에 따라 달라지기 때문에 만들어진 용어이다. 즉, X가 Y에 주는 효과는 W에 대하여 조건화(conditional on W)되어 있는 것이다. 최근 조절효과와 매개효과 등을 쉽게 분석할 수 있는 PROCESS 매크로(Hayes, 2022)의 쓰임이 늘어나면서 조건부효과라는 단어의 쓰임도 같이 늘어나고 있다. 우리 책에서는 단순기울기와 조건부효과를 모두 사용하며, 둘의 의미에 차이를 두지 않는다.

연구자가 상호작용효과 모형 또는 조절효과 모형을 통해 연구문제를 정립하고 자료를 수집하여 분석을 실시하려고 할 때, 자신의 모형을 그림(경로도)으로 표현하게 되는 경우가 많다. 모형을 경로도로 표현하면 수식이나 글만을 이용하여 표현했을 때보다 연구자들끼리 더 선명하고 쉽게 이해할 수 있다는 장점이 있다. 경로도를 그리는 방식은 크게 개념모형(conceptual model) 방식과 통계모형(statistical model) 방식이 있는데, 어떤 모형들은 두 방식의 그림이 다르기도 하고 또 어떤 모형들은 두 그림이 동일하기도 하다. X가 Y에 주는 영향을 W가 조절한다고 했을 때 조절효과의 개념모형 경로도는 아래와 같다.

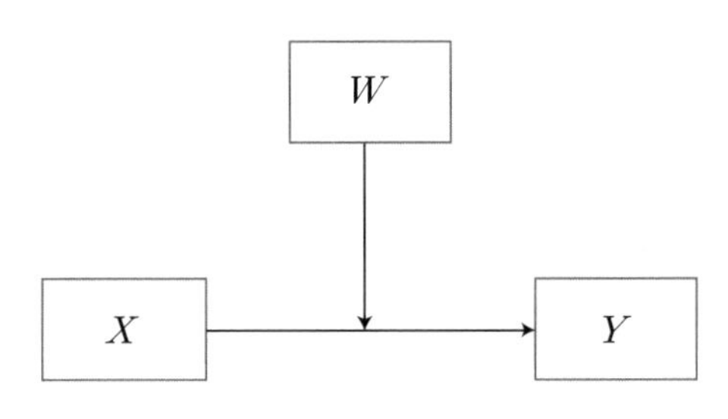

[그림 9.1] 조절효과의 개념모형 경로도

이 개념모형의 의미는 X가 Y에 주는 효과(수평의 화살표)의 방향이나 크기에 W가 영향을 준다(수직의 화살표)는 의미이다. X가 Y에 주는 효과의 방향이나 크기가 W에 달려 있다는 것이다. 위의 개념모형은 연구자들끼리 모형을 개념적으로 이해하는 데 큰 도움을 주지만, 사실 위 그림과 같은 통계모형은 존재하지 않는다. 위의 개념모형에 존재하는 조절효과를 검정하기 위해서는 아래의 통계모형을 사용해야 한다.

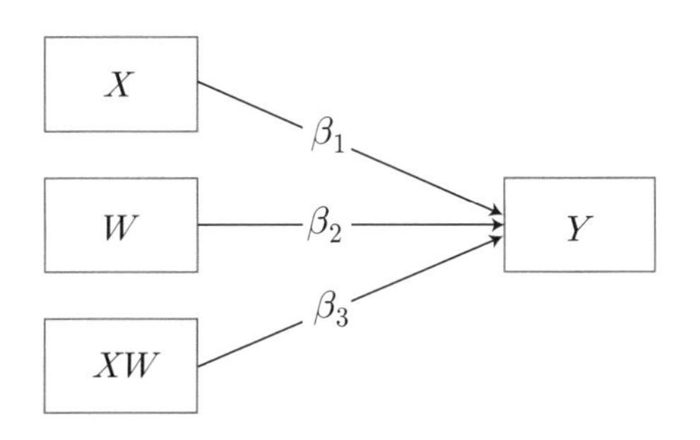

[그림 9.2] 조절효과의 통계모형 경로도

그림에서 볼 수 있듯이 조절효과를 검정하기 위해서는 독립변수 X와 조절변수 W의 상호작용항인 XW가 추가적으로 투입되어야 하며, β_3가 통계적으로 유의하면 상호작용효과가 존재하게 된다.

9.2. 이분형 조절변수와의 상호작용

앞에서 상호작용효과 또는 조절효과를 정의하고 설명하면서 독립변수나 조절변수의 형태에 대해서는 언급하지 않았다. 수리적으로나 모형적으로는 각 변수가 연속형이든 범주형이든 아무런 차이가 없기 때문이다. 하지만 결과를 해석하거나 분석을 진행하는 절차는 각 변수의 형태에 따라 달라지며, 상호작용을 이해한다는 측면에서 보면 독립변수가 연속형이고 조절변수가 범주형인 경우에 회귀분석의 상호작용효과는 가장 선명하다.

9.2.1. 이분형 조절변수

특히 모든 상호작용효과의 형태 중에서 조절변수가 이분형(더미변수)인 경우가 가장 직관적으로 원리를 이해할 수 있으며 해석도 단순하다. 예를 들어, 직장인들이 인지하는 회사의 통제(Control)가 그들의 소진(Burnout)에 영향을 주는 관계에서 성별(0=Male, 1=Female)이 이를 조절한다고 가정해 보자. 상호작용효과의 검정을 위한 회귀식은 아래와 같이 설정할 수 있다.

$$Burnout = \beta_0 + \beta_1 Control + \beta_2 Female + \beta_3 Control \times Female + e$$

위의 식에서 β_3가 통계적으로 유의하면, '통제가 소진에 주는 영향이 성별에 따라 다르다'라고 해석할 수 있다. 독립변수와 조절변수의 역할이 명확하게 정해져 있으므로 위 식의 우변을 독립변수 Control에 대해 다음처럼 정리할 수도 있다.

$$Burnout = (\beta_0 + \beta_2 Female) + (\beta_1 + \beta_3 Female) Control + e$$

이렇게 정리하면 Control이 Burnout에 주는 효과는 $\beta_1 + \beta_3 Female$로서 Female의 수준에 따라 달라진다는 것을 알 수 있다. 그리고 그 강도는 $Female$의 계수 β_3의 크기에 달려 있다. 통제가 소진에 주는 영향(기울기)을 Female의 두 수준에서 그림으로 그려 상호작용효과의 크기를 짐작할 수 있다. [그림 9.3]은 각 남녀 집단별 통제와 소진의 관계(회귀선)를 보여 준다. 그림에 보이는 두 개의 회귀선은 성별이 0(Male)일 때의 회귀선과 성별이 1(Female)일 때의 회귀선이다. 두 개의 회귀선들은 $Female$이라는 변수가 특정한 상수일 때 $Control$이 $Burnout$에 미치는 영향으로서 앞에서 정의하였듯이 단순회귀선이라고 말한다.

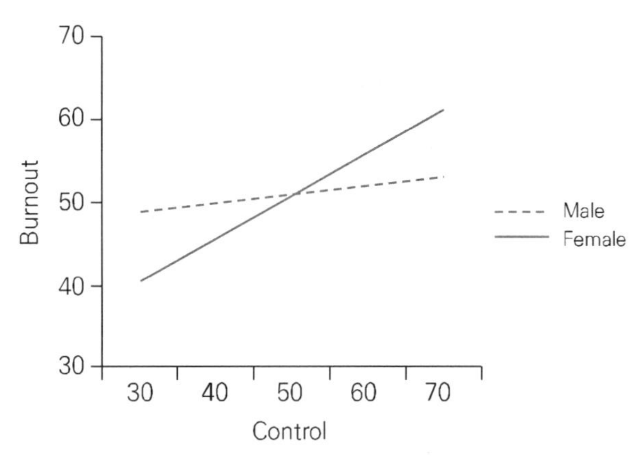

[그림 9.3] **통제가 소진에 주는 영향을 성별이 조절하는 경우**

위 그림의 회귀선을 보면, 남녀 집단 모두 통제를 더 인지할수록 소진이 증가하는 관계가 있다는 것을 알 수 있다. 그런데 통제와 소진의 관계는 남자 집단(dashed line)보다 여자 집단(solid line)에서 정적으로 더 강력하다. 즉, 여자들은 통제를 느낄수록 남자들에 비하여 소진이 더 빠르게 증가하는 것이다. 이를 통계적으로 표현하면, '독립변수 통제가 종속변수 소진에 주는 영향이 성별에 따라 다르다', 또는 '독립변수 통제가 종속변수 소진에 주는 영향을 성별이 조절한다', 또는 '소진에 대하여 통제와 성별 간에 상호작용이 존재한다'고 할 수 있다. 두 개의 단순회귀선이 위처럼 구분되는 기울기를 가지고 있을 때, 상호작용효과는 통계적으로 유의할 가능성이 높아진다. 만약 두 개의 단순회귀선이 아래와 같은 평행한(parallel) 패턴을 보인다면 상호작용효과는 유의하지 않게 된다.

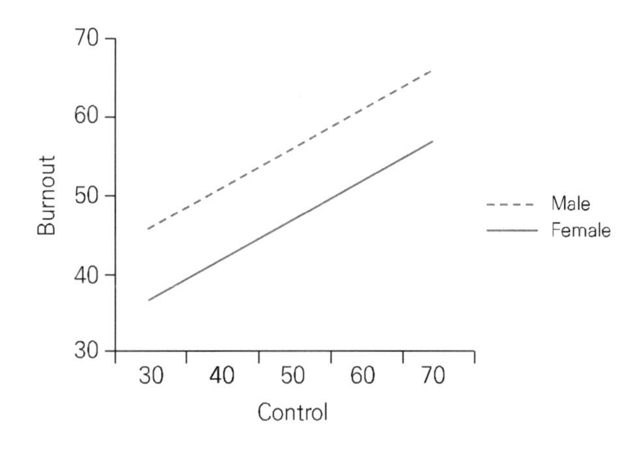

[그림 9.4] **통제가 소진에 주는 영향을 성별이 조절하지 않는 경우**

그림의 회귀선들을 보면, 이전과 마찬가지로 남녀 집단 모두에서 통제를 더 인지할수록 소진이 증가하는 관계가 있다. 그런데 통제와 소진의 강도(기울기)가 남녀 집단 간에 차이가 없다. Burnout의 절대적인 수준에는 집단 간 차이가 있지만(남자의 Burnout 수준이 전체적으로 여자보다 높음), 관계의 강도에는 차이가 없는 것이다. 즉, 여자와 남자 모두 통제를 느낄수록 소진이 증가하는 강도와 방향이 일치하는 것이다. 이를 통계적으로 표현하면, '독립변수 통제가 종속변수 소진에 주는 영향이 성별에 따라 다르지 않다', 또는 '독립변수 통제가 종속변수 소진에 주는 영향을 성별이 조절하지 못한다', 또는 '소진에 대하여 통제와 성별 간에 상호작용이 존재하지 않는다'고 할 수 있다. 다시 말해, 두 단순회귀선이 서로 평행하면 상호작용효과는 통계적으로 유의하지 않게 된다. 현실에서는 완벽하게 평행한 패턴이 나타나는 일은 거의 불가능하므로 평행에 가까울수록 통계적으로 유의하지 않을 가능성이 높다고 이해하면 된다.

9.2.2. 상호작용효과의 검정과 결과의 해석

지금부터 Cars93 자료를 이용하여 실제로 상호작용효과를 검정하는 절차를 진행하고자 한다. 언제나처럼 종속변수는 Price로 하고, 독립변수는 Horsepower이며, 조절변수는 NonUSA(0=USA, 1=non-USA)이다. 검정하고자 하는 상호작용효과의 연구가설은 '마력이 가격에 주는 영향이 생산지에 따라 다르다', 또는 '마력이 가격에 주는 영향을 생산지가 조절한다', 또는 '가격에 대하여 마력과 생산지 사이에 상호작용효과가 존재한다'이다. 상호작용효과의 검정을 위해서는 아래의 식들처럼 독립변수 Horsepower와 조절변수 NonUSA뿐만 아니라 두 변수의 곱으로 이루어진 상호작용항, Horsepower×NonUSA도 투입되어야 한다.

$$Price = \beta_0 + \beta_1 Horsepower + \beta_2 NonUSA + \beta_3 Horsepower \times NonUSA + e$$

$$Price = (\beta_0 + \beta_2 NonUSA) + (\beta_1 + \beta_3 NonUSA) Horsepower + e$$

위의 두 식 중에서 첫 번째 식은 일반적인 상호작용효과 회귀식을 쓴 것이며, 두 번째 식은 우변을 독립변수 Horsepower에 대하여 정리한 것이다. 아래의 식을 보면, 독립변수 Horsepower가 종속변수 Price에 주는 효과에 조절변수 NonUSA가 들어가 있음을 선명하게 알 수 있다.

상호작용효과를 검정하기 전에 생산지별로 가격과 마력의 관계를 대략적으로 살피기 위해 산포도를 출력하고 회귀선도 추정해 본다. 생산지 집단별 산포도를 출력하기 위해서는 아래의 Simple Scatterplot 실행 화면에서 Set Markers by 부분으로 집단변수 NonUSA를 옮겨 주면 된다.

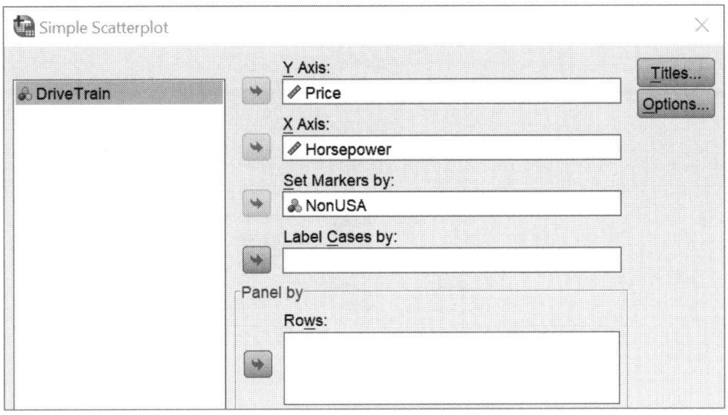

Simple Scatterplot
DriveTrain
Y Axis:
Price
X Axis:
Horsepower
Set Markers by:
NonUSA
Label Cases by:
Panel by
Rows:
Titles...
Options...

[그림 9.5] **집단별 산포도 출력**

위에서 OK를 눌러 그래프를 출력하면, 다음의 그림처럼 표지(marker)는 기본적으로 동일하면서(그림에서는 ○) 색은 다르게 사용하여 집단이 구분된다.

NonUSA
USA
non-USA
Price
60.00
40.00
20.00
0.00
50.00
100.00
150.00
200.00
250.00
300.00
Horsepower

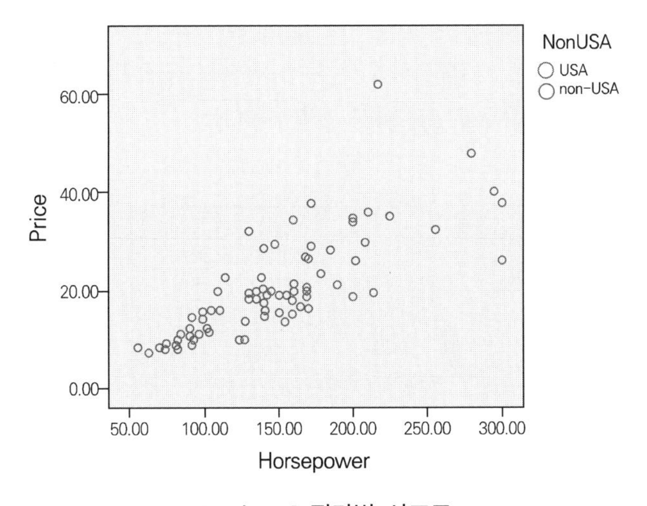

[그림 9.6] **집단별 산포도**

이러한 방식은 컬러를 사용할 수 없는 상황에서 두 집단의 구분을 힘들게 하기도 한다. 만약 집단별로 다른 표지를 사용하여 구분하고 싶다면 SPSS 결과 창에서 그림을 더블클릭하여 들어가야 한다. 다음에 그림 속 임의의 점을 하나 클릭하면 두 집단의 모든 점이 선택되

는데, 그 상태에서 한 번 더 점을 클릭하면 해당 점이 속한 집단의 점들만 선택된다. 다시 한번 선택한 점들 중 하나를 더블클릭하면 아래와 같은 화면이 열리게 된다.

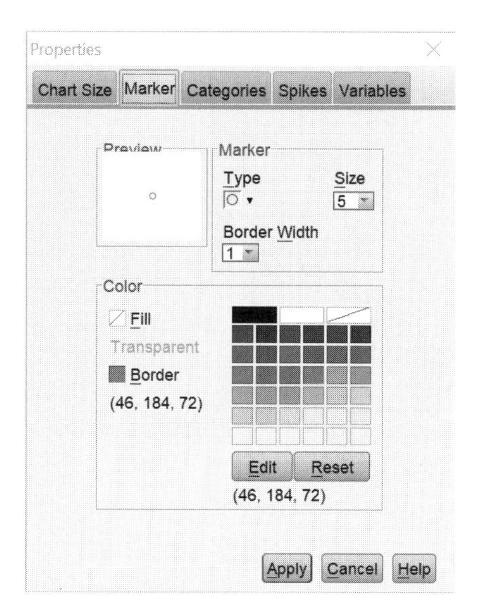

[그림 9.7] **산포도의 표지, 크기, 색 등의 변경**

위의 그림에서 Marker 부분의 Type을 클릭하여 들어가면 다양한 종류의 표지(○, △, □ 등)가 있는데 이중 원하는 것을 선택하고, 크기나 색 등도 필요에 따라 정하면 된다. Apply를 눌러 변화를 실행하고 창을 닫아 나오게 되면 변화된 부분이 그림에 적용된다. 아래는 non-USA 집단의 표지를 삼각형으로 바꾼 산포도이다.

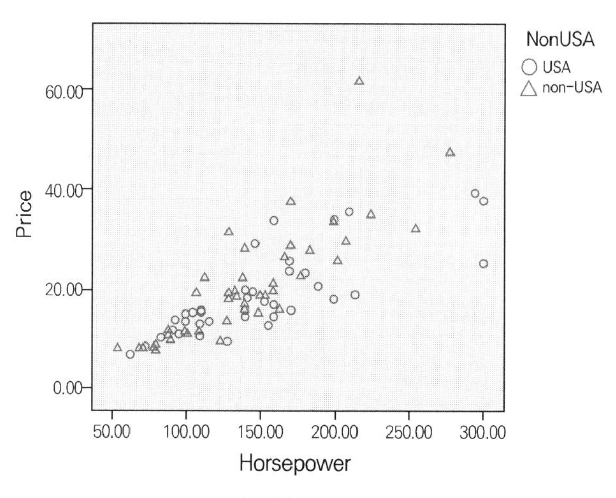

[그림 9.8] **집단별 산포도 - 표지 수정**

산포도에 집단별 회귀선을 더하고 싶다면 앞에서 배웠던 것처럼 다시 그림을 더블클릭하여 들어간다. Elements 메뉴에서 Fit Line at Subgroups를 실행하고 선형회귀선(Linear)을 더한 다음 Apply를 눌러 실행하면 아래와 같다.

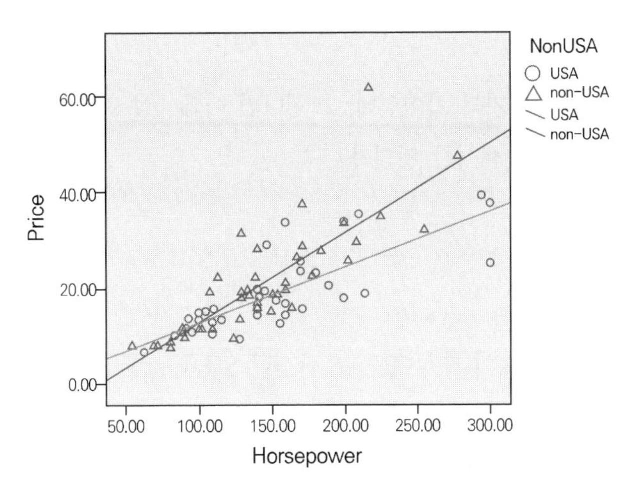

[그림 9.9] **집단별 산포도 - 단순회귀선 추가**

위 그림의 두 회귀선은 각 생산지 집단에서 Price와 Horsepower의 관계를 보여 주고 있으며, 이는 단순회귀선이라고 한다는 것을 앞에서 설명하였다. 위의 두 회귀선 중 더 가파른 선이 수입 차량(△)의 회귀선이며, 덜 가파른 선이 미국 차량(○)의 회귀선이다. 현재 설정한 연구문제에서 상호작용효과란 Horsepower와 Price 사이의 관계가 NonUSA의 수준에 따라 다르다는 것이므로, 상호작용효과 β_3는 개념적으로 두 회귀선 기울기의 차이를 의미하게 된다. 두 집단의 기울기 사이에 차이가 존재하면, 즉 β_3의 값이 충분히 크면 Price에 대하여 Horsepower와 NonUSA 사이에 상호작용효과가 있는 것이다.

β_3가 개념적으로 두 회귀선 기울기의 차이라고 하였는데, 사실 조절변수가 이분형 더미변수인 경우에 실제로 β_3는 두 회귀선의 기울기 차이이다. 아래는 [식 9.2]에서 $W=0$일 때와 $W=1$일 때의 단순기울기($\beta_1+\beta_3W$)이다.

$W=0$일 때 단순기울기: $\beta_1+\beta_3\times 0=\beta_1$

$W=1$일 때 단순기울기: $\beta_1+\beta_3\times 1=\beta_1+\beta_3$

위의 계산으로부터 $W=1$일 때 단순기울기는 $\beta_1+\beta_3$이고, $W=0$일 때 단순기울기는 β_1

이므로 두 기울기의 차이가 정확히 β_3인 것을 알 수 있다. β_3가 두 단순기울기의 차이라는 것은 오직 조절변수가 이분형 변수일 때만 해당하는 것이며, 조절변수의 형태가 달라지면 더 이상 성립하지 않는다.[33] 조절변수가 이분형 더미변수인 경우의 β_3를 정확히 해석하면, 0으로 코딩된 집단에 비해 1로 코딩된 집단의 기울기가 얼마만큼 다른가이다.

β_3는 위와 같이 단순기울기의 차이인데, 그렇다면 아래 [식 9.1]의 상호작용효과 모형에서 β_1과 β_2는 과연 어떻게 해석할 것인가?

$$Y = \beta_0 + \beta_1 X + \beta_2 W + \beta_3 XW + e$$

위의 모형에서 사실 β_1과 β_2의 해석에는 큰 관심이 없는데, 만약 해석을 하고자 하면 매우 큰 주의가 요망된다. 예를 들어, β_1이 'W와 XW를 통제한 상태에서 X가 한 단위 증가할 때 Y의 변화량'이라는 식의 해석은 가능하지 않다. 상호작용항 XW를 통제한다는 것은 XW를 일정한 상수로 고정한다는 것인데, XW를 고정하면서 X가 한 단위 증가한다는 해석은 수리적으로 가능하지 않은 것이다. β_1이 해석 가능하도록 하려면 $W=0$이라는 조건을 더해야 한다. W가 0이 되면 W항과 XW항이 모두 사라지므로 모형에는 X만 남게 되고 해석이 가능하게 되는 것이다. 그러므로 β_1은 '$W=0$이라는 조건에서 X가 한 단위 증가할 때 Y의 변화량'이 된다.

β_2 역시 마찬가지이다. β_2를 'X와 XW를 통제한 상태에서 W가 한 단위 증가할 때 Y의 변화량'이라고 해석하는 것은 가능하지 않다. 위와 마찬가지로 XW를 상수로 고정한 상태에서 W가 한 단위 증가한다는 것은 수리적으로 가능하지 않기 때문이다. β_2는 '$X=0$이라는 조건에서 W가 한 단위 증가할 때 Y의 변화량'이라고 해석해야 한다.

이처럼 β_1과 β_2의 해석에는 $W=0$이라든지 $X=0$이라든지 하는 조건이 달리기 때문에 상호작용효과 모형의 β_1과 β_2를 조건부효과(conditional effect)라고 한다. 이는 앞의 단순기울기의 맥락에서 언급했던 조건부효과와는 또 다른 종류의 조건부효과이다. 둘 다 상호작용효과 또는 조절효과 맥락에서 사용하기 때문에 주의해서 구분해야 한다. 다만, 통계적으로

33 조절변수가 연속형인 경우에는 β_3를 두 단순기울기의 차이라고 해석할 수 없다. W가 연속형이라는 것은 단지 두 개의 값이 아니라 매우 많은 값을 취할 수 있다는 것이므로 단순기울기도 두 개가 아닐 수 있다.

보았을 때 두 효과 모두 공통적으로 어떤 조건이 달려 있는 효과이기는 하다.

이제 Cars93 자료를 이용하여 상호작용효과를 검정하고자 하는 데 있어, 먼저 추정하고자 하는 모형의 개념모형 경로도와 통계모형 경로도가 아래에 제공한다.

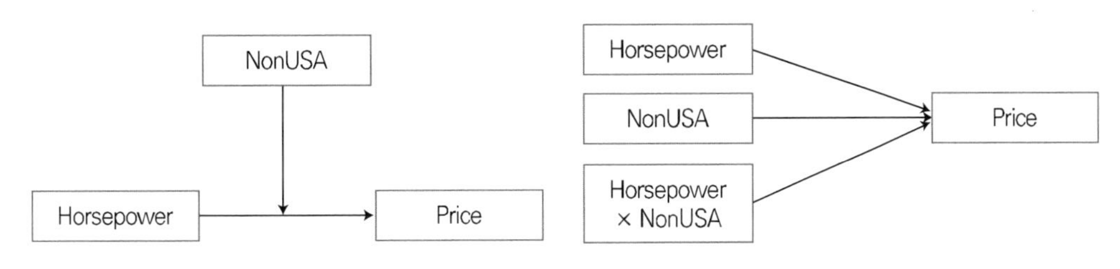

[그림 9.10] Cars93 상호작용효과 모형의 개념모형 및 통계모형

위의 그림에서 통계모형 경로도에 보이는 것처럼 상호작용효과를 검정하기 위해서는 Horsepower와 NonUSA 간의 상호작용항인 Horsepower×NonUSA를 생성해야 한다. 새로운 변수의 이름은 HorseNonUSA로 하였으며, 이는 Transform 메뉴의 Compute Variable을 실행하고, Horsepower 변수와 NonUSA 변수를 곱하여 생성한 것이다.

18.Cars93_interaction_categorical.sav [DataSet6] - IBM SPSS Statistics Data Editor

File Edit View Data Transform Analyze Direct Marketing Graphs Utilities Add-ons Window Help

Visible: 5 of 5 Variables

	Price	Horsepower	NonUSA	DriveTrain	HorseNonUSA	var	var	var	var	var	var
1	15.90	140.00	1.00	2.00	140.00						
2	33.90	200.00	1.00	2.00	200.00						
3	29.10	172.00	1.00	2.00	172.00						
4	37.70	172.00	1.00	2.00	172.00						
5	30.00	208.00	1.00	3.00	208.00						
6	15.70	110.00	.00	2.00	.00						
7	20.80	170.00	.00	2.00	.00						

Data View Variable View

IBM SPSS Statistics Processor is ready Unicode:ON

[그림 9.11] 상호작용항 HorseNonUSA의 생성

위처럼 상호작용항 HorseNonUSA가 만들어지면 상호작용효과 모형을 추정하기 전에 아래처럼 독립변수와 조절변수만 존재하고 상호작용항은 없는 모형을 먼저 추정하는 것이 표준 관행이다.

$$Price = \beta_0 + \beta_1 Horsepower + \beta_2 NonUSA + e$$

이와 같은 모형을 주효과 모형(main effects model)이라고 하는데, 주효과란 상호작용항이 없이 일반적인 회귀분석 모형을 통해 추정하는 효과, 바로 그것이다. 즉, 위의 회귀식을 보면, NonUSA를 통제한 상태에서 Horsepower의 주효과는 β_1이고, Horsepower를 통제한 상태에서 NonUSA의 주효과는 β_2이다. 모형 안에 상호작용항(또는 고차항)이 없다면 모든 효과는 주효과가 된다. 상호작용효과를 분석하는 과정에서 주효과 모형을 먼저 추정하는 것은 분석 결과의 해석과 관련이 있으며 특별한 이유가 없는 한 추정하는 것이 권장된다.

아래는 예측변수로서 Horsepower와 NonUSA를 투입한 주효과 모형의 SPSS 개별모수 추정치 결과이다.

Coefficients[a]

Model		Unstandardized Coefficients		Standardized Coefficients	t	Sig.
		B	Std. Error	Beta		
1	(Constant)	-3.190	1.904		-1.675	.097
	Horsepower	.148	.012	.800	12.729	.000
	NonUSA	3.062	1.208	.159	2.535	.013

a. Dependent Variable: Price

[그림 9.12] **주효과 모형의 개별 추정치 결과**

주효과 모형의 추정 결과를 하나의 식으로 쓰면 아래와 같다.

$$\widehat{Price} = -3.190 + 0.148 Horsepower + 3.062 NonUSA$$

절편 추정치는 −3.190으로서 마력이 0인 미국산 차량의 기대가격은 −3,190달러이다. 일반적으로 회귀모형에서 절편의 해석은 중요치 않으며, 더군다나 마력은 0이 될 수 없기 때문에 이 해석은 말이 되지 않는다. 그럴듯한 절편의 해석을 원한다면 Horsepower의 평균중심화가 권장된다. 상호작용효과 모형에서 평균중심화는 절편의 해석 이외에도 또 다른 효용이 있기 때문에 11장에서 상호작용효과 모형의 평균중심화에 대해 자세히 설명할 것이다.

Horsepower의 기울기는 0.148로서 생산지를 통제하였을 때, 즉 생산지가 같다면 1마력 증가할 때마다 가격이 148달러씩 증가한다는 것을 의미한다. NonUSA의 기울기는 3.062로서 Horsepower를 통제하였을 때, 즉 마력이 같은 차량이라면 수입산이 미국산보다 3,062달러 더 비싸다는 것을 의미한다. p값으로 보았을 때 위의 모형에서 모든 독립변수는 통계적으로 유의한 효과를 가지고 있으며, 이는 다른 독립변수를 통제한 상태에서 해당 독립변수의 효과인 주효과가 유의하다는 것을 의미한다.

주효과 모형을 추정하여 각 예측변수의 통계적 유의성을 확인하고 결과를 해석하였다면, 다음으로는 아래의 상호작용효과 모형(interaction effects model)을 추정하여 상호작용효과의 유의성을 확인하고 결과를 해석한다.

$$Price = \beta_0 + \beta_1 Horsepower + \beta_2 NonUSA + \beta_3 Horsepower \times NonUSA + e$$

아래는 예측변수로서 Horsepower와 NonUSA 및 HorseNonUSA를 투입한 상호작용효과 모형의 SPSS 개별모수 추정치 결과이다.

Coefficients[a]

Model		Unstandardized Coefficients		Standardized Coefficients	t	Sig.
		B	Std. Error	Beta		
1	(Constant)	1.607	2.318		.693	.490
	Horsepower	.115	.015	.624	7.791	.000
	NonUSA	-7.413	3.372	-.386	-2.198	.031
	HorseNonUSA	.073	.022	.594	3.303	.001

a. Dependent Variable: Price

[그림 9.13] **상호작용효과 모형의 개별 추정치 결과**

상호작용효과 모형의 추정 결과를 하나의 식으로 쓰면 아래와 같다.

$$\widehat{Price} = 1.607 + 0.115 Horsepower - 7.413 NonUSA + 0.073 Horsepower \times NonUSA$$

회귀분석, 특히 상호작용효과 모형에서 절편의 해석은 의미도 없고 중요치도 않으므로 제외한다. Horsepower와 NonUSA의 기울기 해석도 상호작용효과 모형에서는 관심도 없고 별 의미가 없다. 해석을 하지 않는 게 원칙이지만, 굳이 해석을 하려고 하면 앞에서도 말했듯이 매우 주의해야 한다. Horsepower의 기울기는 0.115인데 이를 해석하기 위해 '생산지와 상호작용항을 통제한 상태에서 1마력이 증가하면 115달러가 비싸진다'라고 하는 것은 아주 잘

못되었다. 기울기 0.115는 NonUSA가 0일 때 Horsepower가 Price에 주는 영향이다. 즉, '미국에서 생산된 차량의 경우에 1마력이 증가하면 115달러가 비싸진다'라고 해석해야 한다. 달리 말해, 기울기 0.115는 미국산 차량들에서 마력과 가격 사이의 회귀선 기울기이다.

다음으로 NonUSA의 기울기 −7.413도 '마력과 상호작용항을 통제한 상태에서 수입산 차량의 가격이 미국산 차량의 가격보다 7,413달러 더 싸다'라고 해석하면 안 된다. 이는 Horsepower가 0일 때 NonUSA가 Price에 주는 영향이므로 '마력이 0일 때, 수입산 차량이 미국산 차량보다 7,413달러 더 싸다'라고 해석해야 한다. '마력이 0일 때'라는 조건은 실질적으로 가능하지 않으므로 이와 같은 해석은 거의 아무런 의미도 없다.

상호작용효과 모형에서 가장 중요하고 연구자가 해석을 진행해야 할 모수는 오직 상호작용효과를 나타내는 β_3이다. 상호작용효과의 추정치는 0.073이고, $p < .01$ 수준에서 통계적으로 유의하여 가격에 대한 마력과 생산지의 상호작용효과가 있다고 결론 내릴 수 있다. 이는 마력이 가격에 주는 영향이 생산지에 따라 다르다거나 마력이 가격에 주는 영향을 생산지가 조절한다는 것을 의미하며, 1로 코딩된 수입산 차량들의 단순기울기가 0으로 코딩된 미국산 차량들의 단순기울기보다 0.073만큼 더 크다는 것으로 해석할 수 있다.

SPSS가 제공하는 상호작용효과 모형의 추정 결과를 해석하고 결과를 논문 등에 보고하는 데 있어서 한 가지 주의할 점이 있다. 표준화 상호작용효과를 비롯하여 [그림 9.13]에 제공되는 모든 표준화 추정치가 수리적으로 잘못된 값이라는 것이다. SPSS뿐만 아니라 SAS, STATA, Mplus, Amos 등 모든 통계 프로그램이 잘못된 결과를 주는데 이에 대한 부분은 11장에서 자세히 설명한다.

상호작용효과 모형을 추정 및 검정하고 결과를 해석하는 과정에서 주효과 모형과 상호작용효과 모형을 모두 추정하게 되는데, 두 가지 모형의 유일한 차이는 상호작용항을 추가적으로 투입하는 것뿐이다. 이는 1단계에서 X와 W를 투입하고, 2단계에서 X와 W 및 XW를 투입하는 위계적 회귀분석과 매우 흡사하다. 실제로 위계적 회귀분석을 통하여 상호작용효과를 분석할 수 있으며, 꽤 많은 연구자들이 상호작용효과 분석을 하면서 이 방식을 사용한다. 동일한 자료와 변수를 이용하여 위계적 회귀분석을 실시한 결과는 아래와 같다.

Model Summary

Model	R	R Square	Adjusted R Square	Std. Error of the Estimate	Change Statistics				
					R Square Change	F Change	df1	df2	Sig. F Change
1	.804[a]	.647	.639	5.80642	.647	82.304	2	90	.000
2	.828[b]	.685	.674	5.51100	.039	10.908	1	89	.001

a. Predictors: (Constant), NonUSA, Horsepower

b. Predictors: (Constant), NonUSA, Horsepower, HorseNonUSA

ANOVA[a]

Model		Sum of Squares	df	Mean Square	F	Sig.
1	Regression	5549.713	2	2774.857	82.304	.000[b]
	Residual	3034.308	90	33.715		
	Total	8584.021	92			
2	Regression	5880.991	3	1960.330	64.546	.000[c]
	Residual	2703.030	89	30.371		
	Total	8584.021	92			

a. Dependent Variable: Price

b. Predictors: (Constant), NonUSA, Horsepower

c. Predictors: (Constant), NonUSA, Horsepower, HorseNonUSA

Coefficients[a]

Model		Unstandardized Coefficients		Standardized Coefficients	t	Sig.
		B	Std. Error	Beta		
1	(Constant)	-3.190	1.904		-1.675	.097
	Horsepower	.148	.012	.800	12.729	.000
	NonUSA	3.062	1.208	.159	2.535	.013
2	(Constant)	1.607	2.318		.693	.490
	Horsepower	.115	.015	.624	7.791	.000
	NonUSA	-7.413	3.372	-.386	-2.198	.031
	HorseNonUSA	.073	.022	.594	3.303	.001

a. Dependent Variable: Price

[그림 9.14] 위계적 회귀분석을 통한 상호작용효과의 검정

그림의 가장 위쪽에 위계적 회귀분석의 결과 요약표가 제공되고 있으며, 상호작용항 HorseNonUSA를 투입함으로써 증가한 $\Delta R^2 = 0.039$이고 이는 $p < .01$ 수준에서 통계적으로 유의하다. 즉, Price에 대한 Horsepower와 NonUSA의 상호작용효과가 통계적으로 존재한다는 것을 알 수 있다. 중간에는 주효과 모형과 상호작용효과 모형의 분산분석표가 제공되고 있으며, 두 모형 모두 각각 통계적으로 유의하다. 그림의 가장 아래쪽에 있는 개별모수 추정치를 보면, 1단계 모형이 주효과 모형이고, 2단계 모형이 상호작용효과 모형인 것을 알 수 있다. 모든 결과는 앞에서 각각 분석했을 때와 다르지 않다. 상호작용효과 모형의 분석 결과를 논문 등에 제공함에 있어서 다음과 같이 위계적 회귀분석의 결과표 형식으로 하는 것은 꽤 일반적이라고 할 수 있다.

[표 9.1] 위계적 회귀분석을 통한 상호작용효과의 검정 결과

독립변수	1단계	2단계
Horsepower	0.148***	0.115***
NonUSA	3.062*	−7.413*
Horsepower×NonUSA		0.073**
R^2	0.646***	0.685***
ΔR^2		0.039**
ΔF	82.304***	10.908**

$^{*}p < .05$ $^{**}p < .01$; $^{***}p < .001$. 숫자를 맞추기 위해 1단계의 R^2 미세조정하였음.

9.2.3. 상호작용효과의 탐색

상호작용효과 모형을 추정하여 통계적으로 유의한 상호작용효과가 발견되면, 어떤 방식으로 효과가 유의했는지를 탐색하게 된다. 일반적으로 주효과 모형에서 β_1이나 β_2가 통계적으로 유의하면, 해당 독립변수가 종속변수에 정적으로 영향을 주었는지 또는 부적으로 영향을 주었는지 바로 알 수 있다. 반면에 상호작용효과 모형에서 β_3가 유의하다는 것은 단순기울기 간에 큰 차이가 있다는 것에 대한 아이디어만 줄 뿐 각 단순기울기가 정적인지 부적인지조차도 알 수가 없다. 이 때문에 조절변수의 어느 집단에서 기울기가 더 가파른지, 또 어느 집단에서 더 평평한지 알아내는 것이 어렵다.

β_3의 올바른 해석을 위해서는 β_1 및 β_2의 정보도 함께 가지고 있어야 한다. 그러므로 상호작용효과가 유의한 것으로 판명이 되었을 때는 β_3의 추정치 하나가 아니라 여러 종합적인 정보를 바탕으로 결과를 해석하는 과정을 거친다. 이렇게 상호작용효과가 발생한 패턴을 확인하는 것을 상호작용효과의 사후분석 또는 상호작용효과의 탐색(probing interaction)이라고 하며, 크게 두 가지 방법으로 이루어지는 게 일반적이다. 하나는 상호작용도표(interaction plot)를 그리는 것이며, 나머지 하나는 단순기울기에 대한 통계적 검정을 하는 것이다.

상호작용효과의 탐색을 위해서는 상호작용도표를 그리는 것이 아주 오랫동안의 표준관행이었다. 조절변수가 이분형인 경우의 상호작용도표란 독립변수(x축)와 종속변수(y축)로 이루어진 평면에 조절변수의 두 수준에서 독립변수와 종속변수의 관계, 즉 단순기울기 두 개를 그리면 된다. 지금부터 실제로 직접 각 단순회귀선의 절편 및 기울기를 구하고자 한다. 먼저

미국에서 생산된 차량 집단($NonUSA=0$)의 Horsepower와 Price 간 단순회귀선을 구하기 위해서는 추정된 상호작용효과 회귀식의 NonUSA 변수에 0을 대입하여 정리하면 된다. 마찬가지로 미국 밖에서 수입된 차량 집단($NonUSA=1$)의 Horsepower와 Price 간 단순회귀선을 구하기 위해서는 추정된 상호작용효과 회귀식의 NonUSA 변수에 1을 대입하여 정리하면 된다. 아래는 추정된 상호작용효과 모형의 회귀식과 각 단순회귀선의 계산이다.

$$\widehat{Price}=1.607+0.115Horsepower-7.413NonUSA+0.073Horsepower\times NonUSA$$

i) $NonUSA=0$인 경우

$$\begin{aligned}\widehat{Price}&=1.607+0.115Horsepower-7.413\times 0+0.073Horsepower\times 0\\&=1.607+0.115Horsepower\end{aligned}$$

ii) $NonUSA=1$인 경우

$$\begin{aligned}\widehat{Price}&=1.607+0.115Horsepower-7.413\times 1+0.073Horsepower\times 1\\&=-5.806+0.188Horsepower\end{aligned}$$

위의 두 단순회귀선을 비교해 보면, $NonUSA=1$을 대입했을 때 단순회귀선의 기울기가 $0.188(=\hat{\beta}_1+\hat{\beta}_3)$로서 $NonUSA=0$을 대입했을 때 단순회귀선의 기울기인 $0.115(=\hat{\beta}_1)$보다 $0.073(=\hat{\beta}_3)$만큼 더 가파른 것을 볼 수 있다. 위의 두 단순회귀식으로 Excel을 이용하여 상호작용도표를 그려 보면 아래와 같다.

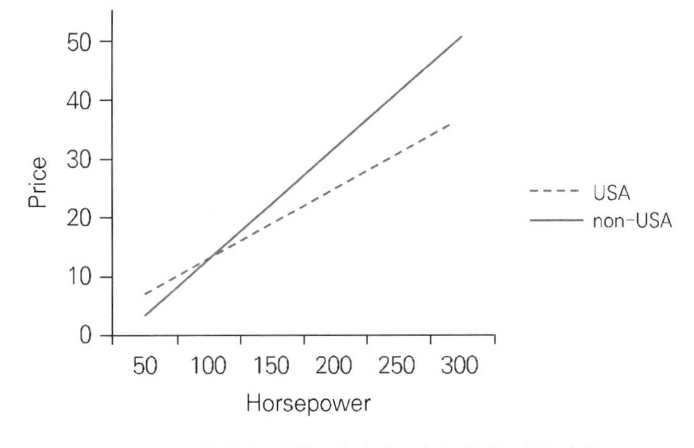

[그림 9.15] 가격에 대한 마력과 생산지의 상호작용도표

상호작용도표를 통해서 미국산 차량이든 수입산 차량이든 마력과 가격의 관계는 정적으로 꽤 강력한 것을 볼 수 있고, 수입산 차량의 마력과 가격 간 관계가 미국산 차량의 마력과 가격 간 관계보다 더 강력한 것도 알 수 있다. β_3가 통계적으로 유의하였으니 두 단순기울기 간 차이도 의미 있는 것으로 판단할 수 있다.

과거에는 이렇게 상호작용효과 모형을 추정하고 그 효과가 유의한 경우 상호작용도표를 그리는 것만으로 충분하였는데, 최근에는 단순기울기에 대한 검정을 진행하는 것이 표준관행이 되어 가고 있다. 즉, [그림 9.15]에 나타나는 두 개의 단순기울기가 통계적으로 유의할 만큼 가파른지 아닌지를 검정하는 것이다. 단순기울기의 검정은 회귀분석의 일반적인 기울기 검정과 다를 바 없다. 기울기 추정치를 추정치의 표준오차로 나누어 t검정통계량을 형성하고, 계산된 t검정통계량이 자유도가 $n-p-1$인 t분포를 따른다는 사실을 이용한다.

독립변수 X와 조절변수 W를 가정하는 아래의 [식 9.2]에서 단순기울기 검정을 실시한다고 가정하자.

$$Y=(\beta_0+\beta_2 W)+(\beta_1+\beta_3 W)X+e$$

위에서 단순기울기 추정치는 $\hat{\beta}_1+\hat{\beta}_3 W$로서 SPSS 결과를 통해 아주 쉽게 구할 수 있는데 문제는 단순기울기 추정치의 표준오차(standard error)를 구하는 것이다. 만약 구조방정식 프로그램인 Mplus나 오픈소스 통계 소프트웨어인 R 등을 이용하면 표준오차의 추정을 쉽게 해결할 수 있으나 SPSS는 단순기울기의 표준오차를 제공해 주지 않는다.

지금부터 꽤 기초적인 수리통계학적 원리를 기반으로 단순기울기 추정치의 표준오차를 추정하는 과정을 보인다. 뒤에서 다룰 Hayes(2022)의 PROCESS 매크로를 이용하면 표준오차를 쉽게 추정할 수 있지만, 그 원리를 설명하는 측면에서 보이는 것이다. 수리적인 원리에 관심이 없는 독자라면 건너뛰어도 상관없다. 추정치의 표준오차라는 것은 추정치의 분산에 제곱근을 씌우면 되므로 먼저 단순기울기 추정치의 분산을 구해야 한다.

$$\begin{aligned} & Var(\hat{\beta}_1 + \hat{\beta}_3 W) \\ & = Cov(\hat{\beta}_1 + \hat{\beta}_3 W, \hat{\beta}_1 + \hat{\beta}_3 W) \\ & = Cov(\hat{\beta}_1, \hat{\beta}_1) + 2Cov(\hat{\beta}_1, \hat{\beta}_3 W) + Cov(\hat{\beta}_3 W, \hat{\beta}_3 W) \\ & = Cov(\hat{\beta}_1, \hat{\beta}_1) + 2WCov(\hat{\beta}_1, \hat{\beta}_3) + W^2 Cov(\hat{\beta}_3, \hat{\beta}_3) \end{aligned} \quad \text{[식 9.3]}$$

위에서 $Var()$은 분산 함수를 가리키며, $Cov()$는 공분산 함수를 가리킨다. 맨 마지막 식의 첫 번째 항 $Cov(\hat{\beta}_1, \hat{\beta}_1)$은 $Var(\hat{\beta}_1)$으로 고쳐 쓸 수도 있는데, SPSS에서 단순기울기의 표준오차를 구하는 데 도움을 주지 못하므로 그냥 둔다. 위 식의 가장 아랫줄에 제곱근을 씌우면 단순기울기 추정치 $\hat{\beta}_1 + \hat{\beta}_3 W$의 표준오차 SE를 다음과 같이 구할 수 있다.

$$SE = \sqrt{Cov(\hat{\beta}_1, \hat{\beta}_1) + 2WCov(\hat{\beta}_1, \hat{\beta}_3) + W^2 Cov(\hat{\beta}_3, \hat{\beta}_3)} \quad \text{[식 9.4]}$$

이제 위의 계산식을 Cars93 자료에 적용해 보자. Y를 Price, X를 Horsepower, W를 NonUSA라고 가정하면 회귀식 추정치는 아래와 같다.

$$\widehat{Price} = (\hat{\beta}_0 + \hat{\beta}_2 NonUSA) + (\hat{\beta}_1 + \hat{\beta}_3 NonUSA) Horsepower$$

그러므로 단순기울기 추정치는 $\hat{\beta}_1 + \hat{\beta}_3 NonUSA$이고, 단순기울기 추정치의 표준오차는 아래와 같이 표현된다.

$$SE = \sqrt{Cov(\hat{\beta}_1, \hat{\beta}_1) + 2NonUSA\,Cov(\hat{\beta}_1, \hat{\beta}_3) + NonUSA^2 Cov(\hat{\beta}_3, \hat{\beta}_3)}$$

단순기울기 추정치의 표준오차(SE)를 구하기 위한 위의 식에서 $Cov(\hat{\beta}_1, \hat{\beta}_1)$은 $\hat{\beta}_1$의 분산, 즉 Horsepower 계수 추정치의 분산이고, $Cov(\hat{\beta}_1, \hat{\beta}_3)$은 $\hat{\beta}_1$과 $\hat{\beta}_3$의 공분산, 즉 Horsepower 계수 추정치와 HorseNonUSA 계수 추정치 사이의 공분산이며, $Cov(\hat{\beta}_3, \hat{\beta}_3)$은 $\hat{\beta}_3$의 분산, 즉 HorseNonUSA 계수 추정치의 분산을 의미한다.

SPSS는 표준오차 추정을 위한 $Cov(\hat{\beta}_1, \hat{\beta}_1)$, $Cov(\hat{\beta}_1, \hat{\beta}_3)$, $Cov(\hat{\beta}_3, \hat{\beta}_3)$의 추정치를 제공한다. 회귀계수 추정치들 사이의 공분산 추정치를 얻고 싶다면, 상호작용효과 모형의 회귀분석 과정에서 Statistics 옵션을 클릭하여 실행해야 한다. 아래와 같은 화면이 열리게 되면 왼쪽 위에 있는 Regression Coefficients 부분에서 Covariance matrix에 체크한다.

Covariance matrix는 회귀분석의 표집이론 상에서 회귀계수 추정치들 사이의 공분산 행렬을 가리킨다.

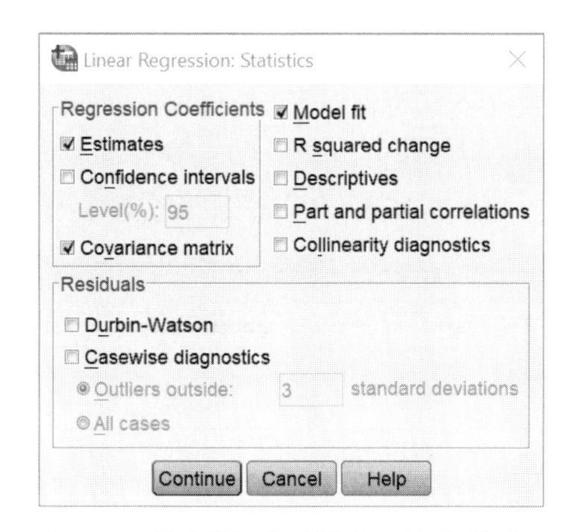

[그림 9.16] 회귀계수 추정치의 공분산 행렬 요구

Continue를 눌러 나가고 회귀분석 화면에서 OK를 눌러 실행하면 SPSS Output에 각 추정치의 분산과 공분산이 아래처럼 출력된다. 추정치 간의 상관계수 행렬도 같이 출력이 되는데 표준오차 계산에는 관계가 없는 정보이다. 또한, 응용과학을 하는 독자들은 크게 신경 쓸 필요 없지만, 공분산 행렬의 요소들은 엄밀히 말해 회귀계수 추정치 간의 공분산이 아니라 공분산의 추정치이다.

Coefficient Correlations[a]

Model			HorseNonUSA	Horsepower	NonUSA
1	Correlations	HorseNonUSA	1.000000	-.666906	-.940430
		Horsepower	-.666906	1.000000	.645727
		NonUSA	-.940430	.645727	1.000000
	Covariances	HorseNonUSA	.000490	-.000218	-.070203
		Horsepower	-.000218	.000218	.032147
		NonUSA	-.070203	.032147	11.373651

a. Dependent Variable: Price

[그림 9.17] 회귀계수 추정치의 상관계수 및 공분산 행렬

무슨 이유에서인지 SPSS에서 회귀계수 추정치 간의 공분산 행렬을 요구하면 변수의 순서가 바뀌어 있으므로 주의하여 값을 찾아내야 한다. 또한, 원래는 소수점 셋째 자리까지의 값만 제공되어 있는데, 표를 더블클릭하여 들어가 원하는 숫자에 마우스 오른쪽 클릭을 하여 Cell Properties를 실행하면 소수점 자릿수를 바꿀 수 있다. 최종적으로 찾아낸 공분산 추정치들

은 아래와 같다.

$$\widehat{Cov}(\hat{\beta}_1, \hat{\beta}_1) = 0.000218,\ \widehat{Cov}(\hat{\beta}_1, \hat{\beta}_3) = -0.000218,\ \widehat{Cov}(\hat{\beta}_3, \hat{\beta}_3) = 0.000490$$

먼저 $NonUSA = 0$, 즉 미국산 차량들의 단순기울기를 검정하고자 하면, 추정치와 추정치의 표준오차는 아래와 같다.

$$\hat{\beta}_1 + \hat{\beta}_3 NonUSA = 0.115 + 0.073 \times 0 = 0.115$$
$$SE_{USA} = \sqrt{0.000218 + 2 \cdot 0 \cdot (-0.000218) + 0^2 \cdot 0.000490} = 0.01476$$

위의 정보를 이용하여 t검정통계량과 자유도를 구하면 다음과 같다.

$$t = \frac{0.115}{0.01476} = 7.791,\ df = n - p - 1 = 89$$

자유도가 89인 t분포에서 $t = 7.791$보다 더 극단적인 확률, 즉 p값은 0.001보다도 작다. 그러므로 미국산 차량 집단의 단순기울기는 $p < .001$ 수준에서 통계적으로 유의하다고 결론 내린다. SPSS 또는 Excel의 함수를 이용하거나, Google을 이용하면 t검정통계량의 p값은 쉽게 구할 수 있다.

다음으로 $NonUSA = 1$, 즉 수입산 차량들의 단순기울기를 검정하고자 하면, 추정치와 추정치의 표준오차는 아래와 같다.

$$\hat{\beta}_1 + \hat{\beta}_3 NonUSA = 0.115 + 0.073 \times 1 = 0.188$$
$$SE_{NonUSA} = \sqrt{0.000218 + 2 \cdot 1 \cdot (-0.000218) + 1^2 \cdot 0.000490} = 0.01649$$

위의 정보를 이용하여 t검정통계량과 자유도를 구하면 다음과 같다.

$$t = \frac{0.188}{0.01649} = 11.401,\ df = n - p - 1 = 89$$

자유도가 89인 t분포에서 $t = 11.401$보다 더 극단적인 확률, 즉 p값은 0.001보다도 작다.

그러므로 수입산 차량 집단의 단순기울기도 $p < .001$ 수준에서 통계적으로 유의하다고 결론 내린다.

9.3. PROCESS 매크로의 이용

PROCESS는 조절효과(moderation) 분석, 매개효과(mediation) 분석, 조절된 매개효과(moderated mediation) 분석을 실시하기 위한 Hayes의 매크로(macro) 프로그램으로서 최근 큰 인기를 끌고 있다. 매크로란 범용 소프트웨어 안에서 사용자가 작성한 코드를 통하여 자동화된 작업을 수행하는 기능이다. 예를 들어, Excel, SPSS, SAS 등의 프로그램에서 반복적으로 수행해야 하는 작업을 자동화하기 위해서 매크로를 사용한다. PROCESS 매크로는 일종의 add-on program으로 이해하면 좋으며, SPSS, SAS, R에 추가적으로 설치하여 사용 가능하다. PROCESS를 설치하면 기본적으로 syntax를 이용하여 원하는 모형을 추정할 수 있는데, SPSS에 설치하여 사용하는 경우에만 다이얼로그 박스(dialog box)를 이용하는 옵션을 선택할 수 있다. 다이얼로그 박스란 SPSS처럼 팝다운 메뉴를 클릭하여 새로운 창을 열고 정보를 입력하여 분석을 실시하는 방식이다.

PROCESS를 이용하면 조절효과, 매개효과, 조절된 매개효과를 상당히 쉽게 분석할 수 있다는 장점이 있다. 분석에 잠재변수(latent variable)를 사용할 수 없다는 단점을 제외하면 매우 유용한 프로그램이다. 특히 조절효과를 분석하는 데 있어서 PROCESS의 최대 장점은 SPSS가 제공해 주지 않는 단순기울기 검정 결과를 준다는 것이다. 이번 장에서 PROCESS의 모든 기능을 탐색하고 설명하는 것은 목적이 아니며, 상호작용효과 분석을 진행하는 데 필요한 부분만 주로 소개한다.

먼저 간단하게 PROCESS를 어떻게 SPSS에 설치할 수 있는지 설명한다. Google에서 'PROCESS MACRO'로 검색하여 다운로드 페이지를 찾아가면 아래와 같은 그림이 포함된 페이지가 나타난다.

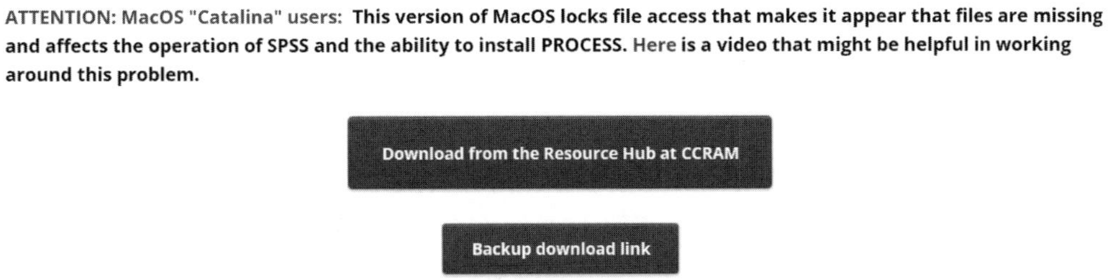

ATTENTION: MacOS "Catalina" users: This version of MacOS locks file access that makes it appear that files are missing and affects the operation of SPSS and the ability to install PROCESS. Here is a video that might be helpful in working around this problem.

Download from the Resource Hub at CCRAM

Backup download link

[그림 9.18] PROCESS 다운로드 페이지

위에서 두 개의 버튼 중 'Backup download link'를 클릭하면 자동으로 프로그램이 다운로드 된다. PROCESS의 다운로드 페이지 형태는 수시로 바뀌므로 독자들은 약간의 행운이 필요하다. 어떤 방식으로든 파일을 다운로드 받으면 zip 형태로 되어 있는데, 임의의 폴더에 압축을 풀면 R, SAS, SPSS 각각의 설치 폴더가 생성되는 것을 확인할 수 있다. 이중 SPSS 버전 폴더에서 아래의 파일이 설명하는 대로 실행하면 PROCESS가 SPSS에 설치된다.

Opening and executing the PROCESS macro definition file.pdf

다이얼로그 박스 메뉴를 사용하고자 하면 생성된 SPSS 폴더의 하위 폴더, Custom dialog builder file 폴더로 들어가서 아래의 파일이 설명하는 대로 실행해야 한다.

Installing PROCESS custom dialog.pdf

프로그램 설치 파일과 다이얼로그 박스 설치 파일은 각각 두 페이지 정도이고 매우 단순하므로 누구라도 쉽게 PROCESS를 설치할 수 있을 것이다. 이렇게 되면 Regression의 Linear 밑으로 PROCESS version by Andrew F. Hayes라는 실행 옵션을 확인할 수 있다.

PROCESS를 사용하는 데 있어서 먼저 주의해야 할 것은 변수명의 길이가 8글자(8 characters)까지만 허용된다는 것이다. Long variable names라는 옵션에서 이를 풀어 주는 방법이 있는데, 단지 8글자가 넘는 변수 이름의 9번째 글자 이후를 지워버리는 방식이다. 이는 대다수의 경우에 별문제를 일으키지 않는데, 때에 따라 상당한 위험성을 지니고 있는 방식이다. 예를 들어, depression1과 depression2라는 두 개의 변수를 사용한다고 했을 때, 첫 번째 변수도 depressi가 되고, 두 번째 변수도 depressi가 되어 구분이 불가능해지기 때문이다. 그러므로 이런 위험이 감지되면 8글자 이내의 변수명으로 변경하여 사용해야 한다. 그리고 PROCESS의 분석 종류에 따라 다른데, 한글 변수 이름을 허락하지 않는 경우도 있으므로 PROCESS를 사용하고자 하면 모든 변수명을 영어로 바꾸어 놓는 것이 권장된다.

이제 PROCESS를 이용하여 상호작용효과 분석을 실시하고자 하면, 아래 그림과 같이 Analyze 메뉴로 들어가 Regression을 선택하고 PROCESS v4.2 by Andrew F. Hayes를 실행해야 한다. 중간에 버전명은 4.2로 되어 있는데, 사실 3.0 이후로는 바뀐 것이 별로 없기 때문에 어떤 버전으로 사용하든 차이는 거의 없다.

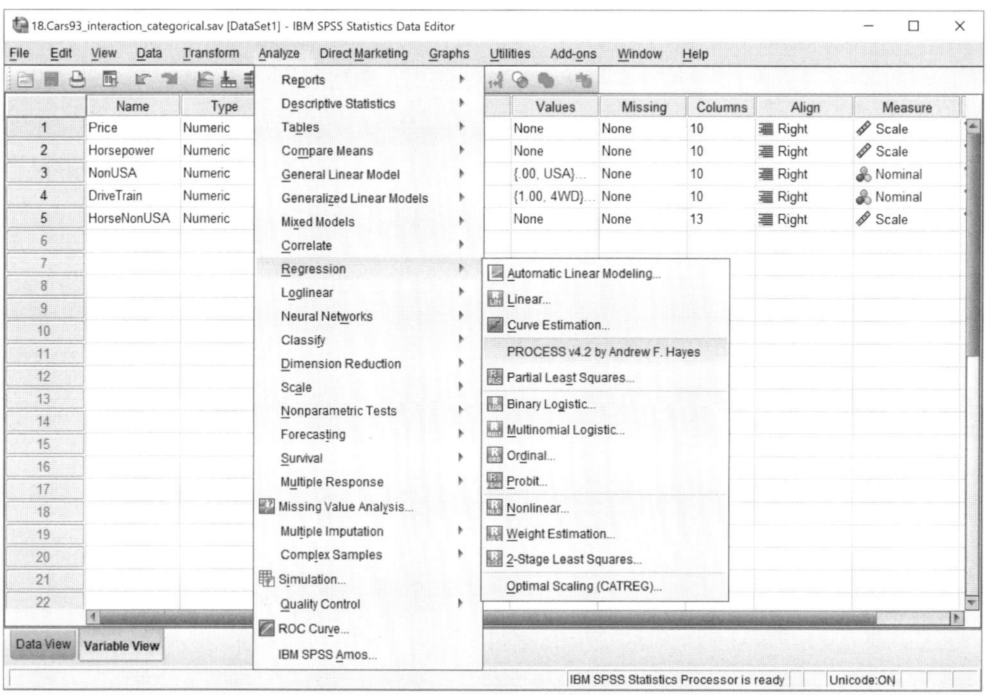

[그림 9.19] PROCESS의 실행

PROCESS는 무료로 다운로드 받아 설치할 수 있지만, 그 사용법은 Hayes(2022)의 책에 제공이 되어 있다. PROCESS는 현재 55개 종류의 모형을 추정할 수 있는데, 각 모형마다 번호가 있고, 그 번호에 맞는 경로도가 책에 있으므로 책을 구입해야 제대로 사용할 수 있다. 다행히 연구자들이 자주 사용하는 모형들은 그 번호가 잘 알려져 있다. 우리가 배운 조절효과 모형은 1번이고, 경로도는 아래처럼 [그림 9.1]과 동일하다.

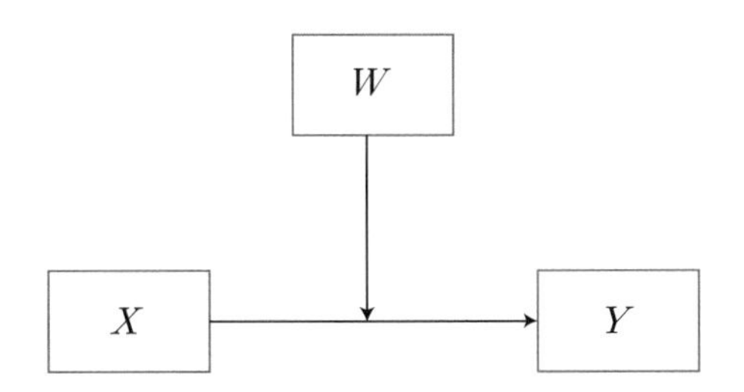

이 그림을 알지 못하면 PROCESS를 사용할 수 없다. 왜냐하면, 위의 그림에 보이는 변수의 이름과 역할에 맞게 프로그램 화면에서 실제 변수를 입력해야 하기 때문이다. 다음은 [그림 9.19]의 화면에서 PROCESS version by Andrew F. Hayes를 클릭하여 실행한 화면이다.

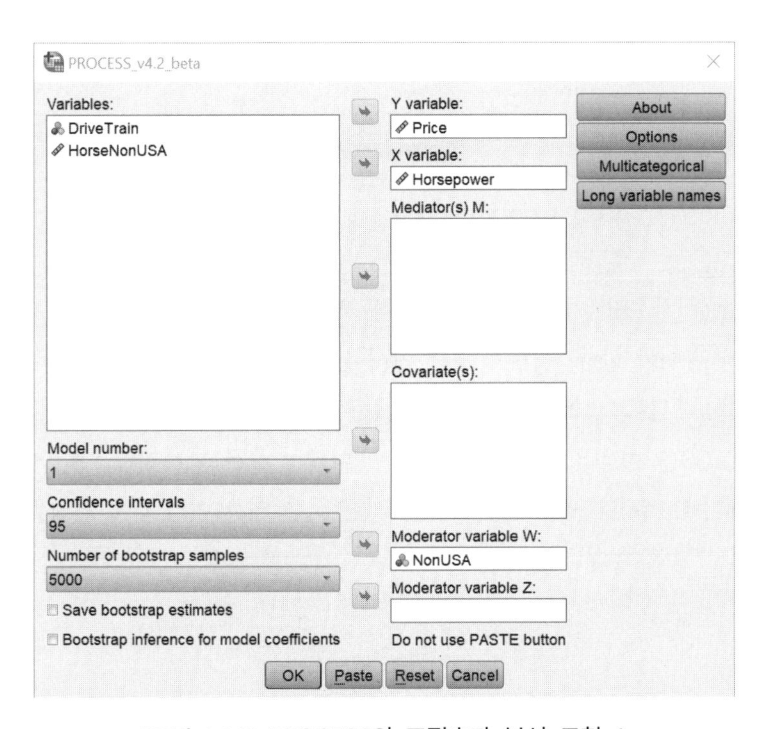

[그림 9.20] PROCESS의 조절효과 분석 모형 1

위의 그림처럼 PROCESS의 기본적인 실행 화면이 나타나면 가장 먼저 Model number를 지정해 줘야 한다. [그림 9.1]의 모형은 PROCESS에서 1번이라고 하였으므로 이를 1로 설정한다. Confidence intervals는 Output에 제공되는 신뢰구간 추정치의 수준을 지정하는 것이며 95% 신뢰구간을 추정하도록 설정되어 있다. 조절효과 모형의 결과가 제공하는 신뢰구간은 부트스트랩이 아닌 t분포를 이용하여 구한 것이다. Number of bootstrap samples는 매개효과 분석을 위해 부트스트랩 표집 횟수를 지정하는 것이므로 조절효과에서는 신경 쓸 필요가 없다.

다음으로는 Variables 패널에 있는 변수 중에서 종속변수 Price를 Y variable로 옮기고, 독립변수 Horsepower를 X variable로 옮기며, 조절변수 NonUSA를 Moderator variable W로 옮겨야 한다. 즉, 모든 변수를 [그림 9.1]의 역할에 맞게 지정해야 한다. 그리고 오른쪽 위에 있는 여러 옵션 중에서 Long variable names를 실행한다.

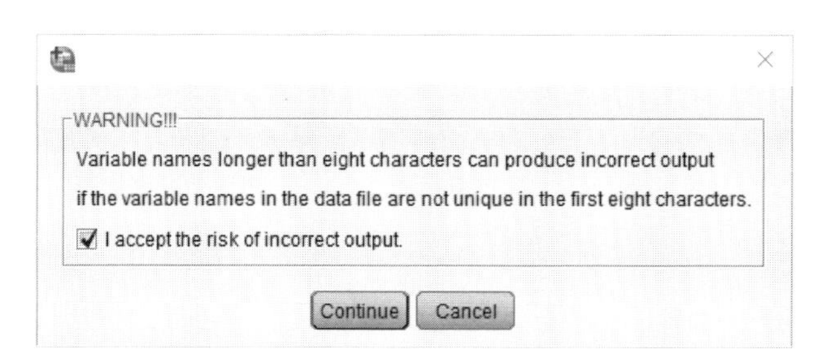

[그림 9.21] PROCESS의 Long variable names 화면

Horsepower의 변수명이 10글자이므로 위에 새롭게 열린 화면에서 위험을 감수하겠다는 데에 체크를 해 주어야 한다. 이렇게 하면 앞서 설명한 대로 Horsepow로 변수명이 바뀌게 되어 분석이 가능해진다. 만약 8글자를 초과하는 변수를 모형에 사용하면서 여기에 체크하지 않으면 PROCESS를 이용한 분석을 진행할 수 없다는 오류 메시지가 나타난다. 다음으로 [그림 9.20]에서 Options를 클릭하면 조절효과 분석을 위한 여러 가지 결정을 할 수 있다.

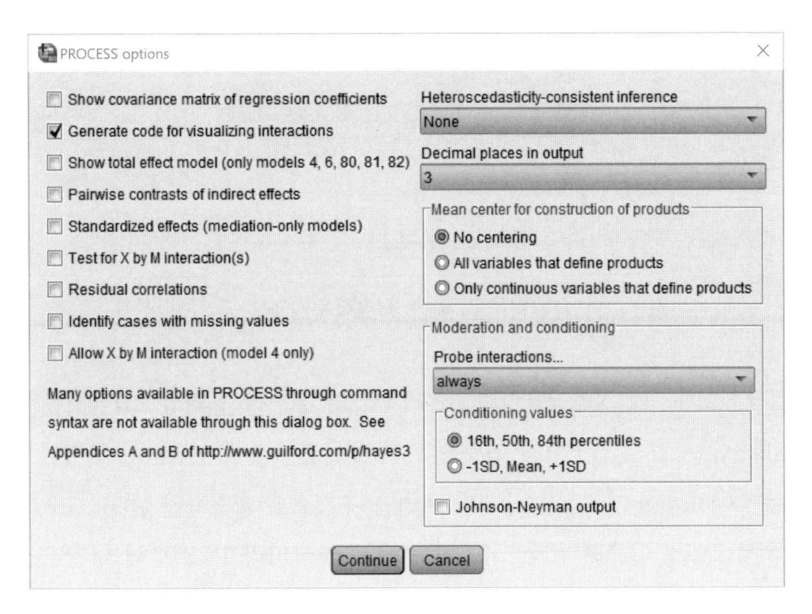

[그림 9.22] PROCESS의 Options 화면

모든 내용을 설명할 수는 없으므로 필요한 부분만 짚고 넘어간다. 먼저 상호작용도표를 출력하고 싶으면 Generate code for visualizing interactions에 체크해야 한다. 여기에 체크하면 상호작용도표를 출력하지는 않는데, 대신 도표를 출력할 수 있는 SPSS syntax를 제공해 준다. 다음으로 Decimal places in output에서 원하는 소수점 자리를 결정할 수 있다. 디폴트 값은 4인데, 2~8 사이의 값을 원하는 대로 지정할 수 있다. Mean center for construction of products에서는[34] 상호작용항을 만들 때 평균중심화를 할지 결정한다. 여기서는 일단 하지 않고 넘어갈 것이며, 상호작용효과에서의 평균중심화는 11장에서 다시 자세히 설명한다. 마지막으로 Moderation and conditioning 부분에서는 어떤 경우에 어떤 조건으로 사후탐색을 진행할 것인지 결정해야 한다. Probe interactions는 사후탐색을 진행하게 되는 상호작용효과의 유의성 기준을 결정하는 부분이다. 여기서는 always라고 설정해 놓았는데, 그 부분을 클릭하면 다음과 같은 여러 옵션을 확인할 수 있다.

34 Product는 수학에서 곱을 의미한다. 상호작용효과 모형에서 곱이라는 것은 독립변수와 조절변수의 곱을 가리키는 것이므로 상호작용항을 의미한다.

Moderation and conditioning
Probe interactions...
always
always
if p < .20
if p < .10
if p < .05
if p < .01
Johnson-Neyman output

[그림 9.23] 사후탐색을 위한 상호작용효과의 유의성 조건

위는 상호작용효과, 즉 상호작용항의 계수인 β_3의 통계적 유의성 조건을 설정하기 위한 그림이다. always는 $H_0 : \beta_3 = 0$의 검정을 위해 계산된 p값에 상관없이 무조건 사후탐색을 진행하겠다는 것이다. 이 부분은 연구자가 원하는 조건으로 설정하면 된다. Options의 나머지는 이번 분석에서는 이용하지 않으나, 나중에 필요에 따라 더 설명해 나갈 것이다. 이제 Continue를 눌러 나가고, OK를 눌러 분석을 실행하면 꽤 긴 Output이 나타나는데 이를 나누어 설명한다.

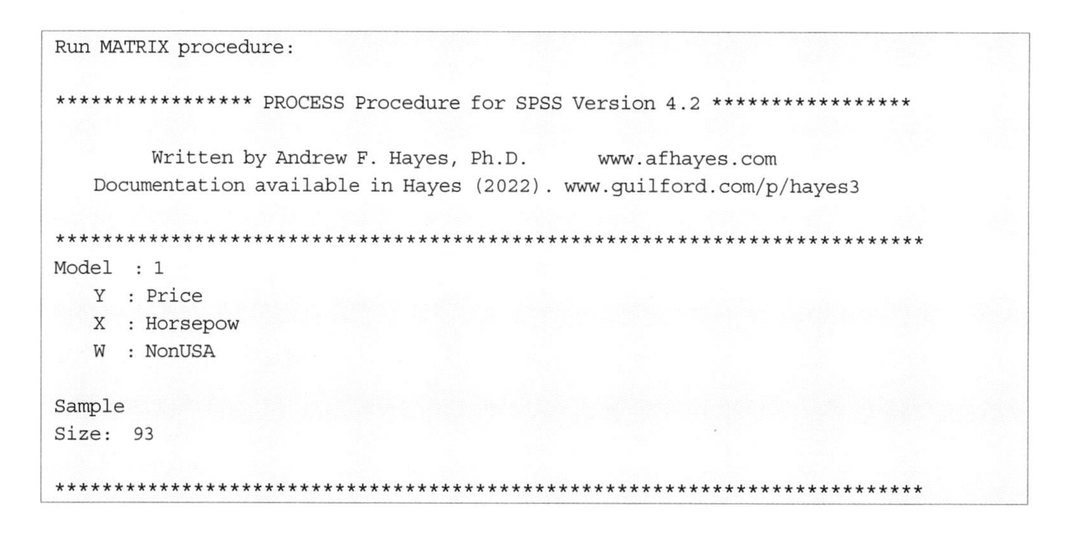

```
Run MATRIX procedure:

***************** PROCESS Procedure for SPSS Version 4.2 *****************

        Written by Andrew F. Hayes, Ph.D.       www.afhayes.com
   Documentation available in Hayes (2022). www.guilford.com/p/hayes3

**************************************************************************
Model  : 1
   Y   : Price
   X   : Horsepow
   W   : NonUSA

Sample
Size:  93

**************************************************************************
```

Output에서 가장 처음 나타나는 내용은 Hayes와 PROCESS의 정보들이고, 그다음으로 연구자가 추정한 모형이 1번이며, 1번 모형에 맞는 Y, X, W가 각각 어떤 변수로 설정되어 있는지, 그리고 표본크기는 얼마인지를 보여 준다. PROCESS를 이용하는 연구자들이 절대로 간과해서는 안 되는 부분으로서 연구자 본인이 의도한 모형에 의도한 변수들을 사용했는지 확인하는 루틴 작업이 되어야만 한다. 지금까지 설명한 것처럼 PROCESS의 사용법이 너무나 쉽기 때문에 많은 사람들이 Model number의 설정이나 변수의 설정에서 실수를 한다.

```
OUTCOME VARIABLE:
 Price

Model Summary
         R       R-sq        MSE          F        df1        df2          p
      .828       .685     30.371     64.546      3.000     89.000       .000

Model
              coeff         se          t          p       LLCI       ULCI
constant      1.607      2.318       .693       .490     -3.000      6.214
Horsepow       .115       .015      7.791       .000       .086       .144
NonUSA       -7.413      3.372     -2.198       .031    -14.114      -.712
Int_1          .073       .022      3.303       .001       .029       .117

Product terms key:
 Int_1    :        Horsepow x        NonUSA

Test(s) of highest order unconditional interaction(s):
      R2-chng          F        df1        df2          p
X*W      .039     10.908      1.000     89.000       .001
```

다음으로 Output에서 제공되는 것은 상호작용효과 모형의 회귀분석 결과이다. 가장 먼저 OUTCOME VARIABLE에 연구자가 설정한 종속변수 Price가 나타나는데, 이는 이후로 보이는 모든 회귀분석 결과에서 Price가 결과변수임을 의미한다. 다음으로 Model Summary에는 다중상관 R, 결정계수 R^2과 모형의 F검정 결과 등이 제공된다. 대부분 SPSS의 결과와 동일한데, MSE라는 새로운 정보가 보인다. MSE는 2장에서 다루었듯이 평균제곱오차(mean squared error)로서 오차의 분산 추정치를 가리킨다. SPSS가 제공하는 추정의 표준오차(standard error of estimate)를 제곱한 값으로서 추정의 정확성을 판단하는 기준이라고 앞장에서 설명하였다. 사회과학 분야에서는 추정의 표준오차를 더 많이 사용하는데, 통계학 분야에서는 MSE를 더 중요하게 여긴다.

Model 부분에는 각 절편과 기울기의 추정치 및 상호작용항의 추정치가 제공되는데, 모든 값이 SPSS를 이용한 결과와 다르지 않다. 마지막에는 각 모수의 신뢰구간 추정치도 제공이 되는데, 추정치의 하한값은 LLCI(lower limit confidence interval)로 상한값은 ULCI(upper limit confidence interval)로 표기된다. PROCESS는 조절효과 외에도 매개효과와 조절된 매개효과를 분석하는 데 사용되기 때문에 부트스트랩 신뢰구간 추정을 많이 실시한다. 이런 이유로 PROCESS에 제공되는 신뢰구간이 모두 부트스트랩을 이용한 추정치라고 생각하는 경우가 있는데 이것은 착각이다. 조절효과 모형들에서 제공되는 모든 신뢰구간은 부트스트랩을 이용한 비모수적 신뢰구간(nonparametric confidence interval)이 아니라 t분포 등을 이용한 모수적 신뢰구간(parametric confidence interval)이다.

PROCESS를 이용하면 연구자가 따로 상호작용항을 만들지 않아도 되며, 자동적으로 생성이 되고 이름도 Int_1이라는 식으로 저절로 부여된다.[35] 개별모수 추정치 결과 바로 밑에 Product terms key라고 해서 Int_1 변수가 Horsepow와 NonUSA 변수를 곱하여 만들어졌다는 정보가 제공된다. 가장 마지막에는 Test(s) of highest order unconditional interaction(s)이라는 이름으로 모형에 있는 모든 상호작용항 중에서 가장 높은 차수를 지니고 있는 상호작용항의 검정 결과가 제공된다. R2-chng는 상호작용항이 없는 모형에서 상호작용항을 추가로 투입했을 때 증가하게 되는 ΔR^2(change in R^2)을 가리키며, 이는 위계적 회귀분석을 이용하여 상호작용효과를 검정하면 제공되는 정보와 동일하다. 사실 현재의 모형에는 상호작용항이 단 하나밖에 없기 때문에 이 정보는 Model 부분에 제공되는 상호작용효과의 검정 결과와 완전히 동일하다($p=.001$). Unconditional interaction은 conditional interaction과 함께 다루어야 그 의미가 더욱 선명해지는데, 이는 13장에서 삼원상호작용을 소개할 때 다시 다룬다.

```
   Focal predict: Horsepow (X)
         Mod var: NonUSA   (W)

Conditional effects of the focal predictor at values of the moderator(s):

     NonUSA      Effect        se          t          p       LLCI       ULCI
       .000        .115      .015      7.791       .000       .086       .144
      1.000        .188      .016     11.405       .000       .155       .221
```

위의 결과물은 바로 단순기울기 검정, 즉 조건부효과의 검정 결과이다. Focal predict라는 것은 초점 예측변수(focal predictor)로서 독립변수 Horsepow를 의미하며, Mod var이라는 것은 조절변수(moderator variable) NonUSA를 의미한다. 그리고 중간에 Conditional effects of the focal predictor at values of the moderator(s) 부분은 '조절변수의 여러 값에서 독립변수의 조건부효과'라는 의미로서 바로 단순기울기 검정 결과를 제공한다.

그 아래에는 조절변수인 NonUSA의 두 값(0과 1)에서 단순기울기, 즉 조건부효과의 검정 결과가 나타난다. $NonUSA=0$일 때 단순기울기(조건부효과) 추정치는 0.115이며, 표준오

35 하나의 모형 안에 여러 개의 상호작용항이 있을 수 있는데, 그런 경우 PROCESS는 int_2, int_3 식으로 작명한다.

차는 0.015로서 $p < .001$ 수준에서 통계적으로 유의하고, $NonUSA = 1$일 때 단순기울기 추정치는 0.188이며, 표준오차는 0.016으로서 $p < .001$ 수준에서 역시 통계적으로 유의하다. 이는 앞에서 SPSS의 회귀계수 추정치의 공분산 정보를 이용해서 실시한 검정 결과와 완전히 일치한다. 이와 같이 편리하게 단순기울기의 검정 결과를 확인할 수 있는 것은 PROCESS를 이용하여 조절효과를 분석하는 가장 큰 이유이다.

```
Data for visualizing the conditional effect of the focal predictor:
Paste text below into a SPSS syntax window and execute to produce plot.

DATA LIST FREE/
   Horsepow   NonUSA     Price      .
BEGIN DATA.
     92.000       .000     12.188
    140.000       .000     17.708
    189.800       .000     23.435
     92.000      1.000     11.500
    140.000      1.000     20.530
    189.800      1.000     29.898
END DATA.
GRAPH/SCATTERPLOT=
 Horsepow WITH     Price    BY       NonUSA    .
```

위에 제공된 SPSS 코드를 실행하면 상호작용도표를 출력할 수 있다. 이를 위해서는 먼저 SPSS의 File 메뉴에서 New를 선택하고 Syntax를 실행하여 아래 그림처럼 Syntax Editor를 열어야 한다. Syntax Editor가 열리면 아무런 내용도 없는 백지 공간인데, 거기에 PROCESS가 제공한 코드(DATA LIST부터 NonUSA.까지)를 복사 및 붙여넣기 한다.

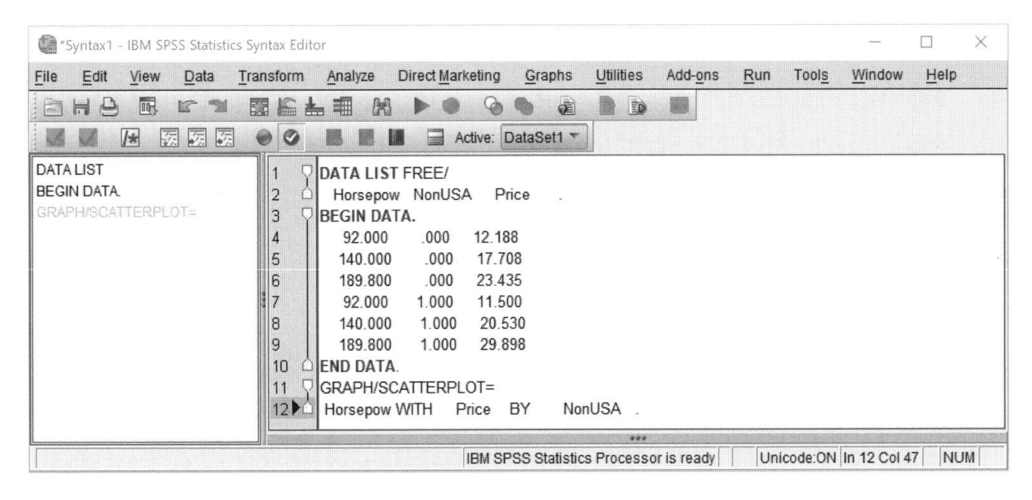

[그림 9.24] 상호작용도표의 출력을 위한 Syntax Editor

상호작용도표 출력을 위한 SPSS 코드를 Syntax Editor로 옮기고 나면, Run 메뉴에서 All을 실행해야 한다. 이는 Syntax Editor에 있는 모든 명령어를 실행한다는 의미이다. 그런데 SPSS의 Syntax Editor를 사용하다 보면, 명령어 전체가 아닌 일부를 실행해야 할 때도 있다. 그런 경우에는 실행하고 싶은 명령어를 마우스로 블록 지정한 다음에 아이콘 중에서 녹색으로 된 ▷을 클릭하면 된다. 어떤 방식으로든 PROCESS가 제공한 코드를 실행하면 산포도 하나가 출력되는데, 그 상태에서 더블클릭하여 그림으로 들어가 Chart Editor를 실행한다. 이제 Elements 메뉴에서 Fit Line at Subgroups를 실행하고 선형회귀선(Linear)에 체크한 다음 Apply를 눌러 실행하면 아래와 같은 그림을 확인할 수 있다.

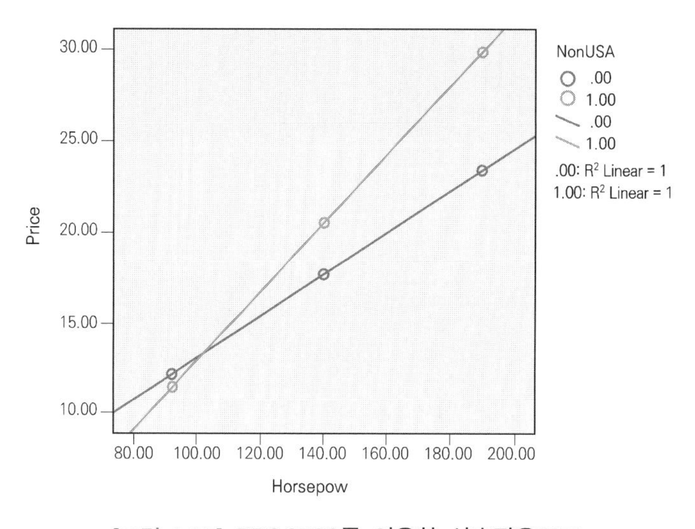

[그림 9.25] PROCESS를 이용한 상호작용도표

이처럼 PROCESS가 상호작용도표를 그리는 방식은 조절변수의 각 수준에서 세 개의 점을 제공하는 것까지이다. 선을 더하는 것은 그림을 더블클릭하여 연구자가 직접 해야 한다. 그림의 오른쪽에는 NonUSA가 0인 경우의 R^2과 NonUSA가 1인 경우의 R^2이 제공되는데, 이는 그림을 그리는 과정에서 나타나는 것이고 아무런 의미도 없는 숫자이다.

```
*********************** ANALYSIS NOTES AND ERRORS ************************

Level of confidence for all confidence intervals in output:
  95.0000

WARNING: Variables names longer than eight characters can produce incorrect output
when some variables in the data file have the same first eight characters. Shorter
variable names are recommended. By using this output, you are accepting all risk and
consequences of interpreting or reporting results that may be incorrect.

------ END MATRIX -----
```

마지막 Output은 먼저 제공된 신뢰구간 추정치들이 95% 신뢰 수준이었다는 정보를 보여준다. 다음으로 Long variable names의 위험성을 감수하겠다고 체크하면 변수의 이름 때문에 앞서 설명했던 이름 겹침의 문제가 발생할 수 있다는 경고문이 제공된다. 되도록 8글자 이내의 변수명을 추천한다는 내용이다.

제10장 연속형 변수와 연속형 변수의 상호작용

앞 장에서 상호작용효과를 이용한 다양한 연구문제를 설정할 수 있음을 보이며, 몇 가지 예를 소개하였다. 대학교 입학시험점수(X)가 평점(Y)에 미치는 영향이 학생들의 입학 전형 형태(W, 수시 vs. 정시)에 따라 다른지, 또는 숙제에 투자하는 시간(X)이 성취도(Y)에 주는 영향이 학생의 동기 수준(W)에 따라 다른지 등이다. 이 두 가지의 연구문제는 하나의 독립변수 및 하나의 조절변수가 있으며 수학적으로도 다를 것이 없지만, 조절변수의 형태에 차이가 있다. 전자의 예는 조절변수가 범주형(입학 전형 형태)이었다면, 후자의 예는 조절변수가 연속형(동기 수준)이었다. 조절변수가 연속형이 되면 결과의 해석 측면에서 차이가 생기며, 상호작용효과의 사후탐색 과정도 약간의 차이가 발생한다. 이번 장에서는 연속형 조절변수를 사용하는 경우에 어떻게 상호작용효과를 검정하며, 결과는 어떻게 해석하는지, 유의한 상호작용효과의 탐색 과정은 어떤지 등을 소개한다. 또한 Hayes(2022)의 PROCESS를 이용하여 조절효과를 검정하고 사후탐색하는 과정도 설명한다.

10.1. 연속형 조절변수와의 상호작용

이분형 조절변수에 비하여 연속형 조절변수는 어떤 특성을 가지고 있는지, 또한 연속형 조절변수가 있는 경우에 어떻게 검정을 진행하고 결과를 해석하는지, 사후탐색 과정에서는 어떤 부분이 달라지는지 논의한다.

10.1.1. 연속형 조절변수

조절변수가 연속형이 되면 상호작용효과의 개념이나 해석 부분이 조금 복잡해지는 경향이 있는데 앞에서 소개했던 예를 이용해 설명해 보고자 한다. 고등학교 학생들의 숙제 투자하는 시간(Hours)이 성취도(Achievement)에 주는 영향이 학업 동기 수준(Motivation)에 따라 다르다고 가정해 보자. 상호작용효과의 검정을 위한 회귀식은 아래와 같이 설정할 수 있다.

$$Achievement = \beta_0 + \beta_1 Hours + \beta_2 Motivation + \beta_3 Hours \times Motivation + e$$

위의 식에서 β_3가 통계적으로 유의하면, '숙제시간이 성취도에 주는 영향이 동기의 수준에 따라 다르다'라고 해석할 수 있다. 독립변수와 조절변수의 역할이 명확하게 정해져 있으므로 위 식의 우변을 독립변수 Hours에 대해 다음처럼 정리할 수도 있다.

$$Achievement = (\beta_0 + \beta_2 Motivation) + (\beta_1 + \beta_3 Motivation) Hours + e$$

이렇게 정리하면 Hours가 Achievement에 주는 효과는 $\beta_1 + \beta_3 Motivation$으로서 효과가 Motivation의 수준에 따라 달라진다는 것을 알 수 있다. 그리고 그 강도는 이분형 조절변수의 경우와 마찬가지로 β_3의 크기에 달려 있다. 즉, 수학적으로는 이분형 조절변수와 연속형 조절변수 사이에 어떤 차이가 있다고 보기 힘들다. 그렇다면 숙제시간이 성취도에 주는 영향(기울기)이 동기의 수준에 따라 같은지 다른지 어떤 그림으로 확인할 수 있을까? 조절변수가 이분형 성별이었던 [그림 9.3]에서는 성별(조절변수)의 두 수준에 따라 각각 통제(독립변수)와 소진(종속변수)의 관계를 보여 주었는데, 연속형 조절변수인 동기는 두 개의 값이 아니라 수십 수백 개의 수준이 존재할 수 있다. 이런 경우에 상호작용도표, 즉 단순회귀선들은 아래와 같이 그리게 된다.

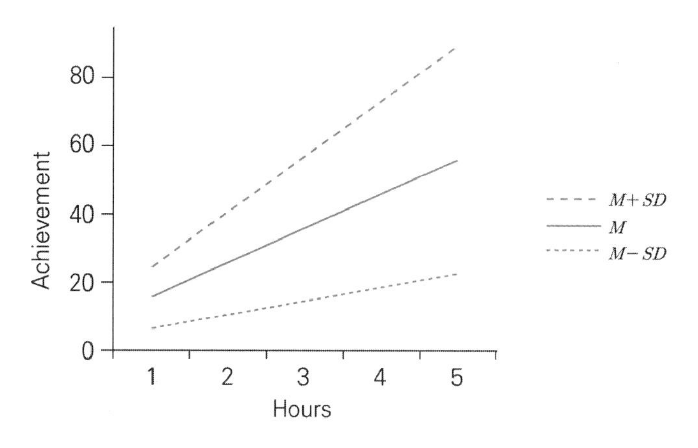

[그림 10.1] 숙제시간이 성취도에 주는 영향을 동기가 조절하는 경우

위 그림의 회귀선은 Hours와 Achievement의 관계를 Motivation의 세 수준에서 보여 준다. 동기는 연속형으로서 매우 많은 값을 취할 수 있는데, 동기 변수를 대표할 수 있는 세 개의

값을 임의로 정하여 그 값에서 단순회귀선을 그리는 것이다. Aiken과 West(1991)는 임의의 값으로서 Motivation의 평균(M), Motivation의 평균보다 1 표준편차 아래($M-SD$), Motivation의 평균보다 1 표준편차 위($M+SD$)를 선택할 것을 제안하였다. 예를 들어, Motivation의 평균 $M=10$, 표준편차 $SD=3$이라고 한다면, 아래의 동기 수준(7, 10, 13)에서 시간과 성취도 사이의 회귀선을 찾는 것이다.

$$Motivation = 10-3=7,\ Motivation = 10,\ Motivation = 10+3=13$$

Aiken과 West(1991)가 임의의 조절변수 값을 정할 때, 아주 특별한 통계학적 원리가 있던 것은 아니었다. 예를 들어, 조절변수 동기의 수많은 값들 중 임의의 세 수준을 고른다고 할 때, 단지 평균적인 동기 수준, 평균보다 낮은 동기 수준, 평균보다 높은 동기 수준을 고르고 싶었을 것이다. 만약 연속형 조절변수가 정규분포를 따른다고 가정하면, 아래의 그림처럼 대략적으로 전체 점수들을 비교적 균등하게 나누는 세 개의 점이 이와 같았던 것이다.

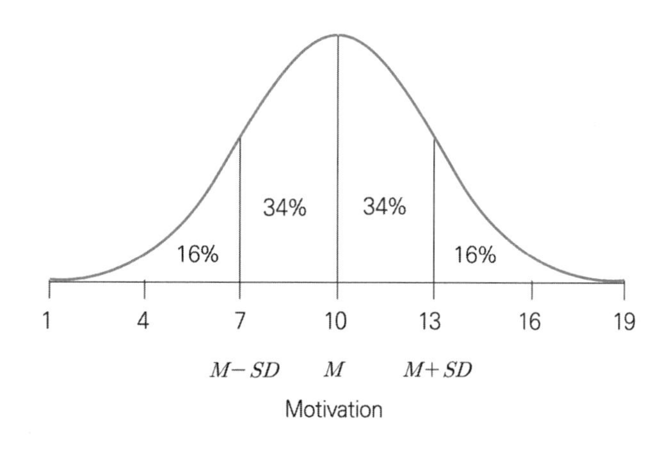

[그림 10.2] 조절변수 동기의 세 수준 결정

조절변수 임의의 값을 $M-SD$, M, $M+SD$로 정한 것에 어느 학자도 반대 의견을 심각하게 펼치지 않은 것으로 보아 대부분의 연구자들에게도 이 세 개의 값이 하나의 변수를 대표하는 값으로서 의미가 있었던 것 같다. 참고로 Aiken과 West(1991)를 포함하여 여러 연구자들이 조절변수의 평균을 제외하고 $M+SD$와 $M-SD$만을 선택하곤 한다. 조절변수가 평균일 때의 단순기울기가 나머지 두 단순기울기의 중간점이 되기 때문이다. 그리고 조절변수가 위처럼 정규분포를 따를 때, 임의의 세 값인 $M-SD$, M, $M+SD$는 각각 16th 백분위수(16th percentile), 50th 백분위수, 84th 백분위수와 동일한 값이 된다.

다시 [그림 10.1]로 돌아가 단순회귀선들을 보면, 동기의 수준이 어떻든지 간에 숙제시간이 증가할수록 성취도 역시 증가하고 있다. 하지만, 그 관계의 강도는 동기의 수준에 따라 다르다. 동기의 수준이 높을 때(dashed line, $M+SD$)는 시간과 성취도의 관계가 상당히 강력한 것에 비해서 동기의 수준이 낮을 때(dotted line, $M-SD$)는 상대적으로 시간과 성취도의 관계가 약하다. 그리고 동기의 수준이 평균적일 때(solid line, M)는 시간과 성취도의 관계가 중간 수준이다. 즉, 동기의 수준이 강력할수록 숙제에 투자하는 시간이 의미 있는 성취도 결과로 이어지는 것이다. 이를 통계적으로 표현하면, '독립변수 숙제시간이 종속변수 성취도에 주는 영향이 조절변수 동기 수준에 따라 다르다', 또는 '숙제시간이 성취도에 주는 영향을 동기가 조절한다', 또는 '성취도에 대하여 숙제시간과 동기 간에 상호작용이 존재한다'고 말할 수 있다. 세 개의 단순회귀선이 [그림 10.1]처럼 구분되는 기울기를 가지고 있을 때, 상호작용효과는 통계적으로 유의할 가능성이 높아진다. 만약 세 개의 단순회귀선이 아래와 같은 평행 패턴을 보인다면 상호작용효과는 유의하지 않게 된다.

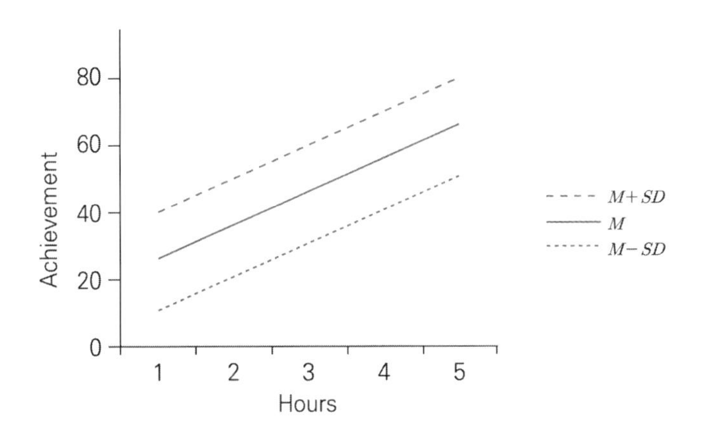

[그림 10.3] 숙제시간이 성취도에 주는 영향을 동기가 조절하지 않는 경우

위 그림의 회귀선들을 보면, 이전과 마찬가지로 동기 수준에 관계없이 숙제시간이 증가하면 성취도 역시 증가하는 관계가 있다. 그런데 그 관계의 강도(기울기)가 동기 수준 간에 차이가 없다. Achievement의 절대적인 수준에서는 동기 수준 간 차이가 있지만(동기 수준이 높을 때 전반적으로 성취도 수준도 높음), 시간과 성취도 관계의 강도에는 차이가 없는 것이다. 즉, 동기 수준에 관계없이 숙제시간이 늘어날수록 성취도가 증가하는 강도와 방향이 일치한다. 이를 통계적으로 표현하면, '독립변수 숙제시간이 종속변수 성취도에 주는 영향이

조절변수 동기 수준에 따라 다르지 않다', 또는 '숙제시간이 성취도에 주는 영향을 동기가 조절하지 못한다', 또는 '성취도에 대하여 숙제시간과 동기 간에 상호작용이 존재하지 않는다'고 할 수 있다. 다시 말해, 세 단순회귀선이 서로 평행(parallel)하면 상호작용효과는 존재하지 않게 된다.

10.1.2. 상호작용효과의 검정과 결과의 해석

Cars93 자료를 이용하여 실제로 상호작용효과를 검정하는 절차를 진행한다. 종속변수는 Price로 하고, 독립변수는 Horsepower이며, 조절변수는 Length이다. 검정하고자 하는 상호작용효과의 연구가설은 '마력이 가격에 주는 영향이 자동차의 길이에 따라 다르다', 또는 '마력이 가격에 주는 영향을 자동차의 길이가 조절한다', 또는 '가격에 대해 마력과 자동차의 길이 사이에 상호작용이 존재한다'이며, 상호작용효과의 검정을 위한 모형은 아래의 식들처럼 설정하였다.

$$Price = \beta_0 + \beta_1 Horsepower + \beta_2 Length + \beta_3 Horsepower \times Length + e$$
$$Price = (\beta_0 + \beta_2 Length) + (\beta_1 + \beta_3 Length) Horsepower + e$$

둘 중에 위의 식은 일반적인 상호작용효과 회귀식을 쓴 것이며, 아래의 식은 우변을 독립변수 Horsepower에 대하여 정리한 것이다. Price에 대한 Horsepower의 회귀계수, 즉 Horsepower가 Price에 주는 영향은 $\beta_1 + \beta_3 Length$로서 자동차 길이의 수준에 따라 달라진다는 것을 알 수 있다. 위의 회귀식에서 β_3의 값이 충분히 커서 통계적으로 유의하면 Price에 대하여 Horsepower와 Length 사이에 상호작용효과가 있는 것이다.

조절변수 W가 이분형 더미변수일 때, 상호작용항의 계수 β_3가 두 단순회귀선 기울기의 차이임을 기억할 것이다. $W=0$일 때 단순기울기는 β_1이고, $W=1$일 때 단순기울기는 $\beta_1 + \beta_3$이므로 그 차이는 β_3인 것이다. 하지만 조절변수가 연속형이 되면 이렇게 선명하게 계산이 되지 않는다. 사실 상호작용효과 분석에서 β_3를 해석하지 않는 경향이 있지만, 해석하고자 한다면 과연 β_3의 의미는 무엇일까? 조절변수가 이분형이든 연속형이든 상호작용효과인 β_3의 의미는 다르지 않다. 독립변수 X와 조절변수 W가 있는 상호작용효과 모형에서 β_3는 W가 한 단위 증가할 때, 변화하는 X와 Y 간 기울기의 차이이다. 즉, W가 한 단위 차이 나는 조건에서 임의의 두 단순기울기의 차이라고 할 수 있다. 이는 이분형이든 연속형이든 관계없이 언제라도 쓸 수 있는 정의이다.

β_3는 이처럼 임의의 두 단순기울기의 차이인데, β_1과 β_2는 과연 어떻게 해석할 것인가? 이분형 조절변수를 사용하는 경우와 전혀 다르지 않다. β_1과 β_2의 해석에 큰 관심이 없긴 하지만, β_1을 'W와 XW를 통제한 상태에서 X가 한 단위 증가할 때 Y의 변화량'이라고 해석하거나, β_2를 'X와 XW를 통제한 상태에서 W가 한 단위 증가할 때 Y의 변화량'이라고 해석하는 것은 역시 전혀 가능하지 않다. β_1은 '$W=0$이라는 조건에서 X가 한 단위 증가할 때 Y의 변화량'이 되며, β_2는 '$X=0$이라는 조건에서 W가 한 단위 증가할 때 Y의 변화량'이라고 해석해야 한다. 다시 말해, β_1과 β_2는 조건부효과(conditional effect)로서 $W=0$이라든지 $X=0$이라든지 하는 조건이 달리는 효과이다. 앞에서도 말했듯이 이 조건부효과는 단순기울기를 의미하는 조건부효과와 맥락이 다르니 헷갈리지 않아야 한다.

이제 Cars93 자료를 이용하여 상호작용효과를 검정하고자 하는 데 있어, 먼저 추정하고자 하는 모형의 개념모형 경로도와 통계모형 경로도를 아래에 제공한다.

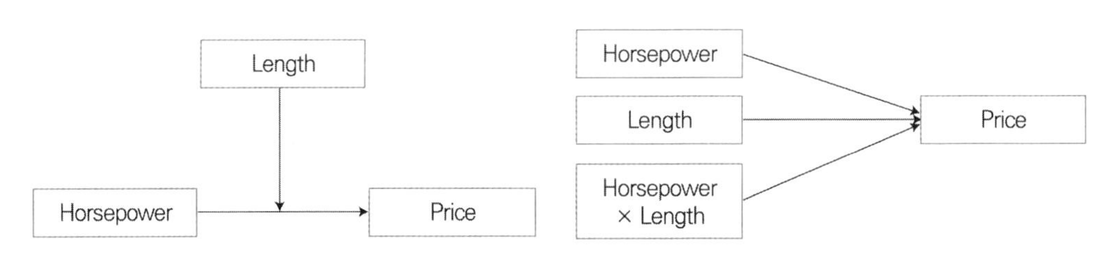

[그림 10.4] Cars93 상호작용효과 모형의 개념모형 및 통계모형

위의 그림에서 통계모형 경로도에 보이는 것처럼 상호작용효과를 검정하기 위해서는 독립변수 Horsepower와 조절변수 Length 간의 상호작용항인 Horsepower×Length를 생성해야 한다. 상호작용항의 이름은 HorseLength로 하였으며, 이는 Transform 메뉴의 Compute Variable을 실행하고, Horsepower 변수와 Length 변수를 곱하여 생성한 것이다. 새롭게 생성된 변수가 자료 세트의 가장 오른쪽에 제공된다.

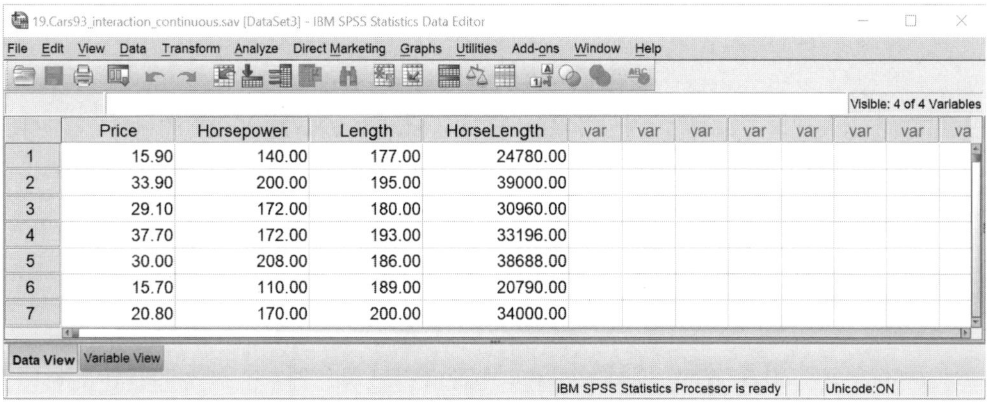

19.Cars93_interaction_continuous.sav [DataSet3] - IBM SPSS Statistics Data Editor

File Edit View Data Transform Analyze Direct Marketing Graphs Utilities Add-ons Window Help

Visible: 4 of 4 Variables

	Price	Horsepower	Length	HorseLength	var	var	var	var	var	var	var	va
1	15.90	140.00	177.00	24780.00								
2	33.90	200.00	195.00	39000.00								
3	29.10	172.00	180.00	30960.00								
4	37.70	172.00	193.00	33196.00								
5	30.00	208.00	186.00	38688.00								
6	15.70	110.00	189.00	20790.00								
7	20.80	170.00	200.00	34000.00								

Data View Variable View

IBM SPSS Statistics Processor is ready Unicode:ON

[그림 10.5] 상호작용항 HorseLength의 생성

위처럼 상호작용항 HorseLength가 만들어지면 상호작용효과 모형을 추정하기 전에 아래처럼 독립변수와 조절변수만 존재하고 상호작용항은 없는 주효과 모형을 먼저 추정하는 것이 표준관행이라고 하였다.

$$Price = \beta_0 + \beta_1 Horsepower + \beta_2 Length + e$$

주효과란 상호작용항이 없는 일반적인 회귀분석을 통해 추정하는 효과이다. 즉, 위의 회귀식을 보면, Length를 통제한 상태에서 Horsepower의 주효과는 β_1이고, Horsepower를 통제한 상태에서 Length의 주효과는 β_2이다. 앞에서 밝혔듯이 상호작용효과를 분석하는 과정에서 주효과 모형을 먼저 추정하는 것은 분석 결과의 해석과 관련이 있으며 거의 언제나 추정하는 것이 권장된다.

아래는 예측변수로서 Horsepower와 Length를 투입한 주효과 모형의 SPSS 개별모수 추정치 결과이다.

Coefficients[a]

Model		Unstandardized Coefficients		Standardized Coefficients	t	Sig.
		B	Std. Error	Beta		
1	(Constant)	-12.022	8.406		-1.430	.156
	Horsepower	.135	.014	.733	9.522	.000
	Length	.066	.051	.100	1.294	.199

a. Dependent Variable: Price

[그림 10.6] 주효과 모형의 개별 추정치 결과

$$\widehat{Price} = -12.022 + 0.135 Horsepower + 0.066 Length$$

절편 추정치는 −12.022로서 자동차의 마력이 0이고, 길이가 0이면 기대되는 가격은 −12.022달러이다. 마력과 길이는 0이 될 수 없고, 가격이 음수라는 것도 가능하지 않기 때문에 이 해석은 의미가 없다. 의미 있고 그럴듯한 절편의 해석을 원한다면 Horsepower와 Length의 평균중심화가 권장된다.

Horsepower의 기울기는 0.135로서 Length를 통제하였을 때, 즉 자동차의 길이가 같다면 1마력 증가할 때마다 가격이 135달러씩 증가한다는 것을 의미한다. Length의 기울기는 0.066으로서 Horsepower를 통제하였을 때, 즉 마력이 같은 차량이라면 길이가 1인치 길어질 때마다 66달러씩 더 비싸진다는 것을 의미한다. 제공된 p값으로 보았을 때 위의 모형에서 Horsepower의 효과는 통계적으로 유의하며, Length의 효과는 통계적으로 유의하지 않다. 이는 길이를 통제한 상태에서 마력이 증가하면 유의하게 가격도 증가한다는 것을 의미하고, 마력을 통제한 상태에서는 길이가 증가하더라도 가격이 유의하게 증가하지 않는다는 것을 의미한다.

주효과 모형을 추정하여 통계적 유의성을 확인하고 결과를 해석하였다면 다음으로는 아래의 상호작용효과 모형을 추정하여 효과의 유의성을 확인하고 결과를 해석한다.

$$Price = \beta_0 + \beta_1 Horsepower + \beta_2 Length + \beta_3 Horsepower \times Length + e$$

아래는 예측변수로서 Horsepower와 Length 및 HorseLength를 투입한 상호작용효과 모형의 SPSS 개별모수 추정치 결과이다.

Coefficients[a]

Model		Unstandardized Coefficients		Standardized Coefficients	t	Sig.
		B	Std. Error	Beta		
1	(Constant)	1.555	21.349		.073	.942
	Horsepower	.036	.143	.198	.254	.800
	Length	-.010	.121	-.015	-.082	.935
	HorseLength	.001	.001	.608	.692	.491

a. Dependent Variable: Price

[그림 10.7] 상호작용효과 모형의 개별 추정치 결과

$$\widehat{Price} = 1.555 + 0.036 Horsepower - 0.010 Length + 0.001 Horsepower \times Length$$

상호작용효과 모형에서 절편의 해석은 의미도 없고 중요치도 않으므로 제외한다. Horsepower와 Length의 기울기 해석도 상호작용효과 모형에서는 관심도 없고 의미도 없다. 굳이 해석을 해야 할 이유가 없지만, 만약 해야 한다면 조건부효과의 개념을 이용해서 주의하여 해석해야 한다. Horsepower의 기울기는 0.036인데 이는 Length가 0이라는 조건에서 Horsepower가 Price에 주는 영향이다. 즉, '차량의 길이가 0인 경우에 1마력이 증가하면 36달러가 비싸진다'라고 해석해야 한다. 다음으로 Length의 기울기 −0.010도 마찬가지로 해석한다. 이는 Horsepower가 0이라는 조건에서 Length가 Price에 주는 영향이므로 '마력이 0일 때, 길이가 1인치 더 길어지면 10달러가 싸진다'라고 해석해야 한다. '길이가 0일 때'라는 조건이나 '마력이 0일 때'라는 조건은 실질적으로 말도 되지 않으므로 이와 같은 해석은 아무런 의미도 없다. 이 해석 역시 의미 있게 되려면 독립변수와 조절변수의 평균중심화가 필요하다. 독립변수와 조절변수의 평균중심화를 하게 되면 Horsepower 계수의 해석을 할 때 Length가 평균적인 수준이라는 조건을 더할 수 있게 되고, Length 계수의 해석을 할 때도 Horsepower가 평균적인 수준이라는 조건을 더할 수 있게 된다.

상호작용효과 모형에서 가장 중요한 모수는 상호작용효과를 나타내는 β_3이다. 상호작용효과의 추정치는 0.001이고, 통계적으로 유의하지 않아 가격에 대해 마력과 길이 사이에는 상호작용효과가 없다고 결론 내릴 수 있다. 이는 '마력이 가격에 주는 영향이 길이에 따라 다르지 않다' 또는 '마력이 가격에 주는 영향을 길이가 조절하지 않는다'는 것을 의미하며, 조절변수 길이가 1인치 증가할 때 마력과 가격 사이의 단순기울기는 0.001 증가한다고 해석할 수도 있다. 일반적으로 상호작용효과에 대해서 이렇게 직접 해석을 하는 경우는 거의 없으며, 통계적으로 유의한 상호작용이 존재할 때 사후탐색을 통하여 상호작용이 어떤 패턴으로 일어나는지 확인한다.

위계적 회귀분석을 통하여 상호작용효과 모형을 추정 및 검정하고 결과를 해석하는 것이 매우 일반적이라고 하였다. 1단계에서 독립변수 Horsepower와 조절변수 Length를 투입하고, 2단계에서 상호작용항인 HorseLength를 추가적으로 투입하여 ΔR^2의 유의성을 확인함으로써 상호작용효과를 검정한다. 위계적 회귀분석을 실시한 결과는 아래와 같다.

Model Summary

Model	R	R Square	Adjusted R Square	Std. Error of the Estimate	Change Statistics				
					R Square Change	F Change	df1	df2	Sig. F Change
1	.793[a]	.628	.620	5.95490	.628	76.035	2	90	.000
2	.794[b]	.630	.618	5.97221	.002	.479	1	89	.491

a. Predictors: (Constant), Length, Horsepower

b. Predictors: (Constant), Length, Horsepower, HorseLength

ANOVA[a]

Model		Sum of Squares	df	Mean Square	F	Sig.
1	Regression	5392.542	2	2696.271	76.035	.000[b]
	Residual	3191.479	90	35.461		
	Total	8584.021	92			
2	Regression	5409.631	3	1803.210	50.556	.000[c]
	Residual	3174.390	89	35.667		
	Total	8584.021	92			

a. Dependent Variable: Price

b. Predictors: (Constant), Length, Horsepower

c. Predictors: (Constant), Length, Horsepower, HorseLength

Coefficients[a]

Model		Unstandardized Coefficients		Standardized Coefficients	t	Sig.
		B	Std. Error	Beta		
1	(Constant)	-12.022	8.406		-1.430	.156
	Horsepower	.135	.014	.733	9.522	.000
	Length	.066	.051	.100	1.294	.199
2	(Constant)	1.555	21.349		.073	.942
	Horsepower	.036	.143	.198	.254	.800
	Length	-.010	.121	-.015	-.082	.935
	HorseLength	.001	.001	.608	.692	.491

a. Dependent Variable: Price

[그림 10.8] **위계적 회귀분석을 통한 상호작용효과의 검정**

세 개의 그림 중 가장 위쪽에 회귀분석의 결과요약표가 제공되고 있다. 주효과 모형의 $R^2=0.628$이고, 상호작용효과 모형의 $R^2=0.630$이다. 그러므로 상호작용항을 투입함으로써 증가한 $\Delta R^2=0.002$이고 이는 통계적으로 유의하지 않다($p=.491$). 중간에 제공된 표는 두 모형의 분산분석 결과이며, 주효과 모형과 상호작용효과 모형 모두 통계적으로 유의함을 확인할 수 있다. 그림의 가장 아래쪽에 있는 개별모수 추정치 표에는 1단계 주효과 모형의 결과와 2단계 상호작용효과 모형의 결과가 제공된다. 모든 결과는 앞에서 두 모형을 따로 분석했을 때와 다르지 않다. 상호작용효과 모형의 결과를 논문에 제공함에 있어서 다음과 같이 위계적 회귀분석의 결과표 형식으로 하는 경우가 빈번하다.

[표 10.1] 위계적 회귀분석을 통한 상호작용효과의 검정 결과

독립변수	1단계	2단계
Horsepower	0.135***	0.036
Length	0.066	−0.010
Horsepower×Length		0.001
R^2	0.628***	0.630***
ΔR^2		0.002
ΔF	76.035***	0.479

*** $p < .001$.

10.1.3. 상호작용효과의 탐색

상호작용효과 모형을 추정하여 통계적으로 유의한 상호작용효과가 발견되면, 어떤 방식으로 효과가 유의했는지를 탐색하게 된다. 위의 결과에서 가격에 대한 마력과 길이의 상호작용효과가 통계적으로 유의하지 않았기 때문에 일반적으로 분석은 여기에서 멈추게 되는데, 교육적인 목적으로 상호작용효과의 사후탐색을 진행한다. 앞장에서 설명했듯이 상호작용효과 모형에서 β_3가 유의하다는 것은 단순기울기 간에 큰 차이가 있다는 것에 대한 아이디어만 줄 뿐 각 단순기울기가 정적인지 부적인지조차도 알 수가 없다. β_3의 올바른 해석을 위해서는 β_1 및 β_2의 정보도 함께 종합적으로 결과를 해석하는 과정을 거친다. 상호작용효과의 사후탐색에서 먼저 상호작용도표를 그려서 상호작용의 패턴에 대해 전반적으로 확인한다. 즉, 위의 결과에 대해 어째서 상호작용효과가 유의하지 않았는지 도표를 통하여 확인할 수 있다.

조절변수가 연속형일 때의 상호작용도표란 독립변수(x축)와 종속변수(y축)로 이루어진 평면에 조절변수의 세 수준($M-SD$, M, $M+SD$) 또는 조절변수의 두 수준($M-SD$, $M+SD$)에서 독립변수와 종속변수의 관계, 즉 단순기울기가 제공되는 그림이다. 지금부터 실제로 직접 각 단순회귀선의 절편 및 기울기를 구하고자 한다. 먼저 Length가 평균보다 1 표준편차 낮을 때 Horsepower와 Price 간 단순회귀선을 구하기 위해서는 추정된 상호작용효과 회귀식의 Length 변수 자리에 Length의 $M-SD$를 대입하여 정리하면 된다. 다음으로 Length가 평균일 때 Horsepower와 Price 간 단순회귀선을 구하기 위해서는 추정된 상호작용효과 회귀식의 Length 변수 자리에 Length의 M을 대입하여 정리하면 된다. 마지막으로 Length가 평균보다 1 표준편차 높을 때 Horsepower와 Price 간 단순회귀선을 구하기 위해서는 추정된 상호작용효과 회귀식의 Length 변수 자리에 Length의 $M+SD$를

대입하여 정리하면 된다. SPSS를 이용하여 Length의 평균과 표준편차를 구하면 $M = 183.2$, $SD = 14.6$이었다. 그러므로 Length의 세 값은 아래와 같이 계산된다.

$$M - SD = 183.2 - 14.6 = 168.6,\ M = 183.2,\ M + SD = 183.2 + 14.6 = 197.8$$

이제 위의 정보를 추정된 상호작용효과 모형의 회귀식에 대입하면, 각 단순회귀선을 구할 수 있다. 아래의 회귀식에서 상호작용항의 계수 추정치는 0.001이 아닌 소수점 여섯째 자리까지의 값인 0.000542를 사용하였다. 그 이유는 상호작용항의 계수 추정치가 소수점 넷째 자리에서 반올림하여 0.001이 되었는데, 이 값이 반올림하기 이전의 값과 너무 큰 차이가 났기 때문이다. 다시 말해, 0.001과 0.000542는 거의 두 배에 가까운 차이가 발생하는 값들이기 때문에 단순회귀선의 계산에 $\hat{\beta}_3 = 0.001$을 사용하면 큰 오차가 발생한다.

$$Price = 1.555 + 0.036Horsepower - 0.010Length + 0.000542Horsepower \times Length$$

i) $M - SD$(168.6)에서의 회귀선

$$\begin{aligned}\widehat{Price} &= 1.555 + 0.036Horsepower - 0.010 \times 168.6 + 0.000542Horsepower \times 168.6 \\ &= -0.131 + 0.127Horsepower\end{aligned}$$

ii) M(183.2)에서의 회귀선

$$\begin{aligned}\widehat{Price} &= 1.555 + 0.036Horsepower - 0.010 \times 183.2 + 0.000542Horsepower \times 183.2 \\ &= -0.277 + 0.135Horsepower\end{aligned}$$

iii) $M + SD$(197.8)에서의 회귀선

$$\begin{aligned}\widehat{Price} &= 1.555 + 0.036Horsepower - 0.010 \times 197.8 + 0.000542Horsepower \times 197.8 \\ &= -0.423 + 0.143Horsepower\end{aligned}$$

구해진 세 개의 단순회귀선을 비교해 보면, Length가 평균보다 1 표준편차 낮은 값일 때는 단순회귀선의 기울기가 0.127이고, 평균일 때는 0.135이며, 평균보다 1 표준편차 높을 때는 0.143이다. 일단 자동차의 길이에 관계없이 마력과 가격의 관계는 모두 정적이다. 그런데 자동차의 길이가 커질수록 마력과 가격의 관계는 조금씩 강력해지는 관계가 있다. 물론 β_3를 통해 확인했듯이 이것이 통계적으로 유의한 정도는 아니다. 위의 세 단순회귀식으로 Excel을 이용하여 상호작용도표를 그려 보면 아래와 같다.

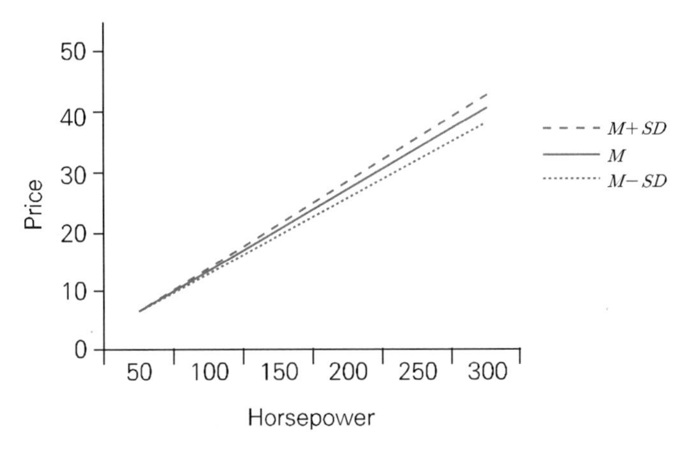

[그림 10.9] **가격에 대한 마력과 길이의 상호작용도표**

상호작용도표를 통해서 확인한 결과 길이의 수준에 상관없이 마력과 차량의 관계는 거의 비슷한 것을 알 수 있다. 길이가 평균보다 1 표준편차 높을 때의 단순회귀선이 가장 가파르고, 길이가 평균보다 1 표준편차 낮을 때의 단순회귀선이 가장 덜 가파르지만, 전체적으로 그 차이는 아주 미미하다. 이는 β_3가 통계적으로 유의하지 않아 상호작용효과가 없었던 검정 결과와 일치하는 그림이다.

상호작용도표를 확인하였으면 다음 단계로는 단순기울기에 대한 검정을 진행하게 된다. 조절변수 Length의 세 수준에서 Price와 Horsepower 사이의 기울기에 대하여 세 번의 검정을 진행한다. 단순기울기의 검정은 회귀분석의 일반적인 기울기 검정과 다를 바 없으며, 먼저 기울기 추정치를 추정치의 표준오차로 나누어 검정통계량을 형성하고, 다음으로 계산된 검정통계량이 자유도가 $n-p-1$인 t분포를 따른다는 사실을 이용하여 p값을 찾는다. 독립변수 X와 조절변수 W를 가정하는 상호작용효과 모형에서 단순기울기 검정을 실시한다고 가정하면, 단순기울기 추정치는 $\hat{\beta}_1+\hat{\beta}_3 W$이고, 단순기울기 추정치의 표준오차(standard error)는 아래와 같다는 것을 [식 9.4]에서 보였다.

$$SE=\sqrt{Cov(\hat{\beta}_1,\ \hat{\beta}_1)+2WCov(\hat{\beta}_1,\ \hat{\beta}_3)+W^2Cov(\hat{\beta}_3,\ \hat{\beta}_3)}$$

이제 위의 계산식을 Cars93 자료에 적용해 보자. Y를 Price, X를 Horsepower, W를 Length라고 가정하면 회귀식 추정치는 아래와 같다.

$$\widehat{Price} = (\hat{\beta}_0 + \hat{\beta}_2 Length) + (\hat{\beta}_1 + \hat{\beta}_3 Length) Horsepower$$

그러므로 단순기울기 추정치는 $\hat{\beta}_1 + \hat{\beta}_3 Length$이고, 추정치의 표준오차는 아래와 같이 표현된다.

$$SE = \sqrt{Cov(\hat{\beta}_1, \hat{\beta}_1) + 2Length\, Cov(\hat{\beta}_1, \hat{\beta}_3) + Length^2\, Cov(\hat{\beta}_3, \hat{\beta}_3)}$$

단순기울기 추정치의 표준오차(SE)를 구하기 위한 위의 식에서 $Cov(\hat{\beta}_1, \hat{\beta}_1)$은 $\hat{\beta}_1$의 분산, 즉 Horsepower 계수 추정치의 분산이고, $Cov(\hat{\beta}_1, \hat{\beta}_3)$은 $\hat{\beta}_1$과 $\hat{\beta}_3$의 공분산, 즉 Horsepower 계수 추정치와 HorseLength 계수 추정치 사이의 공분산이며, $Cov(\hat{\beta}_3, \hat{\beta}_3)$은 $\hat{\beta}_3$의 분산, 즉 HorseLength 계수 추정치의 분산을 의미한다.

SPSS를 이용하여 $Cov(\hat{\beta}_1, \hat{\beta}_1)$, $Cov(\hat{\beta}_1, \hat{\beta}_3)$, $Cov(\hat{\beta}_3, \hat{\beta}_3)$의 추정치를 얻기 위해서는 회귀분석의 과정에서 Statistics 옵션을 실행하고 Regression Coefficients 부분의 Covariance matrix에 체크한다. Covariance matrix는 회귀분석의 표집이론 상에서 회귀계수 추정치들 사이의 공분산 행렬을 가리킨다. Statistics 옵션 화면에서 Continue를 눌러 나가고 회귀분석 화면에서 OK를 눌러 실행하면 SPSS Output에 각 추정치의 분산과 공분산 추정치가 아래처럼 출력된다. 표의 위쪽으로 추정치 간의 상관계수 행렬도 같이 출력이 되는데 표준오차 계산에는 관계가 없는 정보이다.

Coefficient Correlations[a]

Model			HorseLength	Length	Horsepower
1	Correlations	HorseLength	1.000000	-.906213	-.995056
		Length	-.906213	1.000000	.878599
		Horsepower	-.995056	.878599	1.000000
	Covariances	HorseLength	.000001	-.000086	-.000112
		Length	-.000086	.014601	.015226
		Horsepower	-.000112	.015226	.020569

a. Dependent Variable: Price

[그림 10.10] 회귀계수 추정치의 상관계수 및 공분산 행렬

앞에서도 언급하였지만, 무슨 이유에서인지 SPSS에서 회귀계수 추정치 간의 공분산 행렬을 요구하면 변수의 순서가 바뀌어 있으므로 주의하여 값을 찾아내야 한다. 또한, 원래는 소

수점 셋째 자리까지의 값만 제공되어 있는데, Cell Properties 옵션을 실행하여 소수점 자릿수를 여섯째 자리까지로 바꾸었다. 셋째 자리까지만 이용하여 표준오차를 계산하면 오차가 꽤 크게 발생하기 때문이다. 최종적으로 찾아낸 공분산 추정치들은 아래와 같다. 또한 $Cov(\hat{\beta}_3, \hat{\beta}_3)$은 너무 작은 숫자여서 계산을 위해 아홉째 자리까지 이용하기로 한다.

$$Cov(\hat{\beta}_1, \hat{\beta}_1) = 0.020569,\ Cov(\hat{\beta}_1, \hat{\beta}_3) = -0.000112,\ Cov(\hat{\beta}_3, \hat{\beta}_3) = 0.000000614$$

먼저 $Length = M - SD = 168.6$일 때, 마력과 가격 사이의 단순기울기를 검정하고자 하면, 추정치와 추정치의 표준오차는 아래와 같다.

$$\hat{\beta}_1 + \hat{\beta}_3 Length = 0.127$$

$$SE_{M-SD} = \sqrt{0.020569 + 2 \cdot 168.6 \cdot (-0.000112) + 168.6^2 \cdot 0.000000614} = 0.01600$$

위의 정보를 이용하여 t검정통계량과 자유도를 구하면 다음과 같다.

$$t = \frac{0.127}{0.01600} = 7.938,\ df = n - p - 1 = 89$$

자유도가 89인 t분포에서 $t = 7.938$보다 더 극단적인 확률, 즉 p값은 0.001보다도 작다. 그러므로 조절변수 Length가 평균보다 1 표준편차 낮을 때 마력과 가격 사이의 단순기울기는 $p < .001$ 수준에서 통계적으로 유의하다고 결론 내린다.

다음으로 $Length = M = 183.2$일 때, 마력과 가격 사이의 단순기울기를 검정하고자 하면, 추정치와 추정치의 표준오차는 아래와 같다.

$$\hat{\beta}_1 + \hat{\beta}_3 Length = 0.135$$

$$SE_M = \sqrt{0.020569 + 2 \cdot 183.2 \cdot (-0.000112) + 183.2^2 \cdot 0.000000614} = 0.01181$$

위의 정보를 이용하여 t검정통계량과 자유도를 구하면 다음과 같다.

$$t = \frac{0.135}{0.01181} = 11.431, \ df = n - p - 1 = 89$$

자유도가 89인 t분포에서 $t = 11.431$보다 더 극단적인 확률, 즉 p값은 0.001보다도 작다. 그러므로 조절변수 Length가 평균일 때 마력과 가격 사이의 단순기울기는 $p < .001$ 수준에서 통계적으로 유의하다고 결론 내린다.

마지막으로 $Length = M + SD = 197.8$일 때, 마력과 가격 사이의 단순기울기를 검정하고자 하면, 추정치와 추정치의 표준오차는 아래와 같다.

$$\hat{\beta}_1 + \hat{\beta}_3 Length = 0.143$$

$$SE_{M+SD} = \sqrt{0.020569 + 2 \cdot 197.8 \cdot (-0.000112) + 197.8^2 \cdot 0.000000614} = 0.01687$$

위의 정보를 이용하여 t검정통계량과 자유도를 구하면 다음과 같다.

$$t = \frac{0.143}{0.01687} = 8.477, \ df = n - p - 1 = 89$$

자유도가 89인 t분포에서 $t = 8.477$보다 더 극단적인 확률, 즉 p값은 0.001보다도 작다. 그러므로 조절변수 Length가 평균보다 1 표준편차 높을 때 마력과 가격 사이의 단순기울기는 $p < .001$ 수준에서 통계적으로 유의하다고 결론 내린다.

10.2. PROCESS 매크로의 이용

조절효과를 분석하는 데 있어서 PROCESS보다 편리한 프로그램은 찾기 힘들다. 특히 조절효과를 분석할 때 PROCESS의 최대 장점은 SPSS가 제공해 주지 않는 단순기울기 검정 결과를 준다는 것이다. 물론 SPSS가 제공하는 모형 요약 결과표와 모형의 F검정 결과 및 개별모수의 추정치도 당연히 제공한다. PROCESS를 이용하여 연속형 조절변수로 상호작용 효과 분석을 실시하고자 하면, Analyze 메뉴로 들어가 Regression을 선택하고 PROCESS v4.2 by Andrew F. Hayes를 실행해야 한다. 조절변수가 연속형이 되었다고 하여서 조절효과 모형이 바뀌는 것은 아니므로 Model number는 아래처럼 여전히 1번이다.

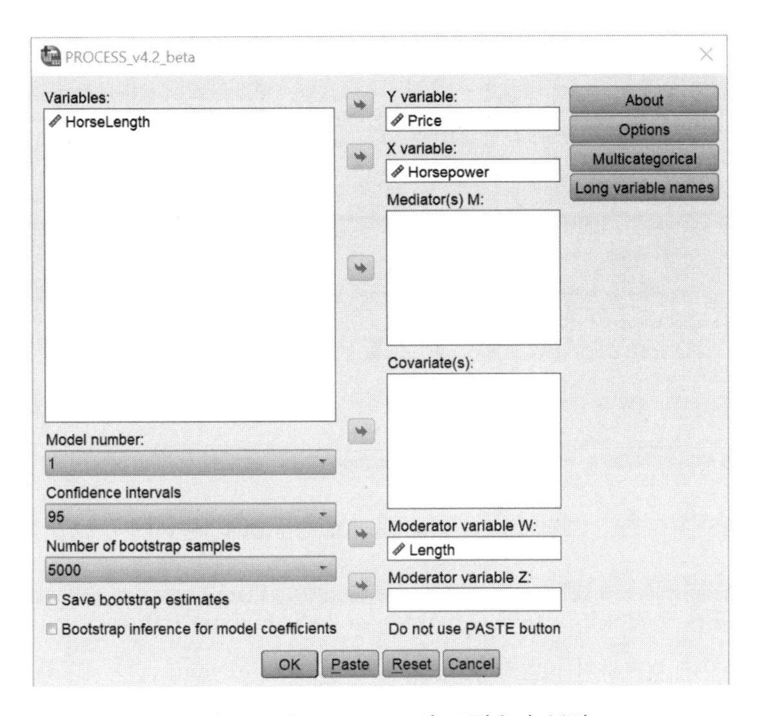

[그림 10.11] PROCESS의 조절효과 분석

Model number 바로 아래에 있는 Confidence intervals는 Output에 제공되는 신뢰구간 추정치의 수준을 지정하는 것이므로 95% 신뢰구간이 추정되도록 그대로 둔다. Number of bootstrap samples를 포함한 Save bootstrap estimates나 Bootstrap inference for model coefficients는 매개효과 분석을 위해 부트스트랩 표집 횟수 등을 지정하는 것이므로 조절효과 분석에서는 무시한다.

다음으로는 Variables 패널에 있는 변수 중에서 종속변수 Price를 Y variable로 옮기고, 독립변수 Horsepower는 X variable로, 조절변수 Length는 Moderator variable W로 옮겨야 한다. 모든 변수를 [그림 9.1]의 경로도에 설정된 역할에 맞게 지정해야 한다. 그리고 오른쪽 위에 있는 Long variable names를 실행하여 8글자를 초과하는 변수명이 있는 경우 위험을 감수하겠다는 곳에 체크를 해 주어야 한다. 이러면 앞서와 마찬가지로 Horsepow로 마력 변수를 사용할 수 있게 된다. 다음으로 Options를 클릭하면 조절효과 분석을 위한 여러 가지 결정을 할 수 있다. 연속형 조절변수를 사용하게 되면, 이분형 조절변수를 사용할 때와 다른 부분이 존재하므로 주의 깊게 봐야 한다.

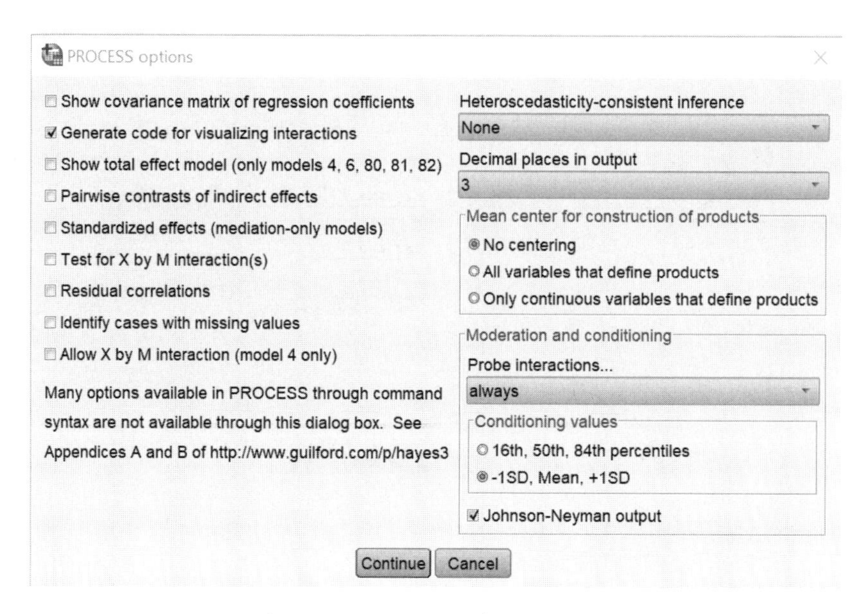

[그림 10.12] PROCESS의 Options 화면

상호작용도표를 출력하고 싶으면 Generate code for visualizing interactions에 체크해야 한다. 여기에 체크하면 상호작용도표를 출력할 수 있는 syntax를 제공해 준다. 다음으로 Decimal places in output에서 원하는 소수점 자리를 3으로 설정한다. Mean center for construction of products에서는 상호작용항을 만들 때 평균중심화를 하지 않는 것으로 설정한다. 해석 등의 편의성을 위해 독립변수 및 조절변수의 평균중심화를 실시하는 것이 추천될 수도 있는데, 이는 11장에서 자세히 다룰 예정이다.

Moderation and conditioning 부분에서는 어떻게 사후탐색을 진행할 것인지 결정해야 한다. Probe interactions는 사후탐색을 진행하게 되는 상호작용효과 β_3의 유의성 기준을 결정하는 부분이다. 상호작용효과의 유의성과 관계없이 사후탐색을 진행하기 위하여 always라고 설정해 놓았다. Conditioning values는 단순기울기 검정, 또는 조건부효과 검정을 진행할 때 조절변수의 어떤 수준에서 검정을 진행할 것인지 결정하는 부분이다. 두 개의 옵션 중에서 −1SD, Mean, +1SD를 선택하면, Aiken과 West(1991) 방법으로 조절변수를 조건화하여 단순기울기 검정을 진행한다. 또는 바로 위의 16th, 50th, 84th percentiles(백분위수)로 설정하면, 조절변수의 세 백분위수에서 단순기울기 검정을 진행한다. 만약 조절변수가 정규분포를 따른다면, [그림 10.2]에서 보여 준 것처럼 두 옵션의 조건은 동일하게 된다. 마지막으로 Johnson−Neyman output에 체크하면, Bauer와 Curran(2005)이 개발한 방법으로 사후탐색을 하는 방법을 실행한다. Johnson−Neyman 방법은 조절변수가 연속형일 때

Aiken과 West(1991)가 세 개의 지점에서 단순기울기 검정을 실시하는 것을 조절변수의 전 영역으로 단순 확장하는 사후탐색이다. 이해하기가 어렵지 않으니 Output과 함께 설명한다. 이제 Continue를 눌러 나가고, OK를 눌러 분석을 실행하면 꽤 긴 Output이 나타나는데 이를 나누어 설명한다.

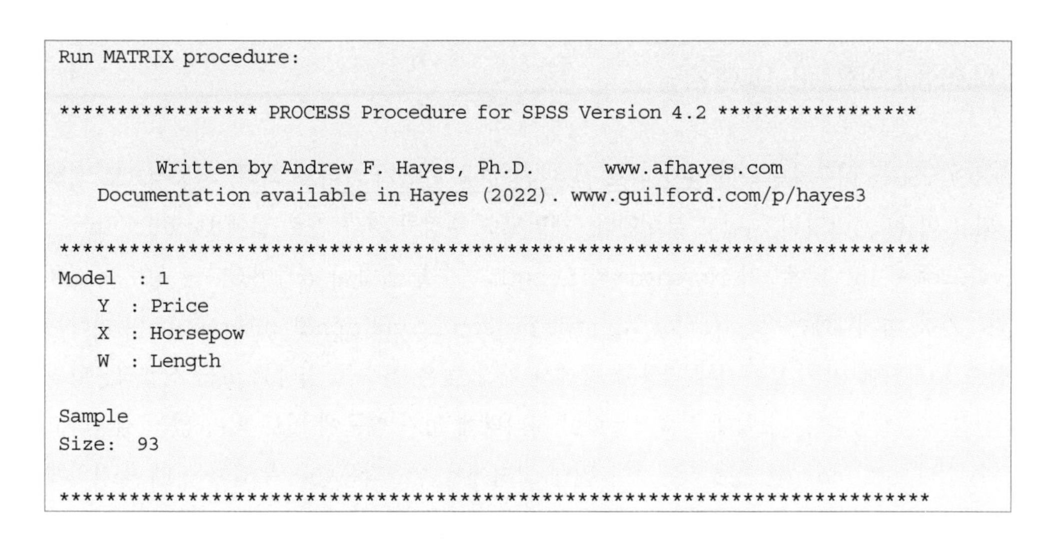

```
Run MATRIX procedure:

***************** PROCESS Procedure for SPSS Version 4.2 *****************

          Written by Andrew F. Hayes, Ph.D.        www.afhayes.com
    Documentation available in Hayes (2022). www.guilford.com/p/hayes3

**************************************************************************
Model  : 1
    Y  : Price
    X  : Horsepow
    W  : Length

Sample
Size:  93

**************************************************************************
```

Output에서 가장 처음 나타나는 내용은 연구자가 추정한 모형이 1번이며, 1번 모형에 맞는 Y, X, W가 각각 어떤 변수로 설정되어 있는지, 그리고 표본크기는 얼마인지에 대한 것이다. 이 부분은 PROCESS를 이용하는 연구자들이 절대로 간과해서는 안 되는 부분으로서 연구자 본인이 의도한 모형에 의도한 변수들을 사용했는지 확인하여야만 한다.

```
OUTCOME VARIABLE:
 Price

Model Summary
          R       R-sq        MSE          F        df1        df2          p
       .794       .630     35.667     50.556      3.000     89.000       .000

Model
              coeff         se          t          p       LLCI       ULCI
constant      1.555     21.349       .073       .942    -40.865     43.976
Horsepow       .036       .143       .254       .800      -.249       .321
Length        -.010       .121      -.082       .935      -.250       .230
Int_1          .001       .001       .692       .491      -.001       .002

Product terms key:
 Int_1    :        Horsepow x        Length

Test(s) of highest order unconditional interaction(s):
      R2-chng          F        df1        df2          p
X*W      .002       .479      1.000     89.000       .491
```

다음으로 Output에서 제공되는 것은 상호작용효과 모형의 회귀분석 결과이다. OUTCOME VARIABLE에 연구자가 설정한 종속변수 Price가 나타나고, Model Summary에는 다중상관 R, 결정계수 R^2, MSE와 모형의 F검정 결과 등이 제공된다. Model 부분에는 각 절편과 기울기의 추정치 및 상호작용항의 추정치가 제공되는데, 모든 값이 SPSS를 이용한 결과와 다르지 않다. 마지막에는 각 모수의 신뢰구간 추정치도 제공이 되는데, 추정치의 하한값은 LLCI이고 상한값은 ULCI이다.

PROCESS를 이용하면 연구자가 따로 상호작용항을 만들지 않아도 되며, 자동적으로 생성이 되고 이름도 Int_1이 저절로 부여된다. 개별모수 추정치 결과 바로 밑에 Product terms key라고 해서 Int_1 변수가 Horsepow와 Length 변수를 곱하여 만들어졌다는 정보가 제공된다. 가장 마지막에는 Test(s) of highest order unconditional interaction(s)이라는 이름으로 모형에 있는 모든 상호작용항 중에서 가장 높은 차수를 지니고 있는 상호작용항의 검정 결과가 제공된다. 모형에 상호작용항이 하나밖에 없기 때문에 별로 의미 없는 결과라고 할 수 있다. R2-chng는 상호작용항이 없는 모형에서 상호작용항을 투입했을 때 증가하게 되는 ΔR^2을 가리키며, 이는 위계적 회귀분석을 이용하여 상호작용효과를 검정하면 제공되는 정보와 동일하다. 모든 추정치는 SPSS를 이용하여 제공한 값과 일치하므로 각각에 대한 해석은 생략하도록 한다.

```
     Focal predict: Horsepow (X)
           Mod var: Length   (W)

Conditional effects of the focal predictor at values of the moderator(s):

     Length     Effect         se          t          p       LLCI       ULCI
    168.602       .128       .018      7.202       .000       .093       .163
    183.204       .136       .014      9.519       .000       .107       .164
    197.807       .144       .019      7.644       .000       .106       .181
```

위의 결과물은 단순기울기 검정, 즉 조건부효과의 검정 결과이다. Focal predict라는 것은 독립변수 Horsepow를 의미하며, Mod var이라는 것은 조절변수 Length를 의미한다. 중간에 Conditional effects of the focal predictor at values of the moderator(s) 부분은 '조절변수의 여러 값에서 독립변수의 조건부효과'라는 의미로서 바로 단순기울기를 가리킨다. 그 아래에는 조절변수인 Length의 세 값(168.6, 183.2, 197.8)에서 단순기울기, 즉 조건부효과의 검정 결과가 나타난다. $Length = 168.6$일 때 단순기울기 추정치는 0.128이며 표준오차는 0.018로서 $p < .001$ 수준에서 통계적으로 유의하고, $Length = 183.2$일 때

단순기울기 추정치는 0.136이며 표준오차는 0.014로서 $p < .001$ 수준에서 통계적으로 유의하며, $Length = 197.8$일 때 단순기울기 추정치는 0.144이며 표준오차는 0.019로서 $p < .001$ 수준에서 통계적으로 유의하다. 이는 앞에서 SPSS의 회귀계수 추정치의 공분산 정보를 이용해서 실시한 검정 결과와 거의 일치한다.

```
There are no statistical significance transition points within the observed
range of the moderator found using the Johnson-Neyman method.

Conditional effect of focal predictor at values of the moderator:
    Length      Effect         se          t          p       LLCI       ULCI
   141.000        .113       .035      3.205       .002       .043       .183
   144.714        .115       .033      3.526       .001       .050       .180
   148.429        .117       .030      3.898       .000       .057       .177
   152.143        .119       .027      4.329       .000       .064       .174
   155.857        .121       .025      4.832       .000       .071       .171
   159.571        .123       .023      5.417       .000       .078       .168
   163.286        .125       .021      6.092       .000       .084       .166
   167.000        .127       .019      6.853       .000       .090       .164
   170.714        .129       .017      7.671       .000       .096       .162
   174.429        .131       .015      8.471       .000       .100       .162
   178.143        .133       .015      9.125       .000       .104       .162
   181.857        .135       .014      9.483       .000       .107       .163
   185.571        .137       .014      9.458       .000       .108       .166
   189.286        .139       .015      9.090       .000       .109       .170
   193.000        .141       .017      8.506       .000       .108       .174
   196.714        .143       .018      7.841       .000       .107       .179
   200.429        .145       .020      7.184       .000       .105       .185
   204.143        .147       .022      6.581       .000       .103       .192
   207.857        .149       .025      6.046       .000       .100       .198
   211.571        .151       .027      5.578       .000       .097       .205
   215.286        .153       .030      5.173       .000       .094       .212
   219.000        .155       .032      4.821       .000       .091       .219
```

위는 Johnson-Neyman 방법의 결과물로서 바로 앞의 조건부효과(단순기울기) 검정에서 보여 주었던 Conditional effects of the focal predictor at values of the moderator(s) 문구가 다시 나타나는 것을 확인할 수 있다. Johnson-Neyman 방법은 Aiken과 West(1991)가 임의의 세 값에 대하여 단순기울기를 검정하는 한계를 극복한다. Length의 최소값(141)부터 최대값(219) 사이를 22개 이상의 값으로 나누어(각 단순기울기의 유의성 결과에 따라서 개수가 달라짐) 전 영역에서 단순기울기, 즉 조건부효과 검정의 결과를 보여 주는 것이다. 조절변수의 어떤 영역에서는 단순기울기가 유의할 수 있고, 또 어떤 영역에서는 단순기울기가 유의하지 않을 수 있다. 지금 현재 위의 결과는 모든 단순기울기의 검정 결과가 $p < .01$이어서 통계적으로 유의한 상황이다.

그런데 Johnson-Neyman 방법은 단지 조절변수의 전 영역에서 단순기울기가 유의한지 아닌지를 확인하는 것 이상의 목적을 가지고 있다. 지금 위의 결과는 모든 단순기울기의 검정 결과가 $p < .01$ 수준에서 유의한데, 자료에 따라 Length의 어느 값에서는 단순기울기가 유의할 수 있고 또 다른 값에서는 유의하지 않을 수 있다. Johnson-Neyman 방법은 단순기울기 검정의 역방향으로[36] p값을 먼저 확인하여 조건부효과가 유의한 Length의 값과 유의하지 않은 Length의 값을 찾는다. 즉, 조절변수의 어느 지점까지 단순기울기가 유의하고, 어떤 지점부터 유의하지 않은지를 찾는 것이다. 그래서 PROCESS의 Johnson-Neyman 결과는 단순기울기 검정의 $p = .050$이 되는 Length의 값을 화면에 출력해 주고, 그 Length의 값을 transition point라고 한다. Output의 맨 위에 no statistical significance transition points within the observed range of the moderator라고 쓰여 있는 것이 현재 조절변수의 전 영역에서 transition points가 없다는 메시지이다. 조절효과의 분석에서 transition points는 없을 수도 있고, 하나일 수도 있으며, 둘 이상일 수도 있다.

```
Data for visualizing the conditional effect of the focal predictor:
Paste text below into a SPSS syntax window and execute to produce plot.

DATA LIST FREE/
   Horsepow   Length     Price      .
BEGIN DATA.
     91.454    168.602     11.590
    143.828    168.602     18.289
    196.202    168.602     24.987
     91.454    183.204     12.170
    143.828    183.204     19.284
    196.202    183.204     26.397
     91.454    197.807     12.750
    143.828    197.807     20.279
    196.202    197.807     27.807
END DATA.
GRAPH/SCATTERPLOT=
 Horsepow WITH     Price    BY       Length    .
```

위에서 제공된 SPSS 코드를 실행하면 상호작용도표를 출력할 수 있다. 이를 위해서는 먼저 SPSS의 File 메뉴에서 New를 선택하고 Syntax를 실행하여 Syntax Editor를 열어야 한다. Syntax Editor가 열리면 아무런 내용도 없는 백지 공간인데, 거기에 PROCESS가 제공한 코드를 복사하여 붙여넣기 한다. 다음으로 Run 메뉴에서 All을 실행하면 산포도가 출력된다. 이전과 마찬가지로 그림을 더블클릭하여 들어가서 Chart Editor를 열고, Elements

36 여기서 역방향이란 주어진 조절변수의 값에서 조건부효과(단순기울기)가 유의한지 아닌지를 찾는 방식이 아니라 조건부효과가 유의한 조절변수의 값을 찾는 방향을 의미한다.

메뉴에서 Fit Line at Subgroups를 실행한다. 이제 선형회귀선(Linear)에 체크한 다음 Apply를 눌러 실행하면 아래와 같은 그림을 확인할 수 있다.

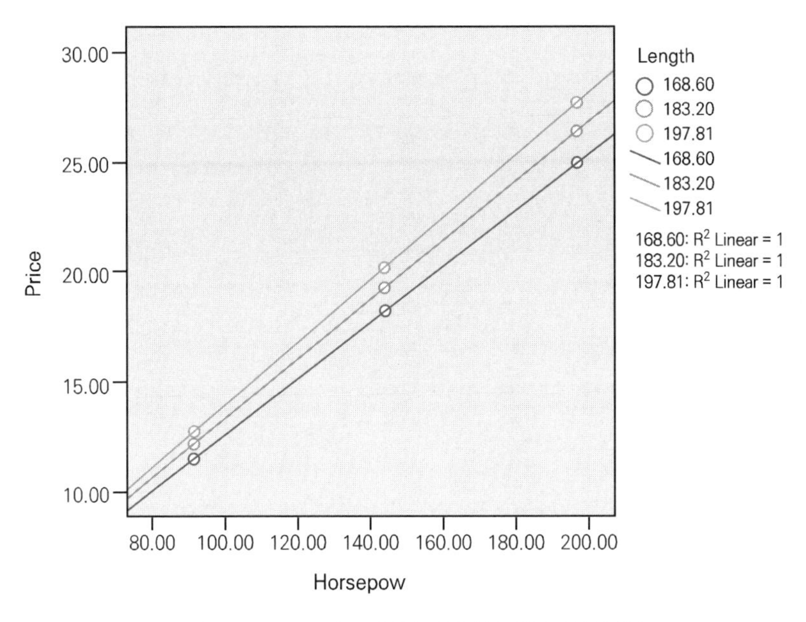

[그림 10.13] **PROCESS를 이용한 상호작용도표**

PROCESS가 상호작용도표를 그리는 방식은 조절변수 Length의 각 수준에서 세 개의 점을 제공하는 것까지이다. 선을 더하는 것은 연구자가 직접 해야 한다. 이전과 마찬가지로 그림의 오른쪽에 나타나는 R^2들은 그림을 그리는 과정에서 나타나는 것이고 아무런 의미도 없는 숫자이다. PROCESS를 이용한 조절효과 분석의 마지막 Output은 신뢰구간 추정치가 95% 신뢰 수준이었다는 정보와 Long variable names의 위험성을 감수하겠다는 경고문인데, 이분형 변수 부분과 완전히 동일하므로 생략한다.

제11장 상호작용효과 분석에서 유의할 점

지금까지 가장 간단한 형태의 상호작용효과 또는 조절효과를 살펴보았다. 하나는 조절변수가 이분형인 경우의 상호작용이었고, 또 하나는 조절변수가 연속형인 경우의 상호작용이었다. 어떤 경우든 독립변수는 연속형을 가정하였다. 독립변수가 연속형이 아니라고 하여 조절효과 분석을 실시하지 못하는 것은 아니지만, 회귀분석의 맥락에서는 그다지 적절하지 않거나 결과의 정리가 매우 헷갈릴 수 있다. 이런 이유로 회귀분석의 조절효과를 다룬 책에서 이분형 독립변수를 예제로 채용한 경우는 거의 없다.

어떤 형태이든 간에 연구자가 의도한 변수들을 통하여 상호작용효과의 가설을 세우고, 효과를 검정하고, 결과를 해석하는 과정에서 여러 가지 유의할 점들이 있다. 첫째, SPSS의 상호작용효과 분석에서 제공되는 표준화 추정치는 정확한 값이 아니어서 제대로 된 값을 얻고 싶다면 추가적인 절차를 거쳐야 한다. 둘째, 상호작용효과를 분석하다 보면 독립변수 및 조절변수와 상호작용항 사이에 높은 상관이 나타날 수 있다. 바로 다중공선성의 문제인데, 이를 해결하기 위한 평균중심화에 대한 이해가 필요하다. 셋째, 상호작용효과 모형에서도 인구사회학적 변수 등을 통제할 수 있다. 통제는 어떤 방식으로 하며, 이때 변수의 형태는 어떻게 해야 하는지 등을 살펴본다. 마지막으로, 상호작용효과의 유의성과 단순기울기의 유의성 사이의 관계에 대해서 알아보는 것이 필요하다. 상호작용효과가 유의하면 사후탐색으로 단순기울기, 즉 조건부효과의 검정을 진행하게 되는데, 과연 이 둘 사이에는 어떤 관계가 있는지 알아본다.

11.1. 표준화 추정치

SPSS 등의 통계 프로그램으로 아래의 상호작용효과 모형을 추정하여 얻게 되는 표준화 추정치는 정확한 표준화 추정치가 아니다. 그 이유를 살펴보고, 문제를 어떻게 해결할 수 있을지 설명한다.

$$Y = \beta_0 + \beta_1 X + \beta_2 W + \beta_3 XW + e \qquad [식\ 11.1]$$

위의 모형에서 표준화 추정치를 출력하기 위해 SPSS는 먼저 Y, X, W, XW를 모두 다음과 같이 표준화한다.

$$Z_Y = \frac{Y - \overline{Y}}{s_Y},\ Z_X = \frac{X - \overline{X}}{s_X},\ Z_W = \frac{W - \overline{W}}{s_W},\ Z_{XW} = \frac{XW - \overline{XW}}{s_{XW}}$$

위의 표준화는 변수에서 그 변수의 평균을 빼고, 다시 그 변수의 표준편차로 나눈 것으로서 가장 일반적인 방법이라고 할 수 있다. 다음으로 위처럼 표준화한 변수를 이용하여 [식 11.1]과 동일한 모형을 아래와 같이 설정한다.

$$Z_Y = \beta_0^s + \beta_1^s Z_X + \beta_2^s Z_W + \beta_3^s Z_{XW} + e \qquad [식\ 11.2]$$

잘 알고 있듯이 위 모형에서의 β_0^s, β_1^s, β_2^s, β_3^s를 표준화 회귀모수라고 하며, 이들의 추정치가 바로 SPSS가 제공해 주는 표준화 추정치이다.[37] 지금 설명한 표준화 추정치를 구하는 단계에 그 어떤 문제도 없는 것처럼 보인다. 종속변수와 모든 독립변수를 표준화한 상태에서 동일한 모형을 추정하여 나오는 값들이 바로 표준화 추정치인 것이다.

하지만 [식 11.2]를 가만히 살펴보면 이상한 점이 있다. 비표준화 추정 방법이든 표준화 추정 방법이든 기본적으로 상호작용항이라는 것은 독립변수와 조절변수의 곱으로 만들어져야 한다. 그런데 [식 11.2]에서는 상호작용항이 그렇지 않다. 독립변수 Z_X와 조절변수 Z_W의 곱은 Z_{XW}가 아니라 $Z_X Z_W$여야 한다. 너무 당연하게도 XW를 표준화한 변수와 X를 표준화한 변수에 W를 표준화한 변수를 곱하여 만들어진 변수는 동일하지 않다.

$$Z_{XW} \neq Z_X Z_W \qquad [식\ 11.3]$$

그러므로 [식 11.1]의 모형에서 상호작용효과의 정확한 표준화 추정치를 얻고 싶으면, [식 11.2]의 모형이 아니라 아래의 모형을 설정하여 β_0^s, β_1^s, β_2^s, β_3^s의 추정치를 구해야 한다.

---

37 사실 SPSS가 표준화 추정치를 출력하기 위하여 설명한 모든 과정을 거치는 것은 아니다. 더 간단한 수식으로 표준화 추정치를 구할 수 있다. 다만 독자의 이해를 돕기 위해 전 과정을 원론적으로 설명한 것이다.

$$Z_Y = \beta_0^s + \beta_1^s Z_X + \beta_2^s Z_W + \beta_3^s Z_X Z_W + e \qquad \text{[식 11.4]}$$

SPSS를 이용하여 표준화된 상호작용효과 추정치를 구하고 싶다면, 독립변수와 조절변수를 먼저 각각 표준화하고, 표준화한 독립변수와 표준화한 조절변수의 곱으로 상호작용항을 형성한 다음 모형을 추정해야 한다. 이렇게 되면 [식 11.4]의 모든 회귀모수 β_0^s, β_1^s, β_2^s, β_3^s는 [식 11.2]의 회귀모수들과 다른 값이 나오게 될 것이다. 참고로 [식 11.4]의 모형을 이용하여 표준화 추정치를 구하는 것이 가장 일반적이기는 하지만, 종속변수 Y를 표준화하지 않는 아래의 방식도 존재한다.

$$Y = \beta_0^s + \beta_1^s Z_X + \beta_2^s Z_W + \beta_3^s Z_X Z_W + e \qquad \text{[식 11.5]}$$

이와 같은 표준화를 부분표준화(partial standardization)라고도 하는데, [식 11.4]의 완전표준화(full standardization)에 대비하여 사용한다. [식 11.5]의 표준화 모형은 종속변수 Y가 의미 있는 단위로 되어 있어서 해석상의 장점을 그대로 유지하고 싶을 때 사용한다. 표준화라는 것이 절대적인 한 가지 방식만 있는 것이 아니므로 유연성을 가지고 대응해야 한다. 예를 들어, 구조방정식 프로그램으로서 아주 유명한 Mplus는 변수의 표준화 과정에서 평균을 빼 주지 않고 표준편차로 나누기만 하는 표준화 방식을 이용하기도 한다. Mplus는 독립변수만 표준화하는 방법도 제공하며, 독립변수와 종속변수를 모두 표준화하는 방식도 역시 제공한다. 이렇듯 다양한 종류의 표준화 방식 중에서 그래도 모든 연구자들이 가장 많이 사용하는 방식은 완전표준화라고 할 수 있다.

그리고 [식 11.2]를 통하여 표준화 추정치를 잘못 구하게 되는 문제는 SPSS만의 문제가 아니다. 통계 프로그램이라는 것은 사람이 아니므로 X 및 W와 XW의 차이를 인식할 수가 없다. XW 역시 그저 하나의 변수일 뿐이다. 그러므로 SAS, Mplus, Amos, STATA, R 등 실질적으로 존재하는 모든 통계 소프트웨어는 이 문제를 가지고 있다. 그 어떤 프로그램을 이용하여 상호작용효과 모형을 추정하더라도 Output에 제공되는 표준화 추정치를 신뢰하면 안 되며, 정확한 추정을 위해서는 [식 11.4]의 모형을 이용해야 한다.

지금부터 SPSS를 통하여 정확한 표준화 추정치를 얻는 과정을 보이고자 한다. 상호작용효과의 표준화 추정치를 논문 등에 보고하고 싶다면 아래에 보이는 절차를 따르기 바란다. 그 전에 SPSS가 가지고 있는 문제가 무엇인지 예제를 통하여 먼저 확인하고자 한다. 아래는

Price를 종속변수로 하고, Horsepower를 독립변수, Length를 조절변수로 하는 상호작용효과 모형의 SPSS 개별모수 추정치 결과이다. [그림 10.7]에서 제공하였던 내용과 동일하다.

Coefficients[a]

Model		Unstandardized Coefficients		Standardized Coefficients	t	Sig.
		B	Std. Error	Beta		
1	(Constant)	1.555	21.349		.073	.942
	Horsepower	.036	.143	.198	.254	.800
	Length	-.010	.121	-.015	-.082	.935
	HorseLength	.001	.001	.608	.692	.491

a. Dependent Variable: Price

위의 결과에서 빈칸으로 나타나는 절편의 표준화 추정치는 당연히 0이고, 기울기의 표준화 추정치들은 각각 0.198, −0.015, 0.608이다. 이 값들이 어떻게 얻어진 것인지 확인하기 위해 Analyze의 Descriptive Statistics로 들어가 Descriptives를 실행하고 모든 변수들을 Variable(s)로 옮긴다.

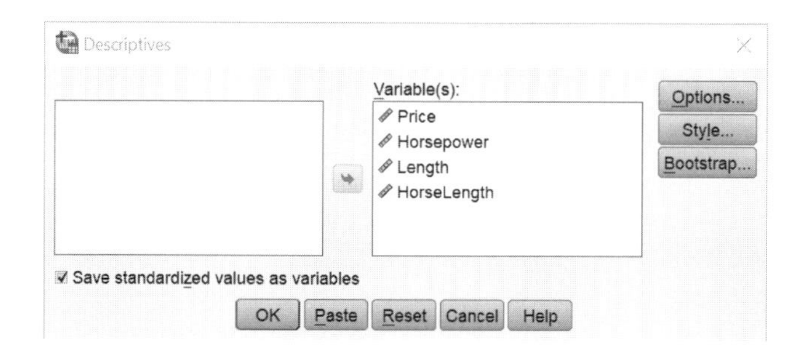

[그림 11.1] 표준화 변수의 생성

위 화면의 아래쪽에 Save standardized values as variables 옵션에 체크를 하면, 네 변수 Price(Y), Horsepower(X), Length(W), HorseLength(XW)의 표준화 변수가 생성되어 ZPrice, ZHorsepower, ZLength, ZHorseLength의 이름으로 아래 그림처럼 자료 세트에 저장되게 된다. 저장된 네 개의 표준화된 변수는 [식 11.2]에서 보여 주었던 Z_Y, Z_X, Z_W, Z_{XW}를 가리킨다.

19.Cars93_interaction_continuous.sav [DataSet3] - IBM SPSS Statistics Data Editor

File Edit View Data Transform Analyze Direct Marketing Graphs Utilities Add-ons Window Help

Visible: 9 of 9 Variables

	Price	Horsepower	Length	HorseLength	ZPrice	ZHorsepower	ZLength	ZHorseLength	ZHorseZLength
1	15.90	140.00	177.00	24780.00	-.37369	-.07309	-.42488	-.18348	.03105
2	33.90	200.00	195.00	39000.00	1.48977	1.07251	.80779	1.12979	.86637
3	29.10	172.00	180.00	30960.00	.99285	.53790	-.21944	.38727	-.11803
4	37.70	172.00	193.00	33196.00	1.88317	.53790	.67083	.59377	.36084
5	30.00	208.00	186.00	38688.00	1.08602	1.22526	.19145	1.10098	.23458
6	15.70	110.00	189.00	20790.00	-.39440	-.64589	.39690	-.55197	-.25635
7	20.80	170.00	200.00	34000.00	.13358	.49971	1.15020	.66802	.57477

Data View Variable View

IBM SPSS Statistics Processor is ready Unicode:ON

[그림 11.2] **표준화 변수의 생성**

Descriptives를 통하여 생성된 네 개의 표준화 변수 외에 ZHorseZLength라는 변수가 가장 오른쪽에 보이는 것을 확인할 수 있다. 이 변수는 Transform 메뉴의 Compute Variable로 들어가서 이미 생성된 표준화 변수들로 아래와 같은 식을 이용해 직접 생성한 것이다.

$$ZHorseZLength = ZHorsepower \times ZLength$$

ZHorseLength 변수와 ZHorseZLength 변수의 값이 매우 다른 것을 확인할 수 있다. 이제 생성된 표준화 변수들 중 ZPrice를 종속변수로 하고, ZHorsepower, ZLength, ZHorseLength를 독립변수로 하여 회귀분석 모형을 추정한 결과가 아래에 제공된다.

Coefficients[a]

Model		Unstandardized Coefficients		Standardized Coefficients	t	Sig.
		B	Std. Error	Beta		
1	(Constant)	-5.494E-16	.064		.000	1.000
	ZHorsepower	.198	.778	.198	.254	.800
	ZLength	-.015	.183	-.015	-.082	.935
	ZHorseLength	.608	.878	.608	.692	.491

a. Dependent Variable: ZPrice

[그림 11.3] **ZHorseLength를 상호작용항으로 사용한 잘못된 표준화 추정치**

위 결과에서 비표준화 추정치 부분을 보면, 절편은 0이고, ZHorsepower의 계수 추정치는 0.198, ZLength의 계수 추정치는 −0.015, ZHorseLength의 계수 추정치는 0.608로서 앞에서 보았던 [그림 10.7]의 표준화 추정치와 완전히 동일한 것을 알 수 있다. 다시 말하지만, SPSS가 제공하는 이것들은 잘못된 표준화 추정치이다. 만약 제대로 된 표준화 추정치를 얻고 싶다면, ZHorseLength가 아닌 ZHorseZLength 변수를 상호작용항으로 투입하여 아래처럼 모형을 추정해야 한다.

Coefficients[a]

Model		Unstandardized Coefficients		Standardized Coefficients	t	Sig.
		B	Std. Error	Beta		
1	(Constant)	-.023	.072		-.323	.748
	ZHorsepower	.736	.077	.736	9.519	.000
	ZLength	.103	.077	.103	1.331	.187
	ZHorseZLength	.043	.062	.045	.692	.491

a. Dependent Variable: ZPrice

[그림 11.4] ZHorseZLength를 상호작용항으로 사용한 올바른 표준화 추정치

위의 결과에서 비표준화 추정치에 제공되는 값들이 바로 [식 11.1] 상호작용효과 모형의 표준화 추정치들이다. 여기서 절편이 0이 아니고 −0.023인데 이는 계산과정의 오차이고, 이론적으로는 0이 되어야 하므로 0으로 보고하면 된다. 또한, 상호작용효과의 표준화 추정치가 Unstadardized Coefficients 부분에서는 0.043이고, Standardized Coefficients 부분에서는 0.045인데, 이 역시 계산과정의 오차이고 둘은 기본적으로 동일해야 한다. 그러므로 그 어떤 것을 보고하여도 큰 차이는 없다. [그림 11.3]에 제공된 상호작용효과의 표준화 추정치가 0.608이고, [그림 11.4]에 제공된 상호작용효과의 표준화 추정치가 0.043인데, 논리적으로 0.043이 훨씬 더 그럴듯하다. 표준화 추정치의 절대값은 대체적으로 1을 넘어가지 않는데 0.608이라는 숫자는 매우 큰 효과크기를 지닌 표준화 추정치이다. 그리고 [그림 11.3]이든 [그림 11.4]든 간에 상호작용효과 검정의 $p = .491$로서 효과가 전혀 유의하지 않음을 가리키고 있다. 이처럼 유의하지 않은 p값은 상당히 작은 상호작용효과의 표준화 추정치 0.043과 더 잘 호응한다.

11.2. 다중공선성과 평균중심화

상호작용효과 모형의 상호작용항은 독립변수와 조절변수를 실제로 곱하여 만들어지는 변수이므로 이미 존재하는 독립변수 및 조절변수와 높은 상관을 가지고 있을 가능성이 있다. 당연하게도 XW 변수 안에는 X 및 W가 들어가 있으므로 X와 XW 또는 W와 XW 사이

에 높은 상관이 있을 것이라고 기대하는 것은 이상하지 않다. 이렇게 회귀분석에서 독립변수들 간에 높은 상관이 존재하게 되면 다중공선성의 문제가 발생할 가능성이 생기고, 추정치의 검정에 필수적인 표준오차의 값이 정확하게 추정되지 않는다는 문제가 있다. 추정의 과정 역시 매우 불안정해질 수 있다. 그나마 SPSS나 PROCESS의 디폴트 추정법인 최소제곱법을 이용하면 추정의 결과라도 받아볼 수 있으나 Mplus나 Amos의 최대우도법을 이용하면 추정 자체에 실패하는 경우도 빈번하다.

Cars93 자료에서 Price를 종속변수로 하고, Horsepower를 독립변수, Length를 조절변수로 하여 상호작용효과 모형을 추정하면 다중공선성의 문제가 어떻게 될지 살펴보도록 하자. 즉, 앞에서 추정하고 결과를 해석했던 것이 다중공선성의 문제없이 안정적으로 추정된 결과에 기반했는지를 확인하고자 한다. 분석 과정에서 Statistics 옵션을 클릭하고 Collinearity diagnostics의 옆에 체크하면 개별모수 추정치 결과가 아래와 같다.

Coefficients[a]

Model		Unstandardized Coefficients		Standardized Coefficients	t	Sig.	Collinearity Statistics	
		B	Std. Error	Beta			Tolerance	VIF
1	(Constant)	1.555	21.349		.073	.942		
	Horsepower	.036	.143	.198	.254	.800	.007	145.538
	Length	-.010	.121	-.015	-.082	.935	.125	8.030
	HorseLength	.001	.001	.608	.692	.491	.005	185.660

a. Dependent Variable: Price

[그림 11.5] **다중공선성 통계치 확인**

독립변수 Horsepower의 VIF가 145.538, 상호작용항 HorseLength의 VIF가 185.660으로서 다중공선성의 기준인 10보다 극단적인 수준으로 높고, 조절변수 Length의 VIF인 8.030도 작은 값은 아니다. 절편 추정치 1.555의 표준오차인 21.349는 추정치 자체의 크기에 비해서 상당히 크며, 다른 추정치의 표준오차들에 비해서도 매우 큰 값이다. 매우 큰 표준오차는 다중공선성의 지표이기도 하므로 모형의 추정이 안정적으로 이루어진 것인가에 대한 의문이 있을 수 있는 결과이다. Horsepower 변수와 Length 변수가 새롭게 형성된 상호작용항 HorseLength와 얼마나 밀접한 관련이 있는지 산포도를 이용해 확인하면 아래와 같다.

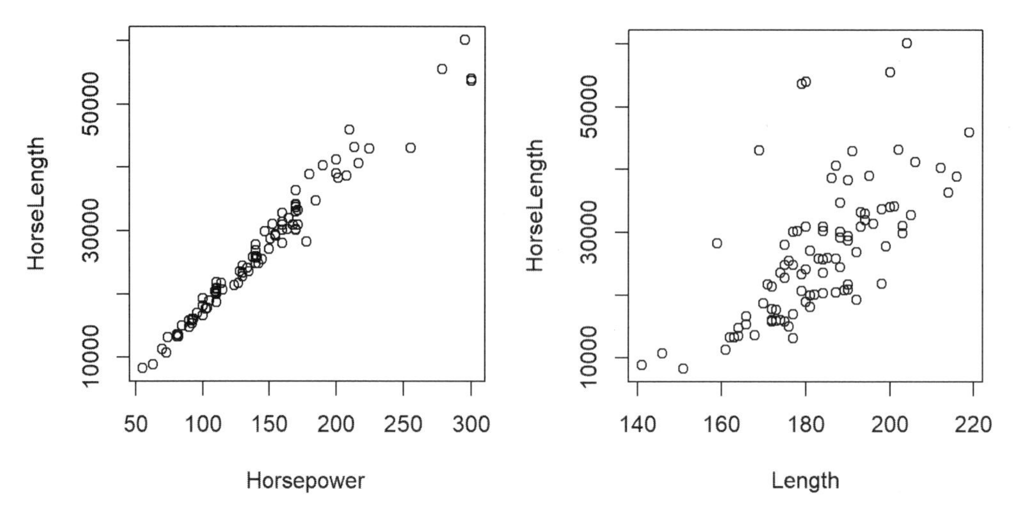

[그림 11.6] Horsepower 및 Length와 HorseLength 간의 산포도

위의 산포도를 보면 Horsepower 및 Length가 새롭게 생성된 HorseLength와 얼마나 강력한 상관이 있는지 알 수 있다. 실제로 계산해 본 Horsepower와 HorseLength 간의 상관계수는 0.985이며, Length와 HorseLength 간의 상관계수도 0.674이다. 0.985라는 상관계수는 동일한 표본에 대하여 동일한 변수를 두 번 수집하여도 얻기 힘들 만큼 매우 높은 값이다. 심각하게 공선성을 의심해 보아야 할 값인 것이다.

이렇듯 상호작용항이 기존의 독립변수 및 조절변수와 높은 상관을 가지고 있으며, VIF도 극단적으로 높다는 것은 다중공선성이 있을 가능성이 매우 높으며 추정 결과를 신뢰하기 어렵다는 문제를 일으킨다. 이런 경우에 독립변수나 조절변수의 평균중심화를 실행하면 다중공선성의 문제가 사라지게 된다. 예를 들어, 아래처럼 [식 11.1]의 상호작용효과 모형이 있다고 가정하자.

$$Y = \beta_0 + \beta_1 X + \beta_2 W + \beta_3 XW + e$$

독립변수와 조절변수를 평균중심화하고, 평균중심화된 두 개의 변수를 곱하여 상호작용항을 만들어 아래와 같은 모형을 설정하여 분석을 진행하면 다중공선성이 사라지게 된다.

$$Y = \beta_0 + \beta_1 (X - \overline{X}) + \beta_2 (W - \overline{W}) + \beta_3 (X - \overline{X})(W - \overline{W}) + e \qquad \text{[식 11.6]}$$

위에서 β_1은 $W-\overline{W}=0$이라는 조건에서 X가 한 단위 증가할 때 변화하는 Y의 기대값이 되고, β_2는 $X-\overline{X}=0$이라는 조건에서 W가 한 단위 증가할 때 변화하는 Y의 기대값이 된다. 즉, 위 회귀분석에서의 조건부효과들은 [식 11.1]의 β_1 및 β_2와 다른 추정치가 나오게 된다. 반면에 β_3의 추정치는 [식 11.1]의 β_3 추정치와 완전히 동일한 값이 되고, 상응하는 p값 역시 일치한다. 본 책의 목적에 비추어 이를 수학적으로 증명해 보이지는 않겠지만, 수리적으로 그렇게 되는 것이다. 다중공선성의 문제는 해결되고 상호작용효과 추정치의 값이나 유의성은 변하지 않으므로 많은 연구자들에 의해 평균중심화는 즐겨 사용된다.

Cars93 자료를 이용한 상호작용효과 모형에서 발생한 다중공선성을 해결하는 과정을 보이고자 한다. 먼저 독립변수 Horsepower와 조절변수 Length를 평균중심화하여 아래처럼 HorseCen과 LengthCen 변수를 형성하였다. Horsepower는 중심화를 위해 평균 143.83을 이용하였고, Length는 중심화를 위해 평균 183.20을 이용하였다. 상호작용항으로는 새롭게 생성된 두 변수를 곱하여 HorseCenLenthCen 변수를 생성하였다. 아래 새로운 변수들이 제공된다.

20.Cars93_interaction_collinearity.sav [DataSet1] - IBM SPSS Statistics Data Editor

File Edit View Data Transform Analyze Direct Marketing Graphs Utilities Add-ons Window Help

Visible: 7 of 7 Variables

	Price	Horsepower	Length	HorseLength	HorseCen	LengthCen	HorseCenLengthCen	var	var
1	15.90	140.00	177.00	24780.00	-3.83	-6.20	23.75		
2	33.90	200.00	195.00	39000.00	56.17	11.80	662.81		
3	29.10	172.00	180.00	30960.00	28.17	-3.20	-90.14		
4	37.70	172.00	193.00	33196.00	28.17	9.80	276.07		
5	30.00	208.00	186.00	38688.00	64.17	2.80	179.68		
6	15.70	110.00	189.00	20790.00	-33.83	5.80	-196.21		
7	20.80	170.00	200.00	34000.00	26.17	16.80	439.66		

Data View Variable View

IBM SPSS Statistics Processor is ready Unicode:ON

[그림 11.7] **평균중심화된 상호작용항의 생성**

새롭게 생성된 중심화된 독립변수 및 중심화된 조절변수와 이들의 곱으로 이루어진 상호작용항을 이용하여 회귀분석을 실시하기 전에 기존의 변수들 관계에 비하여 중심화를 진행한 경우에는 관계가 어떻게 변하였는지 확인하였다. 아래는 독립변수와 상호작용항 간의 산포도 및 조절변수와 상호작용항 간의 산포도이다.

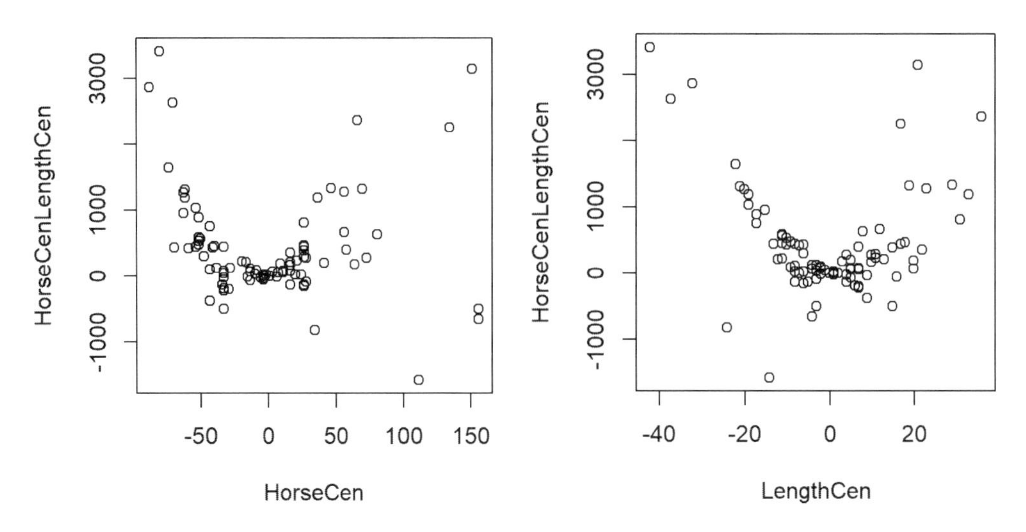

[그림 11.8] HorseCen 및 LengthCen과 HorseCenLengthCen 간의 산포도

위의 그림을 보면 독립변수와 조절변수의 평균중심화로 인하여 변수들 간의 선형적인 관계가 사라진 것을 볼 수 있다. 실제로 HorseCen과 HorseCenLengthCen 간의 상관계수는 −0.110이며, LengthCen과 HorseCenLengthCen 간의 상관계수는 −0.113이다. 이제 아래에 설정한 회귀분석 모형의 추정 결과가 제공된다.

$$Price = \beta_0 + \beta_1 HorseCen + \beta_2 LengthCen + \beta_3 HorseCen \times LengthCen + e$$

Coefficients[a]

Model		Unstandardized Coefficients		Standardized Coefficients	t	Sig.	Collinearity Statistics	
		B	Std. Error	Beta			Tolerance	VIF
1	(Constant)	19.284	.700		27.544	.000		
	HorseCen	.136	.014	.736	9.519	.000	.694	1.441
	LengthCen	.068	.051	.103	1.331	.187	.694	1.441
	HorseCenLengthCen	.001	.001	.045	.692	.491	.984	1.016

a. Dependent Variable: Price

[그림 11.9] 평균중심화된 변수의 상호작용효과 모형 결과

위의 결과 중 다중공선성을 확인할 수 있는 VIF를 보면 이전의 극단적으로 큰 값에서 1 근처의 값으로 떨어진 것을 확인할 수 있다. 절편 추정치 19.284의 표준오차 추정치도 0.700으로서 평균중심화 이전에 비하여 매우 낮아졌다. 그런데 [그림 11.5]의 결과와 비교하여 상호작용효과의 추정치는 0.001, t값은 0.692, p값은 0.491로서 전혀 변하지 않았다. 독립변수와 조절변수의 평균중심화가 다중공선성의 위험은 내리고, 상호작용효과의 추정 결

과는 바꾸지 않은 것을 알 수 있다.

이 모형에서 역시 조건부효과인 HorseCen의 계수 및 LengthCen의 계수를 해석하는 데도 주의를 기울여야 한다. 물론 상호작용효과 모형에서 우리는 조건부효과에 큰 관심이 없다. 그래도 만약 해석을 하고자 하면, 평균중심화된 변수를 이용한 결과의 조건부효과가 평균중심화하지 않은 변수를 이용한 결과의 조건부효과보다 훨씬 더 그럴듯하다. 먼저 HorseCen의 계수는 0.136으로서 LengthCen이 0일 때, 즉 자동차가 평균적인 길이를 가지고 있을 때 Horsepower가 한 단위 증가하면 Price는 136달러 비싸진다. 다음으로 LengthCen의 계수는 0.068로서 HorseCen이 0일 때, 즉 자동차가 평균적인 마력을 가지고 있을 때 Length가 한 단위 증가하면 Price는 68달러 비싸진다.

지금까지 회귀분석에서 조절효과를 확인하는 데 있어 다중공선성이 발생할 때, 평균중심화를 통해서 다중공선성의 위험성을 낮추고 회귀계수 또는 표준오차를 더욱 정확히 추정하고자 하는 예를 보여 주었다. 확인하였듯이 평균중심화를 함으로써 VIF는 10 미만으로 작아졌고, 절편의 표준오차 추정치도 수십 분의 1로 줄어들어 추정의 안정성을 보여 주었다. 평균중심화는 많은 응용 회귀분석 책에서 추천하는 방식이며(Aiken & West, 1991; Cohen et al., 2015), 실제로 다수의 논문에서 사용되고 있다.

그런데 과연 평균중심화가 다중공선성을 해결해 주고, 더욱 정확한 모형의 모수를 추정할 수 있도록 도와주는 것일까? 이에 대해 Echambadi와 Hess(2007)는 수리적인 증명을 통해서 평균중심화가 다중공선성을 해결하지 못함을 보였으며, Gatignon과 Vosgerau(2005)는 시뮬레이션을 통하여 평균중심화가 다중공선성을 없애는 데 도움이 되지 못함을 밝혔다. 이 연구들은 평균중심화가 다중공선성을 해결하는 것이 아니라 다만 숨길(masking) 뿐임을 주장한다. 한 마디로 근본적인 해결이 아니라 잠시 덮어 두는 것이라고 말한다.

특히 Hayes(2022)는 평균중심화가 다중공선성을 해결하는 데 전혀 도움을 주지 못하며, 심지어 다중공선성 문제라는 것이 상호작용효과를 검정하는 데 아무런 문제가 되지 않는다고 주장한다. 평균중심화가 상호작용항 XW의 표준오차를 안정적으로 추정하는 데 도움을 주는 반면, XW의 분산을 변화시킴으로써 결과적으로 추정에 도움을 주지 못한다는 것이다. 즉, 추정치에 도움이 되는 부분과 도움이 안 되는 부분이 서로 상쇄되고 있다고 주장한다. Hayes(2022)는 앞에서 필자가 설명한 바와 같이 평균중심화가 독립변수의 계수인 β_1과 조절변수의 계수인 β_2의 해석에 도움을 줄 수 있다는 것을 인정하면서도 상호작용효과의 검정을 위해서 평균중심화를 사용하지는 말아야 한다고 주장하는 것이다. Cohen 등(2015)이 예측변수에 의미 있는 0점이 있는 경우를[38] 제외하고는 상호작용효과 모형의 추정에서 평균중심화를 심지어 강력하게 추천한다(strongly recommend)고 말하는 것과 매우 대치된다. 그렇다면 연구자들은 어떤 결정을 내려야 할까? 모형을 설정하고 실제 자료를 분석해야 하는 입장에서 종합적으로 판단을 내리는 과정이 필요하다.

Echambadi와 Hess(2007) 및 Gatignon과 Vosgerau(2005)는 평균중심화가 실질적으로 다중공선성 문제를 해결하지는 못하지만, 'no harm'이라는 표현을 쓰면서 안 좋은 문제를 일으키지는 않는다고 주장하였다. Cohen 등(2015)은 불필요한 다중공선성(nonessential multicollinearity)을 제거하기 위해서라도 평균중심화를 적극적으로 사용할 필요가 있다고 말한다. 그리고 필자의 경험으로 보면 다중공선성이 SPSS 회귀분석의 기본 추정인 최소제곱법을 이용한 경우에는 추정의 안정성에 거의 영향을 주지 못한다고 할지라도, Mplus나 Amos 등을 이용한 회귀분석의 추정에서 최대우도법을 사용하는 경우에는 매우 큰 문제를 야기할 수 있다. 추정 알고리즘의 차이로 인해 최대우도법에서는 독립변수들 간에 다중공선성이 존재하는 경우 추정 과정 자체가 수렴하지(converge) 않고 오류 메시지를 주는 경우가 빈번한 것이다. 그렇다면 비록 문제를 근원적으로 해결하지 못한다고 하여도 이를 감추어 불필요한 다중공선성의 가능성을 없애고 추정 과정이 수렴하도록 도움을 주는 평균중심화를 무시할 필요는 없을 것이다. 본 책에서 Cohen 등(2015)이 주장하는 것처럼 상호작용효과 모형의 추정에서 평균중심화를 강력하게 추천하지는 않는다. 하지만, 만약 최대우도법을 사용하는 경우에는 이를 적극적으로 고려해 볼 가치가 있다. 참고로 이후의 예제들에서는 필요에 따라 평균중심화를 사용하거나 또는 사용하지 않으면서 여러 상호작용효과를 소개할 예정이다.

마지막으로 PROCESS를 이용하여 Cars93 자료의 독립변수와 조절변수에 대하여 평균중심화를 실행하고 그 결과를 살펴보도록 한다. PROCESS를 이용하면 연구자가 상호작용항을 직접 형성할 필요도 없지만, 평균중심화 역시 직접 수행하지 않아도 된다. 평균중심화를 설정하기 위해서는 Options 화면으로 들어간다.

---

38 사회과학에서 많이 사용되는 사회경제적지위(socioeconomic status, SES) 같은 변수는 주성분분석(principal component analysis, PCA)을 통해 표준점수의 형태로 만들어져 사용된다. 그러므로 SES 변수의 값이 0이라는 의미는 평균적인 사회경제적지위를 가지고 있다는 의미이다. 이런 경우에는 굳이 SES 변수의 평균중심화를 해야 할 이유가 없다.

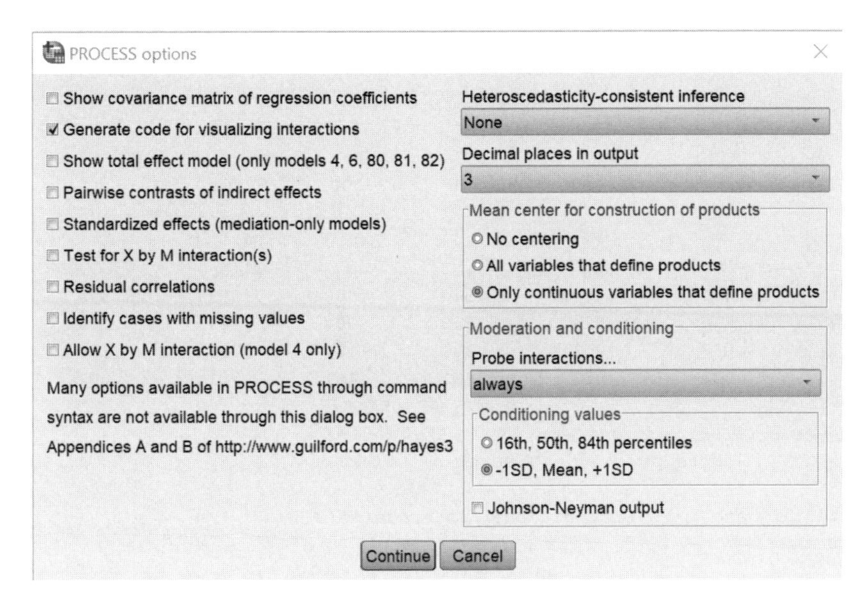

[그림 11.10] PROCESS의 Options 화면

오른쪽의 Mean center for construction of products 부분에서 No centering이 기본값으로 되어 있는데, 이를 All variables that define products나 Only continuous variables that define products로 바꾸면 된다. 후자의 옵션이 더 일반적이고 선호되는데 그 이유는 독립변수나 조절변수가 더미변수일 경우에는 평균중심화를 하지 않는 것이 적절하기 때문이다. 더미변수의 경우에 평균이라는 개념도 모호한 부분이 있고, 이를 중심화한다는 것은 더욱 이상하다. 예를 들어, 성별이 0(남성)과 1(여성)로 코딩되어 있는데, 평균이 0.6이라고 가정하자. 이는 개념적으로 남자와 여자의 중간 어디쯤이라는 뜻이 아니며, 단지 여성의 비율이 60%라는 것을 말해 줄 뿐이다. 그리고 이 상태에서 평균중심화를 하면, 성별의 값들이 −0.6과 0.4라는 값들로 바뀌게 되는데 그러한 값들은 의미가 전혀 없다. 예측변수 중에 이분형 더미변수가 있을 때 All variables that define products를 선택하면 이런 위험성이 있으므로 항상 Only continuous variables that define products를 선택하는 것이 안전하다.

이제 Long variable names를 클릭하여 변수명에서 위험을 감수하겠다는 데에 체크하고 분석을 실행하면, 조절효과 분석의 결과가 나타난다. 모든 Output을 보여 주기보다는 평균중심화를 함으로써 달라지는 부분을 아래에 제공한다.

```
OUTCOME VARIABLE:
 Price

Model Summary
          R       R-sq        MSE          F        df1        df2          p
       .794       .630     35.667     50.556      3.000     89.000       .000

Model
              coeff         se          t          p       LLCI       ULCI
constant     19.284       .700     27.544       .000     17.893     20.675
Horsepow       .136       .014      9.519       .000       .107       .164
Length         .068       .051      1.331       .187      -.034       .170
Int_1          .001       .001       .692       .491      -.001       .002

Product terms key:
 Int_1    :        Horsepow x        Length

Test(s) of highest order unconditional interaction(s):
      R2-chng          F        df1        df2          p
X*W      .002       .479      1.000     89.000       .491
```

Model Summary 부분은 예측변수들의 평균중심화를 하든 안 하든 완전히 일치한다. Horsepow와 Length 간 상호작용효과 추정치(coeff), 표준오차(se), 검정통계량(t), p값(p) 등도 완전히 동일하다. 하지만 절편 추정치와 Horsepow 및 Length의 조건부효과는 바뀌어 있다.

```
    Focal predict: Horsepow (X)
          Mod var: Length   (W)

Conditional effects of the focal predictor at values of the moderator(s):

     Length     Effect         se          t          p       LLCI       ULCI
    -14.602       .128       .018      7.202       .000       .093       .163
       .000       .136       .014      9.519       .000       .107       .164
     14.602       .144       .019      7.644       .000       .106       .181
```

다음으로 제공되는 단순기울기 검정, 즉 조건부효과의 검정도 거의 모두 일치한다. 조건부효과(Effect), 표준오차(se), 검정통계량(t), p값(p) 등의 값이 일치한다. 그런데 조절변수의 조건화 값들(conditioned values)이 다르다. Length의 평균보다 1 표준편차 아래가 −14.602, 평균이 0.000, 평균보다 1 표준편차 위가 14.602인 것을 확인할 수 있다. 조절변수가 평균중심화되어 있기 때문이다. 중심화하지 않았을 때는 각각 168.602, 183.204, 197.807이었다. 중심화함으로써 Length 변수의 위치가 움직였고 이에 따라 조건화 값들은 바뀌었지만, 각 값에서 Horsepow와 Price의 관계(즉, 단순기울기)는 전혀 바뀌지 않았다.

11.3. 변수의 통제

상호작용효과 모형도 여타의 회귀분석 모형처럼 변수를 통제할 수 있다. 만약 임의의 공변수(covariate) C를 통제한 상태에서 종속변수 Y에 대한 독립변수 X와 조절변수 W의 상호작용효과를 확인하고자 한다면 아래처럼 기본적인 상호작용효과 모형에 공변수를 더하면 된다.

$$Y = \beta_0 + \beta_1 X + \beta_2 W + \beta_3 XW + \beta_4 C + e \qquad \text{[식 11.7]}$$

위의 상호작용효과 모형에서 추가된 공변수는 절편과 모든 기울기 추정치에 영향을 주게 되므로 상호작용효과를 검정하는 데 있어서 내용적으로 꼭 필요한 통제변수인지를 확인한 이후에 투입해야 한다.

Cars93 자료를 이용하여 상호작용효과 모형에 공변수를 투입하고 그 결과를 살펴보도록 하자. Price를 종속변수로, Horsepower를 독립변수로, Length를 조절변수로, MPG.city를 공변수로 하는 모형을 다음의 식 및 그림과 같이 설정하였다.

$$\begin{aligned} Price = \beta_0 + \beta_1 Horsepower + \beta_2 Length \\ + \beta_3 Horsepower \times Length + \beta_4 MPG.city + e \end{aligned}$$

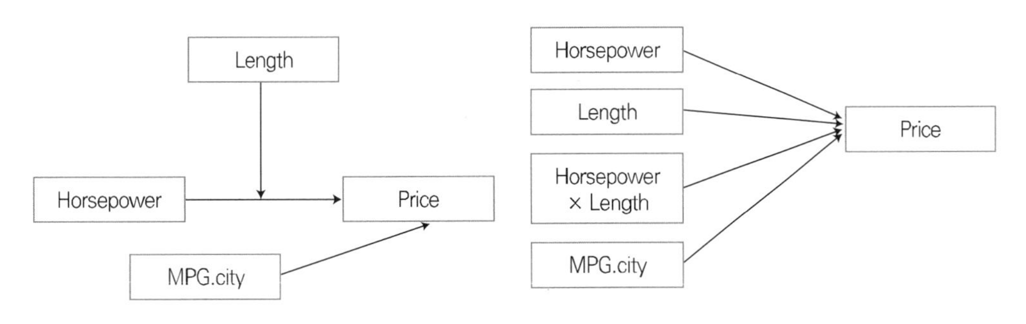

[그림 11.11] **공변수가 추가된 상호작용효과 모형의 개념모형 및 통계모형**

일단 표현의 간명성을 위하여 제시된 모형을 추정할 때 독립변수, 조절변수, 통제변수는 평균중심화하지 않는다. 아래에 통제변수를 추가했을 때의 상호작용효과 모형의 결과가 제공된다.

Coefficients[a]

Model		Unstandardized Coefficients		Standardized Coefficients	t	Sig.	Collinearity Statistics	
		B	Std. Error	Beta			Tolerance	VIF
1	(Constant)	26.664	29.322		.909	.366		
	Horsepower	-.057	.161	-.308	-.352	.725	.005	185.568
	Length	-.111	.145	-.168	-.765	.446	.085	11.697
	HorseLength	.001	.001	1.115	1.155	.251	.004	225.806
	MPG.city	-.233	.188	-.136	-1.245	.216	.347	2.882

a. Dependent Variable: Price

[그림 11.12] **통제변수 투입에 따른 상호작용효과 모형의 결과**

공변수 MPG.city를 통제함으로써 [그림 10.7]에서 보였던 상호작용효과 모형의 결과에 비해 절편과 기울기 추정치 모두가 변하였다. $\hat{\beta}_3 = 0.001$의 해석은 새로 투입한 MPG.city를 통제한 상태에서 Price에 대한 Horsepower와 Length 사이의 상호작용효과가 된다. 그런데 결과를 보면 여기저기 불안한 요소들이 잠재하고 있다. 먼저 Horsepower 및 HorseLength의 VIF가 극단적으로 높으며, Length의 VIF도 10이 넘는다. 또한, 절편추정치의 표준오차가 다른 표준오차 추정치들에 비하여 비정상적으로 크며, 상호작용항의 표준화계수는 1이 넘는 숫자가 나오는 등 다중공선성의 가능성이 보인다. 이에 독립변수 및 조절변수를 평균중심화함으로써 불필요한 다중공선성의 가능성을 사라지게 만들 수 있다.

독립변수와 조절변수를 평균중심화하는 경우 Cohen 등(2015)은 통제변수도 평균중심화할 것을 추천하고 있다. 사실 통제변수를 중심화하든 하지 않든 β_1, β_2, β_3는 변하지 않으며, 오직 β_0만 변하게 된다. 즉, 아래의 두 개 모형 중 무엇을 택하여도 상호작용항의 해석에는 영향을 주지 못한다.

$$\begin{aligned} Price = \beta_0 + \beta_1 HorsepowerCen + \beta_2 LengthCen \\ + \beta_3 HorsepowerCen \times LengthCen + \beta_4 MPG.city + e \end{aligned}$$

$$\begin{aligned} Price = \beta_0 + \beta_1 HorsepowerCen + \beta_2 LengthCen \\ + \beta_3 HorsepowerCen \times LengthCen + \beta_4 MPG.cityCen + e \end{aligned}$$

둘 중 아래의 모형은 Cohen 등(2015)의 제안에 따라 MPG.city를 평균중심화하여 MPG.cityCen을 통제변수로 사용한다. 이를 위해 MPG.city 변수는 평균인 22.7을 빼서 아래와 같이 중심화하였다.

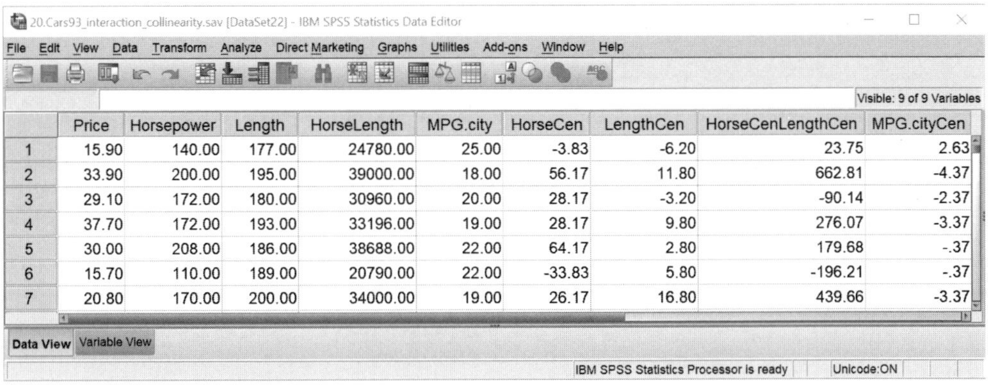

20.Cars93_interaction_collinearity.sav [DataSet22] - IBM SPSS Statistics Data Editor

File Edit View Data Transform Analyze Direct Marketing Graphs Utilities Add-ons Window Help

Visible: 9 of 9 Variables

	Price	Horsepower	Length	HorseLength	MPG.city	HorseCen	LengthCen	HorseCenLengthCen	MPG.cityCen
1	15.90	140.00	177.00	24780.00	25.00	-3.83	-6.20	23.75	2.63
2	33.90	200.00	195.00	39000.00	18.00	56.17	11.80	662.81	-4.37
3	29.10	172.00	180.00	30960.00	20.00	28.17	-3.20	-90.14	-2.37
4	37.70	172.00	193.00	33196.00	19.00	28.17	9.80	276.07	-3.37
5	30.00	208.00	186.00	38688.00	22.00	64.17	2.80	179.68	-.37
6	15.70	110.00	189.00	20790.00	22.00	-33.83	5.80	-196.21	-.37
7	20.80	170.00	200.00	34000.00	19.00	26.17	16.80	439.66	-3.37

Data View Variable View

IBM SPSS Statistics Processor is ready Unicode:ON

[그림 11.13] 통제변수 MPG.city 변수의 중심화

아래는 Cohen 등(2015)이 제안한 대로 Horsepower, Length, MPG.city 변수를 모두 평균중심화한 이후에 상호작용항을 만들어 효과를 확인한 모형의 결과이다.

Coefficients[a]

Model		Unstandardized Coefficients		Standardized Coefficients	t	Sig.	Collinearity Statistics	
		B	Std. Error	Beta			Tolerance	VIF
1	(Constant)	19.094	.714		26.730	.000		
	HorseCen	.125	.017	.679	7.575	.000	.513	1.948
	LengthCen	.032	.059	.048	.542	.589	.523	1.912
	HorseCenLengthCen	.001	.001	.082	1.155	.251	.809	1.236
	MPG.cityCen	-.233	.188	-.136	-1.245	.216	.347	2.882

a. Dependent Variable: Price

[그림 11.14] 평균중심화한 통제변수 투입에 따른 상호작용효과 모형의 결과

모든 예측변수를 중심화하였을 때 상호작용효과는 0.001로 동일하며, t값, p값 모두 변하지 않는다. 다만 절편추정치의 표준오차가 0.714로서 매우 안정적으로 변하였고, 표준화된 계수 중에서 1이 넘는 숫자도 보이지 않으며, VIF도 모두 다 낮게 유지되고 있다. 추정의 과정에 다중공선성의 문제가 없는 것을 알 수 있다. 참고로 MPG.city를 평균중심화하지 않아도 절편 외에 모든 기울기 추정치는 동일하다. 그러므로 통제변수의 평균중심화는 Cohen 등(2015)이 추천한다고 하여도 단지 연구자의 선택일 뿐이다.

PROCESS를 이용하면 상호작용효과 모형에 통제변수를 투입하는 것도 어렵지 않다. Analyze 메뉴에서 Regression으로 들어가 PROCESS를 실행한다.

[그림 11.15] 통제변수(공변수)의 투입

위의 그림처럼 Covariate(s) 부분으로 통제하고자 하는 변수를 옮기면 MPG.city를 통제한 상태에서 Horsepower와 Length의 상호작용효과를 확인할 수 있다. 또는 위의 그림에서 평균중심화한 변수들 대신에 Horsepower, Length, MPG.city를 넣은 다음 Options로 들어가 평균중심화 기능을 이용할 수도 있다. 하지만 그렇게 하는 경우에 통제변수 MPG.city의 평균중심화는 하지 못한다. 왜냐하면, PROCESS가 제공하는 평균중심화 기능은 독립변수와 조절변수에 대해서만 사용할 수 있으며, 통제변수에 대해서는 사용할 수 없기 때문이다. 이는 상호작용효과 모형에서 평균중심화를 추천하지 않는 Hayes(2022)의 성향이 반영된 것으로 보인다. 마지막으로 변수명 길이에 대한 위험을 감수하겠다는 것을 Long variable names에서 체크하고, OK를 눌러 분석을 실행하면 결과가 나오게 된다.

```
Model  : 1
    Y  : Price
    X  : HorseCen
    W  : LengthCe

Covariates:
 MPG.ci_1

Sample
Size:  93
```

모형 번호는 여전히 1번이고, 각 변수명이 8글자로 잘려 있는 것을 확인할 수 있다. 공변수 MPG.cityCen은 뒷글자가 잘리면서 숫자 1번이 부여되기도 하였다. MPG.ci로 시작하는 공변수들 중에서 첫 번째라는 것으로서 별 의미 없는 작명이다.

```
OUTCOME VARIABLE:
 Price

Model Summary
          R       R-sq        MSE          F        df1        df2          p
       .798       .637     35.448     38.539      4.000     88.000       .000

Model
              coeff         se          t          p       LLCI       ULCI
constant     19.094       .714     26.730       .000     17.675     20.514
HorseCen       .125       .017      7.575       .000       .092       .158
LengthCe       .032       .059       .542       .589      -.085       .149
Int_1          .001       .001      1.155       .251      -.001       .003
MPG.ci_1      -.233       .188     -1.245       .216      -.606       .139

Product terms key:
 Int_1    :        HorseCen x        LengthCe

Test(s) of highest order unconditional interaction(s):
      R2-chng          F        df1        df2          p
X*W      .006      1.333      1.000     88.000       .251
```

회귀모형의 추정 결과는 통제변수를 넣지 않았을 때에 비하면 모든 숫자가 다른 것을 확인할 수 있다.

```
   Focal predict: HorseCen (X)
        Mod var: LengthCe (W)

Conditional effects of the focal predictor at values of the moderator(s):

   LengthCe     Effect         se          t          p       LLCI       ULCI
    -14.598       .111       .022      4.943       .000       .066       .155
       .004       .125       .017      7.576       .000       .092       .158
     14.607       .140       .019      7.357       .000       .102       .178
```

통제변수 MPG.city를 투입함으로써 조절변수 Length의 세 수준에서 확인하는 Horsepower와 Price 사이의 단순기울기도 모두 바뀌었다. 통제변수를 투입하지 않았을 때는 단순기울기가 0.128, 0.136, 0.144였는데, 투입한 이후에는 각각 0.111, 0.125, 0.140으로 바뀌었다.

11.4. 상호작용과 단순기울기의 관계

지금까지 상호작용효과가 유의하면, 상호작용도표를 그려서 패턴을 확인하고 조절변수의 두 수준 또는 세 수준에서 단순기울기(조건부효과)가 유의한지 사후탐색의 과정을 거쳤다. 즉, 상호작용효과의 사후탐색으로서 단순기울기의 검정이 진행되었던 것이다. 일반적으로 분산분석(analysis of variance)에서 집단 간 평균 차이를 확인하는 F검정이 유의하면 사후분석(post hoc analysis)을 진행하여 어떤 집단 간에 평균 차이가 있는지 확인하는 것과 비슷한 과정이었다. 그런데 이 비슷해 보이는 두 개의 절차 사이에는 큰 차이가 있다. 일반적으로 분산분석의 F검정이 유의하면 집단 평균(group means) 중에서 적어도 하나의 다른 평균이 있게 된다.[39] 하지만 상호작용효과가 유의하다고 해서 적어도 하나의 유의한 단순기울기가 존재한다고 말할 수는 없다. 상호작용효과가 유의하지만 단 하나의 유의한 단순기울기도 없을 수 있고, 상호작용효과가 유의하지 않지만 모든 단순기울기가 유의할 수도 있다. 물론 상호작용효과의 유의성과 관계없이 단순기울기의 일부가 유의할 수도 있다. 가장 대표적인 예가 바로 앞에서 보았던 Price에 대한 Horsepower와 Length의 상호작용이다. 아래는 [그림 10.9]를 다시 가져온 것이다.

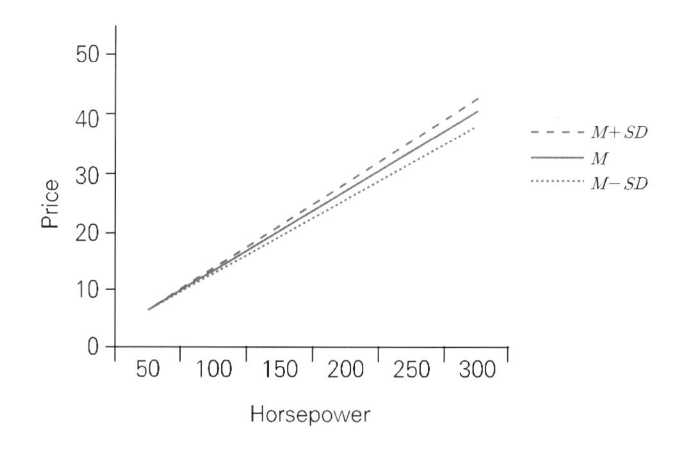

지금까지 10장과 11장에서 여러 번 확인했듯이 Price에 대한 Horsepower와 Length의 상호작용효과 추정치는 0.001이고 $p = .491$로서 통계적으로 유의하지 않았다. 그럼에도 불구하고 위 그림의 세 기울기는 상당히 가팔라 보인다. 세 단순기울기의 유의성을 검정하기

[39] 대부분의 연구자들이 이와 같은 내용을 상식처럼 알고 있으나 사실 분산분석에서 F검정의 기각은 조금 더 복잡한 의미를 가지고 있다. F검정이 유의하다는 것은 '적어도 하나의 통계적으로 유의한 쌍별대비 또는 복합대비가 존재한다'는 의미이다. 자세한 내용을 위해서는 김수영(2019)을 확인하기 바란다.

위한 PROCESS의 사후탐색 결과도 10장에서 가져왔다.

```
   Focal predict: Horsepow (X)
         Mod var: Length   (W)

Conditional effects of the focal predictor at values of the moderator(s):

    Length      Effect        se         t          p          LLCI       ULCI
   168.602       .128       .018      7.202       .000        .093       .163
   183.204       .136       .014      9.519       .000        .107       .164
   197.807       .144       .019      7.644       .000        .106       .181
```

보는 것처럼 Length가 평균보다 1 표준편차 낮을 때도, 평균일 때도, 평균보다 1 표준편차 높을 때도 단순기울기는 모두 $p < .001$ 수준에서 유의하다. 이렇듯 상호작용효과가 유의하지 않아도 단순기울기는 얼마든지 유의할 수 있으며, 상호작용효과가 유의해도 단순기울기는 유의하지 않을 수 있다.

그렇다면 어째서 이런 일이 발생하는 것일까? 어째서라는 표현이 조금 이상하기는 한데, 단지 상호작용효과와 단순기울기는 완전히 독립적이라는 것이 이유라면 이유일 것이다. 둘은 서로 연관이 있어야 할 이유가 없다. 상호작용효과는 개념적으로 단순기울기들의 차이가 커야 유의한 것이고, 단순기울기 자체는 이 차이와 별 상관 없이 독립변수와 종속변수의 관계가 강력해야 유의하게 된다. 지금부터 상호작용효과의 유의성과 단순기울기의 유의성이 다양한 형태로 결합할 수 있다는 것을 그림을 통해서 보이고자 한다. 실제로는 매우 다양한 상황이 있겠으나 상호작용효과와 단순기울기의 독립성이라는 것을 드러낼 수 있는 몇 가지의 대표적인 상호작용도표를 보이고자 한다. 먼저 상호작용효과가 유의한 경우의 두 가지의 상황이다.

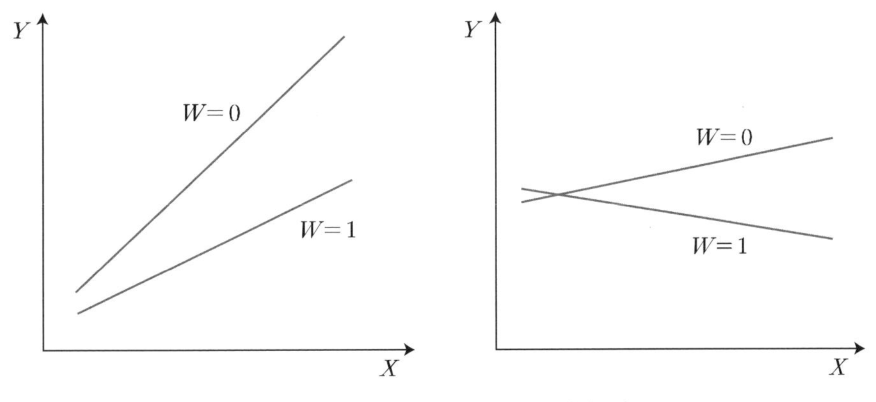

[그림 11.16] 상호작용효과가 유의한 경우

상호작용도표들에서 일단 이해를 쉽게 하기 위해 조절변수 W는 이분형 더미변수라고 가정하였다. 왼쪽의 그림은 조절변수 집단 간에 독립변수와 종속변수의 관계가 다른 것뿐만 아니라 단순기울기 두 개도 모두 충분히 유의하게 가파르다는 가정하에 그려진 것이다. 즉, 두 단순기울기의 차이도 충분히 크지만, 각 단순기울기도 충분히 0으로부터 다른 가파름을 가정한 것이다. 그에 반해 오른쪽 그림은 조절변수 집단 간에 독립변수와 종속변수의 관계가 다르다고 가정하였으나 두 단순기울기의 가파름이 충분히 유의하지 못하다는 가정하에 그려진 것이다. 하나의 단순기울기는 정적(positive)인데 통계적으로 0과 다를 만큼의 정적 가파름은 아니고, 나머지 하나의 단순기울기는 부적(negative)인데 역시 통계적으로 0과 다를 만큼의 부적 가파름은 아니다. 하나는 0보다 약간 크고, 또 하나는 0보다 약간 작은데, 그 차이는 통계적으로 유의한 경우라고 할 수 있다. 이런 경우들은 얼마든지 현실에서 발생할 수 있다. 다음은 상호작용효과가 유의하지 않은 경우이다.

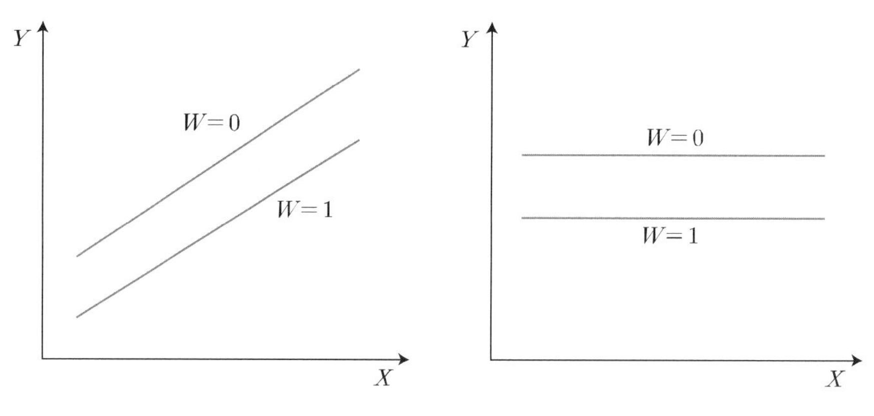

[그림 11.17] **상호작용효과가 유의하지 않은 경우**

왼쪽의 그림은 조절변수 집단 간에 독립변수와 종속변수의 관계가 동일하여 상호작용효과는 유의하지 않으나 단순기울기 두 개는 모두 충분히 유의하게 가파르다는 가정하에 그려진 것이다. 즉, 두 단순기울기의 차이는 전혀 존재하지 않지만, 각 단순기울기는 충분히 통계적으로 0과 다른 가파름을 가정한 것이다. 매우 자주 등장하는 패턴이라고 할 수 있다. 그에 반해 오른쪽 그림은 역시 조절변수 집단 간에 독립변수와 종속변수의 관계가 동일하다고 가정하였으나 두 단순기울기는 모두 0이라는 가정하에 그려진 것이다. 이런 경우들도 얼마든지 생길 수 있다.

[그림 11.16]이나 [그림 11.17]과는 또 다른 패턴도 있을 수 있다. 상호작용효과가 유의하

든 유의하지 않든 아래처럼 하나의 단순기울기는 유의하고 또 하나의 단순기울기는 유의하지 않은 경우이다.

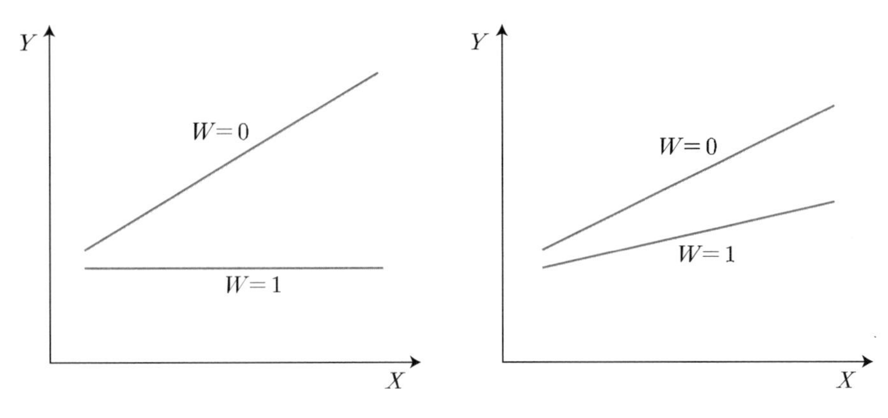

[그림 11.18] **단순기울기의 유의성이 다른 경우**

위에서 왼쪽의 그림은 상호작용효과가 유의하여 두 기울기의 차이가 충분하다고 가정하면서, 하나의 단순기울기는 통계적으로 유의한 데 반해, 나머지 하나의 단순기울기는 통계적으로 유의하지 않은 경우의 예를 보여 준다. 이 그림은 많은 연구자들이 편하게 이해한다. 왜냐하면, 하나의 기울기는 통계적으로 유의하고 또 하나의 기울기는 통계적으로 유의하지 않은데, 두 기울기에는 유의한 차이가 있다고 결론 내릴 수 있기 때문이다. 그에 반해 많은 연구자들이 오른쪽의 그림을 이해하는 데 불편함을 느낀다. 오른쪽 그림은 상호작용효과가 유의하지 않은데, 즉 두 기울기의 차이가 충분하지 않은 상태에서 하나의 단순기울기는 통계적으로 유의한 데 반해, 나머지 하나의 단순기울기는 통계적으로 유의하지 않은 경우의 예를 보여 준다. 이게 불편한 이유는 하나의 기울기가 통계적으로 유의하고 또 하나의 기울기가 통계적으로 유의하지 않으면, 연구자들은 둘 사이에 유의한 차이가 있다고 결론 내리고 싶어 하기 때문이다. 하지만 오른쪽 그림에서 기울기의 차이가 충분치 않다. 어떤 두 단순기울기의 유의성 차이라는 것은 $p=.051$과 $p=.049$의 차이로도 갈릴 수 있다. 그렇다고 해서 0.002의 p값 차이가 대단한 것은 아니다.

이렇게 둘 사이에 통계적으로 관계가 없다면 단순기울기(조건부효과)의 검정은 왜 상호작용효과의 사후탐색으로 진행하는 것일까? 그 이유는 쉽게 말해서 궁금하기 때문이다. 상호작용효과라는 것은 조절변수의 수준에 따라서 독립변수와 종속변수의 관계가 바뀐다는 것인데, 그 조절변수의 수준에 따라 독립변수와 종속변수의 관계가 유의한지 아닌지 확인하고 싶은 것이다. 이를 통해서 결과를 의미 있게 해석할 수 있게 된다. 예를 들어, 마력과 가격의 관계가 생산지에 따라서 다르다고 가정해 보자. 그 관계는 모두 정적이지만, 수입산 차량에서의 마력과 가격 관계가 미국산 차량에서의 마력과 가격 관계보다 더 강력하다. 그런데 각 생산지에서 마력과 가격의 관계는 통계적으로 유의할까? 수입산 차량에서는 마력과 가격의 관계가 유의할 수 있고, 미국산 차량에서는 마력과 가격의 관계가 유의하지 않을 수 있다. 단순기울기 분석을 진행하면 상호작용효과의 유의함뿐만 아니라 각 생산지에서의 독립변수와 종속변수 관계도 파악할 수 있게 된다. 그러므로 상호작용효과의 사후탐색으로서 단순기울기 검정은 해석의 측면에서 꽤 유용하다.

제12장 연속형 변수와 다분형 변수의 상호작용

앞 장에서 상호작용효과와 여러 유의할 점을 다루면서 독립변수는 연속형을 가정하였고, 조절변수는 이분형 또는 연속형을 가정하였다. 이는 독자들에게 상호작용효과의 개념을 조절변수의 두 가지 유형에 따라 나누어 더욱 쉽게 전달하고자 가정했던 것이었다. 상호작용효과는 반드시 이런 경우만 있는 것이 아니며 얼마든지 더 다양하고 복잡한 형태가 될 수 있다. 자주 사용하는 경우는 아니지만 독립변수가 범주형일 수도 있고, 조절변수가 범주형인데 이것이 이분형이 아닌 다분형의 경우도 있는 등 매우 다양한 경우의 수가 있다. 그중에서도 이번 장에서는 독립변수가 연속형이고 조절변수가 다분형 변수일 때의 상호작용효과를 어떻게 설정하고 검정하여 결과를 해석할지 소개한다. 이분형 조절변수 모형의 확장 또는 변형된 형태로서 어떤 면에서는 동일하고, 또 어떤 면에서는 다른 점이 있는지 살펴본다.

12.1. 다분형 조절변수와의 상호작용

5장의 범주형 변수에서 설명했듯이 범주형 변수가 항상 이분형(dichotomous)인 것은 아니다. 범주가 3개 이상 있는 다분형(polytomous)인 경우가 사회과학이나 행동과학 분야에서 꽤 흔하다고 볼 수 있다. 상호작용효과 모형에서는 독립변수가 다분형일 수도 있고, 조절변수가 다분형일 수도 있는데,[40] 여기서는 독립변수가 연속형이고 조절변수가 다분형인 경우의 상호작용효과를 소개하고자 한다.

12.1.1. 다분형 조절변수

회사에서의 근무시간이 직업만족도에 영향을 주는데, 이 영향이 기업 규모에 따라 다르다는 연구가설을 설정할 수 있다. 이때 기업의 규모는 단순히 대기업과 중소기업이어서 이분형 조절변수일 수도 있지만, 대기업, 중견기업, 중소기업으로서 다분형 조절변수일 수도 있다.

---

[40] 만약 독립변수와 조절변수가 모두 범주형이라면 회귀분석보다는 분산분석을 진행하는 것이 사람들에게 훨씬 더 자연스럽게 느껴질 것이다. 물론 두 변수가 모두 범주형일 때 회귀분석을 실시하지 못할 이유는 없다.

또한, 경제적 자유도가 행복도에 미치는 영향이 혼인상태(결혼, 이혼, 미혼, 별거, 사별 등)에 따라 다르다는 연구문제를 설정할 수 있다. 결혼 상태에 있는 사람들은 경제적 자유도가 높을수록 빠르게 행복도가 증가할 수 있는데, 나머지 이혼이나 별거 중인 사람들은 경제적 자유도가 높아져도 행복도가 천천히 증가할 수 있다. 이처럼 조절변수가 3개 이상의 범주를 갖는 연구문제는 다양한 분야와 맥락에서 사용될 수 있다. 독립변수는 연속형이고, 조절변수는 3개의 범주가 있다고 가정했을 때, 상호작용효과를 검정하기 위하여 아래와 같은 모형을 설정할 수 있다.

$$Y = \beta_0 + \beta_1 X + \beta_2 D_1 + \beta_3 D_2 + \beta_4 XD_1 + \beta_5 XD_2 + e \qquad \text{[식 12.1]}$$

위에서 Y는 종속변수, X는 연속형 독립변수, D_1과 D_2는 세 개의 범주가 있는 조절변수 W를 두 개의 더미변수로 리코딩하여 만들어진 변수이다.[41] 상호작용항은 독립변수와 조절변수를 곱하여 만들어지므로 XD_1과 XD_2 이렇게 두 개가 생기게 된다. 이분형이나 연속형 조절변수의 경우에서 했듯이 우변을 독립변수 X에 대하여 정리하면 아래처럼 다시 쓸 수 있다.

$$Y = (\beta_0 + \beta_2 D_1 + \beta_3 D_2) + (\beta_1 + \beta_4 D_1 + \beta_5 D_2)X + e \qquad \text{[식 12.2]}$$

위의 식에서 X가 Y에 주는 효과($\theta_{X \rightarrow Y}$)는 $\beta_1 + \beta_4 D_1 + \beta_5 D_2$가 되고, 결국 $\theta_{X \rightarrow Y}$는 D_1과 D_2의 수준에 따라 달라진다. 그리고 여기서 D_1과 D_2의 값은 오직 세 가지 경우밖에 없다. D_1과 D_2가 모두 0이거나, D_1은 1이고 D_2는 0이거나, D_1은 0이고 D_2는 1인 경우이다.

[식 12.2]의 모형에서 상호작용효과의 유의성은 β_4와 β_5의 크기에 달려 있다. 만약 β_4와 β_5가 모두 0이라면, 세 집단 각각에서 X가 Y에 주는 효과(조건부효과 또는 단순기울기)는 모두 β_1으로서 동일하게 되므로 상호작용효과는 존재하지 않는다. 만약 β_4와 β_5 중 적어도 하나의 계수가 통계적으로 유의하게 0이 아니라면, X가 Y에 주는 효과는 세 집단 간에 같지 않게 되므로 상호작용효과가 통계적으로 유의하게 된다. 세 집단에서 X와 Y 간 단순기울기가 모두 같지는 않게 되는, 즉 적어도 한 집단의 단순기울기는 나머지와 다르게 되는 것

---

[41] 다분형 조절변수의 상호작용효과 검정을 위하여 조절변수를 반드시 더미코딩할 필요는 없다. 효과코딩을 하여 상호작용효과를 확인하는 연구자들도 있다.

이다. 그러므로 상호작용효과를 검정하기 위한 영가설은 아래와 같다.

$$H_0 : \beta_4 = 0 \text{ and } \beta_5 = 0 \quad \text{[식 12.3]}$$

이처럼 조절변수가 다분형 변수일 때 상호작용효과의 유의성은 추가된 두 상호작용항의 계수(β_4와 β_5) 중 적어도 하나가 0이 아니라는 것을 의미하고, 또한 이것은 주효과 모형(X와 D_1, D_2만 들어간 모형)에서 상호작용항 변수들인 XD_1과 XD_2가 함께 추가되었을 때 통계적으로 유의한 R^2 증가가 있었다는 것을 의미하기도 한다.

위의 내용은 지극히 교과서적인 설명이라고 할 수 있다. 현실 속의 자료 분석에서 개별적인 상호작용효과의 유의성(즉, β_4의 유의성 또는 β_5의 유의성)과 XD_1과 XD_2가 함께 추가되었을 때 R^2 증가의 유의성은 생각보다 다양한 형태로 나타난다. 즉, β_4와 β_5 중 적어도 하나의 유의한 효과가 있는데도 불구하고 유의한 R^2 증가는 없을 수 있다. 또한, 유의한 R^2 증가가 있었음에도 불구하고 β_4와 β_5 중 유의한 효과가 전혀 없을 수도 있다. 그 이유는 다양하고 복잡한데, 먼저 우리가 이러한 개별적인 상호작용효과나 전체 모형의 효과에 대한 논의를 하는 것은 모집단의 수준이고, 자료의 분석이라는 것은 표본의 수준이기 때문이다. 모집단에서 틀림없이 논리적으로 맞는 것도 표본에서는 그렇지 않을 수 있다. 그러므로 β_4와 β_5 중 적어도 하나의 유의한 효과가 있는데도 불구하고 유의한 R^2 증가는 없는 경우가 현실 속에서 일어날 수 있다. 이것이 바로 통계학이 수학과 다른 점이다.

그리고 또 위에서 더미변수의 효과라는 것은 참조범주에 대비하여 나머지 두 개 범주의 효과로 해석되는 부분이다. 즉, 세 번째 범주를 참조범주로 하였을 때, β_4는 세 번째 범주 대비 첫 번째 범주의 차이 효과가 되고, β_5는 세 번째 범주 대비 두 번째 범주의 차이 효과일 수 있다. 이와 같은 방식으로 더미코딩을 하면 두 번째 범주 대비 첫 번째 범주의 차이 효과를 확인할 수가 없다. 따라서 실제 분석에서는 때때로 유의한 R^2 증가가 있었음에도 불구하고 β_4와 β_5 중 유의한 효과가 없는 경우가 발생한다. 만약 이런 경우가 발생하였다면 더미코딩의 참조범주를 바꿔 주는 것이 실질적인 해결책이 될 수 있다. 이와 같은 문제에 대해서는 뒤의 예제에서 더 자세히 다룬다.

조절변수가 다분형인 경우의 상호작용효과는 조절변수가 이분형인 경우의 상호작용효과의 확장이라고 할 수 있는데, 어떤 점이 동일하고 어떤 점은 다른지에 대해서 살펴보도록 하자.

종속변수인 행복도를 Happiness라 하고, 독립변수인 경제적 자유도를 Freedom, 조절변수인 혼인상태를 Marriage라고 가정한다. Freedom과 Happiness는 연속형 변수이고, Marriage는 결혼(married), 이혼(divorced), 사별(widowed)로서 세 개의 범주로만 이루어져 있다고 가정하자. 이런 경우에 경제적 자유도가 행복도에 주는 영향을 혼인상태가 조절한다는 가설의 개념모형은 다음의 그림처럼 설정할 수 있다.

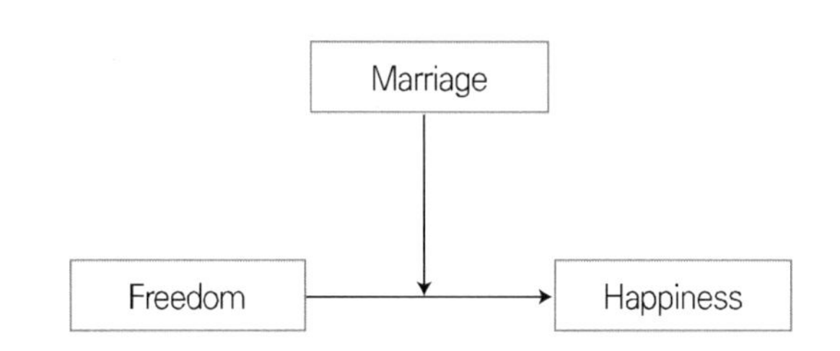

[그림 12.1] 다분형 조절변수의 상호작용효과 개념모형 경로도

위의 개념모형 경로도는 [그림 9.10]에서 소개한 생산지(NonUSA) 조절변수로 이루어진 가장 단순한 조절효과 모형의 경로도와 다르지 않다. 즉, 조절변수가 이분형이 아닌 다분형이 되었다고 해서 개념모형의 경로도가 바뀌지는 않는 것이다. 그에 반해 통계모형의 경로도는 꽤 복잡해진다.

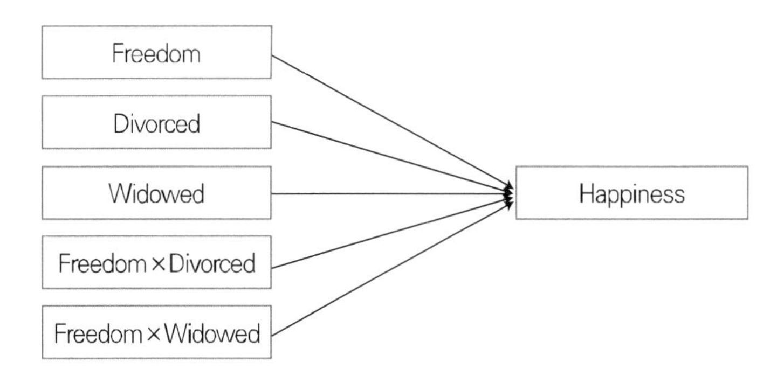

[그림 12.2] 다분형 조절변수의 상호작용효과 통계모형 경로도

위의 그림에서 Divorced 변수와 Widowed 변수는 아래처럼 Married를 참조범주로 하여 만들어진 두 개의 더미변수이다.

[표 12.1] Marriage 변수의 더미코딩

Marriage 범주	더미변수	
	D_1=Divorced	D_2=Widowed
Divorced	1	0
Widowed	0	1
Married	0	0

[그림 12.2]의 통계모형 경로도는 단지 조절변수가 이분형일 때 하나의 조절변수와 상호작용항이 있었던 때에 비하여 조절변수도 두 개로 늘었고 상호작용항도 두 개로 늘어났다. 조절변수의 형태 때문에 추정하는 모형이 기술적으로 바뀌는 것이다. 그리고 경제적 자유도가 행복도에 주는 영향을 혼인상태가 조절할 때 상호작용도표 또는 단순기울기의 그림 형태도 아래처럼 된다.

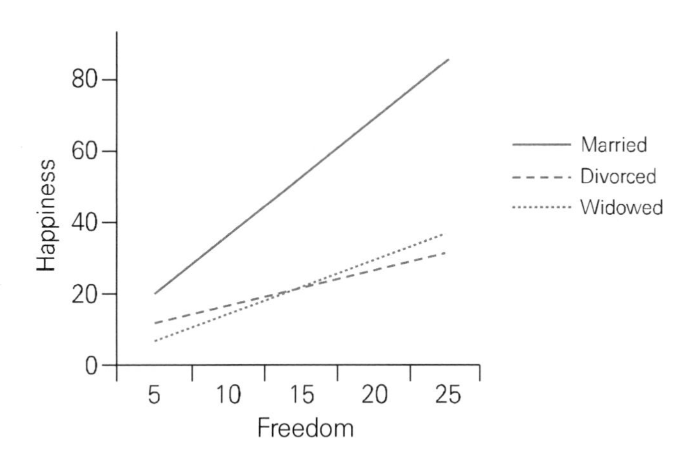

[그림 12.3] 경제적 자유도가 행복도에 주는 영향을 혼인상태가 조절하는 경우

다분형 조절변수가 있을 때 그려야 하는 상호작용도표의 원리는 이분형 조절변수의 경우와 근본적으로 동일하다. 상호작용효과란 조절변수의 범주에 따라 독립변수가 종속변수에 주는 영향이 다르다는 것이므로 Married, Divorced, Widowed의 범주에서 Freedom과 Happiness 사이의 단순회귀선을 찾아서 그리면 된다. 즉, 조절변수 두 개의 범주가 세 개의 범주로 늘어난 것뿐이다. 위의 그림을 보면 그 어떤 혼인상태에 있어도 경제적 자유도가 증가하면 행복도 역시 증가한다. 그런데 그 속도는 세 집단 간에 꽤 차이가 난다. 이혼 상태 또는 사별 상태에 있는 두 집단에 비하여 결혼 상태에 있는 집단에서 경제적 자유도와 행복도의 관계가 가장 강력하다. 다시 말해, 행복도에 대하여 경제적 자유도와 혼인상태 사이에

상호작용효과가 있는 것이다. 만약 경제적 자유도와 행복도의 관계를 혼인상태가 조절하지 못한다면, 즉 상호작용효과가 없다면 도표는 아래와 같이 된다.

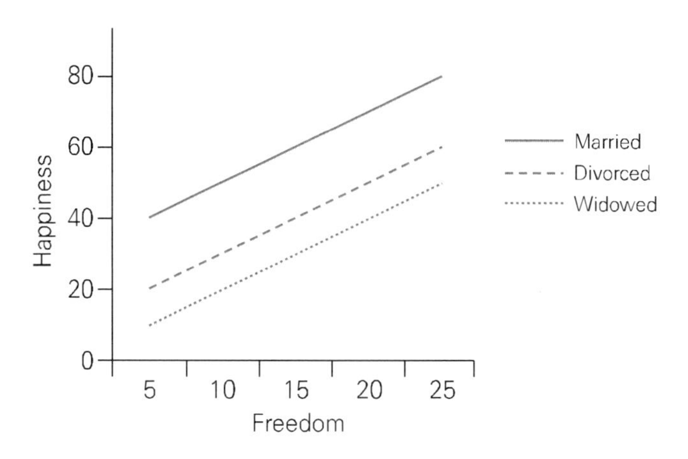

[그림 12.4] 경제적 자유도가 행복도에 주는 영향을 혼인상태가 조절하지 않는 경우

그림의 단순회귀선을 보면, 역시 그 어떤 혼인상태에 있어도 경제적 자유도가 증가하면 행복도 역시 증가한다. 그런데 그 속도가 혼인상태 집단 간에 다르지 않다. 이처럼 세 개의 단순회귀선이 모두 대략적으로 평행하게 되면, 상호작용효과는 없다고 결론 내린다. 만약 적어도 하나의 단순회귀선이 나머지 두 개와 통계적으로 유의하게 다르다면, 상호작용효과는 있다고 결론 내리게 된다.

12.1.2. 상호작용효과의 검정과 결과의 해석

Cars93 자료를 이용하여 실제로 상호작용효과를 검정하는 절차를 진행한다. 먼저 Price와 EngineSize의 관계에서 DriveTrain의 조절효과를 확인하는 절차를 제공하고, 다음으로 Price와 Horsepower의 관계에서 DriveTrain의 조절효과를 확인하는 절차를 제공한다. 이 두 가지의 예제는 각기 다른 문제를 일으키는데, 이는 범주형 조절변수와의 상호작용효과를 분석하는 과정에서 실제로 종종 발생하는 것들이다. 이와 같은 문제를 실질적으로 어떻게 해결할 수 있는지와 이 문제가 지닌 함의점에 대해서 자세히 설명한다.

EngineSize와 DriveTrain의 상호작용효과

종속변수는 Price로 하고, 독립변수는 EngineSize(단위: 1리터)이며, 조절변수는 DriveTrain(1=4WD, 2=Front, 3=Rear)이다. 조절변수는 아래의 [표 5.1]처럼 4WD를 참조범주로 하여 Front 더미변수와 Rear 더미변수를 형성하였다.

DriveTrain 범주	더미변수	
	D_1=Front	D_2=Rear
Front	1	0
Rear	0	1
4WD	0	0

검정하고자 하는 상호작용효과의 연구가설은 '엔진크기(X)가 가격(Y)에 주는 영향이 구동열(W)에 따라 다르다', 또는 '엔진크기가 가격에 주는 영향을 구동열이 조절한다'이며, 상호작용효과 검정을 위해서는 EngineSize 변수를 각각의 더미변수와 곱하여 아래처럼 설정해야 한다.

$$Price = \beta_0 + \beta_1 EngineSize + \beta_2 Front + \beta_3 Rear + \beta_4 EngineSize \times Front + \beta_5 EngineSize \times Rear + e$$

$$Price = (\beta_0 + \beta_2 Front + \beta_3 Rear) + (\beta_1 + \beta_4 Front + \beta_5 Rear) EngineSize + e$$

위의 식은 일반적인 상호작용효과의 회귀식을 쓴 것이며, 아래의 식은 우변을 독립변수 EngineSize에 대하여 다시 정리한 것이다. 설정한 모형에서 상호작용효과를 검정하기 위하여 EngineSize에 더미 조절변수 Front 및 Rear를 각각 곱하여 EngineFront와 EngineRear 상호작용항을 아래와 같이 형성하였다.

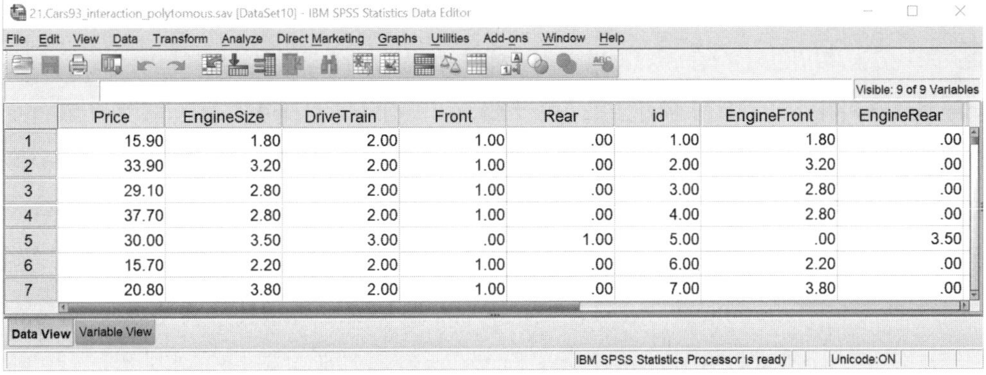

21.Cars93_interaction_polytomous.sav [DataSet10] - IBM SPSS Statistics Data Editor

File Edit View Data Transform Analyze Direct Marketing Graphs Utilities Add-ons Window Help

Visible: 9 of 9 Variables

	Price	EngineSize	DriveTrain	Front	Rear	id	EngineFront	EngineRear
1	15.90	1.80	2.00	1.00	.00	1.00	1.80	.00
2	33.90	3.20	2.00	1.00	.00	2.00	3.20	.00
3	29.10	2.80	2.00	1.00	.00	3.00	2.80	.00
4	37.70	2.80	2.00	1.00	.00	4.00	2.80	.00
5	30.00	3.50	3.00	.00	1.00	5.00	.00	3.50
6	15.70	2.20	2.00	1.00	.00	6.00	2.20	.00
7	20.80	3.80	2.00	1.00	.00	7.00	3.80	.00

Data View Variable View

IBM SPSS Statistics Processor is ready Unicode:ON

[그림 12.5] DriveTrain의 조절효과를 검정하기 위한 자료

위에 생성된 상호작용항을 이용하여 상호작용효과를 검정하기 전에 조절변수가 이분형이었을 때와 마찬가지로 구동열(DriveTrain)별 가격과 엔진크기의 관계를 대략적으로 살피기 위해 산포도를 출력하고 각 구동열 형태별로 회귀선을 추정해 볼 수 있다. 구동열 집단별 산포도를 출력하기 위해서는 Graphs 메뉴의 Simple Scatterplot 실행 화면에서 Set Markers by 부분으로 집단변수 DriveTrain을 옮겨 주면 된다. 산포도에 집단별 회귀선을 더하기 위해서는 그림을 더블클릭하여 들어가 Elements 메뉴에서 Fit Line at Subgroups를 실행하고 선형회귀선(Linear)을 더한 다음 Apply를 눌러 실행하면 아래와 같다.

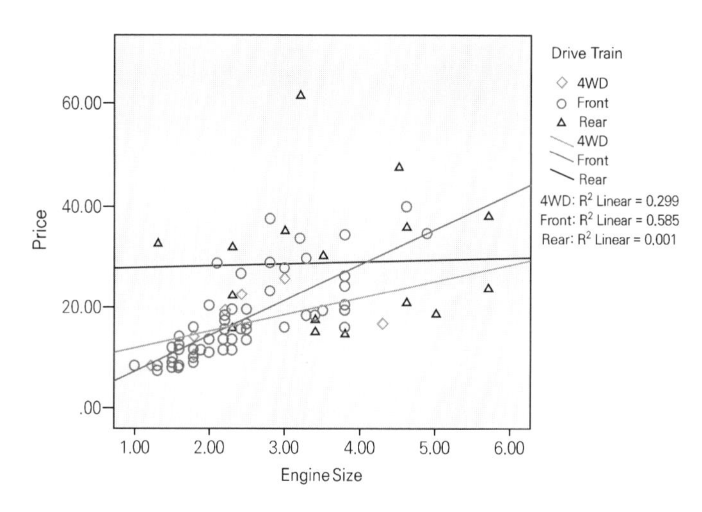

[그림 12.6] 구동열 집단별 산포도 - 단순회귀선 추가

위 그림의 단순회귀선은 세 개의 구동열 집단에서 Price와 EngineSize의 관계를 보여 주고 있다. 위의 그림에서 절편이 가장 작으면서 가장 가파른 기울기를 보여 주고 있는 회귀선이 전륜구동(Front) 집단에서 가격과 엔진크기의 관계이며, 중간의 절편과 중간의 기울기를 보여 주고 있는 회귀선이 사륜구동(4WD) 집단에서 가격과 엔진크기의 관계이고, 절편이 가장 크면서 기울기가 0에 가까운 회귀선이 후륜구동(Rear) 집단에서 가격과 엔진크기의 관계이다. 설정한 연구문제에서 상호작용효과란 EngineSize와 Price 사이의 관계가 DriveTrain의 수준에 따라 다르다는 것이므로, 상호작용효과는 개념적으로 세 회귀선 중 적어도 하나의 기울기가 나머지와 다르다는 의미가 된다. 즉, β_4 또는 β_5 중 하나의 효과가 유의하거나 EngineFront와 EngineRear 상호작용항을 동시에 추가적으로 투입했을 때 유의한 R^2 증가가 있다면, Price에 대하여 EngineSize와 DriveTrain 사이에 상호작용효과가 있는 것이다.

SPSS에서 상효작용효과를 확인하기 위해 위계적 회귀분석의 방식을 이용하기로 한다.

Analyze 메뉴로 들어가서 Regression을 선택하고 Linear를 실행한다. Price를 Dependent로 옮기고, Block 1 of 1에 EngineSize, Front, Rear 변수를 넣은 다음, Block 2 of 2에 EngineFront, EngineRear 변수를 추가한다. 다음으로 Statistics 옵션 화면을 열어서 R squared change 부분에 체크를 한다. 이제 Continue를 누르고 나가서 OK를 눌러 위계적 회귀분석을 실행하면 다음과 같은 모형 요약 결과가 먼저 제공된다.

Model Summary

Model	R	R Square	Adjusted R Square	Std. Error of the Estimate	Change Statistics				
					R Square Change	F Change	df1	df2	Sig. F Change
1	.632[a]	.400	.380	7.60889	.400	19.756	3	89	.000
2	.697[b]	.486	.456	7.12207	.086	7.291	2	87	.001

a. Predictors: (Constant), Rear, EngineSize, Front

b. Predictors: (Constant), Rear, EngineSize, Front, EngineFront, EngineRear

[그림 12.7] 위계적 회귀분석의 결과 요약

1단계로 독립변수 EngineSize와 조절변수 Front 및 Rear 변수가 들어간 주효과 모형의 $R^2 = 0.400$으로서 절편만 들어간 모형에 비해 $p < .001$ 수준에서 충분한 R^2 증가가 있었다. 2단계로 상호작용항 EngineFront와 EngineRear를 추가함으로써 $\Delta R^2 = 0.086$이었고, 이는 $p < .01$ 수준에서 유의하게 R^2 증가가 있었던 것으로 확인할 수 있다. 즉, 엔진크기와 구동열 사이에 상호작용효과가 통계적으로 유의한 것으로 결론 내릴 수 있다. 각 개별 모수 추정치를 확인해 보면 아래와 같다.

Coefficients[a]

Model		Unstandardized Coefficients		Standardized Coefficients	t	Sig.
		B	Std. Error	Beta		
1	(Constant)	5.732	3.253		1.762	.082
	EngineSize	4.629	.852	.497	5.433	.000
	Front	.486	2.582	.023	.188	.851
	Rear	6.262	3.205	.246	1.954	.054
2	(Constant)	9.253	7.294		1.269	.208
	EngineSize	3.259	2.699	.350	1.207	.231
	Front	-8.860	7.762	-.414	-1.141	.257
	Rear	18.474	9.171	.726	2.015	.047
	EngineFront	3.752	2.888	.513	1.299	.197
	EngineRear	-2.926	3.058	-.449	-.957	.341

a. Dependent Variable: Price

[그림 12.8] 위계적 회귀분석의 회귀계수 결과

위에서 주효과에 대한 내용은 앞에서 충분히 다루었으므로 그 결과의 해석은 생략한다. 상호작용효과 모형의 결과를 보면, 절편은 9.253으로서 EngineSize가 0이고, Front와 Rear도 모두 0일 때 기대되는 가격이다. Front와 Rear가 모두 0이라는 것은 4WD 집단을 가리키므로, 사륜구동이면서 엔진크기가 0인 차량의 기대가격은 9,253달러이다. 다음으로 조건부효과 세 개를 살펴본다. EngineSize의 계수는 3.259로서 Front와 Rear가 0이라는 조건에서 기대되는 EngineSize의 Price에 대한 효과이다. 즉, 사륜구동 집단에서 엔진크기가 1리터 커질 때 가격은 3,259달러씩 증가한다. Front의 계수는 −8.860으로서 EngineSize가 0이라는 조건에서 Front 집단이 4WD 집단에 비해 8,860달러 더 싸다. Rear의 계수는 18.474로서 EngineSize가 0이라는 조건에서 Rear 집단이 4WD 집단에 비해 18,474달러 더 비싸다.

마지막으로 상호작용효과 두 개를 살펴본다. 먼저 EngineFront의 계수는 3.752로서 이는 사륜구동 집단에서의 EngineSize와 Price 사이의 기울기와 전륜구동 집단에서의 EngineSize와 Price 사이의 기울기 간 차이를 가리킨다. 사륜구동 집단이 참조범주이고 전륜구동 집단이 초점범주이므로 전륜구동 집단의 기울기가 사륜구동 집단의 기울기보다 3.752만큼 더 크다는 것을 의미한다. 다음으로 EngineRear의 계수는 −2.926으로서 이는 사륜구동 집단에서의 EngineSize와 Price 사이의 기울기와 후륜구동 집단에서의 EngineSize와 Price 사이의 기울기 간 차이를 가리킨다. 사륜구동 집단이 참조범주이고 후륜구동 집단이 초점범주이므로 후륜구동 집단의 기울기가 사륜구동 집단의 기울기보다 2.926만큼 더 작다는 것을 의미한다.

절편과 기울기의 해석을 먼저 살펴보았는데, 사실 자료 분석에서 결과의 해석이라는 것은 통계적으로 유의한 효과가 있다고 결론이 날 때 의미가 있다. 다시 말해, 상호작용효과를 포함한 절편과 기울기 모수들이 통계적으로 유의하지 않다면, 결과에 대한 자세한 해석은 진행할 필요가 없다. 단지 유의한 효과가 없다고 하면 될 일이다. 위의 결과에서 유의한 상호작용효과가 있는지 확인하기 위해 EngineFront 계수의 p값과 EngineRear 계수의 p값을 확인한 결과 각각 .197과 .341로서 $\alpha = 0.05$ 수준에서 유의한 효과가 확인되지 않았다.

위계적 회귀분석의 결과로서 ΔR^2이 유의하였는데 어째서 이런 결과가 나왔을까? 일반적으로 R^2의 증가가 통계적으로 유의하다면, β_4 또는 β_5가 통계적으로 유의해야 한다고 가정한다. 이에 대한 이유를 찾기 위해 [그림 12.6]의 단순회귀선들에서 힌트를 얻어 보면, 참조범주인 4WD 집단의 단순기울기가 나머지 두 단순기울기의 중간 정도인 것을 알 수 있다. 위에서 EngineFront의 계수는 Front 집단과 4WD 집단의 단순기울기 차이이고, EngineRear의 계수는 Rear 집단과 4WD 집단의 단순기울기 차이이다. 그리고 각각의 차이는 크지 않다. 반면에 그림 상으로 Front 집단의 단순기울기와 Rear 집단의 단순기울기 차이는 상당히 크다.

실제로 두 집단 사이에 단순기울기 차이가 있는지 확인하기 위해서는 더미변수를 다른 방식으로 코딩해야 한다. 즉, Front 집단과 Rear 집단의 기울기를 비교할 수 있는 방식으로 더미코딩을 해야 하는 것이다. 이에 Front 집단을 참조범주로 하여 아래와 같이 두 개의 더미변수(FourWD, Rear)를 만들고, 상호작용항도 새롭게 만들었다.[42]

[표 12.2] DriveTrain 변수의 더미코딩 - 참조범주 Front

DriveTrain 범주	더미변수	
	D_1=FourWD	D_2=Rear
Front	0	0
Rear	0	1
4WD	1	0

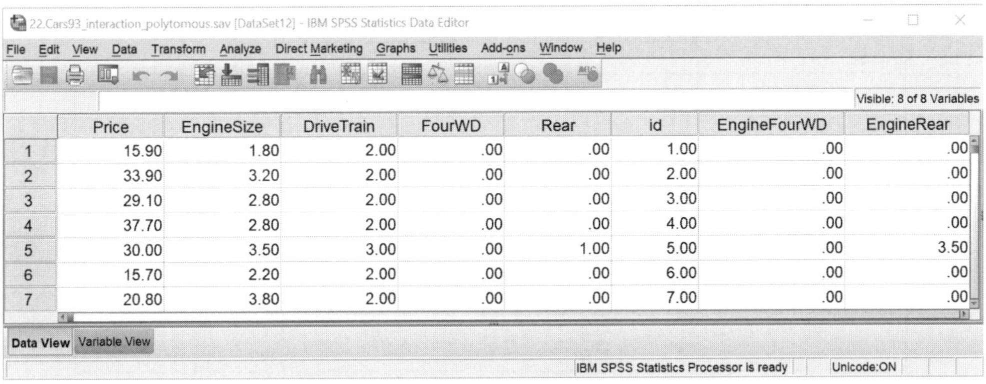

22.Cars93_interaction_polytomous.sav [DataSet12] - IBM SPSS Statistics Data Editor

File Edit View Data Transform Analyze Direct Marketing Graphs Utilities Add-ons Window Help

Visible: 8 of 8 Variables

	Price	EngineSize	DriveTrain	FourWD	Rear	id	EngineFourWD	EngineRear
1	15.90	1.80	2.00	.00	.00	1.00	.00	.00
2	33.90	3.20	2.00	.00	.00	2.00	.00	.00
3	29.10	2.80	2.00	.00	.00	3.00	.00	.00
4	37.70	2.80	2.00	.00	.00	4.00	.00	.00
5	30.00	3.50	3.00	.00	1.00	5.00	.00	3.50
6	15.70	2.20	2.00	.00	.00	6.00	.00	.00
7	20.80	3.80	2.00	.00	.00	7.00	.00	.00

Data View Variable View

IBM SPSS Statistics Processor is ready Unicode:ON

[그림 12.9] DriveTrain의 참조범주의 수정

새롭게 형성된 두 개의 더미변수와 상호작용항을 이용하여 SPSS에서 상호작용효과를 확인하였다. 이전과 마찬가지로 위계적 회귀분석의 방식을 이용하였으며, 다음과 같은 모형 요약 결과가 제공된다.

[42] Front 범주가 아닌 Rear 범주를 참조범주로 하여 더미코딩을 진행하여도 Front 집단과 Rear 집단의 기울기를 비교할 수 있다.

Model Summary

Model	R	R Square	Adjusted R Square	Std. Error of the Estimate	Change Statistics				
					R Square Change	F Change	df1	df2	Sig. F Change
1	.632[a]	.400	.380	7.60889	.400	19.756	3	89	.000
2	.697[b]	.486	.456	7.12207	.086	7.291	2	87	.001

a. Predictors: (Constant), Rear, FourWD, EngineSize

b. Predictors: (Constant), Rear, FourWD, EngineSize, EngineFourWD, EngineRear

[그림 12.10] 위계적 회귀분석의 결과 요약

1단계로 독립변수 EngineSize와 조절변수 FourWD 및 Rear 변수가 들어간 주효과 모형의 $R^2 = 0.400$으로서 4WD를 참조범주로 하였을 때와 일치한다. 2단계로 상호작용항 Engine FourWD와 EngineRear를 추가함으로써 $\Delta R^2 = 0.086$이었고, 이는 $p < .01$ 수준에서 충분한 R^2 증가가 있었는데 이 역시 4WD를 참조범주로 하였을 때와 일치한다. 이 결과는 DriveTrain의 참조범주를 무엇으로 하든 간에 결과는 통계적으로 일치한다는 것을 말한다. 다시 말해, 더미변수의 코딩방식이 모형의 통계적인 속성을 바꾸지는 못하는 것이다. 이제 각 개별모수 추정치를 확인해 보면 아래와 같다.

Coefficients[a]

Model		Unstandardized Coefficients		Standardized Coefficients	t	Sig.
		B	Std. Error	Beta		
1	(Constant)	6.218	2.281		2.726	.008
	EngineSize	4.629	.852	.497	5.433	.000
	FourWD	-.486	2.582	-.016	-.188	.851
	Rear	5.777	2.358	.227	2.450	.016
2	(Constant)	.393	2.653		.148	.882
	EngineSize	7.012	1.025	.753	6.838	.000
	FourWD	8.860	7.762	.286	1.141	.257
	Rear	27.334	6.160	1.074	4.438	.000
	EngineFourWD	-3.752	2.888	-.329	-1.299	.197
	EngineRear	-6.678	1.766	-1.025	-3.782	.000

a. Dependent Variable: Price

[그림 12.11] 위계적 회귀분석의 회귀계수 결과

더미변수 코딩을 다르게 함으로써 상호작용효과 모형(2단계 모형)의 해석이 모두 바뀌게 되었다. 절편은 0.393으로서 전륜구동(FourWD=0, Rear=0)이면서 엔진크기가 0인 차량의 기대가격은 393달러이다. 언제나처럼 평균중심화를 하지 않은 상태에서 절편의 해석은 별 의미가 없다. EngineSize의 계수는 7.012로서 전륜구동 집단에서 EngineSize가 1리터 커질 때 가격은 7,012달러씩 증가한다. FourWD의 계수는 8.860으로서 EngineSize가 0이라는 조건에서 사륜구동 집단이 전륜구동 집단에 비해 8,860달러 더 비싸다. Rear의 계수는 27.334로서 EngineSize가 0이라는 조건에서 후륜구동 집단이 전륜구동 집단에 비해 27,334달러 더 비싸다.

EngineFourWD의 계수는 −3.752로서 전륜구동 집단이 참조범주이고 사륜구동 집단이 초점범주이므로 사륜구동 집단의 기울기가 전륜구동 집단의 기울기보다 3.752만큼 더 작다는 것을 의미한다. EngineRear의 계수는 −6.678로서 전륜구동 집단이 참조범주이고 후륜구동 집단이 초점범주이므로 후륜구동 집단의 기울기가 전륜구동 집단의 기울기보다 6.678만큼 더 작다는 것을 의미한다.

이제 유의한 상호작용효과가 있는지 확인하기 위해 EngineFourWD 계수의 p값과 EngineRear 계수의 p값을 확인한 결과 각각 .197과 .000으로서 EngineSize와 Rear의 상호작용효과가 $p < .001$ 수준에서 통계적으로 유의하다. 즉, 후륜구동 집단의 기울기와 전륜구동 집단의 기울기는 통계적으로 유의한 만큼의 차이가 존재한다. 그리고 이 결과는 $\Delta R^2 = 0.086$로서 통계적으로 $p < .01$ 수준에 유의했던 것과 상통한다. 유의한 R^2의 증가는 β_4와 β_5 중 적어도 하나의 계수가 통계적으로 유의하다는 결과와 맞는 것이다.

Horsepower와 DriveTrain의 상호작용효과

이번에는 독립변수를 EngineSize에서 Horsepower로 바꾸어 상호작용효과를 검정한 결과를 보여 주고자 한다. 종속변수는 이전과 마찬가지로 Price 변수이다. 조절변수 DriveTrain 역시 이전에 했던 방식인 4WD를 참조범주로 하여 Front 더미변수와 Rear 더미변수를 형성하였다. 검정하고자 하는 상호작용효과의 연구가설은 '마력(X)이 가격(Y)에 주는 영향이 구동열(W)에 따라 다르다'이며 설정한 모형은 아래와 같다.

$$Price = \beta_0 + \beta_1 Horsepower + \beta_2 Front + \beta_3 Rear + \beta_4 Horsepower \times Front + \beta_5 Horsepower \times Rear + e$$

$$Price = (\beta_0 + \beta_2 Front + \beta_3 Rear) + (\beta_1 + \beta_4 Front + \beta_5 Rear) Horsepower + e$$

위의 식은 일반적인 상호작용효과의 회귀식을 쓴 것이며, 아래의 식은 우변을 독립변수 Horsepower에 대하여 다시 정리한 것이다. 상호작용효과를 검정하기 위하여 Horsepower에 더미변수 Front 및 Rear를 곱하여 HorseFront와 HorseRear 상호작용항을 아래와 같이 형성하였다.

23.Cars93_interaction_polytomous.sav [DataSet5] - IBM SPSS Statistics Data Editor

File Edit View Data Transform Analyze Direct Marketing Graphs Utilities Add-ons Window Help

Visible: 9 of 9 Variables

	Price	Horsepower	DriveTrain	Front	Rear	id	HorseFront	HorseRear
1	15.90	140.00	2.00	1.00	.00	1.00	140.00	.00
2	33.90	200.00	2.00	1.00	.00	2.00	200.00	.00
3	29.10	172.00	2.00	1.00	.00	3.00	172.00	.00
4	37.70	172.00	2.00	1.00	.00	4.00	172.00	.00
5	30.00	208.00	3.00	.00	1.00	5.00	.00	208.00
6	15.70	110.00	2.00	1.00	.00	6.00	110.00	.00
7	20.80	170.00	2.00	1.00	.00	7.00	170.00	.00

Data View Variable View

IBM SPSS Statistics Processor is ready Unicode:ON

[그림 12.12] DriveTrain의 조절효과를 검정하기 위한 자료

상호작용효과를 검정하기 전에 이전에 했던 것처럼 구동열(DriveTrain)별 가격과 마력의 관계를 대략적으로 살피기 위해 산포도를 출력하고 각 구동열 형태별로 회귀선을 추정해 본다. SPSS의 Graphs 메뉴에서 Simple Scatterplot 실행 화면으로 들어간 다음 Set Markers by 부분으로 집단변수 DriveTrain을 옮겨 주면 된다. 또한, Elements 메뉴에서 Fit Line at Subgroups를 실행하여 선형회귀선(Linear)을 더한다.

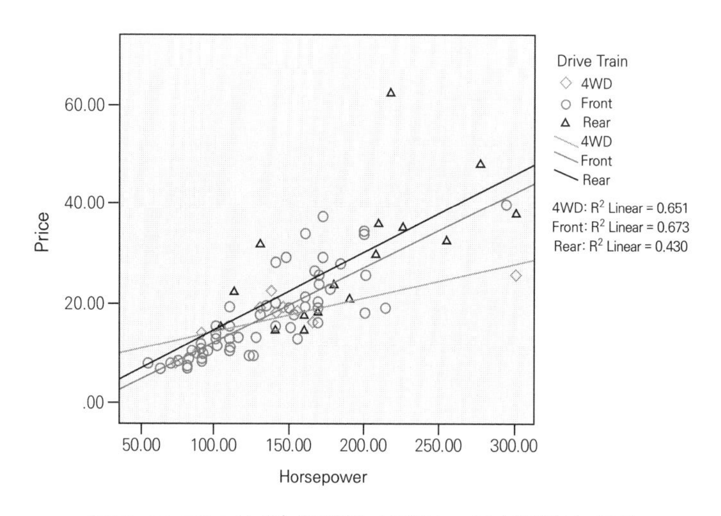

[그림 12.13] 구동열 집단별 산포도 - 단순회귀선 추가

위 그림의 단순회귀선은 세 개의 구동열 집단에서 Price와 Horsepower의 관계를 보여 주고 있다. 위의 그림에서 가장 완만한 기울기를 보여 주고 있는 회귀선이 사륜구동(4WD)

집단(◇)에서 가격과 마력의 관계이며, 나머지 두 개의 거의 평행한 기울기를 보여 주는 회귀선들은 전륜구동(Front) 집단(○)과 후륜구동(Rear) 집단(△)에서 가격과 마력의 관계이다. 두 개의 평행한 회귀선 중 아래의 회귀선이 전륜구동 집단을 가리키며, 위의 회귀선이 후륜구동 집단을 가리킨다. 상호작용효과란 Price와 Horsepower의 관계가 DriveTrain의 조건 또는 수준에 따라 다르다는 것이므로, 상호작용효과는 개념적으로 세 개의 회귀선 중 적어도 하나의 기울기가 나머지와 다르다는 의미가 된다. 즉, β_4 또는 β_5 중 하나의 효과가 유의하거나 HorseFront와 HorseRear 상호작용항을 동시에 추가적으로 투입했을 때 유의한 R^2 증가가 있다면, Price에 대하여 Horsepower와 DriveTrain 사이에 상호작용효과가 있는 것이다.

SPSS에서 상호작용효과를 확인하기 위해 위계적 회귀분석의 방식을 이용한다. 첫 번째 단계에서 Horsepower, Front, Rear 변수를 투입한 다음, 두 번째 단계에 HorseFront, HorseRear 변수를 추가로 투입한다. Statistics 옵션 화면을 열어서 R squared change 부분에 체크하고 위계적 회귀분석을 실행하면 다음과 같은 모형 요약 결과가 제공된다.

Model Summary

Model	R	R Square	Adjusted R Square	Std. Error of the Estimate	Change Statistics				
					R Square Change	F Change	df1	df2	Sig. F Change
1	.802[a]	.643	.631	5.87055	.643	53.359	3	89	.000
2	.816[b]	.666	.646	5.74440	.023	2.976	2	87	.056

a. Predictors: (Constant), Rear, Horsepower, Front

b. Predictors: (Constant), Rear, Horsepower, Front, HorseFront, HorseRear

[그림 12.14] **위계적 회귀분석의 결과 요약**

1단계로 독립변수 Horsepower와 조절변수 Front 및 Rear 변수가 들어간 주효과 모형의 $R^2 = 0.643$으로서 절편만 들어간 모형에 비해 $p < .001$ 수준에서 충분한 R^2 증가가 있었다. 2단계로 상호작용항 HorseFront와 HorseRear를 추가함으로써 $\Delta R^2 = 0.023$이었고, 이는 통계적으로 유의하지 않아($p = .056$) 충분한 R^2 증가가 없었던 것으로 확인할 수 있다. 즉, 가격에 대해 마력과 구동열 사이에 상호작용효과가 통계적으로 유의하지 않은 것으로 결론 내릴 수 있다. 그런데 각 개별모수 추정치를 확인해 보면 아래처럼 의외의 결과가 나온다.

Coefficients[a]

Model		Unstandardized Coefficients B	Unstandardized Coefficients Std. Error	Standardized Coefficients Beta	t	Sig.
1	(Constant)	-1.590	2.608		-.610	.544
	Horsepower	.134	.013	.729	10.493	.000
	Front	1.264	1.994	.059	.634	.528
	Rear	4.986	2.442	.196	2.042	.044
2	(Constant)	8.045	4.707		1.709	.091
	Horsepower	.067	.030	.363	2.207	.030
	Front	-10.057	5.222	-.470	-1.926	.057
	Rear	-7.851	6.999	-.308	-1.122	.265
	HorseFront	.080	.034	.584	2.327	.022
	HorseRear	.084	.040	.660	2.101	.039

a. Dependent Variable: Price

[그림 12.15] 위계적 회귀분석의 회귀계수 결과

상호작용효과 두 개의 유의성을 살펴보면, HorseFront와 HorseRear가 모두 $p < .05$ 수준에서 통계적으로 유의하다. 이 결과는 HorseFront와 HorseRear를 추가함으로써 증가한 $\Delta R^2 = 0.023$이 통계적으로 유의하지 않다는 결과와 배치된다. 어째서 이런 결과가 나온 것일까? 이처럼 전체적인 검정(omnibus test)과 세부적인 모수에 대한 검정 결과가 서로 일치하지 않는 경우는 자료 분석에서 상당히 흔히 일어난다. 예를 들어, 분산분석의 영가설 $H_0 : \mu_1 = \mu_2 = \mu_3$에 대한 F검정이 유의하였다고 하여도 사후분석(post hoc analysis)에서 유의한 t검정 결과($H_0 : \mu_1 = \mu_2$, $H_0 : \mu_1 = \mu_3$, $H_0 : \mu_2 = \mu_3$)가 하나도 나오지 않을 수 있다. 반대로 개별적인 집단비교 검정에서는 유의한 효과가 있는데, 분산분석 F검정의 결과는 유의하지 않을 수도 있다. 대다수의 학자가 설명하는 그 이유는 우리가 자료를 이용하여 추정하고 계산하는 값들이 통계치들이기 때문이다. 모집단의 수준에서 원칙적으로는 일어날 수 없는 일들이 오차를 가지고 있는 통계치들에서는 얼마든지 일어날 수 있다. 또 다른 예로, 분산분석에서 F검정통계량의 기대값(expected value)은 절대로 1보다 작은 숫자가 될 수 없으나, 실제 자료 분석에서 F검정통계량 값은 1보다 작은 경우가 얼마든지 나올 수 있는 것이다.

그렇다면 이런 불일치가 발생한 경우에 연구자는 어떻게 결과를 해석할 것인가? 이에 대한 답은 생각보다 복잡하며, 상호작용효과 상황에서 어떤 학자도 정확히 어떻게 해야 한다고 서술한 경우를 필자는 본 적이 없다. 그래도 통계학에는 흐름과 원칙이 있다. 만약 세부적인 모수에 대한 검정(β_4, β_5에 대한 검정)이 전체검정(ΔR^2에 대한 검정)의 사후분석으로서 이루어지는 것이라면, 전체검정의 결과를 따라야 한다. 예를 들어, 분산분석에서 전체검정으로서 F검정을 실행하고 사후분석으로서 Fisher의 LSD(least significant difference) 절차를 진행한다고 하면, F검정이 유의하지 않을 때 Fisher의 LSD에서 유의한 개별집단 차이가 존재한다고 하여도 아무런 의미가 없다. 왜냐하면 F검정이 유의하지 않을 때 연구자는 사후분석을 하지 말았어야 하기 때문이다. 반면에 세부적인 모수에 대한 검정이 전체검정의 사후분석이 아니라면, 굳이 전체검정의 결과를 반드시 따라야 하는 것은 아니다. 예를 들어, 분산분석에서 F검정을 실행하고 개별집단에 대한 검정으로서 Tukey의 HSD(honestly significant difference) 절차를 진행한다고 하면, F검정이 유의하지 않아도 Tukey의 HSD를 진행하는 데 아무 장애가 없다. Tukey의 방법은 F검정의 유의성을 반드시 요구하지는 않기 때문이다.

이런 관점에서 전체검정의 유의성을 요구하지 않는 것이 상호작용효과의 검정 상황이라고 할 수 있다. 지금까지 설명한 상호작용효과란 $\theta_{X \to Y}$인 $\beta_1 + \beta_4 D_1 + \beta_5 D_2$에서 β_4 또는 β_5가 통계적으로 유의하면 X와 Y의 관계를 D_1 또는 D_2가 조절한다고 할 수 있다. 분석의 편의상 SPSS의 위계적 회귀분석 기능을 사용하여 상호작용효과 분석을 실행할 수 있지만, β_4 또는 β_5의 통계적 유의성을 확인하기 위하여 ΔR^2이 통계적으로 유의해야 한다는 가정은 없다. 그러므로 연구자는 ΔR^2의 통계적 유의성과 상관없이 β_4 또는 β_5의 통계적 유의성을 이용하여 범주형 조절변수의 조절효과를 결론 내릴 수 있다.

12.1.3. 상호작용효과의 탐색

조절변수가 이분형이나 연속형이었을 때와 마찬가지로 범주형 조절변수와의 상호작용효과가 유의하면 사후탐색을 진행하게 된다. 이전처럼 상호작용도표와 단순기울기(조건부효과)의 검정을 진행하는 것이 표준관행이다. Price를 종속변수로, EngineSize를 독립변수로, DriveTrain을 조절변수로 하는 분석에서 상호작용도표를 그려 보고자 한다. 상호작용도표를 그린다는 것은 조절변수 DriveTrain의 각 조건(수준)에서 독립변수 EngineSize와 종속변수 Price의 단순회귀선을 구한다는 것이므로 추정된 회귀식에 조절변수의 값을 입력하면 된다. 참고로 DriveTrain을 어떤 방식으로 더미코딩 하든 간에 동일한 단순회귀선을 얻게 된다. 단순회귀선이라는 것이 DriveTrain의 각 수준에서 EngineSize와 Price의 관계이므로 코딩방식에 따라 단순기울기가 변해야 할 이유가 없다. 여기서는 4WD를 참조범주로 하여 DriveTrain을 더미변수화한 방식을 이용한다.

$$\widehat{Price} = (9.253 - 8.860 Front + 18.474 Rear) + (3.259 + 3.752 Front - 2.926 Rear) EngineSize$$

ⅰ) $Front = 0$, $Rear = 0$인 경우(4WD 집단의 단순기울기)

$$\begin{aligned}\widehat{Price} &= (9.253 - 8.860 \times 0 + 18.474 \times 0) + (3.259 + 3.752 \times 0 - 2.926 \times 0) EngineSize \\ &= 9.253 + 3.259 EngineSize\end{aligned}$$

ⅱ) $Front = 1$, $Rear = 0$인 경우(Front 집단의 단순기울기)

$$\begin{aligned}\widehat{Price} &= (9.253 - 8.860 \times 1 + 18.474 \times 0) + (3.259 + 3.752 \times 1 - 2.926 \times 0) EngineSize \\ &= 0.393 + 7.011 EngineSize\end{aligned}$$

ⅲ) $Front = 0$, $Rear = 1$인 경우(Rear 집단의 단순기울기)

$$\begin{aligned}\widehat{Price} &= (9.253 - 8.860 \times 0 + 18.474 \times 1) + (3.259 + 3.752 \times 0 - 2.926 \times 1) EngineSize \\ &= 27.727 + 0.333 EngineSize\end{aligned}$$

위에서 계산한 세 단순회귀식으로 Excel을 이용하여 상호작용도표를 그려보면 아래와 같다. 이는 [그림 12.6]에서 보여 준 단순회귀선과 같은 것들이다.

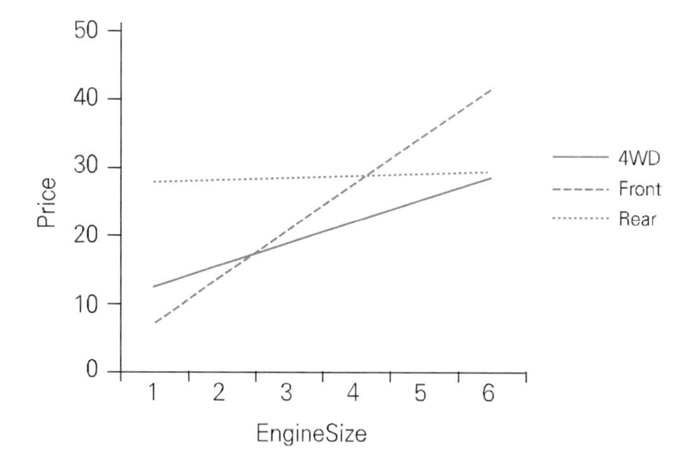

[그림 12.16] 가격에 대한 엔진크기와 구동열의 상호작용도표

도표를 그린 이후 조건부효과(단순기울기)를 검정하기 위해서는 기울기의 추정치 $\hat{\beta}_1 + \hat{\beta}_4 D_1 + \hat{\beta}_5 D_2$를 구하고, $\hat{\beta}_1 + \hat{\beta}_4 D_1 + \hat{\beta}_5 D_2$의 표준오차도 추정해야 한다. 추정치를 표준오차로 나누어 t검정통계량을 구하고 자유도 $n-p-1$인 t분포를 따른다는 가정하에 검

정을 진행한다. 여기서 $p = 5$이므로 자유도는 87이 된다. 모형이 아무리 복잡해진다 하여도 [식 9.3]에 제공된 추정치의 분산식을 이용하면 검정을 진행하지 못할 이유가 없지만, 이를 직접 계산하는 것은 더 이상 하지 않는다. Hayes(2022)가 제공하는 PROCESS를 이용하면 매우 쉽게 조건부효과의 검정을 수행할 수 있기 때문이다.

12.2. PROCESS 매크로의 이용

PROCESS를 이용하여 조절효과 모형을 추정할 때는 가장 먼저 추정하고자 하는 모형이 PROCESS에서 몇 번 모형인지를 결정해야 한다. Price를 종속변수로, EngineSize를 독립변수로, DriveTrain을 조절변수로 하는 모형이므로 지금까지 해 왔던 그대로 Model number는 1이다. 복잡해진 부분은 조절변수가 단순한 이분형이나 연속형이 아니라 다분형이라는 것뿐이다. 그러므로 PROCESS의 모형 1에 맞게 실행 화면에서 Price를 Y variable로, EngineSize는 X variable로, DriveTrain은 Moderator variable W로 옮긴다. PROCESS의 한 가지 흥미롭고 유용한 기능은 더미변수를 직접 만들 필요가 없다는 것이다. PROCESS의 실행 화면에서 Multicategorical로 들어가면 아래와 같은 창이 열린다.

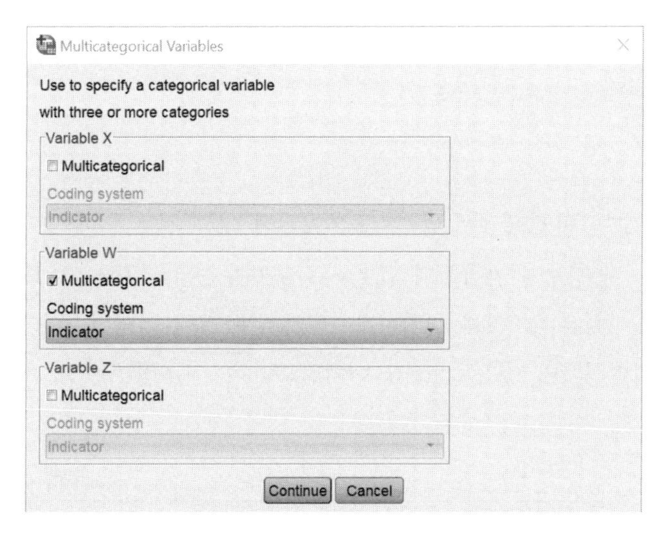

[그림 12.17] Multicategorical 옵션을 이용한 더미변수의 생성

화면의 중간 Variable W 부분에서 Multicategorical에 체크하면 조절변수 W를 자동적으로 더미코딩한다. Coding system의 기본값이 Indicator라고 되어 있는데, 이것이 더미

코딩을 의미한다. 이때 유의해야 할 점이 있는데 PROCESS는 가장 낮은 숫자로 코딩되어 있는 범주를 참조범주로 자동 결정한다는 것이다. DriveTrain 변수의 경우에 4WD가 1로, Front가 2로, Rear가 3으로 코딩되어 있기 때문에 4WD 범주가 참조범주로 결정된다. 다행히도 우리의 첫 번째 예제와 같기 때문에 이대로 진행하기로 한다. 만약 두 번째 예제처럼 Front 범주를 참조범주로 사용하고 싶다면 SPSS의 Transform 메뉴에서 Recode into Same Variables나 Recode into Different Variables를 실행하여 DriveTrain 변수의 Front 범주를 가장 낮은 숫자로 리코딩한 이후에 PROCESS를 이용해야 한다.

Options 화면에서는 이분형 조절변수에서 사용했던 [그림 9.22]와 동일하게 설정하면 된다. 또한, Long variable names에서 변수명 길이에 대한 위험을 감수하겠다는 부분에 체크를 해 준다. 이제 OK를 눌러 PROCESS를 실행하면 Output이 제공된다.

```
Model  : 1
    Y  : Price
    X  : EngineSi
    W  : DriveTra

Sample
Size:  93

Coding of categorical W variable for analysis:
 DriveTra       W1       W2
    1.000     .000     .000
    2.000    1.000     .000
    3.000     .000    1.000
```

항상 제공되는 모형 번호와 변수명 및 표본크기에 대한 정보 외에 조절변수 W를 어떻게 더미코딩하였는지 정보가 제공된다. DriveTra 변수는 1=4WD, 2=Front, 3=Rear로 코딩이 되어 있고, W1은 첫 번째 더미변수, W2는 두 번째 더미변수이다. 코딩의 형태상 W1은 Front 더미변수이며, W2는 Rear 더미변수이다. 참조범주는 첫 번째 범주인 4WD이다.

```
OUTCOME VARIABLE:
 Price

Model Summary
          R       R-sq       MSE          F        df1        df2          p
       .697       .486    50.724     16.446      5.000     87.000       .000
```

```
Model
              coeff         se          t          p       LLCI       ULCI
constant      9.253      7.294      1.269       .208     -5.244     23.751
EngineSi      3.259      2.699      1.207       .231     -2.106      8.625
W1           -8.860      7.762     -1.141       .257    -24.287      6.567
W2           18.474      9.171      2.015       .047       .247     36.702
Int_1         3.752      2.888      1.299       .197     -1.987      9.492
Int_2        -2.926      3.058      -.957       .341     -9.005      3.153

Product terms key:
 Int_1    :        EngineSi x       W1
 Int_2    :        EngineSi x       W2

Test(s) of highest order unconditional interaction(s):
      R2-chng          F        df1        df2          p
X*W      .086      7.291      2.000     87.000       .001
```

위는 상호작용효과 모형의 회귀분석 결과이다. 결과변수는 Price이고, R^2, MSE, F검정 결과 등이 Model Summary에 먼저 제공된다. [그림 12.7]에 제공된 SPSS의 모형 요약 결과와 다르지 않다. 또한, 회귀분석의 모든 결과도 [그림 12.8]과 다르지 않다. 그리고 Int_1이 EngineSi와 W1(Front)의 곱으로 만들어졌고, Int_2는 EngineSi와 W2(Rear)를 곱하여 만들어진 변수라는 정보가 Product terms key에 제공된다. 밑부분에는 가장 높은 차수의 상호작용효과에 대한 검정 결과가 나오는데, 여기서 가장 높은 차수의 상호작용효과는 하나가 아니라 두 개다. 즉, 이 부분은 상호작용항 두 개가 없는 모형(즉, 주효과 모형)에서 상호작용항 두 개를 동시에 추가로 투입했을 때 증가하는 R^2의 크기와 통계적 유의성에 대한 결과를 제공한다. 이는 [그림 12.7]에서 상호작용항 두 개를 투입함으로써 증가하는 R^2에 대한 검정을 위계적 회귀분석으로 실행한 것과 동일한 정보이다.

```
   Focal predict: EngineSi (X)
         Mod var: DriveTra (W)

Conditional effects of the focal predictor at values of the moderator(s):

   DriveTra     Effect         se          t          p       LLCI       ULCI
      1.000      3.259      2.699      1.207       .231     -2.106      8.625
      2.000      7.012      1.025      6.838       .000      4.974      9.050
      3.000       .334      1.438       .232       .817     -2.524      3.192
```

위의 결과물은 단순기울기 검정, 즉 조건부효과의 검정 결과이다. 조절변수가 DriveTra이고 총 세 개의 수준을 가지고 있으므로 세 개의 검정 결과를 제공한다. DriveTra가 1일 때, 즉 사륜구동 집단에서 EngineSi와 Price 사이의 단순기울기는 3.259이며 이는 통계적으로 유의하지 않다($p = .231$). DriveTra가 2일 때, 즉 전륜구동 집단에서 EngineSi와

Price 사이의 단순기울기는 7.012이며 $p < .001$ 수준에서 통계적으로 유의하다. 마지막으로 DriveTra가 3일 때, 즉 후륜구동 집단에서 EngineSi와 Price 사이의 단순기울기는 0.334이며 통계적으로 유의하지 않다($p = .817$).

```
Data for visualizing the conditional effect of the focal predictor:
Paste text below into a SPSS syntax window and execute to produce plot.

DATA LIST FREE/
   EngineSi   DriveTra   Price      .
BEGIN DATA.
      1.600      1.000     14.468
      2.400      1.000     17.076
      3.800      1.000     21.639
      1.600      2.000     11.612
      2.400      2.000     17.222
      3.800      2.000     27.038
      1.600      3.000     28.262
      2.400      3.000     28.529
      3.800      3.000     28.996
END DATA.
GRAPH/SCATTERPLOT=
 EngineSi WITH     Price    BY       DriveTra .
```

제공되는 PROCESS의 코드를 이용하여 상호작용도표를 그리고, 그림 속으로 들어가 Fit Line at Subgroups를 이용하여 단순회귀선을 더하면 아래의 그림과 같다. 세 개의 단순기울기가 제공되는 그림이다.

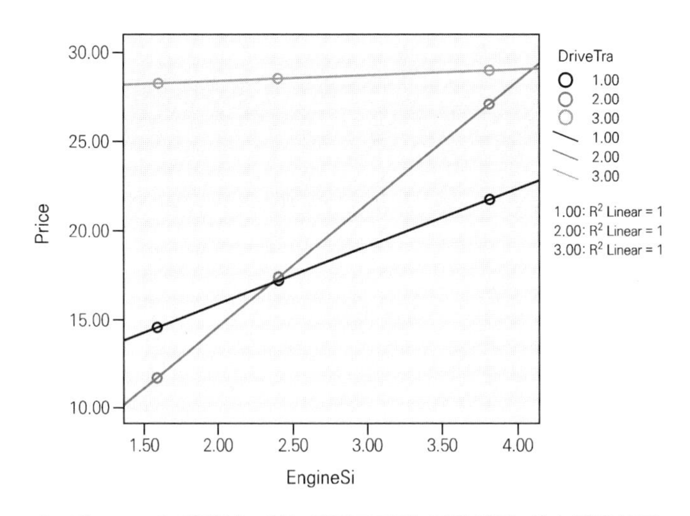

[그림 12.18] 가격에 대한 엔진크기와 구동열의 상호작용도표

제13장 두 개의 조절변수가 있는 상호작용

바로 앞에서 소개한 조절변수가 다분형인 경우를 포함해서, 이분형인 경우, 연속형인 경우 모두 다 하나의 독립변수와 하나의 조절변수가 있는 상호작용효과 모형이었다. 상호작용효과 모형에는 더욱 다양한 종류가 있으며, 그중에서 조절변수가 한 개가 아니라 두 개인 경우의 상호작용효과 모형들을 소개한다. 먼저 두 개의 조절변수가 가산적으로(additively) 투입된 경우인데, 이는 두 개의 조절변수가 병렬적으로 독립변수와 상호작용의 관계를 맺는 경우라고 할 수 있다. 다음으로 두 개의 조절변수가 서로 조절의 관계를 맺고 있는 경우가 있다. 이는 하나의 변수가 독립변수와 종속변수의 관계를 조절하고, 그러한 조절 관계(즉, 상호작용효과)를 또 다른 변수가 다시 조절하는 관계이다. 이 모형은 조절효과를 다시 한번 조절하기 때문에 조절된 조절효과(moderated moderation)라고 부르기도 하며, 전통적으로는 삼원상호작용(three-way interaction) 효과라는 이름으로 유명하다.

13.1. 병렬적인 두 개의 조절변수와의 상호작용

상호작용효과 모형에 투입된 두 개의 병렬적인 조절변수가 독립변수와 종속변수의 관계를 조절하는 모형이 있을 수 있다. Hayes(2022)는 이를 additive multiple moderation이라고 하는데, 가법다중조절, 가산다중조절, 다중가산조절 등 다양한 이름으로 번역된다. 조절변수가 병렬적으로 두 개가 되면 모형이 어떻게 설정되며, 결과는 어떻게 해석할 수 있을지 살펴본다.

13.1.1. 병렬적 상호작용효과의 이해

종속변수 Y와 예측변수 X, W, Z가 있다고 가정하자. 네 변수 사이의 관계를 연구하고자 하면 다음과 같은 주효과 모형을 설정한다.

$$Y = \beta_0 + \beta_1 X + \beta_2 W + \beta_3 Z + e \qquad \text{[식 13.1]}$$

위에서 β_1은 W와 Z가 일정한 값에서 통제될 때 X가 Y에 주는 영향으로서 우리가 일반적으로 해석하는 회귀계수의 효과, 즉 주효과(main effect)이다. 나머지 β_2와 β_3도 주효과로서 같은 방식으로 해석할 수 있다. 만약 독립변수 X가 종속변수 Y에 주는 영향이 조절변수 W와 Z의 수준에 따라 달라진다는 상호작용효과의 가설을 세우게 되면 모형은 다음과 같이 설정하게 된다.

$$Y = \beta_0 + \beta_1 X + \beta_2 W + \beta_3 Z + \beta_4 XW + \beta_5 XZ + e \qquad [식\ 13.2]$$

위의 식을 보면, X가 Y에 주는 영향이 W의 수준에 따라 달라지므로 이를 반영하기 위해 상호작용항 XW가 추가되었으며, X가 Y에 주는 영향이 Z의 수준에 따라서도 달라지므로 이를 반영하기 위해 상호작용항 XZ가 추가되었다. 만약 β_4 또는 β_5가 통계적으로 유의하게 되면 X가 Y에 주는 영향이 W 또는 Z의 수준에 따라 달라진다고 결론 내리게 된다.

[식 13.2]의 상호작용효과 모형에서 계수의 해석은 이전의 모형들보다 더욱 주의를 기울여야 한다. 먼저 X의 계수 β_1에 대하여 'W, Z, XW, XZ를 통제한 상태에서 X가 한 단위 증가할 때 Y의 변화량'이라는 식의 해석은 앞 장에서 설명했듯이 가능하지 않다. 상호작용항 XW와 XZ를 일정한 값으로 고정한 상태에서 X가 한 단위 증가한다는 것은 가능하지 않기 때문이다. 그러므로 β_1은 '$W=0$이고 $Z=0$인 조건에서 X가 Y에 주는 영향'이라는 조건부효과로 해석해야 한다. W의 계수 β_2의 경우에는 XW 항에 W가 들어가 있으므로 X는 통제할 수 없는 반면에, XZ 항에는 W가 들어가 있지 않으므로 Z는 통제할 수 있다. 그러므로 β_2는 'Z를 통제한 상태에서 $X=0$일 때 W가 Y에 주는 효과'가 된다. 마지막으로 Z의 계수 β_3의 경우에는 XW 항에 Z가 들어가 있지 않으므로 W는 통제할 수 있는 반면에, XZ 항에는 Z가 들어가 있기 때문에 X는 통제할 수 없다. 그러므로 β_3는 'W를 통제한 상태에서 $X=0$일 때 Z가 Y에 주는 효과'가 된다.

상호작용항 XW의 계수 β_4는 Z를 통제한 상태에서 X와 W 사이의 상호작용이다. 조금 더 자세하게 해석해 보면, Z를 통제한 상태에서 조절변수 W가 한 단위 증가할 때 X가 Y에 주는 효과(단순기울기)의 변화량이다. 상호작용항 XZ의 계수 β_5는 W를 통제한 상태에서 X와 Z 사이의 상호작용으로서, W를 통제한 상태에서 조절변수 Z가 한 단위 증가할 때 X가 Y에 주는 효과(단순기울기)의 변화량이다.

[식 13.2]의 상호작용효과 모형에서 X가 Y에 주는 영향($\theta_{X \to Y}$), 즉 단순기울기 또는 조건부효과를 더욱 정확히 파악하고 해석하기 위하여 식의 우변을 독립변수 X에 대해서 정리하면 아래와 같다.

$$Y = (\beta_0 + \beta_2 W + \beta_3 Z) + (\beta_1 + \beta_4 W + \beta_5 Z)X + e \qquad \text{[식 13.3]}$$

위의 식에 따르면 단순기울기 $\theta_{X \to Y} = \beta_1 + \beta_4 W + \beta_5 Z$이므로 X가 Y에 주는 영향이 W 및 Z의 수준에 따라 달라지게 된다. 즉, $\theta_{X \to Y}$는 W와 Z의 조건에 따라 달라지게 되므로 이를 조건부효과라고 할 수 있다.[43] 그리고 두 조절변수 W와 Z 사이에 어떤 특별한 관계가 설정되어 있지는 않다. 바로 뒤에서 다룰 삼원상호작용 효과에서는 두 개의 조절변수가 서로 조절의 관계를 가지고 있는 것에 반해, 위의 모형에서 두 개의 조절변수는 그저 병렬적으로 나열되어 있는 것이다.

상호작용효과 또는 조절효과 모형을 통해 연구문제를 정립하고자 할 때, 모형을 그림(경로도)으로 표현하는 경우가 많다고 하였다. 연구자들은 모형의 경로도를 통하여 서로 간에 어떤 연구가설을 세웠는지 파악하기 때문이다. X가 Y에 주는 영향을 W와 Z가 병렬적으로 조절하는 효과, 즉 Hayes(2022)가 가산다중조절효과라고도 부르는 병렬적 조절효과의 개념모형 경로도는 아래와 같다. 참고로 PROCESS의 사용을 위한 Model number는 2이다.

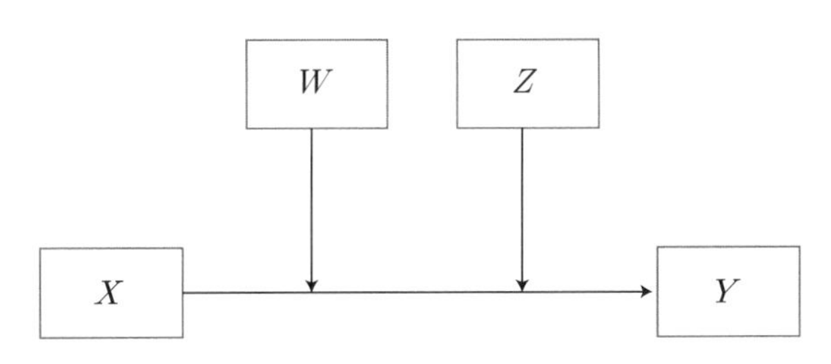

[그림 13.1] **병렬적 조절효과 모형의 개념모형 경로도**

연구자들은 논문이든 학회 발표든 경로도를 이용하여 조절효과 모형들을 표현하는데, 그 방식은 대부분 위에 제공되는 개념모형의 경로도를 통해서이다. 그럼에도 불구하고 개념모형만으로는 연구자가 해석하고자 하는 효과들을 추정할 수 없으며, 정확히 해석할 수도 없다.

---

43 앞에서도 여러 번 언급했듯이 지금의 맥락에서 단순기울기와 조건부효과는 동일한 의미이다. Aiken과 West(1991) 및 Cohen 등(2015)은 $\theta_{X \to Y}$를 단순기울기(simple slope)라고 부르며, Hayes(2022)는 $\theta_{X \to Y}$를 조건부효과(conditional effect)라고 부른다.

위의 개념모형에 존재하는 조절효과를 선명하게 이해하고 검정하기 위해서는 아래의 통계모형을 사용해야 한다.

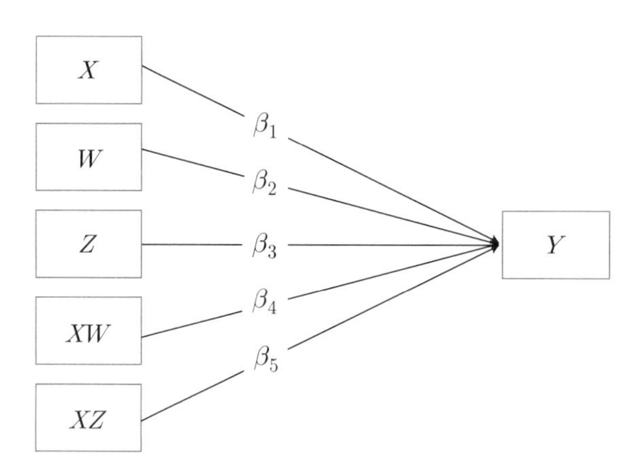

[그림 13.2] **병렬적 조절효과 모형의 통계모형 경로도**

그림에서 볼 수 있듯이 병렬적 조절효과를 검정하기 위해서는 독립변수와 조절변수의 상호작용항인 XW 및 XZ가 추가적으로 투입되어야 하며, β_4 또는 β_5가 통계적으로 유의하면 상호작용효과가 존재하게 된다.

이제 두 개의 조절변수가 병렬적으로 역할을 하는 실제의 경우를 생각해 보자. 예를 들어, 직장인들이 인지하는 회사의 통제(Control)가 그들의 소진(Burnout)에 영향을 주는 관계에서 성별(0=Male, 1=Female)이 이를 조절한다고 가정한다. 그런데 통제와 소진의 관계를 조절하는 변수가 반드시 성별(Female) 하나만 있다고 할 수는 없다. 회사가 직장인들을 지원(Support)하는 정도가 통제와 소진의 관계를 동시에 조절할 수도 있다. 이렇게 가설을 세우게 되면, 통제(X)와 소진(Y)의 관계를 지원(W)과 성별(Z)이 동시에 조절하는 모형을 다음과 같이 설정할 수 있게 된다.

$$\begin{aligned} Burnout = \beta_0 + \beta_1 Control + \beta_2 Support + \beta_3 Female \\ + \beta_4 Control \times Support + \beta_5 Control \times Female + e \end{aligned}$$

위의 식에서 β_4가 통계적으로 유의하면 'Female을 통제한 상태에서 Control이 Burnout에 주는 영향이 Support의 수준에 따라 다르다'라고 해석하며, β_5가 통계적으로 유의하면 'Support를 통제한 상태에서 Control이 Burnout에 주는 영향이 Female의 수준에 따라 다르다'라고 해석한다. 위 식은 독립변수 Control에 대해 다음처럼 정리할 수도 있다.

$$Burnout = (\beta_0 + \beta_2 Support + \beta_3 Female) + (\beta_1 + \beta_4 Support + \beta_5 Female)Control + e$$

이렇게 정리하면 Control이 Burnout에 주는 효과는 $\beta_1 + \beta_4 Support + \beta_5 Female$으로서 Support 및 Female의 수준에 따라 달라진다는 것을 알 수 있다. 그리고 조절의 강도는 β_4 또는 β_5의 크기에 달려 있다.

통제가 소진에 주는 영향(기울기)이 지원과 성별의 수준에 따라 같은지 다른지 어떤 그림으로 확인할 수 있을까? 조절변수가 이분형 성별이었던 [그림 9.3]에서는 성별(조절변수)의 두 수준에 따라 각각 통제와 소진의 관계를 보여 주었고, 조절변수가 연속형 동기였던 [그림 10.1]에서는 동기의 세 수준에 따라 각각 숙제시간과 성취도의 관계를 보여 주었다. 만약 지금의 예제처럼 지원(연속형)과 성별(이분형)의 수준에 따라 통제(독립변수)가 소진(종속변수)에 주는 영향이 다르다는 가설을 세웠다면, 성별의 두 수준과 지원의 세 수준에서, 즉 총 여섯 개의 수준(성별의 두 수준×지원의 세 수준)에서 단순기울기를 그려서 병렬적 조절효과 모형의 상호작용 패턴을 확인할 수 있다(Hayes, 2022). 아래의 그림은 성별의 두 수준에서 통제와 소진의 관계가 지원의 세 수준에 따라 어떻게 달라지는지를 보여 주는 상호작용도표이다.

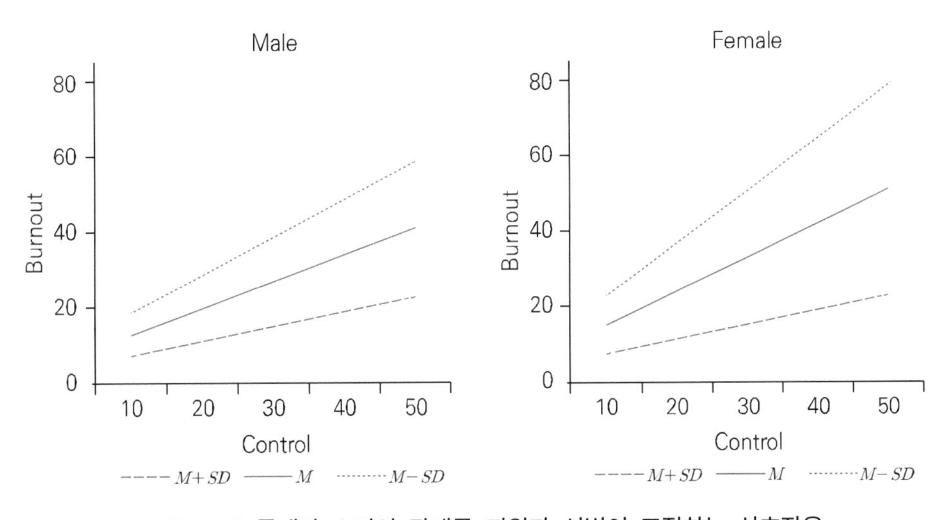

[그림 13.3] 통제와 소진의 관계를 지원과 성별이 조절하는 상호작용

위의 그림에서 왼쪽은 성별이 0(남성)이면서 지원이 평균보다 1 표준편차 아래일 때(dotted line), 지원이 평균 수준일 때(solid line), 지원이 평균보다 1 표준편차 높을 때(dashed line) 통제와 소진의 관계를 보여 주는 상호작용도표이며, 오른쪽은 성별이 1(여성)

이면서 지원이 평균보다 1 표준편차 아래일 때, 지원이 평균 수준일 때, 지원이 평균보다 1 표준편차 높을 때 통제와 소진의 관계를 보여 주는 상호작용도표이다. 병렬적 조절효과 모형의 상호작용도표라는 것이 이렇게 두 조절변수의 조합으로 이루어지는 여섯 개(이분형 변수 두 수준×연속형 변수 세 수준)의 단순기울기를 표현하는 것이다. 그러나 병렬적 조절효과 모형에서 상호작용도표를 꼭 위와 같은 방식으로 그려야 하는 것은 아니다. 아래의 그림은 지원의 세 수준에서 통제와 소진의 관계가 성별의 두 수준에 따라 어떻게 달라지는지를 보여 주는 상호작용도표이다.

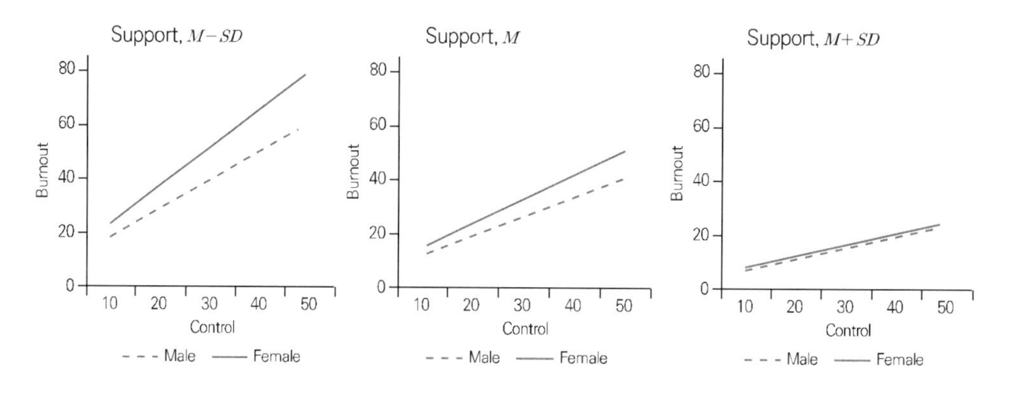

[그림 13.4] 통제와 소진의 관계를 지원과 성별이 조절하는 상호작용

위의 그림에서 왼쪽은 지원이 평균보다 1 표준편차 아래이면서, 남성(dashed line) 및 여성(solid line)의 통제와 소진 관계를 보여 주는 상호작용도표이며, 가운데는 지원이 평균이면서 남성 및 여성의 통제와 소진 관계를 보여 주는 상호작용도표이고, 오른쪽은 지원이 평균보다 1 표준편차 위면서 남성 및 여성의 통제와 소진 관계를 보여 주는 상호작용도표이다. 두 개의 조절변수가 병렬적으로 모형에 투입되는 경우에 [그림 13.3]과 [그림 13.4] 중에서 어떤 방식을 이용해도 상관이 없다. 이러한 방식의 상호작용도표는 Hayes(2022)가 가산다중조절효과 모형에서 보여 주는 상호작용도표의 방식으로서 단순기울기 또는 조건부효과 $\theta_{X\rightarrow Y}=\beta_1+\beta_4W+\beta_5Z$를 W와 Z의 교차된 수준에서 평면 위에 모두 표현한 것이다.

그런데 과연 병렬적 조절효과 모형에서 Hayes(2022)가 제안하는 방식이 합리적인가에 대해서는 의심의 여지가 있다. 가산다중조절효과 모형에는 두 개의 상호작용효과 β_4와 β_5가 있고, 각각에 대한 해석은 앞에서 이미 보여 주었다. β_4가 통계적으로 유의하면 'Female을 통제한 상태에서 Control이 Burnout에 주는 영향이 Support의 수준에 따라 다르다'라고 해석하며, β_5가 통계적으로 유의하면 'Support를 통제한 상태에서 Control이 Burnout에 주는 영향이 Female의 수준에 따라 다르다'라고 해석한다. 만약 이와 같은 해석이 이루어진다면(실제로도 이렇게 하고 있다) 상호작용도표도 이 해석에 맞는 방식이어야 한다. 즉, 아래처럼 Female을 통제한 상태에서 Burnout에 대한 Control과 Support의 상호작용도표(왼쪽) 및 Support를 통제한 상태에서 Burnout에 대한 Control과 Female의 상호작용도표(오른쪽)를 그리는 것이 더 자연스러울 수 있다.[44]

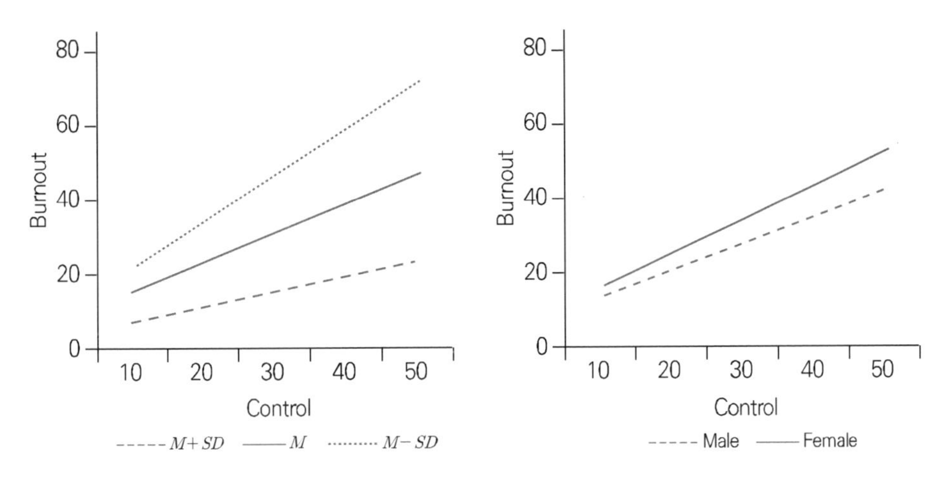

[그림 13.5] 통제와 소진의 관계를 지원과 성별이 조절하는 상호작용

병렬적 상호작용효과 모형의 상호작용도표로서 물론 Hayes(2022)의 PROCESS가 제공하는 방식이 광범위하게 퍼져 있음은 확실하다. [그림 13.3]이나 [그림 13.4]는 Hayes가 강조하는 조건부효과(단순기울기)의 관점에서 상당히 타당하다. 그러나 역시 Hayes(2022)가 제공하는 모형의 해석을 고려한다면, [그림 13.5]와 같은 도표가 더 합리적일 수 있을 것으로 판단된다. 독자들이 필자의 생각과 방식을 반드시 따라야 한다기보다는 함께 고민해야 할 문제로서 위의 방식을 제안한다.

13.1.2. 상호작용효과의 검정과 결과의 해석

Cars93 자료를 이용하여 실제로 상호작용효과를 검정하는 절차를 진행하고자 한다. 종속변수는 Price, 독립변수는 Horsepower, 조절변수는 Length와 NonUSA이다. 검정하고자

---

44 필자가 제안하는 방식의 상호작용도표를 그리는 방법은 바로 뒤에서([그림 13.11] 참고) Cars93 자료를 이용하여 제공한다.

하는 상호작용효과의 연구가설은 '마력이 가격에 주는 영향이 자동차의 길이 또는 생산지에 따라 다르다', 또는 '마력이 가격에 주는 영향을 길이 또는 생산지가 조절한다'이며, 검정을 위한 모형은 아래의 식들처럼 설정한다.

$$Price = \beta_0 + \beta_1 Horsepower + \beta_2 Length + \beta_3 NonUSA + \beta_4 Horsepower \times Length + \beta_5 Horsepower \times NonUSA + e$$

$$Price = (\beta_0 + \beta_2 Length + \beta_3 NonUSA) + (\beta_1 + \beta_4 Length + \beta_5 NonUSA) Horsepower + e$$

위의 식은 일반적인 상호작용효과 회귀식을 쓴 것이며, 아래의 식은 우변을 독립변수 Horsepower에 대하여 정리한 것이다. Horsepower가 Price에 주는 영향(단순기울기)은 $\beta_1 + \beta_4 Length + \beta_5 NonUSA$로서 Length 및 NonUSA의 수준에 따라 달라진다는 것을 알 수 있다. 위의 회귀식에서 β_4 또는 β_5의 값이 충분히 크면 Price에 대하여 Horsepower와 Length 또는 Horsepower와 NonUSA 사이에 상호작용효과가 있는 것이다.

Cars93 자료를 이용하여 상호작용효과를 검정하고자 하는 데 있어, 먼저 추정하고자 하는 모형의 개념모형 경로도와 통계모형 경로도를 아래에 제공한다.

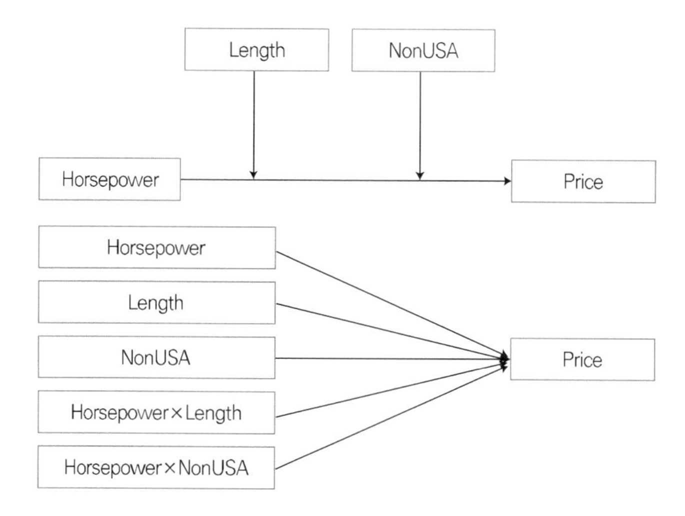

[그림 13.6] Cars93 병렬적 상호작용효과 모형의 개념모형 및 통계모형 경로도

제공된 통계모형 경로도에 보이는 것처럼 상호작용효과를 검정하기 위해서는 Horsepower와 Length 간의 상호작용항인 Horsepower×Length와 Horsepower와 NonUSA 간의 상

호작용항인 Horsepower×NonUSA를 생성해야 한다. 새로운 변수의 이름은 HorseLength와 HorseNonUSA로 하였다.

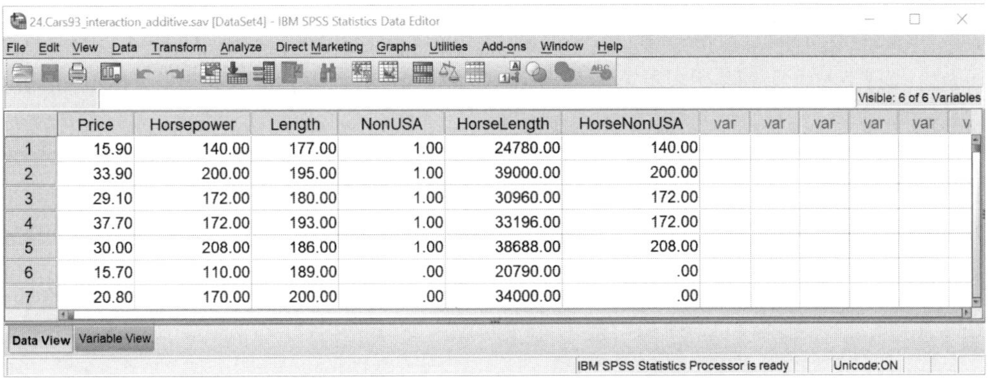

24.Cars93_interaction_additive.sav [DataSet4] - IBM SPSS Statistics Data Editor

File Edit View Data Transform Analyze Direct Marketing Graphs Utilities Add-ons Window Help

Visible: 6 of 6 Variables

	Price	Horsepower	Length	NonUSA	HorseLength	HorseNonUSA	var	var	var	var	var
1	15.90	140.00	177.00	1.00	24780.00	140.00					
2	33.90	200.00	195.00	1.00	39000.00	200.00					
3	29.10	172.00	180.00	1.00	30960.00	172.00					
4	37.70	172.00	193.00	1.00	33196.00	172.00					
5	30.00	208.00	186.00	1.00	38688.00	208.00					
6	15.70	110.00	189.00	.00	20790.00	.00					
7	20.80	170.00	200.00	.00	34000.00	.00					

Data View Variable View

IBM SPSS Statistics Processor is ready Unicode:ON

[그림 13.7] 상호작용항 HorseLength 및 HorseNonUSA 생성

상호작용항 HorseLength와 HorseNonUSA가 만들어지면 상호작용효과 모형을 추정하기 전에 아래처럼 독립변수와 조절변수만 존재하고 상호작용항은 없는 주효과 모형을 먼저 추정하는 것이 표준관행이다.

$$Price = \beta_0 + \beta_1 Horsepower + \beta_2 Length + \beta_3 NonUSA + e$$

위에서 β_1은 Length와 NonUSA를 통제한 상태에서 Horsepower가 Price에 주는 효과이고, β_2는 Horsepower와 NonUSA를 통제한 상태에서 Length가 Price에 주는 효과이며, β_3는 Horsepower와 Length를 통제한 상태에서 NonUSA가 Price에 주는 효과이다. 아래는 예측변수로서 Horsepower와 Length 및 NonUSA를 투입한 주효과 모형의 SPSS 개별 모수 추정치 결과이다.

Coefficients[a]

Model		Unstandardized Coefficients		Standardized Coefficients	t	Sig.
		B	Std. Error	Beta		
1	(Constant)	-25.704	8.903		-2.887	.005
	Horsepower	.128	.014	.692	9.378	.000
	Length	.135	.052	.204	2.585	.011
	NonUSA	4.337	1.271	.226	3.411	.001

a. Dependent Variable: Price

[그림 13.8] 주효과 모형의 개별 추정치 결과

$$\widehat{Price} = -25.704 + 0.128 Horsepower + 0.135 Length + 4.337 NonUSA$$

절편 추정치는 −25.704로서 $p < .01$ 수준에서 통계적으로 유의하며, 미국에서 생산되었으면서 자동차의 마력이 0이고, 길이가 0인 차량의 기대되는 가격은 −25,704달러이다. 독립변수의 평균중심화가 이루어지지 않았기 때문에 의미 없는 수치가 추정되었다. Horsepower의 기울기는 0.128로서 $p < .001$ 수준에서 유의하며, 자동차의 길이와 생산지가 같다면 1마력 증가할 때마다 가격이 128달러 증가한다. Length의 기울기는 0.135로서 $p < .05$ 수준에서 유의하며, 자동차의 마력과 생산지가 같다면 길이가 1인치 증가할 때마다 가격이 135달러 증가한다. NonUSA의 기울기는 4.337로서 $p < .01$ 수준에서 유의하며, 마력과 길이가 같다면 수입산 차량이 미국산 차량보다 4,337달러 더 비싸다.

주효과 모형을 추정하여 통계적 유의성을 확인하고 결과를 해석하였다면 다음으로는 아래의 상호작용효과 모형을 추정하여 효과의 유의성을 확인하고 결과를 해석한다.

$$\begin{aligned} Price = \beta_0 + \beta_1 Horsepower + \beta_2 Length + \beta_3 NonUSA \\ + \beta_4 Horsepower \times Length + \beta_5 Horsepower \times NonUSA + e \end{aligned}$$

아래는 Horsepower, Length, NonUSA, HorseLength, HorseNonUSA를 투입한 상호작용효과 모형의 SPSS 개별모수 추정치 결과이다.

Coefficients[a]

Model		Unstandardized Coefficients		Standardized Coefficients	t	Sig.
		B	Std. Error	Beta		
1	(Constant)	15.859	20.287		.782	.437
	Horsepower	-.162	.135	-.876	-1.198	.234
	Length	-.068	.112	-.102	-.603	.548
	NonUSA	-7.470	3.388	-.389	-2.205	.030
	HorseLength	.001	.001	1.562	1.934	.056
	HorseNonUSA	.082	.022	.669	3.734	.000

a. Dependent Variable: Price

[그림 13.9] 상호작용효과 모형의 개별 추정치 결과

$$\widehat{Price} = 15.859 - 0.162 Horsepower - 0.068 Length - 7.470 NonUSA \\ + 0.001 Horsepower \times Length + 0.082 Horsepower \times NonUSA$$

절편의 해석은 아무런 의미도 없으므로 각 기울기에 대한 해석을 진행한다. 사실 두 개의 상호작용효과 항을 제외한 나머지 항은 조건부효과로서 다른 변수들 모두 또는 일부가 0이라는 조건이 들어가 있어서 유의성을 확인하거나 이를 해석하는 것은 거의 의미가 없기는 하지만, 궁금해할 독자들을 위해 해석한다. Horsepower의 기울기는 −0.162인데, 이는 Length와 NonUSA가 0일 때 Horsepower가 Price에 미치는 효과이다. 즉, 미국산 차량이면서 길이가 0인 차량이라는 조건에서 1마력이 증가하면 162달러가 내려간다. Length의 기울기는 −0.068인데, 이는 NonUSA를 통제하면서 Horsepower는 0일 때 Length가 Price에 미치는 효과이다. 즉, 생산지가 동일하며 마력은 0일 때 길이가 1인치 증가하면 가격은 68달러 내려간다. NonUSA의 기울기는 −7.470으로서 이는 Length를 통제하면서 Horsepower는 0일 때 NonUSA가 Price에 미치는 효과이다. 즉, 길이가 동일하며 마력은 0일 때 수입산 차량이 미국산 차량보다 7,470달러 더 싸다.

병렬적 조절효과 모형에서 가장 중요한 모수는 β_4와 β_5이다. β_4의 상호작용효과 추정치는 0.001이고, 이는 NonUSA를 통제한 상태에서 Length가 한 단위 증가할 때 Horsepower가 Price에 주는 영향의 변화량이다. 실제로 이와 같은 세부적인 해석을 하는 경우는 드물고, 단지 생산지를 통제한 상태에서 마력과 길이의 상호작용효과가 0.001이라고 한다. 이 효과는 통계적으로 유의하지 않았다($p = .056$). β_5의 상호작용효과 추정치는 0.082이고, 이는 Length를 통제한 상태에서 NonUSA가 한 단위 증가할 때 Horsepower가 Price에 주는 영향의 변화량이다. 이는 길이를 통제한 상태에서 수입산 차량의 마력과 가격 간 단순기울기가 미국산 차량의 마력과 가격 간 단순기울기보다 0.082 더 크다는 것을 의미한다. 논문이나 책에서는 단지 길이를 통제한 상태에서 마력과 생산지 간의 상호작용효과가 0.082라고 한다. 이 효과는 $p < .001$ 수준에서 통계적으로 유의하였다.

13.1.3. 상호작용효과의 탐색

조절변수가 두 개로 늘어났다고 해서 사후적인 탐색 과정이 달라지는 것은 별로 없다. 병렬적 조절효과 모형에서 상호작용효과가 유의했을 때, 먼저 상호작용도표를 그리고 다음으로 단순기울기(조건부효과)의 검정을 진행하는 것이 표준관행이다. Price를 종속변수로,

Horsepower를 독립변수로, Length와 NonUSA를 조절변수로 하는 분석에서 Hayes (2022)의 방식대로 상호작용도표를 그려 본다. 이는 조절변수 Length와 NonUSA의 각 조건(수준)에서 독립변수 Horsepower와 종속변수 Price의 단순회귀선을 구하는 것이므로 추정된 회귀식에 조절변수의 값을 입력하면 된다. 다만 앞장의 예제들과는 다르게 두 개의 조절변수가 있으므로 두 조절변수의 조합에서 단순회귀선을 구해야 한다. Length는 연속형 변수이므로 평균보다 1 표준편차 아래(168.6), 평균(183.2), 평균보다 1 표준편차 위(197.8)를 선택하고, NonUSA는 이분형 더미변수이므로 미국산 차량(0)과 수입산 차량(1)을 선택하여 둘을 조합한다.

$$\begin{aligned}\widehat{Price} = &(15.859 - 0.068 Length - 7.470 NonUSA) \\ &+ (-0.162 + 0.001393 \times Length + 0.082 \times NonUSA) Horsepower\end{aligned}$$

위의 추정식에서 Horsepower와 Length의 상호작용항 계수는 계산의 정확성을 위해 소수점 여섯째 자리까지 사용한다.

i) $Length = 168.6,\ NonUSA = 0$

$$\begin{aligned}\widehat{Price} &= (15.859 - 0.068 \times 168.6 - 7.470 \times 0) \\ &\quad + (-0.162 + 0.001393 \times 168.6 + 0.082 \times 0) Horsepower \\ &= 4.394 + 0.073 Horsepower\end{aligned}$$

ii) $Length = 183.2,\ NonUSA = 0$

$$\begin{aligned}\widehat{Price} &= (15.859 - 0.068 \times 183.2 - 7.470 \times 0) \\ &\quad + (-0.162 + 0.001393 \times 183.2 + 0.082 \times 0) Horsepower \\ &= 3.401 + 0.093 Horsepower\end{aligned}$$

iii) $Length = 197.8,\ NonUSA = 0$

$$\begin{aligned}\widehat{Price} &= (15.859 - 0.068 \times 197.8 - 7.470 \times 0) \\ &\quad + (-0.162 + 0.001393 \times 197.8 + 0.082 \times 0) Horsepower \\ &= 2.409 + 0.114 Horsepower\end{aligned}$$

iv) $Length = 168.6,\ NonUSA = 1$

$$\begin{aligned}\widehat{Price} &= (15.859 - 0.068 \times 168.6 - 7.470 \times 1) \\ &\quad + (-0.162 + 0.001393 \times 168.6 + 0.082 \times 1) Horsepower \\ &= -3.076 + 0.155 Horsepower\end{aligned}$$

v) $Length = 183.2,\ NonUSA = 1$

$$\begin{aligned}\widehat{Price} &= (15.859 - 0.068 \times 183.2 - 7.470 \times 1) \\ &\quad + (-0.162 + 0.001393 \times 183.2 + 0.082 \times 1) Horsepower \\ &= -4.069 + 0.175 Horsepower\end{aligned}$$

vi) $Length = 197.8,\ NonUSA = 1$

$$\begin{aligned}\widehat{Price} &= (15.859 - 0.068 \times 197.8 - 7.470 \times 1) \\ &\quad + (-0.162 + 0.001393 \times 197.8 + 0.082 \times 1)Horsepower \\ &= -5.061 + 0.196 Horsepower\end{aligned}$$

위에서 구한 여섯 개의 단순기울기를 통하여 Hayes(2022)의 방식으로 상호작용도표를 그리면 아래와 같다. $NonUSA = 0$일 때의 단순회귀선 세 개와 $NonUSA = 1$일 때의 단순회귀선 세 개가 제공된다.

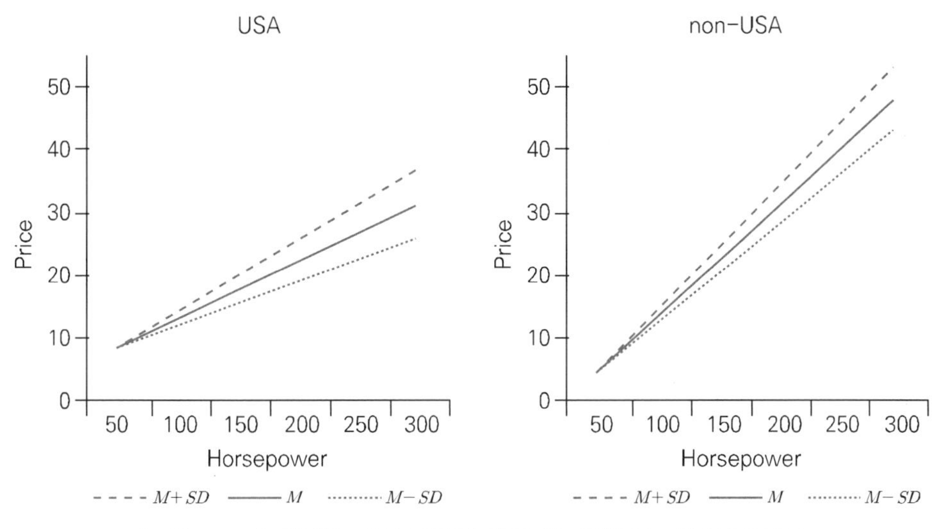

[그림 13.10] 가격에 대한 마력과 길이 및 생산지의 상호작용도표

위에 제공된 여섯 개 단순회귀선의 기울기는 Length와 NonUSA 각 수준의 조합에서 단순기울기 $\beta_1 + \beta_4 Length + \beta_5 NonUSA$를 보여 주고 있다. 위의 상호작용도표로부터 알 수 있는 것은 USA 집단과 non-USA 집단에서 Length의 수준 차이에 따른 Horsepower와 Price의 기울기 차이는 그다지 크지 않다는 것이다. 그래서 HorseLength의 효과도 유의하지 않았던 것으로 보인다($p = 0.056$). 반면에 Horsepower와 Price 사이의 기울기 차이가 USA 집단과 non-USA 집단 간에는 꽤 크게 나타난다. 이는 HorseNonUSA의 효과가 유의한 이유일 것이다($p < .001$). 전체적으로는 그 어떤 Length와 NonUSA의 조합에서도 Horsepower와 Price의 관계는 정적이며, Length가 길어질수록 그 관계가 조금씩 더 강해지고, NonUSA 집단에서 역시 그 관계가 더 강하다.

Hayes(2022)의 방법 외에 [그림 13.5]에서 보여 준 것처럼 결과의 해석에 어쩌면 조금 더 부응할 수 있는 필자의 방식으로 상호작용도표를 그릴 수도 있다. 즉, NonUSA를 통제한 상태에서 Price에 대한 Horsepower와 Length의 상호작용도표 및 Length를 통제한 상태에서 Price에 대한 Horsepower와 NonUSA의 상호작용도표를 그리는 것이다. 이를 위해서는 추정된 상호작용효과 회귀식에서 NonUSA 및 Length의 자리에 각 변수의 평균을 넣어서 정리해 주면 합리적이다. 아래는 추정된 상호작용효과 회귀식이고, 이를 이용하여 두 개의 상호작용도표를 그려 보도록 한다.

$$\widehat{Price} = (15.859 - 0.068 Length - 7.470 NonUSA) \\ + (-0.162 + 0.001393 \times Length + 0.082 \times NonUSA) Horsepower$$

먼저 NonUSA를 통제한 상태에서 Horsepower와 Length의 상호작용도표를 그리기 위한 회귀선을 구하는 과정은 아래와 같다. 수식의 계산과정에서 NonUSA는 평균(0.48)으로 모두 대체되었다.

i) $Length = 168.6,\ NonUSA = 0.48$

$$\widehat{Price} = (15.859 - 0.068 \times 168.6 - 7.470 \times 0.48) \\ + (-0.162 + 0.001393 \times 168.6 + 0.082 \times 0.48) Horsepower \\ = 0.809 + 0.112 Horsepower$$

ii) $Length = 183.2,\ NonUSA = 0.48$

$$\widehat{Price} = (15.859 - 0.068 \times 183.2 - 7.470 \times 0.48) \\ + (-0.162 + 0.001393 \times 183.2 + 0.082 \times 0.48) Horsepower \\ = -0.184 + 0.133 Horsepower$$

iii) $Length = 197.8,\ NonUSA = 0.48$

$$\widehat{Price} = (15.859 - 0.068 \times 197.8 - 7.470 \times 0.48) \\ + (-0.162 + 0.001393 \times 197.8 + 0.082 \times 0.48) Horsepower \\ = -1.177 + 0.153 Horsepower$$

다음으로 Length를 통제한 상태에서 Horsepower와 NonUSA의 상호작용도표를 그리기 위한 회귀선을 구하는 과정은 아래와 같다. 수식의 계산과정에서 Length는 평균(183.2)으로 모두 대체되었다.

i) $NonUSA = 0,\ Length = 183.2$

$$\widehat{Price} = (15.859 - 0.068 \times 183.2 - 7.470 \times 0) \\ + (-0.162 + 0.001393 \times 183.2 + 0.082 \times 0) Horsepower \\ = 3.401 + 0.093 Horsepower$$

ii) $NonUSA = 1,\ Length = 183.2$

$$\begin{aligned}\widehat{Price} &= (15.859 - 0.068 \times 183.2 - 7.470 \times 1) \\ &\quad + (-0.162 + 0.001393 \times 183.2 + 0.082 \times 1)Horsepower \\ &= -4.069 + 0.175Horsepower\end{aligned}$$

이렇게 구한 단순회귀선들을 이용해서 두 개의 상호작용도표를 아래와 같이 그릴 수 있다.

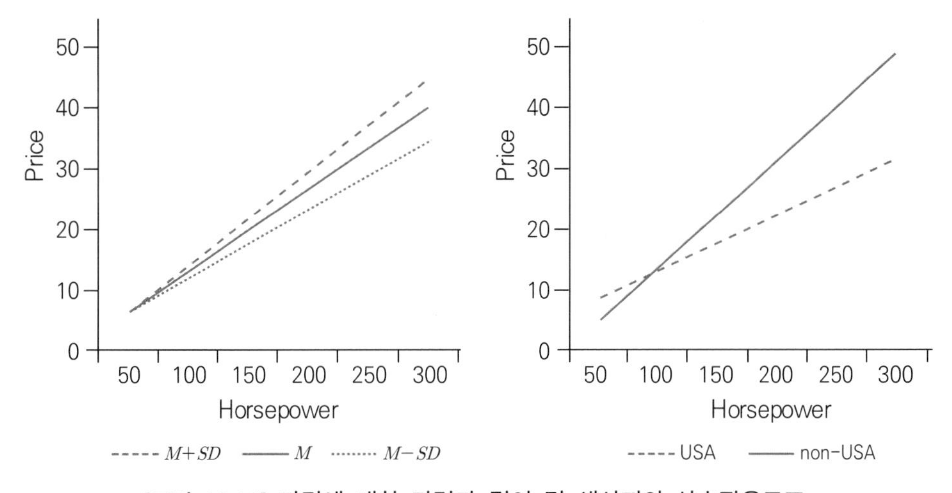

[그림 13.11] 가격에 대한 마력과 길이 및 생산지의 상호작용도표

다시 말하지만, 이와 같은 상호작용도표의 작성은 조절효과 분석의 분야에서 명성이 있는 Hayes(2022)의 방법과는 다르다. 필자가 생각하기에 연구문제나 해석에 더 잘 들어맞는다고 생각한 방식으로 상호작용도표를 그린 것이다.

상호작용도표를 그린 이후 조건부효과(단순기울기)를 검정하기 위해서는 기울기 추정치와 추정치의 표준오차를 구해야 한다. 추정치 $\hat{\beta}_1 + \hat{\beta}_4 Length + \hat{\beta}_5 NonUSA$는 이미 Length와 NonUSA의 조합에서 모두 구해 놓았지만, 표준오차의 추정은 9장과 10장에서 보여 주었듯이 조금 귀찮은 계산을 해야 한다. 둘 다 구해지면, 추정치를 표준오차로 나누어 t검정통계량을 구하고 자유도 $n-p-1$인 t분포를 따른다는 가정하에 검정을 진행한다. 단순기울기의 검정을 직접 보여 주는 것은 생략한다.

PROCESS를 이용하여 단순기울기의 검정을 진행하게 되면, 필자가 제공하는 상호작용도표의 방식은 작은 문제를 가지고 있다. 즉, PROCESS가 그 결과를 제공하지 않는다는 것이다. Hayes(2022)의 방식을 선호한다면 PROCESS를 이용하여 진행하고, 필자의 방식이 합리적이라고 판단된다면 손으로 직접 단순기울기의 검정을 진행하면 된다. 이는 연구자의 선택이다.

13.1.4. PROCESS 매크로의 이용

PROCESS를 이용할 때는 가장 먼저 추정하고자 하는 모형이 PROCESS에서 몇 번 모형인지 결정해야 한다. Price를 종속변수로, Horsepower를 독립변수로, Length와 NonUSA를 병렬적 조절변수로 하는 모형은 Model 2이다. 지금까지 계속 사용하던 Model 1에 비교했을 때 조절변수로서 W에 더하여 추가적으로 Z를 사용한다는 것이 다르다. 그러므로 PROCESS의 모형 2에 맞게 아래의 실행 화면에서 Model number를 2로 설정하고, Price를 Y variable로, Horsepower는 X variable로, Length는 Moderator variable W로, NonUSA는 Moderator variable Z로 옮긴다.

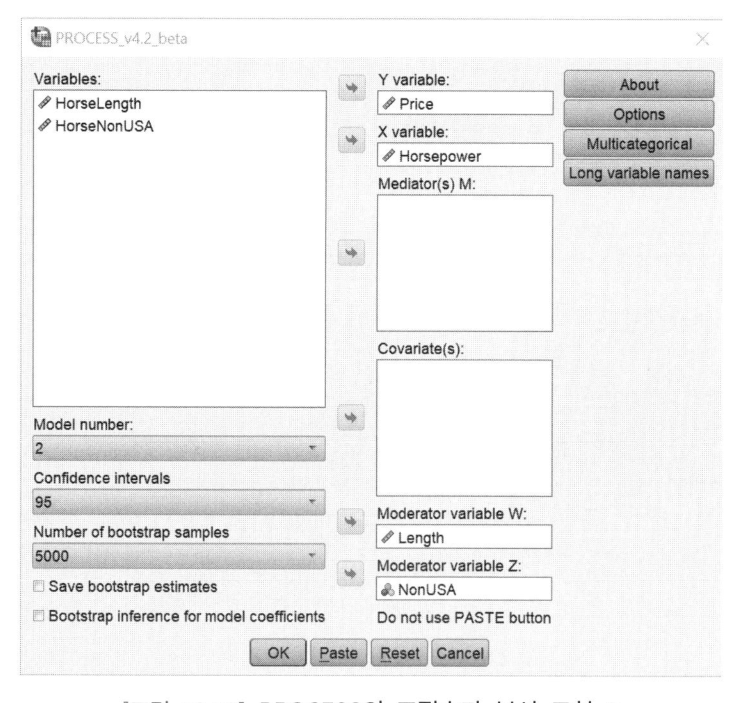

[그림 13.12] PROCESS의 조절효과 분석 모형 2

Horsepower 변수가 8글자를 넘어가므로 Long variable names를 실행하여 변수명의 길이에 대한 위험을 감수하겠다는 곳에 체크를 해 주어야 한다. 이러면 Horsepow로 마력 변수를 사용할 수 있게 된다. 다음으로 Options를 클릭하면 조절효과 분석을 위한 여러 가지 설정을 할 수 있다. 상호작용도표를 출력하고 싶으면 Generate code for visualizing interactions에 체크한다. Output의 소수점 자리를 바꾸고 싶으면 Decimal places in output에서 설정한다. 상호작용항의 평균중심화를 하고 싶다면 Mean center for construction of products에서 원하는 대로 설정한다. 이제 OK를 눌러 PROCESS를 실행하면 아래의 Output이 제공된다.

```
Model  : 2
    Y  : Price
    X  : Horsepow
    W  : Length
    Z  : NonUSA

Sample
Size:  93
```

모형 번호가 2로 나타나고, Model 2에 맞는 Y, X, W, Z에 대한 변수 설정이 보인다. 표본크기도 93으로서 문제없이 모형이 추정되었음을 알 수 있다.

```
OUTCOME VARIABLE:
 Price

Model Summary
          R       R-sq        MSE          F        df1        df2          p
       .848       .719     27.727     44.519      5.000     87.000       .000

Model
             coeff         se          t          p       LLCI       ULCI
constant    15.859     20.287       .782       .437    -24.463     56.181
Horsepow     -.162       .135     -1.198       .234      -.430       .107
Length       -.068       .112      -.603       .548      -.290       .155
Int_1         .001       .001      1.934       .056       .000       .003
NonUSA      -7.470      3.388     -2.205       .030    -14.204      -.736
Int_2         .082       .022      3.734       .000       .039       .126

Product terms key:
 Int_1    :        Horsepow x        Length
 Int_2    :        Horsepow x        NonUSA

Test(s) of highest order unconditional interaction(s):
       R2-chng          F        df1        df2          p
X*W       .012      3.740      1.000     87.000       .056
X*Z       .045     13.946      1.000     87.000       .000
BOTH      .048      7.397      2.000     87.000       .001
```

위는 병렬적 상호작용효과 모형의 회귀분석 결과이다. 종속변수는 Price임이 나타나고, R^2, MSE, F검정 결과 등이 Model Summary에 먼저 제공된다. 회귀분석의 모든 결과는

[그림 13.9]와 다르지 않다. Model 결과 부분의 Int_1은 Horsepow와 Length의 곱으로 만들어졌고, Int_2는 Horsepow와 NonUSA를 곱하여 만들어진 변수라는 정보가 Product terms key에 제공된다. 밑부분에는 가장 높은 차수의 상호작용효과에 대한 검정 결과가 나오는데, 첫 번째 X*W의 R2-chng는 X, W, Z, XZ가 들어가 있는 상태에서 XW가 모형에 추가로 투입될 때 증가하는 R^2의 크기를 가리킨다. 즉, Horsepow, Length, NonUSA, HorseNonUSA가 들어가 있는 상태에서 HorseLength 상호작용항이 들어감으로써 $\Delta R^2 = 0.012$이고 이는 통계적으로 유의하지 않음을 보여 주고 있다($p = .056$). 두 번째 X*Z의 R2-chng는 X, W, Z, XW가 들어가 있는 상태에서 XZ가 모형에 추가로 투입될 때 증가하는 R^2의 크기를 가리킨다. 즉, Horsepow, Length, NonUSA, HorseLength가 들어가 있는 상태에서 HorseNonUSA 상호작용항이 들어감으로써 $\Delta R^2 = 0.045$이고 이는 $p < .001$ 수준에서 통계적으로 유의함을 보여 준다. 마지막 BOTH의 R2-chng는 X, W, Z가 들어가 있는 상태에서 XW와 XZ를 동시에 모형에 투입할 때 증가하는 R^2의 크기를 가리킨다. 즉, Horsepow, Length, NonUSA가 들어가 있는 상태에서 HorseLength와 HorseNonUSA 상호작용항이 함께 들어감으로써 $\Delta R^2 = 0.048$이고 이는 $p < .01$ 수준에서 통계적으로 유의하다. Output에 제공이 되어 있어서 어떤 의미인지 모두 설명하였지만, 실제 상호작용효과 분석에서 중요한 정보를 가지고 있는 부분은 아니다.

```
    Focal predict: Horsepow (X)
          Mod var: Length   (W)
          Mod var: NonUSA   (Z)

Conditional effects of the focal predictor at values of the moderator(s):

     Length     NonUSA     Effect         se          t          p       LLCI       ULCI
    168.602       .000       .073       .020      3.668       .000       .034       .113
    168.602      1.000       .156       .019      8.348       .000       .119       .193
    183.204       .000       .094       .016      5.950       .000       .062       .125
    183.204      1.000       .176       .018      9.745       .000       .140       .212
    197.807       .000       .114       .018      6.403       .000       .079       .149
    197.807      1.000       .196       .023      8.563       .000       .151       .242
```

위의 결과물은 Length의 세 수준 및 NonUSA의 두 수준 간 조합에서 실시한 단순기울기 검정, 즉 조건부효과의 검정 결과이다. 각 조절변수 수준의 결합이 총 여섯 개(3×2)이므로 여섯 번의 검정 결과를 보여 준다. Length가 평균보다 1 표준편차 낮고(168.602) NonUSA는 0일 때(미국산 차량) Horsepow와 Price 사이의 단순기울기는 0.073이고, 이는 $p < .001$ 수준에서 통계적으로 유의하다. Length가 평균보다 1 표준편차 낮고(168.602) NonUSA는 1일 때(수입산 차량) Horsepow와 Price 사이의 단순기울기는 0.156이고, 이는 $p < .001$

수준에서 통계적으로 유의하다. 다음으로 Length가 평균이고(183.204) NonUSA는 0일 때(미국산 차량) Horsepow와 Price 사이의 단순기울기는 0.094이고, 이는 $p < .001$ 수준에서 통계적으로 유의하다. 이런 식으로 여섯 개의 단순기울기에 대한 검정을 모두 진행할 수 있다.

PROCESS의 단순기울기 검정에 대한 결과는 [그림 13.10]에 제공된 상호작용도표와 함께 해석을 진행하는 것이 좋다. 예를 들어, 미국산 차량에서도 수입산 차량에서도 길이가 길어질수록 마력과 가격 관계가 조금씩 더 강력해지는 것을 볼 수 있다. 하지만 그 기울기의 차이는 크지 않다. 그리고 왼쪽과 오른쪽의 그림을 비교해 보면, 미국산 차량에 비해서 수입산 차량의 마력과 가격 관계가 전반적으로 더욱 강력하다. 이것은 길이를 통제한 상태에서 가격에 대하여 마력과 생산지 사이에 상호작용효과가 유의한 근거가 되는 그림이라고 할 수 있을 것이다. 마지막으로 두 조절변수의 그 어떤 조건의 조합에서도 마력과 가격의 관계는 $p < .001$ 수준에서 통계적으로 유의하다.

```
Data for visualizing the conditional effect of the focal predictor:
Paste text below into a SPSS syntax window and execute to produce plot.

DATA LIST FREE/
   Horsepow     Length       NonUSA      Price      .
BEGIN DATA.
     91.454      168.602        .000      11.183
    143.828    168.602          .000      15.026
    196.202      168.602        .000      18.869
     91.454      168.602       1.000      11.249
    143.828      168.602       1.000      19.408
    196.202      168.602       1.000      27.567
     91.454      183.204        .000      12.057
    143.828      183.204        .000      16.966
    196.202      183.204        .000      21.874
     91.454      183.204       1.000      12.124
    143.828      183.204       1.000      21.348
    196.202      183.204       1.000      30.572
     91.454      197.807        .000      12.932
    143.828      197.807        .000      18.906
    196.202      197.807        .000      24.880
     91.454      197.807       1.000      12.998
    143.828      197.807       1.000      23.288
    196.202      197.807       1.000      33.578
END DATA.
GRAPH/SCATTERPLOT=
 Horsepow WITH     Price    BY       Length    /PANEL   ROWVAR= NonUSA    .
```

위에 제공되는 PROCESS의 코드를 SPSS의 Syntax Editor로 옮겨서 실행하여 상호작용도표를 그린다. 그림을 더블클릭하여 안으로 들어가 Fit Line at Subgroups를 이용하여 단순회귀선을 더하면 아래의 그림과 같다. Length와 NonUSA 각 수준의 조합에서 Horsepow와 Price 간의 관계를 그린 것으로서 [그림 13.10]에서 보여 준 상호작용도표와 동일하다.

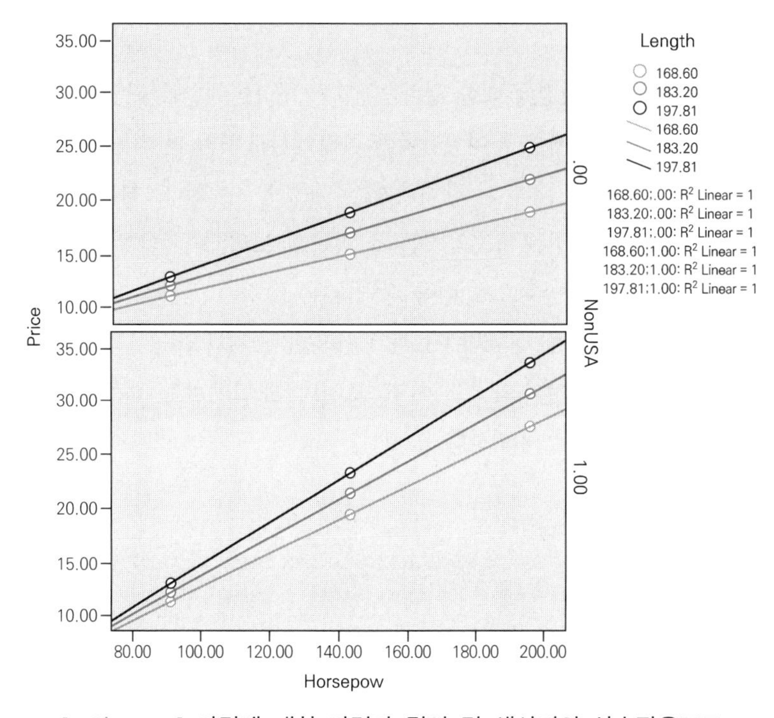

[그림 13.13] 가격에 대한 마력과 길이 및 생산지의 상호작용도표

위의 그림처럼 산포도 상에서 회귀선을 추정하게 되면 그림의 오른쪽에 각 회귀선의 R^2 값이 제공되는데, 이 숫자들은 PROCESS의 상호작용도표에서는 아무런 의미도 없는 수치이다. PROCESS가 제공하는 코드는 단지 각 조건별로 세 개의 점을 직선상으로 주기 때문에 의미 없이 R^2은 단지 1이 된다. 직선에서 벗어난 점이 없기 때문이다.

13.2. 삼원상호작용(조절된 조절효과)

상호작용효과 모형에 투입된 두 개의 조절변수가 병렬적인 상태로 작동하는 것이 아니라 서로 조절하는 형태의 모형이 있다. 이는 통계학에서 매우 오랫동안 사용해 왔던 삼원상호작용효과(three-way interaction effect) 모형이며 최근에는 조절된 조절효과(moderated moderation)라는 이름으로 불리기도 한다. 두 번째 변수가 어떻게 첫 번째 변수의 조절효과를 또다시 조절할 수가 있는지에 대해서 살펴보도록 한다.

13.2.1. 삼원상호작용효과의 이해

[식 13.2]에서 소개했던 두 개의 조절변수가 병렬적으로 작동하는 가산다중조절 모형 또는 병렬적 조절효과 모형을 다시 떠올려 보자.

$$Y = \beta_0 + \beta_1 X + \beta_2 W + \beta_3 Z + \beta_4 XW + \beta_5 XZ + e$$

위의 모형에서 X가 Y에 주는 효과를 첫 번째 조절변수 W가 조절하는데, 그 효과는 두 번째 조절변수인 Z의 값과 상관이 없다. 왜냐하면, 위 모형의 β_4는 Z를 통제한 상태에서 Y에 대한 X와 W의 상호작용효과이기 때문이다. 마찬가지로 X가 Y에 주는 효과를 두 번째 조절변수 Z가 조절하는데, 그 효과는 첫 번째 조절변수인 W의 값과 상관이 없다. 왜냐하면, 위 모형의 β_5는 W를 통제한 상태에서 Y에 대한 X와 Z의 상호작용효과이기 때문이다.

연구문제를 설정하는 데 있어 [식 13.2]와는 다르게, X가 Y에 주는 효과를 W가 조절하는데, 그러한 조절효과를 Z가 또 조절한다는 가설을 세울 수 있다. 또는 X가 Y에 주는 효과를 Z가 조절하는데, 그러한 조절효과를 W가 또 조절한다는 가설도 세울 수 있다. 이와 같은 질문에 답하고자 하면 아래의 상호작용효과 모형을 설정하면 된다.

$$Y = \beta_0 + \beta_1 X + \beta_2 W + \beta_3 Z + \beta_4 XW + \beta_5 XZ + \beta_6 WZ + \beta_7 XWZ + e \quad \text{[식 13.4]}$$

위의 모형에서 XWZ를 삼원상호작용항(three-way interaction term)이라고 하며, 삼원상호작용효과 또는 조절된 조절효과가 존재하기 위해서는 β_7이 통계적으로 유의해야 한다. β_7이 유의하다는 것은 Y에 대한 X와 W의 이원상호작용효과가 Z의 수준에 따라 다르다는 의미이며, Y에 대한 X와 Z의 이원상호작용효과가 W의 수준에 따라 다르다는 의미라고 할 수도 있다. 수리적으로 봤을 때, Y에 대한 W와 Z의 이원상호작용효과가 X의 수준에 따라 다르다고 해도 아무런 문제가 없다.[45]

[45] 본 책의 예제에서는 독립변수와 조절변수가 구분이 되므로 이와 같은 해석은 잘 하지 않지만, 모형을 수리적으로만 보았을 때 X, W, Z는 아무런 구분이 없는 예측변수들일 뿐이다. 이런 관점에서 어떤 연구자들은 삼원상호작용효과와 조절된 조절효과를 구분하기도 한다. 삼원상호작용효과라고 할 때는 어떤 변수가 독립변수이고 또 어떤 변수가 조절변수인지 심각하게 구분하지 않는 경향이 있으며, 조절된 조절효과라고 할 때는 독립변수와 조절변수를 확연하게 구분하는 경향이 있다.

여기서 β_7이 유의하여 Y에 대한 X와 W의 이원상호작용효과가 Z의 수준에 따라 다르다는 의미를 조금 어렵게 풀어 보려고 한다. 상당히 어려운 개념이므로 단지 삼원상호작용효과 또는 조절된 조절효과를 이용하는 내용 영역의 연구자들이 반드시 이해해야 하는 것은 아니다. 먼저 'Y에 대한 X와 W의 이원상호작용효과가 있다'는 것은 앞에서 몇 번 언급했듯이 W가 한 단위 증가할 때 X와 Y의 단순회귀선 기울기의 변화가 통계적으로 유의하다는 것이다. 즉, 'Y에 대한 X와 W의 이원상호작용효과'는 W의 한 단위 차이에 따른 X와 Y 간 단순기울기 차이이다. 삼원상호작용효과는 이러한 이원상호작용효과가 Z의 수준에 따라 다르다는 것이다. 그러므로 β_7은 Z가 한 단위 증가할 때, W의 한 단위 차이에 따른 X와 Y 간 단순기울기 차이의 변화량이다. 예를 들어, Z의 한 수준(예를 들어, 0)에서 X와 W 간 상호작용효과(즉, W의 한 단위 차이에 따른 X와 Y 간 단순기울기 차이)가 있고, Z의 또 다른 수준(예를 들어, 1)에서 X와 W 간 상호작용효과(즉, W의 한 단위 차이에 따른 X와 Y 간 단순기울기 차이)가 있다고 가정하자. 결론적으로 β_7이란 이 두 차이의 차이를 의미하게 된다.

[식 13.4]의 조절된 조절효과 모형에서 독립변수 X와 조절변수인 W, Z의 계수 해석에는 주의가 필요하다. 예를 들어, X의 계수 β_1은 '나머지 변수들을 통제한 상태에서 X가 Y에 주는 효과'라고 해석할 수 없다. 왜냐하면 X가 포함되어 있는 XW항과 XZ항 및 XWZ항 등을 일정한 상수로 고정하면서 X의 Y에 대한 효과를 계산할 수 없기 때문이다. 앞에서도 여러 번 설명했듯이 이런 경우에는 W와 Z를 0이라고 고정해야 β_1의 해석이 가능해진다. 그러므로 β_1은 '$W=0$이고 $Z=0$인 조건에서 X가 Y에 주는 영향' 또는 '$W=0$이고 $Z=0$인 조건에서 X가 한 단위 증가할 때 Y의 변화량'이라는 조건부효과로 해석해야 한다. 마찬가지로 W의 계수 β_2는 '$X=0$이고 $Z=0$인 조건에서 W가 Y에 주는 영향'이라고 해석해야 하며, Z의 계수 β_3는 '$X=0$이고 $W=0$인 조건에서 Z가 Y에 주는 영향'이라고 해석해야 한다. [식 13.4]의 모형에서 β_1, β_2, β_3는 조건부 주효과(conditional main effect)라고 한다.

[식 13.4]의 상호작용효과 모형에서 두 개의 변수가 곱해져 있는 이원상호작용항(two-way interaction term)들인 XW, XZ, WZ의 해석에도 주의가 필요하다. XW의 계수인 β_4를 병렬적 조절효과 모형에서 해석했던 것처럼 나머지 변수들(예를 들어, Z)을 통제한 상태에서 Y에 대한 X와 W의 상호작용효과라고 해석할 수 없다. 왜냐하면, 더 높은 차수의 항인 XWZ를 통제할 수 없기 때문이다. XWZ를 일정한 상수에 고정하면서 XW의

효과를 계산한다는 것은 말이 되지 않는다. 이와 같은 문제를 해결하기 위해서는 Z를 0으로 고정해야 한다. 그러므로 β_4는 '$Z=0$이라는 조건에서 Y에 대한 X와 W의 상호작용효과' 또는 '$Z=0$이라는 조건에서 W가 한 단위 증가할 때 X가 Y에 주는 영향의 변화량'이 된다. 마찬가지로 β_5는 '$W=0$이라는 조건에서 Y에 대한 X와 Z의 상호작용효과'이며, β_6는 '$X=0$이라는 조건에서 Y에 대한 W와 Z의 상호작용효과'가 된다. [식 13.4]의 모형에서 β_4, β_5, β_6는 조건부 상호작용효과(conditional interaction effect) 또는 더 자세하게 조건부 이원상호작용효과라고 한다.

[식 13.4]의 상호작용효과 모형에서 X가 Y에 주는 영향($\theta_{X \to Y}$), 즉 단순기울기 또는 조건부효과를 파악하고 해석하기 위하여 식의 우변을 독립변수 X에 대해서 정리하면 아래와 같다.

$$Y = (\beta_0 + \beta_2 W + \beta_3 Z + \beta_6 WZ) + (\beta_1 + \beta_4 W + \beta_5 Z + \beta_7 WZ)X + e \quad \text{[식 13.5]}$$

위의 식에 따르면 조건부효과 $\theta_{X \to Y} = \beta_1 + \beta_4 W + \beta_5 Z + \beta_7 WZ$이므로 X가 Y에 주는 영향이 W와 Z 및 WZ의 수준에 따라 달라지게 된다. 병렬적 조절효과 모형과 다른 점은 조건부효과 안에 $\beta_7 WZ$가 있다는 것이다. 위의 식을 아래와 같이 변형하면 삼원상호작용효과, 즉 조절된 조절효과의 해석이 조금 더 선명해질 수 있다.

$$Y = (\beta_0 + \beta_2 W + \beta_3 Z + \beta_6 WZ) + (\beta_1 + \beta_5 Z + [\beta_4 + \beta_7 Z]\, W)X + e \quad \text{[식 13.6]}$$

위의 식은 X가 Y에 주는 영향인 $\beta_1 + \beta_4 W + \beta_5 Z + \beta_7 WZ$를 W에 대해서 한 번 더 정리한 것이다. 조건부효과 $\beta_1 + \beta_5 Z + [\beta_4 + \beta_7 Z]\, W$ 부분에 W가 포함되어 있으므로 X가 Y에 주는 효과는 W에 의해 조절된다. 그리고 W의 계수인 $\beta_4 + \beta_7 Z$ 부분에 Z가 포함되어 있으므로 W의 조절효과는 Z에 의해서 또 조절되게 된다. 위의 식은 아래처럼 정리하는 경우도 있는데, 결국 해석은 동일하게 된다.

$$Y = (\beta_0 + \beta_2 W + \beta_3 Z + \beta_6 WZ) + (\beta_1 + \beta_5 Z)X + ([\beta_4 + \beta_7 Z]\, W)X + e \quad \text{[식 13.7]}$$

지금까지 설명한 삼원상호작용효과 또는 조절된 조절효과, 즉 독립변수 X가 종속변수 Y에 주는 효과를 W가 조절하고 그러한 조절효과를 다시 Z가 조절하는 효과의 개념모형 경로도는 아래의 방식으로 표현한다.

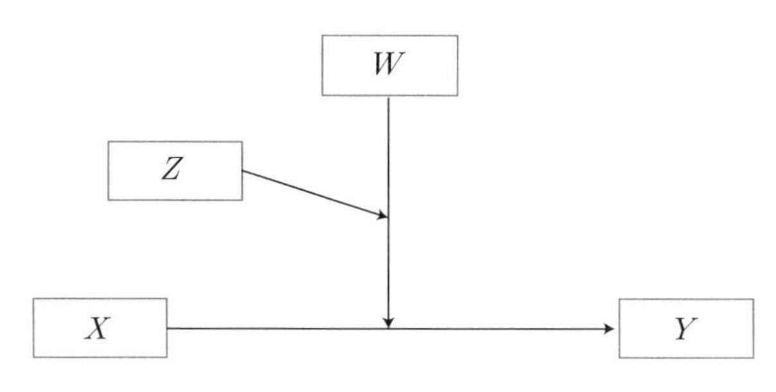

[그림 13.14] **조절된 조절효과의 개념모형 경로도**

조절된 조절효과의 개념모형은 연구자들끼리 서로의 가설을 확인하고 학문적인 대화를 하는 데 큰 도움을 주지만, 실제 효과들의 추정을 위해서는 통계모형을 설정해야 한다. 통계모형이란 [식 13.4] 등에서 보여 준 모형을 의미한다. 아래의 그림에 제공된 통계모형에서 XWZ 항의 계수인 β_7이 통계적으로 유의하면, 삼원상호작용효과 또는 조절된 조절효과가 유의하게 된다. 한 가지 주의해야 할 점은 조절된 조절효과를 검정하기 위해서는 X, W, Z가 들어가 있는 주효과 모형에 XWZ만 추가로 들어가는 것이 아니라 반드시 XW, XZ, WZ가 모두 투입되어야 한다는 것이다. XWZ 하나만 들어가 있다고 해서 삼원상호작용이 되는 것이 아니며, β_7의 해석도 조절된 조절효과가 되지 않으므로 그런 실수는 하지 않기를 바란다.

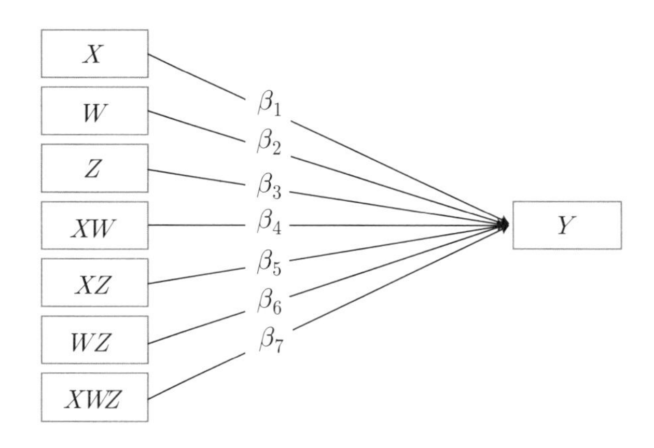

[그림 13.15] **조절된 조절효과의 통계모형 경로도**

이제 두 개의 조절변수가 서로 조절하는 형태로 들어간 조절된 조절효과의 의미를 탐색해 보도록 하자. 예를 들어, 직장인들이 인지하는 회사의 통제(Control)가 그들의 소진(Burnout)에 영향을 주는 관계에서 지원(Support)이 이를 조절한다고 가정한다. 그런데 이러한 조절효과의 크기나 방향, 즉 상호작용효과의 패턴을 성별(Female)이 다시 조절할 수 있다. 이렇게 가설을 세우게 되면, 통제와 소진의 관계를 지원이 조절하고, 성별이 또다시 이 조절효과를 조절하는 모형을 다음과 같이 설정할 수 있게 된다.

$$\begin{aligned} Burnout = {} & \beta_0 + \beta_1 Control + \beta_2 Support + \beta_3 Female \\ & + \beta_4 Control \times Support + \beta_5 Control \times Female + \beta_6 Support \times Female \\ & + \beta_7 Control \times Support \times Female + e \end{aligned}$$

위의 식에서 β_7이 통계적으로 유의하면 'Control이 Burnout에 주는 영향에 대한 Support의 조절효과가 Female의 수준에 따라 다르다'라고 해석할 수 있다. 달리 말해, 'Burnout에 대한 Control과 Support의 상호작용효과의 패턴이 Female의 수준에 따라 다르다'라고 할 수도 있다. 위 식은 독립변수 Control에 대해 다음처럼 정리할 수도 있다.

$$\begin{aligned} Burnout = {} & (\beta_0 + \beta_2 Support + \beta_3 Female + \beta_6 Support \times Female) \\ & + (\beta_1 + \beta_5 Female + [\beta_4 + \beta_7 Female] Support) Control + e \end{aligned}$$

위는 [식 13.6]의 방식을 적용한 것이다. 이렇게 되면 Control이 Burnout에 주는 효과는 $\beta_1 + \beta_5 Female + [\beta_4 + \beta_7 Female] Support$가 된다. 즉, Control이 Burnout에 주는 효과는 일단 Support에 의해 조절되게 되는데, Support에 의해 조절되는 효과는 Female에 의해 다시 한번 조절된다. 물론 이러한 조건부효과는 수리적으로 $\beta_1 + \beta_5 Support + [\beta_4 + \beta_7 Support] Female$로 쓴다고 해도 아무런 차이가 없기 때문에 Control이 Burnout에 주는 효과는 Female에 의해 조절되게 되는데, Female에 의해 조절되는 효과는 Support에 의해 다시 한번 조절된다고 할 수도 있다. 하지만 일반적인 내용 영역의 연구(substantive research)에서 첫 번째 조절변수와 두 번째 조절변수는 연구가설상으로 이미 결정되어 있기 때문에 이와 같이 두 가지 방식으로 모두 서술하는 경우는 없다.

통제가 소진에 주는 영향(기울기)이 지원에 의해 조절되고, 그 조절효과가 성별에 의해 또 조절되는 효과는 어떤 그림을 통해 확인할 수 있을까? 먼저 이 효과를 조금 다르게 서술하면, '소진에 대한 통제와 지원의 상호작용효과가 성별에 따라 다르다'는 것과 동일하다. 이를 확인하고자 하면 성별의 각 수준에서 통제와 지원의 상호작용효과 도표를 그려서 두 개의 상호작용 패턴이 같은지 다른지 확인하면 된다.

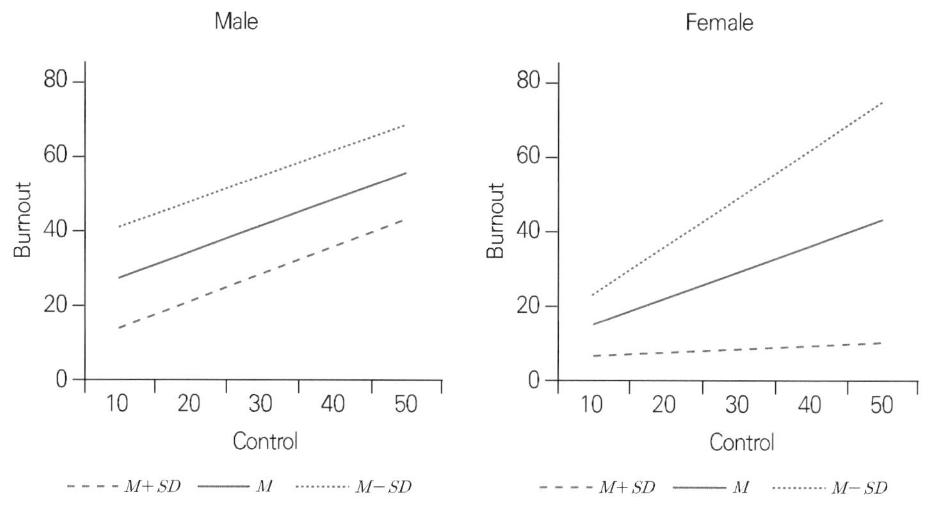

[그림 13.16] 소진에 대한 통제, 지원, 성별의 삼원상호작용

위 그림의 왼쪽은 남성이면서 지원이 평균보다 1 표준편차 아래일 때(dotted line), 지원이 평균 수준일 때(solid line), 지원이 평균보다 1 표준편차 높을 때(dashed line) 통제와 소진의 관계를 보여 주는 상호작용도표이며, 오른쪽은 여성이면서 지원이 평균보다 1 표준편차 아래일 때, 지원이 평균 수준일 때, 지원이 평균보다 1 표준편차 높을 때 통제와 소진의 관계를 보여 주는 상호작용도표이다. 독자들은 지금 이 설명에서 어디선가 본 듯한 기시감이 느껴질 수도 있다. 왜냐하면 [그림 13.3]에 제공된 병렬적 조절효과의 상호작용도표와 정확히 일치하는 방식이기 때문이다. 즉, 두 조절변수 수준의 조합에서 독립변수와 종속변수의 단순기울기를 표현하는 방식이다.

독립변수와 종속변수, 그리고 두 개의 조절변수가 있다는 측면에서 두 모형은 다르지 않으며, 상호작용도표 또한 동일한 방식으로 그릴 수 있다. 둘 사이의 다른 점은 동일한 방식의 상호작용도표를 통해서 연구자가 보고자 하는 측면이다. 참고로 상호작용도표의 방식이 동일한 것뿐이지, 같은 상호작용도표가 나오는 것은 아니다. 왜냐하면, 병렬적 조절효과 모형과 조절된 조절효과 모형에서 최종적으로 추정된 회귀식이 다르기 때문이다.

병렬적 조절효과 모형 또는 가산조절효과 모형에서 연구자가 보고자 하는 것은 단지 독립변수가 종속변수에 주는 효과가 두 조절변수 수준의 조합에서 차이가 나는지 확인하는 것이다. 두 조절변수가 서로 주고받는 조절 관계는 확인할 수도 없으며, 확인해서도 안 된다. 그러한 효과를 보고자 하는 모수가 설정되어 있지 않기 때문이다. 반면에 삼원상호작용효과 모형 또는 조절된 조절효과 모형에서 연구자가 보고자 하는 것은 종속변수에 대한 독립변수와 한 조절변수의 상호작용효과가 또 다른 조절변수의 수준에 따라 다른지 확인하는 것이다. 그러므로 [그림 13.16]에서 확인해야 할 것은 남성 집단에서 통제와 지원의 상호작용효과 패턴이 여성 집단에서 통제와 지원의 상호작용효과 패턴과 다른가이다. 만약 다르다면 조절된 조절효과는 유의하며, 소진에 대한 통제와 지원의 상호작용효과가 성별 간에 다르다고 결론 내린다.

[그림 13.16]을 보면, 남성 집단에서 통제와 소진의 관계가 정적으로 존재하기는 하는데, 그 효과는 지원의 수준과 상관없이 일정하다. 즉, 남성 집단에서 소진에 대한 통제와 지원의 상호작용효과는 존재하지 않는다. 반면에 여성 집단에서 통제와 소진의 관계는 지원의 수준에 따라 꽤 달라진다. 지원의 수준이 높을 때(dashed line)는 통제와 소진의 관계가 매우 약하고, 지원의 수준이 낮을 때(dotted line)는 통제와 소진의 관계는 매우 강력하다. 즉, 여성 집단에서 소진에 대한 통제와 지원의 상호작용효과는 존재한다고 볼 수 있다. 이렇게 되면 성별 간에 상호작용효과의 패턴이 다르다고 볼 수 있고, 이러한 효과의 유의성은 β_7의 통계적 검정을 통하여 결정된다.

두 개의 조절변수가 서로 조절하는 형태로 존재하는 조절된 조절효과의 상호작용도표는 첫 번째 조절변수와 두 번째 조절변수가 무엇인가에 따라 다른 방식으로 그려질 수도 있다. 만약 통제(Control)와 소진(Burnout)의 관계를 성별(Female)이 조절하고, 그러한 조절효과를 지원(Support)이 또 조절한다고 가설을 설정하면, 상호작용도표는 아래와 같이 그릴 수 있다. 상호작용도표를 그리는 방식은 연구자의 가설에 달려 있는 문제인 것이다.

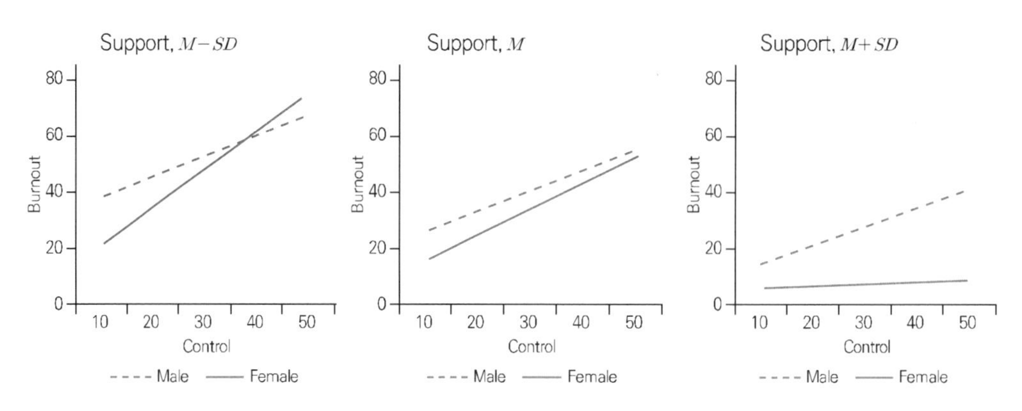

[그림 13.17] 소진에 대한 통제, 지원, 성별의 삼원상호작용

위의 그림에서 왼쪽은 지원이 평균보다 1 표준편차 아래이면서, 남성(dashed line) 및 여성(solid line)의 통제와 소진 관계를 보여 주는 상호작용도표이며, 가운데는 지원이 평균이면서 남성 및 여성의 통제와 소진 관계를 보여 주는 상호작용도표이고, 오른쪽은 지원이 평균보다 1 표준편차 위면서 남성 및 여성의 통제와 소진 관계를 보여 주는 상호작용도표이다. 만약 [그림 13.16]의 상호작용도표에서 성별의 수준 간 통제와 지원의 상호작용효과 패턴의 다름이 관찰된다면, [그림 13.17]의 상호작용도표에서도 지원의 수준 간 통제와 성별의 상호작용효과 패턴의 다름이 반드시 관찰된다.

13.2.2. 상호작용효과의 검정과 결과의 해석

Cars93 자료를 이용하여 실제로 상호작용효과를 검정하는 절차를 진행하고자 한다. 종속변수는 Price로 하고, 독립변수는 Horsepower이며, 조절변수는 Length와 NonUSA이다. 검정하고자 하는 상호작용효과의 연구가설은 '마력이 가격에 주는 영향이 자동차의 길이에 의해 조절되며, 그 조절효과는 생산지에 의해 조절된다', 또는 '마력이 가격에 주는 영향이 자동차의 길이에 따라 다르며, 그 다름의 정도는 생산지에 따라 다르다' 또는 '가격에 대한 마력과 길이의 상호작용효과가 생산지에 따라 다르다'이며, 검정을 위한 모형은 아래의 식들처럼 설정한다.

$$\begin{aligned} Price = &\beta_0 + \beta_1 Horsepower + \beta_2 Length + \beta_3 NonUSA \\ &+ \beta_4 Horsepower \times Length + \beta_5 Horsepower \times NonUSA + \beta_6 Length \times NonUSA \\ &+ \beta_7 Horsepower \times Length \times NonUSA + e \end{aligned}$$

$$\begin{aligned} Price = &(\beta_0 + \beta_2 Length + \beta_3 NonUSA + \beta_6 Length \times NonUSA) \\ &+ (\beta_1 + \beta_5 NonUSA + [\beta_4 + \beta_7 NonUSA] Length) Horsepower + e \end{aligned}$$

위의 식은 일반적인 삼원상호작용효과의 회귀식을 쓴 것이며, 아래의 식은 우변을 독립변수 Horsepower에 대하여 정리한 다음, Horsepower가 Price에 주는 영향을 Length에 대해 다시 한번 정리한 것이다. Horsepower가 Price에 주는 영향(단순기울기)은 Length의 수준에 따라 달라지며, 또한 그러한 효과는 NonUSA의 수준에 따라 달라진다는 것을 알 수 있다.

Cars93 자료를 이용하여 삼원상호작용효과를 검정하고자 하는 데 있어, 먼저 추정하고자 하는 모형의 개념모형 경로도와 통계모형 경로도가 아래에 제공된다.

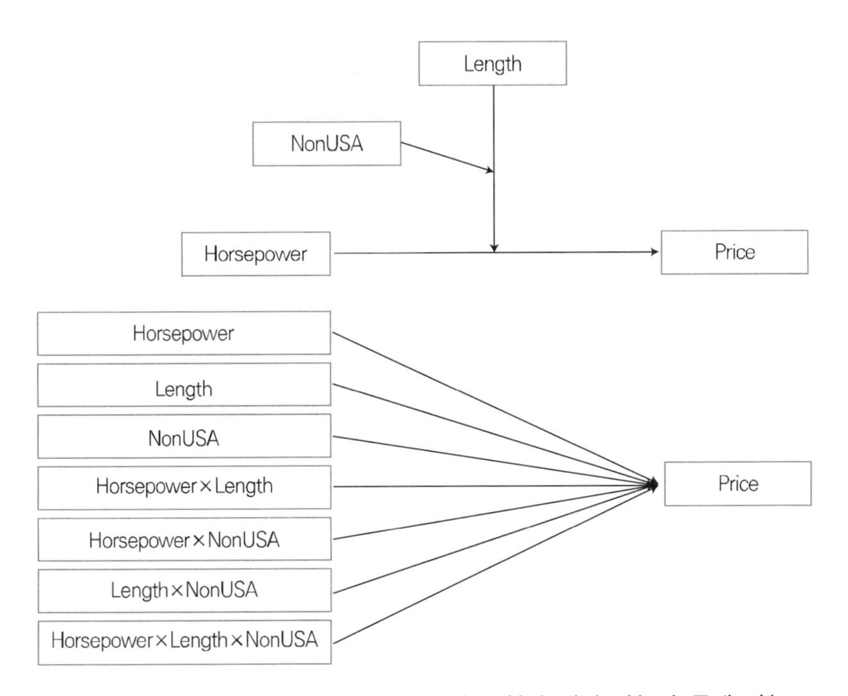

[그림 13.18] **Cars93 삼원상호작용효과 모형의 개념모형 및 통계모형**

위의 통계모형 경로도에 보이는 것처럼 삼원상호작용효과를 검정하기 위해서는 Horsepower와 Length 간의 상호작용항인 Horsepower×Length, Horsepower와 NonUSA 간의 상호작용항인 Horsepower×NonUSA, Length와 NonUSA 간의 상호작용항인 Length×NonUSA, Horsepower와 Length 및 NonUSA 간의 삼원상호작용항인 Horsepower×Length×NonUSA를 생성해야 한다. 새로운 변수의 이름은 각각 HorseLength, HorseNonUSA, LengthNonUSA, HorseLengthNonUSA로 하였으며 아래의 그림과 같이 생성되었다.

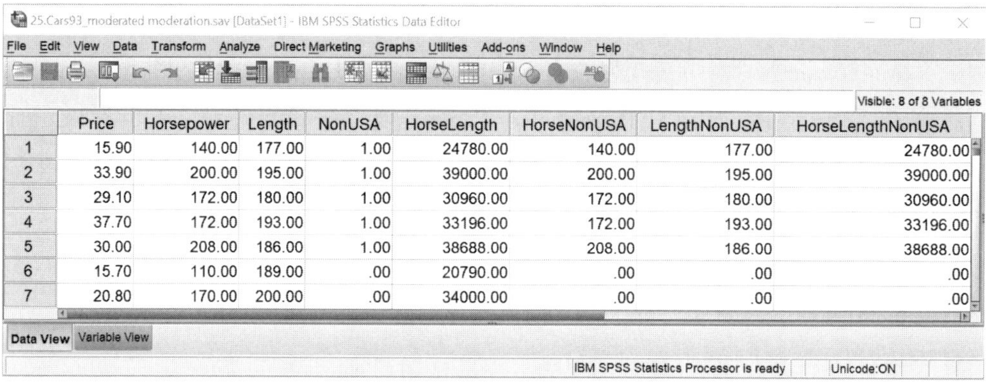

25.Cars93_moderated moderation.sav [DataSet1] - IBM SPSS Statistics Data Editor

File Edit View Data Transform Analyze Direct Marketing Graphs Utilities Add-ons Window Help

Visible: 8 of 8 Variables

	Price	Horsepower	Length	NonUSA	HorseLength	HorseNonUSA	LengthNonUSA	HorseLengthNonUSA
1	15.90	140.00	177.00	1.00	24780.00	140.00	177.00	24780.00
2	33.90	200.00	195.00	1.00	39000.00	200.00	195.00	39000.00
3	29.10	172.00	180.00	1.00	30960.00	172.00	180.00	30960.00
4	37.70	172.00	193.00	1.00	33196.00	172.00	193.00	33196.00
5	30.00	208.00	186.00	1.00	38688.00	208.00	186.00	38688.00
6	15.70	110.00	189.00	.00	20790.00	.00	.00	.00
7	20.80	170.00	200.00	.00	34000.00	.00	.00	.00

Data View Variable View

IBM SPSS Statistics Processor is ready Unicode:ON

[그림 13.19] 조절된 조절효과의 검정을 위한 상호작용항 생성

상호작용효과를 검정하기 위해 위계적 회귀분석을 사용하는 방법을 앞에서 여러 번 보여주었다. 많은 연구자들이 특히 삼원상호작용효과를 검정하는 방식으로 위계적 회귀분석을 자주 사용한다. 절차를 설명하기 위하여 아래에 보이는 [식 13.4]의 상호작용효과 모형을 가정한다.

$$Y = \beta_0 + \beta_1 X + \beta_2 W + \beta_3 Z + \beta_4 XW + \beta_5 XZ + \beta_6 WZ + \beta_7 XWZ + e$$

위계적 회귀분석으로 삼원상호작용효과를 검정하는 경우에 첫 번째 단계에서는 주요 예측변수인 X, W, Z를 투입하고, 두 번째 단계에서는 이원상호작용항인 XW, XZ, WZ를 추가로 투입하며, 마지막 단계에서는 삼원상호작용항인 XWZ를 추가로 투입한다. 이렇게 단계적으로 투입을 하게 되면 각 계수들의 해석이 어떻게 되는지 확인하자. 아래는 먼저 첫 번째 단계의 모형이다.

$$Y = \beta_0 + \beta_1 X + \beta_2 W + \beta_3 Z + e$$

첫 번째 단계에서 X의 계수 β_1은 W와 Z를 통제한 상태에서 X가 Y에 주는 효과로 해석할 수 있다. W의 계수 β_2와 Z의 계수 β_3도 마찬가지로 각각 W와 Z를 제외한 나머지 변수들을 통제한 상태에서의 효과가 된다. 다음으로 아래는 두 번째 단계의 모형이다.

$$Y = \beta_0 + \beta_1 X + \beta_2 W + \beta_3 Z + \beta_4 XW + \beta_5 XZ + \beta_6 WZ + e$$

두 번째 단계에서 XW의 계수 β_4는 Z를 통제한 상태에서 Y에 대한 X와 W의 상호작용효과로 해석할 수 있다. XZ의 계수 β_5와 WZ의 계수 β_6 역시 마찬가지로 각각 W와 X를 통제한 상태에서의 상호작용효과로 해석이 가능하다. 마지막으로 세 번째 단계의 모형은 [식 13.4]이며, 여기에서 XWZ의 계수 β_7은 삼원상호작용, 즉 조절된 조절효과로 해석하면 된다.

Cars93 자료를 이용하여 위계적 회귀분석으로 삼원상호작용효과 모형을 분석하기 위하여 1단계로는 주요변수인 Horsepower, Length, NonUSA를 투입하고, 2단계로는 이원상호작용항인 HorseLength, HorseNonUSA, LengthNonUSA를 추가로 투입하며, 마지막 단계로는 삼원상호작용항인 HorseLengthNonUSA를 추가로 투입한다. 먼저 ΔR^2의 유의성을 보여 주는 위계적 회귀분석의 요약 결과가 아래에 제공된다.

Model Summary

Model	R	R Square	Adjusted R Square	Std. Error of the Estimate	Change Statistics				
					R Square Change	F Change	df1	df2	Sig. F Change
1	.819[a]	.671	.660	5.63138	.671	60.561	3	89	.000
2	.848[b]	.719	.700	5.29368	.048	4.906	3	86	.003
3	.849[c]	.720	.697	5.31398	.001	.344	1	85	.559

a. Predictors: (Constant), NonUSA, Horsepower, Length

b. Predictors: (Constant), NonUSA, Horsepower, Length, HorseNonUSA, HorseLength, LengthNonUSA

c. Predictors: (Constant), NonUSA, Horsepower, Length, HorseNonUSA, HorseLength, LengthNonUSA, HorseLengthNonUSA

[그림 13.20] 삼원상호작용효과 검정을 위한 위계적 회귀분석의 결과 요약

주어진 결과 요약을 보면, 1단계 주효과 모형의 $R^2 = 0.671$로서 매우 큰 설명력을 가지고 있으며, 모형은 $p < .001$ 수준에서 통계적으로 유의하다. 독립변수와 두 개의 조절변수 중 적어도 하나는 유의할 것임을 예측할 수 있다. 2단계 이원상호작용항들이 추가로 투입된 모형의 $R^2 = 0.719$로서 1단계 모형으로부터의 증가된 R^2, 즉 $\Delta R^2 = 0.048$이고 이는 $p < .01$ 수준에서 통계적으로 유의하다. 투입된 세 개의 이원상호작용항 중 일부가 유의할 것임을 예측할 수 있다. 마지막 3단계로 삼원상호작용항이 추가로 투입된 모형의 $R^2 = 0.720$으로서 2단계 모형으로부터의 증가된 R^2, 즉 $\Delta R^2 = 0.001$이고 이는 통계적으로 유의하지 않다 ($p = .559$). 그러므로 삼원상호작용효과, 즉 조절된 조절효과는 존재하지 않는다.

위계적 회귀분석 각 단계의 모형을 검정할 수 있는 분산분석표는 생략하고, 각 단계에서의 추정치와 모수에 대한 검정 결과를 확인할 수 있는 개별모수 추정치 결과가 아래에 제공된다. [그림 13.21]에서 연구자가 확인해야 할 효과는 박스로 표시된 새롭게 추가된 변수의 효과이다. 이원상호작용항 또는 삼원상호작용항 같은 높은 차수의 항(higher order term)이 모형에 추가되면 낮은 차수의 항이 종속변수에 대하여 갖는 효과는 모두 조건부효과가 되므로 큰 의미를 갖지 못하는 경우가 대부분이다.

Coefficients[a]

Model		Unstandardized Coefficients B	Unstandardized Coefficients Std. Error	Standardized Coefficients Beta	t	Sig.
1	(Constant)	-25.704	8.903		-2.887	.005
	Horsepower	.128	.014	.692	9.378	.000
	Length	.135	.052	.204	2.585	.011
	NonUSA	4.337	1.271	.226	3.411	.001
2	(Constant)	18.146	21.946		.827	.411
	Horsepower	-.165	.136	-.897	-1.214	.228
	Length	-.081	.122	-.122	-.663	.509
	NonUSA	-12.334	17.566	-.642	-.702	.484
	HorseLength	.001	.001	1.593	1.944	.055
	HorseNonUSA	.078	.027	.634	2.884	.005
	LengthNonUSA	.030	.107	.281	.282	.778
3	(Constant)	8.249	27.748		.297	.767
	Horsepower	-.097	.180	-.523	-.535	.594
	Length	-.027	.153	-.040	-.173	.863
	NonUSA	8.639	39.864	.449	.217	.829
	HorseLength	.001	.001	1.176	1.081	.283
	HorseNonUSA	-.080	.271	-.651	-.296	.768
	LengthNonUSA	-.087	.227	-.805	-.382	.703
	HorseLengthNonUSA	.001	.001	1.306	.587	.559

a. Dependent Variable: Price

[그림 13.21] 삼원상호작용효과 검정을 위한 위계적 회귀분석의 개별모수 추정치

먼저 1단계 모형에서 Horsepower의 계수는 0.128로서 Length와 NonUSA를 통제한 상태에서 Horsepower가 Price에 대하여 갖는 효과이다. 즉, 길이와 생산지가 동일하다면 1마력이 증가할 때마다 가격은 128달러씩 비싸진다. Length의 계수 0.135 및 NonUSA의 계수 4.337도 마찬가지로 해석하면 된다. 다음으로 2단계 모형에서 HorseLength의 계수는 0.001로서 NonUSA를 통제한 상태에서 Length가 한 단위 증가할 때 Horsepower가 Price에 미치는 효과의 변화량이다. 실제 연구에서 이렇게 해석하는 경우는 드물며, 단지 NonUSA를 통제한 상태에서 Horsepower와 Length의 상호작용효과가 0.001이고 이는 통계적으로 유의하지 않다($p = .055$)라고 한다. HorseNonUSA의 계수 0.078과 LengthNonUSA

의 계수 0.030도 비슷한 방식으로 해석하면 된다. 2단계 모형에서 Horsepower, Length, NonUSA의 효과는 나머지 변수들을 0으로 가정하는 조건부효과이다.

마지막 3단계 모형에서 HorseLengthNonUSA의 계수는 0.001로서 이는 세 변수 간 삼원상호작용효과 또는 조절된 조절효과를 의미한다. Horsepower와 Length의 상호작용효과가 NonUSA의 두 수준에서 다른가에 대한 효과로서 검정 결과를 보면 통계적으로 유의하지 않다($p = .559$). 즉, 조절된 조절효과는 존재하지 않는다. 3단계 모형에서 가장 높은 차수인 삼원상호작용항의 효과 외에 다른 모든 효과들은 조건부효과인데, 하나씩만 해석해 보도록 한다. 먼저 Horsepower의 계수는 −0.097로서 Length와 NonUSA가 모두 0일 때 Horsepower의 Price에 대한 효과이다. 즉, 미국에서 생산되었으며 길이가 0일 때 1마력이 증가하면 가격은 97달러씩 감소하는데, 이 효과는 통계적으로 유의하지 않다($p = .594$). 예측변수들을 중심화하지 않아서 해석이 의미 없다는 것을 알 수 있다. 다음으로 HorseLength의 계수는 0.001로서($p = .283$) NonUSA가 0일 때 Price에 대한 Horsepower와 Length 사이의 상호작용효과는 매우 작고 통계적으로 유의하지 않음을 알 수 있다. 즉, 미국 차량들에서 마력이 가격에 미치는 영향은 길이의 수준에 따라 다르지 않다고 결론 내릴 수 있다.

13.2.3. 상호작용효과의 탐색

앞의 삼원상호작용효과 검정에서 β_7이 통계적으로 유의하지는 않았으나 교육적 목적으로 사후탐색을 진행한다. 만약 Horsepower가 Price에 영향을 미치는 관계에 대한 Length의 조절효과를 NonUSA가 또 조절하는 삼원상호작용효과가 통계적으로 유의하게 되면, 세 가지 방식으로 사후탐색을 진행하는 것이 최근의 경향이라고 할 수 있다. 첫째, 두 번째 조절변수(NonUSA, Z)의 각 수준에서 종속변수(Price)에 대하여 독립변수(Horsepower, X)와 첫 번째 조절변수(Length, W)의 상호작용도표를 그린다. 조절변수 두 개가 서로 조절의 관계에 있다고 해서 조절변수가 두 개라는 사실이 변하는 것은 아니다. 그러므로 병렬적 조절효과 모형에서 단순기울기들을 구하는 과정과 비교해 단순기울기를 구하는 방식이 바뀌지 않는다. 두 개의 조절변수가 있으므로 두 조절변수의 조합에서 단순회귀선을 구해야 하는 것이다. 즉, Length는 연속형 변수이므로 평균보다 1 표준편차 아래(168.6), 평균(183.2), 평균보다 1 표준편차 위(197.8)를 선택하고, NonUSA는 이분형 더미변수이므로 미국산 차량(0)과 수입산 차량(1)을 선택하여 둘을 조합한다.

둘째, 조절된 조절효과만의 사후탐색 과정으로서 두 번째 조절변수 NonUSA(Z)의 각 수준에서 독립변수 Horsepower(X)와 첫 번째 조절변수 Length(W)의 상호작용효과를 검정한다(Hayes, 2022). 이는 첫 번째 사후탐색에서 구한 두 개의 상호작용도표에 나타나는 각각의 상호작용효과를 검정하는 것이다. 11장의 상호작용과 단순기울기의 관계에서 배웠던 것처럼, 삼원상호작용효과가 유의하다고 하여서 둘 중 하나의 이원상호작용효과가 반드시 유의해야 하는 것은 아니지만, 이 결과 자체가 분석에 대한 정보를 제공할 수 있으므로 하지 못할 이유도 없다. Z의 각 수준에서 정의되는 X와 W의 상호작용은 일반적인 상호작용이 아니라 조건부 상호작용(conditional interaction)이 된다. Z가 특정한 값이라는 조건이 있기 때문이다. 예를 들어, [식 13.4]의 삼원상호작용효과 모형을 가정해 보자.

$$Y = \beta_0 + \beta_1 X + \beta_2 W + \beta_3 Z + \beta_4 XW + \beta_5 XZ + \beta_6 WZ + \beta_7 XWZ + e$$

위의 모형에서 X와 W의 상호작용효과라는 것은 X와 W의 상호작용항 XW가 Y에 주는 효과($\theta_{XW \to Y}$)를 의미한다. 이를 구하고자 하면, 우변을 XW에 대하여 아래처럼 정리해야 한다.

$$Y = (\beta_0 + \beta_1 X + \beta_2 W + \beta_3 Z + \beta_5 XZ + \beta_6 WZ) + (\beta_4 + \beta_7 Z)XW + e \quad \text{[식 13.8]}$$

그러므로 X와 W의 상호작용항 XW가 Y에 주는 효과는 다음과 같다.

$$\theta_{XW \to Y} = \beta_4 + \beta_7 Z \quad \text{[식 13.9]}$$

위의 식을 보면, Y에 대한 X와 W의 상호작용효과가 Z의 수준에 따라 달라지는 것이다. 이를 조건부 상호작용이라고 하며, 이를 검정하기 위해서는 조건부 상호작용효과 추정치인 $\hat{\beta}_4 + \hat{\beta}_7 Z$의 표준오차를 추정해야 한다. 9장과 10장에서 배운 방식으로 표준오차를 어렵지 않게 구할 수 있다. 하지만, 굳이 이를 직접 할 필요는 없으며 PROCESS를 이용하여 NonUSA의 두 수준에서 Horsepower와 Length의 조건부 상호작용효과를 검정할 수 있다.

셋째, 지금까지 했던 대로 Length(W)와 NonUSA(Z) 각 수준의 조합에서 단순기울기(조건부효과)의 검정을 진행한다(Aiken & West, 1991). 단순기울기 추정치는 상호작용도표를 그리기 위한 첫 번째 단계에서 상응하는 값들을 대입하여(Length의 세 수준 및 NonUSA의 두 수준) 모두 구할 수 있으니 각 추정치의 표준오차만 추정하면 된다. 9장과 10장에서 배운 방식을 활용하고, SPSS를 통하면 어렵지 않게 구할 수 있으나 계속해서 그렇게 할 필요는 없다. PROCESS는 Length와 NonUSA 각 수준의 조합(총 6개)에서 Horsepower가 Price에 미치는 영향을 추정하고 검정한 결과를 제공한다.

이제 첫 번째로 해야 하는 상호작용도표를 그릴 목적으로 단순회귀선의 계산을 위한 모형의 추정식이 아래에 제공된다.

$$\widehat{Price} = (8.249 - 0.027Length + 8.639NonUSA - 0.087Length \times NonUSA) + \\ (-0.097 - 0.080NonUSA + [0.001049 + 0.000870NonUSA]Length)Horsepower$$

추정된 회귀식에서 모든 추정치는 소수점 세 번째 자리까지의 값을 사용하였는데, Horsepower와 Length의 조건부 이원상호작용항 계수 및 Horsepower, Length, NonUSA의 삼원상호작용항 계수는 계산의 정확성을 위해 소수점 여섯 번째 자리까지 사용한다.

i) $Length = 168.6,\ NonUSA = 0$

$$\begin{aligned}\widehat{Price} &= (8.249 - 0.027 \times 168.6 + 8.639 \times 0 - 0.087 \times 168.6 \times 0) \\ &\quad + (-0.097 - 0.080 \times 0 + [0.001049 + 0.000870 \times 0] \times 168.6)Horsepower \\ &= 3.697 + 0.080Horsepower\end{aligned}$$

ii) $Length = 183.2,\ NonUSA = 0$

$$\begin{aligned}\widehat{Price} &= (8.249 - 0.027 \times 183.2 + 8.639 \times 0 - 0.087 \times 183.2 \times 0) \\ &\quad + (-0.097 - 0.080 \times 0 + [0.001049 + 0.000870 \times 0] \times 183.2)Horsepower \\ &= 3.303 + 0.095Horsepower\end{aligned}$$

iii) $Length = 197.8,\ NonUSA = 0$

$$\begin{aligned}\widehat{Price} &= (8.249 - 0.027 \times 197.8 + 8.639 \times 0 - 0.087 \times 197.8 \times 0) \\ &\quad + (-0.097 - 0.080 \times 0 + [0.001049 + 0.000870 \times 0] \times 197.8)Horsepower \\ &= 2.908 + 0.110Horsepower\end{aligned}$$

iv) $Length = 168.6,\ NonUSA = 1$

$$\begin{aligned}\widehat{Price} &= (8.249 - 0.027 \times 168.6 + 8.639 \times 1 - 0.087 \times 168.6 \times 1) \\ &\quad + (-0.097 - 0.080 \times 1 + [0.001049 + 0.000870 \times 1] \times 168.6)Horsepower \\ &= -2.332 + 0.147Horsepower\end{aligned}$$

v) $Length = 183.2,\ NonUSA = 1$

$$\begin{aligned}\widehat{Price} &= (8.249 - 0.027 \times 183.2 + 8.639 \times 1 - 0.087 \times 183.2 \times 1) \\ &\quad + (-0.097 - 0.080 \times 1 + [0.001049 + 0.000870 \times 1] \times 183.2)Horsepower \\ &= -3.997 + 0.175Horsepower\end{aligned}$$

vi) $Length = 197.8,\ NonUSA = 1$

$$\begin{aligned}\widehat{Price} &= (8.249 - 0.027 \times 197.8 + 8.639 \times 1 - 0.087 \times 197.8 \times 1) \\ &\quad + (-0.097 - 0.080 \times 1 + [0.001049 + 0.000870 \times 1] \times 197.8) Horsepower \\ &= -5.661 + 0.203 Horsepower\end{aligned}$$

위에서 구한 여섯 개의 단순기울기를 통하여 상호작용도표를 그리면 아래와 같다. $NonUSA = 0$일 때(미국산 차량)의 단순회귀선 세 개와 $NonUSA = 1$일 때(수입산 차량)의 단순회귀선 세 개가 제공된다. 달리 표현하면, 미국산 차량의 Horsepower와 Length의 조건부 이원상호작용도표와 수입산 차량의 Horsepower와 Length의 이원상호작용도표가 제공된다.

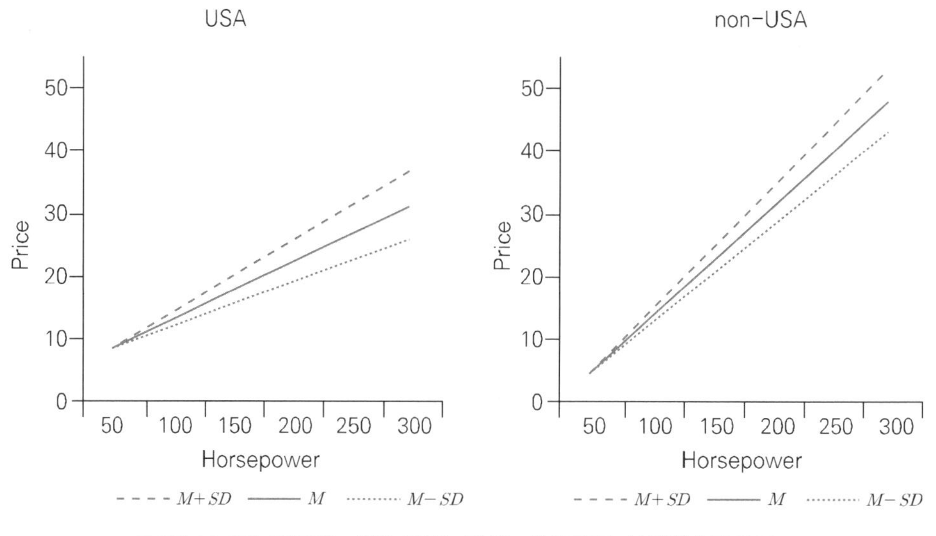

[그림 13.22] **가격에 대한 마력, 길이, 생산지의 삼원상호작용도표**

위에 제공된 여섯 개 단순회귀선의 기울기는 Length와 NonUSA 각 수준의 조합에서 단순기울기 $\beta_1 + \beta_5 NonUSA + [\beta_4 + \beta_7 NonUSA] Length$를 보여 주고 있다. 위의 상호작용도표를 통해서 가장 먼저 확인할 수 있는 것은 USA 집단과 non-USA 집단 간에 Horsepower와 Length의 상호작용효과 패턴이 동일한지 그렇지 않은지이다. 먼저 미국산 차량들을 보면, 마력과 가격의 관계는 길이에 상관없이 모두 정적인 것을 확인할 수 있고, 자동차의 길이가 길어짐에 따라 마력과 가격의 관계(단순기울기)가 조금씩 더 가팔라지는 것을 볼 수 있다. 다음으로 수입산 차량을 보면, 미국산 차량과 다름없이 마력과 가격의 관계는 길이에 상관없이 모두 정적인 것을 확인할 수 있고, 또한 자동차의 길이가 길어짐에 따라 마력과 가격의 관계(단순기울기)도 조금씩 더 가팔라지는 것을 볼 수 있다. 두 집단에서 상호작용효과의 패턴이 거의 다르지 않다는 것을 파악할 수 있다. 굳이 차이를 찾아야 한다면 두 집단 간에 마력과 가격의 기울기 절대 수준이 조금 다르다는 것인데, 이것은 삼원상호작용효과가 검정하고자 하는 차이가 아니다. 이런 이유로 아마도 β_7이 통계적으로 유의하지 않았을($p = .556$) 것이다.

[그림 13.22]처럼 삼원상호작용도표를 그리고 나면, 다음으로 NonUSA의 각 수준에서 Horsepower와 Length의 조건부 상호작용효과를 검정해야 하고, 마지막으로는 두 조절변수 Length와 NonUSA 각 수준의 조합에서 단순기울기를 검정해야 한다. 이 과정의 결과는 PROCESS를 이용하여 아래에 제공한다.

13.2.4. PROCESS 매크로의 이용

PROCESS를 이용할 때는 가장 먼저 추정하고자 하는 모형이 PROCESS에서 몇 번 모형인지를 결정해야 한다. Price를 종속변수로, Horsepower를 독립변수로, Length를 첫 번째 조절변수로, NonUSA를 두 번째 조절변수로 하는 조절된 조절효과 모형은 Model 3이다. PROCESS의 모형 3에 맞게 [그림 13.23]의 실행 화면에서 Model number를 3으로 설정하고, Price를 Y variable로, Horsepower는 X variable로, Length는 Moderator variable W로, NonUSA는 Moderator variable Z로 옮겨야 한다. Confidence intervals의 수준은 95%를 그대로 유지하고, Number of boostrap samples는 매개효과나 조절된 매개효과의 추정에서 사용하는 옵션이므로 손대지 않는다.

다음으로 Options를 클릭하여 조절효과 분석을 위한 여러 가지 설정을 진행한다. 상호작용도표를 출력하기 위해 Generate code for visualizing interactions에 체크하고, Output의 소수점 자리를 바꾸기 위해 Decimal places in output을 3으로 조정한다. 상호작용항의 평균중심화는 진행하지 않기로 하고, Moderation and conditioning에서 Conditioning values는 Aiken과 West(1991)의 제안에 따라 −1SD, M, +1SD를 선택한다. 참고로 Johnson-Neyman 방법은 모델 3에서 제공되지 않는다. 마지막으로 Horsepower 변수가 8글자를 넘어가므로 아래 그림에서 Long variable names를 실행하여 변수명의 길이에 대한 위험을 감수하겠다는 곳에 체크를 해 준다.

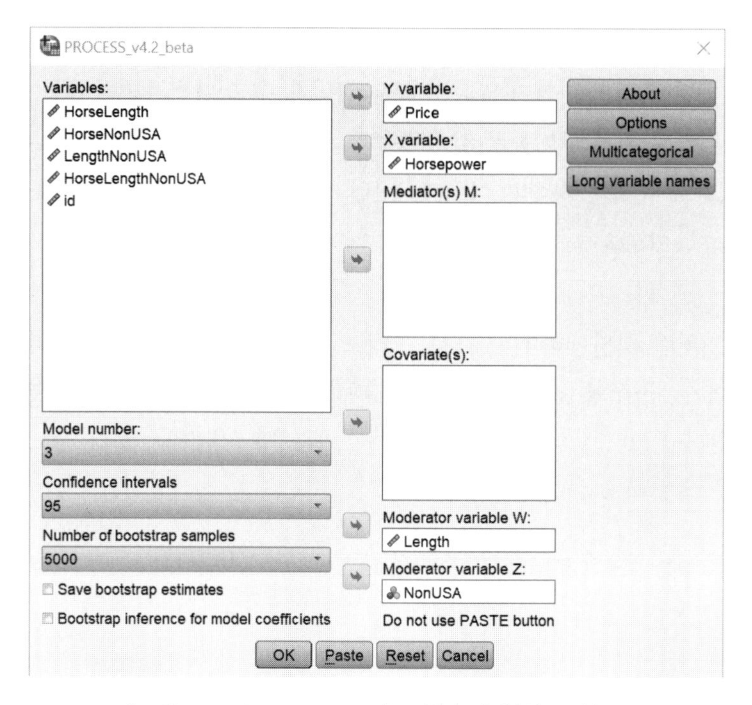

[그림 13.23] PROCESS의 조절효과 분석 모형 3

모든 설정을 끝마쳤으면 이제 OK를 눌러 PROCESS의 조절된 조절효과 분석을 실행한다. 아래에 Output이 제공된다.

```
Model  : 3
    Y  : Price
    X  : Horsepow
    W  : Length
    Z  : NonUSA

Sample
Size:  93
```

모형 번호가 3으로 나타나고, Model 3에 맞는 Y, X, W, Z에 대한 변수 설정이 보인다. 표본크기도 93으로서 문제없이 모형이 추정되었음을 확인할 수 있다.

```
OUTCOME VARIABLE:
 Price

Model Summary
          R       R-sq       MSE         F        df1        df2          p
       .849       .720    28.238    31.283      7.000     85.000       .000

Model
              coeff         se          t          p        LLCI       ULCI
constant      8.249     27.748       .297       .767     -46.922     63.421
Horsepow      -.097       .180      -.535       .594       -.455       .262
Length        -.027       .153      -.173       .863       -.332       .279
Int_1          .001       .001      1.081       .283       -.001       .003
NonUSA        8.639     39.864       .217       .829     -70.622     87.901
Int_2         -.080       .271      -.296       .768       -.619       .459
Int_3         -.087       .227      -.382       .703       -.538       .364
Int_4          .001       .001       .587       .559       -.002       .004

Product terms key:
 Int_1    :        Horsepow x        Length
 Int_2    :        Horsepow x        NonUSA
 Int_3    :        Length   x        NonUSA
 Int_4    :        Horsepow x        Length    x        NonUSA

Test(s) of highest order unconditional interaction(s):
        R2-chng          F        df1        df2          p
X*W*Z      .001       .344      1.000     85.000       .559
```

위는 삼원상호작용효과 모형, 즉 조절된 조절효과 모형의 회귀분석 결과이다. 종속변수는 Price임이 나타나고, R^2, MSE, F검정 결과 등이 Model Summary에 먼저 제공된다. 다음으로 순서는 SPSS와 조금 다르지만 삼원상호작용효과 모형의 β_0에서 β_7까지의 추정치가 제공된다. 회귀분석의 결과 요약 및 개별모수 추정치에 관련된 모든 결과는 [그림 13.20]이나 [그림 13.21]의 3단계 결과와 다르지 않다.

Model 결과 부분의 Int_1은 Horsepow와 Length의 곱으로 만들어졌고, Int_2는 Horsepow와 NonUSA의 곱으로 만들어졌으며, Int_3는 Length와 NonUSA의 곱으로 만들어졌고, Int_4는 Horsepow, Length, NonUSA의 곱으로 만들어진 변수라는 정보가 Product terms key에 제공된다. 밑에는 가장 높은 차수의 상호작용효과에 대한 검정 결과가 나오는데, X*W*Z의 R2-chng는 X, W, Z, XW, XZ, WZ가 들어가 있는 상태에서 XWZ가 모형에 추가로 투입될 때 증가하는 R^2의 크기를 가리킨다. 즉, 독립변수 Horsepow와 조절변수 Length, NonUSA 및 이원상호작용항 HorseLength, HorseNonUSA, LengthNonUSA가 들어가 있는 상태에서 삼원상호작용항인 HorseLengthNonUSA가 들어감으로써 $\Delta R^2 = 0.001$

이고 이는 통계적으로 유의하지 않음을 보여 주고 있다($p = .559$).

```
    Focal predict: Horsepow (X)
          Mod var: Length    (W)
          Mod var: NonUSA    (Z)

Test of conditional X*W interaction at value(s) of Z:
     NonUSA      Effect          F        df1        df2          p
       .000        .001      1.169      1.000     85.000       .283
      1.000        .002      2.926      1.000     85.000       .091

Conditional effects of the focal predictor at values of the moderator(s):

     Length      NonUSA      Effect         se          t          p       LLCI       ULCI
    168.602        .000        .080       .023      3.504       .001       .035       .126
    168.602       1.000        .147       .025      5.989       .000       .098       .196
    183.204        .000        .096       .017      5.791       .000       .063       .128
    183.204       1.000        .175       .022      8.074       .000       .132       .218
    197.807        .000        .111       .021      5.405       .000       .070       .152
    197.807       1.000        .203       .030      6.863       .000       .144       .262
```

위의 결과물은 두 가지의 사후탐색 결과로 이루어져 있다. 먼저 Test of conditional X*W interaction at value(s) of Z 부분에는 NonUSA(Z)의 두 수준에서 Horsepow(X)와 Length(W)의 조건부 상호작용효과의 검정 결과가 제공된다. $NonUSA = 0$일 때, 즉 미국산 차량에서는 마력과 길이의 상호작용효과([그림 13.22]의 왼쪽)가 0.001로서 유의하지 않다($p = .283$). 이는 미국산 차량에서 마력이 가격에 미치는 영향은 길이의 수준에 따라 다르지 않다는 결과이다. $NonUSA = 1$일 때, 즉 수입산 차량에서도 마력과 길이의 상호작용효과([그림 13.22]의 오른쪽)가 0.002로서 유의하지 않다($p = .091$). 이는 수입산 차량에서 마력이 가격에 미치는 영향이 길이의 수준에 따라 다르지 않다는 결과이다.

다음으로 Conditional effects of the focal predictor at values of the moderator(s) 부분에는 Length의 세 수준 및 NonUSA의 두 수준 간 조합에서 실시한 단순기울기 검정, 즉 조건부효과의 검정 결과가 제공된다. 각 조절변수 수준의 결합이 총 여섯 개(3×2)이므로 여섯 번의 검정 결과를 보여 준다. Length가 평균보다 1 표준편차 낮고(168.602) NonUSA는 0일 때(미국산 차량) Horsepow와 Price 사이의 단순기울기는 0.080이고, 이는 $p < .01$ 수준에서 통계적으로 유의하다. Length가 평균보다 1 표준편차 낮고(168.602) NonUSA는 1일 때(수입산 차량) Horsepow와 Price 사이의 단순기울기는 0.147이고, 이는 $p < .001$ 수준에서 통계적으로 유의하다. 다음으로 Length가 평균이고(183.204) NonUSA는 0일 때(미국산 차량) Horsepow와 Price 사이의 단순기울기는 0.096이고, 이는 $p < .001$

수준에서 통계적으로 유의하다. 이런 식으로 여섯 개의 단순기울기에 대한 검정을 모두 진행할 수 있다. 모형에 투입된 상호작용항이 다르기 때문에 완전히 일치하지는 않지만, 병렬적 조절효과 모형의 단순기울기 검정 결과와 매우 비슷한 것을 알아챌 수 있다.

단순기울기 검정에 대한 결과는 [그림 13.22]에 제공된 상호작용도표와 함께 해석을 진행하는 것이 좋다. 예를 들어, 미국산 차량에 비해서 수입산 차량의 마력 가격 관계가 전반적으로 더욱 강력하며, 길이가 길어질수록 역시 마력 가격 관계가 조금씩 더 강력해진다. 그리고 두 조절변수의 조합으로 이루어진 여섯 개의 조건에서 마력과 가격의 관계는 길이가 평균보다 1 표준편차 낮고 미국산 차량일 때 $p < .01$ 수준에서 통계적으로 유의하며, 나머지 다섯 개의 조건에서는 모두 $p < .001$ 수준에서 통계적으로 유의하다.

```
Data for visualizing the conditional effect of the focal predictor:
Paste text below into a SPSS syntax window and execute to produce plot.

DATA LIST FREE/
   Horsepow   Length     NonUSA     Price      .
BEGIN DATA.
     91.454    168.602       .000     11.124
    143.828    168.602       .000     15.331
    196.202    168.602       .000     19.538
     91.454    168.602      1.000     11.223
    143.828    168.602      1.000     18.911
    196.202    168.602      1.000     26.599
     91.454    183.204       .000     12.137
    143.828    183.204       .000     17.146
    196.202    183.204       .000     22.155
     91.454    183.204      1.000     12.132
    143.828    183.204      1.000     21.287
    196.202    183.204      1.000     30.443
     91.454    197.807       .000     13.150
    143.828    197.807       .000     18.962
    196.202    197.807       .000     24.773
     91.454    197.807      1.000     13.040
    143.828    197.807      1.000     23.664
    196.202    197.807      1.000     34.287
END DATA.
GRAPH/SCATTERPLOT=
 Horsepow WITH     Price    BY       Length    /PANEL   ROWVAR=  NonUSA    .
```

위에 제공되는 PROCESS의 코드를 SPSS의 Syntax Editor로 옮겨서 실행하여 삼원상호작용도표를 그린다. 그림을 더블클릭하여 안으로 들어가 Fit Line at Subgroups를 이용하여 단순회귀선을 더하면 아래의 그림과 같다. NonUSA의 각 수준에서 Horsepow와 Length 간의 상호작용도표를 그린 것으로서 [그림 13.22]에서 보여 준 상호작용도표와 동일하다.

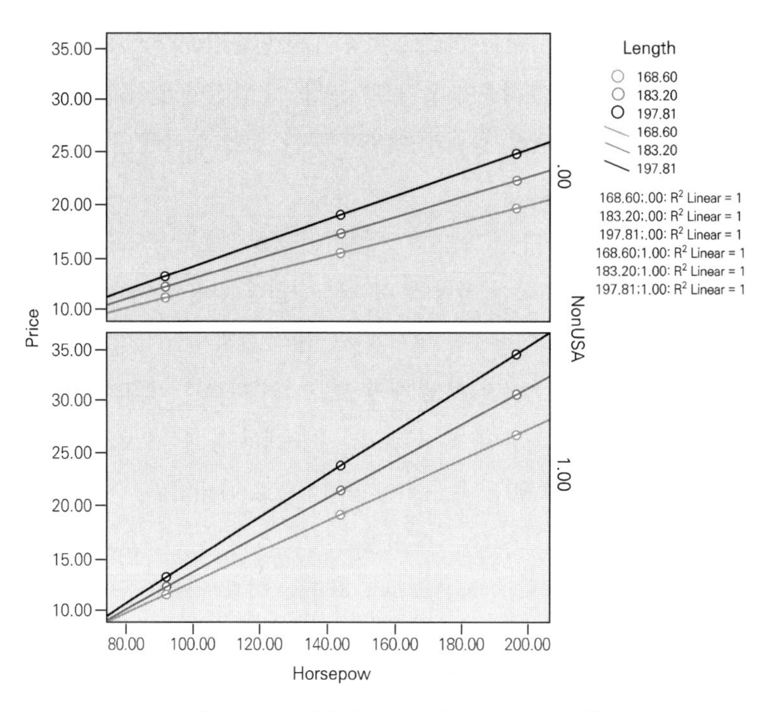

[그림 13.24] 가격에 대한 마력과 길이 및 생산지의 삼원상호작용도표

조절변수가 동일하므로 병렬적 조절효과 모형의 상호작용도표와 매우 흡사한 것을 알 수 있다. 하지만 앞에서 설명했듯이 그림을 보는 관점은 조금 더 복잡하다. 두 조절변수에 의해 조합된 여섯 개 수준에서 마력이 가격에 주는 영향을 보는 것뿐만 아니라, 생산지의 각 수준에서 가격에 대한 마력과 길이의 상호작용효과 패턴이 동일한지 확인한다. 그리고 이 패턴의 동일성에 대한 검정이 β_7의 검정이다.

제14장

단순매개효과

조절효과와 더불어 심리학, 교육학 등의 많은 사회과학 분야에서 큰 관심을 받고 있는 매개효과(mediation effect)를 소개한다. 매개효과는 간접효과(indirect effect)라고도 부르는데[46] 회귀분석, 경로모형, 구조방정식 모형 등 여러 통계적 방법을 통해서 분석할 수 있다. 여러 가지의 분석방법이 있을 뿐만 아니라, 매개모형은 종단자료(longitudinal data)를 이용한 매개효과 분석, 다층모형(multilevel model)을 이용한 매개효과 분석, 범주형 종속변수나 매개변수가 있을 때의 매개효과 분석 등 다양한 맥락에서 사용되기도 한다. 또한, 효과를 매개하는 변수의 개수나 단계에 따라 단순매개효과와 다중매개효과 등으로 나뉘기도 한다. 다양하게 존재하며 활발하게 사용되고 있는 매개효과에 대해서 수많은 논문(Baron & Kenny, 1986; Cheong, MacKinnon, & Khoo, 2003; Hayes, 2009; Preacher & Hayes, 2004)과 책(Hayes, 2022; Iacobucci, 2008; MacKinnon, 2008)이 출판된 것은 어쩌면 당연하다. 이번 장에서 매개효과의 모든 내용을 다룰 수는 없고, 가장 기초적이라고 할 수 있는 회귀분석을 이용한 단순매개효과(simple mediation model)의 추정과 검정을 소개하고자 한다.

14.1. 매개효과의 이해

매개효과에 대한 논의는 Wright(1920, 1921, 1923)까지 거슬러 올라가는데, 그는 두 변수(독립변수와 종속변수)의 관계에서 제3의 변수(매개변수)가 어떻게 두 변수의 인과관계(causal relation)를 매개하여 그 관계를 설명하는 데 기여할 수 있는지에 대하여 소개하였다. Baron과 Kenny(1986)는 매개라는 것이 독립변수가 종속변수에 영향을 주도록 만드는 생성기제(generative mechanism)라고 설명하기도 하였다. 달리 말해, 매개효과 모형이란 독립변수와 종속변수 사이에 존재하는 인과관계를 제3의 변수인 매개변수를 이용하여 설명하는 모형이다.

매개효과가 중요한 이유는 단지 두 변수(독립변수와 종속변수) 사이의 관계를 이해하는 것

---

[46] 간접효과와 매개효과를 구분하려는 시도가 없었던 것은 아니지만(Holmbeck, 1997; Preacher & Hayes, 2004), 받아들여지지 않았으며 당시의 학자들도 지금은 두 단어를 동일한 개념으로 취급한다.

은 학문에서 작은 부분이며, 둘 사이 관계의 과정(underlying process)을 이해하는 것이 훨씬 더 중요하기 때문이다(Preacher & Hayes, 2004). 예를 들어, 대학생의 평가염려완벽주의(독립변수)가 사회불안(종속변수)에 영향을 미치는 관계에서 왜 그러한 인과관계가 발생한 것인지 궁금할 수 있다. 이지은, 김수영(2018)은 이러한 인과관계를 설명하기 위하여 아래의 경로도처럼 무조건적자기수용(매개변수)을 추가하여 매개효과 모형을 설정하였다.

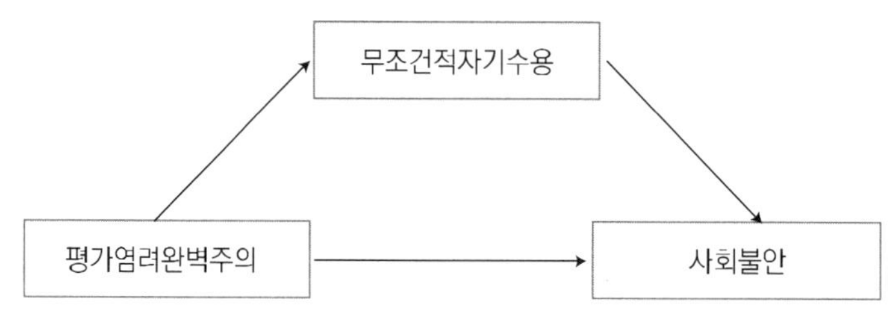

[그림 14.1] 무조건적자기수용의 매개효과

연구자들이 위와 같은 매개효과 모형을 설정했다는 것은 평가염려완벽주의가 무조건적자기수용을 경유하여 사회불안에 영향을 주었다는 것이다. 이를 근본적인 매개효과 모형의 목적에 비추어 서술하면, 평가염려완벽주의가 사회불안에 영향을 주는데 그 이유를 무조건적자기수용에서 찾을 수 있다는 것을 의미한다. 대학생의 평가염려완벽주의가 증가하면, 이어서 무조건적자기수용이 내려가게 되고, 결과적으로 사회불안의 증가를 야기한다는 것이 위 경로도의 가설인 것이다. 이렇듯 매개효과 모형을 통해서 연구자가 찾고 싶은 것은 '왜(why)' 독립변수가 종속변수에 영향을 주는가이다. '왜'라는 질문에 대답할 수 없는 매개모형은 매개모형이라고 할 수가 없으며, 단지 관련 있는 변수들의 나열이라고 봐야 한다. 독립변수와 종속변수 사이에 존재하는 인과관계의 이유를 찾고자 하는 목적을 가진 것이 매개효과 모형이기 때문이다.

매개효과 모형을 사용하는 연구자의 가장 큰 관심 중 하나는 연구자가 설정한 매개변수 M이 독립변수 X와 종속변수 Y 사이에서 통계적으로 유의한 중개 역할을 하는가이다. 하나의 독립변수와 하나의 매개변수 및 하나의 종속변수로 이루어진 단순매개모형의 경로도가 아래에 제공된다. 매개모형은 조절효과 모형과는 다르게 개념모형과 통계모형의 경로도가 일치하므로 아래의 제공된 그림 외에 다른 방식의 경로도는 존재하지 않는다.

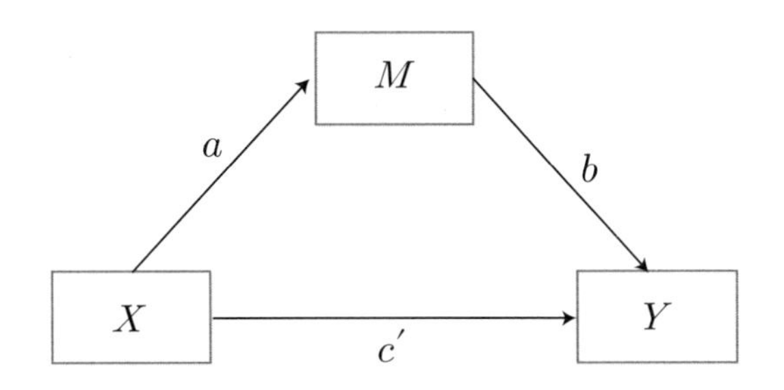

[그림 14.2] **매개효과 모형의 경로도**

위의 단순매개모형에서 X가 M에 미치는 영향은 a, X의 영향을 통제한 상태에서 M이 Y에 미치는 영향은 b, M의 영향을 통제한 상태에서 X가 Y에 미치는 영향은 c'이라고 한다. 수식을 이용해 표현하면 아래와 같이 두 개로 정리되며, 수식의 표기법은 Baron과 Kenny(1986) 및 Hayes(2022)의 전통을 따랐다.[47] 그리고 기본적으로 통계모형의 수식이라는 것은 내생변수(endogenous variable) 하나당 하나씩 존재하게 된다. 여기서 내생변수란 어떤 변수에 영향을 주느냐와는 아무 상관 없이, 어떤 변수에 의해서 영향을 받게 되는 변수를 의미하며, [그림 14.2]에서는 M과 Y가 내생변수이다. 참고로 영향을 주기만 하는 변수는 외생변수(exogenous variable)라고 하며, [그림 14.2]에서는 X가 외생변수이다.

$$M = i_M + aX + e_M \quad [식\ 14.1]$$

$$Y = i_Y + c'X + bM + e_Y \quad [식\ 14.2]$$

위의 식에서 i_M과 e_M은 M을 종속변수로 하는 모형에서의 절편과 오차이고, i_Y와 e_Y는 Y를 종속변수로 하는 모형에서의 절편과 오차이다. 단순매개모형에서 매개변수가 독립변수와 종속변수를 연결하는 정도(degree), 즉 M이 X와 Y 사이에서 중개 역할을 하는 정도는 두 경로(X에서 M으로 가는 경로와 M에서 Y로 가는 경로)의 곱인 ab로 정의된다. ab는 매개효과(mediation effect) 또는 간접효과(indirect effect)라고 하며, $H_0 : ab = 0$을 검정하여 유의한 결과가 나온다면 매개효과가 존재한다고 결론 내린다. 단순매개모형에서 X가 M을 통하지 않고 Y에 직접적으로 주는 영향인 c'은 직접효과(direct effect)라고 하며, 직접효과와 간접효과를 더한 것은 총효과(total effect)라는 하는데 c라고 표기한다. 즉, 직접

---

[47] 회귀분석을 사용할 때 경로는 β 또는 B를 이용하는 것이 아주 오래된 관습이지만, 매개효과 전통에서는 그 위치에 따라서 a, b, c 등을 적절하게 사용한다. 따라서 필자도 회귀분석의 오랜 관습보다는 매개효과 모형의 새로운 전통을 따른다.

효과 c', 간접효과 ab, 총효과 c 사이에는 다음과 같은 관계가 성립하는데, 이를 효과분해(effect decomposition)라고 한다. 효과분해란 총효과 c를 직접효과 c'과 간접효과 ab로 나누는 것을 의미하는 매개효과 맥락에서의 용어이다.

$$c = c' + ab \quad \text{[식 14.3]}$$

[그림 14.2]의 단순매개모형에서 세 종류의 효과를 해석하는 경우는 그다지 많지 않은데, 굳이 해석을 하자면 못할 것은 없다. a는 X가 한 단위 증가할 때 기대되는 M의 변화량이고, b는 X를 통제한 상태에서 M이 한 단위 증가할 때 기대되는 Y의 변화량이며, ab는 X가 한 단위 증가할 때 M을 통하여 기대되는 Y의 변화량이고, c'은 M을 통제한 상태에서 X가 한 단위 증가할 때 M을 통하지 않고 직접적으로 영향을 주어 기대되는 Y의 변화량이다.

매개효과 모형을 이용하여 연구를 하고 논문을 작성하는 데 있어 Wright(1921, 1923)는 중요한 함의를 남겼다. 매개모형은 인과관계를 담보하는 방법이 아니라, 다만 인과관계를 수량화하는(quantify) 방법이라는 것이다. 인과관계는 이론과 실험 등에 의하여 이미 가정된 것이며(즉, 자료를 통하여 가정된 것이며), 매개모형은 그 인과관계를 수량화하여 측정하는 방법이다. 즉, 매개모형에서 인과관계라는 것은 매개모형을 이용한다고 해서 생기는 것이 아니라, 이론과 자료를 통하여 확보하는 것이다. 그러므로 연구자가 매개효과를 검정하기 위한 모형을 제멋대로 설정하고, 그 모형을 추정하여 통계적으로 유의한 매개효과를 발견하였다고 해서 인과관계가 존재한다고 말할 수는 없다는 것이다. 연구자는 인과관계를 가진 변수들로 이론에 맞게 적절한 매개효과 모형을 설정해야 할 의무가 있다.

매개효과의 논의를 더 심화하기에 앞서 세계의 많은 연구자들은 논문이나 책 등에서 동일한 개념에 대해 상당히 다양한 용어들을 사용한다는 것을 짚고 넘어가야 할 것 같다. 매개모형에서 독립변수 X는 independent variable이라는 단어를 주로 사용하지만, 이외에도 predictor, initial variable, antecedent 등도 자주 사용된다. 매개변수 M은 mediator라고 하는 것이 가장 일반적이지만, mediating variable, intervening variable 등도 사용된다. 종속변수 Y의 경우에 dependent variable이 가장 많이 사용되지만, criterion, outcome, consequent variable 등도 역시 사용된다.

14.2. 매개효과의 검정

매개모형의 역사만큼 다양한 매개효과의 검정 방법이 개발되었으며, 최근까지도 계속해서 새로운 방법들이 개발되고 있다. 지금까지 개발되고 사용된 방법들 중에서 그 의미나 쓰임의 중요성 측면에서 크게 세 가지를 알아둘 가치가 있다. 첫 번째는 매개효과 내의 경로계수들을 개별적으로 검정하는 인과단계 접근법(causal step approach)인데, 이중에는 일련의 회귀분석을 단계적으로 수행하여 검정하는 Baron과 Kenny(1986)의 방법이 가장 유명하다. 두 번째는 매개효과 모수 자체(두 경로계수의 곱인 ab)를 검정하는 계수곱 접근법(product of coefficients approach)인데, 특히 매개효과 추정치 $\widehat{ab}$이 이론적으로 정규분포를 따른다고 가정하는 다변량 델타 방법과 Sobel의 방법이 널리 알려져 있다. 마지막 세 번째는 경험적인 재표집(empirical resampling)을 통해 실질적인 표집분포를 형성하여 매개효과를 추정하는 부트스트랩(bootstrap) 방법이 있다. 부트스트랩 방법은 매개효과 추정치 $\widehat{ab}$이 이론적으로 정규분포를 따른다고 가정하지 않는 최신의 매개효과 검정법 중 하나로서 현재 가장 추천된다고 할 수 있는 방법이다.

14.2.1. Baron과 Kenny의 방법

단계적 검정 방법의 소개

인과단계 접근법은 James와 Brett(1984)이 처음으로 제안하였는데, 이후 Baron과 Kenny(1986)가 약점을 보강하여 이 방법을 더욱 공고히 하였다. 단계적으로 매개효과를 검정하는 이 방법은 여러 학자들에 의하여 비판을 받고 있으며, 과거에는 매우 활발히 이용되었으나 현재는 방법이 지닌 한계점으로 인하여 대다수의 연구자들이 더 이상 사용하지 않는다. 하지만, 이런 약점과 동시에 Baron과 Kenny(1986)는 매개효과 발전의 초창기에 매개효과의 유의성을 체계적으로 정의하려고 시도한 연구로서 가치가 있다. 또한, 매개효과 분석에서 여전히 Baron과 Kenny(1986) 전통의 표기법들을 사용하고 있으며, Baron과 Kenny(1986)를 극복하기 위해 매개효과 분석방법들이 발전하는 등 이들의 연구 없이는 매개효과에 대한 논의를 진행할 수가 없다. 그러므로 단계적 방법이 지닌 의미와 약점 등을 Baron과 Kenny(1986)를 통해 자세히 살펴본다.

Baron과 Kenny(1986)의 단계적 매개효과 검정 방법은 총 네 단계로 이루어져 있다. 네 단계이지만 세 개의 회귀모형을 추정함으로써 진행되기 때문에 일반 연구자들 대부분은 세 단계로 이루어져 있다고 생각한다. 사실 Baron과 Kenny(1986, p.1177)가 세 개의 회귀분석을 실시해야 한다는 것은 명확하게 밝혔지만, 정확히 세 단계인지 네 단계인지를 말하지는 않았다. 다만, 논문에 정리된 내용을 보면 네 단계로 보는 것이 더 적절하고, 이후 Judd, Kenny와 McClelland(2001, p.115)도 네 단계라고 규정한다. 그리고 Baron과 Kenny(1986)의 절차에서 많은 연구자들이 착각하는 또 다른 것은 1단계와 2단계의 회귀분석 모형이 사람들이 생각하는 순서와 반대라는 것이다. 크게 중요한 내용은 아니므로 자세한 설명은 생략한다. 먼저 1단계는 X가 Y에 영향을 준다는 인과관계 가정하에서 다음의 모형을 추정함으로써 시작한다.

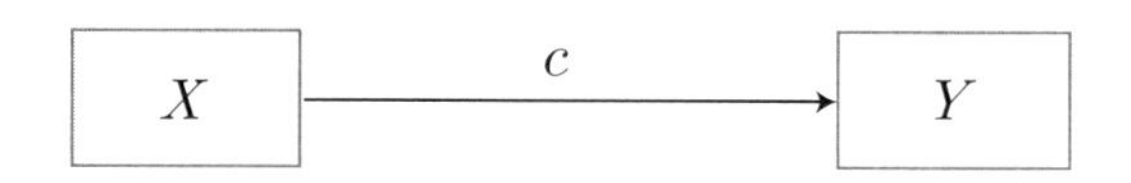

[그림 14.3] Baron과 Kenny(1986)의 1단계 모형

$$Y = i_Y + cX + e_Y \quad [식\ 14.4]$$

위에서 i_Y는 모형의 절편이며, e_Y는 오차이다. 종속변수가 Y이므로 절편과 오차의 밑(subscript)을 Y로 표기하였다. 여기서 총효과 c에 대한 검정이 통계적으로 유의해야 다음 단계로 진행할 수 있으며, 만약 유의하지 않다면 1단계에서 멈춰야 한다. c가 유의하다는 것은 연구자가 X와 Y 사이에 인과관계를 설정한 것이 통계적으로 검증되었다는 것을 의미한다. 2단계로는 X가 M에 영향을 준다는 가정하에서 다음의 모형을 추정한다.

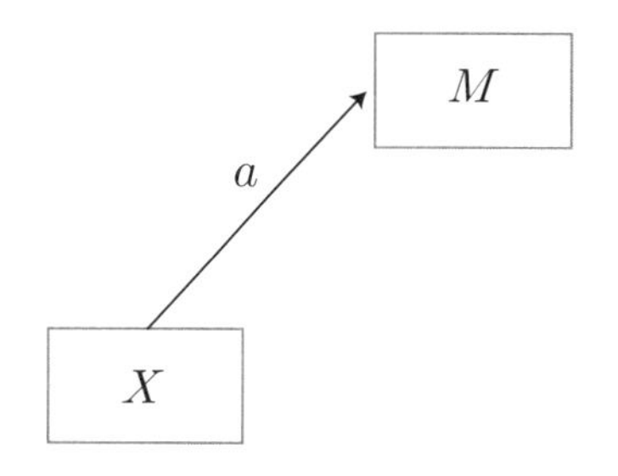

[그림 14.4] Baron과 Kenny(1986)의 2단계 모형

$$M = i_M + aX + e_M \quad [식\ 14.5]$$

위에서 i_M은 모형의 절편이며, e_M은 오차이다. 종속변수가 M이므로 절편과 오차의 밑(subscript)을 M으로 표기하였다. 여기서 경로 a에 대한 검정이 통계적으로 유의해야 다음 단계로 진행할 수 있으며, 만약 유의하지 않다면 2단계에서 멈춰야 한다. 3단계로는 M이 Y에 영향을 준다는 가정하에서 다음의 모형을 추정한다.

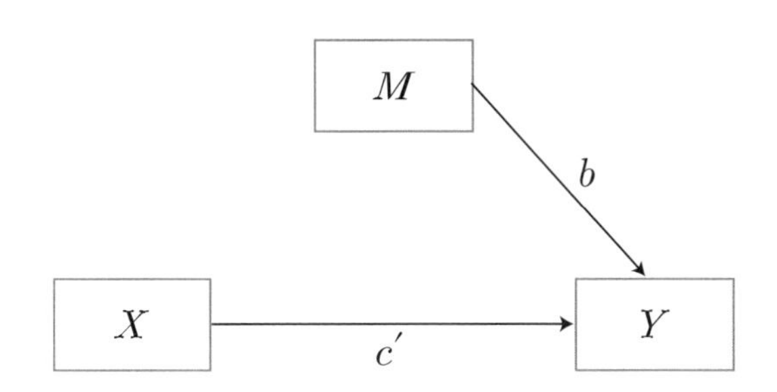

[그림 14.5] Baron과 Kenny(1986)의 3단계 모형

$$Y = i_Y + c'X + bM + e_Y \qquad \text{[식 14.6]}$$

위의 모형에서 b에 대한 검정이 통계적으로 유의해야 하며, 이 조건이 만족되면 아래의 4단계를 확인한다. 4단계는 모형이 아니라 매개효과를 만족하기 위한 조건이라고 할 수 있다.

$$|c| > |c'| \qquad \text{[식 14.7]}$$

마지막 조건은 세 번째 모형에서의 직접효과가 첫 번째 모형에서의 총효과보다 더 작아야 한다는 것이다. 만약 $c = 0.8$이라면 $c' = 0.3$ 또는 $c' = 0.4$ 등이어야 한다거나, $c = -0.9$라면 $c' = -0.4$ 또는 $c' = -0.6$ 등이어야 한다는 조건이다. 그들의 논문에 다음과 같은 언급을 하지는 않았지만, 아마도 Baron과 Kenny는 c, c', ab가 동일한 부호여야 한다고 생각했던 것 같다. 다시 말해, 1단계 모형에서 추정된 c는 나머지 단계에서 추정된 c'과 ab를 더한 값과 이론적으로 일치해야 하는데, Baron과 Kenny는 c의 효과가 c'과 ab로 자연스럽게 나누어 진다고 본 것이다. 즉, 직접효과와 간접효과의 부호가 다른 상황, 예를 들어 $c = 0$, $c' = 0.9$, $ab = -0.9$라는 상황은 생각하지 않았던 것이다. 이는 곧 설명하겠지만 Baron과 Kenny(1986)의 큰 약점 중 하나이다. 어쨌든 Baron과 Kenny(1986)는 마지막 4단계까지 만족된 상태에서 만약 c'이 통계적으로 유의하지 않다면 완전매개(perfect mediation 또는 complete mediation)가 존재한다고 하였으며, 만약 c'이 c보다 작아지기는 했어도 여전히 통계적으로 유의하다면 부분매개(partial mediation)가 존재한다고 하였다.

인과단계 접근법이라고 하면 Baron과 Kenny(1986)만 떠올리는데, 결합유의성 검정(joint significance test; MacKinnon, Lockwood, Hoffman, West, & Sheets, 2002)도 잘 알려져 있는 방법이다. 결합유의성 검정은 총효과에 대한 검정 없이 매개효과를 구성하는 경로 a와 b만 각각 따로 통계적으로 유의하면 매개효과가 존재한다고 판단한다(Kenny, Kashy, & Bolger, 1998; MacKinnon et al., 2002). 이 방법은 Baron과 Kenny의 방법보다도 적은 단계를 확인하여 검정이 간편하고 쉽다는 장점이 있으며, MacKinnon 등(2002)은 결합유의성 검정이 인과단계 접근법들 중에서는 높은 검정력과 정확한 제1종오류를 보인다고 주장하였다.

단계적 검정 방법의 문제점

Baron과 Kenny(1986)의 방법은 매개모형의 개별적인 경로를 검정하는 과정에서 각 경로의 유의성을 확인할 수 있고, 모형에 대한 이론적 탐색과 통찰의 기회를 제공한다(Zhao, Lynch, & Chen, 2010)는 장점이 있는 반면에 몇 가지 문제를 가지고 있다. 이중 특히 중요한 두 가지 문제에 대해서 간략하게 설명해 보고자 한다. 첫 번째 문제는 매개효과 검정을 위해 제대로 된 가설을 설정하고 검정하지 않는 것이다. 매개효과 또는 간접효과 $\theta_{X \to M \to Y}$ (X에서 M을 거쳐 Y로 가는 효과)는 다음과 같이 정의된다.

$$\theta_{X \to M \to Y} = \theta_{X \to M} \times \theta_{M \to Y} = a \times b = ab \qquad [식\ 14.8]$$

그러므로 간접효과 검정에 대한 영가설 역시 $H_0 : ab = 0$이어야 하는데, Baron과 Kenny (1986)의 절차 어디에서도 $H_0 : ab = 0$을 검정하지 않는다. 다만 $H_0 : c = 0$, $H_0 : a = 0$, $H_0 : b = 0$에 대한 검정을 단계적으로 실시할 뿐이다. 이렇게 하나의 목적을 위하여 여러 번의 검정을 실시하게 되면 오류의 가능성이 매우 증가하게 되며, 검정력도 떨어지게 된다(Fritz & MacKinnon, 2007; MacKinnon et al., 2002). 이는 Baron과 Kenny(1986)에 대한 가장 대표적인 비판으로서 아래의 두 가지에 대한 차이에서 비롯한다.

$$ab \neq 0 \quad \text{vs.} \quad a \neq 0 \text{ and } b \neq 0$$

수학적으로 $ab \neq 0$이기 위해서는 $a \neq 0$이어야 하고 동시에 $b \neq 0$이어야 한다. 여기에는 틀림이 없다. 이를 매개효과 검정에 적용하면, 매개효과가 유의($ab \neq 0$)하기 위해서는 a 경로도 유의($a \neq 0$)해야 하고, b 경로도 유의($b \neq 0$)해야 한다고 생각할 수 있다. 하지만 위대한 통계학자였던 Tukey가 말했듯이 통계학은 수학이 아니다. 통계적 검정에서는 아래의 경우가 모두 가능하다.

$$ab \neq 0 \rightarrow a = 0 \text{ and } b = 0$$
$$ab = 0 \rightarrow a \neq 0 \text{ and } b \neq 0$$

윗줄처럼 ab가 유의하였으나 a와 b 모두가 유의하지 않을 수 있으며, 아랫줄처럼 ab가 유의하지 않았으나 a와 b가 모두 유의할 수도 있다. 물론 부분적으로 a와 b 둘 중에 하나는 유의하고 나머지 하나는 유의하지 않은 경우도 있다. 이런 통계학적 관점에서 $ab \neq 0$(유의한 매개효과)을 얻어내기 위하여 $a \neq 0$과 $b \neq 0$ 두 가지를 모두 만족할 필요는 없는 것이다. 이런 방식의 검정은 매개효과의 검정력을 매우 떨어뜨린다(Sim, Kim, & Suh, 2022). 이와 같은 약점은 Baron과 Kenny(1986)뿐만 아니라 ab의 유의성을 확인하지 않고 a와 b의 유의성을 따로 확인하는 결합유의성 검정 방법도 마찬가지로 가지고 있다.

두 번째 문제는 Baron과 Kenny(1986)의 1단계에서 총효과 c의 유의성이 확보되지 않으면 매개효과의 검정 절차를 중단하는 것이다. Baron과 Kenny(1986)는 충분한 총효과가 존재해야 그것을 직접효과와 간접효과로 나눌 수 있고, 나누어진 간접효과가 유의할 수 있다고 가정한 것이다. 하지만, 실제로는 총효과 c가 유의하지 않아도 간접효과 ab는 통계적으로 유의할 수 있다. 예를 들어, 간접효과 $ab = 0.5$이고 직접효과 $c' = -0.5$라면 실질적으로 간접효과는 충분히 존재하는 데 반해서 이 둘의 합으로 정의되는 총효과 $c = 0.0$이 된다. 이렇게 직접효과와 간접효과의 방향이 다른 것을 비일관적 매개(inconsistent mediation)라고도 하며 현실에서는 종종 발생하는 상황이다(김하형, 김수영, 2020).

비일관적 매개의 상황은 억제효과와도 관련이 있는데, McFatter(1979)의 흥미로운 예제를 살펴보도록 하자. McFatter는 공장에서 일하는 직원들의 지적능력(Intelligence)이 단순작업 중 만들어 내는 실수(Errors)에 어떤 영향을 주는지 가상의 연구문제를 설정하였다. 그리고 그 연구문제를 해결하기 위해 단순회귀분석 모형을 설정하여 자료를 분석하였더니 결과는 아래와 같았다.

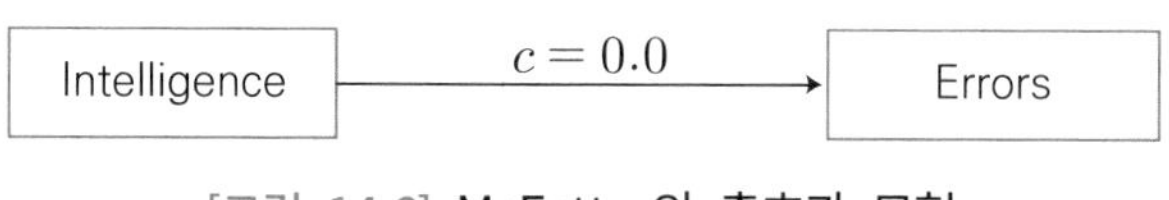

[그림 14.6] McFatter의 총효과 모형

총효과 모형의 결과는 공장 직원들의 지적능력이 그들이 만들어 내는 실수(불량품)와는 아무런 상관이 없다는 것이다. 즉, 지적능력과 실수 사이에 영차상관은 존재하지 않는다. 이에 McFatter는 지루함(Boredom)이라는 변수가 지적능력과 실수 사이를 관계를 설명할 수 있다는 가설을 추가하였다. 이에 지루함을 매개변수로 투입하였더니 다음과 같은 결과를 얻었다.

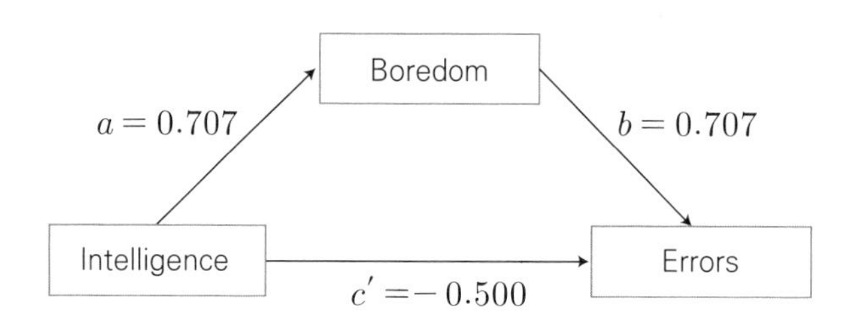

[그림 14.7] McFatter의 매개효과 모형

Intelligence가 Boredom에 정적인 효과가 있고($a = 0.707$), Boredom이 Errors에 정적인 효과가 있어($b = 0.707$), 간접효과 $ab = 0.500$으로 계산된다. 총효과 $c = 0$이었으므로 직접효과 $c' = -0.500$이 되는 것이 당연하다. 지적능력이 실수에 주는 총효과는 0이었는데, 지루함을 통제한 상태에서 지적능력이 실수에 주는 직접효과는 −0.500이 된 것은 앞에서 배운 억제효과의 상황이기도 하다. 이처럼 위의 결과는 지적능력이 높으면 직접적으로는 실수의 숫자를 줄이는데, 동시에 간접적으로는 지루함을 높여서 실수의 숫자를 늘리게 된다고 해석할 수 있다. 다시 말해, 통계적으로 유의한 간접효과가 존재하는 상황인 것이다. 그런데 만약 Baron과 Kenny(1986)의 전통을 따라서 매개효과를 검정하게 된다면, [그림 14.6]의 1단계 모형에서 분석을 멈추게 되고 매개효과는 발견할 수 없게 되는 문제가 발생한다.

McFatter의 예제가 아니어도 총효과 c가 유의하지 않으면서 ab가 유의한 비일관적 매개효과의 경우는 얼마든지 있을 수 있다. 비일관적 매개효과에 대해 더 공부하고 싶다면 김하형, 김수영(2020)의 논문을 참고하기 바란다. 논문에는 비일관적 매개효과의 정의, 비일관적 매개가 일어나는 상황과 예시 및 해결 방법 등에 대한 내용이 제공된다. 이처럼 Baron과 Kenny(1986)의 단계적 검정 방법을 이용하면, 간접효과와 직접효과의 부호가 다른 비일관적 매개효과가 발생하여 총효과가 유의하지 않은 경우에 매개효과가 실제로 존재함에도 이를 확인하지 못한 채 분석을 종료하는 오류를 범할 수 있다. 현재 대다수의 학자들은 총효과의 유의성 없이도 매개효과가 유의할 수 있다고 생각하며, 매개효과에 대한 검정은 오직 ab의 유의성으로 결정한다(Cerin & MacKinnon, 2009; Hayes, 2022; Zhao et al., 2010).

Baron과 Kenny(1986)의 단계적 검정 방법을 더 이상 사용하지 않기로 결정하게 되면 같이 사라져야 하는 용어가 있다. 바로 완전매개와 부분매개이다. 앞에서 설명하였듯이 Baron과 Kenny(1986)의 네 단계가 모두 만족된 상태에서 만약 c'이 통계적으로 유의하지 않다면 완전매개(perfect mediation, complete mediation, full mediation)가 존재한다고 하며, 만약 c'이 c보다 작아지기는 했어도 여전히 통계적으로 유의하다면 부분매개(partial mediation)가 존재한다고 한다. 완전매개라는 것은 독립변수와 종속변수의 관계를 매개변수가 완벽하게 설명한다는 것, 즉 총효과를 간접효과가 모두 다 설명한다는 것을 의미한다. 이에 반해 부분매개라는 것은 독립변수와 종속변수의 관계 중 일부만 매개변수에 의해서 설명된다는 것, 즉 총효과의 일부는 간접효과가 설명하고 나머지 일부는 직접효과가 설명한다는 것을 의미한다. 이와 같은 정의와 해석을 통해 완전매개 및 부분매개라는 표현이 총효과 없이는 정의될 수 없다는 것을 알 수 있다. 1단계에서 총효과에 대해 검정하는 Baron과 Kenny(1986)의 방법을 더 이상 사용하지 않기로 결정하였다면, 완전매개와 부분매개라는 표현도 폐기해야 하는 것이 논리에 맞는다.

14.2.2. 정규이론 방법

Baron과 Kenny(1986)의 가장 큰 문제는 매개효과가 a와 b의 곱인 ab로 정의됨에도 불구하고, $H_0 : a = 0$과 $H_0 : b = 0$을 따로 검정한다는 것이다. 이러한 약점을 극복하기 위해 정규이론 접근법(normal theory approach)이라고도 불리는 Sobel의 방법(Sobel, 1982)과 다변량 델타 방법(MacKinnon, 2008; Valente, Gonzalesz, Miočević, & MacKinnon, 2016) 등이 제안되었다. 이 방법들은 아래처럼 z검정을 이용하여 ab의 유의성($H_0 : ab = 0$)을 직접적으로 판단한다.

$$z = \frac{\widehat{ab}}{SE_{\widehat{ab}}} \sim N(0, 1^2) \qquad \text{[식 14.9]}$$

위에서 $\widehat{ab}$은 매개효과 ab의 추정치이며, $SE_{\widehat{ab}}$은 $\widehat{ab}$의 표준오차이다. 이와 같은 검정을 한다

는 것은 매개효과 추정치인 $\widehat{ab}$이 이론적으로 정규분포를 따른다고 가정함으로써 가능해진다. 이는 기초통계학에서 영가설 $H_0 : \mu = 0$을 설정하고, μ의 추정치인 $\overline{X}$의 이론적인 분포가 정규분포라는 가정하에서 z검정을 진행했던 것과 동일한 원리를 가지고 있다. 예를 들어, 다음의 그림처럼 우리가 알고 싶은 모수는 ab이고 이론적으로(즉, 상상 속에서) 무한대의 표집을 한다고 가정해 보자.

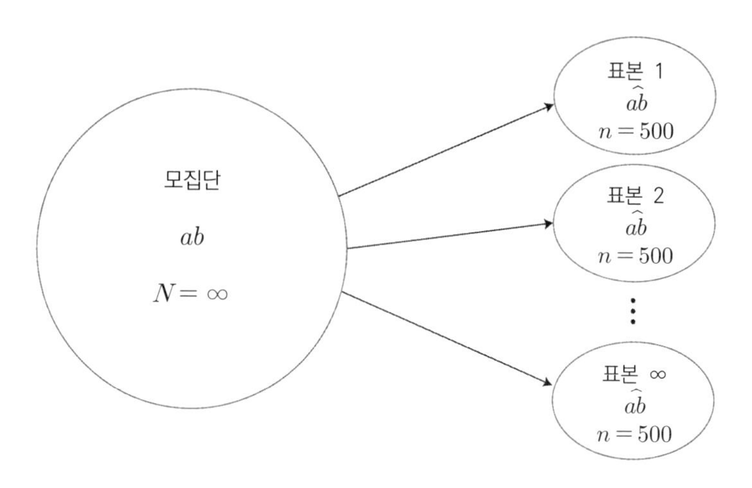

[그림 14.8] 정규이론 접근법의 표집이론

모집단으로부터 $n = 500$인 가상의 표본 1을 추출하여 모수 ab의 추정치 $\widehat{ab}$을 구한다. 가상의 표집이므로 사실 표본 1이 어떤 값들로 이루어져 있는지 모르고, $\widehat{ab}$을 정말로 구한 것도 아니며, $\widehat{ab}$이 얼마인지도 모른다. 단지 이러한 표집과 추정을 했다고 가정하는 것이다. 다시 $n = 500$인 가상의 표본 2를 추출했다고 가정하여 모수의 추정치 $\widehat{ab}$을 구하고, 표본 3을 가상으로 추출하여 똑같은 작업을 반복한다. 이런 식으로 상상의 표집, 즉 이론적인 표집(theoretical sampling)을 무한으로 반복하게 되면 우리는 무한대의 $\widehat{ab}$ 값을 갖게 된다.

Sobel의 방법과 다변량 델타 방법은 이런 식으로 추정한 무한대의 $\widehat{ab}$ 값들이 마치 $\overline{X}$처럼 정규분포를 따른다고 가정한다. 이렇게 되면 이론적으로 $\widehat{ab}$의 표준오차를 추정할 수 있게 되고, 표준오차를 구하게 되면 영가설 $H_0 : ab = 0$에 대한 검정도 가능해진다. 이때 Sobel의 방법과 다변량 델타 방법이 표준오차를 구하는 데 있어서 약간의 차이가 있다. 먼저 다변량 델타 방법은 $\widehat{ab}$의 표준오차를 아래와 같이 계산한다.

$$SE_{\widehat{ab}} = \sqrt{\hat{b}^2 SE_{\hat{a}}^2 + \hat{a}^2 SE_{\hat{b}}^2 + SE_{\hat{a}}^2 SE_{\hat{b}}^2}$$ [식 14.10]

그에 반해 Sobel의 방법은 표집이론 상에서 $\hat{a}$과 $\hat{b}$이 서로 독립적이라는 가정을 더해서 다음과 같이 표준오차를 계산한다.

$$SE_{\widehat{ab}} = \sqrt{\hat{b}^2 SE_{\hat{a}}^2 + \hat{a}^2 SE_{\hat{b}}^2}$$ [식 14.11]

Sobel 방법에서 가정되는 $\hat{a}$과 $\hat{b}$이 서로 독립적이라는 것은 사실 일반적으로 만족될 수 없는 것이며 추정치들은 서로 상관이 있는 것이 자연스럽기 때문에 대부분의 통계 프로그램들(Mplus, PROCESS 등)은 다변량 델타 방법을 이용한다. 그럼에도 불구하고 Sobel의 방법과 다변량 델타 방법의 표준오차 차이는 매우 미미하다.

Sobel이나 다변량 델타 방법의 장점은 이론적으로 이해하기 쉽고 실제로 검정을 수행하기도 어렵지 않다는 것이다. 이론적인 표집과정을 통해 추정치(예를 들어, $\overline{X}$, $\widehat{ab}$ 등)의 분포를 구하는 표집이론(sampling theory)은 그 어떤 기초통계학 서적에도 나오는 원리이다. 또한, $\widehat{ab}$의 표준오차 $SE_{\widehat{ab}}$을 계산하기 위해 필요한 것은 $\hat{a}$의 표준오차인 $SE_{\hat{a}}$과 $\hat{b}$의 표준오차인 $SE_{\hat{b}}$뿐인데, 이 값들은 SPSS를 포함한 모든 일반적인 통계 프로그램에서 쉽게 구할 수 있는 것들이다.

이렇듯 매개효과 추정치가 정규분포를 따른다고 가정하는 Sobel의 방법과 다변량 델타 방법은 이론적으로 간단하고 표준오차의 계산이 쉽다는 장점이 있는 반면에 한계점을 가지고 있다. 여러 방법론적인 문제들을 가지고 있지만, 가장 심각한 문제는 매개효과 추정치 $\widehat{ab}$이 정규분포를 따르지 않는다는 것이다. 표집이론 상에서 변수 $\hat{a}$이 정규분포를 따르고 변수 $\hat{b}$이 정규분포를 따른다고 가정할 때, 두 변수의 곱($\hat{a} \times \hat{b} = \widehat{ab}$)은 정규분포를 따르지도 않을뿐더러 분포의 중심에 대하여 대칭적이지도 않다(Bollen & Stine, 1990; Lockwood & MacKinnon, 1998; Shrout & Bolger, 2002).[48] Lomnicki(1967) 및 Springer와 Thompson(1966) 등은 정규분포를 따르는 두 변수의 곱은 정규분포를 따르지 않음을 수식으로 보여 주었으며, Stone과 Sobel(1990)은 시뮬레이션을 통해 간접효과 추정치의 분포가 편포되었음을 보이기

48 매개효과의 표집이론 상에서 $\widehat{ab}$이 무한대로 존재하는 변수이듯이 $\hat{a}$과 $\hat{b}$ 역시 무한대로 존재하는 변수이다. 이론적으로 $\hat{a}$과 $\hat{b}$은 각각 정규분포를 따른다고 가정할 수 있는 데 반해, $\widehat{ab}$은 정규분포를 따르지 않는다.

도 하였다. 이런 이유로 다변량 델타 방법은 이후 설명할 부트스트랩 방법에 비하여 검정력이 현저하게 낮으며, 현재는 대다수 학자들에 의하여 추천되지 않는다.

14.2.3. 부트스트랩 방법

이론적으로도 경험적으로도 매개효과 추정치 $\widehat{ab}$은 정규분포를 따르지 않기 때문에 정규이론 접근법들이 가진 한계를 극복하기 위한 대안으로서 여러 가지 방법들이 제안되었다(심미경, 서영숙, 김수영, 2022). 그중 가장 대표적인 방법이 부트스트랩(bootstrap) 신뢰구간을 이용한 매개효과의 검정이다. 부트스트랩은 Efron(1979)에 의해 개발된 비모수적이고 경험적인 재표집 기법이다. 이 방법은 연구자가 수집한 실제 표본을 거짓 모집단 또는 가상 모집단(pseudo-population)으로 가정하고 컴퓨터를 이용해 복원 추출로 많은 개수의 표본을 추출한 다음, 이를 이용해 추정치의 표집분포를 찾아내는 방법이다. 부트스트랩에서는 진짜 모집단이 아닌 관찰된 표본을 모집단으로 가정하기 때문에 이를 거짓 모집단이라고 한다. 아래는 거짓 모집단을 통해 부트스트랩 표집을 하는 과정을 보여 준다. 이 예에서는 연구자가 가진 표본의 크기를 500이라고 가정하였고, 따라서 거짓 모집단의 크기도 500이 된다. 또한, 부트스트랩 방법에서 표집을 통하여 생성되는 표본의 크기도 각각 500이다.

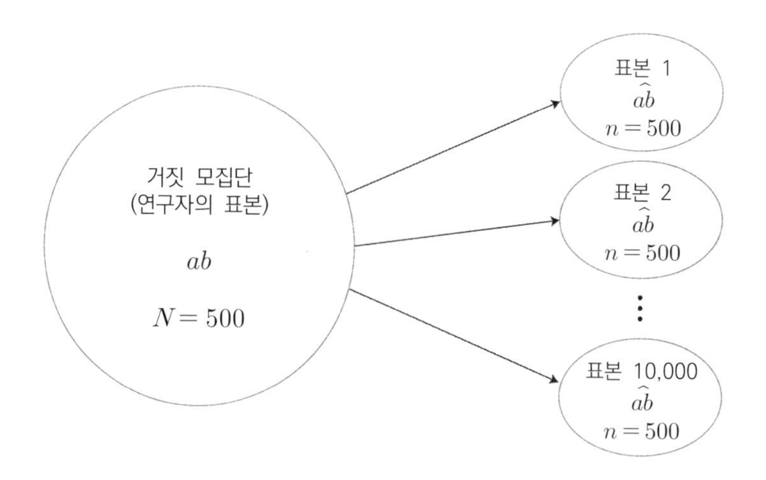

[그림 14.9] 부트스트랩 접근법의 표집이론

부트스트랩 방법은 이론적인 표집과는 다르게 컴퓨터를 이용해 경험적으로, 다시 말해 진짜로 표집을 하기 때문에 무한대의 표집을 한다고 가정할 수 없다. 그래서 위의 그림에서는 충분히 큰 표본의 개수를 달성할 수 있는 10,000번의 표집을 가정하였다. 부트스트랩 표집을 처음 접하게 되면, $N = 500$인 모집단에서 $n = 500$인 표본을 추출하게 되므로 10,000개의 표본 모두가 동일한 값으로 이루어져 있다고 착각하곤 한다. 하지만 그런 일은 표본크기 n이 커짐에 따라서 확률적으로 일어날 수 없다. 비복원 추출이 아니라 복원 추출을 하기 때문이다.

부트스트랩을 통하여 $\widehat{ab}$의 표집분포를 구하고, 모수 ab의 점추정치, 표준오차, 신뢰구간을 얻어내는 과정을 간략하게 설명하면 다음과 같다. 먼저 500개의 사례로 이루어져 있는 거짓 모집단으로부터 하나의 사례(예를 들어, 51번)를 무작위로 뽑아서 표본 1의 첫 번째 사례로서 기록한다. 기록한 다음에는 51번 사례를 거짓 모집단으로 다시 집어넣어야 한다. 부트스트랩은 복원 추출이기 때문이다. 다음으로 또 하나의 사례(예를 들어, 245번)를 무작위로 뽑아서 표본 1의 두 번째 사례로서 기록하고, 245번 사례를 거짓 모집단으로 다시 돌려보낸다. 이런 식으로 500번을 반복하면, 표본 1에는 500개 사례들의 모든 변수에 대한 값들이 쌓이게 된다. 아마도 500개의 사례들 중 상당수는 거짓 모집단으로부터 여러 번 중복하여 뽑혔을 것이다. 어쨌든 이렇게 $n = 500$인 실제 표본 1이 완성되면 연구자가 설정한 매개효과를 추정하여 $\widehat{ab}$을 구해 낸다. 그리고 지금까지 설명한 경험적인 표집과정을 반복하여 표본 2를 구성하고 매개효과 추정치 $\widehat{ab}$을 또 구해 낸다. 표본 3, 표본 4에 대해서도 똑같이 $\widehat{ab}$을 구해 내고, 이를 10,000번 반복한다. 이렇게 되면 연구자는 부트스트랩 표본 10,000개와 매개효과 추정치 $\widehat{ab}$ 10,000개를 실제로 확보하게 된다.

10,000개의 $\widehat{ab}$을 구하게 되면, 이 값들의 평균도 구할 수 있고, 표준편차(즉, 표준오차)도 구할 수 있다. $\widehat{ab}$ 10,000개의 평균은 바로 부트스트랩 매개효과 추정치가 된다. 그러므로 다음과 같은 z검정을 진행할 수 있다.

$$z = \frac{\widehat{ab}^{boot}}{SE_{\widehat{ab}}^{boot}} \sim N(0, 1^2) \qquad \text{[식 14.12]}$$

위에서 $\widehat{ab}^{boot}$은 부트스트랩 표집 방법을 이용해서 구한 매개효과 추정치이며, $SE_{\widehat{ab}}^{boot}$은 부트스트랩 표집 방법을 이용해서 구한 $\widehat{ab}^{boot}$의 표준오차이다. 위의 식에서는 정규이론 방법에서 구한 추정치 및 표준오차와 구분하기 위하여 잠시 boot을 추가해 놓았다. 과거에는 부트스트랩을 실시한 이후에 이처럼 z검정을 실시하는 방법도 사용했는데, 이는 사실 상당히 이상하다. 매개효과의 검정에서 부트스트랩 방법을 사용하는 이유는 매개효과 추정치가 정규분포를 따르지 않는 것을 극복하기 위함인데, 부트스트랩을 실시해 놓고서 다시 또 정규분포를 이용한 z검정을 이용한다는 것은 논리적으로 잘 용납되지 않는다.

그래서 앞서 언급했듯이 부트스트랩 방법을 사용하여 매개효과의 검정을 진행할 때는 신뢰구간을 이용하는 것이 표준관행이다. 일반적으로 검정은 $\alpha = 0.05$에서 실시하게 되므로 이에 해당하는 95%($= (1-\alpha) \times 100\%$) 신뢰구간을 구해야 한다. 부트스트랩 신뢰구간 추정치를 구하기 위해서는 10,000개의 $\widehat{ab}$을 가장 작은 값부터 오름차순으로 나열한다. 크기순으로 나열된 매개효과 추정치 중 아래로부터 2.5%, 위로부터 2.5%에 해당하는 $\widehat{ab}$ 값을 각각 95% 신뢰구간의 하한(lower bound)과 상한(upper bound)으로 결정한다. 그리고 이렇게 구한 95% 신뢰구간이 0을 포함하고 있으면 유의수준 5%에서 영가설($H_0 : ab = 0$)을 기각하는 데 실패하게 되고, 만약 0을 포함하고 있지 않으면 유의수준 5%에서 영가설을 기각하게 된다. 영가설을 기각하면 매개효과는 통계적으로 유의하다. 매개효과가 유의하다는 것은 ab가 통계적으로 0과 다르다는 것을 의미한다. 여기까지가 부트스트랩 신뢰구간을 이용한 매개효과의 검정 과정이다.

독자들의 이해를 돕기 위해 부트스트랩 표집을 통하여 구한 10,000개의 매개효과 추정치 $\widehat{ab}$은 어떤 분포를 따르는지 실제 자료를 통해 한번 확인해 보도록 하자. 정규이론 접근법에서는 무한대의 $\widehat{ab}$이 정규분포를 형성한다고 가정하였고 이를 기반으로 z검정을 진행하였다. 그래서 부트스트랩 표집을 통한 10,000개의 $\widehat{ab}$도 어떤 분포를 따를 것이라고 기대할 수 있다. 하지만, 안타깝게도 앞에서 여러 번 언급했듯이 $\widehat{ab}$의 부트스트랩 표집분포(bootstrapped sampling distribution)는 특정한 분포를 따르지 않는다. 아래의 그림은 필자가 가지고 있는 심리학 관련 자료를 이용하여 임의의 매개모형을 설정하고, 10,000번의 부트스트랩 표집 과정을 통하여 얻은 매개효과 추정치 $\widehat{ab}$의 히스토그램이다. 즉, $\widehat{ab}$의 부트스트랩 표집분포이다. 그림을 출력하기 위해 사용한 프로그램은 경로모형이나 구조방정식 모형 분석으로 유명한 Mplus 8(Muthén & Muthén, 1998–2019)이다. 아래의 히스토그램에서 Estimate으로 표시되어 있는 수평축은 바로 부트스트랩 과정을 통해서 추정된 $\widehat{ab}$을 의미하며, count라고 표시된 수직축은 히스토그램을 그리기 위해 계산된 빈도를 의미한다.

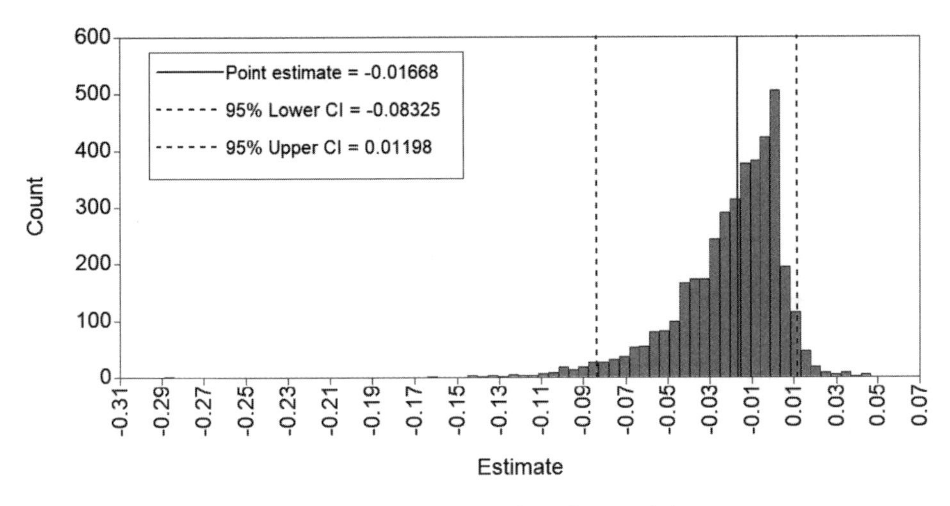

[그림 14.10] **부트스트랩 표집분포 예시**

$\widehat{ab}$의 분포가 부적으로 편포되어 있으며 정규분포의 모습과는 상당히 다른 것을 알 수 있다. 물론 항상 이런 경우만 있는 것은 아니며, 때에 따라 정규분포에 상당히 근접하기도 한다. 부트스트랩 표집분포의 형태는 자료의 왜도, 첨도, 설정된 모형, 효과의 크기 등 여러 가지 요인에 의하여 영향받는다. 하지만, 어쨌든 근본적으로 정규분포는 아니다. 위의 그림에서 수직의 실선(solid line)은 −0.01668인데, 이는 $\widehat{ab}$ 10,000개의 평균을 표시하기 위한 것이다. 이 값이 바로 부트스트랩 방법을 이용했을 때의 매개효과 추정치를 의미한다. 그리고 좌우에 있는 대쉬선(dashed line)은 각각 95% 신뢰구간의 하한값과 상한값이다. 그러므로 해당 매개효과의 95% 부트스트랩 신뢰구간은 [−0.08325, 0.01198]이며, 이 구간이 0을 포함하고 있으므로 매개효과는 통계적으로 유의하지 않다고 결론 내린다.

지금까지 설명한 부트스트랩 신뢰구간 방법은 백분위수 부트스트랩(percentile bootstrap)이라고 불린다. 백분위수 부트스트랩 방법은 매개효과 추정치의 분포에 대한 사전적인 가정이 없으며, 경로 $\hat{a}$과 $\hat{b}$의 독립성에 대한 가정도 필요로 하지 않는다. 또한, 백분위수 부트스트랩은 계산이 명료하고 정규이론에 근거한 Sobel의 방법이나 다변량 델타 방법보다 검정력이 높다는 장점이 있다. 이론적으로 매개효과 분석을 위한 가정(다음 단락에서 확인)이 충족된다면 간접효과 추정치는 간접효과 모수의 편향되지 않은 추정치(unbiased estimate)이기도 하다. 이처럼 부트스트랩 방법은 훌륭한 장점들을 갖고 있으며, 매개효과를 검정하는 경우에 거의 모든 학자들에 의하여 강력하게 지지받는다(Bollen & Stine, 1990; Hayes, 2022; MacKinnon, Lockwood, & Williams, 2004; Preacher & Hayes, 2004).

그럼에도 불구하고 부트스트랩 방법을 사용하기 위해서는 몇 가지 주의할 점이 있다. 부트스트랩은 오차의 정규분포 가정도 하지 않고(Fox, 2002), 매개효과 추정치의 정규분포 가정도 하지 않지만, 연구자가 가진 표본이 모집단을 대표해야 한다는 유일한 가정이 있다(Kline, 2016). 부트스트랩 재표집과정을 보면 연구자가 가진 표본을 모집단으로 가정하여 복원 추출로 추정치의 표집분포를 만들어 낸다. 그러므로 표본이 모집단을 잘 대표하지 못하면 표집분포 자체를 신뢰할 수 없게 되고, 표집분포를 이용한 추론도 믿을 수 없게 된다.

다음으로 주의할 점은 부트스트랩이 재표집과정에서 무작위로 거짓 모집단의 사례들을 추출하여 표본을 형성한다는 것에서 비롯한다. 이것은 부트스트랩 방법을 이용할 때, 동일한 자료와 모형으로 추정을 진행한다고 하여도 매번 다른 표집분포가 형성될 수 있다는 것을 의미한다. 그러므로 부트스트랩 결과를 신뢰하기 위해서는 충분히 큰 표본의 개수(large enough number of samples)를 확보해야 한다. Nevitt과 Hancock(2001)의 시뮬레이션 연구를 보면 표본의 개수가 250개만 넘어가도 추정 결과에 큰 영향을 주지 못한다고 하였지만, 이는 대다수의 학자들에게 받아들여지는 숫자는 아니다. PROCESS의 경우에는 5,000개가 기본값으로 설정되어 있는데, 이 정도로 충분히 안정적이기는 하지만, 필자는 10,000개 이상의 표본을 추출하기를 권장한다. 부트스트랩에서 표본의 개수는 많을수록 안정적이고, 또한 10,000개의 표본을 추출하는 시간이 수십 초 이내로 매우 짧기 때문이다.

백분위수 부트스트랩은 매개효과의 검정에 있어 매우 뛰어난 방법이지만, 표본크기가 작을 때 매개효과 추정치의 부트스트랩 표집분포가 편향되는 경향이 있다(Bollen & Stine, 1990; MacKinnon & Dwyer, 1993; MacKinnon, Fritz, Williams, & Lockwood, 2007; Shrout & Bolger, 2002). 그러므로 이 방법으로 구한 매개효과 추정치는 모수의 불편향 추정치가 아닌 경우가 꽤 많으며, 추정치로부터 신뢰구간의 하한, 상한까지의 거리가 동일하지 않을 수 있다(DiCiccio & Efron, 1996; Efron, 1987; Kirby & Gerlanc, 2013). 예를 들어, [그림 14.10]에서 보여 준 매개효과 추정치의 신뢰구간을 보면, 추정치에서 상한까지의 거리가 추정치에서 하한까지의 거리보다 훨씬 짧다. 이렇게 비대칭적인 분포를 가지고 위아래 각각 2.5% 지점을 설정하여 신뢰구간을 구하게 되면, 신뢰구간 양 끝의 오차율이 동일하지 않은 편향된 신뢰구간이 구해진다(MacKinnon & Dwyer, 1993; Shrout & Bolger, 2002; Stone & Sobel, 1990). 또한, 매개효과의 검정력도 낮아지는 것으로 알려져 있다. 이러한 약점을 보완하고 추정의 정확성을 높이기 위하여 편향조정 부트스트랩(bias-corrected bootstrap)이 제안되었다.

편향조정 부트스트랩은 백분위수 부트스트랩의 신뢰구간에 존재하는 잠재적 편향을 조정하기 위하여 Efron과 Tibshirani(1986)에 의해서 제안되었다. 편향조정 부트스트랩을 간단하게 설명하자면, 부트스트랩 추정치들 10,000개 중 매개효과 추정치($\widehat{ab}$)보다 크기가 작은 부트스트랩 추정치들의 비율을 이용해 편향상수(bias constant)라는 것을 계산하고, 이를 이용하여 신뢰구간 양 끝의 오차율이 같아지도록 백분위수 부트스트랩 신뢰구간을 수정한다. 편향조정 부트스트랩은 백분위수 부트스트랩에 비하여 검정력이 높다는 장점이 있어 MacKinnon 등(2004)에 의해 추천되었고, 초창기에는 여러 학자들(Cheung & Lau, 2008; Preacher & Hayes, 2008)에 의해 백분위수 부트스트랩보다 더 나은 방법으로 인정받았다. 이런 이유로 국내에서도 많은 구조방정식 및 매개효과 관련 책이나 논문들이 편향조정 부트스트랩을 사용해야 한다고 서술하고 있다.

하지만 이후 많은 학자에 의해 편향조정 부트스트랩이 더 높은 검정력을 가졌음에도 불구하고 백분위수 부트스트랩보다 제1종오류 또한 더 높다는 것이 밝혀지기 시작했다. 통계학자들은 효과가 있을 때 그 효과를 발견해 낼 수 있는 검정력을 중요시하기는 하지만, 기본적으로 제1종오류를 높이면서까지 검정력을 올려야 한다고 생각하지 않는다. 그래서 지금 현재 대다수의 학자들(Biesanz, Falk, & Savalei, 2010; Chen & Fritz, 2021; Hayes & Scharkow, 2013; Taylor, MaKinnon, & Tein, 2008; Tofighi & Kelly, 2020)이 추천하는 부트스트랩 방법은 더 이상 편향조정 부트스트랩이 아니라 백분위수 부트스트랩이다. 우리가 매개효과 분석을 위해서 주로 사용할 PROCESS 역시 과거 버전 2에서는 편향조정 부트스트랩이 기본 추정 방법으로 들어가 있었으나 버전 3 이후로 현재 버전 4에서도 백분위수 부트스트랩이 기본 추정 방법으로 설정되어 있다. 매개효과 모형을 분석할 수 있는 구조방정식 프로그램 Mplus를 만든 Muthén 역시 프로그램 홈페이지에서 백분위수 부트스트랩을 추천한다.

14.3. 매개효과 예제

소개한 세 가지 방법을 이용하여 매개효과를 검정하는 예제를 보임에 있어 먼저 분석에 사용할 자료를 설명한다. 아래에 제공되는 자료는 부모의 사회경제적 지위(SES, socioeconomic status)와 고등학생의 지능지수(IQ, intelligence quotient)가 효능감(Efficacy)과 동기(Motivation)를 통하여 성취도(Achievement)에 주는 영향을 연구하기 위한 것이다. 표본크기는 247($n = 247$)이다.

26.Achievement_mediation.sav [DataSet1] - IBM SPSS Statistics Data Editor

File Edit View Data Transform Analyze Direct Marketing Graphs Utilities Add-ons Window Help

Visible: 5 of 5 Variables

	SES	IQ	Efficacy	Motivation	Achievement	var	var	var	var	va
1	.573	87	20	15	54					
2	-.577	102	20	21	69					
3	-.818	106	14	16	49					
4	.464	99	17	19	57					
5	1.027	100	23	21	69					
6	.483	111	23	24	77					
7	.762	78	14	9	26					

Data View Variable View

IBM SPSS Statistics Processor is ready Unicode:ON

[그림 14.11] 매개효과 검정을 위한 성취도 자료

매개효과 분석을 시작하기 전에 먼저 각 변수의 기술통계를 살펴본 결과가 아래에 제공된다.

Descriptive Statistics

	N	Minimum	Maximum	Mean	Std. Deviation	Skewness		Kurtosis	
	Statistic	Statistic	Statistic	Statistic	Statistic	Statistic	Std. Error	Statistic	Std. Error
SES	247	-2.830	3.468	.04692	1.060915	.014	.155	.122	.309
IQ	247	68	133	98.79	10.966	-.066	.155	.235	.309
Efficacy	247	11	29	20.02	3.178	-.016	.155	-.138	.309
Motivation	247	6	29	18.68	4.275	.029	.155	-.122	.309
Achievement	247	20	100	58.26	15.661	-.017	.155	-.283	.309
Valid N (listwise)	247								

[그림 14.12] 성취도 자료의 기술통계

SES 변수의 평균은 0.047, 표준편차는 1.061로서 표준점수(z점수)에 가깝다. 일반적으로 사회경제적 지위 변수는 상대적인 위치를 말해 줄 수 있는 표준점수로 설계하여 0점보다 높으면 평균보다 높은 사회경제적 지위, 0점보다 낮으면 평균보다 낮은 사회경제적 지위를 의미한다. IQ 변수의 평균은 98.79, 표준편차는 10.966인데, 일반적으로 평균 100, 표준편차 15로 설계되는 IQ 점수보다는 표준편차가 조금 작다. Efficacy와 Motivation은 각각 효능감과 동기 수준을 측정할 수 있는 척도의 점수들이라고 가정하고, Achievement는 100점 만점으로 환산된 성취도 점수라고 가정한다. 다섯 변수 사이의 Pearson 상관계수도 아래에 제공된다.

Correlations

		SES	IQ	Efficacy	Motivation	Achievement
SES	Pearson Correlation	1	-.084	-.008	.173	.455
	Sig. (2-tailed)		.186	.897	.006	.000
	N	247	247	247	247	247
IQ	Pearson Correlation	-.084	1	.063	.810	.487
	Sig. (2-tailed)	.186		.326	.000	.000
	N	247	247	247	247	247
Efficacy	Pearson Correlation	-.008	.063	1	.500	.649
	Sig. (2-tailed)	.897	.326		.000	.000
	N	247	247	247	247	247
Motivation	Pearson Correlation	.173	.810	.500	1	.846
	Sig. (2-tailed)	.006	.000	.000		.000
	N	247	247	247	247	247
Achievement	Pearson Correlation	.455	.487	.649	.846	1
	Sig. (2-tailed)	.000	.000	.000	.000	
	N	247	247	247	247	247

[그림 14.13] 성취도 자료의 Pearson 상관계수

위의 영차상관 결과를 간략하게 살펴보면, IQ와 Motivation의 상관계수 및 Motivation과 Achievement의 상관계수가 각각 0.810과 0.846으로서 매우 높고, 두 관계 모두 $p < .001$ 수준에서 유의하다. 그에 반해 SES, IQ, Efficacy 사이에는 매우 낮은 상관이 존재하며 통계적으로 유의하지도 않다. 한 가지 연구자들이 주의해야 할 점은 영차상관을 이용해서 매개모형 경로의 유의성을 예측하지 말아야 한다는 것이다. 경로(path)라는 것은 고차상관에 기반하고 있으므로 영차상관과는 상당히 다른 결과를 보일 수 있다.

소개한 다섯 개의 변수 중 일부를 이용하여 아래와 같은 연구모형을 설정하였다. 부모의 사회경제적 지위가 학생의 동기를 통하여 성취도에 영향을 준다는 단순매개효과 가설이다.

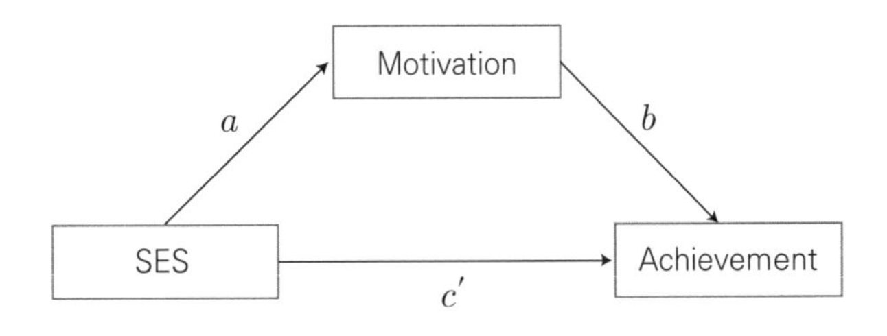

[그림 14.14] 성취도 매개모형

14.3.1. Baron과 Kenny의 방법

Baron과 Kenny(1986)의 단계적 절차를 통하여 [그림 14.14]의 단순매개모형을 추정하고 검정하고자 하면, 먼저 1단계에서 SES가 Achievement에 주는 영향, 즉 총효과 c가 유의한지 확인해야 한다. SPSS 분석 결과가 아래에 제공된다.

$$Achievement = i_Y + cSES + e_Y$$

Coefficients[a]

Model		Unstandardized Coefficients		Standardized Coefficients	t	Sig.
		B	Std. Error	Beta		
1	(Constant)	57.948	.890		65.105	.000
	SES	6.715	.840	.455	7.995	.000

a. Dependent Variable: Achievement

[그림 14.15] Baron과 Kenny(1986)의 1단계 모형 결과

SES가 Achievement에 주는 영향 $\hat{c} = 6.715$이고 이는 $p < .001$ 수준에서 통계적으로 유의하다. 부모의 사회경제적 지위가 높으면 자녀의 성취도가 유의하게 높은 것을 확인할 수 있다. 이제 2단계에서 SES가 Motivation에 주는 영향, 즉 a가 유의한지 확인해야 한다.

$$Motivation = i_M + aSES + e_M$$

Coefficients[a]

Model		Unstandardized Coefficients		Standardized Coefficients	t	Sig.
		B	Std. Error	Beta		
1	(Constant)	18.647	.269		69.397	.000
	SES	.698	.254	.173	2.754	.006

a. Dependent Variable: Motivation

[그림 14.16] Baron과 Kenny(1986)의 2단계 모형 결과

SES가 Motivation에 주는 영향 $\hat{a} = 0.698$이고 이는 $p < .01$ 수준에서 통계적으로 유의하다. 부모의 사회경제적 지위가 높으면 자녀의 동기 수준이 유의하게 높은 것을 확인할 수 있다. 이제 3단계로 SES의 Achievement에 대한 영향을 통제한 상태에서 Motivation이 Achievement에 주는 영향, 즉 b가 유의한지 확인해야 한다.

$$Achievement = i_Y + c'SES + bMotivation + e_Y$$

Coefficients[a]

Model		Unstandardized Coefficients B	Unstandardized Coefficients Std. Error	Standardized Coefficients Beta	t	Sig.
1	(Constant)	3.920	1.965		1.995	.047
	SES	4.692	.414	.318	11.328	.000
	Motivation	2.897	.103	.791	28.190	.000

a. Dependent Variable: Achievement

[그림 14.17] Baron과 Kenny(1986)의 3단계 모형 결과

Motivation이 Achievement에 주는 영향 $\hat{b} = 2.897$이고 이는 $p < .001$ 수준에서 통계적으로 유의하다. 마지막 4단계로는 3단계 모형에서 SES가 Achievement에 주는 직접효과가 1단계 모형에서 SES가 Achievement에 주는 총효과보다 더 작아졌는지를 확인해야 한다. 직접효과 $\hat{c}' = 4.692$가 총효과 $\hat{c} = 6.715$보다 작아진 것을 확인할 수 있다. 이때 3단계 모형에서 직접효과 c'은 $p < .001$ 수준에서 여전히 유의하므로 부분매개효과가 존재한다고 말할 수 있다. 즉, SES는 Motivation을 경유하여 Achievement에 통계적으로 유의한 영향을 주는 동시에 직접적으로도 유의한 영향을 주고 있는 것을 파악할 수 있다.

14.3.2. 정규이론 방법

Sobel의 방법이나 다변량 델타 방법을 이용한 매개효과의 검정은 SPSS를 이용하여 실행할 수도 있고, PROCESS를 이용하여 실행할 수도 있다. PROCESS의 경우 과거 버전에서는 dialog box를 이용하여 다변량 델타 방법을 실행할 수 있었으나 최신 버전으로 오면서 오직 syntax를 이용해서만 가능하다. 본 책에서 PROCESS의 syntax 사용 방법은 다루지 않으므로 만약 PROCESS를 이용한 방법을 실행하고 싶다면 Hayes(2022)를 참고하기 바란다. 여기서는 PROCESS가 아닌 SPSS를 이용한 검정 과정을 제공한다. 가장 먼저 [그림 14.16]과 [그림 14.17]을 이용하여 $\widehat{ab}$을 다음과 같이 구해야 한다.

$$\widehat{ab} = \hat{a} \times \hat{b} = 0.698 \times 2.897 = 2.022$$

다음으로는 $\widehat{ab}$의 표준오차 $SE_{\widehat{ab}}$을 구해야 한다. 다변량 델타 방법을 이용한다고 가정하면, [식 14.10]을 이용해야 한다. 이를 위해서는 아래의 값들이 필요하다.

$$\hat{a}=0.698,\ \hat{b}=2.897,\ SE_{\hat{a}}=0.254,\ SE_{\hat{b}}=0.103$$

위에 주어진 숫자들을 이용해서 매개효과 추정치 $\widehat{ab}$의 표준오차를 계산하면 아래와 같다.

$$\begin{aligned} SE_{\widehat{ab}} &= \sqrt{\hat{b}^2 SE_{\hat{a}}^2 + \hat{a}^2 SE_{\hat{b}}^2 + SE_{\hat{a}}^2 SE_{\hat{b}}^2} \\ &= \sqrt{2.897^2 \times 0.254^2 + 0.698^2 \times 0.103^2 + 0.254^2 \times 0.103^2} \\ &= 0.740 \end{aligned}$$

이제 z검정을 위한 검정통계량을 구하면 아래와 같다.

$$z=\frac{\widehat{ab}}{SE_{\widehat{ab}}}=\frac{2.022}{0.740}=2.732$$

유의수준 5%에서 매개효과의 영가설 $H_0: ab=0$에 대해 양방검정을 실시한다고 가정하면, z검정통계량의 값이 −1.96보다 작거나 1.96보다 크면 영가설을 기각하게 된다. $z=2.732$로서 1.96보다 크므로 매개효과는 통계적으로 유의하다. 만약에 $z=2.732$에 해당하는 양방 p값(two-tailed p-value)을 구하고 싶다면 Excel을 다음과 같이 이용할 수 있다.

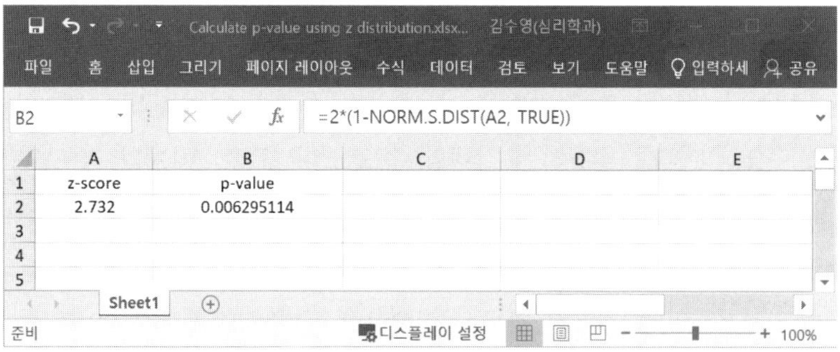

B2 =2*(1-NORM.S.DIST(A2, TRUE))

	A	B	C	D	E
1	z-score	p-value			
2	2.732	0.006295114			
3					
4					
5					

[그림 14.18] z분포를 이용한 p값의 계산

위의 Excel 화면에서 B2 셀에 보이는 NORM.S.DIST(z, cumulative) 함수는 표준정규분포에서 누적확률을 계산하며, 두 개의 아규먼트를 가지고 있다. 첫 번째 아규먼트는 표준정규분포의 z값이며, 또 하나는 Boolean 함수(참과 거짓으로 이루어진 함수)인 cumulative인데 True 및 False 둘 중의 하나를 결정한다. 왼쪽으로부터의 누적확률을 구하기 위해서는

cumulative 아규먼트를 TRUE라고 설정해야 한다. A2 셀의 2.732 값에 해당하는 누적확률을 계산하고, 1에서 계산된 누적확률을 뺀 다음, 거기에 2를 곱하면 양방검정 p값이 0.006으로 계산된다. 그러므로 다변량 델타 방법을 이용한 매개효과의 검정 결과 $p < .01$ 수준에서 통계적으로 유의하다고 결론 내린다.

14.3.3. 부트스트랩 방법

회귀분석 모형으로 백분위수 부트스트랩을 이용하여 매개효과를 검정하고자 하면 Hayes(2022)의 PROCESS를 이용해야 한다. PROCESS는 부트스트랩 표집을 통해서 생성된 각각의 표본들에 대하여 [식 14.1]과 [식 14.2]에 해당하는 두 개의 회귀분석을 동시에 실행하고, 여기서 추정된 $\hat{a}$과 $\hat{b}$을 이용하여 매개효과에 대한 검정을 진행하게 된다. 부모의 사회경제적 지위가 학생의 동기를 통하여 성취도에 영향을 준다는 단순매개효과의 가설을 검정하기 위해서는 PROCESS를 실행하여 다음과 같이 변수 및 옵션을 설정해야 한다.

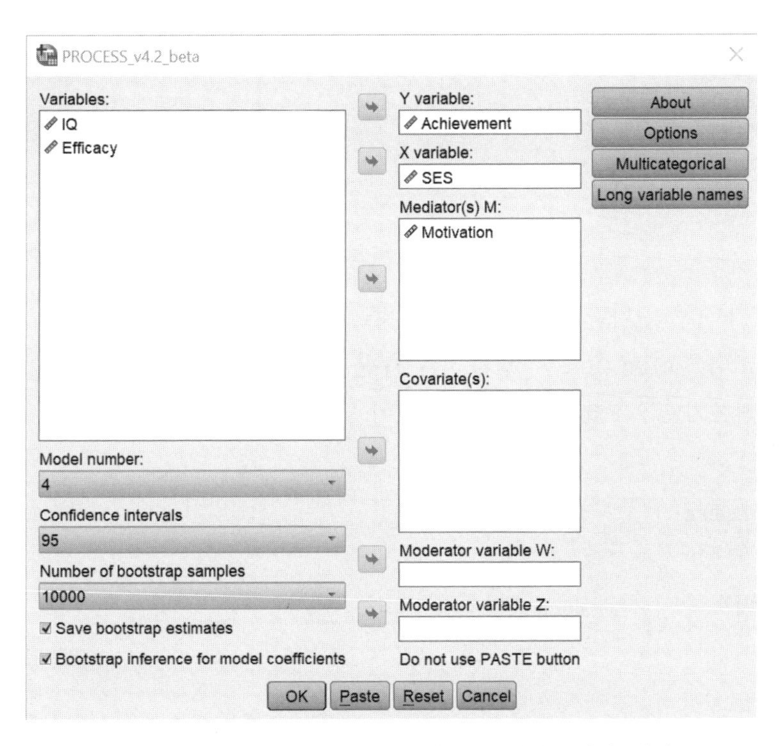

[그림 14.19] PROCESS를 이용한 단순매개효과의 검정

먼저 [그림 14.2]에 해당하는 단순매개모형의 Model number는 4이므로 그림과 같이 지정해 준 다음, 독립변수 SES를 X variable로, 종속변수 Achievement를 Y variable로, 매개변수 Motivation을 Mediator(s) M으로 옮긴다. Confidence intervals는 Output에 제공되는 신뢰구간 추정치의 수준을 지정하는 것이며 95% 신뢰구간을 그대로 두도록 한다. Number of bootstrap samples에서는 부트스트랩 표집 횟수를 지정하는데 기본값 5000으로 되어 있는 것을 10000으로 변경한다. 그 밑에 있는 Save bootstrap estimates는 각 모수에 대한 10,000개의 부트스트랩 추정치를 새로운 SPSS 데이터로 저장하는 옵션이며, Bootstrap inference for model coefficients는 기본적으로 출력되는 OLS 추정치 외에 부트스트랩 추정치를 이용하여 검정 결과를 제공하는 옵션이다. 매개효과를 분석할 때 Options 화면에서 꼭 지정해야 하는 부분은 없으며, Decimal places in output에서 소수점 자리만 3으로 조정하였다. 마지막으로 8글자 이상의 변수명을 사용하기 위하여 Long variable names로 들어가서 위험을 감수하겠다는 부분에 체크한다. 이제 OK를 눌러 분석을 실행하면 아래와 같은 Output이 나타난다.

```
Model  : 4
    Y  : Achievem
    X  : SES
    M  : Motivati

Sample
Size:  247
```

모형 번호가 4로 나타나고, Model 4에 맞는 Y, X, M에 대한 변수 설정이 보인다. Achievement와 Motivation은 8글자 이후 부분이 잘려서 앞의 8글자만 나타나는 것도 볼 수 있다. 표본크기도 247로서 문제없이 모형이 추정되었다.

```
OUTCOME VARIABLE:
 Motivati

Model Summary
          R       R-sq        MSE          F        df1        df2          p
       .173       .030     17.799      7.582      1.000    245.000       .006

Model
              coeff         se          t          p       LLCI       ULCI
constant     18.647       .269     69.397       .000     18.118     19.177
SES            .698       .254      2.754       .006       .199      1.198
```

가장 먼저 나타나는 Output은 매개변수 Motivati가 결과변수(outcome variable)일 때 독립변수 SES의 회귀분석 결과이다. 위의 회귀분석은 부트스트랩 추정을 통한 결과가 아니라 OLS 회귀분석을 이용한 결과로서 [그림 14.16]에 보이는 SPSS 결과와 일치한다. 맨 오른쪽 부분에는 절편과 기울기 모수에 대한 신뢰구간 추정치의 하한(LLCI)과 상한(ULCI)이 제공되는데, 이 수치 역시 부트스트랩을 이용한 상한 및 하한이 아니라 OLS 회귀분석을 이용한 결과이다. 결과에 대한 해석은 일반적인 회귀분석과 일치한다.

```
OUTCOME VARIABLE:
 Achievem

Model Summary
          R       R-sq        MSE          F        df1        df2          p
       .902       .814     46.068    532.818      2.000    244.000       .000

Model
              coeff         se          t          p       LLCI       ULCI
constant      3.920      1.965      1.995       .047       .050      7.790
SES           4.692       .414     11.328       .000      3.876      5.508
Motivati      2.897       .103     28.190       .000      2.695      3.100
```

다음으로 나타나는 Output은 종속변수 Achievem이 결과변수일 때 독립변수 SES와 매개변수 Motivati의 회귀분석 결과이다. 위의 회귀분석 역시 부트스트랩 추정을 통한 결과가 아니라 OLS 회귀분석을 이용한 결과로서 [그림 14.17]에 보이는 결과와 동일하다. 결과에 대한 해석도 일반적인 회귀분석과 일치한다.

```
****************** DIRECT AND INDIRECT EFFECTS OF X ON Y *****************

Direct effect of X on Y
     Effect         se          t          p       LLCI       ULCI
      4.692       .414     11.328       .000      3.876      5.508

Indirect effect(s) of X on Y:
             Effect     BootSE   BootLLCI   BootULCI
Motivati      2.023       .751       .546      3.465
```

위에 보이는 DIRECT AND INDIRECT EFFECTS OF X ON Y는 매개효과의 주요 분석 결과를 보여 준다. 먼저 직접효과 c'의 추정 결과가 Direct effect of X on Y 부분에 나타나는데, 이는 Motivati를 통제한 상태에서 독립변수 SES가 종속변수 Achievem에 미치는 효과이다. 사실 이 값은 바로 앞의 회귀분석 결과에도 나타나는 중복 정보이다. 그리고 밑에 보이는 Indirect effect(s) of X on Y 부분이야말로 PROCESS 매개효과 분석의 가장 핵심적인 결과이다. 부트스트랩 매개효과 추정치 $\widehat{ab} = 2.023(= \hat{a} \times \hat{b} = 0.698 \times 2.897)$이고, 부트스트랩 표준오차 추정치 $SE_{\widehat{ab}} = 0.751$이며, 95% 부트스트랩 신뢰구간 추정치는 [0.546, 3.465]이다. 95% 부트스트랩 신뢰구간이 0을 포함하지 않기 때문에 유의수준 5%에서 매개효과가 유의하지 않다는 영가설을 기각하게 된다. 즉, 부모의 사회경제적 지위가 학생의 동기를 경유하여 성취도에 주는 영향은 통계적으로 유의하다.

참고로 PROCESS는 Effect를 BootSE로 나누어 실시하는 z검정 결과(예를 들어, p값)는 제공하지 않는다. 다시 말해, PROCESS는 [식 14.12]에 제공되는 z검정은 실행하지 않는다. 상당히 많은 국내의 연구자들이 매개효과 분석의 결과에서 p값이 제공되기를 기대한다. 단순 경로든 매개효과 경로든 어떤 모수를 검정하게 되면 당연하게도 p값이 있다고 기대하는 것이다. 매개효과 검정에서 계산되는 p값이란 매개효과 추정치 $\widehat{ab}$이 정규분포를 따른다는 가정을 해야만 얻게 되는 것인데, 그 가정을 할 수 없다고 하였다. 그러므로 매개효과의 검정 결과에서는 오직 부트스트랩 신뢰구간만이 제공되고, p값이 제공되지 않는 것이 더 자연스럽다. 둘 다 기대해서는 안 된다는 것이다.

```
Bootstrap estimates were saved to a file

Map of column names to model coefficients:
         Conseqnt Antecdnt
 COL1     Motivati constant
 COL2     Motivati SES
 COL3     Achievem constant
 COL4     Achievem SES
 COL5     Achievem Motivati
```

위의 Output은 [그림 14.19]의 화면에서 Save bootstrap estimates에 체크를 하였기 때문에 제공되는 결과이다. 단순매개효과 모형은 두 개의 회귀분석으로 이루어져 있고(Motivati가 결과변수일 때의 회귀분석과 Achievem이 결과변수일 때의 회귀분석), 각 부트스트랩 회귀분석의 절편과 기울기 추정치들을 모두 저장했다는 것이다. Conseqnt는 결과변수 또는 종속변수(consequent variable)를 의미하고, Antecdnt는 독립변수(antecedent variable)를 의미한다. 위에서 COL1은 첫 번째 회귀분석(종속변수 Motivati, 독립변수 SES)에서의 절편을 의미하고, COL2는 첫 번째 회귀분석에서 SES의 기울기($\hat{a}$)를 의미한다. 참고로 첫 번째 회귀분석의 식은 아래와 같다.

$$Motivati = i_M + aSES + e_M$$

COL3은 두 번째 회귀분석(종속변수 Achievem, 독립변수 SES, Motivati)에서의 절편을 의미하고, COL4는 두 번째 회귀분석에서 SES의 기울기($\hat{c}'$)를 의미하며, COL5는 두 번째 회귀분석에서 Motivati의 기울기($\hat{b}$)를 의미한다. 참고로 두 번째 회귀분석의 식은 아래와 같다.

$$Achievem = i_Y + c' SES + bMotivati + e_Y$$

위에 제공된 PROCESS 결과와 함께 아래의 SPSS 화면이 새롭게 열린다.

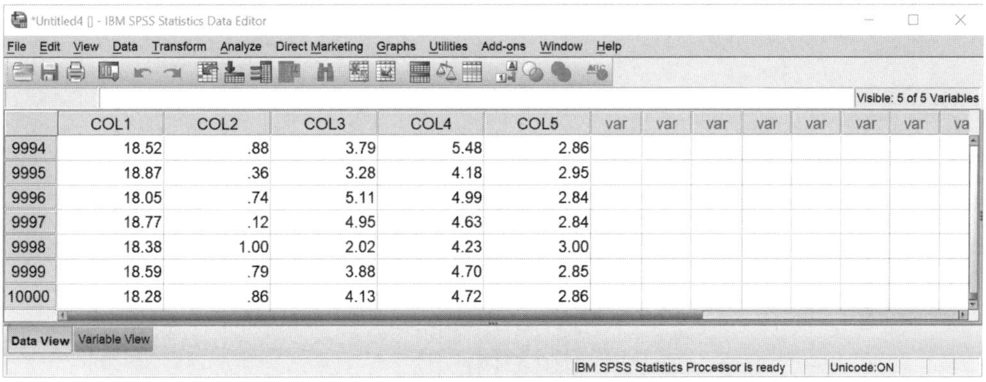

*Untitled4 [] - IBM SPSS Statistics Data Editor

File Edit View Data Transform Analyze Direct Marketing Graphs Utilities Add-ons Window Help

Visible: 5 of 5 Variables

	COL1	COL2	COL3	COL4	COL5	var	var	var	var	var	var	var	va
9994	18.52	.88	3.79	5.48	2.86								
9995	18.87	.36	3.28	4.18	2.95								
9996	18.05	.74	5.11	4.99	2.84								
9997	18.77	.12	4.95	4.63	2.84								
9998	18.38	1.00	2.02	4.23	3.00								
9999	18.59	.79	3.88	4.70	2.85								
10000	18.28	.86	4.13	4.72	2.86								

Data View Variable View

IBM SPSS Statistics Processor is ready Unicode:ON

[그림 14.20] **부트스트랩 회귀분석 결과의 저장**

위의 그림을 통해 알 수 있듯이 총 10,000개의 부트스트랩 표본이 복원 추출로 표집되었고, 각 표본마다 두 개의 회귀분석이 실시되었다. 10,000개가 있다는 것을 확실히 보여 주기 위해 그림에는 마지막 일곱 개의 추정치들을 제공하였다. 그 결과로서 절편 추정치 두 개(COL1, COL3)와 기울기 추정치 세 개(COL2, COL4, COL5)가 10,000개의 표본에 대하여 제공되고 있다. 즉, 위의 숫자들이 부트스트랩 재표집을 통하여 추정된 개별 추정치들(예를 들어, $\hat{a}$, $\hat{b}$, $\hat{c}'$ 등)이다.

[그림 14.20]에는 10,000개의 $\widehat{ab}$은 따로 제공되지 않는데, 쉽게 구할 수 있기 때문이다. 위에서 COL2가 $\hat{a}$이고, COL5가 $\hat{b}$이므로 COL2와 COL5를 곱하면 10,000개의 $\widehat{ab}$을 얻을 수 있다. SPSS의 Transform 메뉴를 이용하여 $\widehat{ab}$을 계산해 낸 결과가 아래에 제공된다.

Bootstrap estimates.sav [] - IBM SPSS Statistics Data Editor

File Edit View Data Transform Analyze Direct Marketing Graphs Utilities Add-ons Window Help

Visible: 6 of 6 Variables

	COL1	COL2	COL3	COL4	COL5	ab	var	var	var	var	var
1	18.554	.939	3.218	4.947	2.955	2.773					
2	18.981	.404	1.996	4.640	3.022	1.221					
3	18.307	.411	5.172	4.983	2.837	1.165					
4	18.597	.417	3.703	4.456	2.920	1.219					
5	18.610	.442	6.913	4.751	2.717	1.200					
6	18.485	.467	3.836	4.248	2.940	1.372					
7	18.343	1.162	6.376	4.438	2.763	3.211					

Data View Variable View

IBM SPSS Statistics Processor is ready Unicode:ON

[그림 14.21] **부트스트랩 매개효과 추정치의 계산**

부트스트랩 매개효과 추정치 $\widehat{ab}$의 표집분포 형태를 확인하기 위하여 위에서 새롭게 계산된 ab의 히스토그램을 아래에 제공한다.

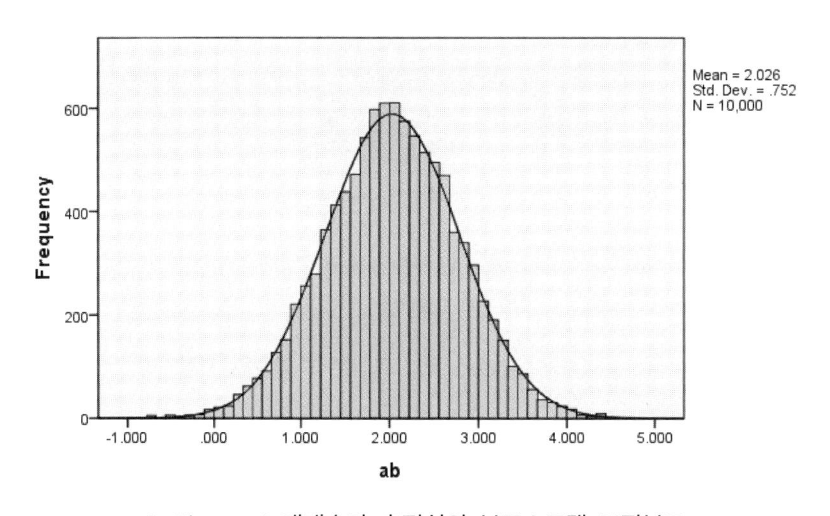

[그림 14.22] **매개효과 추정치의 부트스트랩 표집분포**

[그림 14.10]에서 보여 주었던 매개효과 추정치의 부트스트랩 표집분포와 상당히 다른 것을 알 수 있다. 출력된 히스토그램에 이론적인 정규분포 곡선을 더하였는데, 거의 겹치는 것을 파악할 수 있을 정도로 매개효과 추정치의 표집분포가 정규분포에 가깝다. 만약 $\widehat{ab}$이 이런 분포를 띠게 되면 다변량 델타 방법을 사용하든 부트스트랩 방법을 사용하든 매개효과의 검정 결과는 크게 다르지 않을 것이다. 또한 [식 14.12]를 이용하여 z검정을 실시하여도 결과는 거의 같을 것이다.

```
*********** BOOTSTRAP RESULTS FOR REGRESSION MODEL PARAMETERS ************

OUTCOME VARIABLE:
 Motivati

              Coeff   BootMean     BootSE   BootLLCI   BootULCI
constant     18.647     18.647       .267     18.119     19.163
SES            .698       .699       .260       .186      1.197

----------

OUTCOME VARIABLE:
 Achievem

              Coeff   BootMean     BootSE   BootLLCI   BootULCI
constant      3.920      3.937      2.028      -.122      7.897
SES           4.692      4.695       .412      3.881      5.504
Motivati      2.897      2.897       .106      2.692      3.108
```

위의 BOOTSTRAP RESULTS FOR REGRESSION MODEL PARAMETERS 부분은 [그림 14.19]에서 Bootstrap inference for model coefficients에 체크함으로써 제공된다. 이 결과는 두 개의 회귀분석에서 각 개별모수의 부트스트랩 추정치와 표준오차 및 95% 신뢰구간 추정치를 제공해 준다. 예를 들어, 첫 번째 회귀분석에서 SES의 Coeff가 0.698인데 이는 OLS 회귀분석의 기울기 추정치이며, 바로 옆에 있는 BootMean 0.699는 COL2에 제공되는 10,000개 기울기 추정치의 평균값이다. BootSE 0.260 역시 10,000개 기울기 추정치의 표준편차를 가리킨다. 95% 신뢰구간 [0.186, 1.197]은 10,000개의 기울기 추정치를 가장 작은 숫자부터 오름차순으로 정리한 다음 밑에서부터 2.5%, 위에서부터 2.5%에 해당하는 두 값으로 이루어진다. 참고로 COL1~COL5의 기술통계는 아래와 같다.

Descriptive Statistics

	N	Minimum	Maximum	Mean	Std. Deviation
COL1	10000	17.59	19.75	18.6467	.26654
COL2	10000	-.20	1.75	.6986	.25987
COL3	10000	-3.69	12.56	3.9365	2.02787
COL4	10000	3.07	6.50	4.6950	.41163
COL5	10000	2.44	3.29	2.8967	.10582
Valid N (listwise)	10000				

[그림 14.23] **부트스트랩 추정치의 기술통계**

위 기술통계의 Mean과 Std. Deviation 부분이 PROCESS 부트스트랩 Output의 BootMean 및 BootSE인 것을 확인할 수 있다.

제15장 매개효과의 확장

조절효과 모형이 다양한 방식으로 확장될 수 있듯이 매개효과 모형 또한 여러 방식으로의 확장이 가능하다. 몇 가지 기본적인 확장 방식을 설명하고 PROCESS를 이용하여 어떻게 모형을 추정하며 결과를 해석할 수 있을지 설명한다. 먼저 단순매개모형에서 매개변수가 병렬적으로 두 개 이상으로 확장되는 경우의 매개효과 모형을 소개한다. 병렬적 확장이란 두 개의 매개변수 간 영향 관계는 없는 모형을 가리킨다. 다음으로 단순매개모형에서 독립변수가 병렬적으로 두 개 이상으로 확장되는 경우의 매개효과 모형을 소개한다. 마지막으로 단순매개모형에서 매개변수가 직렬적으로 두 개 이상 확장되는 경우의 매개효과 모형을 소개한다. 직렬적 확장이란 매개변수와 매개변수 사이에 영향 관계가 있는 모형을 가리킨다. 이번 장에서 설명하는 매개효과 모형들은 14장에서 설명한 가장 기본적인 단순매개효과 모형에서 수리적으로 큰 변화가 있다기보다는 변수의 개수가 늘어나면서 모형에 변화가 일어나는 단순 변형들이라고 할 수 있다.

15.1. 두 개의 병렬적 매개변수

15.1.1. 병렬적 다중매개효과 모형의 이해

매개효과 모형에서 하나의 독립변수가 하나의 매개변수를 통하여 하나의 종속변수에 영향을 주는 관계만 있다고 생각할 수는 없다. 얼마든지 두 개 이상의 매개변수가 독립변수와 종속변수의 관계를 설명하는 데 역할을 할 수 있다. 예를 들어, 부모의 긍정적 양육이 자녀의 성인 이후 직업만족도에 영향을 준다고 가정해 보자. 그 이유를 설명하기 위하여 자존감이라는 매개변수를 고려할 수 있다. 긍정적 양육이 자존감을 높이고, 성인이 된 이후에도 직업만족도를 높일 수 있는 것이다. 그렇지만 긍정적 양육이 반드시 이 하나의 경로만을 통해서 직업만족도에 영향을 준다고 단언할 수는 없다. 부모의 긍정적 양육이 자녀의 효능감을 높이고, 이어서 직업만족도가 높아진다고 할 수도 있다. 이렇게 되면 모형 안에는 두 개의 매개효과가 존재하게 된다. 하나는 긍정적 양육에서 자존감을 경유하여 직업만족도에 영향을 주는 경로이고, 또 하나는 긍정적 양육에서 효능감을 경유하여 직업만족도에 영향을 주는 경로이다. 이렇게 하나의 독립변수가 두 개 이상의 매개변수를 경유하여 종속변수에 효과를 전달하는 모형을 다음과 같이 설정할 수 있다. 아래의 모형에서 X는 독립변수, Y는 종속변수, M_1과 M_2가 매개변수이다.

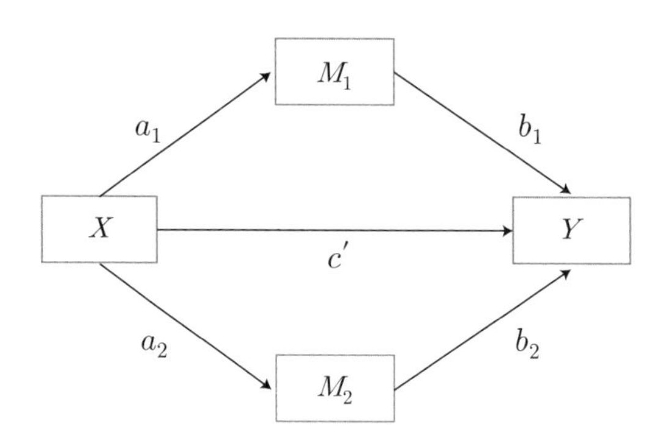

[그림 15.1] **병렬적 다중매개모형의 경로도**

위와 같은 모형을 병렬적 다중매개모형(parallel multiple mediation model, Hayes, 2022)이라고 하기도 하고, 개별단계 다중매개모형(single-step multiple mediation model, Hayes, 2009)으로 부르기도 한다. 개별단계라는 것은 독립변수에서 종속변수로 가는 경로에 매개변수를 하나만 거친다는 의미이며, 다중매개라는 것은 그러한 매개 경로가 두 개 이상 있다는 의미이다. 위 그림의 모형을 수식으로 쓰게 되면 내생변수 하나당 하나의 회귀식이 아래처럼 설정된다.

$$M_1 = i_{M_1} + a_1 X + e_{M_1} \quad \text{[식 15.1]}$$

$$M_2 = i_{M_2} + a_2 X + e_{M_2} \quad \text{[식 15.2]}$$

$$Y = i_Y + c'X + b_1 M_1 + b_2 M_2 + e_Y \quad \text{[식 15.3]}$$

독립변수가 각 매개변수에 주는 효과는 각각 a_1과 a_2라고 정의하였고, 각 매개변수가 종속변수에 주는 효과는 각각 b_1과 b_2로 정의하였다. X가 Y에 직접적으로 주는 효과는 여전히 c' 하나이다. 매개변수가 아무리 늘어난다고 하여도 직접효과의 개수가 바뀔 수는 없다. 그리고 앞에서와 마찬가지로 절편과 오차를 서로 간에 구분하기 위하여 각 회귀식마다 절편과 오차의 밑(subscript)을 해당 결과변수 이름으로 설정하였다.

병렬적 다중매개모형에서 연구자가 추정하고 검정해야 할 효과들은 다음과 같이 정리할 수 있다. 먼저 직접효과는 c'이고, 첫 번째 간접효과는 a_1b_1이며, 두 번째 간접효과는 a_2b_2이다. 그러므로 총효과 c는 직접효과와 두 개의 간접효과를 합하여 아래와 같이 정의된다. 달리 말해 총효과 c는 직접효과 c', 간접효과 a_1b_1, 간접효과 a_2b_2로 분해되는 것이다.

$$c = c' + a_1b_1 + a_2b_2 \quad \text{[식 15.4]}$$

병렬적 다중매개모형을 분석하게 되면 위에 소개한 각각의 효과를 추정하고 검정하는 것이 일반적이다. 그리고 추가적으로 위의 매개모형에서 간접효과가 두 개이기 때문에 두 개의 간접효과를 합하여 $a_1b_1 + a_2b_2$를 총간접효과(total indirect effect)라고 정의하고 이에 대한 검정도 진행한다.

15.1.2. PROCESS 매크로의 이용

이제 PROCESS로 성취도 자료를 이용하여 병렬적 다중매개모형 또는 개별단계 다중매개모형을 추정 및 검정해 보도록 한다. 모형은 SES가 Achievement에 영향을 주는 관계에서 Efficacy와 Motivation의 매개효과를 확인하기 위해 아래와 같이 설정하였다.

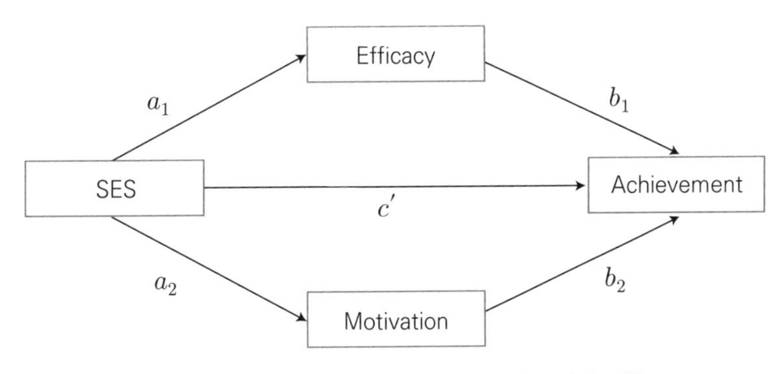

[그림 15.2] 성취도 자료의 병렬적 다중매개모형

위의 모형에서 연구자가 추정하고 검정하여 결과를 분석해야 할 효과는 다음과 같다. 먼저 SES가 Efficacy와 Motivation을 통하여 Achievement에 영향을 주는 두 개의 간접효과인 a_1b_1 및 a_2b_2에 대한 분석을 진행하고, 다음으로 두 간접효과의 합인 총간접효과 $a_1b_1 + a_2b_2$에 대한 분석을 진행하며, SES가 Achievement에 직접적으로 영향을 주는 직접효과 c'을 분석하고, 마지막으로 모든 효과의 합인 총효과 c 또는 $c' + a_1b_1 + a_2b_2$를 분석한다.

PROCESS를 이용하여 위의 모형 분석을 진행할 때, Hayes(2022)의 책에서는 해당 모형의 경로도를 찾을 수 없다. 위 모형은 아래처럼 단순매개모형의 번호인 4번을 그대로 사용하며, 단지 매개변수만 추가하면 된다.

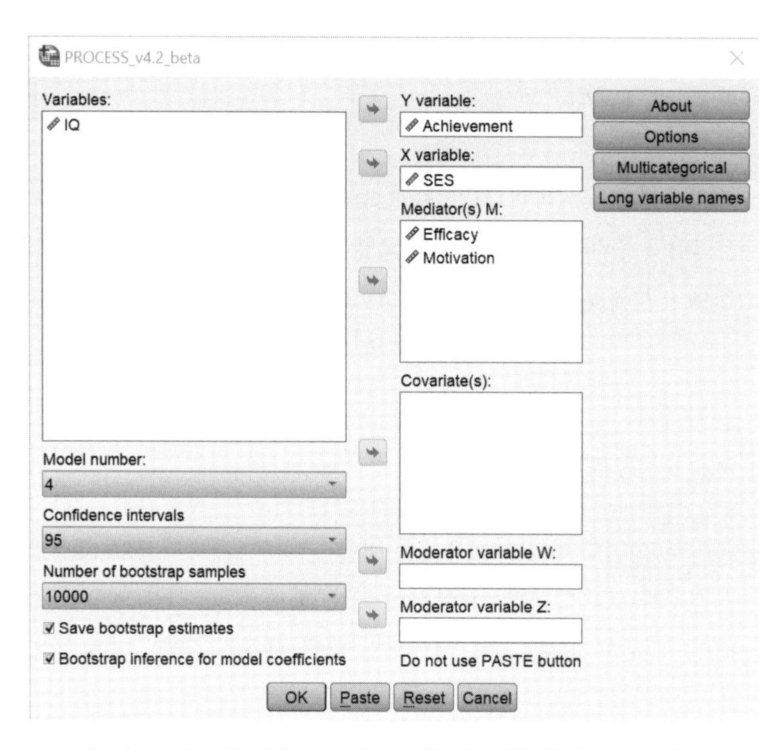

[그림 15.3] PROCESS를 이용한 병렬적 다중매개효과의 검정

단순매개모형과 모든 점이 일치하는데, 다만 Mediator(s) M 부분에 Efficacy와 Motivation 두 개가 들어가 있는 것이 다르다. OK를 누르면 10,000번의 부트스트랩 재표집이 시작하고 주요 모수에 대한 추정과 검정을 진행하게 된다. 그런데 그 전에 몇 가지 옵션을 추가하고자 한다. 첫 번째는 총효과 모형을 추정하는 것이고, 또 하나는 각 모수의 표준화된 추정치도 출력하도록 해 주는 것이다. 사실 앞 장에서 자세히 다루었듯이 매개효과의 분석 과정에서 총효과의 유의성을 미리 확인하는 Baron과 Kenny(1986)의 전통은 이미 사라졌다고 볼 수 있는데, 그렇다고 해서 총효과를 검정하여 결과를 보고하는 전통이 사라진 것은 아니다. 또한, PROCESS가 제공해 주는 표준화된 추정치는 무엇이며 어떤 특성이 있는지도 확인하고자 한다. 이와 같은 설정을 하기 위해 Options를 클릭하여 아래의 화면으로 들어간다.

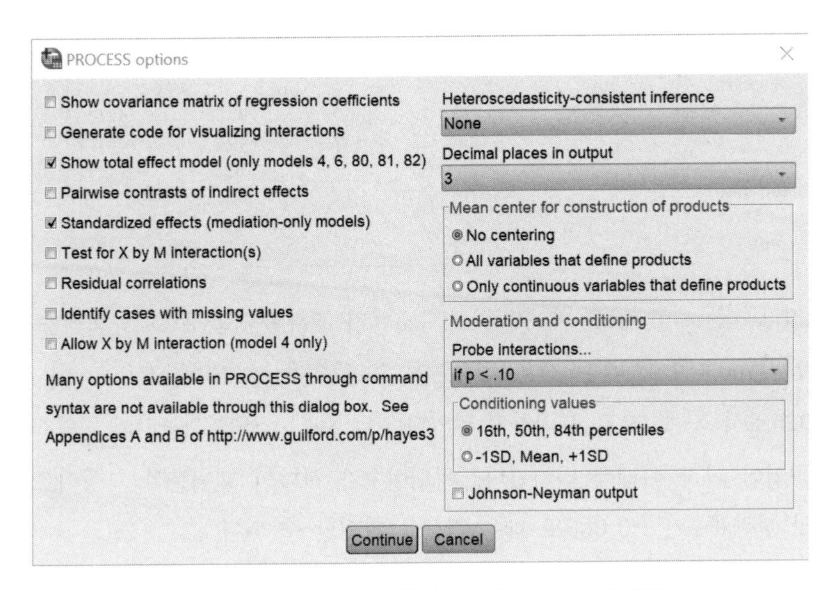

[그림 15.4] **총효과 모형과 표준화 추정치의 출력**

Options 화면에서 Show total effect model에 체크하면 [식 14.4]의 총효과 모형, 즉 Baron과 Kenny(1986)의 첫 번째 모형의 추정 결과를 보여 주고, 효과분해의 관점에서 총효과도 검정한다. 그리고 Standardized effects에 체크하면 각 기울기의 표준화된 추정치를 같이 출력해 준다. 아래는 성취도 자료를 이용한 병렬적 다중매개모형 또는 개별단계 다중매개모형의 PROCESS Output이다.

```
Model  : 4
    Y  : Achievem
    X  : SES
   M1  : Efficacy
   M2  : Motivati

Sample
Size:  247
```

단순매개모형과 다름없이 모형 번호가 4로 나타나고, 매개변수가 M1, M2로 두 개인 것을 알 수 있다. 종속변수는 Achievem이고 독립변수는 SES이며, 두 개의 매개변수는 Efficacy와 Motivati이다.

```
OUTCOME VARIABLE:
 Efficacy

Model Summary
          R       R-sq        MSE          F        df1        df2          p
       .008       .000     10.137       .017      1.000    245.000       .897
```

```
Model
              coeff        se          t          p       LLCI       ULCI
constant     20.025      .203     98.751       .000     19.626     20.425
SES           -.025      .191      -.130       .897      -.402       .352

Standardized coefficients
          coeff
SES       -.008
```

가장 먼저 보이는 Output은 매개변수 Efficacy가 결과변수일 때 OLS 회귀분석 추정 결과이다. $R^2 = 0.000$으로 매우 작은 것을 볼 수 있으며, SES가 Efficacy에 주는 효과 $\hat{a}_1 = -0.025$로서 통계적으로 유의하지 않았다($p = .897$). SES 기울기의 표준화된 추정치는 -0.008임이 가장 아래에 나타난다. 독립변수가 하나인 회귀분석 모형이므로 SES와 Efficacy의 상관계수가 -0.008로 매우 작음을 확인할 수 있다.

```
OUTCOME VARIABLE:
 Motivati

Model Summary
          R       R-sq        MSE          F        df1        df2          p
       .173       .030     17.799      7.582      1.000    245.000       .006

Model
              coeff        se          t          p       LLCI       ULCI
constant     18.647      .269     69.397       .000     18.118     19.177
SES            .698      .254      2.754       .006       .199      1.198

Standardized coefficients
          coeff
SES        .173
```

다음으로 보이는 Output은 매개변수 Motivati가 결과변수일 때 OLS 회귀분석 추정 결과이다. $R^2 = 0.030$이며, SES가 Motivati에 주는 효과 $\hat{a}_2 = 0.698$로서 $p < .01$ 수준에서 정적으로 유의하였다. SES 기울기의 표준화된 추정치는 0.173으로서 SES와 Motivati의 상관계수가 0.173임을 확인할 수 있다.

```
OUTCOME VARIABLE:
 Achievem

Model Summary
          R       R-sq        MSE          F        df1        df2          p
       .950       .903     24.181    750.676      3.000    243.000       .000

Model
              coeff        se          t          p       LLCI       ULCI
constant    -18.043     2.049     -8.803       .000    -22.080    -14.006
```

```
SES           5.192       .302      17.196      .000       4.597      5.787
Efficacy      1.707       .115      14.895      .000       1.481      1.933
Motivati      2.242       .087      25.915      .000       2.071      2.412

Standardized coefficients
              coeff
SES            .352
Efficacy       .346
Motivati       .612
```

위의 Output은 종속변수 Achievem을 결과변수로 하는 OLS 회귀분석의 결과이다. 모형의 설명력 $R^2=0.903$으로 매우 높으며, SES가 Achievem에 주는 직접효과 $\hat{c}'=5.192$이고 $p<.001$ 수준에서 통계적으로 유의하다. Efficacy가 Achievem에 주는 효과 $\hat{b}_1=1.707$이고 $p<.001$ 수준에서 통계적으로 유의하다. Motivati가 Achievem에 주는 효과 $\hat{b}_2=2.242$이고 $p<.001$ 수준에서 역시 통계적으로 유의하다. 각 기울기의 표준화된 추정치가 Output의 가장 아래에 제공되고 있다.

```
************************** TOTAL EFFECT MODEL ****************************
OUTCOME VARIABLE:
 Achievem

Model Summary
        R       R-sq       MSE          F        df1        df2          p
     .455       .207   195.299     63.921      1.000    245.000       .000

Model
             coeff          se           t          p       LLCI       ULCI
constant    57.948        .890      65.105       .000     56.195     59.701
SES          6.715        .840       7.995       .000      5.060      8.369

Standardized coefficients
         coeff
SES       .455
```

위의 TOTAL EFFECT MODEL은 Baron과 Kenny(1986)의 첫 번째 모형인 총효과 모형, 즉 독립변수 SES와 종속변수 Achievem 간 단순회귀분석의 OLS 추정 결과이다. 총효과 $\hat{c}=6.715$로서 $p<.001$ 수준에서 통계적으로 유의하다. 또한, 총효과 6.715는 $\hat{c}'+\hat{a}_1\hat{b}_1+\hat{a}_2\hat{b}_2$을 이용하여 다음과 같이 구할 수도 있다.

$$\hat{c}=\hat{c}'+\hat{a}_1\hat{b}_1+\hat{a}_2\hat{b}_2=5.192+(-0.025)\times 1.707+0.698\times 2.242=6.714$$

Output의 가장 아래에는 총효과 c의 표준화된 추정치가 0.455라는 정보가 제공된다. 위의 추정 결과는 사실 14장에서 다루었던 Baron과 Kenny(1986)의 1단계 모형 추정 결과와 정확히 일치한다. PROCESS가 제공하는 총효과 추정 결과와 추론 방법은 사실 한 가지 작은 문제점이 있는데, 이를 해결하기 위해서는 PROCESS가 제공하는 부트스트랩 추정치 결과가 무엇인지 알아야 한다. 그래서 이 문제점 부분은 뒤에서 다시 다루기로 한다.

```
************** TOTAL, DIRECT, AND INDIRECT EFFECTS OF X ON Y **************

Total effect of X on Y
     Effect         se          t          p       LLCI       ULCI       c_cs
      6.715       .840      7.995       .000      5.060      8.369       .455

Direct effect of X on Y
     Effect         se          t          p       LLCI       ULCI      c'_cs
      5.192       .302     17.196       .000      4.597      5.787       .352

Indirect effect(s) of X on Y:
            Effect     BootSE   BootLLCI   BootULCI
TOTAL        1.523       .825      -.087      3.135
Efficacy     -.042       .331      -.694       .605
Motivati     1.565       .584       .416      2.706

Completely standardized indirect effect(s) of X on Y:
            Effect     BootSE   BootLLCI   BootULCI
TOTAL         .103       .054      -.006       .203
Efficacy     -.003       .023      -.049       .039
Motivati      .106       .038       .029       .176
```

매개효과의 분해라는 측면에서 총효과, 직접효과, 간접효과에 대한 추정 및 검정 결과가 보여지는 부분이다. 먼저 Total effect of X on Y 부분에는 SES가 Achievem에 미치는 직접효과와 SES가 Efficacy와 Motivati를 통하여 Achievem에 주는 두 간접효과의 합, 즉 총효과에 대한 검정 결과가 제공된다. 이 결과는 Options 화면에서 Show total effect model에 체크함으로써 나타난다. 사실 효과분해의 관점에서 총효과는 이렇게 직접효과와 모든 간접효과들의 합으로 정의가 되는데, PROCESS는 이러한 총효과를 검정하지 않고 Baron과 Kenny(1986)의 첫 번째 모형을 분석한 결과를 제공한다. 다음으로 Direct effect of X on Y 부분에는 SES, Efficacy, Motivati가 독립변수로 Achievem이 종속변수로 설정된 회귀분석에서 SES의 효과 c'의 추정치를 보여 준다.

Indirect effect(s) of X on Y 부분에는 두 개의 간접효과 및 총간접효과에 대한 추정 결과가 제공된다. 먼저 SES→Efficacy→Achievem으로 이어지는 간접효과 $\widehat{a_1 b_1}=-0.042$이

고, a_1b_1의 95% 부트스트랩 신뢰구간 추정치는 [−0.694, 0.605]로서 0을 포함하고 있어 간접효과 영가설 $H_0 : a_1b_1 = 0$을 기각하는 데 실패하게 된다. 즉, 부모의 사회경제적 지위는 효능감을 통하여 성취도에 영향을 주지 못한다. 다음으로 SES→Motivati→Achievem으로 이어지는 간접효과 $\widehat{a_2b_2}= 1.565$이고, a_2b_2의 95% 부트스트랩 신뢰구간 추정치는 [0.416, 2.706]으로서 0을 포함하고 있지 않아 간접효과 영가설 $H_0 : a_2b_2 = 0$을 기각한다. 즉, 부모의 사회경제적 지위는 자녀의 동기 수준을 통하여 성취도에 영향을 준다. 마지막으로 두 간접효과의 합인 총간접효과 $\widehat{a_1b_1}+\widehat{a_2b_2}= 1.523$이고, $a_1b_1 + a_2b_2$의 95% 부트스트랩 신뢰구간 추정치는 [−0.087, 3.135]로서 0을 포함하고 있어 총간접효과 영가설 $H_0 : a_1b_1 + a_2b_2 = 0$을 기각하는 데 실패한다. 즉, 부모의 사회경제적 지위는 자녀의 효능감과 동기를 통하여 성취도에 간접적으로 영향을 주지 않는다.

Completely standardized indirect effect(s) of X on Y 부분에는 두 개의 간접효과 및 총간접효과의 표준화된 추정치 및 95% 부트스트랩 신뢰구간 추정치를 제공한다. 표준화된 추정치를 통해 역시 간접효과들에 대한 검정을 진행할 수 있는데, 이 결과는 바로 위에 있는 비표준화 추정치를 이용한 간접효과들에 대한 검정과 다른 결과를 제공할 수도 있다. 왜냐하면, 비표준화 추정치의 표집분포와 표준화 추정치의 표집분포가 다르기 때문이다. 여기는 많은 연구자가 착각하는 부분이기도 한데, 표준화 추정치를 이용한 검정 결과가 비표준화 추정치를 이용한 검정 결과의 단순 표준화라고 생각하는 것이다. 둘은 그런 관계가 아니라 다른 표집분포를 가지고 있는 추정치들이며, 그래서 검정 결과도 다를 수 있다.

이처럼 비표준화 추정치의 표집분포를 이용한 추론과 표준화 추정치의 표집분포를 이용한 추론이 다르다면, 과연 어떤 방법을 사용해야 할까? 일반적으로 대다수의 연구자들은 비표준화 추정치를 이용한 검정 결과를 보고한다(Kline, 2016). 이런 이유로 SPSS의 일반적인 회귀분석 결과를 보면 표준화 추정치를 이용한 검정 결과를 아예 보고하지 않는다. 다시 말해, 비표준화 추정치의 표준오차, t검정통계량, p값은 보고를 하지만, 표준화 추정치에 대해서는 그와 같은 값들을 보고하지 않는다. 그러므로 Output의 마지막에 있는 완전 표준화(completely standardized) 부분에서 연구자들이 보고해야 할 부분은 부트스트랩 신뢰구간이 아니라 단지 효과(Effect) 부분이다. 논문의 독자들은 어떤 효과의 표준화된 추정치를 보면서 효과의 크기를 어느 정도 짐작하기 때문에 Effect 부분은 보고해 주는 것이 좋다.

```
Bootstrap estimates were saved to a file

Map of column names to model coefficients:
          Conseqnt Antecdnt
 COL1     Efficacy constant
 COL2     Efficacy SES
 COL3     Motivati constant
 COL4     Motivati SES
 COL5     Achievem constant
 COL6     Achievem SES
 COL7     Achievem Efficacy
 COL8     Achievem Motivati
```

위는 10,000개의 부트스트랩 추정치들이 새로운 파일에 저장되었다는 내용이다. 새롭게 저장된 자료를 이용하며 직접효과, 간접효과, 총간접효과, 총효과의 부트스트랩 표집분포를 확인할 수 있다. COL1은 첫 번째 회귀분석(종속변수 Efficacy, 독립변수 SES)에서의 절편을 의미하고, COL2는 첫 번째 회귀분석에서 SES의 기울기($\hat{a}_1$)를 의미한다. COL3은 두 번째 회귀분석(종속변수 Motivati, 독립변수 SES)에서의 절편을 의미하고, COL4는 두 번째 회귀분석에서 SES의 기울기($\hat{a}_2$)를 의미한다. COL5는 세 번째 회귀분석(종속변수 Achievem, 독립변수 SES, Efficacy, Motivati)에서의 절편을 의미하고, COL6은 세 번째 회귀분석에서 SES의 기울기($\hat{c}'$), COL7은 Efficacy의 기울기($\hat{b}_1$), COL8은 Motivati의 기울기($\hat{b}_2$)를 의미한다.

```
*********** BOOTSTRAP RESULTS FOR REGRESSION MODEL PARAMETERS ************

OUTCOME VARIABLE:
 Efficacy

             Coeff   BootMean     BootSE   BootLLCI   BootULCI
constant    20.025    20.024       .201     19.635     20.414
SES          -.025     -.023       .194      -.408       .354

----------

OUTCOME VARIABLE:
 Motivati

             Coeff   BootMean     BootSE   BootLLCI   BootULCI
constant    18.647    18.653       .269     18.119     19.178
SES           .698      .700       .258       .184      1.199

----------

OUTCOME VARIABLE:
 Achievem

             Coeff   BootMean     BootSE   BootLLCI    BootULCI
constant   -18.043    -18.086     2.028    -22.046     -14.064
```

```
SES           5.192      5.190     .299      4.615      5.792
Efficacy      1.707      1.707     .116      1.480      1.933
Motivati      2.242      2.244     .085      2.082      2.415
```

위의 결과는 세 개의 회귀분석에서 각 개별모수의 부트스트랩 추정치와 표준오차 및 95% 신뢰구간 추정치를 제공해 준다. 이 결과물은 바로 앞에서 저장한 부트스트랩 추정치들의 요약이라고 할 수 있다. 이는 14장에서 자세히 설명하였으므로 더 이상의 해석은 생략한다.

15.2. 두 개의 독립변수

15.2.1. 두 독립변수 매개모형의 이해

독립변수가 매개변수를 통하여 종속변수에 영향을 주는 관계에서 두 개의 매개변수를 가정할 수 있듯이 두 개의 독립변수 또한 얼마든지 가능할 수 있다. 예를 들어, 부모의 긍정적 양육이 자녀의 자존감을 통하여 성인 이후 직업만족도에 영향을 준다고 가정하자. 자존감에 영향을 주는 변수가 부모의 긍정적 양육뿐이라는 가설은 현실을 너무 단순화한 것일 수 있으며, 중고등학교 시절의 성적 또한 자존감을 통하여 직업만족도에 영향을 줄 수 있다. 이렇게 되면 부모의 긍정적 양육과 자녀의 학창시절 성적이 자존감에 영향을 주고 최종적으로 직업만족도에 영향을 준다는 가설을 세울 수 있다. 매개변수를 두 개로 늘렸을 때 매개효과가 두 개로 확장되듯이 독립변수를 두 개로 늘렸을 때도 매개효과가 두 개로 확장된다. 이렇게 두 개의 독립변수가 하나의 매개변수를 경유하여 종속변수에 효과를 전달하는 모형은 다음과 같이 설정할 수 있다.

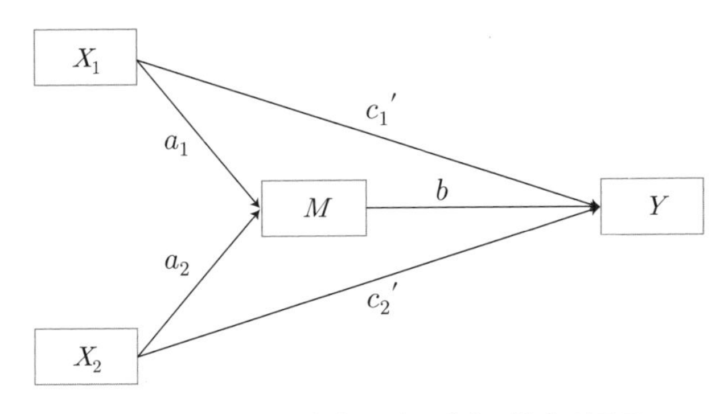

[그림 15.5] 두 독립변수 다중매개모형의 경로도

위에서 X_1과 X_2는 독립변수, Y는 종속변수, M은 매개변수이다. 위의 모형 역시 이전과 마찬가지로 두 개의 매개효과가 있으므로 다중매개모형(multiple mediation model)이라고 볼 수 있지만, 이전의 모형이 병렬적 다중매개모형 또는 개별단계 다중매개모형 등으로 불리는 것에 반해 특별한 이름이 있지는 않다. 위 그림의 모형을 수식으로 쓰게 되면 내생변수 하나당 하나의 회귀식이 아래처럼 설정된다.

$$M = i_M + a_1X_1 + a_2X_2 + e_M \quad [식\ 15.5]$$

$$Y = i_Y + c_1{}'X_1 + c_2{}'X_2 + bM + e_Y \quad [식\ 15.6]$$

두 개의 독립변수(X_1과 X_2)가 있으므로 각 독립변수에서 매개변수로 가는 효과는 각각 a_1과 a_2라고 정의하였고, 매개변수가 종속변수에 주는 효과는 b로 정의하였다. X_1과 X_2가 Y에 직접적으로 주는 효과는 각각 $c_1{}'$과 $c_2{}'$이다. 직접효과는 독립변수가 종속변수에 직접적으로 주는 효과이므로 매개변수의 개수가 증가한다고 하여도 변하지 않지만, 독립변수의 개수가 증가하면 그만큼 증가하게 된다.

두 독립변수 다중매개모형에서 연구자가 추정하고 검정해야 할 효과들은 다음과 같이 정리할 수 있다. 먼저 첫 번째 직접효과는 $c_1{}'$이고, 첫 번째 간접효과는 a_1b이며, 첫 번째 총효과 c_1은 두 효과의 합인 $c_1{}' + a_1b$이다. 그리고 두 번째 직접효과는 $c_2{}'$이고, 두 번째 간접효과는 a_2b이며, 두 번째 총효과 c_2는 두 효과의 합인 $c_2{}' + a_2b$이다. 즉, 두 독립변수 다중매개모형은 아래처럼 효과분해가 독립변수별로 따로 이루어진다.

$$c_1 = c_1{}' + a_1b,\ c_2 = c_2{}' + a_2b \quad [식\ 15.7]$$

두 개의 독립변수가 있는 다중매개모형에서 두 간접효과의 합인 $a_1b + a_2b$는 총간접효과라고 이름 붙이지도 않고, 별도로 검정하지도 않는다. 왜냐하면, 총간접효과라는 개념은 하나의 독립변수가 여러 개의 매개변수를 통하여 종속변수에 주는 영향이기 때문이다. 그러므로 위의 모형은 기본적으로 두 개의 단순매개모형이 결합되어 있는 형태로 분석을 진행한다.

15.2.2. PROCESS 매크로의 이용

이제 PROCESS로 성취도 자료를 이용하여 두 독립변수 다중매개모형을 추정 및 검정해 보도록 한다. 모형은 SES와 IQ가 Achievement에 영향을 주는 관계에서 Motivation의 매개효과를 확인하기 위해 아래와 같이 설정하였다.

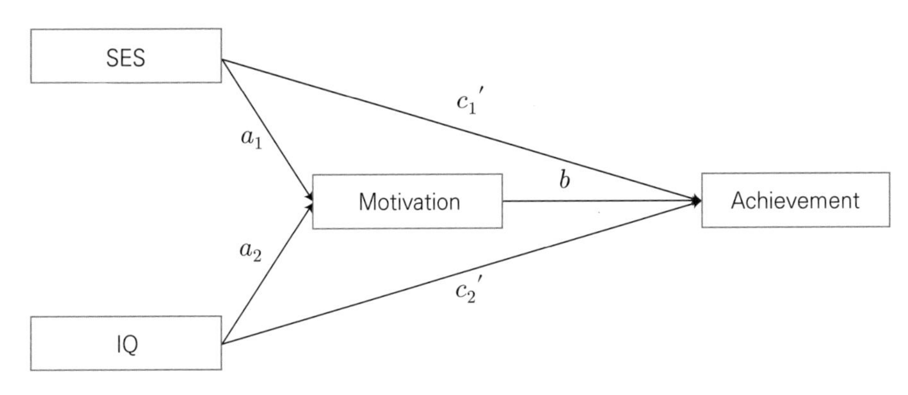

[그림 15.6] **성취도 자료의 두 독립변수 다중매개모형**

위의 모형에서 연구자가 추정하고 검정하여 결과를 분석해야 할 효과는 다음과 같다. 먼저 SES가 Motivation을 통하여 Achievement에 영향을 주는 간접효과인 a_1b에 대한 분석을 진행하고, SES가 Achievement에 직접적으로 영향을 주는 직접효과 c_1'을 분석하며, SES가 Achievement에 주는 총효과 $c_1 = c_1' + a_1b$의 분석을 진행한다. 다음으로 IQ가 Motivation을 통하여 Achievement에 영향을 주는 간접효과인 a_2b에 대한 분석을 진행하고, IQ가 Achievement에 직접적으로 영향을 주는 직접효과 c_2'을 분석하며, IQ가 Achievement에 주는 총효과 $c_2 = c_2' + a_2b$의 분석을 진행한다.

PROCESS를 이용하여 두 독립변수 다중매개모형의 분석을 진행하고자 할 때, 병렬적 다중매개모형과 마찬가지로 Hayes(2022)의 책에서 해당 모형의 경로도를 찾을 수 없다. 이 모형 역시 단순매개모형의 번호인 4번을 그대로 사용하는데, 매개변수의 개수를 늘리듯이 단순히 독립변수의 개수를 늘리는 방식은 쓸 수가 없다. 왜냐하면, PROCESS의 dialog box에서 독립변수의 자리에는 하나의 변수밖에 들어갈 수 없기 때문이다. 그러므로 아래의 그림에 보이는 Covariate(s) 부분을 이용하여 약간의 트릭을 사용해야 한다. 즉, 두 독립변수 다중매개모형을 추정하고 검정하기 위해서는 각 독립변수별로 단순매개효과 모형을 따로 설정하여 두 번의 분석을 진행해야 한다.

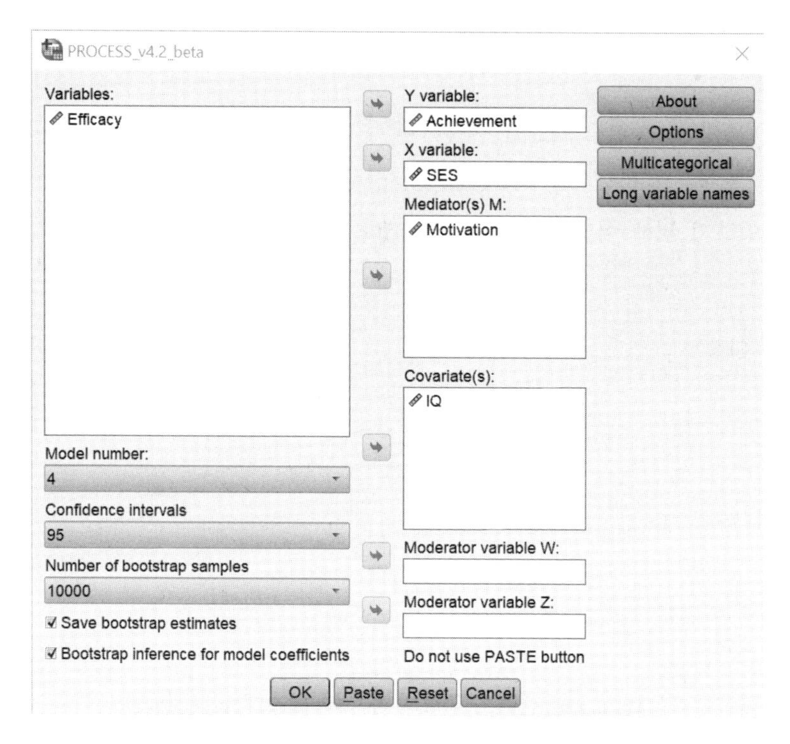

[그림 15.7] PROCESS를 이용한 두 독립변수 다중매개효과의 검정 - 1단계

SES를 독립변수로 하는 단순매개모형을 먼저 분석한다고 했을 때, 또 다른 독립변수 IQ를 PROCESS에서 공변수(covariate)로 설정한다. 통계학에서 공변수라는 것은 기본적으로 예측변수를 의미하는데, 우리가 관심을 가지는 초점 예측변수(focal predictor), 즉 독립변수는 아니다. PROCESS에서는 어떤 변수가 공변수로 설정이 되면, 그 변수에서 내생변수(매개변수와 종속변수)로의 경로가 자동 설정된다. 다시 말해, IQ→Motivation과 IQ→Achievement 경로가 모두 설정되는 것이다. 이렇게 되면 IQ는 기술적으로 봤을 때 SES하고 전혀 다를 바가 없는데, 한 가지 다른 점은 IQ→Motivation→Achievement의 간접효과 분석은 하지 않는다는 것이다. 왜냐하면, 공변수는 매개모형에서 우리가 관심을 가지는 독립변수가 아니기 때문이다.

그러므로 [그림 15.7]과 같이 모형설정을 하게 되면 PROCESS의 단순매개효과 분석은 아래의 그림처럼 원 안의 부분만 진행하게 된다. 정확히 말해서 [그림 15.7]과 같이 모형을 설정하면, [그림 15.8]에 보이는 모든 경로를 추정하기는 하는데, 다만 매개효과 분석의 진행은 오직 원 안의 부분만 하게 된다는 것이다. 이 방법은 PROCESS가 두 개의 독립변수를 허락하지 않음으로 인해 어쩔 수 없이 사용하게 되는 트릭이다.

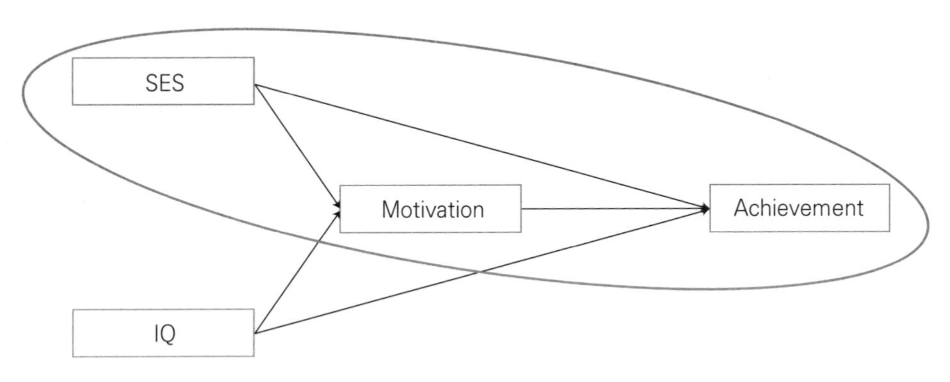

[그림 15.8] **SES를 독립변수로 하는 매개모형, IQ 공변수**

[그림 15.7]에서 나머지 모든 설정이 단순매개모형과 동일한 것을 알 수 있다. Model number는 4이고, 신뢰구간의 수준은 95%이며, 부트스트랩 재표집의 횟수는 10,000으로 설정하였다. 총효과 결과를 출력하기 위하여 Options로 들어가 Show total effect model을 선택하였고, 표준화 계수 추정치를 얻기 위하여 Standardized effects를 선택하였으며, 8글자보다 긴 변수를 사용하기 위하여 Long variable names에서 변수명 길이에 대한 위험을 감수하겠다는 데에도 체크하였다. 소수점 자리는 Decimal places in output에서 세 번째 자리까지로 설정하였다. [그림 15.7]에서 OK를 눌러 분석을 실행하면 Output이 생성된다.

```
Model  : 4
    Y  : Achievem
    X  : SES
    M  : Motivati

Covariates:
 IQ

Sample
Size:  247
```

단순매개모형의 모형 번호인 4가 나타나고, 독립변수는 SES이며 매개변수는 Motivati이고, 종속변수는 Achievem이다. 추가적으로 Covariates 부분에 IQ가 보인다. [그림 15.7] 또는 [그림 15.8]에서 설정한 모형과 동일하다.

```
OUTCOME VARIABLE:
 Motivati

Model Summary
          R       R-sq        MSE          F        df1        df2          p
       .845       .714      5.261    305.269      2.000    244.000       .000
```

```
Model
            coeff        se          t          p        LLCI       ULCI
constant  -13.341     1.331    -10.025       .000    -15.962    -10.720
SES          .980      .138      7.087       .000       .708      1.253
IQ           .324      .013     24.184       .000       .297       .350

Standardized coefficients
        coeff
SES      .243
IQ       .830
```

가장 먼저 출력되는 Output은 매개변수 Motivati가 결과변수일 때 OLS 회귀분석의 추정 및 검정 결과이다. $R^2 = 0.714$로서 상당히 높으며, 독립변수 SES가 매개변수 Motivati에 주는 효과 $\hat{a}_1 = 0.980$으로서 $p < .001$ 수준에서 통계적으로 유의하다. 그리고 공변수 IQ가 매개변수 Motivati에 주는 효과 $\hat{a}_2 = 0.324$로서 역시 $p < .001$ 수준에서 통계적으로 유의하다. 가장 아래에는 각 기울기의 표준화 추정치가 제공된다. SES 기울기의 표준화 추정치는 0.243, IQ 기울기의 표준화 추정치는 0.830이다.

```
OUTCOME VARIABLE:
 Achievem

Model Summary
          R       R-sq        MSE          F        df1        df2          p
       .932       .869     32.582    536.229      3.000    243.000       .000

Model
              coeff         se          t          p       LLCI       ULCI
constant     39.986      3.935     10.162       .000     32.235     47.737
SES           3.208       .378      8.485       .000      2.463      3.952
Motivati      4.249       .159     26.670       .000      3.935      4.563
IQ            -.620       .061    -10.099       .000      -.741      -.499

Standardized coefficients
              coeff
SES            .217
Motivati      1.160
IQ            -.434
```

위의 Output은 종속변수 Achievem을 결과변수로 하는 OLS 회귀분석의 추정 결과이다. 모형의 설명력 $R^2 = 0.869$로서 매우 높으며, 독립변수 SES가 Achievem에 주는 직접효과 $\hat{c}_1{}' = 3.208$이고 $p < .001$ 수준에서 통계적으로 유의하다. 매개변수 Motivati가 Achievem

에 주는 효과 $\hat{b} = 4.249$이고 역시 $p < .001$ 수준에서 통계적으로 유의하다. 공변수 IQ가 Achievem에 주는 효과 $\hat{c}_2{}' = -0.620$이고 $p < .001$ 수준에서 통계적으로 유의하다. IQ가 Achievem에 주는 부적 효과에 대해서는 간접효과 및 총효과와 더불어서 입체적인 해석이 필요하다. 왜냐하면, 지적 능력이 성취도에 부적효과를 준다는 것이 상식적으로 잘 이해되지 않기 때문이다. 뒤에서 더 자세히 살펴볼 것이다.

```
************** TOTAL, DIRECT, AND INDIRECT EFFECTS OF X ON Y **************

Total effect of X on Y
    Effect         se          t          p       LLCI       ULCI       c_cs
     7.373       .681     10.830       .000      6.032      8.714       .499

Direct effect of X on Y
    Effect         se          t          p       LLCI       ULCI      c'_cs
     3.208       .378      8.485       .000      2.463      3.952       .217

Indirect effect(s) of X on Y:
           Effect     BootSE   BootLLCI   BootULCI
Motivati    4.166       .617      2.966      5.394

Completely standardized indirect effect(s) of X on Y:
           Effect     BootSE   BootLLCI   BootULCI
Motivati     .282       .039       .204       .357
```

첫 번째 분석의 마지막은 총효과, 직접효과, 간접효과에 대한 추정 및 검정 결과가 보여지는 부분이다. 먼저 Total effect of X on Y 부분에는 IQ를 공변수로서 통제한 상태에서 SES가 Achievem에 미치는 직접효과와 SES가 Motivati를 통하여 Achievem에 주는 간접효과의 합, 즉 총효과에 대한 검정 결과가 제공된다. 총효과 $\hat{c}_1{}' + \widehat{a_1 b} = 7.373$이고 $p < .001$ 수준에서 통계적으로 유의하다. 앞서 잠깐 언급했듯이 PROCESS는 효과분해 맥락에서 직접효과와 간접효과의 합으로서 총효과를 검정하지 않고, 독립변수와 종속변수 둘만 있는 [식 14.4]의 총효과 모형에서 c를 추정하고 검정한다. 가장 오른쪽에는 c_cs라고 쓰여져 있는 부분이 있는데, 여기서 c는 총효과 c_1을 가리키며 cs는 완전 표준화(completely standardized)를 가리킨다. 즉, IQ를 통제하고 SES에서 Achievem으로 가는 완전 표준화 총효과가 0.499임을 의미한다.

다음으로 Direct effect of X on Y 부분에는 IQ를 통제한 상태에서, SES에서 Achievem으로 가는 직접효과 $\hat{c}_1{}' = 3.208$이고 $p < .001$ 수준에서 통계적으로 유의함이 나

타나는데, 이는 바로 앞의 회귀분석에서 확인한 결과이기도 하다. 가장 오른쪽에는 c'_cs라고 쓰여져 있는 부분이 있는데, 여기서 c'은 직접효과 $c_1{}'$을 가리키며 cs는 완전 표준화를 가리킨다. 즉, IQ를 통제한 상태에서 SES에서 Achievem으로 가는 완전 표준화 직접효과가 0.217임을 의미한다. Indirect effect(s) of X on Y 부분에는 IQ를 통제한 상태에서 SES →Motivati→Achievem으로 이어지는 간접효과 $\widehat{a_1 b} = 4.166$임이 보여지고, 간접효과의 95% 부트스트랩 신뢰구간 추정치는 [2.966, 5.394]로서 0을 포함하고 있지 않아 간접효과 영가설 $H_0 : a_1 b = 0$을 기각한다. 즉, 지능을 통제한 상태에서 부모의 사회경제적 지위는 자녀의 동기 수준을 통하여 성취도에 영향을 준다. 간접효과 $a_1 b$의 완전 표준화 추정치는 0.282임이 마지막에 제공된다. 표준화 총효과 추정치의 표집분포를 이용하여 표준화 간접효과의 95% 부트스트랩 신뢰구간 추정치인 [0.204, 0.357]도 제공이 되는데, 이 부분은 관행상 무시해도 좋은 부분이다. 모수의 검정에 표준화 추정치의 표집분포를 이용한 추론은 이용하지 않기 때문이다.

앞에서도 잠시 언급한 적이 있듯이 총효과 결과에서 한 가지 유의할 점이 있는데, PROCESS가 제공하는 검정이 [식 14.4]에 제공된 Baron과 Kenny(1986) 총효과 모형의 t검정이라는 사실이다. 알다시피 직접효과 추정치는 기본적으로 정규분포를 따르지만, 간접효과 추정치는 정규분포를 따르지 않는다. 그러므로 직접효과와 간접효과의 합으로 이루어져 있는 총효과 추정치의 표집분포도 정규분포가 아니다. 부트스트랩을 한 이후에 총효과에 대한 추론을 정규이론에 기반한 t검정으로 하기보다는 부트스트랩 신뢰구간을 이용해서 하는 것이 효과분해라는 맥락에서 더 옳다. 만약 총효과에 대한 부트스트랩 추론을 하고 싶다면 부트스트랩 추정치를 따로 저장하여 총효과 추정치를 계산해 내고 신뢰구간 추정치도 구할 수 있다. 이는 [그림 14.21]에서 보여 주었던 방식을 응용하면 된다. 아래는 부트스트랩 추정치의 PROCESS output이다.

```
Bootstrap estimates were saved to a file

Map of column names to model coefficients:
         Conseqnt Antecdnt
 COL1     Motivati constant
 COL2     Motivati SES
 COL3     Motivati IQ
 COL4     Achievem constant
 COL5     Achievem SES
 COL6     Achievem Motivati
 COL7     Achievem IQ
```

위에서 COL1은 매개변수 Motivati가 결과변수일 때 절편 추정치이고, COL2는 SES의 부트스트랩 기울기 추정치($\hat{a}_1$)이며, COL3은 IQ의 부트스트랩 기울기 추정치($\hat{a}_2$)이다. COL4는 종속변수 Achievem이 결과변수일 때 절편 추정치이고, COL5는 SES의 기울기 추정치($\hat{c}_1{}'$)이며, COL6은 Motivati의 기울기 추정치($\hat{b}$)이고, COL7은 IQ의 기울기 추정치($\hat{c}_2{}'$)이다. PROCESS의 결과가 출력되면서 아래의 그림처럼 각 추정치가 SPSS에 저장되어 자동으로 열리게 된다.

	COL1	COL2	COL3	COL4	COL5	COL6	COL7	var	var	var
1	-13.37	.79	.32	38.49	3.07	4.43	-.64			
2	-13.31	1.21	.32	43.83	3.77	4.13	-.63			
3	-12.11	.99	.31	41.47	3.10	4.27	-.64			
4	-14.51	.80	.34	42.12	2.93	4.23	-.64			
5	-13.28	.91	.32	39.35	2.38	4.17	-.60			
6	-14.83	.86	.34	44.18	3.09	4.49	-.71			
7	-11.23	1.03	.31	43.02	2.86	4.07	-.62			

[그림 15.9] **부트스트랩 회귀분석 결과의 저장**

위에서 총효과 $\hat{c}_1{}' + \widehat{a_1 b}$을 구하고자 하면, COL5+(COL2*COL6)을 계산해야 한다. SPSS의 Transform 메뉴에서 Compute Variable로 들어가 TotalEffect를 새롭게 계산한 결과가 아래에 제공된다.

	COL1	COL2	COL3	COL4	COL5	COL6	COL7	TotalEffect	va
1	-13.37	.79	.32	38.49	3.07	4.43	-.64	6.59	
2	-13.31	1.21	.32	43.83	3.77	4.13	-.63	8.76	
3	-12.11	.99	.31	41.47	3.10	4.27	-.64	7.30	
4	-14.51	.80	.34	42.12	2.93	4.23	-.64	6.31	
5	-13.28	.91	.32	39.35	2.38	4.17	-.60	6.19	
6	-14.83	.86	.34	44.18	3.09	4.49	-.71	6.94	
7	-11.23	1.03	.31	43.02	2.86	4.07	-.62	7.05	

[그림 15.10] **부트스트랩 회귀분석 결과를 이용한 총효과의 계산**

총효과 TotalEffect 변수가 생성되면, Data 메뉴의 Sort Cases를 실행한 다음 TotalEffect

변수를 Sort by로 옮기고 Ascending으로 설정하여 OK를 눌러 정렬한다. 이렇게 되면 총효과 10,000개의 값이 1행부터 오름차순으로 정리된다. 가장 작은 값에서부터 2.5%에 해당하는 총효과 추정치와 가장 큰 값에서부터 2.5%에 해당하는 총효과 추정치를 선택하여 총효과의 95% 부트스트랩 신뢰구간을 구할 수 있다. 확인한 결과, TotalEffect의 250번째 값은 6.066이고, 9750번째 값은 8.692이다. 그러므로 총효과 $c_1{}' + a_1 b$의 95% 부트스트랩 신뢰구간 추정치는 [6.066, 8.692]이고, 이 구간은 0을 포함하고 있지 않으므로 통계적으로 유의하다.

이제 다음처럼 IQ를 독립변수로 하고, SES를 공변수로, Motivation을 매개변수로, Achievement를 종속변수로 하는 매개효과 분석을 한 번 더 실행해야 한다. 나머지 모든 설정은 바로 앞에서 실시한 매개효과 분석과 동일하다.

[그림 15.11] PROCESS를 이용한 두 독립변수 다중매개효과의 검정 - 2단계

위와 같은 방식으로 단순매개효과 분석을 실시하면 PROCESS의 매개효과 분석은 아래의 그림처럼 원 안의 부분만 진행하게 된다. 다시 말해, 그림의 모든 경로 추정치가 Output에 제공되지만, 매개효과 분석은 IQ→Motivation→Achievement에 대해서만 진행되는 것이다.

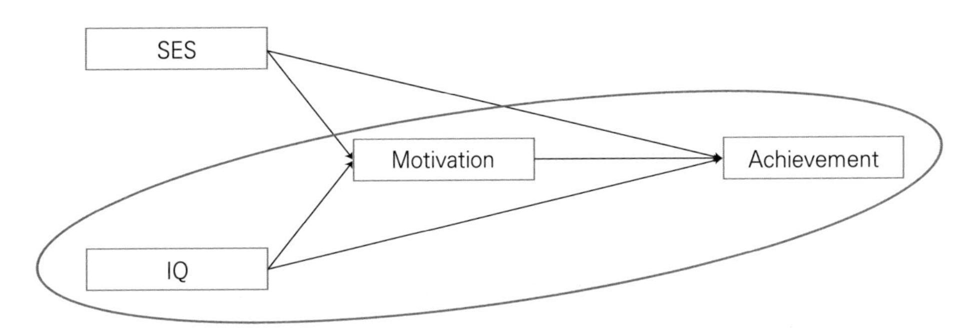

[그림 15.12] **IQ를 독립변수로 하는 매개모형, SES 공변수**

이제 SES를 공변수로 하고 IQ가 Motivation을 통하여 Achievement에 주는 효과를 분석한 PROCESS 결과가 아래에 제공된다.

```
Model  : 4
    Y  : Achievem
    X  : IQ
    M  : Motivati

Covariates:
 SES

Sample
Size:  247
```

단순매개모형의 모형 번호인 4가 나타나고, 독립변수는 IQ이며 매개변수는 Motivati이다. 추가적으로 Covariates 부분에 SES가 보인다. 이는 [그림 15.11]에서 설정한 모형과 동일하다. [그림 15.7]에서 설정한 모형과 비교했을 때 독립변수와 공변수의 위치만 바뀌어 있는 상태이다.

```
OUTCOME VARIABLE:
 Motivati

Model Summary
          R       R-sq        MSE          F        df1        df2          p
       .845       .714      5.261    305.269      2.000    244.000       .000

Model
              coeff         se          t          p       LLCI       ULCI
constant    -13.341      1.331    -10.025       .000    -15.962    -10.720
IQ             .324       .013     24.184       .000       .297       .350
SES            .980       .138      7.087       .000       .708      1.253

Standardized coefficients
         coeff
IQ        .830
SES       .243
```

IQ와 SES의 줄이 바뀐 것을 제외하면 바로 1단계 분석과 달라진 점이 전혀 없다. R^2도 같고, MSE도 같고, 모든 추정치와 표준오차, 검정통계량, p값 등이 동일하다. 이 분석은 IQ라는 독립변수에 더 집중하고 있다는 것만 다를 뿐 수리적으로 1단계 모형과 다른 것은 없다.

```
OUTCOME VARIABLE:
 Achievem

Model Summary
          R       R-sq        MSE          F        df1        df2          p
       .932       .869     32.582    536.229      3.000    243.000       .000

Model
              coeff         se          t          p       LLCI       ULCI
constant     39.986      3.935     10.162       .000     32.235     47.737
IQ            -.620       .061    -10.099       .000      -.741      -.499
Motivati      4.249       .159     26.670       .000      3.935      4.563
SES           3.208       .378      8.485       .000      2.463      3.952

Standardized coefficients
              coeff
IQ            -.434
Motivati      1.160
SES            .217
```

역시 IQ와 SES의 줄이 바뀐 것을 제외하면 바로 앞의 분석과 달라진 점이 전혀 없다. 모든 추정치와 검정 결과가 동일하다.

```
************** TOTAL, DIRECT, AND INDIRECT EFFECTS OF X ON Y **************

Total effect of X on Y
     Effect         se          t          p       LLCI       ULCI       c_cs
       .755       .066     11.467       .000       .626       .885       .529

Direct effect of X on Y
     Effect         se          t          p       LLCI       ULCI      c'_cs
      -.620       .061    -10.099       .000      -.741      -.499      -.434

Indirect effect(s) of X on Y:
            Effect     BootSE   BootLLCI   BootULCI
Motivati     1.375       .075      1.233      1.524

Completely standardized indirect effect(s) of X on Y:
            Effect     BootSE   BootLLCI   BootULCI
Motivati      .963       .063       .844      1.093
```

두 번째 분석의 마지막은 총효과, 직접효과, 간접효과에 대한 추정 및 검정 결과가 보여지는 부분이다. 먼저 Total effect of X on Y 부분에는 SES를 공변수로서 통제한 상태에서 IQ가 Achievem에 미치는 직접효과와 IQ가 Motivati를 통하여 Achievem에 주는 간접효과의 합, 즉 총효과에 대한 검정 결과가 제공된다. 총효과 $\hat{c}_2' + \widehat{a_2b} = 0.755$이고 $p < .001$ 수준에서 통계적으로 유의하다. 1단계와 마찬가지로 PROCESS는 효과분해 맥락에서 직접효과와 간접효과의 합으로서 총효과를 검정하지 않고, 독립변수와 종속변수 둘만 있는 [식 14.4]의 총효과 모형에서 c를 추정하고 검정한다. 가장 오른쪽에 있는 c_cs는 총효과 c_2의 완전 표준화(completely standardized) 추정치를 가리킨다. 즉, SES를 통제한 상태에서, IQ에서 Achievem으로 가는 완전 표준화 총효과가 0.529임을 의미한다. PROCESS가 제공하는 총효과에 대한 검정이 t분포를 이용한 것이라는 사실은 이미 앞에서 설명하였다. 만약 부트스트랩 추론을 진행하고 싶다면 앞에서 설명한 것처럼 제공된 개별모수의 부트스트랩 추정치를 이용하여 총효과를 계산해 내야 한다.

다음으로 Direct effect of X on Y에는 SES를 통제한 상태에서 IQ에서 Achievem으로 가는 직접효과 $\hat{c}_2' = -0.620$이고 $p < .001$ 수준에서 통계적으로 유의함이 나타나는데, 이는 바로 1단계 회귀분석에서 확인한 결과이기도 하다. 가장 오른쪽에 있는 c'_cs는 직접효과 c_2'의 완전 표준화 추정치를 가리킨다. 즉, SES를 통제한 상태에서, IQ에서 Achievem으로 가는 완전 표준화 직접효과가 −0.434임을 의미한다. Indirect effect(s) of X on Y에는 SES를 통제한 상태에서 IQ→Motivati→Achievem으로 이어지는 간접효과 $\widehat{a_2b} = 1.375$가 보여지고, 간접효과의 95% 부트스트랩 신뢰구간 추정치는 [1.233, 1.524]로서 0을 포함하고 있지 않아 영가설 $H_0 : a_2b = 0$을 기각한다. 즉, 부모의 사회경제적 지위를 통제한 상태에서 자녀의 지능이 동기 수준을 통하여 성취도에 영향을 준다. 간접효과 a_2b의 완전 표준화 추정치는 0.963임이 마지막 줄에 제공된다.

이처럼 두 개의 독립변수가 있는 다중매개모형의 경우에 하나의 독립변수를 주요 독립변수로 하고 나머지 하나의 독립변수를 공변수로 하여 동일한 분석을 두 번 실시하여 두 개의 간접효과 a_1b와 a_2b에 대한 통계적 추론을 진행할 수 있다.

그런데 만약 두 개의 독립변수가 아니라 두 개의 종속변수가 있는 다중매개모형을 PROCESS로 분석하고자 하면 어떻게 해야 할까? 이 경우는 생각보다 단순하다. 단지 두 종속변수에 대하여 매개모형 분석을 각각 진행하면 된다. 종속변수는 독립변수처럼 서로 통제하는 관계에 있는 것이 아니므로 한꺼번에 넣어 분석한 모형이나 따로 하나씩 분석한 모형이나 거의 완전히 동일한 결과를 준다. 물론 PROCESS가 아니라 구조방정식 프로그램인 Mplus 및 Amos 등을 이용할 때에는 두 개의 종속변수를 한꺼번에 넣어서 분석하는 것이 더욱 연구가설에 적합하며 보기도 좋으므로 따로 분석할 이유가 없다.

15.3. 두 개의 직렬적 매개변수

15.3.1. 직렬적 다중매개효과 모형의 이해

직렬적 다중매개효과 모형의 논의를 위해 [그림 15.1]의 병렬적 다중매개효과 모형을 아래에 다시 소개한다.

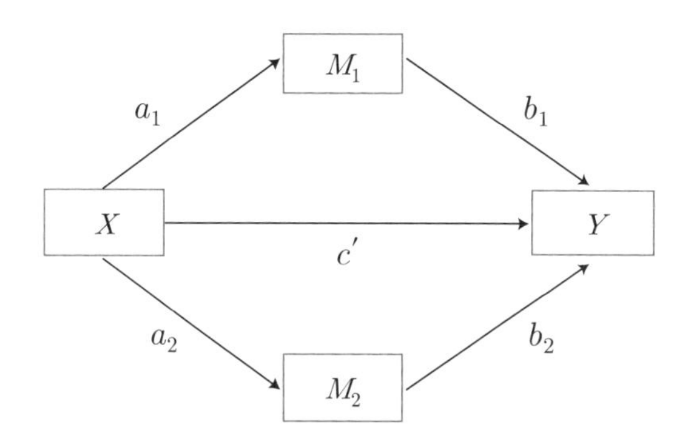

위의 모형에서 매개변수 M_1과 M_2가 독립변수 X에 의해서 충분히 잘 설명된다고 가정하자. 그렇게 되면 M_1과 M_2 중 X에 의해 설명되지 않은 부분, 즉 M_1과 M_2의 나머지 부분 사이에는 더 이상 상관이 남아 있지 않게 된다. 이는 달리 표현하면, M_1과 M_2에 속해 있는 오차인 e_{M_1}과 e_{M_2} 사이에 상관이 더 이상 남아 있지 않다는 것하고 동일하다(김수영, 2016).

$$M_1 = i_{M_1} + a_1X + e_{M_1},\ \ M_2 = i_{M_2} + a_2X + e_{M_2}$$

왜냐하면 e_{M_1}과 e_{M_2}라는 것은 M_1과 M_2의 일부로서, X에 의해서 설명되지 않은 M_1과 M_2의 나머지 부분이기 때문이다. 어쨌든 M_1과 M_2를 잘 설명하는 X 또는 X들을 선택했다고 가정하면, M_1과 M_2 사이에는 상관이 남아 있지 않게 되고, 당연히 인과관계는 가정할 수가 없다. 상관관계란 인과관계의 필요조건이기 때문이다.

하지만 현실 속에서 M_1과 M_2를 완전히 잘 설명하는 하나의 독립변수 또는 여러 개의 독립변수들을 모두 찾아낼 수는 없다. 그런 경우에 구조방정식 모형이나 경로모형 등에서는 매개변수 M_1과 M_2에 속해 있는 오차인 e_{M_1}과 e_{M_2} 사이의 상관 모수(공분산)를 추가로 추정하곤 한다. 이는 연구자가 설정한 모형의 불완전성을 인정하고 모형에 반영하는 작업으로 이해할 수 있다. 즉, 매개변수들을 동시에 완전하게 잘 설명하는 독립변수들을 모두 찾아내지는 못했다는 사실을 받아들이고, 이를 모형 안에 인정하는 것이다.

그렇지만 회귀분석에 기반한 매개효과 모형에는 오차 간 상관이 모수의 개념으로 존재하지 않기 때문에 이와 같이 오차 간 상관을 추정하는 것은 불가능하다. 대신에 M_1과 M_2 사이에 경로를 추가하여 M_1과 M_2의 나머지 부분 간 상관(즉, e_{M_1}과 e_{M_2} 사이의 상관)을 모형에 반영할 수 있다. 통계적으로 봤을 때 M_1과 M_2 사이의 경로는 e_{M_1}과 e_{M_2} 사이의 상관과 동치(equivalent)이기 때문이다. 그래서 구조방정식 분야에서는 M_1과 M_2 사이의 경로가 있는 모형과 e_{M_1}과 e_{M_2} 사이의 상관이 있는 모형을 서로 통계적 동치모형(statistically equivalent models)이라고 한다. 물론 이는 수리적, 통계적으로 그렇다는 의미이고, 실질적으로 경로와 상관 사이에는 매우 큰 차이가 있다. 경로라는 것은 오직 인과관계가 가정되는 상황에서만 추가할 수 있는 것이다. 만약 연구자가 M_1과 M_2 사이에 인과관계를 가정하면 아래와 같은 모형을 설정할 수 있다.

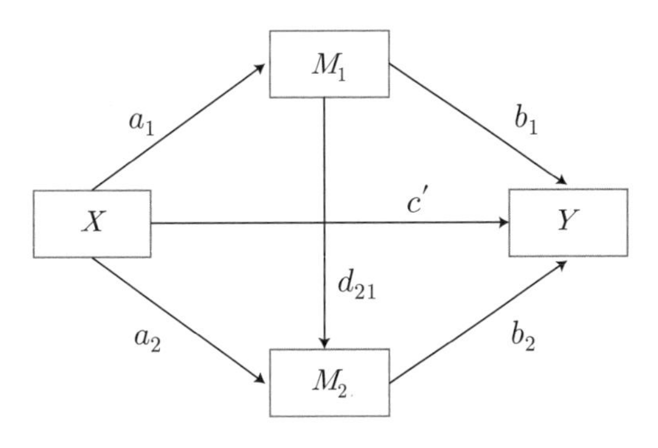

[그림 15.13] **직렬적 다중매개모형의 경로도**

위와 같은 모형을 직렬적 다중매개모형(serial multiple mediation model, Hayes, 2022)이라고 하기도 하고, 다중단계 다중매개모형(multiple-step multiple mediation model, Hayes, 2009)으로 부르기도 한다. 다중단계라는 것은 독립변수에서 종속변수로 가는 경로에 매개변수가 두 개 이상 있다는 의미이며, 다중매개라는 것은 매개 경로가 두 개 이상 있다는 의미이다. 직렬적 다중매개모형의 경로도는 위처럼 표현하기도 하지만, 아래처럼 표현하는 경우도 매우 빈번하다.

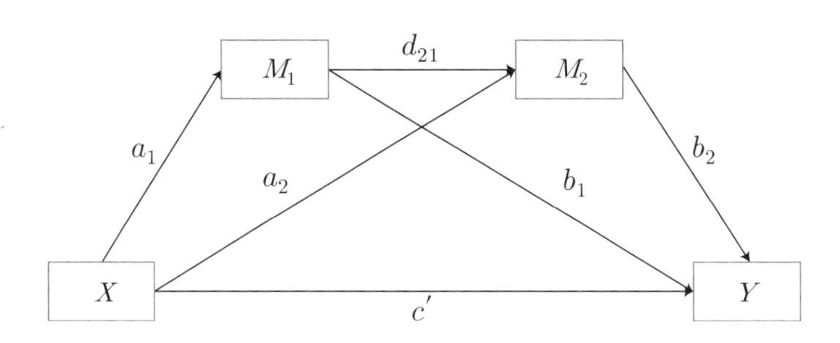

[그림 15.14] 직렬적 다중매개모형의 경로도

[그림 15.13]과 [그림 15.14]의 모형 둘은 완전히 동일한 모형이며 두 번째 매개변수의 위치만 조금 달리 표현한 것뿐이다. 모형을 수식으로 표현하면 아래처럼 내생변수 하나당 하나의 회귀식이 설정된다.

$$M_1 = i_{M_1} + a_1 X + e_{M_1} \quad \text{[식 15.8]}$$

$$M_2 = i_{M_2} + a_2 X + d_{21} M_1 + e_{M_2} \quad \text{[식 15.9]}$$

$$Y = i_Y + c' X + b_1 M_1 + b_2 M_2 + e_Y \quad \text{[식 15.10]}$$

독립변수가 각 매개변수에 주는 효과는 각각 a_1과 a_2라고 정의하였고, 각 매개변수가 종속변수에 주는 효과는 각각 b_1과 b_2로 정의하였다. X가 Y에 직접적으로 주는 효과는 c'이다. 여기까지는 사실 병렬적 다중매개모형과 완전히 일치한다. 달라진 점은 두 개의 매개효과 간 경로로서 Hayes(2022)의 표기법을 따라 d_{21}이라고 정의하였다. 밑(subscript)이 21로 되어 있는 것은 1이 2에 영향을 준다는 의미이다. 즉, M_1이 M_2에 영향을 준다는 뜻이다. 이런 표기법은 구조방정식의 전통에서 온 것인데, 추정해야 할 경로 모수를 행렬로 표기하는 전통 때문에 발생한 것이다. 이를 설명하자면 매우 길게 구조방정식의 모수 체계를 설명해야 하기 때문에 자세한 내용은 생략한다.

직렬적 다중매개모형에서 연구자가 추정하고 검정해야 할 효과들은 다음과 같이 정리할 수 있다. 먼저 직접효과는 c'이고, 첫 번째 간접효과는 a_1b_1이며, 두 번째 간접효과는 a_2b_2이고, 세 번째 간접효과는 $a_1d_{21}b_2$이다. 그러므로 총효과 c는 직접효과와 세 개의 간접효과를 합하여 아래와 같이 정의된다. 달리 말해, 총효과 c는 직접효과 c', 간접효과 a_1b_1, 간접효과 a_2b_2, 간접효과 $a_1d_{21}b_2$로 분해되는 것이다.

$$c = c' + a_1b_1 + a_2b_2 + a_1d_{21}b_2 \quad \text{[식 15.11]}$$

직렬적 다중매개모형을 분석하게 되면 위에 보이는 각각의 효과를 추정하고 검정하게 된다. 그리고 추가적으로 위의 매개모형에서 간접효과가 세 개이기 때문에 세 개의 간접효과를 합하여 $a_1b_1 + a_2b_2 + a_1d_{21}b_2$를 총간접효과라고 정의하고 이에 대한 검정도 진행한다.

15.3.2. PROCESS 매크로의 이용

이제 PROCESS로 성취도 자료를 이용하여 직렬적 다중매개모형 또는 다중단계 다중매개모형을 추정 및 검정해 보도록 한다. 모형은 SES가 Achievement에 영향을 주는 관계에서 Efficacy와 Motivation의 단순매개효과와 다중매개효과를 확인하기 위해 아래와 같이 설정하였다. 앞서 소개한 병렬적 다중매개모형과의 가장 큰 차이는 Efficacy가 Motivation에 영향을 준다는 가설이다. 즉, SES가 Efficacy에 영향을 주고, Efficacy가 Motivation에 영향을 주며, Motivation이 Achievement에 영향을 준다는 하나의 간접효과 가설이 추가된 것이다.

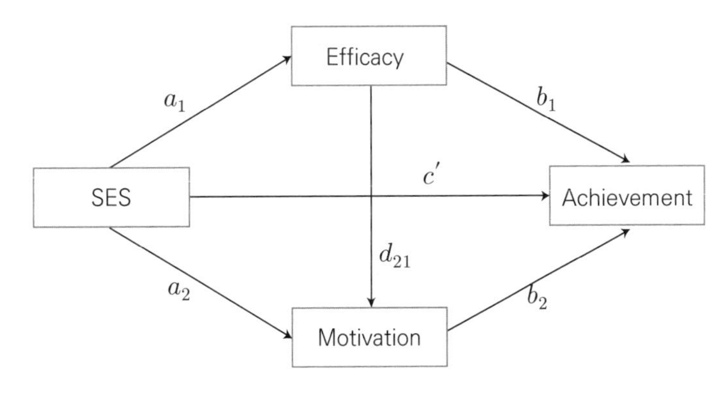

[그림 15.15] 성취도 자료의 직렬적 다중매개모형

위의 모형에서 연구자가 추정하고 검정하여 결과를 분석해야 할 효과는 다음과 같다. 먼저 SES가 Efficacy를 통하여 Achievement에 영향을 주는 간접효과인 a_1b_1에 대한 분석, SES가 Motivation을 통하여 Achievement에 영향을 주는 간접효과인 a_2b_2에 대한 분석, SES가 Efficacy와 Motivation을 통하여 Achievement에 영향을 주는 간접효과인 $a_1d_{21}b_2$를 분석한다. 다음으로 세 간접효과의 합인 총간접효과 $a_1b_1+a_2b_2+a_1d_{21}b_2$에 대한 분석을 진행하며, SES가 Achievement에 직접적으로 영향을 주는 직접효과 c'을 분석하고, 마지막으로 모든 효과의 합인 총효과 c 또는 $c'+a_1b_1+a_2b_2+a_1d_{21}b_2$를 분석한다.

[그림 15.15]의 직렬적 다중매개모형을 설정하고 분석하는 과정에서 한 가지 주의해야 할 부분이 있다. 이는 직렬적 매개효과가 존재하는 모든 모형에 적용되는 것인데, 무엇이 매개효과이고 무엇이 매개효과가 아닌지 명확하게 구분해야 한다는 것이다. 상당히 많은 연구자들이 A→B→C의 구조로 되어 있는 경로의 흐름을 모두 매개효과로 착각한다. 세 개의 변수가 A→B→C 형태로 모형 안에서 설정되기만 하면, 매개효과라고 부를 수 있다고 생각하는 것이다. 예를 들어, [그림 15.15]에서 SES→Efficacy→Motivation 경로나 Efficacy→Motivation→Achievement 경로를 매개효과로 간주하고 분석을 진행하곤 한다. 그러나 이는 원칙적으로 옳지 않다.

매개효과란 독립변수와 종속변수의 관계에서 매개변수가 인과의 과정을 잘 설명하기 위해 사용하는 것이다. 그런데 SES→Efficacy→Motivation은 독립변수에서 첫 번째 매개변수, 그리고 두 번째 매개변수로만 이어지며, 이 경로 안에 종속변수가 존재하지 않는다. 마찬가지로 Efficacy→Motivation→Achievement는 첫 번째 매개변수에서 두 번째 매개변수, 그리고 종속변수로만 이어지며, 이 경로 안에 독립변수가 존재하지 않는다. 즉, 설정된 두 개의 경로 모두에 독립변수 또는 종속변수가 부재한 것이다. 그러므로 이와 같은 경로는 매개효과가 아니다. Hayes(2022)의 PROCESS 역시 [그림 15.15]의 직렬적 다중매개모형의 분석에서 SES→Efficacy→Motivation 경로나 Efficacy→Motivation→Achievement 경로를 추정하거나 검정하지 않는다. 물론 이것이 이 두 개의 경로를 절대로 분석할 수 없다는 의미는 아니다. 연구의 목적이나 변수의 종류에 따라 이러한 경로들을 분석하는 것이 의미가 있을 때도 있다. 하지만, 그와 같은 경우가 흔한 것은 아니며, 방법론을 전공한 전문가들에게는 상당히 이상하게 느껴질 수 있음을 알아야 한다.

PROCESS를 이용하여 위의 모형 분석을 진행할 때, Hayes(2022)에서 해당 모형의 번호는 6번이다. 6번의 직렬매개모형은 세 개의 경로도가 Hayes의 책에 제공되어 있는데, 모든 게 일치하고 다만 매개변수의 개수가 2개, 3개, 4개로 다를 뿐이다. 아래의 [그림 15.16]을 봤을 때 Model number를 6으로 설정한다는 것만 빼면, 병렬적 다중매개모형과 모두 일치하는 것을 알 수 있다.

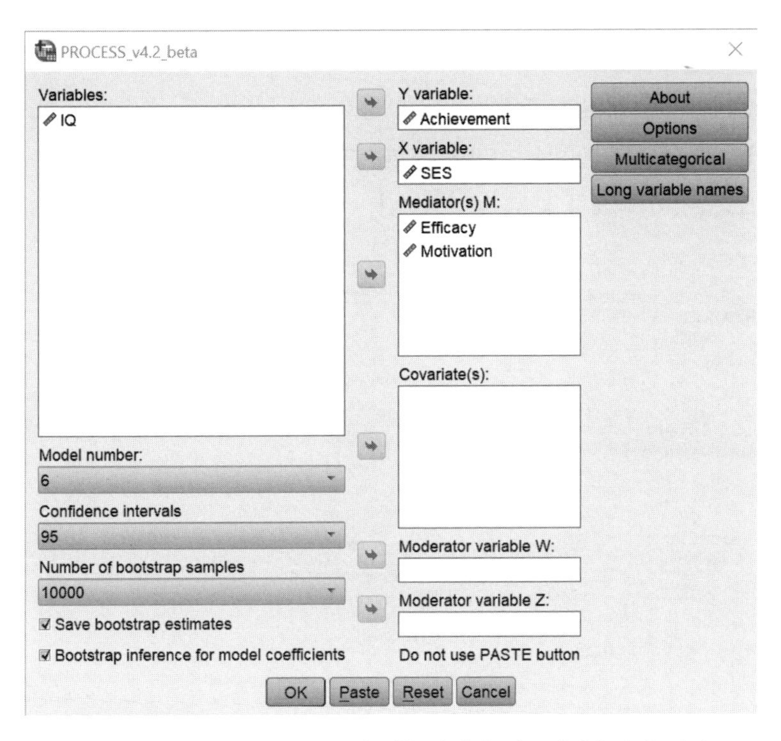

[그림 15.16] PROCESS를 이용한 직렬적 다중매개효과의 검정

신뢰구간의 수준은 95%이고, 부트스트랩 재표집 횟수도 10000으로 동일하며, Save bootstrap estimates를 통해 부트스트랩 추정치들도 따로 저장할 것이고, Bootstrap inference for model coefficients를 통해 부트스트랩 검정 결과도 출력할 것이다. 또한, Options 메뉴에서 Show total effect model에 체크하여 총효과 모형의 결과를 요구하고, Standardized effects에 체크하여 각 기울기의 표준화된 추정치도 요구하며, Long variable names에 들어가 변수명 길이의 위험을 감수하겠다는 데에도 체크하였다. 다만 모형 설정에서 한 가지 주의할 점이 있다. 병렬적 다중매개모형에서는 Mediator(s) M 부분에 두 개의 매개변수를 어떤 순서로 입력하여도 아무런 차이가 없으나, 직렬적 다중매개모형에서는 반드시 M_1이 첫 번째 입력되어야 하고, M_2가 두 번째 입력되어야 한다. 위의 그림에서 Efficacy가 먼저 들어가 있으며, Motivation이 나중에 들어가 있는 것을 확인할 수 있다.

```
Model  : 6
   Y  : Achievem
   X  : SES
  M1  : Efficacy
  M2  : Motivati

Sample
Size:  247
```

직렬적 다중매개효과 모형을 추정하는 모형 번호 6이 나타나고, 종속변수는 Achievem이고 독립변수는 SES임을 확인할 수 있다. 또한, 매개변수 Efficacy와 Motivati가 각각 M1과 M2로서 모든 것이 의도한 대로 설정되었다.

```
OUTCOME VARIABLE:
 Efficacy

Model Summary
          R       R-sq        MSE          F        df1        df2          p
       .008       .000     10.137       .017      1.000    245.000       .897

Model
              coeff         se          t          p       LLCI       ULCI
constant     20.025       .203     98.751       .000     19.626     20.425
SES          -.025        .191      -.130       .897      -.402       .352

Standardized coefficients
            coeff
SES         -.008
```

가장 먼저 보이는 Output은 매개변수 Efficacy가 결과변수일 때 OLS 회귀분석 추정 결과이다. $R^2 = 0.000$으로 매우 작은 것을 볼 수 있으며, SES가 Efficacy에 주는 효과 $\hat{a}_1 = -0.025$로서 통계적으로 유의하지 않았다($p = .897$). SES 기울기의 표준화된 추정치는 −0.008임이 가장 아래에 나타난다. 첫 번째 회귀분석 결과가 병렬적 다중매개모형과 동일하다.

```
OUTCOME VARIABLE:
 Motivati

Model Summary
          R       R-sq        MSE          F        df1        df2          p
       .530       .281     13.244     47.727      2.000    244.000       .000
```

```
Model
             coeff         se          t          p       LLCI       ULCI
constant     5.145      1.481      3.475       .001      2.228      8.061
SES           .715       .219      3.269       .001       .284      1.146
Efficacy      .674       .073      9.234       .000       .530       .818

Standardized coefficients
             coeff
SES           .177
Efficacy      .501
```

다음으로 보이는 Output은 매개변수 Motivati가 결과변수일 때 OLS 회귀분석 추정 결과이다. $R^2 = 0.281$이며, Efficacy를 통제한 상태에서 SES가 Motivati에 주는 효과 $\hat{a}_2 = 0.715$로서 $p < .01$ 수준에서 통계적으로 유의하였다. 그리고 SES를 통제한 상태에서 Efficacy가 Motivati에 주는 효과 $\hat{d}_{21} = 0.674$로서 $p < .001$ 수준에서 통계적으로 유의하였다. 마지막으로 SES 기울기의 표준화된 추정치는 0.177이고, Efficacy 기울기의 표준화된 추정치는 0.501임을 확인할 수 있다.

```
OUTCOME VARIABLE:
 Achievem

Model Summary
        R       R-sq        MSE          F        df1        df2          p
     .950       .903     24.181    750.676      3.000    243.000       .000

Model
             coeff         se          t          p       LLCI       ULCI
constant   -18.043      2.049     -8.803       .000    -22.080    -14.006
SES          5.192       .302     17.196       .000      4.597      5.787
Efficacy     1.707       .115     14.895       .000      1.481      1.933
Motivati     2.242       .087     25.915       .000      2.071      2.412

Standardized coefficients
             coeff
SES           .352
Efficacy      .346
Motivati      .612
```

위의 Output은 종속변수 Achievem을 결과변수로 하는 OLS 회귀분석의 결과이다. 모형의 설명력 $R^2 = 0.903$으로 매우 높으며, SES가 Achievem에 주는 직접효과 $\hat{c}' = 5.192$이고 $p < .001$ 수준에서 통계적으로 유의하다. SES와 Motivati를 통제한 상태에서 Efficacy가 Achievem에 주는 효과 $\hat{b}_1 = 1.707$이고 $p < .001$ 수준에서 통계적으로 유의하다. SES

와 Efficacy를 통제한 상태에서 Motivati가 Achievem에 주는 효과 $\hat{b}_2 = 2.242$이고 $p < .001$ 수준에서 통계적으로 유의하다. 각 기울기의 표준화된 추정치가 각각 0.352, 0.346, 0.612로서 Output의 가장 아래에 제공되고 있다. 그리고 이 결과는 병렬적 다중매개효과 모형에서 Achievem을 결과변수로 했을 때의 결과와 동일하다. 동일한 결과변수와 동일한 예측변수가 사용된 모형이기 때문이다.

```
************** TOTAL, DIRECT, AND INDIRECT EFFECTS OF X ON Y **************

Total effect of X on Y
    Effect         se          t          p       LLCI       ULCI       c_cs
     6.715       .840      7.995       .000      5.060      8.369       .455

Direct effect of X on Y
    Effect         se          t          p       LLCI       ULCI      c'_cs
     5.192       .302     17.196       .000      4.597      5.787       .352

Indirect effect(s) of X on Y:
          Effect     BootSE   BootLLCI   BootULCI
TOTAL      1.523       .822      -.112      3.118
Ind1       -.042       .329      -.725       .582
Ind2       1.603       .469       .684      2.528
Ind3       -.037       .293      -.623       .526

Completely standardized indirect effect(s) of X on Y:
          Effect     BootSE   BootLLCI   BootULCI
TOTAL       .103       .054      -.008       .202
Ind1       -.003       .022      -.051       .038
Ind2        .109       .031       .047       .167
Ind3       -.003       .020      -.043       .034

Indirect effect key:
Ind1 SES        ->    Efficacy    ->    Achievem
Ind2 SES        ->    Motivati    ->    Achievem
Ind3 SES        ->    Efficacy    ->    Motivati    ->    Achievem
```

총효과, 직접효과, 간접효과에 대한 추정 및 검정 결과가 보여지는 부분이다. 먼저 Total effect of X on Y 부분에는 SES가 Achievem에 미치는 직접효과와 SES가 Efficacy와 Motivati를 통하여 Achievem에 주는 세 간접효과의 합, 즉 총효과에 대한 검정 결과가 제공된다. 앞에서 여러 번 언급했듯이 PROCESS는 효과분해 맥락에서 직접효과와 간접효과의 합으로서 총효과를 검정하지 않고, 독립변수와 종속변수 둘만 있는 [식 14.4]의 총효과 모형에서 c를 추정하고 t검정을 실시한다. 만약 부트스트랩 추론을 진행하고 싶다면 제공된 개별 모수의 부트스트랩 추정치를 이용하여 총효과를 계산해 내야 한다. 다음으로 Direct effect of X on Y 부분에는 SES, Efficacy, Motivati가 독립변수로 Achievem이 종속변수로 설정된 회귀분석에서 SES의 효과 c'의 추정치를 보여 준다.

다음으로 세 개의 간접효과 및 총간접효과에 대한 부트스트랩 추정 결과가 제공된다. 먼저 결과의 가장 아래에 각각의 간접효과 Ind1, Ind2, Ind3가 어떤 경로로 이루어져 있는지 설명한다. Ind1은 SES→Efficacy→Achievem으로 이어지는 간접효과이며, Ind2는 SES→Motivati→Achievem으로 이어지는 간접효과이고, Ind3는 SES→Efficacy→Motivati→Achievem으로 이어지는 간접효과이다. 앞서 자세히 설명했듯이 설정된 직렬적 다중매개모형에서 세 가지 경로 외에 다른 매개효과(간접효과)는 존재하지 않는다고 보는 것이 일반적이다.

이제 Indirect effect(s) of X on Y 부분에 각 간접효과와 총간접효과에 대한 검정 결과가 제공된다. 가장 먼저 SES→Efficacy→Achievem으로 이어지는 간접효과 $\widehat{a_1b_1}=-0.042$이고, a_1b_1의 95% 부트스트랩 신뢰구간 추정치는 [−0.725, 0.582]로서 0을 포함하고 있어 간접효과 영가설 $H_0: a_1b_1=0$을 기각하는 데 실패하게 된다. 즉, 동기를 통제한 상태에서 부모의 사회경제적 지위는 효능감을 통하여 성취도에 영향을 주지 못한다. 다음으로 SES→Motivati→Achievem으로 이어지는 간접효과 $\widehat{a_2b_2}=1.603$이고, a_2b_2의 95% 부트스트랩 신뢰구간 추정치는 [0.684, 2.528]로서 0을 포함하고 있지 않아 간접효과 영가설 $H_0: a_2b_2=0$을 기각한다. 즉, 효능감을 통제한 상태에서 부모의 사회경제적 지위는 자녀의 동기 수준을 통하여 성취도에 영향을 준다. 마지막으로 SES→Efficacy→Motivati→Achievem으로 이어지는 간접효과 $\widehat{a_1d_{21}b_2}=-0.037$이고, $a_1d_{21}b_2$의 95% 부트스트랩 신뢰구간 추정치는 [−0.623, 0.526]으로서 0을 포함하고 있어 간접효과 영가설 $H_0: a_1d_{21}b_2=0$을 기각하는 데 실패한다. 즉, 부모의 사회경제적 지위는 효능감과 동기를 차례대로 통하여 성취도에 영향을 주지 못한다.

총간접효과 $\widehat{a_1b_1}+\widehat{a_2b_2}+\widehat{a_1d_{21}b_2}=1.523$이고, $a_1b_1+a_2b_2+a_1d_{21}b_2$의 95% 부트스트랩 신뢰구간 추정치는 [−0.112, 3.118]로서 0을 포함하고 있어 총간접효과 영가설 $H_0: a_1b_1+a_2b_2+a_1d_{21}b_2=0$을 기각하는 데 실패한다. 즉, 부모의 사회경제적 지위와 자녀의 성취도의 관계에서 자녀의 효능감과 동기의 단순매개효과 및 다중매개효과의 총합은 통계적으로 유의하지 않다.

제16장 회귀분석의 표본크기

신뢰롭고 타당한 회귀분석 결과를 얻기 위해서는 충분히 많은 사례를 수집해야 한다. 충분히 큰(large enough) 표본크기는 [그림 2.6]에서 보여 준 회귀모형의 모수 추정치들이 정규분포를 따른다는 사실을 보장해 주기도 한다. 그렇다면 얼마나 큰 표본이 충분히 큰 표본일까? 기본적으로 회귀모형이 복잡해질수록 안정적인 추정을 위하여 확보되어야 하는 표본의 크기는 점점 커진다. 어떤 학자들은 예측변수 하나당 적어도 10~15개 정도의 사례는 있어야 한다고 주장한다(Field, 2013). 예를 들어, 세 개의 예측변수가 있는 회귀모형이라고 하면 표본크기는 적어도 $n=30$ 또는 $n=45$ 이상은 되어야 한다는 뜻이다. 하지만, 이와 같은 주장은 통계모형에서의 표본크기라는 것을 너무 단순화한 것이다. 모형의 복잡성이란 것이 오직 예측변수의 개수로 결정되지도 않을뿐더러 예측변수의 개수가 늘어남에 따라 요구되는 표본크기가 선형적으로 증가한다고 볼 수도 없다. 회귀모형을 안정적으로 추정하기 위해 요구되는 표본크기는 유의수준의 크기, 효과의 크기, 검정력의 크기 등 수많은 요인에 의해 결정된다. 이번 장에서는 회귀분석에서 요구되는 표본크기를 결정하는 방법에 대하여 소개할 것인데, 먼저 이를 위해서는 통계적 검정력에 대해서 조금 더 정확하고 자세히 이해할 필요가 있다.

16.1. 통계적 검정력

지금까지 책의 곳곳에서 통계적 검정력(statistical power)을 여러 번 언급하였는데, 여기서 조금 더 정확하고 자세히 학습해 보고자 한다. 이는 표본크기를 결정하는 과정이 검정력과 매우 밀접한 관계를 가지고 있기 때문이다. 검정력을 이해하기 위해서는 먼저 우리가 추론통계학에서 사용하는 통계적 의사결정의 과정에 항상 수반되는 오류가 있다는 것을 알아야 한다. 회귀분석에서 모형에 대한 F검정(H_0: 모든 회귀계수가 0이다)을 진행하게 되면 연구자는 어떤 경우든 둘 중 하나의 결론에 도달하게 된다. 하나는 영가설을 기각하게 되는 것이고(적어도 하나의 회귀계수는 0이 아니다), 또 하나는 영가설 기각에 실패하게 되는 것이다(모든 회귀계수가 0이다). 연구자가 모형을 설정하고, 자료를 수집하여, 검정을 진행하는 절차에 있어서 그 어떤 실수도 하지 않았다고 가정하더라도 언제나 그 결론이 잘못될 가능성을 가지고 있는 것이 바로 통계적 검정이다. 이는 영가설이 사실인지 아닌지, 즉 모집단에 대한 진실을 우리가 알 수 없기 때문이다. 통계적 검정 과정에서 저지를 수 있는 오류는 아래와 같은 표를 통해 이해할 수 있다.

[표 16.1] 진리(truth)와 통계적 의사결정(statistical decision)

		진리	
		H_0 진실	H_0 거짓
통계적 의사결정	H_0 기각 실패	$1-\alpha$	β
	H_0 기각	α	$1-\beta$

통계적 검정의 과정에서 진리(truth, the state of nature)라는 것은 연구자가 설정한 영가설 H_0이 사실이든지 거짓이든지 둘 중 하나이다. 즉, 진리는 모집단이 품고 있는 이분법적인 진실을 말한다. 연구자는 이 진실을 알고자 하나, 모집단은 너무 방대해서 조사할 수가 없으므로 알 수 있는 방법이 없다고 가정한다. 그래서 연구자는 수집한 표본에 기반하여 통계적 의사결정(statistical decision)을 내리게 된다. [표 16.1]을 보면 연구자의 통계적 의사결정도 두 가지로 이루어져 있는데, 하나는 H_0 기각에 실패하는 것이고 다른 하나는 H_0 기각에 성공하는 것이다.

이러한 통계적 의사결정의 과정에서 연구자는 두 가지 오류를 범할 수 있다. 하나는 제1종오류(Type I error)로서 H_0이 사실인데 이를 기각하게 될 확률로 정의하며 α를 이용해서 표기한다. 제1종오류 α는 유의수준 α와 수학적으로 같은 개념이다. 동일한 개념을 바라보는 다른 관점에 따라 제1종오류와 유의수준으로 불리는 것인데, 자세한 설명은 김수영(2019)을 참고하기 바란다. 또 하나는 제2종오류로서 H_0이 거짓인데 이를 기각하는 데 실패하게 될 확률로 정의하며 β를 이용해서 표기한다.

연구자가 범할 수 있는 두 가지 오류는 [표 16.1]에서 진리 열(column)과 통계적 의사결정 행(row)이 만나는 방식으로 정의되며, α와 β로 표기됨을 확인하였다. 그런데 열이 두 개이고, 행이 두 개이니, α와 β 외에 두 가지의 확률이 더 정의된다. 첫째는 H_0이 사실일 때 H_0의 기각에 실패하게 될 확률로서 $1-\alpha$로 표기하며, 옳은 결정을 할 확률이고 특별한 이름은 없다. 둘째는 H_0이 거짓일 때 H_0을 기각할 확률로 정의하며 역시 옳은 결정을 할 확률이다. 이는 $1-\beta$를 이용하여 표기하는 데 통계적 검정력(statistical power) 또는 검정력(power)이라고 불린다. 두 가지의 옳은 결정을 할 확률 중 검정력 $1-\beta$는 연구자에게 있어서 상당히 중요한 의미를 지니며 지금부터 자세히 설명한다.

제2종오류 β와 검정력 $1-\beta$는 H_0이 거짓일 때(즉, 회귀모형이 유의할 때) 발생할 수 있는 두 개의 확률이므로 하나가 커지면 다른 하나는 줄어드는 밀접한 관계를 지니고 있다. 그리고 검정력을 이해하기 위해서는 제2종오류의 이해가 필수적이다. 설명했듯이 제2종오류는 영가설이 사실이 아닐 때 영가설 기각에 실패할 확률을 의미한다. 사실 일반적인 통계적 검정의 과정에서 영가설이 사실이 아니라는 가정은 하지 않는다. 검정의 원리에 따라 첫 단계에서 무조건 영가설이 옳다고 일단 가정하는 것이다. 즉, H_0이 사실인지 아닌지 검정하고 싶다면 일단 H_0이 사실이라고 가정하고, 이에 반하는 증거(다시 말해, 표본)를 수집하여 검정을 진행한다.

그런데 제2종오류를 정의하기 위해서는 영가설이 사실이 아니라는 가정을 한다. 회귀모형에서 영가설이 사실이 아니라는 것은 '적어도 하나의 회귀계수는 0이 아니다'라는 것을 의미하며, 제2종오류를 계산하기 위해서는 영가설이 사실이 아닐 때 F검정통계량이 따르는 표집분포를 먼저 찾아내야 한다. 영가설이 사실이라는 가정하에서 F검정통계량이 따르는 분포는 F분포이며, 이 분포의 다른 이름은 중심 F분포(central F distribution)이다. 만약에 영가설이 사실이 아니라면 F검정통계량은 다른 분포를 따르는데, 이를 비중심 F분포(noncentral F distribution)라고 한다. 비중심 F분포의 수리적인 설명을 하는 것은 본 책의 목적에 맞지 않으며, 다음의 내용만 기억하고 있으면 충분할 듯싶다. 회귀모형의 영가설이 사실이 아니라는 것은 F검정통계량이 매우 큰 값이라는 것을 의미하기 때문에 비중심 F분포는 F분포의 오른쪽에 위치하며 그 특성상 상당히 납작한 모양을 보인다.

아래에 제공되는 [그림 16.1]은 회귀모형의 영가설이 사실일 때(Under H_0) F검정통계량이 따르는 F분포(왼쪽)와 영가설이 사실이 아닐 때(Under H_1) F검정통계량이 따르는 비중심 F분포(오른쪽)를 보여 주고 있다. 설명한 바와 같이 왼쪽에 위치한 중심 F분포에 비하여 비중심 F분포는 오른쪽에 위치하고 있으며 상대적으로 꽤 납작한 모양을 띠고 있다. 참고로 그림 속의 중심 F분포 및 비중심 F분포는 4개의 예측변수와 표본크기 $n=93$을 가정하였다. 아래의 그림에서 회색으로 표시된 영역이 바로 제2종오류 β이다. 어째서 그런지 그림을 통해서 이해해 보도록 하자.

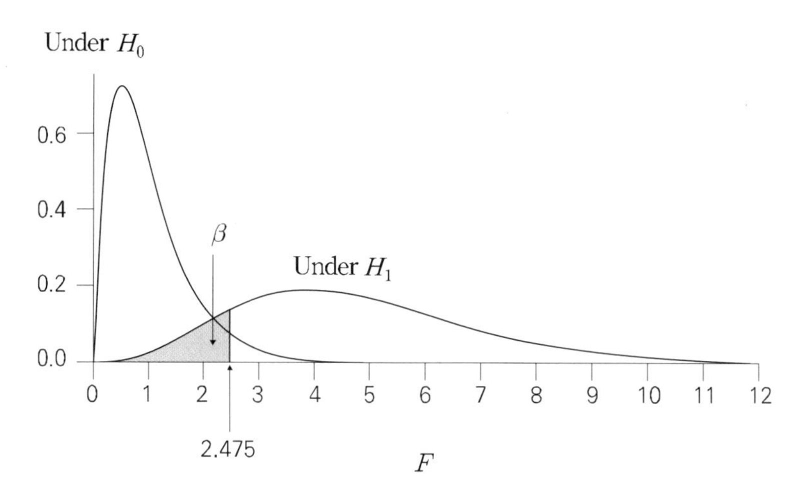

[그림 16.1] F검정통계량의 표집분포와 제2종오류 β

제2종오류의 정의에 의해 β를 찾아내기 위해서는 먼저 영가설이 사실이 아니라는 가정을 해야 하는데, 이는 대립가설이 사실이라는 것을 의미한다. 그러므로 β 확률을 계산하기 위해 Under H_0 밑에 있는 분포를 이용해서는 안 되고 Under H_1 밑에 있는 분포를 이용해야 한다. 그리고 또 정의에 의하여 제2종오류는 영가설을 기각하지 않을 확률이다. 가설검정에서 기각값은 영가설이 참인 분포에서 결정되는 것이므로, Under H_0 밑에 있는 분포에서 첫 번째 자유도가 4이고(p, 예측변수의 개수) 두 번째 자유도가 88일 때($n-p-1$) 유의수준 5%에서 기각값은 2.475가 된다. 이제 제2종오류, 즉 영가설을 기각하지 않을 확률이라는 것은 기각값인 2.475보다 작은 경우를 가리키게 된다. 논의를 종합해 보면, Under H_1 밑에 있는 분포(비중심 F분포)에서 F검정통계량이 기각값 2.475보다 작을 확률이 바로 제2종오류 β가 되는 것이다.

제2종오류가 영가설이 사실이 아니라는 가정하에서 영가설을 기각하는 데 실패할 확률이라면, 검정력(power)은 영가설이 사실이 아닐 때 영가설을 기각할 확률을 의미한다. 영가설이 사실이 아니라는 조건은 제2종오류를 계산할 때와 다를 바가 없으나 영가설을 기각하는 데 실패할 확률이 아니라 영가설을 기각할 확률이라는 점이 가장 큰 차이이다. 검정력의 개념을 [그림 16.2]를 통해서 이해하여 보자. 검정력을 계산하기 위해서는 조건에 맞게 Under H_1에 있는 비중심 F분포를 이용해야 한다. 그리고 기각을 해야 하므로 검정력 계산을 위해서는 기각값 2.475보다 더 큰 부분의 영역(극단적인 영역)을 이용해야 한다. 즉, 그림에서 $1-\beta$로 표시된 부분이 바로 회귀모형 검정에서의 검정력이라고 할 수 있다.

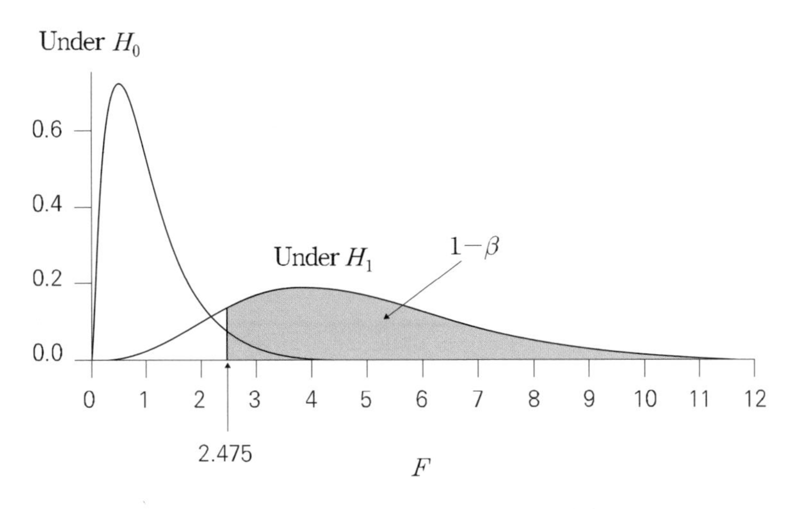

[그림 16.2] F검정통계량의 표집분포와 검정력 $1-\beta$

제2종오류와 검정력은 영가설이 사실이 아니라는 진리하에서(Under H_1) 연구자가 도달하게 되는 두 개의 통계적 결과 확률이라고 할 수 있다. 즉, 영가설의 기각에 실패할 확률과 영가설의 기각에 성공할 확률로서 둘을 합하면 당연히 1이 된다. 통계적 검정력은 연구를 진행한 연구자 본인이나 연구비를 지원한 국가나 단체의 측면에서 매우 중요하다. 연구자가 계획한 연구가 진짜로 효과가 있을 때, 그것이 효과가 있다고 결론 내릴 수 있는 확률이 검정력이기 때문이다.

연구자는 본인의 연구에서 되도록 충분한 검정력을 확보해야 하는데, 문제는 이것이 단지 제2종오류를 통제함으로써 가능한 것이 아니라는 것이다. 제1종오류가 연구자의 자의에 의하여 5% 또는 1% 등으로 통제될 수 있는데 반해, 제2종오류는 연구자가 미리 선택하여 정할 수 있는 것이 아니다. 따라서 연구의 검정력에 영향을 주는 여러 가지 요인들을 조정함으로써 원하는 수준의 검정력을 달성하는 것이 일반적이다. 사회과학 연구에서 연구자가 달성하고자 하는 검정력은 최소 80% 정도라고 알려져 있으며 연구자에 따라 90% 또는 95% 정도까지 확보하려고 하는 경우도 있다.

지금부터 회귀모형의 검정력에 영향을 줄 수 있는 몇 가지 요인들을 살펴본다. 통계적 검정력의 크기에 영향을 줄 수 있는 주요한 세 개의 요인은 효과크기(effect size), 유의수준(significance level), 표본크기(sample size)이다. 가장 먼저, 효과크기는 영가설이 잘못된 정도(the degree to which the null hypothesis is false)라고 정의되는데(Cohen,

1988), 회귀모형에서는 연구자가 설정한 예측변수가 종속변수를 잘 설명하는지의 정도 등으로 풀어서 표현할 수 있다. 회귀분석 모형의 효과크기가 클수록 검정력은 증가한다.

아래에 제공되는 그림은 [그림 16.2]에서보다 더 큰 효과크기가 있을 때 검정력의 크기 변화를 보여 준다. 회귀모형에서 효과크기가 커지면 비중심 F분포의 위치가 오른쪽으로 더 이동을 하게 되는데, 이로 인해 제2종오류 β의 크기가 그림과 같이 줄어들며 검정력 $1-\beta$는 커지게 된다. 나머지 요인들인 유의수준은 5%로, 표본크기는 93으로 모두 일정하다는 가정을 하였다.

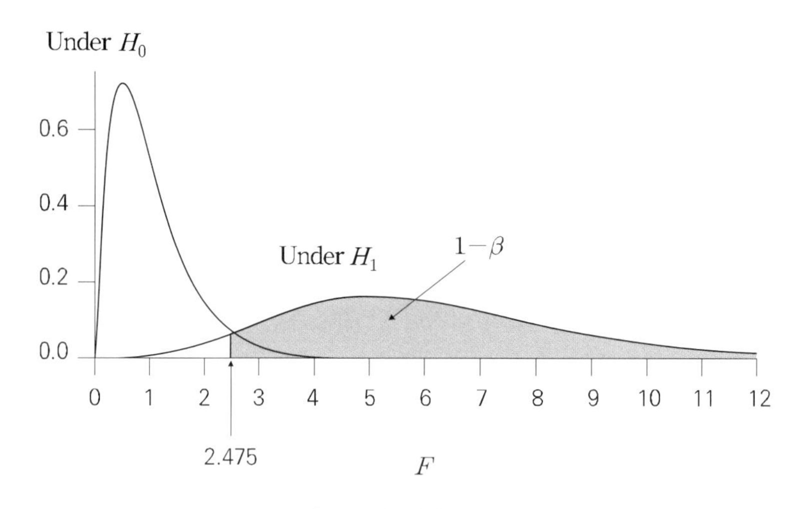

[그림 16.3] 효과크기가 커졌을 때 검정력의 변화

위의 그림으로부터 검정력에 영향을 주는 다른 모든 조건이 동일하다면 더 큰 효과크기를 가질 때 검정력의 크기가 더 큰 것을 알 수 있다. 그렇다면 통계적 검정력을 높이기 위한 방법으로서 회귀모형의 효과크기를 늘릴 수 있을까? 결론부터 이야기하면 효과크기는 연구자가 마음대로 통제할 수 있는 것이 아니다. 효과크기란 연구자가 개발한 처치 또는 연구자가 가지고 있는 예측변수가 지닌 본원적인 효과의 크기일 뿐이다. 다시 말해, 어떤 값인지 모르는 모수(parameter)로서 존재한다. 그러므로 효과크기가 검정력과 밀접한 관련이 있다고 하더라도 효과크기를 움직여 검정력을 높이는 것은 가능하지 않다.

두 번째로 유의수준 α의 크기가 변하면 검정력에 어떤 차이가 있는지 확인한다. 앞의 그림들에서는 검정력을 계산하기 위해 유의수준 5%를 가정하였고, 자유도가 4와 88인 F분포의 기각값은 2.475였다. 사회과학에서 5%와 더불어 많은 연구자들이 사용하는 유의수준은

1%이다. 아래의 그림은 유의수준이 1%로 작아졌을 때 검정력에 어떤 차이가 발생하는지 보여 준다. 검정력에 영향을 미치는 나머지 요인들인 효과크기와 표본크기는 [그림 16.3]과 동일하다는 가정을 하였다.

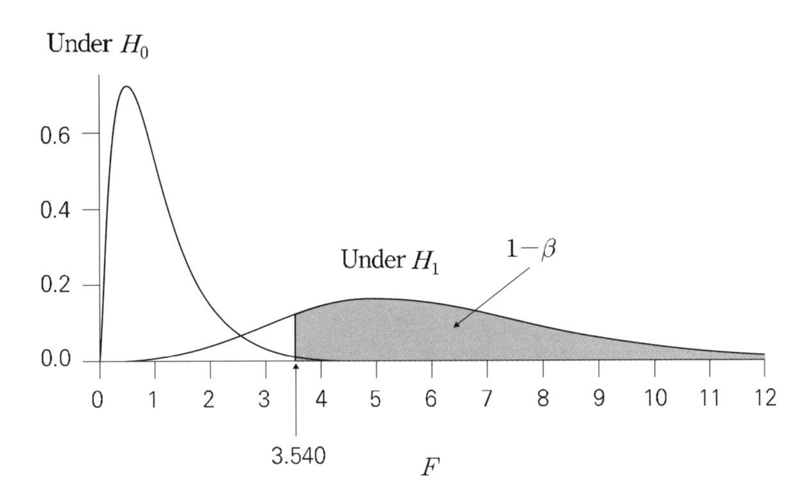

[그림 16.4] 유의수준이 1%로 줄어들었을 때 검정력의 변화

위 그림에서는 유의수준이 1%로 가정되었고 이에 해당하는 기각값은 3.540이 되며 Under H_1 밑에 있는 분포에서 3.540보다 클 확률이 검정력 $1-\beta$가 된다. [그림 16.3]과 비교했을 때 유의수준이 5%에서 1%로 작아지면서 검정력이 감소한 것을 확인할 수 있다. 기각값이 2.475에서 3.540으로 이동하면서 회색 영역의 넓이가 줄어든 탓이다. 그렇다면 통계적 검정력을 높이기 위한 방법으로서 유의수준을 통제할 수 있을까?

결론부터 이야기하면 할 수는 있다. 연구자의 선택으로 0.01 대신 0.05 또는 0.1 등을 사용하면 검정력은 증가하게 된다. 그런데 사실 대부분의 학문 영역에서 유의수준을 조정하는 것은 생각만큼 자유롭지 않다. 유의수준을 연구자가 임의로 선택할 수 있다고 원칙적으로 말은 하지만, 각 분야에서 상당히 고정적으로 사용하고 있는 유의수준이 있기 때문이다. 그리고 많은 영역에서 그 값은 0.05이다. 제1종오류인 유의수준은 경험과학에서 상당히 위험하다고 간주하는 오류이며 일정한 수준에서 통제하기를 원한다. 그러므로 유의수준이 검정력과 관련이 있다고 하더라도 유의수준을 마냥 키워서 검정력을 높이는 것은 적절하지도 않고 가능하지도 않다고 봐야 한다.

마지막으로 회귀모형에서 표본크기가 변하면 검정력이 어떻게 변하는지 확인한다. 아래의 그림은 표본크기가 93에서 10으로 줄어들었을 때의 검정력 변화를 보여 준다. 앞의 예에서처럼 검정력에 영향을 미치는 나머지 요인들인 효과크기, 유의수준 등은 모두 일정하다는 가정을 하였다.

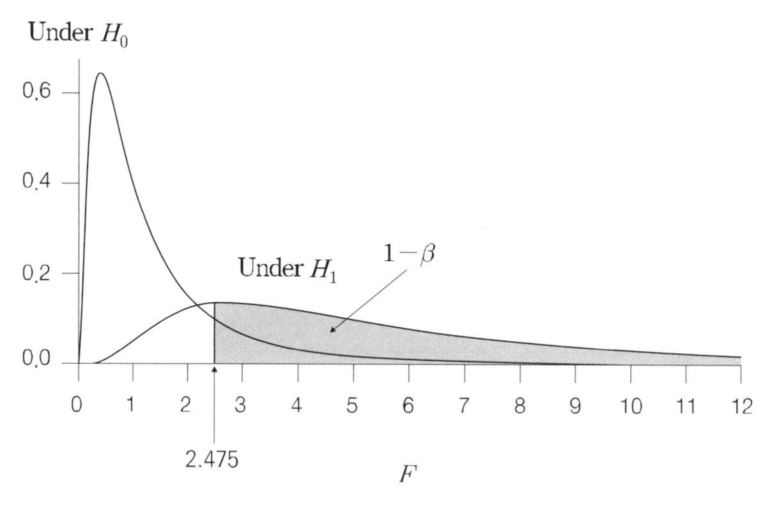

[그림 16.5] 표본크기가 $n=10$으로 줄어들었을 때 검정력의 변화

위 그림에서 $n=10$으로서 나머지 예와 비교해서 표본크기가 확연히 줄어들었다. 나머지 모든 조건이 동일하고 $n=93$인 [그림 16.2]와 비교하면, 제2종오류 β의 영역이 커지고, 검정력 $1-\beta$의 영역이 작아진 것을 확인할 수 있다. 그렇다면 통계적 검정력을 높이기 위한 방법으로서 더 큰 표본크기를 사용할 수 있을까? 답부터 말하면 그렇게 하지 못할 이유가 없다. 표본크기를 결정하는 것은 연구자의 몫이기 때문이다. 항상 충분히 큰 표본크기를 확보하는 것이 쉽지는 않겠지만, 그렇다고 하여 불가능한 것도 아니다.

지금까지 설명한 검정력을 변화시킬 수 있는 모든 방법 중에서 큰 표본크기를 확보하는 방법이 가장 적절한 방법이라고 할 수 있다. 효과크기는 모수로서 존재하기 때문에 연구자가 임의로 통제할 수 있는 것이 아니며, 유의수준은 대부분의 학문 영역에서 5%를 사용하는 것이 표준관행이다. 그렇다면 검정력을 증가시키기 위해 연구자가 선택할 수 있는 최선의 방법은 충분히 큰 표본크기를 확보하는 것이다. 그래서 대부분의 학자들은 연구의 검정력을 확보하는 방법에 대하여 논의할 때 자연스럽게 표본크기를 고려한다.

16.2. 검정력과 표본크기

회귀분석 모형의 실질적 사용에서 가장 중요한 문제는 적절한 검정력을 확보하기 위하여 어느 정도 크기의 표본을 확보해야 하는가이다. 이를 위해 먼저 표본크기와 밀접한 관련이 있는 검정력을 회귀분석에서 어떻게 계산할 수 있는지 보이고, 다음으로 주어진 조건과 원하는 검정력을 달성하기 위해 표본크기를 계산하는 방법을 소개한다.

16.2.1. 검정력의 계산

회귀분석 모형에서 검정력이 어떤 요인들에 의해 결정되는지 앞에서 자세히 설명하였다. 그림들을 통해 이해했듯이 효과크기(f^2 또는 R^2)가 클수록, 유의수준(α)이 클수록, 표본크기(n)가 클수록 검정력은 증가한다. 검정력, 효과크기, 유의수준, 표본크기 중 세 개가 주어지면 나머지 한 개는 계산하여 얻을 수 있다. 그러므로 사후적으로(post hoc), 즉 회귀분석을 실시한 이후에 연구자가 가진 검정력의 크기가 얼마인지 확인할 수 있다. 이때 사용할 수 있는 아주 유명한 프로그램이 G*Power이다.[49] G*Power는 다양한 검정들, 예를 들어, t검정, F검정, χ^2검정, z검정 및 일부 정확검정(exact test) 등에 대한 통계적 검정력 분석(power analysis)을 실시할 수 있는 도구이다. Google에서 검색하여 웹사이트로 들어가면 무료로 다운로드 받을 수 있으며, 검정력 분석 결과를 그래프로 표시하는 기능도 있는 등 매우 유용한 소프트웨어이다. 또한, 웹사이트에 제공된 G*Power의 매뉴얼도 다운로드 받을 수 있으며, 매뉴얼에는 사용법이 매우 상세히 제공되어 있다.

Cars93 자료에서 Price를 종속변수로 하고, Horsepower와 MPG.city를 독립변수로 하는 회귀분석을 실시한다고 가정할 때 사후적인 검정력의 계산 방법을 지금부터 설명한다. 즉, 회귀분석 모형에서 독립변수들이 실제로 종속변수를 잘 예측한다고 할 때(즉, Horsepower 또는 MPG.city 중 적어도 하나의 독립변수는 유의함) 이 모형을 유의하다고 판단할 확률(검정력)이 얼마였는지 사후적으로 계산하는 과정을 보인다. 먼저 회귀분석을 실시한 결과가 다음과 같다.

[49] G*Power는 독일 Düsseldorf 대학교의 Heinz Erdfelder, Franz Faul, Axel Buchner 및 Albert-Georg Lang에 의해 개발되었으며, 'G파워'라고 읽는 것이 일반적이다.

Model Summary

Model	R	R Square	Adjusted R Square	Std. Error of the Estimate
1	.793[a]	.629	.621	5.94970

a. Predictors: (Constant), MPG.city, Horsepower

ANOVA[a]

Model		Sum of Squares	df	Mean Square	F	Sig.
1	Regression	5398.115	2	2699.057	76.247	.000[b]
	Residual	3185.907	90	35.399		
	Total	8584.021	92			

a. Dependent Variable: Price

b. Predictors: (Constant), MPG.city, Horsepower

[그림 16.6] 회귀분석 결과 요약 및 분산분석표

위의 모형 검정에서 $F = 76.247$이고, 이는 $p < .001$ 수준에서 회귀모형이 통계적으로 유의하다는 것을 보여 주고 있다. 즉, 회귀분석 모형의 영가설(모든 회귀계수가 0이다)을 기각한 상황이다. 만약 진리가 정말로 '회귀분석 모형이 유의미하다(regression model is meaningful)'는 것이었다면, 지금처럼 영가설을 기각할 확률인 검정력을 계산할 수 있다. 참고로 연구자가 영가설을 기각한 상황에서 만약 진리가 '회귀분석 모형이 유의미하지 않다'라는 것이었다면, 연구자는 검정력을 계산할 수 없다. 그때 연구자가 계산하는 확률은 정의에 따라 제1종오류가 될 것이기 때문이다. 앞에서 자세히 설명했듯이 제1종오류의 정의는 효과가 없을 때(영가설이 옳음) 효과가 있다고(영가설을 기각함) 결론 내릴 확률을 의미한다.

통계적 검정력을 계산하기 위하여 필요한 정보는 효과크기, 유의수준, 표본크기이다. [그림 16.6]으로부터 효과크기 $R^2 = 0.629$임을 알 수 있고, 유의수준은 거의 모든 학문 영역에서 대중적으로 사용되는 0.05이며, 표본크기 $n = 93$이다. 검정력과 관련된 네 개의 주요 요인 중에서 세 개의 정보가 주어졌으므로 G*Power를 이용하여 검정력을 계산하지 못할 이유가 없다. G*Power 3.1 버전을 다운로드 받아 컴퓨터에 설치하고 실행하면, 다음과 같은 화면이 나타난다.

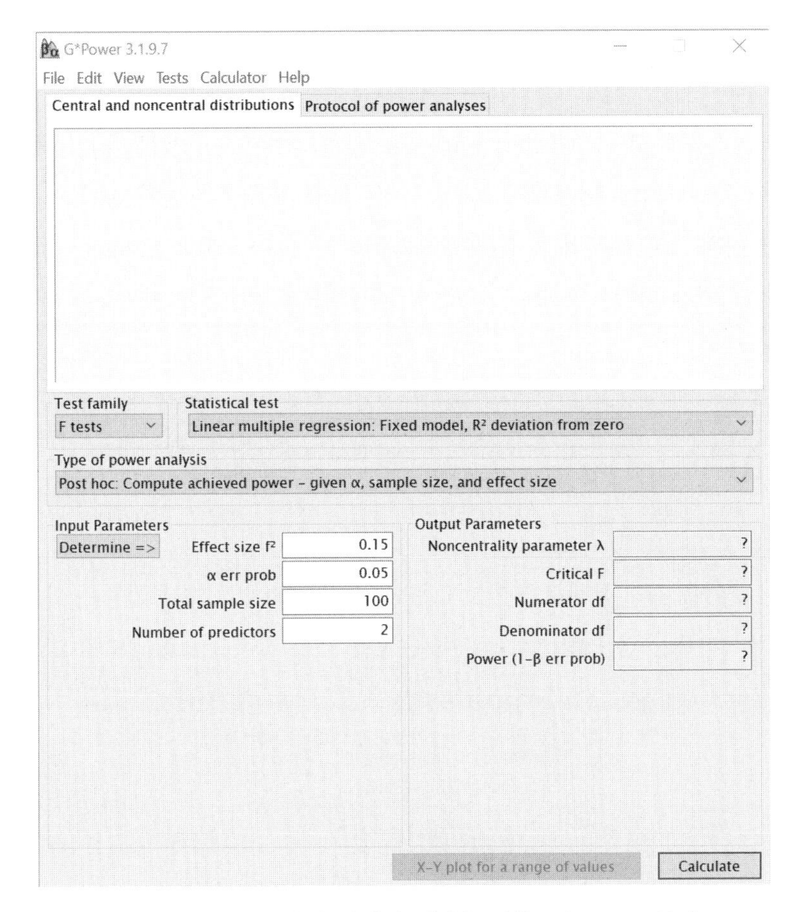

[그림 16.7] 사후적인 검정력 계산을 위한 G*Power 화면

위의 화면은 회귀분석 모형의 검정력을 계산하기 위하여 몇 가지 설정을 해 놓은 상태이다. 가장 먼저 검정의 종류를 나타내는 Test family[50] 부분을 F tests로 바꾸어야 한다. 회귀분석의 모형 검정은 F검정이기 때문이다. F검정 family에는 분산분석, 공분산분석, 다변량분산분석, 분산동일성검정, 회귀분석 등이 속해 있다. 이제 바로 옆에 있는 Statistical test에서 회귀분석 종류를 선택해야 한다. 회귀분석의 종류는 두 가지가 있는데 그중에서 Linear multiple regression: Fixed model, R^2 deviation from zero를 선택해야 한다. 이 옵션이 우리가 일반적으로 추정하는 회귀분석 모형이다. 다음으로 Type of power analysis에서는 사후적으로 검정력을 계산하는 옵션인 Post hoc: Compute achieved power – given α, sample size, and effect size를 선택해야 한다. 유의수준 α, 표본크

50 수학 또는 통계학에서 family라는 개념은 비슷한 것들의 모임으로서 일단의 특성을 공유하는 것들로 정의할 수 있다.

기, 효과크기가 주어진 상태에서 사후적으로 달성한 검정력을 계산하는 옵션이다.

이와 같이 설정을 하고 나면 Input Parameters 아래에 있는 빈칸들을 적절한 값으로 채워나가야 한다. 프로그램 디폴트로서 0.15, 0.05, 100, 2 등 의미 없는 값들이 이미 들어가 있는데, 이를 분석 결과에 맞게 수정해야 하는 것이다. 가장 먼저, Effect size f^2 부분에 효과크기를 입력해야 한다. SPSS에는 R^2이 제공되므로 이 값을 이용하여 아래처럼 직접 f^2을 구해야 한다.

$$f^2 = \frac{R^2}{1-R^2} = \frac{0.629}{1-0.629} = 1.695$$

Effect size f^2을 직접 계산하지 않고 G*Power의 효과크기 계산 기능을 이용할 수도 있다. 이를 위해서는 Input Parameters 바로 밑에 있는 'Determine =〉'을 클릭한다.

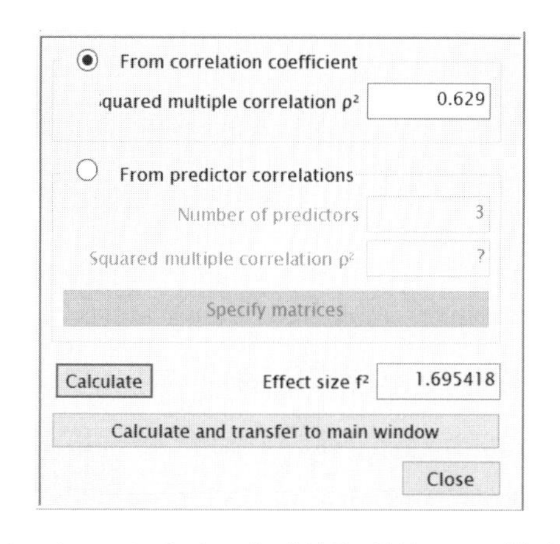

[그림 16.8] **효과크기 계산을 위한 보조 화면**

위처럼 효과크기 계산을 위한 보조 화면이 새롭게 열리면 From correlation coefficient 부분에서 Squared multiple correlation ρ^2 박스 안에 R^2 값인 0.629를 입력한다. 이후 아래에 활성화 되어 있는 Calculate을 누르면 바로 오른쪽에 있는 Effect size f^2 박스에 1.695418이 계산되어 나타난다. 이 숫자를 [그림 16.7]의 Effect size f^2 부분으로 옮겨서 적으면 된다. 또는, 바로 밑에 있는 Calculate and transfer to main window를 클릭하면, f^2 값을 계산하면서 동시에 메인 화면으로 1.695418이라는 숫자를 옮겨 준다. 효과크기가 계산되어 입력되면, α err prob에[51] 0.05를 입력하고(이미 기본값이 0.05로 설정되어 있음), Total sample size에 Cars93의 표본크기 93을 입력하며, 마지막으로 Number of predictors에 예측변수(Horsepower 및 MPG.city)의 개수 2를 입력한다. 이제 [그림 16.7]의 가장 오른쪽 아래에 있는 Calculate을 클릭하면 아래와 같은 결과가 제공된다.

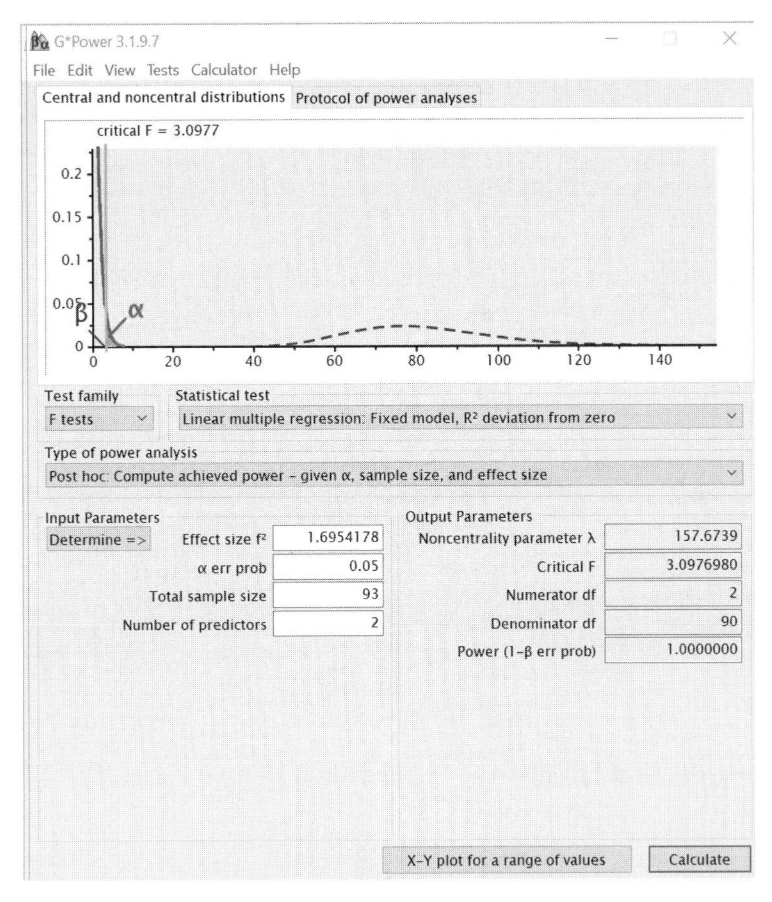

[그림 16.9] **사후적인 검정력 계산 결과**

Input Parameters 아래에는 직접 입력한 값들이 나타나고, Output Parameters 아래에는 다양한 결과가 나타난다. 먼저 비중심 F분포의 중요한 모수 중 하나인 비중심 모수 $\lambda = 157.6739$임이 보인다. 이는 회귀분석의 영가설이 사실이 아니라는 가정하의 비중심 F분포가 영가설이 사실이라는 가정하의 중심 F분포와 얼마나 떨어져 있는지 등을 나타내 주는데, 이에 대한 자세한 설명은 본 책의 범위를 벗어나므로 생략하도록 한다. F검정을 위한 분자의 자유도는 $2(=p)$이고 분모의 자유도는 $90(=n-p-1)$이며, 유의수준 5%를 가정한

51 'α err'은 alpha error로서 유의수준을 의미한다. α가 유의수준이기도 하지만, 동시에 제1종오류이므로 error라는 단어를 α 옆에 붙여 둔 것이다. 일반적으로 잘 쓰는 표현은 아니며, 단지 alpha라고만 하면 된다.

기각값 Critical F가 3.098 정도인 것도 제공된다. 그리고 가장 마지막에 회귀분석의 사후적인 검정력 Power(1 − β err prob)가[52] 1.000으로 나타난다. 우리가 실행한 회귀분석에서 검정력이 엄청나게 높았음을 사후적으로 알 수 있다.

[그림 16.9] 결과의 아래에 있는 X-Y plot for a range of values를 클릭하고, 새롭게 열린 화면의 가장 오른쪽 아래에서 Draw plot을 클릭하면 아래처럼 표본크기와 검정력의 관계 그래프를 확인할 수 있다.

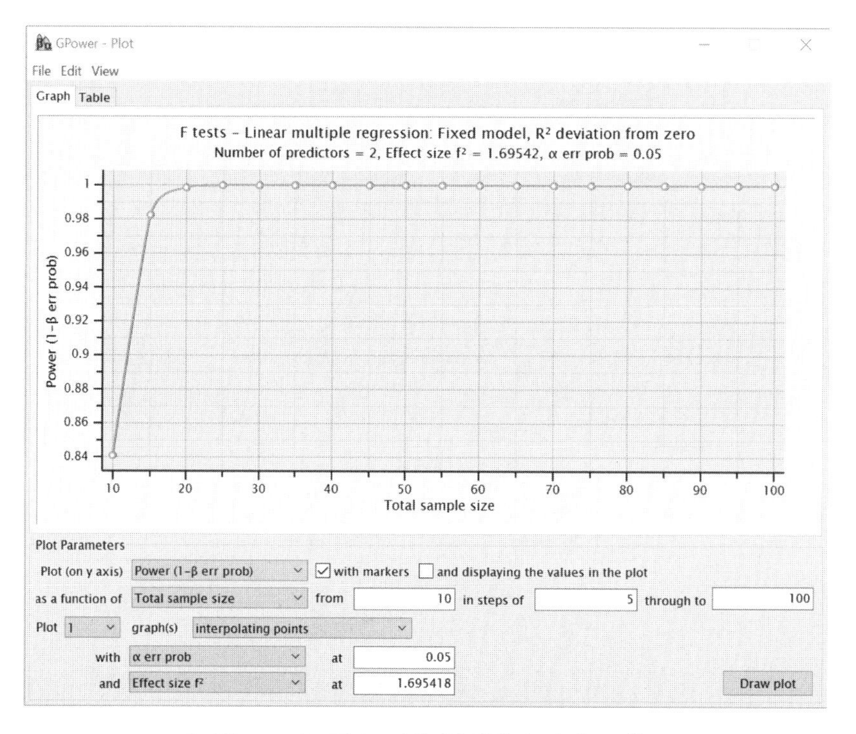

[그림 16.10] 표본크기와 검정력의 관계 그래프

위의 그래프는 효과크기와 유의수준 및 예측변수의 개수가 주어져 있다고 가정한 상태에서 표본크기와 검정력의 관계를 그린 것이다. 그림에서 알 수 있듯이 수평축의 표본크기가 증가하면 수직축의 검정력 역시 증가하는 것을 알 수 있다. 예를 들어, 표본크기가 10일 때 검정력은 이미 84% 정도이며, 표본크기가 20 정도가 되었을 때 검정력이 거의 100%를 달성하고 있는 것이 보인다. Cars93 자료를 이용한 회귀분석에서 Horsepower와 MPG.city의 효과가 워낙 크기 때문에 높은 검정력을 달성하기 위한 표본크기가 상당히 작음을 알 수 있다.

52 'β err' 역시 마찬가지로 제2종오류라는 이유로 err을 β 옆에 붙여 두었는데, 일반적인 표현은 아니다.

16.2.2. 표본크기의 결정

효과크기, 유의수준, 표본크기 등이 이미 주어진 상태에서 사후적으로 검정력을 계산할 수 있다는 것을 보여 주었다. 네 개의 요인이 서로 연결되어 있다는 것을 알 수 있었고, 표본크기와 검정력이 비례 관계에 있다는 것도 볼 수 있었다. 회귀분석에서의 검정력에 대한 이해를 높이고자 하는 목적으로 보여 주었지만, 실제 연구에서 이와 같은 검정력 계산을 하는 경우는 그다지 많지 않으며, 연구자에게 실익이 별로 없다. 이보다는 사전적으로(a priori), 즉 회귀분석을 실시하기 이전에, 더 정확히 말하면 자료를 수집하기 이전에 주어진 조건에서 얼마나 큰 표본이 요구되는지 계산하는 것이 연구자에게 훨씬 유용하다. 이를 위해서는 G*Power를 아래처럼 다른 방식으로 이용해야 한다.

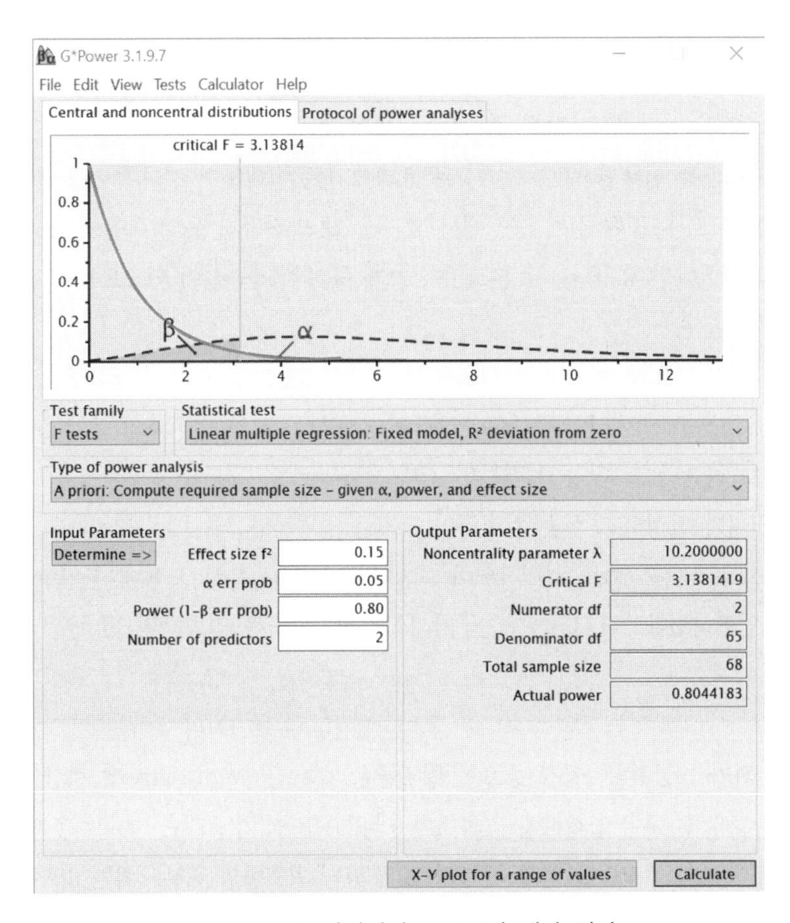

[그림 16.11] **사전적인 표본크기 계산 결과**

먼저 Test family는 F tests를 선택하고, Statistical test는 Linear multiple regression:

Fixed model, R^2 deviation from zero를 선택한다. 이는 사후적인 검정력을 계산할 때와 다르지 않다. 이제 표본크기를 계산하기 위해서는 Type of power analysis에서 A priori: Compute required sample size – given α, power, and effect size를 선택해야 한다. 유의수준, 검정력, 효과크기가 주어졌을 때 요구되는 표본크기를 사전적으로 계산해 주는 옵션이다.

이제 Input Parameters에 필요한 정보를 입력해야 한다. 가장 먼저 Effect size f^2을 입력해야 하는데, 아직 자료도 수집하지 않은 상태이므로 내 연구의 효과크기가 얼마가 될지 알 수 있는 방법이 없다. 이때 임의로 적절한 f^2 값을 입력하여야 하는데, 많은 연구자들이 [식 2.21]에 제공된 Cohen(1988)의 f^2 가이드라인 중에서 중간 효과크기에 해당하는 $f^2 = 0.15$를 입력한다. 아직 자료도 수집하지 않은 상태에서 효과크기를 알 방법은 없으므로 대략적으로 중간 정도가 있을 것이라고 가정하고 진행하는 것이다. 만약 연구자의 분야에 알려진 효과크기가 있다면 그 값을 입력하고, 만약 연구를 보수적으로 하고 싶다면 작은 효과크기 $f^2 = 0.02$를 선택할 수도 있다. 큰 효과크기를 선택하면 결과적으로 작은 표본크기가 요구될 것이므로 나중에 실제 연구에서 효과를 잘 발견하지 못할 확률이 올라가고, 작은 효과크기를 선택한다면 요구되는 표본크기가 크게 증가할 가능성이 있으므로 이 부분은 신중하게 결정해야 한다.

다음으로 α err prob에 유의수준 0.05를 입력하는데, 만약 연구자의 분야에서 다른 유의수준 값을 사용한다면 그 값을 입력하면 된다. Power($1-\beta$ err prob)에는 0.80, 0.90, 0.95 등 연구자가 달성하고 싶은 검정력의 크기를 입력하면 되는데, [그림 16.11]에는 가장 광범위하게 사용되는 0.80을 입력하였다. 마지막으로 회귀분석 모형에 투입할 예측변수의 개수는 2로 입력하였다. 이 값들은 연구자의 상황에 맞도록 입력하면 된다.

이 상태에서 아래에 있는 Calculate을 클릭하면 [그림 16.11]의 Output Parameters 부분에 모든 결과가 제공된다. 가장 중요한 결과물은 Total sample size에 계산되어 나온 값이다. 예측변수가 두 개인 상황에서 효과크기 f^2을 0.15로 가정하고, 유의수준은 0.05로 설정하며, 최소 80%의 검정력을 얻고 싶다면, 요구되는 최소한의 표본크기는 68인 것이다. 이전처럼 X-Y plot for a range of values를 클릭하여 Draw plot을 클릭하면 나머지 조건이 일정하다는 가정하에서 아래처럼 검정력과 표본크기의 관계 그래프를 확인할 수 있다.

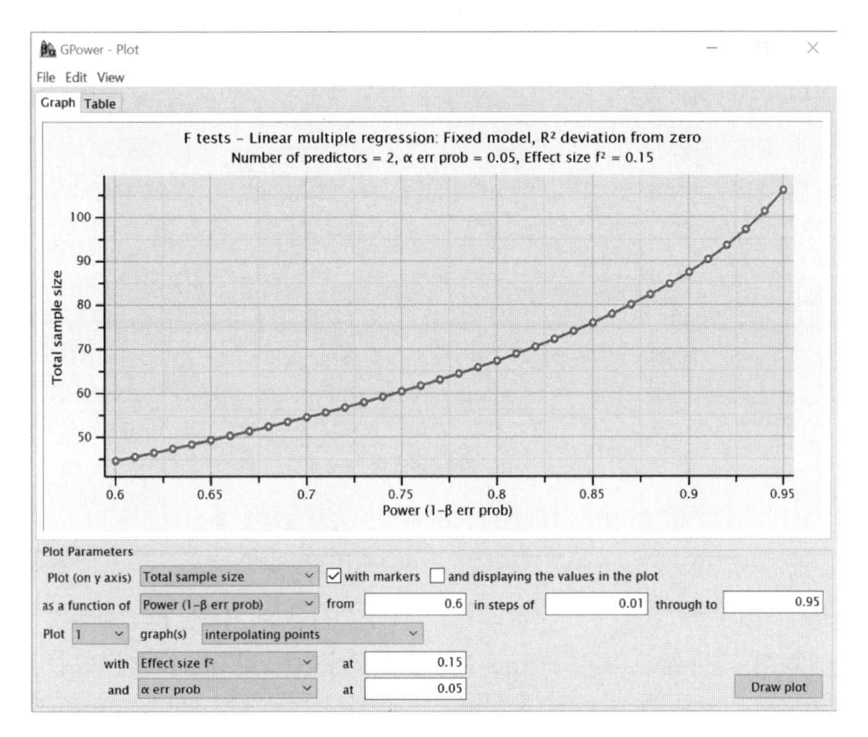

[그림 16.12] **검정력과 표본크기의 관계 그래프**

위의 그래프는 주어진 효과크기($f^2=0.15$)와 유의수준($\alpha=0.05$) 및 예측변수의 개수($p=2$)가 변하지 않는다고 가정하고, 검정력($1-\beta$)과 표본크기(n)의 관계를 그린 것이다. 수평축의 달성하고자 하는 검정력이 증가함에 따라 수직축의 수집해야 할 표본크기도 역시 증가하는 것을 알 수 있다. 예를 들어, 달성하고자 하는 검정력이 80%라면 요구되는 표본크기는 68이며, 검정력이 90%라면 표본크기는 88, 검정력이 95%라면 표본크기가 110이 넘는 것을 알 수 있다. 회귀분석에서 최소한의 검정력이 확보되지 못한다면 연구에 큰 효과가 있다고 하여도 통계적으로 유의한 결과를 얻을 가능성이 줄어들게 되므로(Gelman, Hill, & Vehtari, 2021) 연구자들은 충분한 표본크기를 통해서 검정력을 확보하는 데 주의를 기울여야 한다.

이번 장의 시작에서 Field(2013)를 인용하여 회귀분석을 실시할 때 예측변수 하나당 10~15개의 사례가 요구된다고 하였는데, 과연 그럴지 궁금해할 독자들을 위해 G*Power를 이용하여 계산한 예측변수의 개수와 요구되는 표본크기의 관계 그래프를 아래에 제공한다. 나머지 조건은 효과크기 $f^2=0.15$, 유의수준 $\alpha=0.05$, 검정력 $1-\beta=0.80$으로 설정하였다.

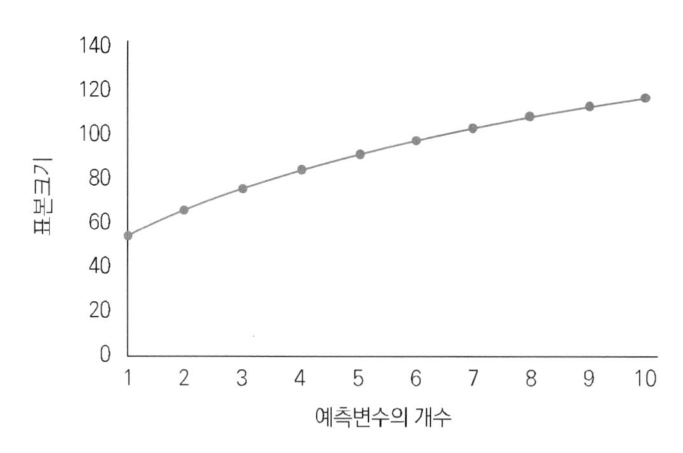

[그림 16.13] **예측변수의 개수와 표본크기의 관계**

위의 간단한 시뮬레이션에서 예측변수가 한 개 들어간 단순회귀모형도 80%의 검정력을 달성하기 위하여 작지 않은 표본크기($n = 55$)를 요구하였다. 하지만 그 이후로는 예측변수가 한 개씩 계속 늘어나도 추가로 요구되는 표본크기의 증가는 크지 않았다. 대략적으로 5~7개 정도의 사례를 더 요구할 뿐이었다. 참고로 이 결과는 일반적인 회귀분석에 적용될 수 있으나 상호작용효과가 들어간 모형에는 적용할 수 없다. 상호작용항이 회귀모형에 들어가면 일반적인 모형에 비해서 동일한 검정력을 달성하기 위해 훨씬 더 큰 표본크기가 요구되기 때문이다(Sommet, Weissman, Cheutin, & Elliot, 2023).

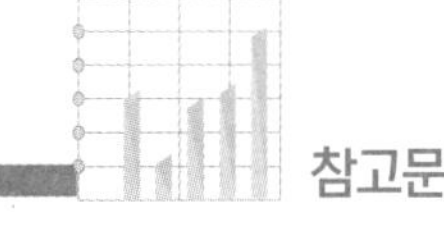

참고문헌

김수영(2016). **구조방정식 모형의 기본과 확장**. 서울: 학지사.

김수영(2019). **사회과학통계의 기본**. 서울: 학지사.

김수영(2023). **기초통계학**. 서울: 북앤정.

김하형, 김수영(2020). 비일관적 매개효과 모형의 해석 방향 탐색. **한국심리학회지: 일반, 39**(1), 91-115.

심미경, 서영숙, 김수영(2022). 구조방정식 모형을 활용한 매개효과 검정 방법의 비교: 백분위수 부트스트랩과 편향조정 부트스트랩. **한국심리학회지: 일반, 41**(2), 103-131.

이민영, 엄정호, 이경주, 이상은, 이상민(2019). 학업반감에 영향을 미치는 환경적 심리적 영향요인 분석: 고등학교 3학년 학생을 대상으로. **한국심리학회지: 학교, 16**(2), 89-110.

이지은, 김수영(2018). 대학생의 평가염려 완벽주의와 사회불안의 관계에서 무조건적 자기수용의 매개효과와 성별의 조절효과. **인간이해, 39**(2), 25-45.

지한솔, 장승민, 강연욱(2020). 인지기능과 도구적인 일상생활기능의 관계에서 인구통계학적 변인들의 조절효과. **한국심리학회지: 건강, 25**(3), 443-465.

Aiken, L. S., & West, S. G. (1991). *Multiple regression: Testing and interpreting interactions*. California, USA: Sage Publications.

Akaike, H. (1973, September). *Information theory and an extension of the maximum likelihood principle*. Paper presented at the 2nd international symposium on information theory, Tsahkadsor, Armenia, USSR.

Akaike, H. (1974). A new look at the statistical model identification. *IEEE Transactions on Automatic Control, 19*(6), 716-723.

Baron, R. M., & Kenny, D. A. (1986). The moderator-mediator variable distinction in social psychological research: Conceptual, strategic, and statistical considerations. *Journal of Personality and Social Psychology, 51*, 1173-1182.

Bauer, D. J., & Curran, P. J. (2005). Probing interactions in fixed and multilevel regression: Inferential and graphical techniques. *Multivariate Behavioral Research, 40*(3), 373-400.

Belsley, D. A., Kuh, E., & Welsh, R. E. (1980). *Regression diagnostics: Identifying influential data and sources of collinearity*. New York, NY: John Wiley & Sons.

Biesanz, J. C., Falk, C. F., & Savalei, V. (2010). Assessing mediational models: Testing and interval estimation for indirect effects. *Multivariate Behavioral Research, 45*, 661-701.

Bock, R. D., & Lieberman, M. (1970). Fitting a response model for dichotomously scored items. *Psychometrika, 35*, 179-197.

Bollen, K. A., & Stine, R. (1990). Direct and indirect effects: Classical and bootstrap estimates of variability. *Sociological Methodology, 20,* 115-140.

Bowerman, B. L., & O'Connell, R. T. (1990). *Linear statistical models: An applied approach* (2nd ed.). Belmont, CA: Duxbury.

Breiman, L. (1996). Bagging predictors. *Machine Learning, 24,* 123-140.

Burnham, K. P., & Anderson, D. R. (2010). *Model selection and multimodel inference: A practical information-theoretic approach* (2nd ed.). New York, NY: Springer.

Cerin, E., & MacKinnon, D. P. (2009). A commentary on current practice in mediating variable analyses in behavioral nutrition and physical activity. *Public Health Nutrition, 12*(8), 1182-1188.

Chatterjee, S., & Price, B. (1991). *Regression analysis by example* (2nd ed.). New York, NY: John Wiley & Sons, INC.

Chen, D., & Fritz, M. S. (2021). Comparing alternative corrections for bias in the bias-corrected bootstrap test of mediation. *Evaluation & the Health Professions, 44*(4), 416-427.

Cheong, J., MacKinnon, D. P., & Khoo, S. T. (2003). Investigation of mediational processes using parallel process latent growth curve modeling. *Structural Equation Modeling: A Multidisciplinary Journal, 10*(2), 238-262.

Cheung, G. W., & Lau, R. S. (2017). Accuracy of parameter estimates and confidence intervals in moderated mediation models: A comparison of regression and latent moderated structural equations. *Organizational Research Methods, 20*(4), 746-769.

Christofferson, A. (1975). Factor analysis of dichotomized variables. *Psychometrika, 40,* 5-32.

Clevenland, W. S. (1979). Robust locally weighted regression and smoothing scatterplots. *Journal of American Statistical Association, 74,* 829-836.

Cohen, J. (1988). *Statistical power analysis for the behavioral sciences.* Hillsdale, NJ: Lawrence Erlbaum Associates, Publishers.

Cohen, J., Cohen, P., West, S. G., & Aiken, L. (2015). *Applied multiple regression/correlation analysis for the behavioral sciences* (3rd ed.). New York, NY: Routledge.

Curran, P. J., West, S. G., & Finch, J. F. (1996). The robustness of test statistics to nonnormality and specification error in confirmatory factor analysis. *Psychological Methods, 1*(1), 16-29.

De Groot, A. D. (1969). *Methodology.* The Hague: Mouton.

DelSole, T., & Tippett, M. K. (2021). Correcting the corrected AIC. *Statistics and Probability Letters, 173.*

DiCiccio, T. J., & Efron, B. (1996). Bootstrap confidence intervals. *Statistical Science, 11*(3), 189-228.

Draper, D., & Smith, H. (1981). *Applied regression analysis* (2nd ed.). New York, NY: John Wiley & Sons.

Drucker, H. (1997). *Improving regressor using boosting techniques.* Paper presented at the Proceedings of the 14th International Conferences on Machine Learning, San Francisco, CA.

Echambadi, R., & Hess, J. D. (2007). Mean-centering does not alleviate collinearity problems in moderated multiple regression models. *Marketing Science, 26*, 438-445.

Efron, B. (1979). Boostrap methods: Another look at the jackknife. *The Annals of Statistics, 7*(1), 1-26.

Efron, B. (1987). Better bootstrap confidence intervals. *Journal of the American Statistical Association, 82,* 171-185.

Efron, B., & Tibshirani, R. (1986). Bootstrap methods for standard errors, confidence intervals, and other measures of statistical accuracy. *Statistical Science, 1*(1), 54-75.

Enders, C. K. (2022). *Applied missing data analysis* (2nd ed.). New York, NY: Guilford Publications.

Field, A. (2013). *Discovering statistics using IBM SPSS Statistics* (4th ed.). Thousand Oaks, CA, USA: SAGE Publications Inc.

Fox, J. (2002). *Bootstrapping regression models.* Retrieved from https://artowen.su.domains/courses/305a/FoxOnBootingRegInR.pdf.

Freund, Y., & Schapire, R. E. (1996). *Experiments with a new boosting algorithm.* Paper presented at the Proceedings of the 13th International Conferences on Machine Learning, Bari, Italy.

Fritz, M. S., & MacKinnon, D. P. (2007). Required sample size to detect the mediated effect. *Psychological Science, 18,* 233-239.

Galton, F. (1886). Regression towards mediocrity in hereditary stature. *The Journal of the Anthropological Institute of Great Britain and Ireland, 15,* 246-263.

Gatignon, H., & Vosgerau, J. (2005, June). *Estimating moderating effects: The myth of mean centering.* Paper presented at the Marketing Science Conference, Atlanta, GA.

Gelman, A., & Hill, J. (2007). *Data analysis using regression and multilevel/hierarchical models.* Cambridge, UK: Cambridge University Press.

Gelman, A., Hill, J., & Vehtari, A. (2021). *Regression and other theories.* New York, NY: Campbridge University Press.

Genc, S., & Mendes, M. (2021). Evaluating performance and determining optimum sample size for regression tree and automatic linear modeling. *Arquivo Brasileiro de Medicina Veterinária e*

Zootecnia, 73(6), 1391-1402.

Hayes, A. F. (2009). Beyond Baron and Kenny: Statistical mediation analysis in the new millennium. *Communication Monographs, 76*, 408-420.

Hayes, A. F. (2022). *Introduction to mediation, moderation, and conditional process analysis* (3rd ed.). New York, NY: The Guilford Press.

Hayes, A. F., & Scharkow, M. (2013). The relative trustworthiness of inferential tests of the indirect effect in statistical mediation analysis: Does method really matter? *Psychological Science, 16*, 1918-1927.

Heinze, G., Wallisch, C., & Dunkler, D. (2018). Variable selection - A review and recommendations for the practicing statistician. *Biomedical Journal, 60*, 431-449.

Hempel, C. G. (1965). *Aspects of scientific explanation.* New York, NY: Free Press.

Holmbeck, G. N. (1997). Toward terminological, conceptual, and statistical clarity in the study of mediators and moderators: Examples from the child-clinical and pediatric psychology literatures. *Journal of Consulting and Clinical Psychology, 4,* 599-610.

Hurvich, C. M., & Tsai, C. L. (1989). Regression and time series model selection in small samples. *Biometrika, 76,* 297-307.

Iacobucci, D. (2008). *Mediation analysis.* London, UK: SAGE Bublications, Inc.

IBM Corp. (2021). *IBM SPSS statistics base 28.* Retrieved from https://www.ibm.com/docs/en/SSLVMB_28.0.0/pdf/IBM_SPSS_Statistics_Base.pdf.

James, L. R., & Brett, J. M. (1984). Mediators, moderators, and tests for mediation. *Journal of Applied Psychology, 69*, 307-321.

Kaplan, A. (1964). *The conduct of inquiry.* San Francisco, CA: Chandler.

Keith, T. Z. (2015). *Multiple regression and beyond.* New York, NY: Routledge.

Kenny, D. A., Kashy, D., & Bolger, N. (1998). Data analysis in social psychology. In D. Gilbert, S. Fiske & G. Lindzey (Eds.), *Handbook of social psychology* (4th ed., pp. 233-265). New York, NY: McGraw-Hill.

Kirby, K. N., & Gerlanc, D. (2013). BootES: An R package for bootstrap confidence intervals on effect sizes. *Behavior Research Methods, 45*(4), 905-927.

Kline, R. B. (2016). *Principles and practice of structural equation modeling* (4th ed.). New York, NY: The Guilford Press.

Kullback, S., & Leibler, R. A. (1951). On information and sufficiency. *Annals of Mathematical Statistics, 22,* 79-86.

Kutner, M. H., Nachtsheim, C. J., Neter, J., & Li, W. (2005). *Applied linear statistical models* (5th ed.). New York, NY, USA: McGraw-Hill Companies, Inc.

Lockwood, C. M., & MacKinnon, D. P. (1998, March). *Bootstrapping the standard error of the mediated effect.* Paper presented at the 23rd Annual Meeting of SAS Users Group International, Cary, NC.

Lomnicki, Z. A. (1967). On the distribution of products of random variables. *Journal of the Royal Statistical Society, Series B (Statistical Methodology), 29,* 513-524.

MacKinnon, D. P. (2008). *Introduction to statistical mediation analysis.* New York, NY: Lawrence Erlbaum Associates.

MacKinnon, D. P., & Dwyer, J. H. (1993). Estimating mediated effects in prevention studies. *Evaluation Review, 17*(2), 144-158.

MacKinnon, D. P., Fritz, M. S., Williams, J., & Lockwood, C. M. (2007). Distribution of the product confidence limits for the indirect effect: Program PRODCLIN. *Behavior Research Methods, 39*(3), 384-389.

MacKinnon, D. P., Lockwood, C. M., Hoffman, J. M., West, S. G., & Sheets, V. (2002). A comparison of methods to test mediation and other intervening variable effects. *Psychological Methods, 7,* 83-104.

MacKinnon, D. P., Lockwood, C. M., & Williams, J. (2004). Confidence limits for the indirect effect: Distribution of the product and resampling methods. *Multivariate Behavioral Research, 39,* 99-128.

McFatter, R. M. (1979). The use of structural equation models in interpreting repression equations including suppressor and enhancer variables. *Applied Psychological Measurement, 3,* 123-135.

Miller, A. J. (2002). *Subset selection in regression* (2nd ed.). New York, NY: CRC press.

Muthén, B. (1978). Contributions to factor analysis of dichotomous variables. *Psychometrika, 43,* 551-560.

Muthén, L., & Muthén, B. (1998-2019). Mplus (Version 8). Los Angeles, CA: Muthén & Muthén.

Nevitt, J., & Hancock, G. R. (2001). Performance of bootstrapping approaches to model test statistics and parameter standard error estimation in structural equation modeling. *Structural Equation Modeling: A Multidisciplinary Journal, 8,* 353-377.

Pearson, K. (1896). Mathematical contributions to the theory of evolution.-III. Regression, Heredity, and Panmixia. *Philosophical Transactions of the Royal Society A, 187,* 253-318.

Pedhazur, E. J. (1982). *Multiple regression in bahavioral research* (2nd ed.). New York, NY: CBS College Publishing.

Preacher, K. J., & Hayes, A. F. (2004). SPSS and SAS procedures for estimating indirect effects in simple mediation models. *Behavior Research Methods, 36*(4), 717-731.

Preacher, K. J., & Hayes, A. F. (2008). Asymptotic and resampling strategies for assessing and comparing indirect effects in multiple mediator models. *Behavior Research Methods, 40*(3), 879-891.

Schmidt, A. F., & Finan, C. (2018). Lienar regression and the normality assumption. *Journal of Clinical Epidemiology, 98,* 146-151.

Schwarz, G. E. (1978). Estimating the dimension of a model. *Annals of Statistics, 6*(2), 461-464.

Sclove, L. (1987). Application of model-selection criteria to some problems in multivariate analysis. *Psychometrika, 52,* 333-343.

Scriven, M. (1959). Explanation and prediction in evolutionary theory. *Science, 130,* 477-482.

Selya, A. S., Rose, J. S., Dierker, L., C., Hedeker, D., & Mermelstein, R. J. (2012). A practical guide to calculating Cohen's f-squared, a measure of local effect size, from PROCE MIXED. *Frontiers in Psychology, 3,* 1-6.

Shrout, P. E., & Bolger, N. (2002). Mediation in experimental and nonexperimental studies: New procedures and recommendations. *Psychological Methods, 7,* 422-445.

Sim, M., Suh, Y., & Kim, S.-Y. (2022). Sample size requirements for simple and complex mediation models. *Educational and Psychological Measurement, 82*(1), 76-106.

Smith, G. (2018). Step away from stepwise. *Journal of Big Data, 5.*

Sobel, M. E. (1982). Asymptotic confidence intervals for indirect effects in structural equation models. In S. Leinhardt (Ed.), *Sociological methodology 1982* (pp. 290-312). Washington, DC: American Sociological Association.

Sommet, N., Weissman, D. L., Cheutin, N., & Elliot, A. J. (2023). How many participants do I need to test an Interaction: Conducting an appropriate power analysis and achieving sufficient power to detect an interaction. *Advances in Methods and Practices in Psychological Science, 6*(3), 1-21.

Springer, M. D., & Thompson, W. E. (1966). The distribution of independent random variables. *SIAM Journal on Applied Mathematics, 14,* 511-526.

Stevens, S. S. (1946). On the theory of scales of measurement. *Science, 103,* 677-680.

Stone, C. A., & Sobel, M. E. (1990). The robustness of estimates of total indirect effects in covariance structure models estimated by maximum likelihood. *Psychomerika, 55*(2), 337-352.

Taylor, A. B., MacKinnon, D. P., & Tein, J. Y. (2008). Tests of the three-path mediated effect. *Organizational Research Methods, 11*(2), 241-269.

Tofighi, D., & Kelley, K. (2020). Indirect effects in sequential mediation models: Evaluating methods for hypothesis testing and confidence interval formation. *Multivariate Behavioral Research, 55*(2), 188-210.

Tomarken, A. J., & Serlin, R. (1986). Comparison of ANOVA alternatives under variance heterogeneity and specific noncentrality structures. *Psychological Bulletin, 99*(1), 90-99.

Valente, M. J., Gonzalez, O., Miočević, M., & MacKinnon, D. P. (2016). A note on testing mediated effects in structural equation models: Reconciling past and current research on the performance of the test of joint significance. *Educational and Psychological Measurement, 76*(6), 889-911.

Weisberg, S. (2014). *Applied linear regression* (4th ed.). Hoboken, NJ: John Wiley& Sons, Inc.

Wright, S. (1920). The relative importance of heredity and environment in determining the piebald pattern of guinea pigs. *Proceedings of the National Academy of Sciences, 6,* 320-332.

Wright, S. (1921). Correlation and causation. *Journal of Agriculture Research, 20,* 557-585.

Wright, S. (1923). The theory of path coefficients: A reply to Niles's criticism. *Genetics, 8,* 239-255.

Yan, X., & Su, X. G. (2009). *Linear regression analysis: Theory and computing.* Sigapore: World Scientific.

Yang, H. (2013). The case for being automatic: Introducing the automatic linear modeling (LINEAR) procedure in SPSS Statistics. *Multiple Linear Regression Viewpoints, 39*(2), 27-37.

Zhao, X., Lynch, J. G., & Chen, Q. (2010). Reconsidering Baron and Kenny: Myths and truths about mediation analysis. *Journal of Consumer Research, 37*(2), 197-206.

찾아보기

저자 소개

김수영 (Kim Su-Young)

연세대학교 상경대학 응용통계학과를 졸업하고, Wisconsin 대학교 교육심리학과에서 양적 방법론(Quantitative Methods)으로 석사 및 박사 학위를 취득하였으며, 현재 이화여자대학교 심리학과에서 심리측정 및 통계 전공을 담당하고 있다. 『구조방정식 모형의 기본과 확장』(학지사, 2016)을 출판하는 등 구조방정식 분야에 전문성을 지니고 연구활동 및 강의활동을 하고 있다. 특히 성장모형(growth modeling), 혼합모형(mixture modeling), 범주형 변수의 사용, 베이지안 추정(Bayesian estimation) 등의 주제에 관심을 가지고 있으며, Psychological Methods, Structural Equation Modeling, Multivariate Behavioral Research 등의 해외저널과 한국심리학회지(일반)에 연구 결과를 출판하고 있다. 한국심리측정평가학회의 회장으로서 활발히 학회활동 중이며, 다변량분석, 실험설계, 구조방정식, 다층모형 등 다양한 연구방법론 주제에 대한 강의 역시 진행 중이다.

회귀분석

- SPSS 및 PROCESS 예제와 함께 -

Regression Analysis
with SPSS and PROCESS Examples

2024년 10월 5일 1판 1쇄 인쇄
2024년 10월 10일 1판 1쇄 발행

지은이 • 김수영
펴낸이 • 김진환
펴낸곳 • (주) 학지사
04031 서울특별시 마포구 양화로 15길 20 마인드월드빌딩
대표전화 • 02)330-5114 팩스 • 02)324-2345
등록번호 • 제313-2006-000265호

홈페이지 • http://www.hakjisa.co.kr
페이스북 • https://www.facebook.com/hakjisa

ISBN 978-89-997-3265-2 93310

정가 35,000원

저자와의 협약으로 인지는 생략합니다.
파본은 구입처에서 교환해 드립니다.